教育中国·规划精品系列

"十二五"普通高等教育本科国家级规划教材

石油和化工行业"十四五"规划教材

普通高等教育一流本科专业建设成果教材

中国石油和化学工业优秀教材一等奖

辽宁省优秀教材奖

COAL CHEMICAL TECHNOLOGY

煤化工工艺学

第四版

胡浩权　郭树才　主编

·北　京·

内容简介

本书的主要内容以煤的直接转化工艺过程为主，阐述煤化学工艺基本原理、重要工艺过程和设备以及有关煤化工进展，并以近年来公布的统计公告及新标准为依据更新了数据。全书共分为9章，可按48学时进行教学。介绍了煤炭资源、煤的低温干馏、炼焦及化学产品的回收与精制、煤的气化、煤间接液化、煤直接加氢液化、煤制碳素制品、煤化工生产的污染与防治等的生产原理、方法、工艺计算、操作条件及主要设备等。

本书可以作为高等学校化学工艺、能源化工（煤化工）专业教材，亦可供从事能源、煤炭、化工、电力、环境保护等专业设计、生产、科研的技术人员及相关专业师生参考。

图书在版编目（CIP）数据

煤化工工艺学 / 胡浩权，郭树才主编. —4版. —北京：化学工业出版社，2023.12

“十二五”普通高等教育本科国家级规划教材

ISBN 978-7-122-44087-7

Ⅰ.①煤… Ⅱ.①胡… ②郭… Ⅲ.①煤化工-工艺学-高等学校-教材 Ⅳ.①TQ53

中国国家版本馆CIP数据核字（2023）第165534号

责任编辑：丁文璇　赵玉清
文字编辑：向　东
责任校对：宋　玮
装帧设计：张　辉

出版发行：化学工业出版社
（北京市东城区青年湖南街13号　邮政编码100011）
印　　装：大厂聚鑫印刷有限责任公司
880mm×1230mm　1/16　印张24½　字数786千字
2024年6月北京第4版第1次印刷

购书咨询：010-64518888
售后服务：010-64518899
网　　址：http://www.cip.com.cn
凡购买本书，如有缺损质量问题，本社销售中心负责调换。

定　　价：69.00元

第四版前言

贫油、少气和煤炭资源相对丰富是中国能源的基本禀赋。寻求新的能源和化工原料来替代或弥补石油资源短缺是保证国家能源安全和可持续发展的重要举措，而发展煤化工是重要的选择。近二十年来，由于受国际原油价格大幅波动的影响，煤化工在中国得到很大的发展。为了贯彻落实党的二十大精神，从中国的能源资源特点以及国家能源安全考虑，即使在当前面临的实现碳达峰和碳中和的“双碳”目标的大背景下，立足以煤为主的基本国情，“加强煤炭清洁高效利用”，发展煤制化学品和清洁燃料在内的高效洁净转化的煤化工技术仍具有重要的现实意义。培养煤炭开发和利用专业及管理人才仍然是目前和今后相当长时间的任务。

本书为“十二五”普通高等教育本科国家级规划教材的再版，曾荣获中国石油和化学工业优秀教材一等奖、辽宁省优秀教材奖。

目前在国内已发展了多种新型煤化工技术，如煤制烯烃、煤制乙二醇、煤制芳烃、煤制乙醇等，这些技术内涵，其实质是煤经气化后生产合成气，合成气进一步催化转化的过程。作为大连理工大学国家级一流本科专业建设点化学工程与工艺专业的建设成果，本书内容以煤的直接转化工艺过程为主，阐述煤化学工艺基本原理、重要工艺过程和设备以及有关煤化工进展。有关煤的间接转化技术保留了 F-T 合成、煤制甲醇、甲醇制汽油等间接液化技术和煤（甲醇）制烯烃等内容。本书编写依据是读者已具有煤化学基本知识。修订内容以近年来公布的统计公告和新标准为依据，对相关数据进行更新。作为新形态教材，内容设置学习重点、章节小结、思考题及参考答案（数字资源）；特别增加了相关工艺与设备的开发、设计和优化等最新成果，以更好地适应能源化工（煤化工）的发展和专业教学的需要。

全书由大连理工大学胡浩权、郭树才主编。第一章、第二章及第六章由大连理工大学胡浩权修订；第三章和第四章由辽宁科技大学白金锋修订；第五章由华东理工大学黄胜、吴幼青修订；第七章、第八章和第九章由华东理工大学张德祥修订。全书讲授 PPT 由大连理工大学李杨整理，各章修订者修订。

由于编者水平有限，书中难免有不妥之处，希望使用本书的师生和读者多加批评指正。

编　者

于大连理工大学

2023 年 12 月

1 绪 论

○○ ——— ○○ ○ ○○ ———

本章学习重点

- ○ 了解煤化工的发展简史。
- ○ 了解本书的主要内容。
- ○ 认识中国的能源基本状况及煤炭利用现状。
- ○ 理解煤化工的基本范畴。

煤化学工业是以煤为原料经过化学加工实现煤综合利用的工业，简称煤化工。煤化工包括炼焦化学工业、煤气工业、煤制人造石油工业、煤制化学品工业以及其他煤加工制品工业等。

目前，化学工业中石油化工占据主导地位，煤化工的工业生产所占比重不大。近二十年来，由于受国际原油价格大幅波动的影响，煤化工在中国得到很大的发展，神华百万吨级煤直接液化、神华宁煤 400 万吨煤间接液化制油和 60 万吨以上规模煤制烯烃等一批煤化工工业示范和应用项目相继得到实施。尽管国际原油价格曾回落到相对较低水平，但石油储量有限，总是越用越少，特别是像中国这样以煤为主的国家，寻求新的能源和化工原料来替代或弥补石油资源短缺是保证国家能源安全和可持续发展的重要举措，而发展煤化工是重要的选择。自 2013 年，中国已成为世界第一大原油净进口国。2021 年中国的原油生产量约 1.95×10^8t，表观消费量达到 7.36×10^8t，对外依存度超过 73.5%。即使在当前面临的实现碳达峰和碳中和的“双碳”目标的大背景下，立足以煤为主的基本国情，“大力推进煤炭清洁高效利用”，发展煤制化学品和清洁燃料在内的高效洁净转化的煤化工技术仍然具有重要的现实意义。

1.1 煤炭资源

煤是地球上能得到的最丰富的化石燃料。煤的使用年限估计在几百年，它将是替代不断下降的石油资源的可靠能源。因此，煤化学工业的发展将是石油化学工业的重要补充。

中国是世界上煤炭资源丰富的国家之一，煤炭储量约占化石能源的 94%，远大于石油、天然气储量。根据《2022 年全国矿产资源储量统计表》，全国已探明煤炭资源储量 2070.12×10^8t，石油 38.06×10^8t，天然气 $65690\times10^8m^3$。

中国煤炭品种齐全，不仅有优质的炼焦煤，还有低灰高热值的优质动力煤，而且煤的种类较全、分布较广，其中尤以华北、西北为最，西南、华东次之。

2022 年中国原煤产量为 45.6×10^8t，约占世界煤炭总产量的一半以上。全年进口煤炭 2.93×10^8t。

中国缺油、少气和煤炭资源相对丰富的能源资源禀赋特点，决定了当前和今后一段时期，煤炭仍然是能源供应体系中重要的基础能源。以 2022 年为例，中国的能源消费总量为 54.1 亿吨标准煤，煤炭占能源消费总量的 56.2%，石油占 17.9%，水电、风电、核电、天然气等清洁能源消费量占 25.9%。

1.2 煤化工发展简史

煤化工的发展始于 18 世纪后半叶，19 世纪形成了完整的煤化学工业体系。进入 20 世纪，许多有机化学品多以煤为原料生产，煤化学工业成为化学工业的重要组成部分。

18 世纪中叶，随着工业革命的发展，炼铁用焦炭的需求量大增，炼焦化学工业应运而生。

19 世纪 70 年代建成有化学产品回收的炼焦化学厂。

19 世纪末，开始由煤生产民用煤气。当时用烟煤干馏法，生产的干馏煤气用于欧洲城市的街道照明。1840 年由焦炭制发生炉煤气。1875 年使用增热水煤气作为城市煤气。

1920 ～ 1930 年间，煤的低温干馏有较快发展。所得半焦作为民用无烟燃料，焦油进一步加氢生产液体燃料。1925 年中国在石家庄建成第一座炼焦化学厂。1934 年中国在上海建成立式炉和增热水煤气炉的煤气厂，生产城市煤气。

第二次世界大战前夕和战期，煤化学工业取得了全面迅速发展，在德国开展了由煤制取液体燃料的研究和工业生产。1913 年，德国弗里德里希・柏吉斯（Bergius）发明由煤直接液化制取液体燃料，因发展高压化学而获得 1931 年的诺贝尔化学奖。这种用煤高压加氢液化的方法制取液体燃料到 1939 年产量已达到 110×10^4t。1925 年由一氧化碳加氢合成液体燃料的费 - 托（Fischer-Tropsch）合成法的发明专利获得授权，1935 年实现工业生产，到 1945 年德国的年生产能力约 57×10^4t。在此期间，德国还建立了大型低温干馏工厂，所得半焦用于生产煤气，经费 - 托合成制取液体燃料；低温干馏焦油经简单处理后作为船用燃料，或经高压加氢制取汽油或柴油。1944 年低温焦油年产量达到 94.5×10^4t。第二次世界大战末期，德国用煤加氢液化法及焦油生产的液体燃料总量已达到每年 480×10^4t。与此同时，在工业上还从煤焦油中提取各种芳烃及杂环有机化学品，作为染料、炸药等的原料。

第二次世界大战后，由于大量廉价石油、天然气的开采，除了炼焦化学工业随钢铁工业的发展而不断发展外，工业上大规模由煤制取液体燃料的生产暂时中断。代之兴起的是以石油和天然气为原料的石油化工，煤在世界能源构成中也由 65% ～ 70% 降至 25% ～ 27%。但南非因其当时所处的政治环境和特殊地理及资源条件，以煤为原料合成液体燃料的工业一直在发展。1955 年在 Sasolburg 建成萨索尔一厂（SASOL-Ⅰ），于 1980 年和 1982 年又相继在 Secunda 建成二厂和三厂。三个工厂建成后，SASOL 年生产油品和化学品约 700 万吨，其中油品近 600 万吨，消耗低质原煤 4000 多万吨。

1973 年由于中东战争以及随之而来的石油危机，使得由煤生产液体燃料及化学品的方法又受到重视，欧美等国加强了煤化工的研究开发工作，开发了多种新的煤直接液化方法；在间接液化方法中除 SASOL 的工业化技术，还成功地开发了由合成气制甲醇，再由甲醇转化成汽油的工业生产技术。

20 世纪 80 年代后期，煤化工有了新的突破，实现了由煤气化制合成气，再合成乙酸甲酯，进一步进行羰基化反应制取乙酸酐的工艺技术。它是由煤制取化学品的范例，化学和能量利用效率都很高，并具有经济效益。

进入 21 世纪以来，中国的煤化工得到巨大的发展。尤其是新型煤化工技术的发展，可实现石油和天然气资源的补充及部分替代。2009 年，国家发改委确定煤制油、煤制烯烃、煤制天然气和煤制乙二醇等为煤化工重点示范发展方向。此后，新型煤化工项目在中国掀起了投资热潮，国内多种新型煤化工示范装置陆续建成或试车成功。百万吨级煤制油、60 万吨煤制烯烃以及煤制天然气和煤制乙二醇等煤炭深加工示范项目先后实现工业化示范或商业化推广应用。但在工艺技术成熟度、水资源消耗、二氧化碳排放、环境承载力和能源效率等方面仍然有进一步提升的空间。

根据国家统计局公布的数据，2022年中国煤炭消费量30.4×10^8t标准煤，比上年增长4.3%。在煤炭消耗中，电力行业约占55.49%；钢铁行业约占15.24%；化工行业约占7.72%；建材行业约占11.78%。煤炭成为化肥工业生产主要原料，以煤为原料生产的甲醇和以电石为原料生产的氯乙烯占很高比例，萘、蒽等产品则大都来自炼焦化学工业，煤化学工业在中国化学工业中占有十分重要的地位。发电、工业锅炉和民用煤占全部煤炭消费量的80%左右，多为直接燃烧，大多利用效率较低。为了有效、经济和合理地利用煤，中国需要发展煤转化技术，实现煤的综合利用。

1.3 煤化工的范畴

煤化工是以煤为原料，经过化学加工使煤转化为气体、液体和固体燃料以及化学品的过程。从煤加工过程区分，煤化工包括煤的干馏（含炼焦和低温干馏）、气化、液化和合成化学品等，见图1-1。

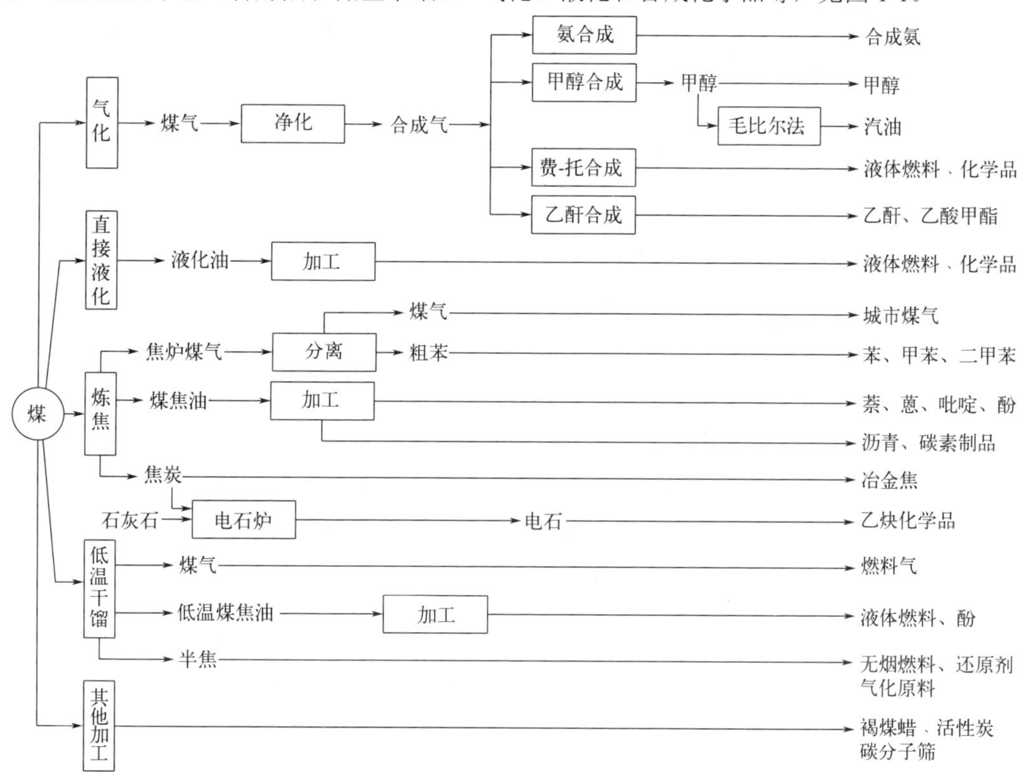

图1-1 煤化工分类及产品示意图

煤化工生产技术中，炼焦是应用最早的工艺，至今仍然是煤化学工业的重要组成部分。炼焦主要产品是炼铁生产用的焦炭，同时副产焦炉煤气、苯、萘、蒽、沥青以及碳素材料等产品。

煤的气化在煤化工中占有重要地位，用于生产各种燃料气，是干净的能源，有利于提高人民生活水平和环境保护；煤气化生产的合成气，是合成液体燃料、甲醇、乙酐等多种产品的原料，是现代煤化工的龙头。

煤直接液化，即煤高压加氢液化，可以生产人造石油和化学品。煤间接液化是由煤气化生产合成气，再经催化合成液体燃料和化学品。近十几年中国煤化工得到快速发展，年产100万吨油的煤直接液化工业示范，年产400万吨油的煤间接液化工业示范均已顺利投产。煤液化产品不仅是原油的重要补充，也可以加工成特种燃料和化学品。

煤低温干馏生产低温焦油，低温焦油分离后可得有用的化学产品，经过加氢可生产液体燃料。低温干馏半焦可作无烟燃料，或用作气化原料、发电燃料以及碳质还原剂等。低温干馏煤气可作燃料气或合成气。

1.4 本书简介

在学习本书内容时，读者应已完成煤化学等前序课程的学习，已具有煤化学基本知识。本书共 9 章，可按 48 学时进行教学。

煤化工工艺学是能源化工（煤化工）专业必修的专业骨干课，本书的主要内容为煤化学工艺基本原理、重要工艺过程和设备，以及有关煤化工进展。

第 1 章 绪论。主要内容为煤炭资源、煤化工发展简史和煤化工的范畴。

第 2 章 煤的低温干馏。主要内容为低温干馏原理、低温干馏主要炉型、立式（直立）炉生产城市煤气以及固体热载体干馏工艺。低温干馏是煤分质分级转化利用的重要方法，中国高挥发分、低变质煤储量和产量比例高，通过低温干馏获得的焦油、煤气和半焦都是洁净能源或有用的产品，由于低温干馏工艺简单、操作条件比较温和，因此在经济上具有较强竞争力。

第 3 章 炼焦。主要内容为煤的成焦过程、配煤和焦炭质量、现代焦炉、炼焦新技术、煤气燃烧和焦炉传热以及流体力学等。炼焦主要产品为冶金用焦炭，在可以预见的将来，炼铁还要用焦炭，所以炼焦与炼铁工业将同步发展。中国炼焦用煤较多，先前部分城市生活用煤气也使用焦炉煤气。炼焦化学工业在中国已形成一个较大的行业，近年来在炼焦新技术方面也有较大的发展。本版修订在保持第三版各章节框架结构基础上，补充了部分生产工艺流程图，对因焦化工艺规模及工艺的改进存在的工艺技术参数偏差进行修正。

第 4 章 炼焦化学产品的回收与精制。主要内容为粗煤气分离，氨、吡啶和粗苯的回收，粗苯精制，煤焦油蒸馏和沥青加工等。粗苯精制生产苯类产品，焦油分离精制生产酚类、萘和蒽等，这些都是重要的化工原料。沥青为焦油中的重质组分，是生产碳素材料的原料，有多种重要用途。近年来煤焦油化学发展较快，提取了许多有用产品。焦炉煤气脱硫在本章中没有提及，见第 5 章有关煤气脱硫部分内容。本版修订中对原有公式中符号相同但物理意义不同的物理量进行了符号更换；对目前煤焦化产品的发展及产品量按最新数据进行了更新。

第 5 章 煤的气化。主要内容为煤气化原理，煤的气化方法，固定床、流化床及气流床气化炉型，气化联合循环发电，煤炭地下气化，煤气脱硫和甲烷化等。煤气化生产的燃料气是洁净能源，利用效率高，有利于环境保护。煤气化生产的合成气，是有机化学合成的原料。由于原料煤性质的多样性和复杂性以及气化煤气用途不同，发展了多种气化方法，本章包括了气化的主要内容，介绍了多种新的煤气化技术。本版在第三版基础上更新了部分数据。

第 6 章 煤间接液化。主要内容为费 - 托合成、合成甲醇、甲醇转化成汽油、甲醇制烯烃和煤制醋酐等。由合成气合成烃类、醇类以及化学产品是煤经过气化的间接液化过程。本版在第三版基础上，增加 6.1.3.3 固定流化床反应器，为 SASOL 公司开发的高温 F-T 合成反应器；更新了部分内容，特别是近年来中国煤间接液化及甲醇制烯烃技术的发展状况。

1

第 7 章 煤直接加氢液化。主要内容为直接液化原理、直接液化技术发展和直接液化方法等。直接液化对原料煤有一定要求，液化产品多为芳烃。中国富产煤，有很多适合直接液化的煤种，在天然石油出现短缺时，将用直接液化法生产人造石油。本版在第三版基础上，删除原 7.7 煤直接液化的经济性，将 7.2 煤加氢液化机理，改为煤直接加氢液化化学；7.3 为煤直接加氢液化工艺；将 7.6 煤直接液化的关键设备和若干工程问题，修改为煤直接加氢液化的关键设备和工程化，充实了神华百万吨级工业示范工程的开发进程；更新了相关数据。

第 8 章 煤制碳素制品。主要内容为电极炭、活性炭、碳分子筛和碳纤维等的生产。由于制铝和电炉冶金工业的发展，电极炭需用量大、质量要求高，电极炭技术发展较快。活性炭有多种用途，主要用于工业污水和饮用水净化。随着环保要求的提高，煤制活性炭的需要量在逐年增加。碳素纤维有很高的强度和模量，有许多独特性能，主要用于生产高级复合材料。碳素材料是煤作为能源和化工原料之后的第三个应用领域，与煤的传统加工相比，技术上有不少突破，并发挥了煤含碳量高的优势，可带来某些产业的革命性变化。本版在第三版基础上，将 8.5 碳纤维，修改为碳纤维与新型碳材料，增加了碳电容器和石墨烯等新内容；更新了相关数据。

第 9 章 煤化工生产的污染和防治。主要内容为环境保护、煤化工生产中的主要污染物、减少污染的对策、污水处理以及烟尘治理等。煤化工生产排放废气、污水、烟尘及废渣，其中含有危及环境的污染物。本章结合炼焦化学生产介绍烟尘污染防治和含酚废水处理。此外，还叙述了气化生产废水的危害性与工业污水处理方法。为防止煤加工利用对环境的污染，简述了有关防治对策。本版在第三版基础上，修改了 9.1 环境保护概述，更新了新的环保内容，删除了原 9.3 减少煤加工利用对环境污染的政策；将原 9.4 煤化工污水的治理，改为 9.3 节，增加了煤化工废水回用的处理工艺示范；将原 9.5 煤化工厂的烟尘治理，修改为 9.4 节；将二氧化碳减排和利用改为 9.5 节；更新了相关数据。

思考题

1-1 中国的能源基本状况及煤炭利用现状如何？

1-2 什么是煤化工？煤化工主要包括哪些内容？

1-3 在“双碳”背景下，如何理解中国发展煤化工的必要性？

思考题解答

参考文献

[1] 中国大百科全书：化工 . 北京：中国大百科出版社，1987.

[2] Ullmann's Encyclopedia of Industrial Chemistry.Fifth Edition.Weinheim：VCH Verlagsgesellschaft mbH，1985，A7：153-196.

[3] Hoffman E J. 煤的转化 . 许晓海，郭历平，译 . 北京：冶金工业出版社，1988.

[4] Amundson N R，et al. Frontiers in Chemical Engineering. Washington D C：National Academy Press，1988.

[5] “十五”国家高技术发展计划能源技术领域专家委员会 . 能源发展战略研究 . 北京：化学工业出版社，2004.

[6] BP 世界能源统计年鉴 . 2020.

[7] 徐振刚 . 中国现代煤化工近 25 年发展回顾・反思・展望 . 煤炭科学与技术，2020，48（8）：1-25.

[8] 国家统计局，中华人民共和国 2022 年国民经济和社会发展统计公报 . 2023-2-28.

[9] 中能传媒能源安全新战略研究院 . 中国能源大数据报告（2023）. 2023-6-20.

2 煤的低温干馏

○○ ——— ○○ ○ ○○ ———

本章学习重点

○ 掌握煤低温干馏的概念。
○ 理解影响煤低温干馏产品的主要因素。
○ 了解煤低温干馏主要产品及特点。
○ 了解低温干馏主要工艺及炉型。

2.1 概述

煤在隔绝空气条件下，受热分解生成煤气、焦油、粗苯和焦炭的过程，称为煤干馏（或称炼焦、焦化），而煤热解是煤在各种条件下受热分解的统称。煤干馏按加热终温的不同，可大致分为三种：500 ～ 600℃为低温干馏；600 ～ 900℃为中温干馏；900 ～ 1100℃为高温干馏。

煤低温干馏始于 19 世纪，当时主要用于制取灯油和蜡。19 世纪末因电灯的发明，煤低温干馏趋于衰落。第二次世界大战前夕及大战期间，德国建立了大型低温干馏厂，用褐煤为原料生产低温干馏煤焦油，再高压加氢制取汽油和柴油。战后，由于大量廉价石油的开采，煤低温干馏工业再次陷于停滞状态。

煤低温干馏过程仅是一个热加工过程，在常压下不用氢气和氧气即可制得煤气和焦油，实现了煤的部分气化和液化。低温干馏比煤的气化和液化工艺过程简单，操作条件温和，投资少，生产成本低。如果主要产物半焦性能好，又有销路，煤低温干馏生产在经济上是有竞争能力的。此外，从煤的有效利用角度考虑，煤中含有不同反应性和不同结构性质的化合物，传统的煤炭利用方法是将煤在同一条件下经燃烧、气化或液化等方式加以利用，没有考虑煤的结构和性质的差异，如果能将煤中的易挥发组分先通过干馏过程得到部分液体和气体，然后再将半焦加以进一步利用，势必可以提高煤的利用效率，同时还可以弥补石油的短缺。

以褐煤为原料进行低温干馏，可把约 3/4 的原煤热值集中于半焦，而半焦质量通常还不到原煤的一半，从而使褐煤得到提质。褐煤、长焰煤和高挥发分的不黏煤等低阶煤，适于低温干馏加工。

褐煤半焦反应性好，适于作还原反应的碳原料。半焦含硫通常比原煤低，低硫半焦作燃料有利于环境保护。

低阶煤无黏结性，有利于在移动床或流化床干馏炉中处理。最佳热解温度均随煤阶降低而降低，低阶煤初始热解温度低。

中国低阶煤储量较大，约占全部煤的55%，其中褐煤约占14%，这些低阶煤多产于西北和内蒙古地区，目前这些煤的90%用于直接燃烧。由于低阶煤含有较高的挥发分，进行低温干馏时可以回收相当数量的焦油和煤气，是低温干馏的优良原料。与煤气化或液化相比，利用了煤分子结构中含氢的潜在优势，通过低温干馏使煤中富氢组分以优质液态和气态的能源或化工原料产出。因而低温干馏能有效地利用资源。

蒸汽锅炉只需要由外界供给热量，提供热能的燃料可以是煤气、燃料油或半焦，所以用半焦代替煤燃烧加热锅炉，从供热角度应不成问题。以同一煤和它的半焦相比，半焦所含污染物少于原料煤，故燃烧半焦对环境保护有利，社会效益更好。如从提供单位热量的燃料进行比较，煤焦油和煤气比半焦往往具有更高的经济价值，所以通过低温干馏加工，把煤转化成气、液、固态三种产物，在经济上是有益的。

电力生产耗煤量巨大。2020年，中国火电占总发电量的比重为68.5%，电力行业煤炭消耗量为23.89×10^8t，占煤炭总消耗量的59.1%，利用低温干馏工艺从电力用煤获得焦油和煤气，半焦用于燃烧发电是经济、有效和合理利用煤的方法。在苏联、美国等发达国家，为此目的开发了电力用煤低温干馏新技术。煤的低温干馏在德国、波兰以及英国都有所发展。

2.2 低温干馏产品

煤低温干馏产物的产率和组成取决于原料煤性质、干馏炉结构和加热条件。一般焦油产率为6%～25%，半焦产率为50%～70%，煤气产率为80～200m³/t（原料干煤）。

2.2.1 半焦

低温干馏半焦的孔隙率为30%～50%，反应性和比电阻（电阻率）都比高温焦炭高得多。原料煤的煤化度越低，半焦的反应能力和比电阻越高。半焦强度一般不高，低于高温焦炭。

表2-1列出原料为褐煤、长焰煤和气煤的半焦以及配入气煤炼得的焦炭和10～25mm碎冶金焦用作还原剂时的性质。

表2-1 半焦和焦炭性质

原料名称	孔隙率/%	反应性（于1050℃，CO_2）/[mL/(g·s)]	电阻率/Ω·cm	强度/%
褐煤中温焦	36～45	13.0	—	70
苏联列库厂半焦	38	8.0	0.921	61.8
长焰煤半焦	50～55	7.4	6.014	66～80
英国气煤半焦	48.3	2.7	—	54.5
60%气煤配煤焦炭	49.8	2.2	—	80
冶金焦（10～25mm）	44～53	0.5～1.1	0.012～0.015	77～85

半焦块度与原料煤的块度、强度和热稳定性有关，也与低温干馏炉的结构、加热速度以及温度梯度等有关。一般移动床干馏炉用原料煤块度为20～80mm。

低温干馏半焦应用较广，其中可用作优质民用和动力燃料，因为半焦燃烧时无烟，加热时不形成焦油，而多数煤受热时有焦油生成，表现在一般燃料时冒黄烟。此外，半焦反应性好，燃烧的热效率高于煤。民用半焦通常需要一定较均匀的块度。气化用半焦用于移动床气化炉时，也要求有一定的块度。

半焦是铁合金生产的优良炭料，要求半焦的比电阻尽可能高，以保证铁合金电炉池中总电阻达到最大，节

省电能。装入电炉的半焦块度可为 3 ～ 6mm，电阻率为 0.35 ～ 20Ω · m。

气流内热式块煤或型煤干馏炉在德国和其他国家曾用来生产半焦。例如苏联曾用该法生产铁合金半焦，其干馏终温达到 700 ～ 750℃，属中温干馏。加热用的热载体为温度 860 ～ 980℃的烟道气与回炉煤气的混合气体。某厂采用当地产的长焰煤为原料，所得半焦块度大于 16mm，其原料煤、产品半焦以及 10 ～ 25mm 冶金焦的性质见表 2-2。

表2-2　苏联某厂原料煤、半焦及冶金焦的性质

指标		原料煤	半焦	冶金焦
工业分析/%	水分	10.8	11.4	13.6
	干燥基灰分	16.1	12.9	10.8
	干燥无灰基挥发分	47.4	4.3	1.2
筛分组成/%	＞40mm		7.8	0.0
	20～40mm		40.2	23.1
	10～20mm		26.0	52.6
	5～10mm		7.4	10.7
	0～5mm		18.6	13.6
强度/%			79.6	83.6
孔隙率/%			50.3	47.0
反应能力（CO_2）/[mL/(g · s)]			7.4	0.5
电阻率（3～6mm，荷重19.6kPa）/Ω · cm			0.66	0.027

该厂原来全部采用冶金焦，将其 50% 改用半焦后，可使铁合金炉的生产能力增长 6%，降低电耗 5.7%。

上述半焦干馏终温较高，采用气流内热式炉生产。其他形式的内热炉由于过程温度低，难以达到铁合金用焦的要求。中国用于生产城市煤气的外热式炉，以气煤为原料生产铁合金焦，其性能比小块冶金焦好。联邦德国用转动圆盘炉以莱茵褐煤为原料，在炉内燃烧干馏挥发物为干馏过程供热，获得了优质褐煤焦。此褐煤焦反应性好、比电阻大，适合做铁合金和其他化学反应的还原剂。

半焦可用作生产冶金型焦的中间产品；褐煤半焦也可用作高炉炼铁的喷吹料，以减少冶金焦用量；褐煤半焦也适宜用于粉矿烧结。

2.2.2　煤焦油

低温干馏煤焦油（简称焦油）是黑褐色液体，密度一般小于 1g/cm^3，因原料煤性质和低温干馏方法不同，焦油的密度也不同，通常在 0.95 ～ 1.1g/cm^3 之间。低温焦油中酚类化合物可达 35%；有机碱为 1% ～ 2%；烷烃为 2% ～ 10%；烯烃为 3% ～ 5%；环烷烃可达 10%；芳烃为 15% ～ 25%；中性含氧化合物（酮、酯和杂环化合物）为 20% ～ 25%；中性含氮化合物（主要为五元杂环化合物）为 2% ～ 3%；沥青约 10%，而部分工艺可达 30% ～ 40%。

低温焦油比高温焦油轻，低温焦油中含有较多脂肪烃和环烷烃以及多烷基酚、二元酚和三元酚等化合物，故平均分子量较低。

由低温焦油可生产发动机燃料、酚类、烷烃和芳烃，其中包括苯、萘的同系物及其他成分。由低温焦油提取的酚可以用于生产塑料、合成纤维、医药等产品。泥

炭和褐煤焦油中含有大量蜡类，是生产表面活性剂和洗涤剂的原料。低温焦油适于深度加工，经催化加氢可获得发动机燃料和其他产品。

低温干馏粗煤气冷凝产生的焦油下水密度略大于 1g/cm^3，它与焦油上水的区别是呈酸性或中性。焦油下水中含有低级醇类、甲酸和其他可溶于水中的酸类以及酚类，也有含硫和含氮化合物，所以在排入废水系统之前需要加以处理。

2.2.3 煤气

低温干馏煤气密度为 0.9 ～ 1.2kg/m^3，含有较多甲烷及其他烃类，煤气组成因原料煤性质不同而有较大差异。褐煤低温干馏煤气的烃类含量低，烟煤的可高达 65%，故其煤气热值可达 33.5 ～ 37.7MJ/m^3（本书中不注明时，气体体积都是标准状况）。在气流内热式炉干馏时，所得煤气被热载体烟气冲稀，因而热值低至 1/4 ～ 1/3，降低了它的应用价值。

低温干馏煤气主要用作企业内部的加热燃料和其他用途，多余的煤气可做民用煤气，也可作化学合成原料气。

2.3 干馏产品的影响因素

低温干馏产品的产率和性质与原料煤性质、工艺条件（如：加热速度、加热终温以及压力等）有关。干馏炉的形式、加热方法和挥发物在高温区的停留时间对产品的产率和性质也有重要影响。煤加热温度场的均匀性以及气态产物二次热解深度对其也有影响。

2.3.1 原料煤

在实验室条件下测定低温干馏产品产率采用铝甑干馏（Fisher assay）或格金干馏（Gray-King assay）试验，本章中涉及数据采用铝甑干馏试验得到。部分不同原料煤的试验结果见表 2-3。由表中数据可见低温干馏产品产率与原料煤种有关。

表2-3 不同煤低温干馏试验的产品产率

煤样名称	半焦/%	焦油/%	热解水/%	煤气/%	煤样名称	半焦/%	焦油/%	热解水/%	煤气/%
伊春泥炭	48.0	15.4	15.9	20.7	切矿②长焰煤	73.8	10.1	9.7	6.4
桦川泥炭	50.1	18.5	14.3	17.1	神府长焰煤	76.2	14.8	2.8	7.0
昌宁褐煤	61.0	15.5	8.0	15.5	铁法长焰煤	82.3	11.4	2.5	3.8
大雁褐煤	67.7	15.3	4.0	13.0	大同弱黏煤	83.5	7.7	1.0	7.8
坎阿①褐煤	65～75	8～12	5～8	12～15	切矿②腐泥煤	39.4	39.1	5.6	15.9

① 坎斯克 - 阿钦斯克。
② 切列霍夫区矿。

不同种类褐煤低温干馏的焦油产率差别较大，可变动于 4.5% ～ 23%。烟煤低温焦油产率与煤的结构有关，其值介于 0.5% ～ 20%，由气煤到瘦煤，随着变质程度增高焦油产率下降。其中肥煤例外，当加热到 600℃时，它生成的焦油量等于或高于气煤。腐泥煤低温干馏焦油产率一般较高。

低温干馏温度为 600℃，泥炭的煤气产率为 16% ～ 32%；褐煤为 6% ～ 22%；烟煤为 6% ～ 17%。泥炭热解水产率为 14% ～ 26%；褐煤为 2.5% ～ 12.5%；烟煤为 0.5% ～ 9%。

原料煤对低温干馏焦油的组成影响显著，因原料煤的性质不同，所产的低温焦油组成有较大差异。与煤炼焦过程形成的焦油会经历二次高温热解不同，低温干馏温度为 600℃，所得焦油是煤受热后直接得到的热解产物，称一次焦油。泥炭一次焦油的族组成见表 2-4。

表2-4　泥炭600℃干馏得到焦油的族组成　　单位：%

组成	低位泥炭	高位泥炭	组成	低位泥炭	高位泥炭
高级醇、酯	3～6	5～9	羧酸	1.5～2.0	1.5～2.0
烷烃（C_{10}^{+}）	3～6	4～8	中性油（180～280℃馏分）	13～20	18～22
酚类	15～22	15～20	沥青烯	17～40	8～16

酚类指酚、甲酚和二甲酚等化合物的混合物。褐煤一次焦油中含酚类 10% ～ 37%，其值与褐煤性质有关；中性含氧化合物不大于 20%，其中大部分为酮类；羧酸不大于 2% ～ 3%。褐煤焦油中烃类含量为 50% ～ 75%，其中直链烷烃为 5% ～ 25%，烯烃为 10% ～ 20%，其余为芳烃和环烷烃，主要为多环化合物。有机碱（吡啶类）在焦油中含量为 0.5% ～ 4%。

烟煤一次焦油的组成与泥炭和褐煤焦油相似，但含量有明显差别。烟煤一次焦油中羧酸含量不大于 1%，环烷烃含量高于褐煤，并随煤的变质程度加深而增高，有时环烷烃含量多于烃类总量的 50%。芳烃主要为多环并带有侧链的化合物，苯及其同系物含量可达 3%，萘及其同系物可达 10%。

不同类型烟煤热解（加热速度为 3℃ /min）时，所得一次焦油的族组成见表 2-5。

表2-5　烟煤热解所得焦油的族组成　　单位：%

组成	气煤	肥煤	焦煤	组成	气煤	肥煤	焦煤
有机碱	2.22	1.45	1.50	沥青烯	5.63	14.50	19.51
羧酸	0.21	0.14	0.82	中性含氧化合物	6.60	11.50	12.60
酚类	16.20	10.00	5.37	其他重质物	41.04	38.91	40.20
烃（溶于石油醚）	28.10	23.50	19.90				

由上述数据可见，烟煤一次焦油内中性含氧化合物比褐煤焦油少。随着煤的变质程度增高，氧含量降低，焦油中酚类含量明显减少。

热解水生成量与煤中氧含量有关，随着煤的变质程度增高其量减少。

原料煤种类影响低温干馏煤气的组成。当干馏温度为 600℃时，不同煤类的低温干馏煤气组成见表 2-6。

表2-6　不同煤类在600℃干馏得到的煤气组成　　单位：%

组成	泥炭	褐煤	烟煤	组成	泥炭	褐煤	烟煤
CO	15～18	5～15	1～6	H_2	3～5	10～30	10～20
CO_2+H_2S	50～55	10～20	1～7	N_2	6～7	10～30	3～10
C_mH_n（不饱和烃）	2～5	1～2	3～5	NH_3	3～4	1～2	3～5
CH_4及其同系物	10～12	10～25	55～70	低热值/（MJ/m^3）	9.64～10.06	14.67～18.86	27.24～33.52

煤气中氨和硫化氢含量与原料煤中氮和硫的含量及其形态有关，一般规律是 45% ～ 70% 的硫在煤中以黄铁矿形态存在，其余的则以有机硫形态存在于煤大分子中。煤在温度 550℃以下热解主要是黄铁矿分解生成硫化氢，在较高温度时由于煤中有机硫的热解作用形成硫化氢。

腐泥煤热解能析出大量挥发分，干燥无灰基挥发分可达 60% ～ 80%。腐泥煤一次热解焦油中酚类和沥青少，组分中主要为直链烷烃和环烷烃，可达 90%；中性含氧化合物含量为 3% ～ 4%，主要为酮类；酚类和羧酸为 1% ～ 1.5%；沥青为 1% ～ 2%；有机碱为 2% ～ 2.5%。干馏温度为 600℃时，生成的煤气中含甲烷及其同系物可达40%；氢为10%～12%；氨为5%～6%；CO_2和H_2S为20%～24%；CO为9%～10%；N_2为8%～10%。煤气低热值为22～23MJ/m³。

腐泥煤一次热解焦油密度为0.85～0.97g/cm³，而腐殖煤的密度为0.85～1.08g/cm³。

2.3.2 加热终温

煤干馏终温是影响产品产率和组成的重要因素，也是区别干馏类型的标志。随着温度升高，使得具有较高活化能的热解反应有可能进行，与此同时生成了多环芳烃产物，它具有高的热稳定性。

不同煤类开始热解的温度不同。煤化度低的煤的开始热解温度也低，泥炭为100～160℃；褐煤为200～290℃；长焰煤和气煤约为320℃；肥煤约为350℃；焦煤约为360℃。由于煤开始热解温度难以准确测定，同类煤的分子结构和生成条件也有较大差异，故上述开始热解温度只是煤类间的相对参考值。

煤加热到100～120℃时，所含水分基本脱除，一般加热到300℃左右煤发生分解，高于300℃时，开始大量析出挥发分，其中包括焦油成分。气煤在以3℃/min加热时，一次热解焦油组成和产率随加热终温变化的数据见表2-7。焦油的形成约于550℃结束，故500～600℃为低温干馏的适宜温度。

表2-7 气煤在不同加热终温下的焦油产率和组成

项目	加热终温/℃			项目	加热终温/℃		
	400	400～500	>500		400	400～500	>500
焦油产率（d①）/%	3.62	9.68	1.20	组成/%			
组成/%				沥青烯	4.16	5.92	7.60
酚类	20.20	14.90	16.40	羧酸	0.21	0.18	0.51
烃类（溶于石油醚）	37.2	26.4	13.8	有机碱	2.13	2.08	2.42
中性含氧化合物	5.85	6.63	8.65	其他重质物	30.25	43.89	40.62

①d表示干基。

气煤加热到不同温度时，煤气组成与产率见表2-8。不同温度区间煤热解生成的煤气组分含量不同，氢气含量随温度升高而增加，甲烷降低。

表2-8 气煤在不同加热终温下的煤气组成

单位：%

温度区间/℃	占煤气总量的产率	$\varphi(CO_2)$	$\varphi(C_mH_n)$	$\varphi(CO)$	$\varphi(H_2)$	$\varphi(CH_4)$	$\varphi(N_2)$
300～400	19.0	22.0	—	7.5	7.0	58.0	5.5
400～500		2.7	16.4	3.3	11.0	60.6	6.0
500～600	20.5	4.3	1.2	3.7	25.9	64.9	—
600～700	21.0	4.4	—	1.2	59.2	35.2	—
700～800	25.0	2.2	0.5	10.4	66.2	18.2	2.5
800～900	14.5	0.9	0.0	7.1	74.7	7.7	9.8
合计	14.8（占干煤）						

实际生产过程的气态产物产率和组成与实验室测定值有较大差异。如煤在炼焦炉中，一次热解产物在出炉过程中经过较高温度的料层、炉空间或炉墙，其温度高于受热的煤料，发生二次热解。当煤料温度高于600℃，半焦向焦炭转化。由600℃升到1000℃时，气态产物中氢气含量增加。当高于600℃时，若提高干馏终温，则半焦和焦油产率降低，煤气产率增加。

煤的块度（尺寸）对热解产物有很大影响，一般煤的块度增加，焦油产率降低。因为煤的热导率小，煤块内外温差大，外高于内，块内热解形成的挥发物由内向外导出时经过较高温度的表面层，在此一次焦油发生二次热解，组成发生变化，生成气态和固态产物。此外，挥发物由煤块内部向外部析出时受到阻力作用，在高于

生成温度的区间停留也加深了二次热解的程度。

关于煤的块度对低温干馏产品产率的影响，见表2-9。

表2-9　煤的块度对低温干馏产品产率的影响

项目	煤块度/mm		项目	煤块度/mm	
	20～30	100～120		20～30	100～120
半焦产率/%	41.4	46.5	半焦挥发分/%	8.8	10.3
焦油产率/%	10.3	8.1			

2.3.3　加热速度

煤低温干馏的加热速度和供热条件对产品产率和组成有影响。提高煤的加热速度可降低半焦产率，增加焦油产率，煤气产率稍有减少。加热速度慢时，煤质在低温区间受热时间长，热解反应的选择性较强，初期热解使煤分子中较弱的键断裂，发生平行和顺序的热缩聚反应，形成了热稳定性好的结构，在高温阶段分解少，而在快速加热时，相应的结构分解多。所以慢速加热时固体残渣产率高。

煤的快速热解理论认为，快速加热供给煤大分子热解过程高强度能量，热解形成较多的小分子碎片，使低分子产物增多。

在慢速加热时，加热速度对低温干馏产品产率和组成也有影响。当用气煤在不同加热速度下进行低温干馏时，得到的结果见表2-10。

表2-10　气煤在不同加热速度下低温干馏产物分布

项目	加热速度/(℃/min)		项目	加热速度/(℃/min)	
	1	20		1	20
产品产率（占煤有机质）/%			产品产率（占煤有机质）/%		
半焦	70.7	66.8	焦油密度/（g/cm^3）	1.007	1.140
焦油	11.2	18.7	焦油族组成/%		
焦油 轻油	4.1	1.9	酚类	25.9	14.1
焦油 重油	5.4	8.2	碱类	2.5	0.3
焦油 沥青	1.7	8.6	饱和烃	7.1	2.3
热解水	8.1	7.5	烯烃	3.4	2.9
煤气	10.0	7.0			

由上述数据可以看出，加热速度快时，焦油产率高，并且焦油中的重质组分明显增加。

用气煤为原料进行不同加热速度下的低温干馏，生成的煤气性质和组成见表2-11。

表2-11　气煤在不同加热速度下低温干馏生成的煤气性质和组成

项目	加热速度/(℃/min)		项目	加热速度/(℃/min)	
	1	20		1	20
煤气密度/（kg/m^3）	0.90	1.11	煤气组成/%		
煤气热值/（MJ/m^3）	31.92	39.73	CO	8.7	12.1
煤气组成/%			H_2	22.6	14.7
CO_2	10.3	12.0	C_nH_{2n+2}	54.6	50.7
C_mH_n	3.8	10.5			

2.3.4 压力

压力对煤的低温干馏有影响。一般压力增大，焦油产率降低，半焦和气态产物产率增加，见表 2-12。

压力增加不仅半焦产率增加，其强度也提高，原因是挥发物析出困难使液相产物之间作用加强，促进了热缩聚反应。

表2-12 压力对低温干馏产物产率的影响

产品	压力/MPa				
	常压	0.5	2.5	4.9	9.8
半焦/%	67.3	68.8	71.0	72.0	71.5
焦油/%	13.0	7.9	5.1	3.8	2.2
焦油下水/%	12.0	11.7	12.4	12.1	11.3
煤气/%	7.7	11.1	11.5	12.1	15.0

2.4 低温干馏主要炉型

干馏炉是低温干馏生产工艺中的主要设备，它应保证过程效率高，操作方便可靠。其中主要要求干馏物料加热均匀，干馏过程易控制，原料煤适应性广，原料煤粒尺寸范围大，导出的挥发物二次热解作用小等。

干馏炉按供热方式不同，可分为外热式和内热式。

外热式炉供给煤料的热量是由炉墙外部传入，设备的原理流程见图 2-1（a）。煤料装在干馏室内，热量通过炉墙导入，炉墙外部燃烧加热。焦炉是典型的外热式干馏炉。

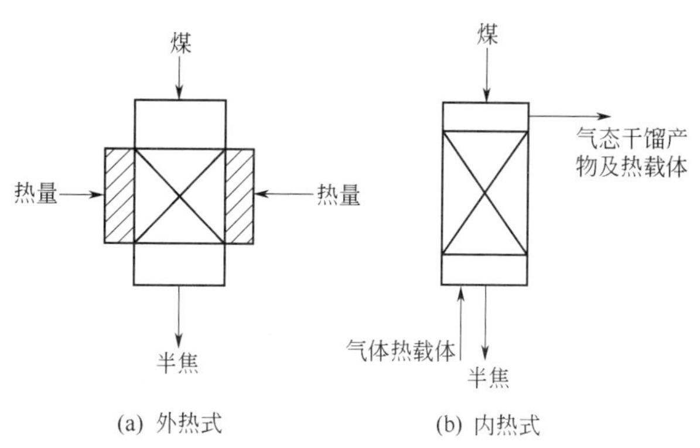

图 2-1 低温干馏煤料受热方式

外热式干馏炉的煤气燃烧加热一般是在燃烧室内进行，燃烧室由火道构成，燃烧室位于干馏室之间，供入煤气和空气于火道中燃烧。由于干馏室和燃烧室不相通，干馏挥发物与燃烧烟气不相混合，保证了挥发产物不被稀释。但是外热式供热方式存在严重缺点，由于煤料热导率低，加热不均匀，靠近加热炉墙的料层温度高，离炉墙远的部位温度低。不均匀的煤料温度场，导致半焦质量不均匀。此外，过高的温度区会加剧挥发产物的二次热解反应，使焦油产率降低。为克服此缺点，需要混合炉内煤料、减薄煤层厚度或降低加热速度。后两项措施将导致炉子生产能力降低。

内热式炉借助热载体把热量传给煤料，气体热载体直接进入干馏室，穿过块粒状干馏料层，把热量传给料层，见图 2-1（b）。气体热载体一般是燃料燃烧产生的高温烟气。热载体也可以是固体，例如用热半焦或其他物料，与煤料在干馏系统中混合，热载体将煤料加热进行干馏。内热式方法因传热效率高而得到广泛使用。

内热式低温干馏与外热式相比，有如下优点。

① 热载体向煤料直接传热，热效率高，低温干馏耗热量低。

② 所有装入料在干馏不同阶段加热均匀，消除了部分料块过热现象。

③ 内热式炉没有加热的燃烧室或火道，没有复杂的加热调节设备，简化了干馏炉结构。

内热式炉采用的热载体可以是气体，也可以是固体，但两者对煤料要求以及干馏得到的产品组成和性质等不同。与固体内热式炉相比，气流内热式炉主要存在以下缺点。

① 装入煤料必须是块状，并希望粒度范围窄。也可以使用块状型煤，但要增加工序和费用。由于气体热载体必须由下向上穿过料层，要求料层有足够的透气性，并使气流分布均匀，因此适合于内热式低温干馏炉要求的煤料粒度为 20 ～ 80mm，需要将原煤破碎和筛分，使原煤利用率降低，煤料价格高于原煤。

② 气体热载体稀释了干馏气态产物，煤气热值降低，体积量增大，增加了处理设备的容积和输送动力。

③ 内热式干馏炉不适合处理黏结性较高的煤，因为它们在干馏过程中容易结块，使下料通气不畅。

低温干馏炉因加煤和煤料移动方向不同，还可分为立式炉、水平炉、斜炉和转炉等。

2.4.1　沸腾床干馏炉

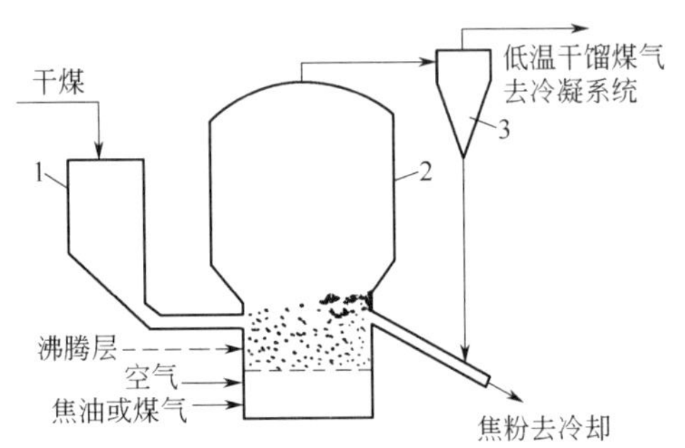

图 2-2　粉煤沸腾床低温干馏

1—煤槽；2—沸腾床干馏炉；3—旋风器

粉煤沸腾床干馏法见图 2-2。将粒度小于 6mm 的预先干燥过的粉煤连续加入沸腾炉，炉子用燃料气和空气燃烧加热，炉内形成沸腾的焦粉床层，煤料在炉中干馏。不黏结性煤用螺旋给料器加入，黏结性煤采用气流吹入法。干馏所需热量是由焦炭、焦油蒸气以及煤气在沸腾层中部分燃烧和燃料气燃烧提供，或者不送入燃料和空气，而送入热烟气。干馏产物焦粉经过一个溢流管由炉子排出。随同干馏气一同带走的粉尘在后处理中分出。在气体冷却系统中分出焦油、中油以及被燃烧烟气稀释的干馏煤气。

2.4.2　气流内热式炉

气流内热式炉干馏是褐煤块或型煤低温干馏的主要方法，其他形式仅在特殊情况下采用，或作为开发中的技术。气流内热式炉干馏煤料块度为 20 ～ 80mm。这种炉型不适用于黏结性煤。

鲁奇三段炉属于这种炉型，见图 2-3 和图 2-4。鲁奇三段炉始建于 1925 年，1934 年生产能力达到 500t/d。第二次世界大战期间德国有 98 台炉子用褐煤生产液态烃，此外还有 27 台炉子用烟煤生产焦油和焦炭，由焦油加氢生产柴油和汽油。1950 年之后，因能源结构变化，仅南非建有 2 台，印度建有 9 台。

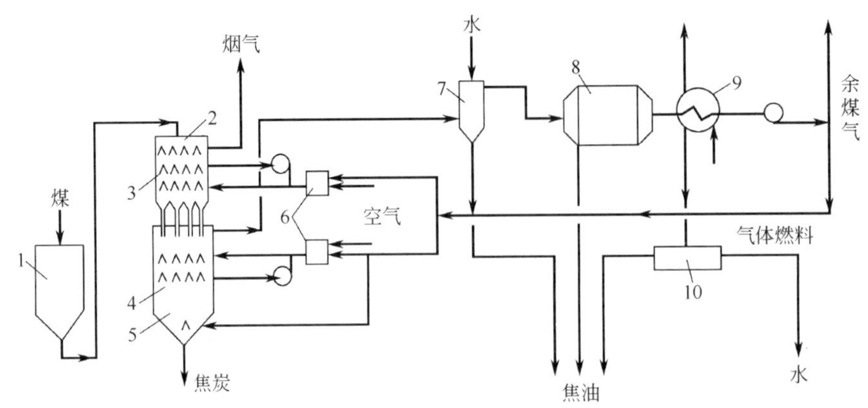

图 2-3　气流内热式炉干馏流程

1—煤槽；2—气流内热式炉；3—干燥段；4—低温干馏段；5—冷却段；6—燃烧室；7—初冷器；8—电捕焦油器；9—冷却器；10—分离器

2.4.2.1 鲁奇三段炉流程

由图 2-4 可见，煤料在竖式炉中下行，热气流逆向通入进行加热。对于粉状褐煤和烟煤要预先压块。煤在由炉上部向下移动过程中可分成三段，依次为干燥段、干馏段和焦炭冷却段，故名鲁奇三段炉。

在最上段循环热气流把煤干燥并预热到 150℃左右。在中段，即干馏段，热气流把煤加热到 500 ～ 850℃。在下段，焦炭被冷循环气流冷却到 100 ～ 150℃，最后排出。排焦机构控制炉子生产能力。上部循环气流温度保持在 280℃。

循环气和干馏煤气混合物由干馏段引出，其中液态产物在后续冷凝冷却系统中分出。大部分的净化煤气送到干燥段和干馏段燃烧炉，有一部分直接送入焦炭冷却段。剩余煤气外送，可以作为加热用燃料。冷凝冷却系统包括初冷器、焦油分离槽、终冷器以及洗苯塔。

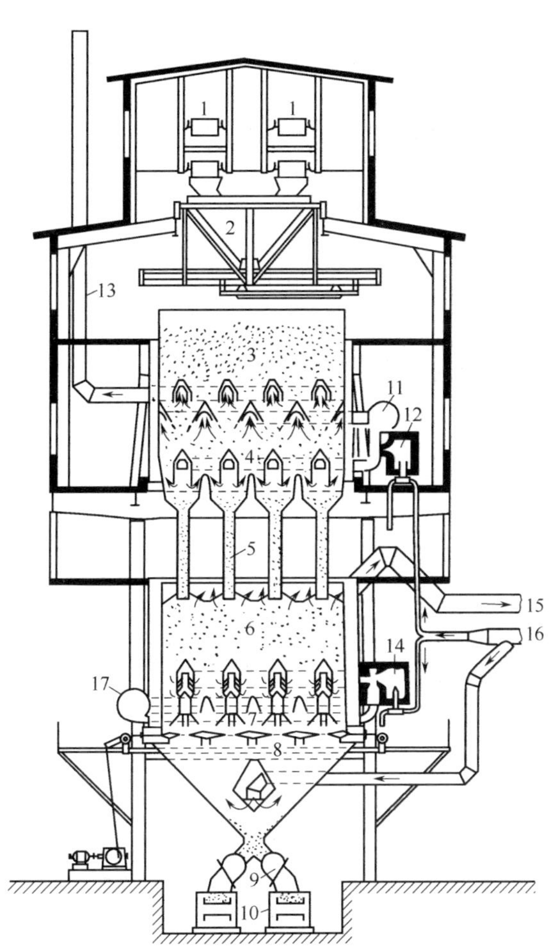

图 2-4 鲁奇三段炉

1—来煤；2—加煤车；3—煤槽；4—干燥段；5—通道；6—低温干馏段；7—冷却段；8—出焦机构；9—焦炭闸门；10—胶带运输机；11—干燥段吹风机；12—干燥段燃烧炉；13—干燥段排气烟囱；14—干馏段燃烧炉；15—干馏段出口煤气管；16—回炉煤气管；17—冷却煤气吹风机

一台处理褐煤型煤 300 ～ 500t/d 的鲁奇三段炉，可得型焦 150 ～ 250t/d、焦油 10 ～ 60t/d、剩余煤气 180 ～ 220m³/t 煤。对于含水分 5% ～ 15% 褐煤的耗热量为 1050 ～ 1600kJ/kg。

鲁奇三段炉的操作参数见表 2-13。

表2-13 鲁奇三段炉的操作参数

项目	指标	项目	指标
炉子处理型煤能力/（t/d）	450	冷却煤气压力/Pa	1100～2400
型煤性质		干馏煤气高热值/（MJ/m³）	7.8
焦油铝甑试验产率/%	14.8	N_2含量/%	42.2
水分/%	16.3	气体流量/（m³/h）	
灰分/%	10.3	干馏段燃烧空气	3300
强度/MPa	4.2	干馏段燃烧煤气	3000
干馏段煤气循环量/（m³/h）	16500	干燥段燃烧空气	2400
干馏段混合气入口温度/℃	750	干燥段燃烧煤气	1500
干馏段气体出口温度/℃	240	焦炭冷却用煤气	3500
干燥段混合气体入口温度/℃	300	焦油产率（对铝甑试验值）/%	88

2.4.2.2 物料平衡和热量平衡

含水 15% 的褐煤型煤，在鲁奇三段炉中低温干馏的物料平衡和热量平衡计算如下。

（1）物料平衡（以 100.0kg 湿型煤为基准）

收入

项目	质量/kg	比例/%	项目	质量/kg	比例/%
① 湿型煤	100.0	53.36	其中 干燥段用	15.0	8.00
② 燃料煤气	16.2	8.65	干馏段用	15.7	8.38
其中 干燥段用	8.0	4.27	④ 焦炭冷却用煤气	27.6	14.73
干馏段用	8.2	4.38	⑤ 下部补充煤气	12.9	6.88
③ 燃烧用空气	30.7	16.38	收入合计	187.4	100

支出

项目	质量/kg	比例/%	项目	质量/kg	比例/%
① 型焦	45.5	24.28	燃烧产生烟气	25.4	13.55
② 焦油	11.2	5.98	焦炭冷却用煤气	27.6	14.73
③ 轻油	1.3	0.69	下部补充煤气	12.9	6.88
④ 焦油下水	9.0	4.80	⑥ 干燥段排出的烟气	21.5	11.47
⑤ 煤气	84.9	45.30	⑦ 干燥段排出的水汽	14.0	7.48
其中 低温干馏煤气	19.0	10.14	支出合计	187.4	100

（2）热量平衡

收入

项目	热量/MJ	比例/%	项目	热量/MJ	比例/%
① 加热煤气燃烧热	114.806	90.84	其中 干燥段	0.565	0.45
其中 干燥段	56.695	44.86	干馏段	0.587	0.46
干馏段	58.111	45.98	③ 焦炭冷却用煤气焓（30℃）	1.320	1.04
② 空气带入焓（30℃）	1.152	0.91	④ 下部补充煤气焓（30℃）	9.113	7.21
			收入合计	126.391	100

支出

项目	热量/MJ	比例/%	项目	热量/MJ	比例/%
① 型焦焓（220℃）	9.532	7.54	水汽	31.322	24.78
② 焦油和汽油焓（240℃）	6.285	4.97	⑥ 散热		
③ 煤气焓	32.451	25.68	干燥段	19.169	15.17
④ 焦油下水焓	9.553	7.56	干馏段	16.948	13.41
⑤ 干燥段排气焓（70℃）	33.177	26.25	⑦ 差值	-0.724	-0.58
其中 烟气	1.855	1.47	支出合计	126.391	100

2.4.3 立式炉

图 2-5 是一种可连续操作的外热式烟煤低温干馏炉。煤料由上部加入干馏室，干馏所需热量主要由炉墙传入，火道加热用燃料为发生炉煤气或回炉的干馏气。干馏室下部焦炭被吹入的冷气流冷至 150 ～ 200℃，落入焦槽并喷水冷却，然后排出。

该炉对原料煤要求有一定黏结性（坩埚膨胀序数 1.5 ～ 4），并具有一定块度（< 75mm，其中小于 10mm 的< 75%），以利获得焦块并使干馏室煤料有一定透气性。原料煤可以是弱黏结性煤，虽然热稳定性好的不黏结性煤也可以生产煤气，但所得产品焦炭强度差、碎焦多。煤的干燥基挥发分约为 25% ～ 30%。

为了强化生产，可由干馏室（或称炭化室）下部吹入回炉煤气，冷却赤热焦炭，而吹入气流被加热，在上升过程中热量传给冷的煤料，强化传热过程，使炉子的生产能力得到提高。

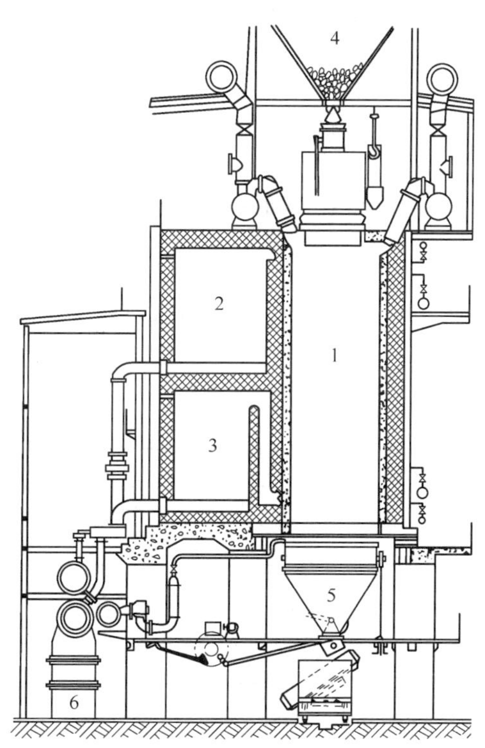

图 2-5 外热式立式炉

1—干馏室；2—上部蓄热室；3—下部蓄热室；4—煤槽；5—焦炭槽；6—加热煤气管

2.5　立式炉生产城市煤气

利用外热式立式炉进行煤干馏，产生煤气热值较高，可供城市煤气之用。其生产工艺流程见图 2-6。

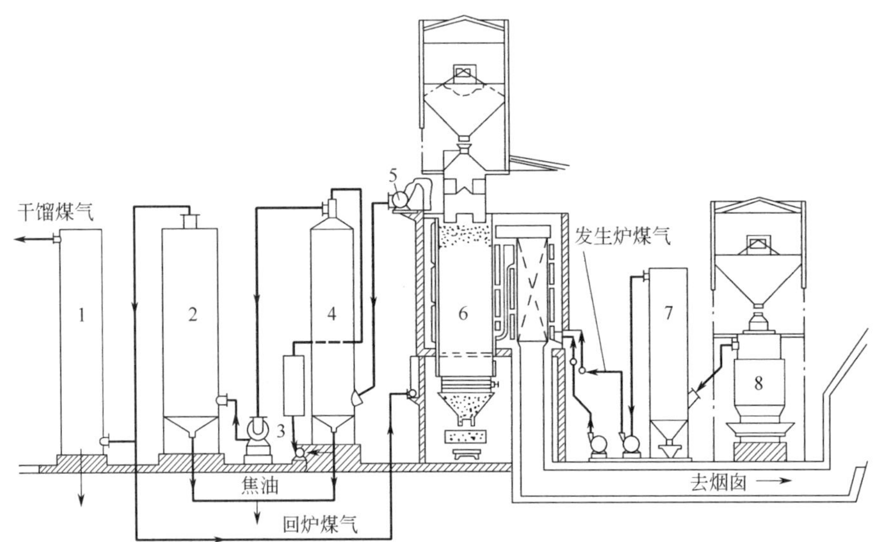

图 2-6　立式炉生产城市煤气流程

1—轻油洗涤塔；2—煤气冷却器；3—鼓风机；4—热焦油分离器；5—集气管；6—立式炉；7—发生炉煤气洗涤塔；8—发生炉

干馏煤气由集气管去热焦油分离器，经鼓风机升压送去煤气冷却器。在轻油洗涤塔把煤气中轻油吸收下来。部分煤气回炉作为干馏室下部吹入气，其余部分煤气净化后可作为城市煤气外送。

此形式干馏炉有考伯斯（Koppers）立式炉，见图 2-5。大连煤气公司曾引进此技术，用抚顺弱黏结性煤生产城市煤气。考伯斯炉带有蓄热室，可回收烟气中的热量，煤干馏耗热量较低，其值为 2400kJ/kg，而旧式伍德炉的耗热量约为 3320kJ/kg。

利用大同弱黏性煤在立式炉干馏生产城市煤气同样取得成功。原料煤的（黏结性）罗加指数为 4 ～ 5，干燥无灰基挥发分为 31.0%，粒度为 13 ～ 60mm。制得干馏煤气热值为 16.74MJ/m^3（4000kcal/m^3），煤气产率为 350 ～ 400m^3/t。

鞍山焦化耐火材料设计院曾开发了 JLW 型、JLK 型、JLH-D 型立式炉，用于中小型煤气厂。三种炉子的主要参数见表 2-14。

表 2-14　立式炉的主要参数

参数		JLW	JLK	JLH-D
炭化室	全长/mm	2600	3268	2600
	高/mm	8868	9000	8500
	上宽/mm	254	300	300
	下宽/mm	508	400	450
	中心距/mm	1335	1250	1350
炭化室容积/m^3		8.78	10	7.9
每室处理煤量/(t/d)		11～12	12～14.5	10～12
煤气产率/(m^3/t)		370	420～450	420～450
焦炭产率/%		73～75	约70	约70

续表

参数		JLW	JLK	JLH-D
耗热量/（kJ/kg煤）		3220	2430	2430
砖型数		<300	460	526
炭化室数		4×20	3×18	4×20
用砖量/t	硅砖	1600	3970	4260
	黏土砖	2520	2190	2940
	断热砖	600	80	80
	红砖等	320	320	140
	小计	5040	6560	7420

2.6　固体热载体干馏工艺

外热式干馏炉传热慢，生产能力小；气流内热式炉只能处理块状煤料。利用气体热载体流化床加热煤粉，可以达到快速热解的目的，并且符合现代技术要求，但一般情况下气体热载体为烟气，煤热解析出的挥发产物被烟气稀释，降低了煤气质量，增大了粗煤气分离净化设备和动力消耗。采用固体热载体进行煤干馏，加热速度快，载体与干馏气态产物分离容易，单元设备生产能力大，焦油产率高，煤气热值高，并适合粉煤干馏。对比外热式和气流内热式干馏方法，本书把固体热载体法简称为新法干馏。

2.6.1　托斯考工艺

托斯考（Toscoal）工艺是美国油页岩公司（The Oil Shale Corporation）开发的技术，是基于 Tosco-Ⅱ油页岩干馏工艺发展起来的煤低温干馏方法。1970 年，用怀俄达克次烟煤为原料，在 25t/d 中试装置中进行了试验。试验表明，非黏结性煤和弱黏结性煤可用托斯考法进行低温干馏，黏结性煤需要先氧化破黏。

用托斯考工艺进行煤低温干馏，可以生产煤气、焦油以及半焦。煤气热值较高，符合中热值城市煤气要求。焦油加氢可转化为合成原油。半焦中有一定挥发分，可用作现有发电厂的燃料，或制成无烟燃料。

图 2-7 是托斯考法干馏非黏结性煤的流程。粉碎好的干燥煤在预热提升管内，用来自瓷球加热器的热烟气加热。预热的煤加入干馏转炉中，在此煤和在加热器中被加热的热瓷球混合，煤被加热至约 500℃进行干馏。低温干馏产生的粗煤气和半焦在回转筛中分离，热半焦去冷却器，瓷球经提升器到瓷球加热器循环使用。

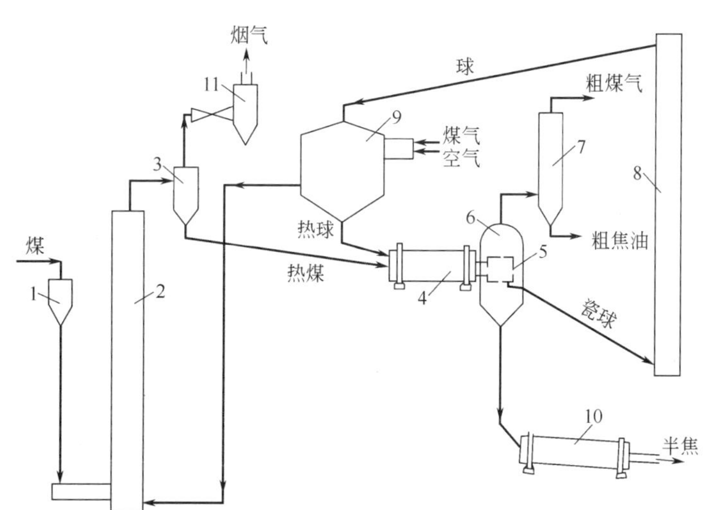

图 2-7　Toscoal 法工艺流程

1—煤槽；2—预热提升管；3—旋风器；4—干馏转炉；5—回转筛；6—气固分离器；7—分离塔；8—瓷球提升器；9—瓷球加热器；10—半焦冷却器；11—洗尘器

当处理含水分高的原料煤时，干燥预热器需要额外补充热量。煤的最佳预热温度略低于热解析出烃类挥发物的温度。

原料煤粒度最好小于 12.7mm，瓷球粒度

应略大于此值。煤在干燥和干馏过程中粒度有所降低，产品半焦粒度一般小于 6.3mm。

焦油蒸气和煤气在分离系统中冷凝分离，分成焦油产品和煤气，煤气净化后外供或作为瓷球加热用燃料。

托斯考法干馏温度和产品分布都可以较灵活地控制。常用的干馏温度为 430 ～ 540℃。当温度高于 540℃时，烟煤半焦挥发分小于 16%，可满足燃烧要求。干馏温度增高时，干馏能力降低，操作费用增加。焦油产率随干馏温度升高而增加，但温度超过 540℃时，由于焦油容易发生二次热解而使焦油产率降低。当温度低于 430℃时，焦油和煤气产率显著降低。

怀俄达克次烟煤在 25t/d 中试装置的试验结果如下：

（1）煤性质

工业分析（含量/%）			高热值/(MJ/kg)	元素分析（含量/%）				
水分	灰分	挥发分		C	H	N	S	O
30.0	5.3	30.7	18.9	46.2	2.8	0.7	0.3	14.7

（2）干馏产品产率

干馏温度/℃	427	482	521	干馏温度/℃	427	482	521
半焦/(kg/t原煤)	476	459	440	焦油/(kg/t原煤)	52	65	84
煤气/(kg/t原煤)	54	71	57	水/(kg/t原煤)	318	318	318

（3）半焦性质

干馏温度/℃	427	482	521	干馏温度/℃	427	482	521
工业分析（d)/%				元素分析（d)/%			
灰分	12.4	10.0	9.8	C	68.8	74.7	77.5
挥发分	25.3	19.7	15.9	H	3.4	3.0	2.9
固定碳	62.3	70.3	74.3	O	13.9	10.9	8.2
合计	100.0	100.0	100.0	N	1.0	1.2	1.3
				S	0.5	0.2	0.3
				灰分	12.4	10.0	9.8
				合计	100.0	100.0	100.0

（4）煤气组成

干馏温度/℃	427	482	521	干馏温度/℃	427	482	521
$\varphi(H_2)$/%	0.8	1.0	7.8	$\varphi(C_2)$/%	5.5	6.6	6.8
$\varphi(CO)$/%	18.0	17.3	18.4	$\varphi(C_3)$/%	2.9	5.9	2.8
$\varphi(CO_2)$/%	51.1	42.3	36.2	$\varphi(C_4^+)$/%	3.1	3.6	2.8
$\varphi(H_2S)$/%	1.7	1.3	0.3	合计	100.0	100.0	100.0
$\varphi(C_1)$/%	16.9	22.0	24.9	煤气热值/(MJ/m^3)	18.75	25.18	22.03

（5）焦油性质

干馏温度/℃	427	482	521	干馏温度/℃	427	482	521
元素分析（质量分数）/%				馏出量/%	蒸馏温度/℃		
C	81.4	80.7	80.9	2.5	211.8	216	199
H	9.3	9.1	8.8	10	254	246	207
O	8.3	9.1	9.3	20	301.5	288	235
N	0.5	0.7	0.7	30	340.5	329.5	285
S	0.4	0.2	0.2	40	371	371	388
灰分	0.0	0.2	0.1	50	407	413	385
合计	99.9	100.0	100.0				

2.6.2 ETCH 粉煤快速热解工艺

苏联时期进行了多种固体热载体粉煤干馏工艺研究和开发工作，其中动力用煤综合利用的 ETCH（ƏTX）方法有 4 ～ 6t/h 试验装置，4t/h 装置在加里宁工厂曾进行了高灰高硫煤以及泥炭等的试验研究。在克拉斯诺亚尔斯克电厂建成了 175t/h（ƏTX-175）的装置。与电厂联合，进行煤干馏与热电结合，利用储量大的坎阿地区褐煤，既达到了资源综合利用，又改善了电厂直接烧煤对环境的影响。

在试验装置上曾进行了坎阿褐煤试验。该煤样用铝甑干馏试验测得含油率为 6.7%，热解水为 9.4%。试验干馏温度为 635℃，反应区的停留时间为 0.4s，粒度分别为 0.15mm 和 0.06mm 的煤样进行干馏时的最大焦油产率分别为 15% 和 19%，远高于铝甑干馏试验油产率，而热解水只是铝甑干馏试验的 1/3。

上述快速热解方法所得焦油虽多，但密度大。快速热解工艺也可以采用气体和固体联合热载体方法，煤干燥阶段 110 ～ 150℃和煤预热阶段 300 ～ 400℃采用气体热载体，由热解开始温度到 600 ～ 650℃阶段，采用固体热载体，固体热载体温度为 800℃左右。

2.6.2.1 ETCH 4 ~ 6t/h 试验

在 ETCH 4 ～ 6t/h 试验装置上进行了以半焦为热载体的干馏试验，原料褐煤 1000kg，水分为 32%，可得半焦 328kg、焦油 42kg、煤气 58m³，煤气热值为 19.4MJ/m³。

产品半焦燃点低于 190℃，反应能力（用 CO_2 测定，于 1000℃左右）为 12 ～ 15cm³/(g・s)；电阻率为 82Ω・m；比表面积为 260 ～ 300m²/g；半焦挥发分为 12% ～ 15%，灰分为 14% ～ 20%。半焦热值高于原料煤。半焦性能好，可用于烧结矿石和高炉喷吹。

2.6.2.2 ETCH-175 试验

ETCH-175 工业试验装置能力为 175t/h 煤，建在克拉斯诺亚尔斯克电厂。装置流程见图 2-8。

原料煤由煤槽经给料器去粉煤机，此处供入约 550℃的热烟气，把粉碎后的粉煤用上升气流输送到干煤旋风分离器，经干燥的煤水分小于 4%，同时将煤加热到 100 ～ 120℃。干煤由旋风分离器去混合器，在此与来自加热提升管的热粉焦混合，在干馏槽内发生热解反应并析出挥发产物，经冷却冷凝系统分离为焦油和煤气以及冷凝水。干馏槽中生成的半焦和热载体半焦，部分去提升管燃烧升温，作为热载体循环利用，多余半焦作为产品送出系统。

在 ETCH-175 装置上试验了多种褐煤，这些褐煤含水分为 28% ～ 45%，干燥基灰分为 6% ～ 45%。干煤半焦产率为 34% ～ 56%；焦油为 4% ～ 10%；煤气为 5% ～ 12%；热解水为 3% ～ 10%。

生产的半焦可作为电站发电燃料。考虑到电、蒸汽及产品净化能耗，装置的能量效率为 83% ～ 87%。

坎阿褐煤水分为 38%；干燥基灰分为 9%；干燥无灰基挥发分为 47%；硫为 0.3%；热值为 15.46MJ/kg。干馏所得产品为：半焦粉产率 52.0%；焦油产率 19.0%；煤气产率 19.4%。

焦油中含有较多热不稳定化合物，族组成比较复杂。

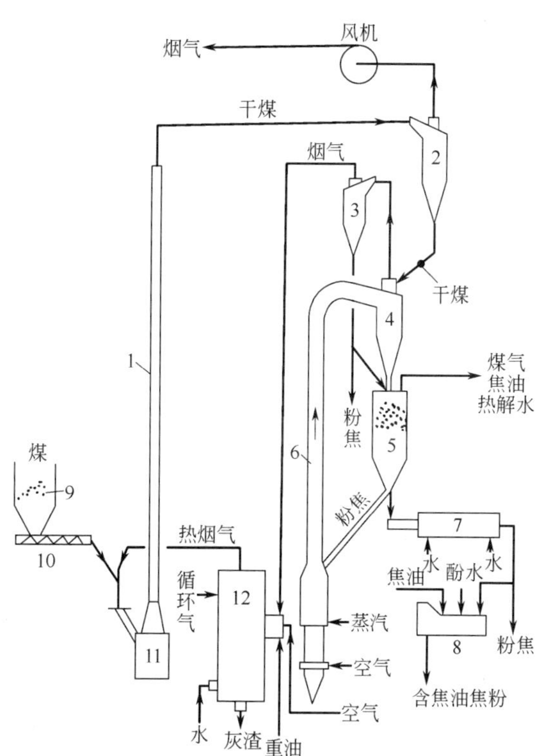

图 2-8 ETCH-175 工艺流程

1—煤干燥管；2—干煤旋风器；3—热粉焦旋风器；4—混合器；5—干馏槽；6—粉焦加热提升管；7—粉焦冷却器；8—混合槽；9—煤槽；10—给料器；11—粉煤机；12—燃烧炉

坎阿褐煤在 ETCH 装置试验所得焦油性质见表 2-15。

表2-15 坎阿褐煤在ETCH装置干馏试验所得焦油性质

干馏温度/℃	580	630	700	干馏温度/℃	580	630	700
焦油密度/(g/cm^3)	1.040	1.053	—	270～300℃	15.3	19.5	18.0
焦油元素组成/%				>300℃	32.0	42.0	45.4
C	80.25	—	—	焦油族组成/%			
H	8.42	—	—	酚类	25.0	31.9	35.9
S	0.40	—	—	碱类	2.6	4.2	3.3
N	0.62	—	—	羧酸	0.7	1.7	0.5
O	10.31	—	—	中性油	66.7	33.4	36.7
焦油蒸馏试验/%				沥青质	0.3	5.6	12.0
200℃前	14.7	12.5	13.1	其他重质物	6.1	23.2	11.6
200～270℃	38.0	22.9	23.5				

焦油中含有较多的含氧化合物，其性质不稳定，易形成较重的树脂体。含酚类较多，可作为生产酚类的原料。酚、甲酚和二甲酚含量占酚类的 20% ～ 30%，与高温焦油不同，其中间甲酚含量高，间、对甲酚比例为 0.5 ～ 1.1，是间甲酚的重要来源。

焦油的轻油和中油馏分中约含 35% 汽油馏分，加工可得到辛烷值为 82 的汽油。重质焦油中含尘约 20%，处理困难。坎阿褐煤干馏温度为 830℃时，焦油产率降至 3.5% ～ 5%，其中 92% ～ 94% 为芳烃，芳烃中 9% ～ 13% 为萘。

半焦粉质量优良，有多种用途。可做橡胶和塑料制品的填充剂、电站燃料、廉价吸附剂等。但由于粒度过细，需要密闭运输。

煤气的近似组成为 $\varphi(CO_2)$20%；$\varphi(CO)$21%；$\varphi(H_2)$28%；φ(烷烃)26%；φ(烯烃)5%。烯烃中 70% 为乙烯，30% 为丙烯。

2.6.3 鲁奇鲁尔煤气工艺

鲁奇鲁尔煤气（Lurgi-Ruhrgas，LR）工艺，是用热半焦作为热载体的煤干馏方法。此工艺于 1963 年在南斯拉夫建有生产装置，单系列生产能力为 800t/d，建有两个系列，工厂生产能力为 1600t/d。产品半焦作为炼焦配煤原料。工艺流程见图 2-9。

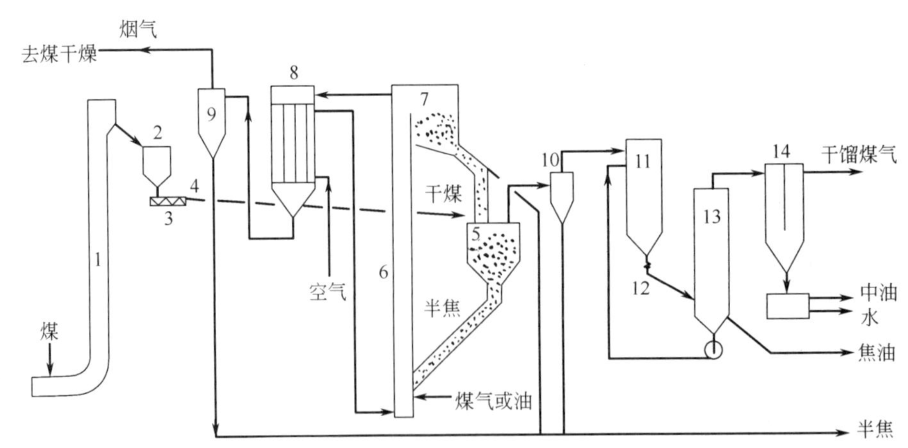

图2-9 LR褐煤干馏流程

1—煤干燥提升管；2—干煤槽；3—给煤机；4—煤输送管；5—干馏槽；6—半焦加热提升管；7—热半焦集合槽；8—空气预热器；9，10—旋风器；11—初冷器；12—喷洒冷却器；13—电除尘器；14—冷却器

煤经 4 个平行排列的螺旋给料器，再通过导管进入干馏槽。导管中通入冷的干馏煤气使煤料流动，煤从导管呈喷射状进入干馏槽，与来自集合槽的热半焦混合，使煤发生干馏。空气经预热器预热到 390℃后进入提升管，并与煤气或油或部分半焦发生燃烧反应，使半焦加热到需要的热载体温度。

原料褐煤含水分 36%，其中内在水占 8% ～ 11%，煤的粒度为 0 ～ 20mm；经重液洗选后，粉碎至 0 ～ 5mm，含水分 40%，经气流干燥后水分降至 6% ～ 12%。煤的平均性质如下。

工业分析

水分/%	灰分/%	挥发分/%	固定碳/%
7.9	8.0	42.8	41.3

元素分析

w(C)/%	w(H)/%	w(N)/%	w(S)/%	w(O)/%	水分/%	灰分/%
60.2	4.5	0.8	0.9	17.7	7.9	8.0

低温干馏试验

焦油/%	半焦/%	（煤气+损失）/%	热解水/%	水分/%
10.0	59.3	12.2	10.6	7.9

筛分组成

粒度/mm	>3	2～3	1～2	0.5～1	0.2～0.5	0.15～0.2	0.10～0.15	<0.10
产率/%	9.5	16.1	25.7	22.2	16.1	4.7	2.3	3.4

所产半焦可作为炼焦配煤瘦化剂，与四种黏结性煤相配合，可在焦炉中炼得合格焦炭。半焦挥发分为 15% ～ 20%，小于 0.10mm 细粉的含量应小于 20%。半焦的筛分组成如下。

粒度/mm	>3	2～3	1～2	0.5～1	0.2～0.5	0.15～0.20	0.10～0.15	<0.10
产率/%	1.7	4.4	11.8	15.0	21.3	11.1	17.8	16.9

重焦油中含尘较多，可以返回到干馏槽再热解。重油含尘（汽油中不溶物）21.1%；灰分 2.9%；酸性油 9.7%；密度（50℃）1.16g/cm^3；初馏点 203℃；205℃馏出量为 14.2%。

中油含尘 0.2%；酸性油 28.8%；密度（15℃）0.95g/cm^3；初馏点 125℃；260℃馏出量为 78%。

当干馏温度为 450℃时，所产半焦挥发分为 17%，干馏煤气组成如下。

$\varphi(CO_2+H_2S)$/%	$\varphi(C_2H_4)$/%	$\varphi(CO)$/%	$\varphi(H_2)$/%	$\varphi(CH_4)$/%	$\varphi(N_2)$/%
48.0	3.7	11.5	13.1	23.0	0.7

煤气中含轻油 61g/m^3；煤气低热值为 13.48MJ/m^3。

提升管中烟气组成如下。

$\varphi(CO_2+H_2S)$/%	$\varphi(C_2H_4)$/%	$\varphi(CO)$/%	$\varphi(H_2)$/%	$\varphi(CH_4)$/%	$\varphi(N_2)$/%
15.4	0.3	3.0	4.8	5.0	71.5

烟气的低热值为 2.89MJ/m^3。

干馏的耗热量为 1047 ～ 1298kJ/kg。干馏槽出口半焦温度 447℃，集合槽烟气出口温度 534℃，干馏槽煤气出口温度 465℃。

每 1t 煤的中油产率为 13 ～ 18kg；煤气 73 ～ 83kg；按煤的热值计，转化成半焦、焦油和煤气的热效率为 86.6% ～ 89.0%。

根据鲁奇公司的数据，用褐煤或烟煤为原料，干馏温度为 800 ～ 900℃时，所产城市煤气的高热值为 17.57 ～ 19.25MJ/m^3。干馏每 1t 煤耗电 11 ～ 13kW · h；耗蒸汽（0.25MPa）10 ～ 15kg。

2.6.4 中国褐煤干馏试验

褐煤含水分高，有些含灰分也高，不适于远距离输送。坑口发电利用褐煤是一个重要途径，但没有得到综合利用。大连理工大学进行了以半焦为热载体的固体热载体煤快速热解工艺（新法干馏）技术的研究与开发，在完成 l0kg/h 连续试验装置试验工作基础上，1995 年完成了 150t/d 的工业试验，2011 年完成了 600kt/a 的工业化示范装置建设。

试验装置主要包括原料煤处理、干馏、半焦提升以及焦油和煤气回收系统。工艺流程见图 2-10。

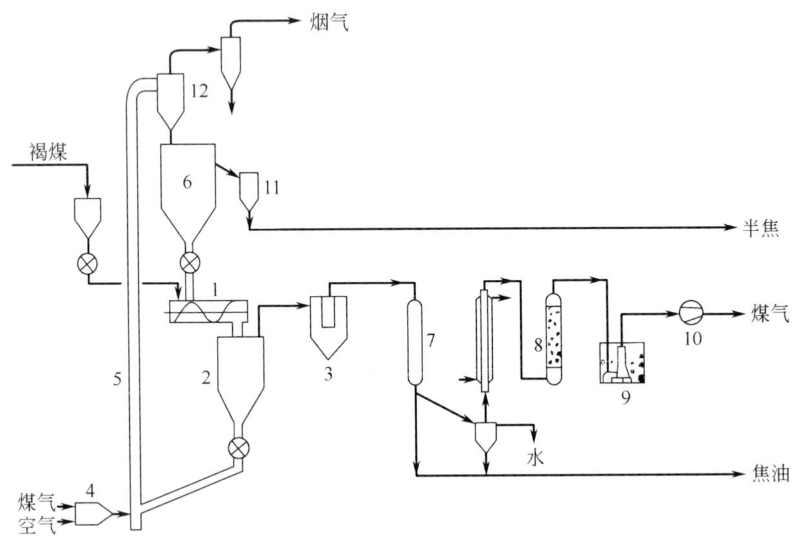

图 2-10 大连理工大学新法干馏试验流程

1—混合器；2—干馏槽；3—滤尘器；4—燃烧炉；5—提升管；6—集合槽；7—冷却器；8—干燥器；9—冷冻器；10—抽气机；11—半焦槽；12—旋风器

干褐煤与热载体半焦在混合器相混合，由于物料粒子小，混合快而均匀，煤与半焦之间传热迅速，加热速率高，从而发生快速热解。煤焦混合物由混合器去干馏槽，在此完成干馏反应并析出挥发产物。半焦自干馏槽去提升管下部，与空气部分燃烧或由热烟气加热并气流提升，热焦回到集合槽再去混合器，如此循环利用。

干馏挥发产物自干馏槽导出后，经滤尘和冷却冷凝分出焦油和冷凝液。煤气经过干燥脱去水分，在 –30℃冷却回收煤气中的轻质油。

在试验装置上进行了多种中国褐煤和油页岩的试验。试验所用褐煤含水分为 20% ～ 40%；干燥基挥发分为 42% ～ 45%；干燥基碳含量为 60% ～ 69%；干燥基氢含量为 4.4% ～ 5.4%；铝甑试验干燥基焦油产率为 11% ～ 16%；分析基弹筒热值为 16 ～ 22.5MJ/kg；煤的燃点为 175 ～ 220℃。

煤样粒度为 0 ～ 5mm，经过干燥预热，煤样含水小于 10%。试验加料量为 5kg/h，焦煤比为 3 ～ 5，热载体焦粉温度为 700 ～ 750℃，提升气体为来自燃烧炉的热烟气，干馏温度范围为 450 ～ 670℃。

四种褐煤干馏产品产率见表 2-16。在试验温度范围内焦油产率的变化见图 2-11。焦油产率有极值温度，低于极值温度时焦油产率随温度升高而增加；如超过极值温度，由于焦油二次热解加剧，焦油产率随温度升高而下降。黄县龙口褐煤焦油和轻质油产率可达 12.27%，是铝甑干馏试验值的 92%，且油质较轻。

表2-16 四种褐煤干馏产品产率

产品参数	大雁褐煤（GDY）	满洲里褐煤（GMZ）	黄县褐煤（GLC）	先锋褐煤（GYX）
干馏温度/℃	600	650	660	550
焦油/%	3.46	0.53	6.11	8.04
轻质油/%	0.43	0.42	0.72	0.50
煤气/%	26.62	38.35	19.42	15.60
煤气产率/（dm^3/kg）	298	413	210	128
热解水/%	10.83	5.17	4.64	12.80
半焦+损失/%	58.66	55.53	69.11	63.06

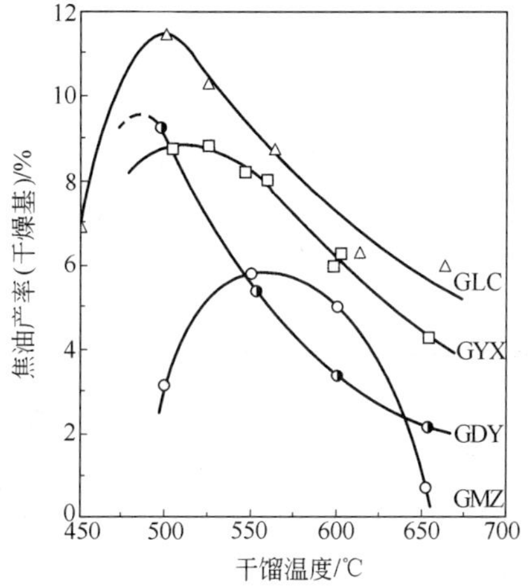

图2-11 焦油产率与干馏温度的关系

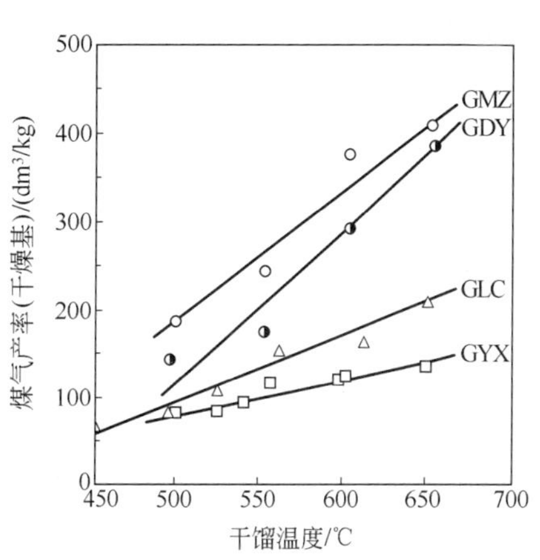

图2-12 煤气产率与干馏温度的关系

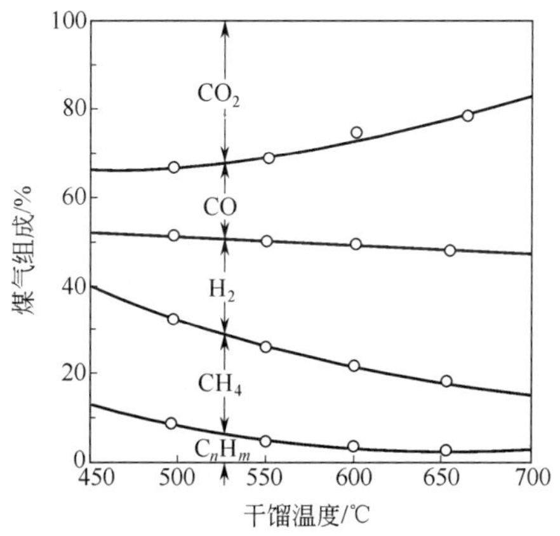

图2-13 大雁褐煤煤气组成与干馏温度的关系

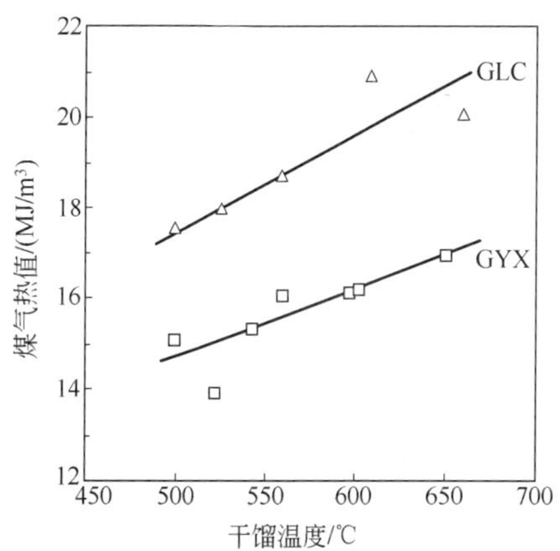

图2-14 煤气热值与干馏温度的关系

四个褐煤样的干馏煤气产率均随干馏温度提高而增加，见图2-12。以大雁褐煤为例，煤气组成随干馏温度的变化见图2-13。煤气热值与干馏温度的关系见图2-14。

产品半焦灰分较低，热值高，反应性好，比电阻大，是有效的还原剂、碳质吸附剂和高炉喷吹燃料。由于半焦在系统中多次循环，在干馏过程中存在烃类补孔作用，在加热过程中有炭沉积和微孔扩大等作用，半焦孔隙以微孔为主，具有碳分子筛性能。

2.7 本章小结

本章主要介绍了煤低温干馏的概念、低温干馏产品与特点、影响低温干馏产品的主要因素、低温干馏的主要炉型，并重点介绍了鲁齐三段炉、立式炉及固体热载体干馏工艺过程与特点。

煤是由有机质和矿物质组成的复杂混合物，其中有机质是由大小不一、形式不同的缩合环结构的核和周边侧链及官能团构成的基本结构单元通过桥键相连的高分子化合物的混合物，具有多样性、不均一性和复杂性的特点，其中含有不同反应性的组成。传统煤炭利用方法，如煤燃烧、煤气化等，是在单一反应器中进行，为了实现煤的高转化率，通常需要在高温或高压下进行。如果能根据煤中不同组分反应性差别进行转化，即煤的分级转化，无疑可以改善煤的转化效率。煤的低温干馏就是针对煤中易挥发的高反应性组分，在较低的温度下从煤中得到焦油、煤气和半焦的工艺，是典型的煤炭分级分质梯级利用技术。

近二十年来，由于受国际原油价格波动的影响，我国在煤低温干馏工艺基础上研究并发展了多种热解新工艺，充分利用低变质煤中高挥发分特点从中获取高的油气收率并提高油气品质。目前已有多种工艺进入中试或工业化示范阶段。这些工艺的开发成功对于缓解油气资源短缺，保障国家能源安全以及提高煤炭资源利用效率将发挥重要的作用。

思考题

2-1 煤低温干馏与高温干馏产品的特点有何不同？

2-2 煤低温干馏产品的影响因素有哪些？如何影响？

2-3 低温干馏的主要加热形式有哪些？内热与外热各自主要特点是什么？

2-4 气体热载体与固体热载体内热式干馏各有什么特点？

2-5 了解几种典型的煤低温干馏工艺技术及特点。

思考题解答

参考文献

[1] Макаров Г Н，Харлампович Г Д. Химическая технологня твердых горючих ископаемых. 93. Москва，Химия，1986.

[2] Bertling H，et al. Rohstoff Kohle 220. Weinheim：Verlag Chemie，1978.

[3] 郭树才 . 煤化学工程 . 北京：冶金工业出版社，1991.

[4] Cortez D H，LaDelfa C J. Hydrocarbon Processing，1981，60：2，111.

[5] Rammler R W. Energy Progress，1982，2：2，121.

[6] Тайц Е М. et al. Окускованное топливо и адсорбенты на основе Бурых углей. Недра，1985.

[7] Guo Shucai，et al. Fuel Science & Texnology International，1990，8：1，39.

[8] Gronhovd G H，et al. Low-rank Coal Technology，Lignite and Subbituminous. New Jersey：Noyes data Co，Park Ridge，1982.

[9] Lurgi Gesellschaften. Lurgi Handbuch.1970.

[10] Meyers R A. Handbook of Synfuels Technology. NY：McGraw-Hill，1984.

[11] Липович В Г. Химия И Переработка Угля.Москва，Химия，1988.

[12] 郭树才 . 大连理工大学学报，1995，35：1，46.

[13] 尚建选，等 . 低价煤分质利用 . 北京：化学工业出版社，2021.

3 炼焦

本章学习重点

- ○ 掌握常用单种炼焦煤的种类及成焦特性，以及煤质质量指标及其工艺意义。
- ○ 掌握现代配煤原理。
- ○ 了解焦炭对高炉冶炼过程的影响，以及高炉对焦炭质量指标的要求。
- ○ 了解炼焦煤预处理工艺及工艺特点，炼焦用配煤的粉碎细度。
- ○ 掌握炼焦条件对焦炭质量的影响。
- ○ 了解焦炉炉体主要结构特点及其使用耐火材料的特性。
- ○ 掌握焦炉加热用煤气的种类、特性及其燃烧计算。
- ○ 掌握焦炉加热系统上升和下降气流等流体力学计算，焦炉加热系统主要部位的压力。
- ○ 掌握焦炉燃烧室与炭化室的传热方式，了解焦炉火道向炉墙传热、炉墙的导热以及炭化室内煤料的导热特点。
- ○ 了解焦炉蓄热室格子砖的结构及其换热计算。
- ○ 掌握炼焦耗热量的概念，以及影响焦炉耗热量的因素。
- ○ 掌握焦炉物料平衡、热平衡和热效率的概念，以及焦炉热效率的计算。

3.1 概述

炼焦属于煤高温干馏，是指将炼焦煤在焦炉炭化室内隔绝空气加热到1000℃左右的炭化过程，可以生产焦炭、粗煤气，以及从粗煤气中回收焦油、粗苯、净煤气和其他化学产品，一般简称焦化工艺。焦化工艺是目前煤炭综合利用领域规模最大、技术最成熟的煤转化工艺，仅 2021 年，中国焦炭产量达 4.64×10^{8}t，占世界总产量的近 68%。随着国家环保政策的严格要求，以及国家“双碳”目标的实施，我国炼焦工艺技术正在实行产业技术升级及创新改造，向绿色焦化产业方向发展。

焦炭是冶金工业高炉炼铁的重要基础原料，也是煤气化工艺应用的气化焦原料，通过焦炭气化进一步生产合成气，由此可以进一步加工甲醇、二甲醚、聚乙烯等化学品。面对目前国家氢能源、氢冶金发展的战略需求，焦炉煤气具有重要的应用价值，其中氢气组成达约 58%，可作为氢能、富氢冶金重要原料气；焦炉煤气用于富氢高炉还原气氛，是低成本原料气的首选；用于合成氨、甲醇和液化天然气（LNG）等，是重要的化工原料气；用于轧钢加热炉或焦炉自身加热，是良好的清洁燃料；用于储能原料气，是目前城市清洁能源的重要

基础原料。炼焦工艺可生产的化学产品种类繁多，特别是可以生产多种高附加值的芳香族化合物产品，包括苯、甲苯、二甲苯、酚、萘、蒽、吡啶碱和煤沥青等；同时，煤气中的氨可以生产硫酸铵、浓氨水、液氨。所以炼焦化学工业能提供农业需要的化学肥料和农药，合成纤维工业的原料苯、萘，塑料和炸药工业的原料酚，以及医药工业的原料吡啶碱、喹啉等。目前，世界上两环以上的芳烃原料 90% 以上都是从煤化学工业得到。可见，炼焦化学工业可以为有机化工、无机化工、精细化工等提供重要化工原料和中间体，可生产多种重要的化工产品，也是目前国内煤焦化产业链延伸发展的重要方向。

炼焦工业是伴随钢铁工业发展起来的。初期炼铁是使用木炭，由于木材逐渐缺乏，且炼铁效率低，使炼铁技术发展受到限制，由此人们才开始寻求使用焦炭炼铁。1709 年英国用焦炭替代木炭炼铁获得成功，1856 年法国开发了以回收煤焦油、氨为目的的底部加热副产焦炉，由此实现了炼焦化产品的回收与利用。初期焦炉都是将煤结焦过程和加热过程在一起进行，有一部分原料煤因提供焦炉用燃料而被烧掉，属于无化学产品回收焦炉，类似目前开发的卧式热回收焦炉。为了有效利用炼焦煤，不使焦炭烧损，需将炼焦煤结焦过程与加热过程分开进行，并可缩短结焦时间、增加焦炭产率，由此出现了倒焰式焦炉，但该炉型仍然不能回收化学产品。由于炼焦化学产品中焦油、苯、氨和多环芳烃等在工业上具有重要应用价值，因而促使人们开发将燃烧室和炭化室完全隔开的炼焦炉，即具备副产品回收的焦炉。由于煤气在燃烧室燃烧排出的废气温度很高，此部分废热一般没有回收，该部分热量主要是用来加热废热锅炉，这种没有废热回收的焦炉，叫作废热式焦炉。为了节省焦炉煤气并降低炼焦耗热量，由废热式焦炉进一步发展实现了可以回收废热的蓄热式焦炉。蓄热式焦炉的蓄热主体是以换热面积较大的多孔黏土砖为材质构成了蓄热室，每个炭化室下方对应一组蓄热室；蓄热室热能利用方式是用燃烧室热废气定期加热格子砖，然后格子砖再将热量传递给供入焦炉的贫煤气或空气，即当废气经过蓄热室时，废气把格子砖加热，格子砖蓄存了废气热量，当系统内气流换向后，格子砖把蓄存的热量传给冷的上升空气或贫煤气，使蓄存的热量被带回到燃烧室。随着炼焦炉的大型化，需要对燃烧室长度方向进行温度控制，因此出现了蓄热室分格结构并具有在小烟道下部调整气量的下调式新型炼焦炉，以保证焦炉炭化室长度方向燃烧室温度的均匀性和稳定性，进而保证焦炭质量的均匀和稳定。

焦炉是炼焦工艺的主体设备。焦炉由废热式发展到蓄热式，特别是蓄热室分格结构、下部气量调节是目前炼焦技术发展的一次飞跃，即具备了现代新型焦炉结构形式。由于原料煤资源的限制，为了获得高产优质低消耗的焦炭及炼焦化产品，近一百年来，世界各国相继开发了不同形式的炼焦炉，有跨顶式、双联式、废气循环式，以及分段加热式炼焦炉。随着焦炉大型化发展，相继开发有多段燃烧与废气循环组合式低氮排放的炼焦炉。

中国钢铁产量占世界总量约 50%，而焦化工业伴随钢铁工业的快速发展，已成世界煤化工领域规模最大的行业。从 1914 年中国自己开始建设的石家庄第一座焦化厂，到 1993 年，中国焦炭产量位居世界第一。目前中国在产焦炉产能达 5.4 亿吨，其中 6m 以上焦炉焦炭产能占总产能的 44.60%。到 2021 年中国相继开发建设了炭化室高 6.25m、6.78m 的大型捣固焦炉，大型 7m 及 7.65m 顶装多段加热式炼焦炉、单侧烟道炼焦炉，替代湿法熄焦的干熄焦工艺，控制装煤和推焦除尘的装煤推焦地面除尘站、焦炉荒煤气余热利用的节能型上升管装置、机侧地面除尘站等一批现代焦化升级改造设备与技术，使中国焦化工业在焦炉大型化和装备水平上已经达到世界先进水平。目前，中国已成为世界第一大焦炭生产国和出口国。

3.2 炼焦煤成焦过程

3.2.1 成焦过程基本概念

炼焦煤成焦过程是炼焦煤转化成焦炭的重要物理化学过程，其对形成焦炭的质量具有重要作用。炼焦煤成焦过程主要是基于其内在的大分子结构及其特性。烟煤是复杂的高分子有机化合物的混合物，它的基本单元结构是聚合的芳核，在芳核周边带有侧链。年青烟煤的芳核小、侧链多，年老烟煤则与此相反。炼焦煤在干馏过程中，随温度的升高，连在核上的侧链不断热分解析出，芳核本身则缩合并稠环化，热化学反应最终形成煤气、化学产品和焦炭。在发生化学反应的同时，可以形成熔融状态的胶质体，胶质体热解、膨胀、固化黏结形成具有裂纹的焦炭，胶质体数量和质量是影响焦炭质量的重要因素。

煤在干馏过程中，温度逐渐上升，煤料中水分首先析出，然后煤开始发生热分解；当煤受热温度在350～480℃时，煤热解生成气态、液态和固态产物，出现胶质体。由于胶质体透气性不好，气体析出困难，其相互作用产生了对炉墙的膨胀压力。当超过胶质体固化温度时，则发生黏结现象，产生半焦。在温度超过750℃左右时，半焦逐渐形成焦炭，该阶段有大量气体生成，会出现半焦收缩，并形成裂纹，一直到950～1050℃时，焦炭成熟，结焦过程结束。上述成焦过程可用图3-1的简图表示。

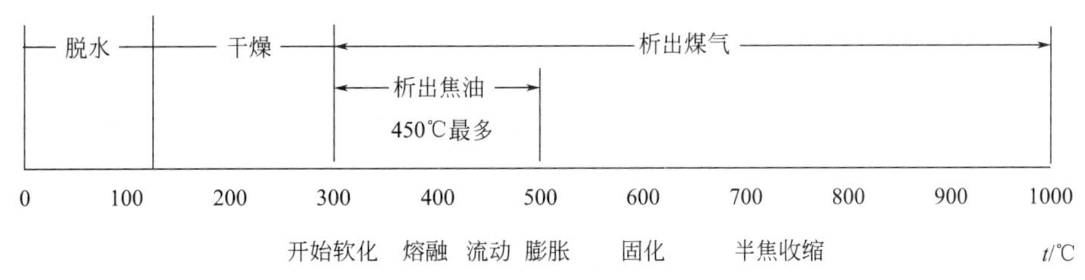

图3-1 煤热解成焦过程

煤成焦过程可分为干燥预热阶段（＜300℃），此阶段的脱水过程主要发生在120℃之前，温度继续提高至200℃，脱气（甲烷、二氧化碳、氮气）过程基本完成；胶质体形成阶段（350～480℃），该温度段炼焦煤发生分解，产生胶质体，其反应过程主要以解聚和分解为主，生成并排出大量挥发分物质（主要成分是煤气和焦油），450℃时煤焦油排出量最多；在半焦形成阶段（490～650℃）和焦炭形成阶段（650～950℃）主要是发生缩聚反应并形成焦炭。炭化室内的焦炭形成后，为保证焦炭均匀成熟和具有相应的强度，需在炭化室内停留一段时间（称为闷炉时间）。

3.2.2 炼焦煤软化、黏结和半焦收缩

炼焦煤高温干馏时煤料发生热解，并能软化熔融形成胶质体，胶质体的质量和数量对煤黏结成焦具有重要作用。炼焦用气煤、1/3焦煤、肥煤、焦煤等都能形成胶质体，对于不能形成胶质体的如贫煤，没有黏结性。煤在热解过程中能形成液相胶质体的物质多，其具有的膨胀压力就大，如中变质程度的焦煤和肥煤，形成焦炭的质量就好。如果煤热解形成的胶质体热稳定性差，很容易热解析出，其煤的黏结性差，如弱黏结性的气煤。如果煤热解形成的胶质体少，就难以很好地将煤的活性组分和惰性组分黏结成焦，如变质程度较高的瘦煤。因此，炼焦工艺选用的煤种会因焦炭产品的用途和要求而选择性配煤。

炼焦煤岩相组成分为具有活性成分的镜质组、半镜质组、壳质组（稳定组），以及惰性组分丝质组，还有成煤过程中伴生的矿物质。炼焦煤中镜质组含量占比较高，中等变质程度煤的镜质组形成胶质体的热稳定性比稳定组的好，稳定组形成的胶质体易于热解、稳定性差，故其结焦性不如镜质组。丝质组属于惰性组分不能形成胶质体，在配煤发生软化熔融形成胶质体时，其与矿物质一同均匀分散在其中，但炼焦配煤尽量减少使用高灰煤，以减少形成焦炭中矿物组分的含量。

针对高炉用焦炭质量要求，炼焦配煤中对于中等变质程度的烟煤（如焦煤和肥煤）比例会相对较高，其在热解时形成的胶质体质量好、比较稠厚，熔融状态的气、液、固三态相互作用充分，透气性较差，故在炼焦时能形成较大膨胀压力。对于黏结性差的煤，形成的胶质体液相部分少，胶质体稀薄，透气性好，膨胀压力小。基于室式成焦工艺过程，煤热解形成的膨胀压力有助于增加不同煤颗粒在软熔阶段相互黏结作用，提高配煤的整体黏结性。通过控制备煤工艺和装煤工艺条件，如控制煤料粒度，可增加装炉煤的堆密度，提高煤的膨胀压力，因而可以提高弱黏结性煤的结焦性；增大燃烧室加热速度，可在一定程度上改善煤的黏结性。所以，在备煤工艺对炼焦煤粉碎时，应使煤中惰性成分细粉碎，并使之均匀分散在配煤中；但对煤黏结性组分的粒度不宜过细粉碎，以免降低装炉煤的堆密度。在煤的黏结组分形成液相胶质体时，利用其黏结性可以更多地黏着分散在煤液相中的固体颗粒，形成均一体，并有利于提高最终形成焦炭的强度。对于能形成大量黏稠液体的煤应该适度粉碎，当其与具有瘦化作用的瘦煤、贫煤等配合后，可以形成更稠厚均一的液 - 固体系，起到提高焦炭机械强度和热态性能的作用。另外，为增强装炉炼焦煤的黏结作用，在配煤中可以适度配入少量煤沥青或石油沥青，以增加煤的黏结性，提高焦炭的机械强度和热态性能。

炼焦煤在炭化室内结焦过程中随温度升高而出现热解收缩，该收缩将直接影响焦炭的裂纹深度，进而影响焦炭的块度或平均直径。炼焦煤一般发生两次收缩，分别在 550℃和 750℃左右，其收缩量随升温速率等因素而变化，升温速率高，收缩量大，因此炼焦工艺过程需要控制适宜的升温速率。典型肥煤的收缩率变化见图 3-2。炼焦煤在 750℃左右的收缩峰值主要反映煤料热解脱氢的程度，其值在一定程度上决定煤料形成焦块的内裂纹和焦炭的强度。同时，炼焦煤在炭化室内干馏所形成的焦炭具有多孔性结构。因煤干馏过程产生的胶质体中有气相产物，当胶质体黏结形成半焦时就有气孔存在，最终形成的焦炭也是孔状体。焦炭的气孔大小、气孔分布和气孔壁厚薄对焦炭冷态强度和热态性能有很大影响，它主要取决于胶质体的性质。中等变质程度烟煤的镜质组，能形成气孔数量适宜、大小适中、分布均匀的焦炭，其强度很高。当半焦中不稳定部分受热后，不断地裂解，形成气态产物，残留的固态部分不断地缩合增碳，由于半焦失重产生了体积收缩，焦质密度增高。同时，因半焦受热不均，存在收缩梯度，而且相邻层又不能自由移动，故会产生收缩应力。当焦饼层间的收缩应力大于焦饼所在空间位置强度时则出现网状裂纹，此裂纹网将焦饼分裂成焦块，裂纹越多焦炭越碎。高炉用焦需要高的焦炭平均粒径。

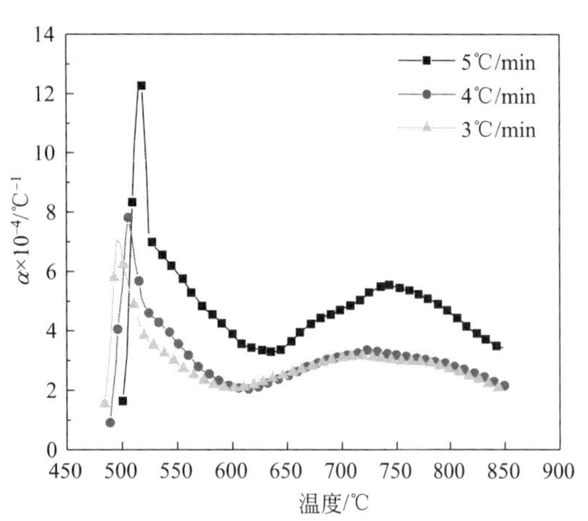

图 3-2　升温速率对 QJY 肥煤热解收缩系数（α）的影响

3.2.3　炭化室内煤料的热流动态

焦炉炭化室是煤料高温干馏的炉室，炭化室与燃烧室是相间排列，燃烧室温度是控制炭化室煤料温度的重要基础。焦炉炭化室炉墙温度，在加煤前可达 1100℃左右。当加入湿煤进行炼焦时，炉墙温度迅速下降，随着时间延长，煤料温度又继续升高，直至煤料形成焦炭。在推焦前炉墙温度恢复到装煤前温度，如图 3-3 曲线 1 所示。煤料水分含量越高，炉墙温度降低值越大，结焦时间也越长。距炉墙不同位置煤料的温度不同。

燃烧室内煤气燃烧并将热量从两侧炉墙传递到炭化室，靠近炭化室炉墙处煤料温度先升高，离炉墙远的煤料温度后升高。由于煤料中水分受热蒸发，离炉墙较远部位的煤料停留在低于 100℃的时间较长，一直到水分蒸发完才升高温度。在距离炉墙 130 ～ 140mm 的煤料，由图 3-3 中曲线 4 可以看出，停留在 100℃以下的时间有 3h；特别是煤料中心温度开始超过 100℃的时间为 8h，约占结焦时间的 1/2，即炭化室内煤料中心温度在煤料水分析出后，达结焦时间约一半时才开始从 100℃升温。因此，沿宽度方向不同部位煤料的温度，随加热时间的变化不同。不同部位的煤料温度随加热时间的变化见图 3-3。

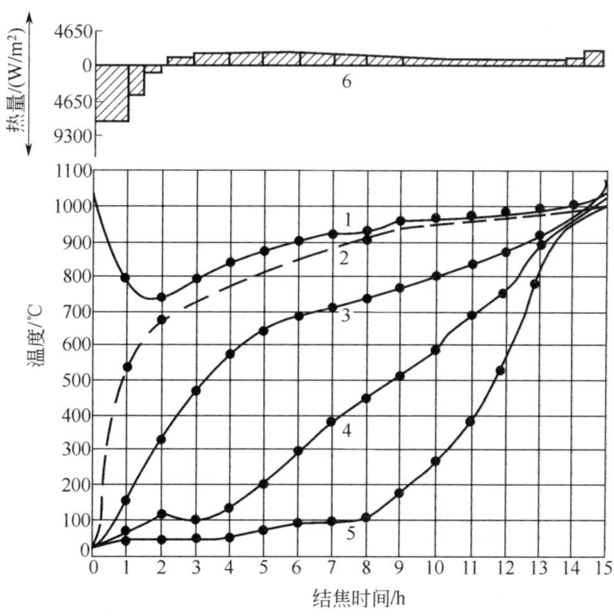

图 3-3 炭化室内煤料温度的变化情况

1—炭化室炉墙表面温度；2—靠近炉墙的煤料温度；3—距炉墙 50 ~ 60mm 处的煤料温度；
4—距炉墙 130 ~ 140mm 处的煤料温度；5—炭化室中心温度；6—炉砖热量损失和积蓄

图 3-4 为根据炭化室内不同部位煤料的升温速度所做的等温线。图中每两条线间的水平距离代表该部位煤料升高 100℃所需的时间。两曲线间水平距离大的部位，升温速度慢。例如由 100℃到 350℃，炉墙附近的煤料的升温速度可达 8.0℃ /min，而中心部分的煤料只有 1.5℃ /min。在图 3-4 中两条虚线的温度是 350℃和 480℃，

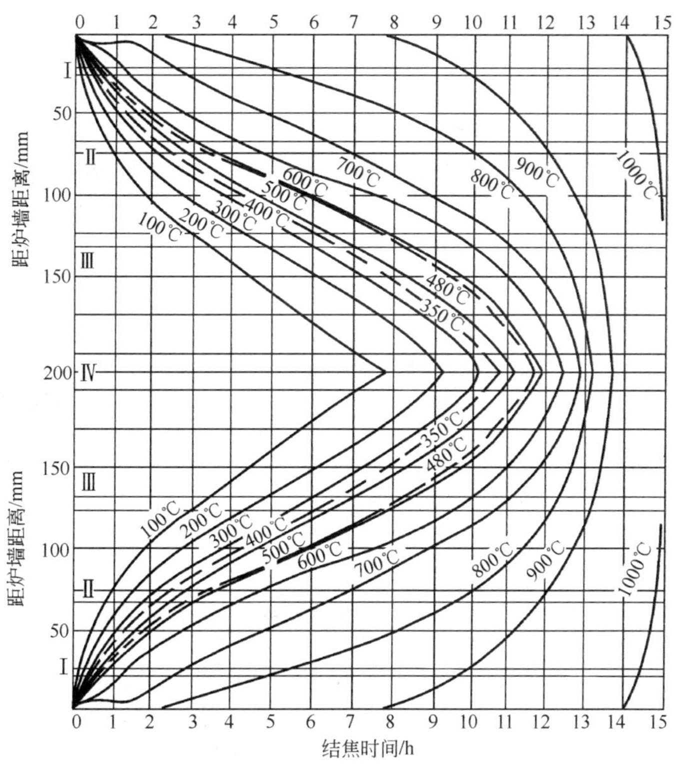

图 3-4 煤料等温线

表示针对实验煤料干馏过程中胶质体的软化与固化温度区间。两线间垂直黑线的距离代表胶质层厚度，可见距离炉墙不同部位胶质层厚度不同，在接近煤料中心部位的胶质层厚度较大。

由图 3-4 中 480℃和 700℃两线间水平距离，可以算出靠近炉墙和中心部位的升温速度较快。在此温度区间会发生收缩现象，由于不同部位的升温速度不同、温度梯度不同，因而收缩梯度也不同，所以生成裂纹的情况不同。升温速度快，裂纹多，焦块小，因此在生产焦炉的实际操作中，需要适宜的升温速度。

由图 3-4 给出了炭化室不同部位煤料的等温线分布，从中可以得到不同部位煤料在同一时间内的温度变化规律。由图 3-4 数据可见，当装煤后加热约 8h，原料煤水分蒸发完后，其煤料中心面温度才开始上升。当结焦时间达到 14 ～ 15h 时，炭化室内煤料温度都接近约 1000℃，达到焦炭成熟，其中靠近炉墙部位焦炭达到 1000℃温度的时间早于中心约 1h。

3.2.4 炭化室内成焦特征

由于现代焦炉炭化室结构是由两侧炉墙供热，在同一时间内煤料的温度分布与其所处状态如图 3-5 所示。焦炉在装煤后 9h 和图上表示的 1h 与 3h 时的煤料所处情况相近，靠近炉墙部位已经形成焦炭，而距炉墙不同部位至煤料中心分别存在湿煤层、干煤层、胶质层、半焦层和焦炭层共五种状态。同时，由图 3-5 可以看出，炭化室煤料中心位置两侧胶质层在装煤后 11h 左右会在中心汇合，相当于结焦时间的 2/3 左右，所以炭化室内煤料在不同结焦时间呈现出不同的成焦阶段。炭化室内煤料干馏过程中因煤胶质体形成，会产生膨胀压力；炉内两侧胶质层形成后逐渐移向煤料中心，因此煤料产生的最大膨胀压力出现在两胶质层于中心汇合时。升温速率高，产生的膨胀压力就大，可危及炉墙的稳定性，因此在配煤炼焦过程中需要考虑膨胀压力大的煤种的配入量。

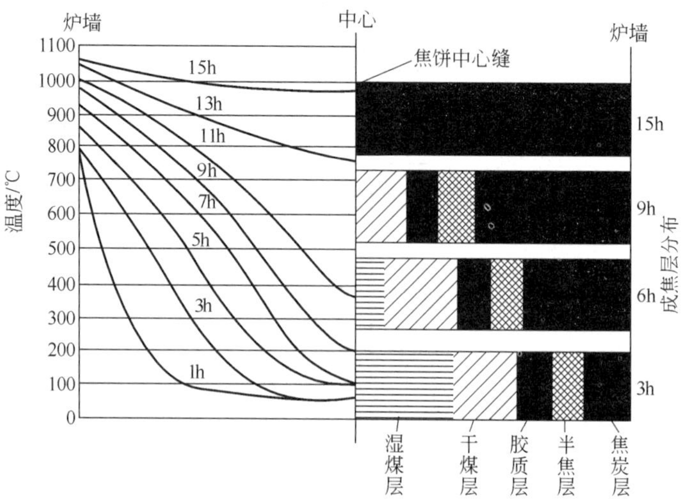

图 3-5 炭化室煤料温度和成焦层分布

炉墙单向传热造成的炭化室内煤料成焦状态不同，在结焦 1/2 时间内，五层状态同时共存；当结焦时间超过 1/2 时，因煤料所处温度不同，会形成不同的结焦状态，直至炭化室内煤料最终形成比较均匀的焦炭。对于半焦收缩时因相邻层存在收缩梯度，即相邻层存在温度梯度，使半焦的收缩量不同，所以有收缩应力产生，导致最终形成的焦炭出现裂纹。同时，各部位在半焦收缩时的各层加热速度不等，产生的收缩应力也不同，因此产生的焦饼裂纹网存在差异。加热速度快，收缩应力大，裂纹网多，焦炭碎。靠近炭化室炉墙的焦炭，裂纹很多，形状像菜花，有焦花之称，其原因在于此部位加热速度快，收缩应力较大。在结焦时间 14h 后，煤料已经形成焦炭。

焦饼成熟后，在炭化室中心面上有一条缝，如图 3-5 所示，一般称焦饼中心缝或中心裂纹。其形成原因是炭化室墙对煤料两面加热，当两胶质层在中心汇合时，促使胶质层内产生气体膨胀，同时两侧胶质层随传热量增加，逐渐发生固化收缩，故出现上下直通的焦缝，或焦饼中心裂纹。

3.2.5 气体析出途径

炼焦煤在炭化室内热解过程中因气体析出途径不同，其煤气组成也不同。炭化室内煤料热解形成的胶质层，由两侧逐渐移向中心，见图 3-5。由于胶质层透气性较差，在两胶质层之间形成的气体不易穿过胶质层，大都会上行进入炉顶空间，这部分气体称为里行气体。里行气体中含有大量水蒸气，是煤带入的水分蒸发产生的。里行气体中的煤热解产物是经一次热解产生，因为它在进入炉顶空间之前，没有经过炉墙高温区，所以没有受到二次热解作用。在胶质层外侧，由于胶质体固化和半焦热解收缩过程产生大量气态产物。这些气态产物沿着焦饼裂纹以及炉墙和焦饼之间的空隙，进入炉顶空间，此部分气体称外行气体，外行气体是经过焦炭和炉墙高温区进入炉顶空间，故经历过二次热解作用。外行气体与里行气体的组成和性质不同，里行气体量较少，只占 25% 左右，外行气体量大，约占 75%。

原料煤的变质程度及性质对炼焦化学产品产率影响较大。煤的挥发分高，焦油和粗苯产率都高。从图 3-6 可以看出，不同变质程度炼焦煤的主要化学产品焦油、煤气及焦炭产率不同，变质程度高的煤，即煤挥发分低，其焦油和煤气产率低，焦炭产率高；而变质程度低的煤，煤焦油和煤气产率高，焦炭产率低。不同变质程度炼焦煤的煤气中各组分组成和产率也不相同。从图 3-7 也可以明显看出，不同挥发分煤炼焦所得煤气组成不同。焦炉加热温度对化学产品组成影响较大，影响最大的温度是炉墙温度和焦饼温度，炭化室炉顶空间温度只占次要地位。因为大量化学产品是在外行气体中，里行气体数量相对较少。根据国外在生产规模焦炉上的试验结果，粗苯来自外行气体的占 80%，来自里行气体的只占 12% ～ 15%；来自里行气体中的一次焦油，又在炉顶空间热解生成的粗苯产率只占 5% ～ 8%。目前，因焦炉大型化后煤热解析出的气体受高温作用程度增加，使粗煤气中焦油产率相比中小型焦炉有所降低。

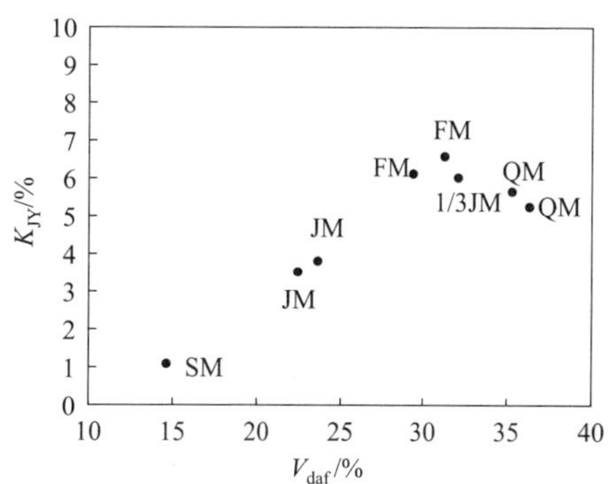

图 3-6 典型炼焦煤挥发分（V_{daf}）与焦油产率（K_{JY}）的关系

FM—肥煤；QM—气煤；SM—瘦煤；JM—焦煤

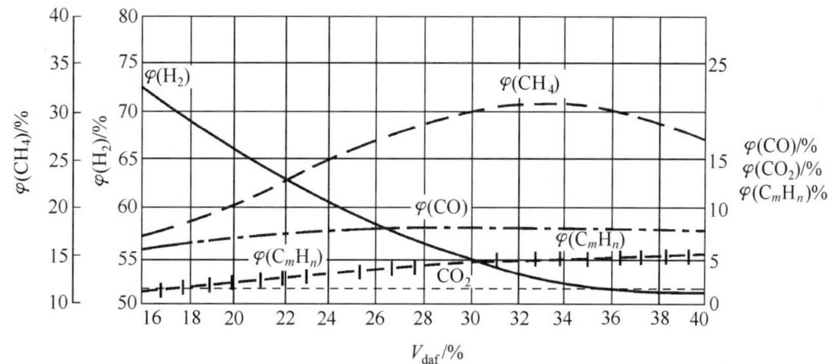

图 3-7 典型炼焦煤挥发分（V_{daf}）与煤气组成的关系

炭化室内原料煤的最终成焦温度主要以焦饼温度来表示，而焦饼温度是由燃烧室火道传递给炭化室两侧炉墙的温度决定。表 3-1 给出了炉宽 450mm、装炉煤干燥无灰基挥发分 33% 时的焦炉火道温度对化学产品产率的影响。由表可见，随着火道温度降低，粗苯产率增加，粗苯中苯含量降低而甲苯含量增加。火道温度越高，焦油中萘含量越高。焦油和氨产率在火道温度为 1275℃左右时最高。温度对化学产品组成影响的原因在于各种芳烃有最适宜的生成温度。由图 3-8 可以看出，形成芳烃的最适宜温度是在 700 ～ 800℃。炭化室炉顶空间温度受焦炉加热水平高度影响较大，在焦炉加热水平高度低、炉顶空间温度较高时，焦油产率偏小。

表3-1 火道温度对化学产品产率的影响

火道温度/℃	结焦时间/h	焦油产率/%	粗苯产率/%	氨产率/%	粗苯组成/%		焦油中萘含量/%
					苯	甲苯	
1440	13	3.24	1.210	0.254	83.8	7.0	15.0
1390	14	3.25	1.235	0.267	80.2	9.2	12.0
1350	15	3.26	1.260	0.270	77.6	11.0	11.0
1310	16	3.70	1.290	0.295	75.0	12.2	10.3
1275	17	4.00	1.320	0.310	73.2	13.1	0.8
1250	18	3.99	1.350	0.308	71.8	13.8	9.5
1225	19	3.80	1.365	0.305	71.0	14.2	9.4
1210	20	3.57	1.370	0.304	70.3	14.5	9.3

炭化室装煤后炼焦气态产物在高温区的停留时间对化学产品产率影响也很大，其中外行气体在高温区停留时间是初期短、后期长。煤气和化学产品析出最大的时间，是在成熟时间达到 2/3 左右，即相当于两侧胶质层在炭化室中心汇合的时间。

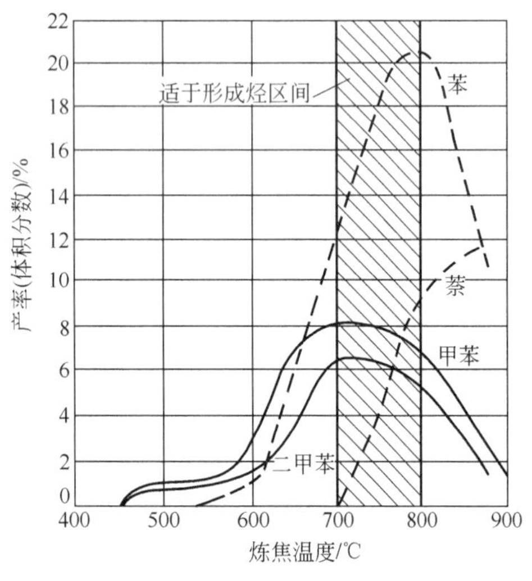

图 3-8 煤热解形成芳烃与温度的关系

3.2.6 焦炉物料平衡

焦炉物料平衡是以焦炉为本体，装入炭化室内的原料煤与其干馏过程中产生的化学产品产率和产量之间的平衡，它是评价炼焦煤加工化学产品产率及组成的重要技术经济指标，可以用来检查炼焦生产系统产出产品过程中存在的问题；此外焦炉物料平衡也是热平衡的基础。在新建焦化厂设计时，它是原料煤和化学产品量化的工程基础数据。在现代焦炉单一炭化室内，从装煤后的不同结焦时间，炼焦产品产率和组成是不相同的，但是一座焦炉有很多孔炭化室，它们按规定的装煤和出焦顺序进行生产操作，在一定周转时间内，同一时间整座焦炉各炭化室处在不同的结焦时期，因此焦炉生产的产品产率和组成接近均衡，这也为焦炉物料平衡提供了评价基础。

如果焦炉生产操作条件基本不变，炼焦产品的产率主要取决于原料煤。研究表明，焦炭、焦油和粗苯等产品产率是煤料挥发分的函数，有经验公式可以计算。其中焦炭产率主要与煤挥发分和焦饼温度有关，一般按以下公式计算：

$$K_{J,d}=103.19-0.75V_d-0.0067t_J$$

式中 $K_{J,d}$——干基全焦产率，%；

V_d——入炉煤干燥基挥发分，%；

t_J——焦饼平均温度，℃。

$$K_{JY,daf}=-18.36+1.53V_{daf}-0.026V_{daf}^2$$

式中 $K_{JY,daf}$——入炉煤干燥无灰基焦油产率，%。

干煤的全焦产率一般为65%～78%，全焦的冶金焦（＞25mm）产率约为91%～95%，小粒焦（10～25mm）占1.5%～3.5%，粉焦（＜10mm）占2.0%～4.5%。冶金焦中25～40mm的占15%～35%。目前大型高炉生产需要焦炭的平均粒径大，以增加高炉内料柱的透气性。煤气中的氨产率与煤中氮含量有关，其中氮的12%～16%生成氨。煤气中H_2S的产率与煤料含硫量有关，其中硫的23%～24%生成H_2S。煤热解化合水与煤料含氧量有关，其中氧的55%生成水。一般每1t干煤产煤气为300～420m³；产焦油为3%～5%；180℃前粗苯产率为1.0%～1.3%；氨产率一般在0.20%～0.30%。

通常进行焦炉物料平衡时，可以计算某项产品的产率。计算一般以1000kg湿煤为基准。

例如，以1t入炉原料煤为基础，煤料含水分为8%，煤气密度为0.47kg/m³，物料平衡如表3-2所示。由此得到物料平衡方程式可以计算煤气产量V_{COG}，其中焦炭、化学产品和水的总量为857.2kg。

则物料平衡式为 $857.2+0.47V_{COG}=1000$

炼焦净煤气产量为 $V_{COG}=\dfrac{142.8}{0.47}=304(\text{m}^3/\text{t湿煤})$

相当每1t干煤产煤气304/0.92=330（m³），占湿煤的14.3%。

表3-2 焦炉物料平衡

焦炉收入物料				焦炉支出物料			
项目	名称	质量/kg	比例/%	项目	名称	质量/kg	比例/%
1	干煤	920	92	1	焦炭	689	68.9
2	水分	80	8	2	焦油	34.5	3.5
				3	氨	2.45	0.20
				4	硫化氢	2.0	0.20
				5	粗苯	9.85	1.0
				6	化合水	39.4	3.9
				7	煤中水分	80	8.0
				8	煤气	$0.47V_{COG}$	14.3
	合计	1000	100		合计	1000	100.0

根据实际测定或计算得到的焦炉物料平衡结果，是掌握焦化产品实际产量和成本核算的重要依据，也是设计焦化工厂最根本的工程基础数据，据此可以设计焦化工艺相关设备处理能力、设备规格，以及进行技术经济可行性分析。

3.3 配煤和焦炭质量

3.3.1 配煤的目的和意义

配煤炼焦是现代化焦炉应用原料煤进行炼焦的重要特征。早期的土法炼焦只用单种焦煤，由于焦煤储量有限、大型焦炉对炼焦用煤的工艺要求以及发挥区域煤炭资源优势和降低配煤成本，需要配煤炼焦。单种焦煤炼焦时存在焦饼收缩小、推焦阻力大、焦煤膨胀压力很大、容易胀坏炉墙等问题，此外，焦煤的挥发分低，得到的化学产品产率低。为了克服这些缺点，采用了多种煤的配煤炼焦。单种气煤挥发分高，煤气产率高，但焦炭产率低，焦炭裂纹多、块度小、强度低。配煤炼焦可以少用好焦煤，多用结焦性差的煤，不但使国家资源利用合理，而且还能获得优质的焦炭产品。因此，配煤炼焦可以扩大炼焦煤资源，把不能单独炼成合格冶金焦的煤

经过多种煤配合再炼焦，不仅可炼出优质焦炭，而且还可以降低煤料的膨胀压力，增加收缩，利于推焦。同时，还可根据焦炭和化学产品附加值，调控产品类别，或增产焦炭，或提高化学产品产率。中国煤炭资源储量和产量都很大，炼焦用煤占的比例也很高，而且煤种类相对较全，分布在全国各地区。

国内焦化厂配煤的煤种数，一般为 8 ～ 10 种。随着炼焦原料煤资源的紧张，目前大型焦化厂使用的原料煤是由多个地区、多个洗煤厂供应，并采用同类炼焦煤彼此替代，以实现焦炭质量指标的稳定，因此大型焦化厂用煤资源种类、煤矿数量有时多达 15 ～ 30 个才能满足炼焦生产实际需要。

3.3.2 炼焦用煤

炼焦用煤主要是由焦煤、肥煤、气煤、气肥煤、1/3 焦煤和瘦煤以及中间过渡性牌号煤类构成。各类煤因变质程度、煤质工业分析、全硫、黏结性指标、煤岩性质等不同，在配煤中的成焦作用也不同，通过优化配煤可以获得良好结焦性的炼焦用煤炼制优质焦炭。

气煤挥发分产率高、黏结性低、收缩大，能形成垂直于炉墙的纵裂纹。配煤中气煤含量多时，焦炭易碎、粒度小、强度低。适当配入气煤，可增加煤料成焦过程的收缩率，减少推焦阻力，降低膨胀压力，提高煤气和化学产品产率，并降低配煤成本。

气肥煤挥发分高、黏结性好，胶质层指数较高。气肥煤结焦性介于肥煤和气煤之间，单独炼焦时焦炭强度低于肥煤，高于气煤。在配煤中适当配入气肥煤会增加煤料黏结性和化学产品产率。

肥煤的胶质层指数高，胶质体丰富，黏结性较强，在配煤中可以起到提高黏结性的作用，对增加焦炭的耐磨性能有利。配煤中配用肥煤，可以多配入黏结性差的煤种。由于肥煤挥发分高，在配煤中使用后，可以提高化学产品产率和煤气产率。另外，肥煤炼焦时，能形成与炉墙平行的横裂纹，如果肥煤配入过量，虽然黏结性高，但生成的焦炭较碎，强度不好。同时，增加肥煤配入量，将增加焦炭制造成本。

焦煤受热能形成热稳定性好的胶质体，单独炼焦能得到块度大、裂纹少、耐磨性好的焦炭，配入焦煤可以提高焦炭强度。

瘦煤变质程度较高，挥发分低、黏结性不高。配入瘦煤能降低煤成焦过程的半焦收缩率，减少焦炭裂纹，增大焦炭块度，提高焦炭强度，但瘦煤配入量过多时，会使配煤的黏结性过度降低，焦炭耐磨性能差，增加粉焦量，影响焦炭质量。

1/3 焦煤属于中等煤化度煤，是性质介于焦煤、肥煤和气煤之间的过渡煤种。具有中高挥发分的强黏结性煤特性，其单独炼焦时，焦炭的抗碎强度接近肥煤所炼焦炭，耐磨强度明显高于气肥煤所炼焦炭。

此外，褐煤、长焰煤和贫煤没有黏结性，单独干馏时不能成焦形成焦块。在一定条件下可以少量配入配煤中炼焦。特别是国内榆林地区长焰煤，因低灰低硫特性，在配煤中少量配入可以降低焦炭灰分和硫分。

3.3.3 配煤工艺指标

3.3.3.1 配煤工业分析

煤的工业分析主要是指水分、灰分和挥发分指标。配煤水分含量对焦炉生产能力有很大影响，水分能影响装炉煤堆密度和结焦时间。根据实测数据，配煤堆密度和水分的关系如图 3-9 所示。

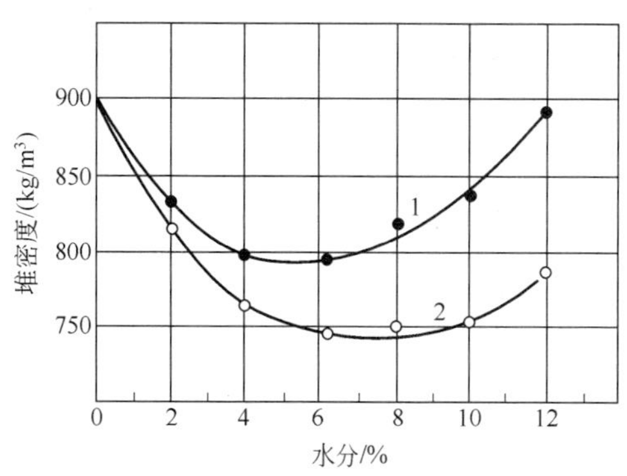

图 3-9 配煤堆密度和水分的关系

1—湿煤；2—换算成干煤

由图 3-9 可以看出，配煤的干煤堆密度最大。随着煤含水量增加，堆密度逐渐降低，在水分为 7% ～ 8% 时，换算为干煤的堆密度达到最小；之后，煤料堆密度又随水分增加而上升，但最大值不超过干煤堆密度。煤料堆密度与水分呈现的关系，主要是因水分在煤粒表面形成水膜，水分大小不同时，水膜与煤粒之间的黏着力不同；过高的水分会使煤粒间易于滑动，进而增加煤料堆密度。因此，不同粒度煤最低堆密度的水分值也不同，粒度小时，煤料最低堆密度的水分含量大，主要是煤粒表面积大造成的。

配煤堆密度对焦炉生产操作和焦炭质量有重要影响。堆密度大时焦炉装煤多，有利于提高焦炭强度。此外，配煤水分高时，结焦时间延长，且炼焦耗热量多。一般焦化厂生产配煤水分在 10% 左右。根据国内外生产数据，当配煤水分在 8% 左右时，每增减 1% 水分，结焦时间变动 20min 左右，炼焦耗热量增加约 30kJ/kg。同时，配煤水分大对炉体寿命也有很大影响，因为湿煤入炉时，会吸收炉墙大量热量，使炉墙温度剧烈下降，长此以往会损坏炉墙砖。炼焦煤水分主要来自选煤厂的洗精工艺，如果洗精煤水分偏高，焦化厂需通过煤场存储方式来降低水分，或通过强制调湿技术降低配煤水分。捣固炼焦生产对配煤水分要求严格，主要是基于捣固煤饼的稳定性需要，一般配煤水分在 11% ～ 13%，有时需对低水分配煤采取补水方式来提高煤饼捣固性能。

焦炭灰分对高炉生产应用没有益处。焦炭灰分来自原料煤，因此应当严格控制配煤灰分。因配煤灰分全部转入焦炭中，按一般配煤成焦率为 75% ～ 78%，焦炭灰分要比配煤灰分大 1.4 倍左右。根据中国煤的实际情况，结焦性好的焦煤，往往是灰高难选。目前大型高炉用焦炭的灰分小于 13%，配煤灰分至少小于 10.5%。

配煤中挥发分决定炼焦化学产品和煤气产率的大小，并影响焦炭的强度性能。同时，挥发分高低影响焦饼收缩率。在测定配煤挥发分时，可以根据坩埚中焦炭形态，初步判别配煤的黏结性。根据配煤挥发分 V_{daf} 和胶质层厚度 Y 值（mm）或黏结指数 G，利用中国煤分类指标，可以初步判定所选配煤的结焦性。如果所选配煤的 V_{daf} 和 Y 值接近焦煤，即 V_{daf}=20% ～ 30%，Y=11 ～ 25mm，说明所选配煤的结焦性可能是好的。一般生产焦炉配煤挥发分 V_{daf} 为 23% ～ 32%，胶质层厚度 Y 一般在 13 ～ 20mm，黏结指数 G 为 60 ～ 85；顶装煤焦炉炼焦配煤的 Y 和 G 值接近上述指标的上限，捣固炼焦配煤的 Y 和 G 值接近上述指标下限。当然，焦化厂因使用的炼焦煤煤种多、煤质复杂，且技术指标多，对配煤炼焦保证焦炭质量提出了更高技术要求。

焦炭中硫分对高炉生产没有益处。焦炭中硫分来自所配单种炼焦煤。煤干馏时一部分硫随煤气带出，其余的留在焦炭中，因此配煤硫分应控制在一定的范围。焦炭硫分和配煤硫分的比例系数一般为 0.80 ～ 1.0。通常焦炭的硫分要求小于 1.0% ～ 1.2%，因此配煤硫分应小于 1.0%。中国东北地区所产炼焦煤，大多数属于低硫煤，配煤硫分一般不高，但西南和中南区及华北部分地区的一些煤含硫高达 2% ～ 4%。目前，随着国内钢铁企业对炼焦配煤成本的控制，大都采用多矿点、多煤种配煤技术来控制焦炭的硫分指标。

3.3.3.2 煤黏结性和结焦性及膨胀压力

煤黏结性是指煤在炼焦时能形成熔融胶质体的特性，不仅自身能够黏结，而且可以黏结煤的惰性物。煤加热生成胶质体状态时，流动性大的煤黏结性好，胶质体的数量和质量决定着煤黏结性的好坏。不能生成胶质体的煤，没有黏结性。

国际煤分类的黏结性指标采用坩埚膨胀序数、罗加指数、奥亚膨胀度和葛金指数等。中国多采用胶质层厚度 Y 和黏结指数 G 及基式流动度 MF 指标。为了获得熔融良好、耐磨性能好的焦炭，配煤应有足够的黏结性。煤的黏结性具有一定的加和性，配煤中多配肥煤可以提高黏结性。炼焦煤的奥亚膨胀度 b 也是表征黏结性的指标，同时在一定程度上可以反映煤的膨胀性能。炼焦煤膨胀压力是黏结性煤的炼焦特征，不黏结的煤没有膨胀压力。膨胀压力大小和煤热解形成的胶质体性质有关。因此影响膨胀压力大小的因素，除与原料煤性质有关外，还和原料煤的处理方式以及加热条件有关。煤热解形成胶质体的透气性差，膨胀压力就大，所以一般焦煤和肥煤的膨胀压力大，而高挥发分煤膨胀压力小。膨胀压力能使胶质体均匀化，有助于发挥煤的黏结作用。对于黏结性弱的煤，提高堆密度，能增大膨胀压力，有利于提高焦炭质量。膨胀压力过大，能损坏炉墙。当用移动墙测定膨胀压力时，安全膨胀压力应小于炉墙 8 ～ 11kPa 的极限侧负荷。同时，膨胀压力大小可以作为胶质体质量指标，Y 值是胶质体数量指标，单种结焦性好的煤膨胀压力为 8 ～ 15kPa，Y 为 16 ～ 24mm。图 3-10 示出了移动炉墙试验焦炉炭化室内煤料的膨胀压力变化规律。由图可见，在炼焦煤结焦时间略高于 2/3 时，煤料出现最大膨胀压力；煤料黏结性好，膨胀压力大，煤料堆密度高，膨胀压力也大。

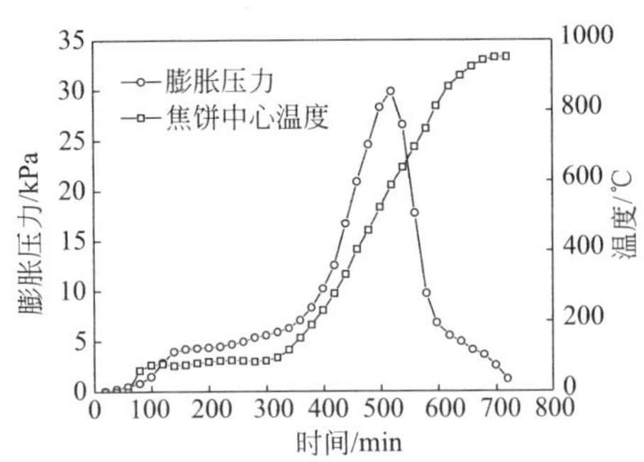

图 3-10　煤膨胀压力和焦饼中心温度随结焦时间的变化

炼焦煤结焦性是指煤料形成焦炭的性能。一般黏结性好的煤，结焦性也好。炼焦煤煤质指标中反映煤料结焦性较好的指标主要有奥亚膨胀度。当然，采用试验焦炉进行单种煤炼焦试验，通过所炼焦炭机械强度和热态性能来辨别炼焦煤成焦性是最有效的方法，目前焦化企业主要以此作为生产配煤质量控制的依据。

3.3.3.3　粉碎细度

炼焦煤的变质程度、岩相组成及矿物质含量不同，其表现的硬度就不同。炼焦过程中，煤中惰性物会形成焦炭的裂纹中心，降低焦炭强度和粒径。因此，配煤炼焦应根据各煤种的煤质特性，将煤粉碎到一定的细度，并混合均匀，才能炼出熔融性良好、质量均一的焦块。

配合后的装炉煤，粒度依据装煤方式不同，一般控制＜ 3mm 的煤占 70% ～ 90%，该值也称为细度。顶装焦炉入炉煤细度一般应控制上述值的下限，捣固焦炉入炉煤细度一般控制上述值的上限。煤粉碎得过细，会降低装炉后堆密度，对焦炭质量不利。煤中惰性成分宜细粉碎，可以减少因惰性颗粒存在而形成的裂纹。黏结性好的煤不宜过细粉碎，以保证堆密度适宜，使配煤中黏结性弱的煤能相对提高其黏结性。国内有焦化厂为增加顶装焦炉装煤量，降低配煤细度，如将配煤细度由 77% 降到约 72%。

煤粉碎粒度应少含过大和过小的颗粒，一般希望小于 0.5mm 或大于 5mm 的煤量占比要少。煤的合理粉碎细度应根据煤的性质及在配煤中的作用而定，并有利于提高焦炭质量和扩大炼焦煤源。当炼焦煤胶质体数量多时，煤细粉碎有利于提高结焦性；如果煤料黏结性较差时，只有适度粗碎才有利于提高结焦性。

3.3.4　焦炭主要用途

焦炭主要用于高炉炼铁，其余用于铸造、气化及电石和有色金属冶炼等，炼铁消耗焦炭占焦炭总产量的 85%。

高炉炼铁用焦炭是供热燃料、疏松骨架、还原剂和增碳剂。焦炭、铁矿石和石灰石自高炉顶加入，热空气从风口送入，焦炭燃烧，可保持高炉系统必要的温度。燃烧生成 CO_2，当其上升时与赤热焦炭反应生成 CO。矿石在炉内下降过程中，先在炉的上部预热，然后与 CO 反应，还原成铁，流至炉底。此外，在高温下，焦炭也能直接和铁矿石发生还原反应。由于焦炭与 CO_2 反应，能降低焦炭强度，故冶金焦的反应性（CRI）要小，反应后强度（CSR）要高。焦炭视密度比矿石的视密度小很多，而且焦炭在高炉内都是固态存在，所以高炉中焦炭占有的容积比率很高。因此，焦炭对高炉的吹风阻力和下料情况影响很大。焦炭在高炉中下降时，受到摩擦和冲击作用，高炉越大，此作用也越强，所以容积越大的高炉越要求高强度焦炭。为了保证下料均匀，不发生挂料现象，要求焦炭有一定的强度和一定块度，块度越均匀炉内透气性越好。

铸造用焦炭是在化铁炉中用其燃烧的热量熔化铁，并支撑料柱保持其良好的透气性。因此要求焦炭能放出最大热量，燃烧时多生成 CO_2，气孔率要小，灰分、硫分低，反应能力要低。铸造用焦炭在熔铁炉中受冲击作用，因此要求有一定强度。为了形成良好燃烧条件，焦炭块度要足够大，最好大于 80mm 焦炭比例要高。

气化用焦炭要求反应能力高，保证发生炉在小的料层高度情况下，能使 CO_2 和水蒸气与碳发生还原反应。此外，对于固态排渣的气化炉，气化焦炭的灰分熔点要高于 1250 ～ 1300℃，如果低时，则灰分熔化成渣，破坏了气化过程，影响气化效率。

3.3.5 焦炭质量

焦炭质量主要取决于用途。用于高炉炼铁时，焦炭质量对高炉生产稳定操作具有重要影响。特别是大型高炉对焦炭质量提出了更高的要求。为强化及稳定高炉生产，要求焦炭机械强度高、耐磨性能好，反应性低、反应后强度高，灰分低、硫和磷等杂质少、粒度均匀，适宜的气孔率，以及可燃性好、发热值高、化学成分稳定等。

3

3.3.5.1 物理性质

焦炭真密度介于 1.87 ～ 1.95g/cm³，其值大小与原料煤性质、炼焦加热条件和炼焦终温有关。加热终温越高，真密度越大。一般焦炭块的视密度介于 0.88 ～ 1.08g/cm³。焦炭气孔率可按下式计算：

$$P=\frac{d_0-d}{d_0}\times 100\%$$

式中 d_0——焦炭真密度，g/cm³；

d——焦炭视密度，g/cm³。

不同种类的焦炭气孔率值波动范围较宽，其值为 35% ～ 60%。焦炉生产的高炉用焦炭气孔率约为 35% ～ 45%，一般捣固炼焦炉所产焦炭的气孔率高于顶装煤焦炉所产焦炭。适宜的焦炭气孔率对炼铁过程铁矿石的还原具有重要作用。

焦炭的电阻值与原料煤性质、炼焦加热速度和终温有关。对变质程度高的煤，如加热速度高和加热终温低，则所得焦炭的比电阻大。高炉用焦炭的电阻率一般为 0.07 ～ 0.10Ω・cm。用电热化学法生产的气煤焦炭的电阻率为 0.1 ～ 0.2Ω・cm。如果炼焦用原料煤的黏结性好，则形成焦质碳层结构的规整程度就高，比电阻小。

焦炭比热容随炼焦终温的提高和灰分减少而增加。高炉用焦炭平均比热容值为 1.4 ～ 1.5kJ/(kg・K)。

焦炭热导率与其微观结构和灰分含量有关，在常温下为 0.46 ～ 0.93W/(m・K)，1000℃时为 1.7 ～ 2.0W/(m・K)。

3.3.5.2 化学成分

高炉和铸造生产对原料焦炭的化学成分要求如表 3-3 所示。

表3-3 高炉和铸造用焦炭化学成分　　单位：%

类别	灰分（A_d）	硫分（S_d）	挥发分（V_{daf}）	水分（M）	磷分（P）
高炉焦	＜13	＜1	＜1.2	＜0.3	＜0.015
铸造焦	＜12	＜0.8	＜1.5	＜5	—

注：表中焦炭水分为干熄焦含水，湿熄焦水分一般约 6%。

（1）灰分　焦炭的灰分越低越好，灰分每降低 1%，炼铁焦比可降低 2%，渣量减少 2.7% ～ 2.9%，高炉增产约 2.0% ～ 2.5%。同时，焦炭灰分中 K 和 Na 含量高会降低焦炭热态强度，因此高炉生产操作，在配煤中尽量减少 K 和 Na 含量高的煤。

（2）硫分　煤种的硫分主要分为有机硫和无机硫。无机硫主要是以矿物形式存在的黄铁矿硫和硫酸盐硫，而有机硫主要是指硫原子与煤大分子结合的硫。焦炭中的硫分主要是结合在碳结构中的硫及矿物质硫。在高炉冶炼过程中，硫是有害元素；硫主要靠炉渣排除；焦炭硫分增加，势必增加高炉的熔剂量来降硫，因此会降低生铁产量。此外，焦炭中有部分硫转入生铁中，使生铁呈热脆性，同时加速铁的腐蚀，大大降低生铁质量。一般硫分每增加 0.1%，熔剂和焦炭的用量将分别增加 2%，高炉生产能力则降低 2% ～ 2.5%。

（3）挥发分　焦炭挥发分是鉴别焦炭成熟度的一个重要指标，成熟焦炭的挥发分为1%左右；当挥发分高于1.5%时，则焦炭偏生。

（4）水分　湿熄焦焦炭水分一般为6%～8%，干熄焦焦炭水分一般＜0.3%；但有些焦化企业出于环保考虑，通过喷水方式来降低干法熄焦的排焦粉尘，由此焦炭水分可以达2%～3%。焦炭水分应稳定，否则将引起高炉炉温的波动，并给焦炭转鼓实验指标带来误差。

（5）碱性成分　焦炭灰分中的碱性成分对焦炭在高炉中的溶损反应影响很大。其中对焦炭溶损反应具有正向催化作用的矿物质主要有K_2O、Na_2O、CaO、MgO、Fe_2O_3等，特别是K_2O和Na_2O对焦炭溶损反应影响最大。碱金属和碱土金属通过增加活性位降低反应活化能而增加焦炭溶损反应，从而使焦炭发生劣化。碱性成分会在炉腹部位高温区富集，因此，应控制入炉焦炭中碱性成分的含量。国内宝钢结合生产实际进行了煤中矿物质对焦炭溶损性能的研究，其定义的矿物质催化指数为MCI，具体计算为：

$$MCI = A_d \frac{1.9K_2O + 2.2Na_2O + 1.6CaO + 0.93MgO + Fe_2O_3}{(100 - V_d)(SiO_2 + 0.41Al_2O_3 + 2.5TiO_2)}$$

式中　MCI——矿物质催化指数，%；

A_d——煤的干基灰分，%；

V_d——煤的干基挥发分，%。

焦炭热值与元素组成和灰分有关，其热值为28.05～31.40MJ/kg。

3.3.5.3　机械强度

焦炭机械强度包括抗碎强度和耐磨强度，通常用转鼓测定。中国采用米贡姆转鼓试验方法测定焦炭机械强度，转鼓直径1000mm、长度1000mm，每分钟25转，转动4min。用M_{40}或M_{25}表示焦炭的抗碎强度，用M_{10}表示焦炭耐磨强度。当用M_{40}指标时，入转鼓实验焦炭试样取＞60mm的50kg，转鼓实验后对出鼓焦炭进行筛分，取筛上＞40mm的焦块质量分数作为抗碎强度M_{40}，取筛下＜10mm焦粉作为耐磨强度M_{10}。同理，如果用M_{25}表示抗碎强度，则称取＞25mm同样量的焦炭试样进行转鼓实验，通过筛分将＞25mm的焦块质量分数作为M_{25}。根据不同容积高炉对焦炭质量的要求，焦化厂在采用干法熄焦条件下，一般M_{40}为75%～88%，M_{10}为5%～9%。

高炉对不同等级焦炭机械强度的要求如表3-4所示。

表3-4　高炉用焦炭机械强度

米贡姆转鼓指标	级别		
	Ⅰ	Ⅱ	$Ⅲ_A$
M_{40}/%	≥82.0	≥78.0	≥74.0
M_{10}/%	≤7.0	≤8.5	≤10.5

3.3.5.4　焦炭反应性和反应后强度

（1）高炉用焦炭的热态性能　焦炭热态性能主要指焦炭反应性（CRI）和反应后强度（CSR）。高炉解剖研究表明，高炉内焦炭的劣化过程大致可描述为：自炉身下部开始，强度发生变化，反应性逐步增高；到达炉腹，粒度明显变小，含粉增多。其原因是，在炉内含二氧化碳气氛及热作用下，焦炭发生碳素溶解损失反应，且随炉料下降过程逐步加剧，同时因炉内富集的碱金属（钾、钠）对焦炭的催化和侵蚀作用，以及高温的热应力作用，导致焦炭劣化程度增加。国内外学者研究发现焦炭劣化主要发生在高炉中 900 ～ 1300℃的温度区间，即炉腰、炉腹位置。

焦炭质量明显劣化的主要原因是焦炭与二氧化碳的气化反应。

$$CO_2+C \longrightarrow 2CO$$

该反应属于非均相气固反应，经过气体扩散作用，CO_2 到达焦炭气孔表面并同表面碳活性点发生反应。所以，炭溶反应速度一方面受化学反应速度影响，另一方面也受气体扩散速度影响。该反应消耗碳，使焦炭气孔壁变薄，促使焦炭强度下降、粒度减小。因此焦炭反应性与焦炭在高炉中性状的变化有密切关系，能较好地反映焦炭在高炉中的状况。目前评价焦炭热性质的重要指标是焦炭反应性（CRI）和反应后强度（CSR）。一般在高炉冶炼中希望焦炭 CRI 要小，焦炭 CSR 要高。影响焦炭热态性能的因素大体可分为三类：一是原料煤性质，如煤种、煤的岩相组成、煤灰成分等；二是炼焦工艺因素，如焦饼中心温度、结焦时间、炼焦方式等；三是高炉冶炼条件，如温度、时间、气氛、碱含量等。

焦炭热态性能测定方法有多种，现在国内外测定冶金焦反应性方法多为 CO_2 反应性。实验用 200g 焦炭，焦样粒径为 23 ～ 25mm，反应温度为 1100℃，CO_2 通入量 5L/min，反应 2h，用焦炭失重的质量分数作为 CRI 指标，将反应后全部焦炭送入 I 型转鼓，以 20r/min 转 30min，取鼓后＞ 10mm 焦炭量占入鼓焦炭的质量分数作为焦炭反应后强度（CSR）。目前，大型高炉生产用焦炭 CRI 指标较好的约为 22%，焦炭 CSR 约为 68%。有些学者用焦样反应的 CO_2 容积速率 [mL/(g・s)] 来表征焦炭反应性能，该指标一般为 0.4 ～ 0.6mL/（g・s）。表 3-5 列出了高炉对焦炭的热态性能指标要求。

表3-5 高炉用焦炭热态性能指标

焦炭热性能指标	级别		
	Ⅰ	Ⅱ	$Ⅲ_A$
CRI/%	≤30.0	≤35.0	—
CSR/%	≥60.0	≥55.0	—

（2）高反应性焦炭　高炉冶炼过程要求焦炭必须具有一定的强度来支撑高炉料柱的疏松骨架作用，因此高炉焦炭应具有较高的机械强度和热态性能。随着国家“双碳”目标的实施，钢铁企业面临着节能减碳的重要任务，为此，近年来国内宝钢等相继开展富氢全氧高炉的冶金技术开发，通过富氢高炉中 H_2 作为还原剂替代部分焦炭的还原剂作用，因而降低了焦比，减少了碳排放，由此对高炉的应用焦炭性能提出了新的技术要求。

日本钢铁工业的能源利用效率已处于全球较高水平。为减少工业高炉碳排放，开发了以从源头削减炼铁过程产生二氧化碳为目的的日本环保型炼铁创新技术项目（CO_2 ultimate reduction in steelmaking process by innovative technology for cool earth 50，COURSE50）。该项目采用氢气含量较高的焦炉煤气作高炉还原剂，并配备了强度更高的焦炭原料来保持高炉料柱的透气性，但其焦比要比传统高炉低。同时，氢气还原铁矿石时的吸热反应会降低炉内温度，需要与之相适应的高反应性焦炭。因此，COURSE50 项目的成功实施需要高强度、高反应性焦炭作为技术支撑。该项目通过抑制 CO_2 排放以及分离回收 CO_2，最终可以实现 CO_2 排放量减少约 30%。

新日铁在炼焦配煤中选用高钙煤进行了高反应性焦炭的制备及高炉生产应用试验，在 Mouroran2 号钢铁厂容积为 3014m^3 的高炉进行工业试验表明，使用 CRI 为 33.2%、CSR 为 58.6% 的富钙高反应性焦炭，使生产每吨铁焦炭用量减少 10kg，由此通过降低焦比试验减碳降耗。

3.3.5.5　其他工业对焦炭质量的要求

焦炭除主要用于高炉炼铁外，其他各类焦炭的质量要求见表 3-6，表中所列质量指标是参考值，是生产技术经济指标达到高水平的保证。由焦炭粒度指标可见，铁矿粉烧结用焦炭，电热化学生产（如铁合金生产）用焦炭的粒度要求范围不相重叠，大于 5mm 或 10mm 的粒级可用于电热化学生产，而小于 5mm 的粉焦可用于烧结。气化焦主要用于制备合成气，要求气化焦灰分低、灰熔点高、块度适宜和均匀。

表3-6　其他工业对焦炭的质量要求

焦炭类别	粒度/mm	灰分(A_d)/%	硫分(d)/%	挥发分(V_{daf})/%	气孔率/%	反应性(CO_2)/[mL/(g·s)]	电阻率/Ω·cm
铸造焦炭	80～120	<10	<0.8	<1.5	≤45	<0.5	—
电热化学焦炭	5～25	<15	<3	<3.0	>42	>1.5	>0.20
铁矿粉烧结焦炭	0～3	<15	<3	<3.0	>40	>1.5	—
民用焦炭	>10	<20	<2.5	<20.0	>40	>1.5	—

注：表中铸造焦炭为一级指标。

3.4　现代焦炉

3.4.1　焦炉概述

焦炉是焦化工艺的主体热工设备。现代焦炉结构复杂，有多种结构形式。焦炉主体是由炭化室、燃烧室、蓄热室、斜道区和炉顶区及小烟道构成。此外，围绕焦炉生产应用的焦炉机械还有装煤车、推焦车、导焦车和熄焦车或焦罐车等，见图3-11。炭化室的两侧是燃烧室，两者是并列的，下部是蓄热室，蓄热室下是小烟道和基础顶板。燃烧室由多个立火道构成。

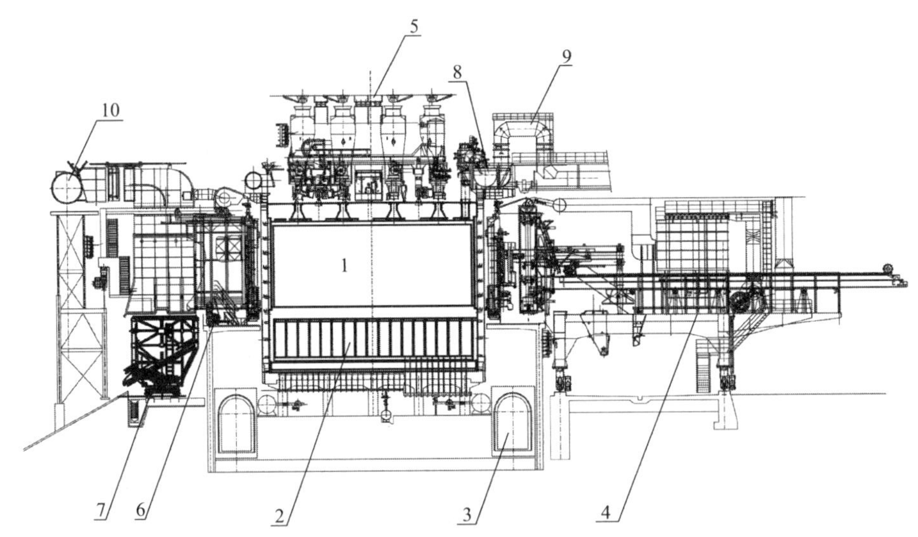

图3-11　现代大型焦炉机械断面

1—焦炉；2—蓄热室；3—烟道；4—推焦车；5—装煤车；6—拦焦车；7—熄焦车；8—煤气集气管；9—煤气吸气管；10—除尘管道

对于顶装煤焦炉，煤由炉顶装煤车加入炭化室，炭化室两端有炉门。一组现代焦炉可达120多孔炭化室。现代焦炉上部有3～5个装煤孔，炭化室的特征尺寸为平均宽度、高度和长度以及有效容积；炭化室机侧窄，焦侧宽；焦侧与机侧宽度差称为炭化室锥度，现代顶装煤焦炉炭化室锥度多为50～60mm。为适应锥度变化，炭化室温度由机侧到焦侧应逐步升高。现代焦炉炭化室宽度450～600mm，全长11000～20000mm，全高5500～8000mm，有效容积35～93m³。高度增加受到上下加热均匀性的限制，长度增加受到推焦和推焦杆机构的限制。目前，国内中冶焦耐（大连）公司设计的大型顶装煤焦炉炭化室高度达到 7.65m，大型捣固焦炉炭化室高达到 6.78m，为世界最高的焦炉。

炭化室有效容积即指煤料所占容积，其值小于全室容积。在炭化室顶部需要留有炉顶空间，高度依据装煤方式而定，一般留有约 250 ～ 300mm 的空间高度，以便导出炼焦产生的粗煤气。炭化室有效长和有效高分别指煤料所占长度和高度。捣固焦炉需要将装炉煤捣固成煤饼再行装炉，煤饼宽度一般比炭化室机侧尺寸小约 40mm。

焦炉加热系统是由多组立火道构成的燃烧室、分配立火道气体区段的斜道区、蓄热室及小烟道四部分组成。加热系统的作用是将燃烧室加热煤气与助燃空气燃烧供给的热量经炉墙传给炭化室内的炼焦煤料。燃烧废气经过斜道区下降到蓄热室，再进入小烟道汇集到分烟道，以至流入总烟道，最后进入烟囱排出。加热系统小烟道至燃烧室立火道内的气体流动是通过换向方式完成，每隔 20 ～ 30min 改变一次气体流动方向，即将上升气流换向为下降气流。立火道内废气在气流下降时把热量蓄存给蓄热室的格子砖，换向后，上升气流的空气或低热值贫煤气被格子砖预热后再去燃烧室内。

炼制好的焦炭用推焦车从炭化室推出，焦炭沿导焦车落入焦罐车或熄焦车中。目前熄焦方式主要是干熄焦（CDQ），赤热焦炭在干熄炉内用惰性气体将焦炭熄灭，同时可回收炽热焦炭的热能，冷却后的焦炭用皮带输送到储焦仓中。在干熄炉检修时，可以临时用水熄焦方式，熄焦后的焦炭放至晾焦台上。随着国家环保政策的严格要求，钢铁联合企业大都采用全干熄焦方式，即焦炉备用一套干熄焦装置。

3.4.2 焦炉炉型

现代焦炉主要功能是供给高炉所用的焦炭原料，因此需要保证炼制的焦炭质量优良，同时可以获得煤气、粗苯和焦油副产物。要求焦炉炭化室加热均匀，炼焦耗热量低，结构合理，坚固耐用。

焦炉燃烧室由多个火道构成，火道温度一般在 1000 ～ 1360℃，其燃烧火焰高温区应低于硅砖允许加热温度。火道温度的检测是在炉顶看火孔用光学高温计或连续红外测温系统测得。当用焦炉煤气加热时，火道加热用煤气由焦炉地下室内煤气管道供入；当用贫煤气，如高炉煤气加热时，煤气经由蓄热室、斜道再进入立火道燃烧。

蓄热室是存储燃烧室下降高温废气的热量并与加热用的贫煤气及空气进行热量交换的砌体室。离开立火道的废气温度高于 1000℃，因此焦炉通过设置蓄热室回收废气中的热量，实现焦炉热效率的提升。每个燃烧室与两对蓄热室相连。蓄热室中放有格子砖，在废气经过蓄热室时，废气把格子砖加热，热量就蓄存在格子砖中。待经过加热系统换向后，冷的空气或贫煤气经过格子砖，格子砖中蓄存的热量又传给空气或贫煤气，因此，蓄热室的换热是间歇交替进行。贫煤气可以是高炉煤气和发生炉煤气等。焦炉能用焦炉煤气及贫煤气加热的称复热式焦炉。

燃烧室立火道数依据炭化室长度一般设置 28 ～ 36 个，不同类型焦炉立火道联结方式不同，形成了不同结构形式的焦炉。主要有双联火道、两分式、上跨式及多段加热式等。国内外大型焦炉一般采用分段加热，以提高炭化室的高向加热均匀性。

现代焦炉各部所处温度不同，其使用材质不同。立火道及斜道区等因温度较高，用硅砖砌筑，其结构形式见图 3-12。考虑焦炉整体结构的一致性及膨胀性要求，蓄热室主墙及单墙用硅砖砌筑。蓄热室因处于上升气流与下降气流的换热状态，格子砖用材质耐急冷急热性能好的黏土砖。同时，在小烟道部位衬砖及蓄热室封墙部位因处于较低温度区用黏土砖砌筑。为了减少焦炉表面散失热量，炉顶区的炭化室顶面中部采用断热砖等，以降低炉顶表面温度。目前 7m 焦炉单孔炭化室需用的耐火砖量为 504t，需用钢材 68t。炭化室顶部厚度一般为 1.2 ～ 1.5m，并设有 3 ～ 5 个

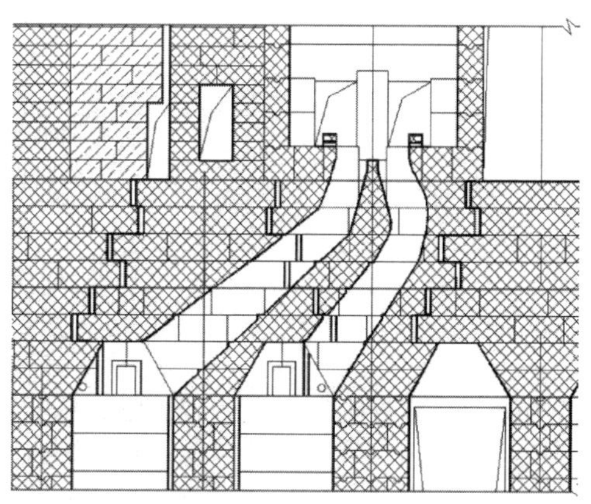

图 3-12 大型焦炉斜道部位结构图

装煤孔。捣固焦炉在机侧装入煤饼时因荒煤气烟尘量较大，需在炉顶设置导烟孔，将装煤炭化室的烟尘导入相邻炭化室，实现消烟装煤。

炭化室高向和长向加热均匀性是目前大型焦炉炭化室煤料加热的重要工艺要求。因炭化室墙表面积较大，为了获得成熟均匀的焦炭，要求立火道高向和沿炭化室长度方向供热量要满足要求，即燃烧室火道上下温度均匀。长度方向因炭化室宽度不同，焦侧宽，机侧窄，故焦侧火道温度稍高。同时，贫煤气因可燃组分含量低，其燃烧火焰长，火道高度方向加热容易达到均匀。当用富煤气，例如焦炉煤气加热时，因可燃组分含量高，其燃烧火焰较短，易于造成高向加热不均匀。为实现上下加热均匀，可以采取如下措施：

① 高低灯头。立火道中煤气灯头高低不等。

② 废气循环。上升气流立火道中混入下降气流废气，拉长燃烧火焰。

③ 分段加热。立火道分段供入空气或贫煤气，拉长燃烧区火焰。

当用焦炉煤气加热时，为了便于控制进入火道的煤气量，可采用在焦炉地下室调节供气的下喷式方法，见图 3-13。通过煤气横管上的每个支管定量地供给燃烧室各火道灯头煤气量，进入的空气量可以由分隔蓄热室箅子砖调节孔或在废气交换开闭器上的空气调节口加以控制；排出的废气量也可以由小烟道内箅子砖调节口或废气开闭器的废气砣高度调节。

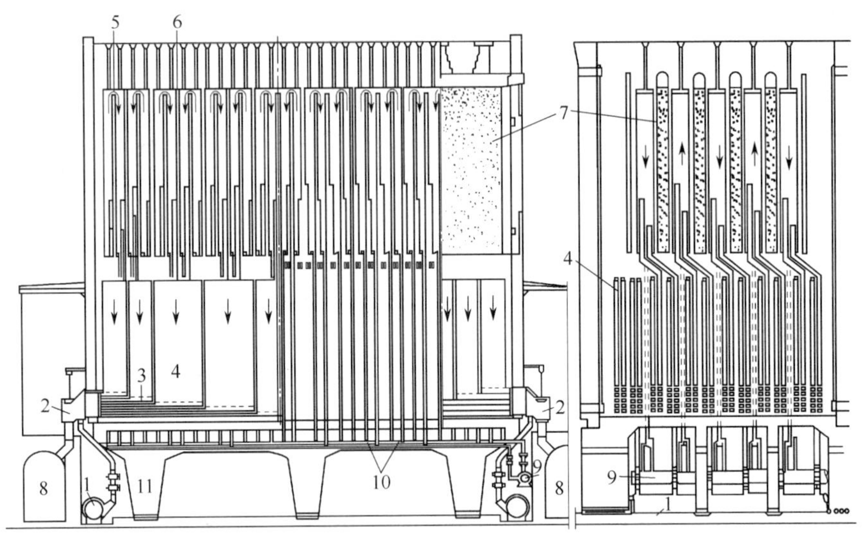

图 3-13 下喷式焦炉

1—贫煤气管；2—废气出口；3—箅子砖；4—蓄热室；5—跨越口；6—火道隔墙；7—炭化室；8—烟道；9—煤气主管；10—小烟道；11—立柱

图 3-14 是国内中冶焦耐（大连）工程技术有限公司设计的 JN 型焦炉，采取废气循环式，即在双联火道的底部设有一个循环孔，该双联火道构成一组废气循环单元结构。当废气由下降气流火道进入上升火道，废气冲淡了上升火道内燃烧的气流，达到拉长火焰、提高立火道高向加热均匀的目的。

图 3-15 是 Carl Still 公司设计的分段燃烧式焦炉。在立火道的隔墙不同高度上有气体导出口，使空气或贫气分段供给，在立火道中分段燃烧，达到火道高向加热均匀。该方法在炭化室高度 8m 时也能达到均匀加热的目的。

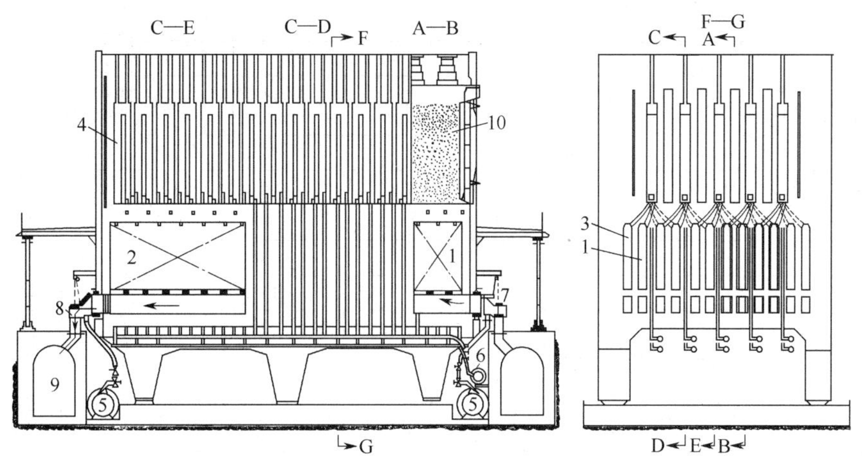

图 3-14 JN60 型焦炉结构及加热系统图

1—空气蓄热室；2—废气蓄热室；3—贫气蓄热室；4—立火道；5—贫煤气管；6—富煤气管；7—空气入口；8—废气出口；9—烟道；10—炭化室

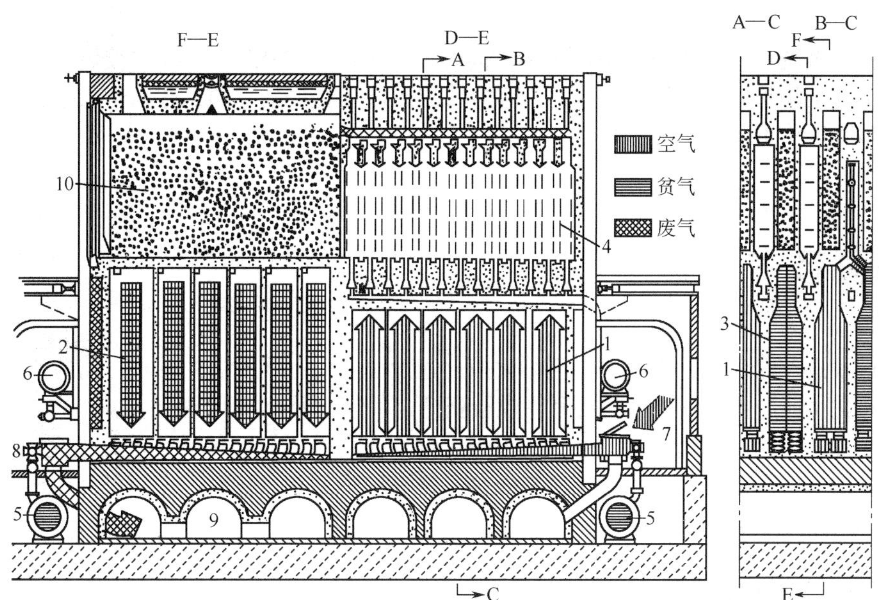

图 3-15 分段燃烧式焦炉

1—空气蓄热室；2—废气蓄热室；3—贫煤气蓄热室；4—分段加热；5—贫煤气管；6—富煤气管；7—空气入口；8—废气出口；9—烟道；10—炭化室

3.4.3 大容积焦炉

钢铁生产的高炉容积增大，与之对应的焦炉也要求增加生产能力，近年来大容积炭化室焦炉有了较快发展。表 3-7 是目前国内外设计的典型大容积焦炉炉体主要工艺参数。其中 JNX3-70 和 7.65m 焦炉是中冶焦耐工程技术有限公司设计的炉型，目前已成为国内主流炉型。德国已建成炭化室高 8.43m、长 20.8m、宽 590mm 的超大型焦炉，也是目前世界上最高的顶装焦炉。

表3-7 大容积焦炉炉体主要工艺参数

工艺参数		炉型					
		JN60-82	JNX3-70	7.65m	大容积焦炉（德国）	大容积焦炉（德国）	大容积焦炉（苏联）
炭化室尺寸/mm	高度	6000	6980	7650	7850	8430	7000
	长度	15980	16960	18870	18000	20800	16820
	平均宽	450	500	590	550	590	410
	锥度	60	50	50	50	50	50
	中心距	1300	1400	1650	1450	1450	
炭化室有效容积/m^3		38.5	48	76.4	70	93	46.1
炭化室装干煤量/t		28.5	55.6	57.3	43.0	79	29.3
周转时间/h		19	21	26.2	22.4	26.9	14.4
火道温度/℃		1300		1340	1340	1340	1346

大容积焦炉能提高单孔装煤量和装炉煤的堆密度，焦炭收缩性好、推焦功率小。国内设计的7.65m焦炉，由于装煤堆密度增大，炭化室宽度增至590mm时，其结焦时间会相应延长，但单孔装煤量增加后，单孔炭化室焦炭生产能力提升约13%。同时，由于结焦时间长，一次出焦产量大，焦炉机械操作次数少，对环境污染减轻。此外由于炭化室中心距加大，有利于提高焦炉炉墙侧负荷。

国内顶装煤焦炉炭化室高6m的焦炉已有多年生产历史，其焦化准入条件对顶装煤焦炉的炭化室高度要求至少大于6m。由于国家对环保及能耗以及焦化装备水平提高的技术要求，炭化室高7m顶装煤焦炉、6.25m捣固焦炉已成为钢铁冶金企业焦化建设的先进炉型。同时，在国内对炭化室高8m试验焦炉高向加热采用的废气循环和高低灯头实验工作基础上，结合目前燃烧室多段加热低氮燃烧技术的工程示范成果，现已在多家大型企业建设了7.65m顶装煤焦炉。

3.5 炼焦新技术

随着工业快速发展及绿色化建设要求，高炉大型化建设已成为时代发展的要求，需要生产更多优质的高炉用焦炭。为此，焦化工业的首要任务就是要利用煤炭资源，生产优质焦炭。

为了合理利用资源，提高生产经济效益，扩大炼焦煤源，利用弱黏煤和不黏煤是一条发展途径。中国弱黏煤和不黏煤储量占煤炭储量的14%，这些煤的挥发分高，有些煤低灰、低硫，有利于降低焦炭中杂质含量。为充分利用好这些弱黏结性煤可以获得合格焦炭，还需要开发炼焦新技术。

3.5.1 备煤炼焦技术改进基础

备煤工艺是炼焦过程中的重要基础工艺，其构建基础需要兼顾煤炭资源、焦炉炉型等，对此需要开展优化配煤、煤预粉碎、提高装炉煤堆密度、煤干燥和预热及成型煤工艺等。

优化配煤是备煤炼焦工艺保证焦炭质量的重要基础，也是降低生产成本的重要源头。通过对不同硬度炼焦煤进行预破碎，可以实现有效利用煤炭资源、改善焦炭的物理和化学性质、保证焦炭质量及扩大炼焦煤源的重要作用。

提高装炉煤堆密度是改善焦炭质量的重要途径。其中捣固装煤、部分配成型煤、配煤中配有机液体添加剂及选择破碎等都是提高装炉煤堆密度的重要工艺技术。同时，提高煤料堆密度可增加弱黏结性煤用量。这些方法不仅改善了焦炭质量，而且可以提高焦炉生产能力，降低生产成本。

捣固炼焦或配成型煤炼焦是在炼焦前把煤料压实，或部分煤通过压实增密以提高煤料堆密度，由此可节省优质强黏结性煤，并改善焦炭质量，提高生产技术经济水平。而粉煤捣固是在炉外捣固机上用捣固锤把散煤料捣实，以此增加煤料密度，或通过把配合煤的部分煤料预先制备成型煤，包括添加黏结剂成型或无黏结剂成型；煤料成型后与散煤一同装入焦炉炭化室内炼焦。

增密化炼焦主要是通过预先压实煤料来增大堆密度，为此可改善煤的黏结性，提高焦炭质量，为增加弱黏结性煤配比提供基础。在用膨胀度试验研究配煤时可以看出，膨胀度值与煤的堆密度成平方关系增加，见图3-16。煤的堆密度增加，增大了焦炭的抗碎强度 M_{40}，改善了焦炭耐磨强度 M_{10}，见图3-17。当捣固装煤时，煤料堆密度可增加到1.05～1.15t/m³。堆密度的增大使得煤粒子紧密程度增加，煤饼成焦时相对减少了液相黏结成分即可达到较大的焦块结构强度，因此可相对减小强黏结性煤用量，降低了配煤成本。

当采用配成型煤炼焦时，煤料堆密度增加程度小于捣固炼焦方法。如在煤料中配入成型煤30%时，装炉煤平均堆密度可提高至0.8t/m³以上。部分配用成型煤炼焦的焦炭强度比常规顶装煤方法的强度高，原因是型煤在软化形成胶质体阶段析出大量气态产物，气态产物产生的膨胀性会促进软熔阶段的气、液及固三相相互作用程度，进而强化了煤粒子间的黏结，故而改善配合煤的整体黏结性。所以，部分配入成型煤的结焦过程与堆密度大的煤料在焦炉内形成焦炭的条件相近。

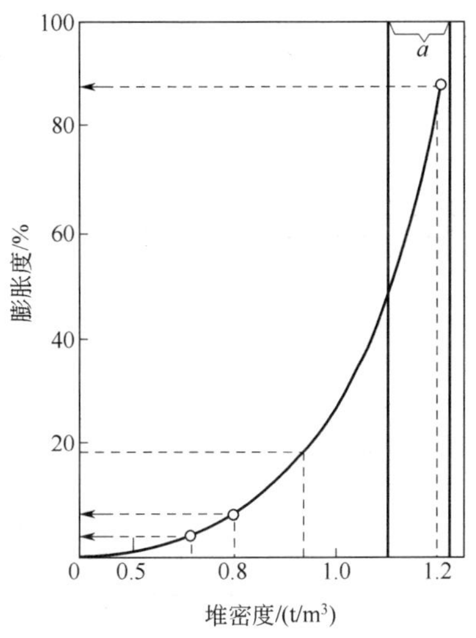

图3-16 不同堆密度与膨胀度的关系

a—部分煤成型堆密度值区域

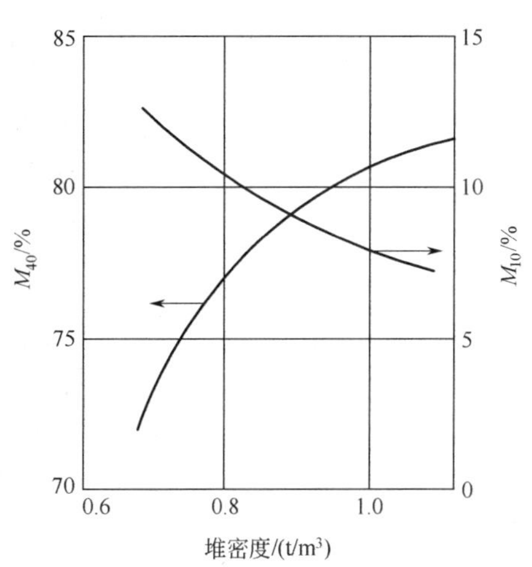

图3-17 配煤堆密度与焦炭转鼓试验强度的关系

配成型煤工艺在日本新日铁、JFE等大型钢铁企业都有应用。目前，成型煤配入量一般在10%～30%。因此，配入部分成型煤炼焦工艺是目前国内备煤工艺提升其精细化生产管控的重要途径。同时，因其可改善配煤成焦过程的黏结性，可适量配入弱黏结性煤，在同样煤料质量前提下，可提高焦炭质量。

3.5.2 捣固炼焦

捣固炼焦可以多用弱黏性煤生产出高炉用焦炭。一般散装煤炼焦只能配入气煤35%左右，捣固法可配入气煤55%左右，或多配入变质程度低的气煤、1/3焦煤及变质程度高的瘦煤，甚至贫煤。

捣固炼焦工艺，是将散煤由煤塔装入捣固机的捣固煤槽内，再用捣固锤在8min内将煤捣实成煤饼，然后推入炭化室，并闭炉门，见图3-18。过去，捣固焦炉的炭化室高度比较低，高宽比在9∶1以内，现在已提高到15∶1。由此，炭化室高度增加到6m以上，目前国内先进捣固焦炉炭化室高6.78m，且建设的焦炉座数在逐年增加。过去捣固装煤，消耗的捣固煤饼时间一炉在13min左右。现在改进了捣固机械，采用多锤同时捣固，强化了捣固过程，装煤时间已缩短至3～4min。捣固煤料为含水一般在10%～13%的煤，湿煤堆密度可达1.15t/m³。捣固炼焦用煤的粉碎细度可以提高至90%而不降低焦炉生产能力。

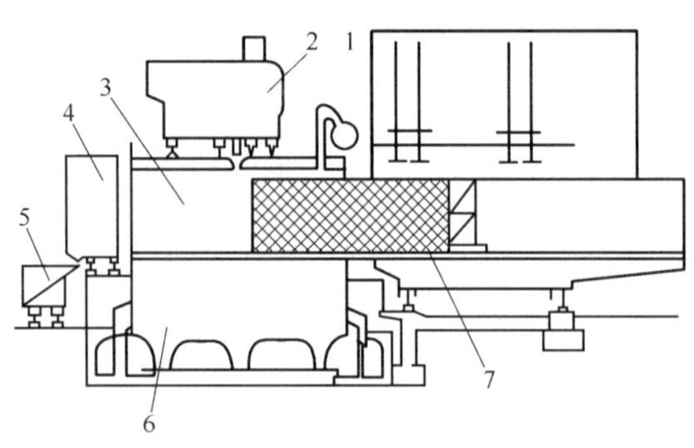

图 3-18 捣固炼焦（装煤入炉）

1—捣固机；2—煤气净化车；3—焦炉；4—导焦槽；5—熄焦车；6—蓄热室；7—煤饼

2019 年，由中冶焦耐（大连）工程公司设计并在山东新泰正大焦化公司建成年产焦炭 180 万吨两座 55 孔炭化室（高 6.78m）JNDX3-6.78-13 大型捣固焦炉，该焦炉是目前世界上首套炭化室最高的大型捣固焦炉。其与德国萨尔区 1984 年建成的 90 孔炭化室大容积捣固焦炉的相关工艺参数见表 3-8。

表3-8 国内外捣固焦炉主要工艺参数比较

项目	中国6.78m捣固焦炉	德国萨尔6.25m捣固焦炉
焦炭产量/（万吨/a）	301.8	120
焦炉孔数/孔	4×55	1×90
炭化室尺寸（长×宽×高）/mm^3	18880×574×6780	17720×490×6250
炭化室锥度/mm	40	20
有效容积/m^3	57.08	45.7
装炉煤堆密度/（t/m^3）	1.0	1.05
单孔装煤量/（t/孔）	57.08	48.0
每孔每年焦炭产量/t	14500	13333

有学者将捣固炼焦方法与预热煤联合进行炼焦，由此可配入 80% 的不黏结性煤。实验时，将煤预热到 170 ～ 180℃，混入 6% 的石油沥青，然后在捣固机内捣实，再将煤饼推入炭化室炼焦，结焦时间可缩短 25% ～ 30%，而生产能力增加不小于 35%。捣固与预热煤联合炼焦与湿煤捣固相比，主要优点是大大改善了焦炭质量，块焦率增加 5%。该方法仅配入 10% ～ 15% 的优质黏结性煤即可生产优质焦炭，降低了配煤成本，提高了焦炉生产能力。但该方法在煤料预热 170 ～ 180℃过程中再配入沥青进行大煤饼捣固，且煤饼稳定性要满足生产要求，存在较大的工艺难度。

捣固炼焦在将煤饼推入炭化室过程中会产生大量烟尘，因此需要装备装煤与出焦除尘地面站来消化该过程烟尘量。同时也可以装煤时在炉顶利用炭化室顶部的消烟除尘孔，采用车载式 U 型导管技术，通过高压氨水产生的吸力，将装煤过程产生的荒煤气导入结焦末期的相邻炭化室内，以减少装煤炭化室烟尘的外溢量。

3.5.3 成型煤

成型煤主要是针对顶装煤焦炉应用的具有增加焦炭强度及多配用低成本炼焦煤的备煤工艺技术。将生产用煤切取部分比例用黏结剂或无黏结剂制备成型煤，成型煤中可以配用弱黏结性和不黏结性组分，以降低配煤成本。

20 世纪 70 年代，日本新日铁和 JFE 株式会社采用配黏结剂制备成型煤，因其改善了焦炭质量而得到发展，到 1981 年日本制备成型煤数量日产已达 20000 多吨。国内宝钢为满足大型高炉对焦炭的质量需要，在引进的焦化工艺中涵盖成型煤新工艺。宝钢三期成型煤工艺采用了成型煤与配合煤同步输送工艺，减少了因单独用筒仓存储成型煤对其强度要求高、需要增加冷却环节等复杂工艺，工艺流程见图 3-19。宝钢当时采用的成型煤工艺是从配合煤料中切取约 10% ～ 30% 的配合煤料，配以软沥青黏结剂压块成型煤，然后在装炉前与剩余的 70% ～ 90% 未成型散煤配合装炉。在制备成型煤前将原料煤中喷洒软沥青黏结剂 5% ～ 6%，然后用 160 ～ 180℃蒸汽加热到 100℃均匀混捏，再在对辊式成型机中压制尺寸 46mm×46mm×28mm 的成型煤，其湿煤堆密度为 1.15t/m³。

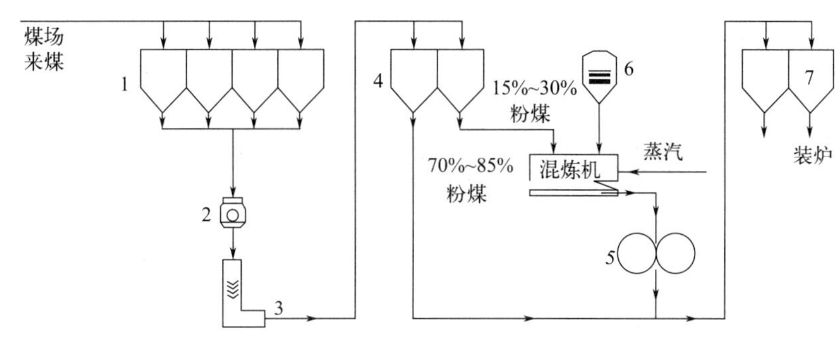

图 3-19 宝钢三期成型煤工艺流程

1—配煤槽；2—粉碎机；3—混煤溜槽；4—缓冲槽；5—成型机；6—黏结剂槽；7—煤塔

成型煤炼焦可以多配入低成本的高挥发分煤或高变质程度弱黏结性煤，降低配煤成本。同时，在强黏结性煤配比不足 50% 时，配用 15% 的成型煤，可以使焦炭 DI_{15}^{150} 提高 2% ～ 4%，CSR 提高 5% ～ 7%。中国高挥发分煤及弱黏结性煤储量较多，多数含灰分低，有利于降低焦炭灰分，同时也改善了焦炭质量，提高块焦产率，降低高炉焦比，增产生铁，具有节约优质煤资源、减少碳排放的作用。但该工艺相应增加了混煤、混捏及成型机设备等，其设备投资较高。

3.5.4 选择粉碎

现代焦化生产是采用多种炼焦煤配合炼焦，每种煤的煤质特性及结焦性不同。因此需要结合每种煤的成焦特点，通过针对性的煤料预处理工艺，确定每种煤处理的最佳条件，实现配合煤具有整体的优异结焦性能，这对扩大炼焦煤源十分有利。因各单种炼焦煤的变质程度不同，其挥发分产率、黏结性和岩相组分也不一样。同时，每种煤的硬度也有差异，一般中等变质程度煤易粉碎，年轻和年老的煤难粉碎。目前，工业用煤中气煤较难粉碎，在配合煤中多集中在大颗粒级中，易降低配煤的结焦性。

煤的不同宏观岩相组分性质不同，镜煤、亮煤和暗煤的黏结性有很大差异，镜煤黏结性好，暗煤差，亮煤居中。例如，法国洛林高挥发分煤中的镜煤、亮煤和暗煤的奥亚膨胀度曲线形状和数值有明显差别。煤的挥发分 V_{daf} 为 19% ～ 33% 的镜煤，有良好的结焦性。中等挥发分的镜煤和暗煤的结焦性都较好，它们之间的区别不大，而高挥发分弱黏结性煤的区别则较大。

镜煤容易破碎，暗煤和矿物质很难破碎，一般丝炭是惰性成分，容易粉碎。在一般生产破碎条件下，暗煤和矿物质多集中于大颗粒级煤中，黏结性好的镜煤和亮煤，多集中在小颗粒级内。

根据煤的岩相性质进行选择粉碎，使得有黏结性的煤不细碎，而使黏结性差的暗煤和惰性矿物质进行细粉碎，使其均匀分散开，由此形成煤的选择粉碎工艺。这样可以保证黏结性成分不瘦化，堆密度又提高，消除了惰性成分的大颗粒，可以使黏结性弱的煤料提高黏结性。

图 3-20 是煤的选择粉碎流程。黏结性差的和不结焦的煤组分由于其硬度大，在粉碎时仍保留在大粒级中，故筛分出来再进行粉碎，并再进行筛分，大粒子再循环来粉碎。这样把不软化的和软化性能差的组分达

到细粉碎，而强结焦的组分不过细粉碎，使得结焦固化时消除了惰性组分大颗粒，防止形成裂纹，从而可以获得大块焦炭。由于这样粉碎，使得黏结性差的成分都小于 1.0mm，但又不使其更多生成＜0.2mm 的粒子，0.2 ～ 0.8mm 粒子占大多数，黏结性好的粒子大，避免粒子过细，粉碎煤料粒子平均直径比一般粉碎方法的大。煤料堆密度比一般粉碎大，见图 3-21。煤粒度都是 0 ～ 3mm，但是选择破碎会使煤的堆密度高。

煤选择粉碎工艺首先在法国采用，当时用一般方法配煤只能配入约 20% 的挥发分 V_{daf} 为 37% ～ 38% 的高挥发分煤，其余是配用进口德国鲁尔煤。当采用选择破碎后，其本地高挥发分煤可以配入 65%，扩大了炼焦煤源。选择粉碎和一般粉碎的生产结果比较，如表 3-9 所示。

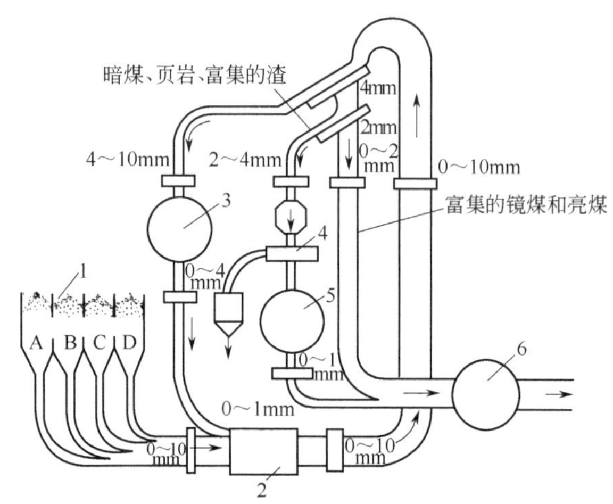

图 3-20　选择破碎（E.M.Burstlein）流程

1—煤塔；2—加油转鼓混合器；3，5—反击式粉碎机；4—风选盘；6—混煤机

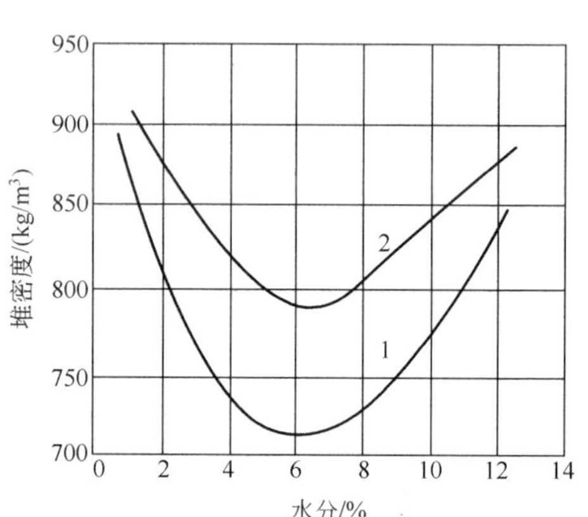

图 3-21　不同粉碎煤的堆密度

1—一般破碎；2—选择破碎

煤的选择粉碎方法已在不少国家采用，有的焦化厂每天处理煤量达 3000t。显然，此法是充分利用气煤炼焦的有效途径之一。但是对于岩相组成较均一的煤，或岩相组成虽不均一，但硬度大的煤不富集于某一粒度级时采用选择粉碎效果不大。选择粉碎方法的缺点是工艺流程较长，设备较多，筛孔小，筛分有难度，特别是电热筛操作困难。由表 3-9 可见，煤粉碎过细能使煤料瘦化，即降低堆密度，不利于黏结，所得焦炭强度都比选择粉碎煤的低。现在，采用锤式粉碎机处理的煤料中，小于 0.5mm 粒级的含量一般较高，有的占 50% 以上，利用反击式粉碎机，可以降低小于 0.5mm 和过大颗粒煤的含量，能提高配用弱黏结性煤的焦炭强度。某种高挥发分弱黏结性煤，利用反击式粉碎机粉碎时，焦炭转鼓强度 M_{40} 提高 6% ～ 13%。由于用反击式粉碎机能减少煤料产生的煤尘和大颗粒量，所以在不改变煤处理工艺流程情况下，能提高焦炭强度，并且具有耗电少、工艺简单等优点，国内外焦化企业大都采用该种设备。

表 3-9　选择破碎试验结果

项目		方案											
		Ⅰ			Ⅱ				Ⅲ			Ⅳ	
煤种		L	R	A	L	R_1	R_2	A	S_a	S_b	A	R_G	R_E
挥发分 V_{daf}/%		37～38	24	17	37.5	33	24	17	33	34	17	31	15
配煤比/%		60	25	15	45	25	15	15	76	14	10	85	15
配煤挥发分 V_{daf}/%		31.4			31.3				31.5			27.8	
破碎类别		一般	选择		一般		选择		一般	选择		一般	选择
平均粒径/mm		0.60	0.85		0.53		0.86		0.73	0.92		—	—
转鼓强度/%	M_{40}	69.0	79.3		76.0		79.5		63.9	74.1		76.9	80.5
	M_{10}	11.3	7.6		8.9		6.7		9.1	5.6		9.7	6.2

圆筒形立式筛分机在早期的焦化企业中有所采用，该筛分机具有生产能力大的特点，但在筛分湿煤时易于堵塞筛网。为了克服湿煤堵塞筛网的缺点，要用压缩空气清除附在筛网上的粉煤，压缩空气喷嘴可以上下移动，筛网以55r/min 的速度旋转，使整个筛网定期得到清扫。将筛分机封闭在一个装置内，粉尘易控制，生产操作环境好。

3.5.5 煤干燥和预热及调湿

煤预处理技术对炼焦生产及焦炭质量控制具有重要影响。合理的备煤预处理工艺，可以节约优质炼焦煤资源，生产优质焦炭，降低配煤成本，以及稳定高炉用焦质量指标。因此，备煤工艺选择与确定是保证炼焦生产工艺的重要前提。

3.5.5.1 煤干燥和预热

煤干燥和预热主要是用来脱出炼焦煤中的水分。因煤料中水分对炼焦过程的影响已于 3.2.3 进行了叙述。为了脱除煤料水分可以采用煤干燥或调湿处理方法。

将煤料加热到 50 ～ 70℃，可将水分降至 2% ～ 4%。采用干燥煤装炉能提高堆密度，缩短结焦时间，提高焦炉生产能力 15% 左右。干燥煤装炉工艺在工业上已获得成功，在国外采用干燥和反击粉碎机处理煤，扩大了炼焦煤源。煤干燥可以用立管式流化加热法、沸腾床和转筒加热法。

预热煤是把煤加热至温度 150 ～ 200℃进行预处理的工艺。预热煤装炉炼焦能增加焦炉装煤量，提高焦炭质量。煤在预热过程中还可以脱除一部分硫。但是由于煤料温度高，在生产上需要解决热煤的储存、防氧化、防爆和装炉过程烟尘污染等技术问题。预热煤炼焦在世界上得到发达国家的重视，美国、英国、法国、南非和德国等国家都有工业应用，日本和加拿大也有发展。煤预热开始于法国和德国，利用结焦性差或高挥发分煤生产焦炭。

煤干燥和煤预热从 1950 年就开始开发，至 1960 年取得较大进展。将煤装入反应器中进行炼焦，操作工艺较复杂，但具有增加焦炭产量的优势。生产实践表明，煤预热炼焦可增加 50% 焦炭产量，而焦炭质量和化学性能都可以保持不变。当采用的结焦时间与湿煤炼焦相同时，可增加焦炭强度和提高焦炭块度。但对炼焦煤的综合研究表明，热处理炼焦煤需要特殊条件，需要解决热煤的输送和储存问题。其应用方法的主要区别在于预热方法和加煤技术不同。

德国的普雷卡邦（Precarbon）法采用不同的预热和加煤方法，它包括两段气流加热用于热处理，见图 3-22。热烟气于燃烧室与惰性气体相混调节温度，并首先进入预热管，在此预热煤，由预热管出来的热气再去干燥管。此法完全利用逆流操作原理，热效率高；并且热处理较精细，加热气体温度低。旋风分离器用于气体与煤的分离。预热煤用装煤车把煤加入焦炉。此技术是利用重力加入预热煤，因此煤的堆密度大于湿煤装炉。热煤因流动性好，加煤比较均匀，不需要平煤，减少了操作步骤。

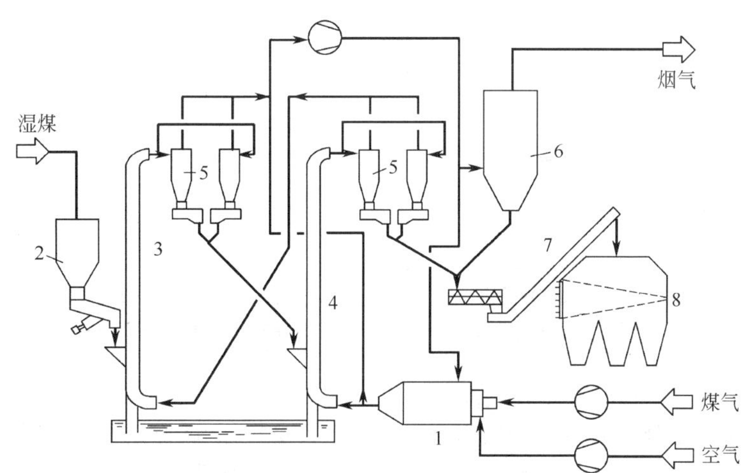

图 3-22 普雷卡邦法煤预热流程

1—燃烧室；2—加煤槽；3—干燥管；4—预热管；5—旋风分离器；6—湿式除尘器；7—运煤机；8—装煤车

3.5.5.2 煤调湿

煤调湿（coal moisture control，CMC）是将炼焦煤通过热处理方法来降低并稳定控制装炉煤水分的技术。其工艺简单易于操作，不像煤干燥生产实现的难度大。目前煤调湿主要是以蒸汽或烟道废气为热源来加热湿煤，脱出煤料的部分水分，一般调湿煤的控制水分稳定在 6% ～ 8.5%。因调湿煤水分过低会增加焦炉装煤时烟尘溢出量，基于环保要求，其水分控制在约 8% 为宜。该技术可降低焦炉耗热量，增加装炉煤堆密度，提高焦炉生产能力，减少焦化剩余氨水量及后续的废水处理量。

煤调湿的基本原理是基于煤料受热后其粒子表面水分的蒸发，造成表面水膜的表面张力降低，流动性增强，使煤粒易于填充到相互间的空隙中，并增加装炉煤堆密度。同时，入炉煤水分的降低，使炭化室煤料中心温度停留在约 100℃特征温度段时间有所缩短，提高了加热速度，减少了结焦时间。据此，加热速度和装炉煤堆密度的增大，提高了焦炉生产能力，并改善了焦炭质量。

以煤调湿的工业化运行过程为依据，目前煤调湿技术从第一代以导热油为热载体，采用多管回转式干燥装置，发展到第二代煤调湿采用蒸汽为热载体，利用多管回转式干燥装置的调湿技术，并在日本和国内焦化企业分别有所应用。如国内太钢利用干熄焦蒸气发电后的低压蒸气（1.2 ～ 1.6MPa，315℃）作为供给调湿工艺的热源。为进一步利用焦炉烟道排出约 300℃的热废气余能，国内外焦化厂开展了以焦炉烟道废气为热载体，采用流化床为干燥设备进行煤料水分控制的第三代煤调湿技术，并在日本北海制铁所室兰工厂和我国河钢集团有限公司曾有应用。我国宝钢结合国内外煤调湿技术生产实际，自主集成开发了以焦炉烟道气作载气的蒸汽回转干燥（steam tube dryer+inertia，STD+I）煤调湿工艺。工艺流程见图 3-23。

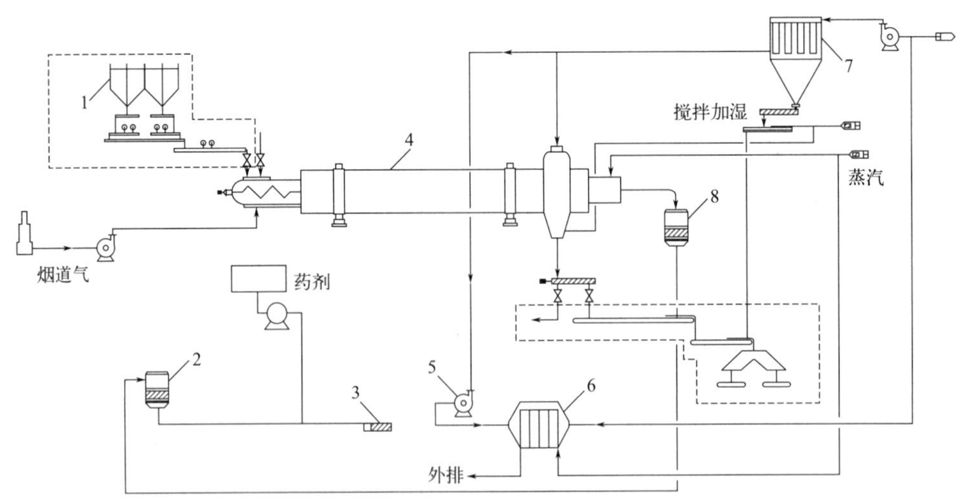

图 3-23 焦炉烟道气作载气的蒸汽回转干燥（STD+I）煤调湿工艺

1—缓冲槽；2—闪蒸罐；3—CDQ；4—干燥装置；5—循环风机；6—循环预热器；7—除尘器；8—凝液罐

该工艺主要是配套年产焦炭 175 万吨的 200 孔 6m 焦炉，煤调湿主体设备干燥机处理能力为 330t 湿煤 /h，项目投资约 8000 万元，工程用地面积约 3500m²。煤调湿运行的主要能源介质消耗见表 3-10。由表 3-10 可见，加热用蒸汽和电力为煤调湿工艺主要消耗，煤调湿工艺设备运行的吨焦能耗为 11.15kg 标煤。

表3-10 煤调湿工艺的能源介质消耗

项目	吨焦单耗	年消耗	折算能耗/ tce	年成本/ 万元
蒸汽/t	0.083	145305	17436.6	2906.1
氮气/m^3	1.21	2113.5×10^3	99.3	84.5
电力/kW·h	2.79	488.5×10^4	1973.6	387.8
工业水/t	0.0051	9000	1.0	3.2
吨焦消耗/kgce	11.15			19.3

注：1kgce=7000kcal=29307.6kJ。

国内中冶焦耐工程公司开发了振动流化段煤调湿工艺，见图3-24。煤炭通过布料装置被连续地抛撒到振动流化床风力分离调湿机床面上，热烟道气分两次进入振动流化床中，一次风用于流化原料煤，同时对粗颗粒煤料进行调湿；二次风用于细颗粒煤料的调湿。调湿煤则从不同通道分离并流出，未被流化的粗颗粒煤料在振动力的作用下，从振动流化床煤炭风力分离调湿机出口流出；中、细颗粒煤料则随气流流出，进入细粒分离器后，中颗粒煤料被分离收集，细颗粒煤料则被细粒回收装置收集。因此，对不同粒径的煤料在振动流化床煤炭风力分离调湿机中处于不同的调湿状态。该工艺具有分离效率高、调湿效果好等特点。

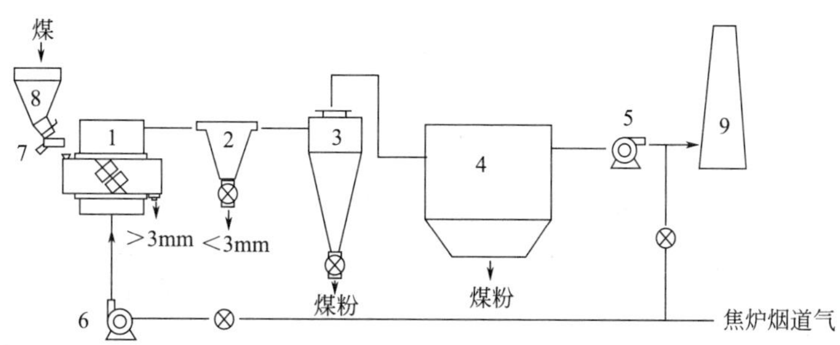

图3-24 振动流化床煤料分级调湿工艺

1—振动流化床分级干燥机；2—细粒分离器；3—旋风除尘器；4—袋式除尘器；5—引风机；6—循环风机；7—给煤机；8—煤仓；9—烟囱

但目前在处理调湿煤过程中，会因调湿煤水分过低，如调湿煤水分含量达到7.5%时，会使装炉煤烟尘大，造成环境污染，以及焦油中甲苯不溶物含量过高等问题。因此，装炉煤水分控制需要结合原料特点进行合理确定。

3.5.6 干法熄焦

由焦炉推出的赤热焦炭温度约为1050℃，其显热占炼焦耗热量的40%以上。如采用洒水湿法熄焦，虽然方法简便，但是损失了这部分高能热量，而且耗用了大量熄焦用水，污染了环境。采用干法熄焦（coke dry quenching，CDQ），即利用惰性气体将赤热焦炭冷却，得到的热惰性气体再加热锅炉发生蒸汽，惰性气体降温后，再循环使用，从而回收了赤热焦炭的热量，提高了炼焦生产的热效率。每冷却1t温度1000～1100℃的焦炭可得到显热约为1.51～1.67MJ，干熄焦热量回收率可达80%左右，吨焦可产蒸汽500kg以上。

1917年前后，瑞士Sulzer公司建立了第一套干法熄焦装置，处理能力为27t/h。此后相继建立了多套装置，其中有两套操作了40年，一套是在法国，另一套在英国。20世纪60年代初，由于气候寒冷，湿熄焦困难，苏联也发展了干熄焦技术，共建立了70多套装置，每套能力为52～56t/h。1973年，日本从经济和环境保护方面考虑，引进了苏联干熄焦专利，之后有所发展。中国宝钢焦化厂便是采用此种干熄焦装置。由于能源紧张，德国也发展了干熄焦技术，除了采用苏联技术2×70t/h装置之外，在熄焦槽内增设了水冷壁，采用直接气冷和间接水冷的联合方法，使熄焦槽本身发生蒸汽，可减少熄焦用循环气体量，从而减少电耗。典型干熄焦工艺流程见图3-25。

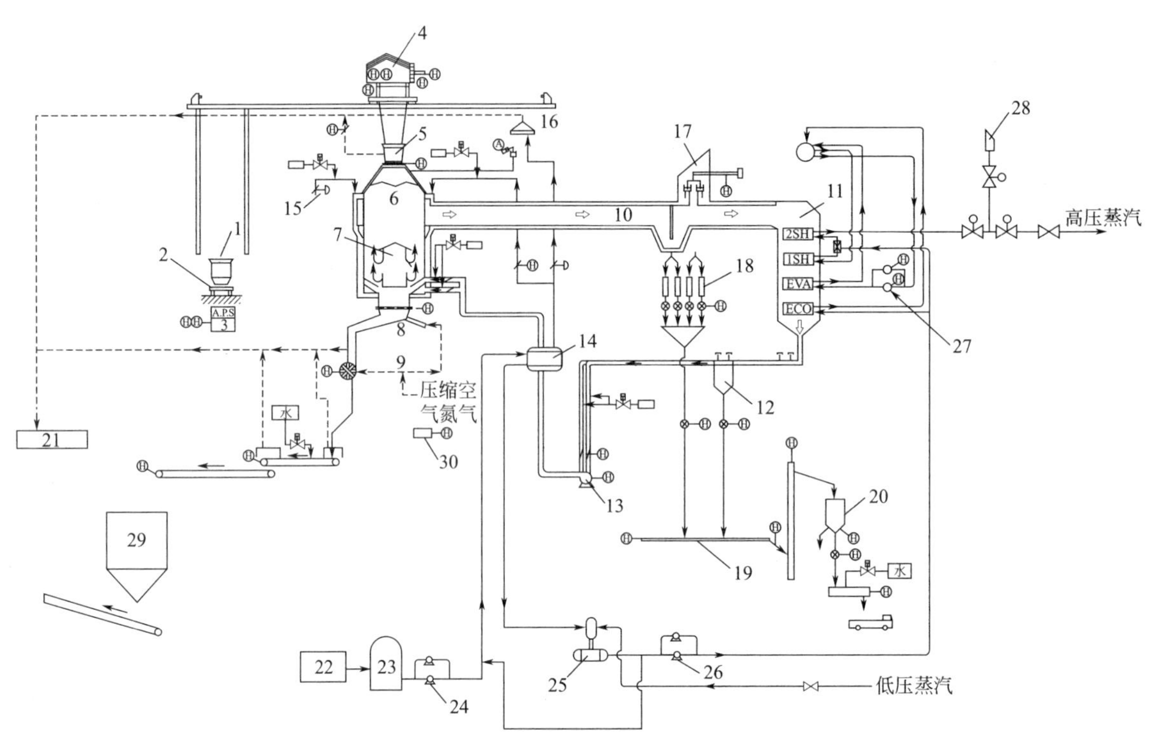

图 3-25　典型干熄焦工艺流程图

1—焦罐；2—台车；3—油箱；4—提升机；5—装入装置；6—干熄炉；7—供气装置；8—振动给料器；9—旋转密封阀；10——次除尘器；11—锅炉；12—二次除尘器；13—循环风机；14—热管换热器；15—空气吸入管；16—气体放散阀；17—蒸汽放散装置；18—冷却套管；19—刮板输送机；20—粉焦罐；21—粉尘收集设备；22—除盐水站；23—除盐水箱；24—除氧给水泵；25—除氧器；26—锅炉给水泵；27—强制循环泵；28—消声器；29—储焦仓；30—自动加脂站

目前，干法熄焦装置主要由冷却槽、废热锅炉、惰性气体循环系统和环境保护系统构成。焦炭从炭化室推出，落在焦罐中，焦炭温度可达 1050℃。焦罐由提升机提到干熄室顶部，这时将冷却室上部的预存室打开，焦炭导入室中。在室中焦炭放出的气体进入洗涤塔，然后收集，避免有害气体排入大气。进料室为锁斗式，进料后上部关闭、下部打开，焦炭下移到冷却室。在冷却室中，赤热的焦炭被惰性气体冷却到 200℃左右排出。冷却气体由鼓风机送入，在冷却焦炭的同时，气体温度升高，出口气体温度可达 800℃，进入废热锅炉，生产 440℃、4.0MPa 的中压蒸汽，或生产 540℃、9.8MPa 高压蒸汽。从废热锅炉排出的气体经过两级旋风除尘之后，再由鼓风机循环到冷却室中。

目前国内焦化企业干熄焦普及率较高，截至目前，全国 325 家焦化企业已建成干熄焦装置 396 套，总干熄能力达 5.28 万吨 /h。表 3-11 列出了国内宝钢一期，日本八幡、君津和德国的干熄焦装置的性能和规格。

表 3-11　干熄焦装置的性能和规格

项目	宝钢	八幡	君津	德国	德国带水冷壁
一台处理能力/（t/h）	75	150～175	200	60	60
预存室容积/m^3	200	330	396	200	130
干熄室容积/m^3	300	610	707	320	210
循环风机能力/（km^3/h）	125	210	245	96	60
总压头/kPa	7.85	11.3	11.6	7.5	4.5
电机容量/kW		1450		432	174
蒸汽压力/MPa	4.5	9.2	9.5	4.0	
蒸汽温度/℃	450	500	520	440	
蒸汽发生量/（t/h）	39	90	103	35	

续表

项目	宝钢	八幡	君津	德国	德国带水冷壁
蒸汽用途		发电	发电	发电	
风料比/（m^3/t焦）	1670	1370	1225	1600	1000
熄焦室比容积/[m^3/（t·h）]	4.0	3.99	3.54	5.3	3.5
熄焦室高径比（H/D）	1.2～1.3	0.85	0.85		
比耗电量/（kW·h/t焦）					2.9

宝钢干熄焦装置能耗、粉焦量等技术指标如表 3-12 所示。

表 3-12 宝钢一期干熄焦工艺主要技术指标

项　目	设计	实际	项　目	设计	实际
汽化率/（kg/t焦）	420～450	540	纯水/（kg/t焦）	450	
电耗/（kW·h/t焦）	20	26.9	粉焦率/%	2～3	2～3
氮耗/（m^3/t焦）	4	3.0			

干熄焦与湿熄焦相比，能回收热能和提高焦炭质量。例如，湿熄焦的焦炭强度 M_{40} 为 71%，M_{10} 为 8.2%；而干熄焦则 M_{40} 为 71.1%，M_{10} 为 7.1%，提高了经济效益。由于干熄焦没有湿熄焦产生的污水及不排出有害气体，发电可以提供自身的部分用量，防止了环境污染，改善了焦炉生产操作条件。但建设干熄焦装置，增加了设备复杂性，同时工艺技术要求高，基建投资大，生产耗电多。目前，国内新建焦化企业必须建设干熄焦生产装置，有的钢铁企业采用双套干熄焦装置，互为备用。

3.5.7 干法熄焦与煤预热联合

为了利用干熄焦的热量进行煤预热，兼收煤预热和干熄焦之利，在 1982 年德国进行了干熄焦与煤预热联合工业试验，流程见图 3-26。

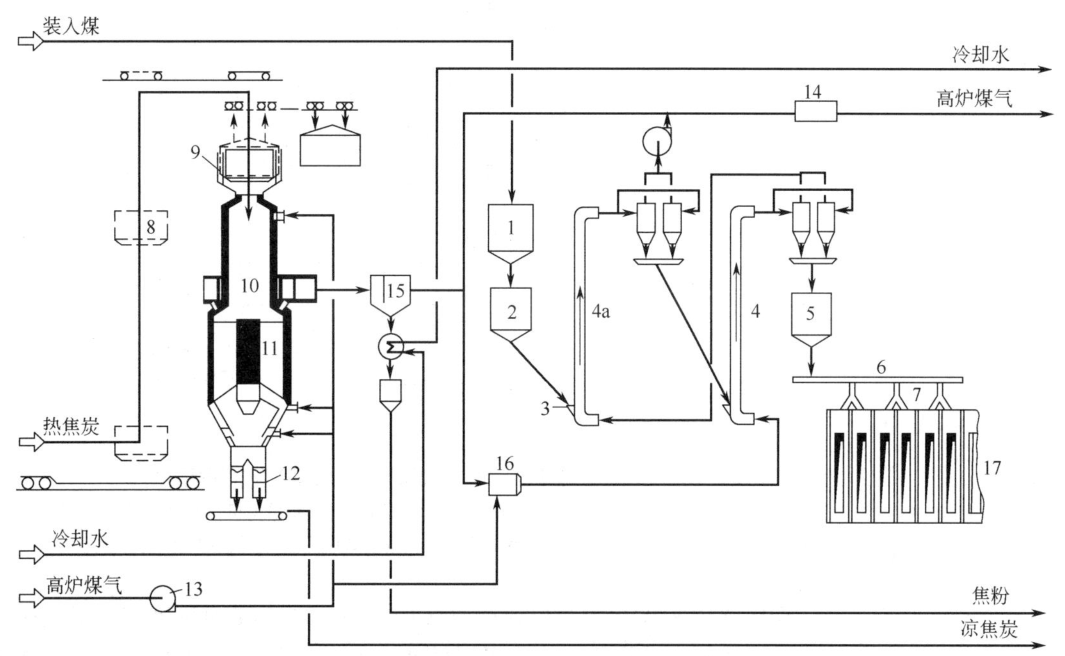

图 3-26 干熄焦与煤预热联合流程

1—湿煤槽；2—湿煤给料槽；3—湿煤给料器；4—煤预热管；4a—气流床干燥器；5—热煤槽；6—热煤输送机；7—热煤装料管；8—焦罐；9—焦罐接受室；10—预存室；11—干熄室；12—卸焦部分；13—冷却气风机；14—气体净化单元；15—焦尘分离器；16—混合室；17—焦炉

1984年，日本室兰厂用了一年时间进行干熄焦与煤预热联合的生产实践。煤预热采用普雷卡邦（Precarbon）工艺，预热温度210℃，煤料堆密度为0.78～0.79t/m³。生产焦炭用干法熄焦。所得焦炭平均块度减小，而焦炭强度提高。从高炉使用强度来看，可认为煤预热与干熄焦二者都有明显效益，而且有相加性，没有抵消的作用。

3.5.8 面向21世纪高效环保超级焦炉

日本煤炭利用综合中心与日本钢铁联盟从1993年起开发了“面向21世纪高效与环保型超级焦炉”（super coke oven for productivity and environment enhancement toward the 21st century），简称SCOPE21。

该炼焦技术采用流化床干燥段与气流床预热段，煤快速预热至350～400℃；预热的细粒煤压块成型后与粗粒煤混合装炉，在70～75mm薄炉墙的炉内进行中温干馏至750～850℃；该中温焦炭在干熄焦装置上部加热至1000℃，实现中温焦的高温改质。弱黏结煤配比可达50%，生产能力是现有焦炉的2.4倍。该技术于2002年3月至2003年3月期间进行了半工业试验。半工业试验装置的煤预处理能力为实际规模的1/20，焦炉为单炭化室，炭化室的高度和宽度与实炉相同，长度为实炉的一半。

此法综合了煤预热、压块成型、分段炼焦和干熄焦等技术，扩大了炼焦煤源，提高了生产能力。在2008年日本新日铁大分制铁所采用SCOPE21技术建设了年产焦炭100万吨64孔炭化室的5号焦炉。具体工艺流程见图3-27。

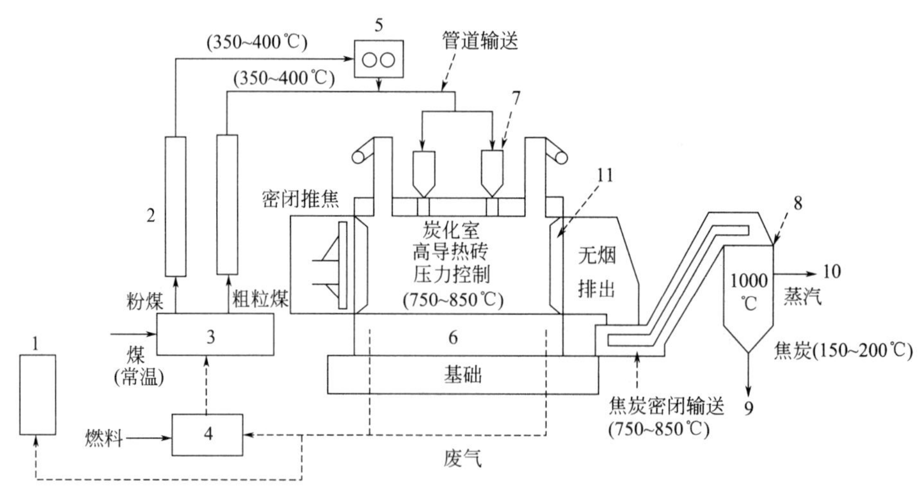

图3-27 日本SCOPE21炼焦工艺流程示意图

1—烟囱；2—快速加热机；3—干燥分级机；4—热风炉；5—热成型机；6—蓄热室；7—固定装煤装置；8—改质室；9—高炉；10—发电厂；11—高密封炉门

采用流化床干燥段与气流床预热段组成煤料快速加热系统，据此使煤料预热至350～400℃再装炉，实现了煤的快速预热；其中预热的细煤粉经热压成形后与预热后的粗粒煤混合，一同装炉；预热煤在焦炉炭化室内经快速中温炭化至750～850℃，炭化后的焦炭通过密闭装置输送到干熄焦的预存段，在此继续加热至 1000℃，实现中温焦炭的高温改质。

该技术生产效率高，其产能是常规焦炉的 2.4 倍；同时能耗可降低 21%；由于原料煤和焦都在密闭的系统中输送，同时在焦炉本体结构和炼焦过程中设有防烟尘外溢技术，可以防止焦炉干馏煤气外溢，提高了环保质量。通过对焦炉加热系统的优化设计，可降低废气中 NO_x 30%。

3.5.9 热回收焦炉

热回收焦炉采用的是直接加热和间接加热相结合的加热方式。该技术是由美国 Suncoke 公司在蜂窝式焦炉的基础上改进而来。目前热回收焦炉作为一种无化产回收炼焦炉在国内外仍有一定的市场容量，特别是其没有煤气净化及废水处理等相关工艺，具有工艺流程短、投资省、占地面积小及环保效益较为突出等优势。其主体设备结构见图 3-28。

煤料在装入炭化室后，被来自炭化室墙、炭化室底及炭化室上部大拱释放的蓄积热加热，并产生荒煤气，煤在荒煤气燃烧热的加热中进行炼焦。炼焦时产生的荒煤气与进入炭化室的一次空气在煤饼上方的空间边混合边燃烧，燃烧热从上往下加热煤饼。废气与未完全燃烧的煤气形成的混合废气，经炭化室墙中的主墙下降道进入炭化室底部的火道，并从炉顶部排出炉外。国内吉林建龙公司于 2021 年开建年产 150 万吨清洁型热回收焦炉；美国阳光公司 1998 年在印第安纳港炼焦厂建了 4×67 孔炉，结焦时间 48h，年产焦炭 120×10⁴t，配有 4 套装煤推焦机、16 台废热锅炉、1 台汽轮发电机组（94MW）。焦炉的下部焦炭质量较好而上部较差，推荐采用挥发分＜ 25% 的煤，适宜规模为（70 ～ 130）×10⁴t/a。但热回收焦炉煤资源利用不合理。

国内新型热回收焦炉工艺过程见图 3-29。焦炉炭化室内煤料燃烧生成的高温废气目前都配备余热回收和发电系统进行热能回收。

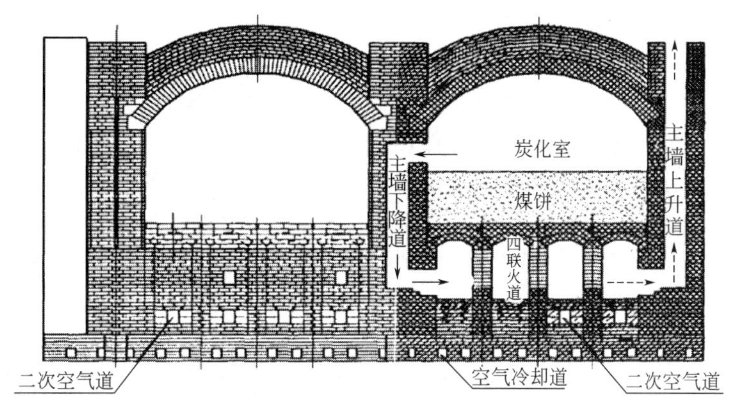

图 3-28 热回收焦炉气体流动示意图

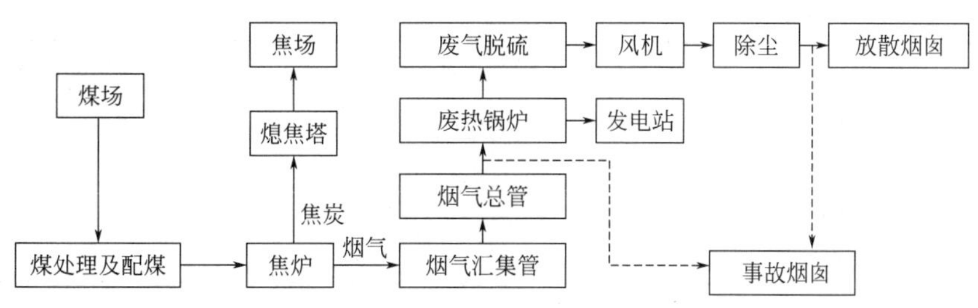

图 3-29 热回收焦炉炼焦生产与燃烧废气利用工艺示意图

3.6 煤气燃烧和焦炉热平衡

3.6.1 煤气燃烧

焦炉加热用燃料，可用焦炉煤气、高炉煤气、发生炉煤气和脱氢焦炉煤气等。焦炉加热煤气的选用，应从煤气综合利用和具体条件出发，少用焦炉煤气，多用贫气，特别是焦炉煤气可以制备甲醇、二甲醚等化工产品，以及焦炉煤气提取氢气作为氢能源利用可以提高其附加值。各种煤气的组成范围如表 3-13 所示。

表3-13 煤气组成

煤气	$\varphi(H_2)$/%	$\varphi(CO)$/%	$\varphi(CH_4)$/%	$\varphi(C_mH_n)$/%	$\varphi(CO_2)$/%	$\varphi(N_2)$/%	$\varphi(O_2)$/%	低热值/(MJ/m³)
焦炉煤气	54～60	5～8	22～30	2～4	1.5～3	3～7	0.3～0.8	16.73～19.25
高炉煤气	1.5～3.0	26～30	0.2～0.5	—	9～12	55～60	0.2～0.4	3.35～4.18
发生炉煤气	10～16	23～28	0.5～3	0.3～2	5～8	50～60	0.2～0.5	4.40～6.69
脱氢焦炉煤气	3～6	9～12	50～52	3.5～4.5	—	23～26	0.9～1.1	20.92～23.43

焦炉煤气主要成分有 H_2 和 CH_4，H_2 占 54% ～ 60%，CH_4 占 22% ～ 30%；低热值为 16.73 ～ 19.25MJ/m³（4000 ～ 4600kcal/m³）。焦炉煤气可用于焦炉自身加热，但由于其热值较高，系附加值较高的气体燃料，故多用于必须使用高热值燃料的其他工业炉和家用燃料。

高炉煤气的主要可燃成分为 CO，其含量为 26% ～ 30%，热值为 3.35 ～ 4.18MJ/m³（800 ～ 1000kcal/m³）。炼 1t 生铁可产生 3500 ～ 4000m³ 高炉煤气，主要用于加热焦炉、热风炉和冶金炉等。因高炉煤气热值较低，欲得到高温，必须将空气和煤气都进行预热。由于烧高炉煤气需要预热，且其燃烧生成的废气密度大，使焦炉烧高炉煤气时加热系统的阻力大于烧焦炉煤气时的阻力。因此，复热式焦炉具有适应烧焦炉煤气和高炉煤气的燃烧系统结构及配套工艺设备。

焦炉中的煤气燃烧过程非常复杂。一般条件下，可将燃烧过程分成三个阶段，即：煤气和空气混合；将混合物加热到着火温度；空气中的氧和煤气中的可燃成分起化学作用。煤气和空气混合，是物理过程，需要一定时间才能完成。为了使空气中氧和可燃成分能进行化学反应，必须将混合物加热到一定温度才能燃烧，出现火焰时的温度称着火温度。当混合物已达到着火温度时，氧和可燃成分的化学反应很快，瞬间即完成。

可燃成分和氧的化学反应，在低温时只进行缓慢的氧化作用，无实际意义。只有达到着火温度（例如点火），才能由氧化反应转化为普通燃烧。当一部分煤气燃烧后，产生的热量加热邻近的气层，于是燃烧在炉内空间传播。

各种可燃气体的着火温度不相等。同一可燃气体，也因其进行的燃烧条件不同而有差异。表 3-14 列出了在大气压力下几种可燃气体在空气中的着火温度。着火温度是该成分开始着火的温度，低于此温度就不能着火，工业用煤气和空气混合物的着火温度一般为 600 ～ 700℃。

表3-14 着火温度和可燃物含量

可燃气体	着火温度/℃	空气中可燃物[爆炸极限(体积分数)]/%		氧中可燃物[爆炸极限(体积分数)]/%	
		下限	上限	下限	上限
H_2	530～590	4.00	74.20	9.2	91.6
CO	610～658	12.50	74.20	16.7	93.5
CH_4	645～850	5.00	15.00	6.5	51.9

可燃气体混合物有可燃气体着火含量的燃烧极限，超出含量上下限也不能着火。如表 3-14 和图 3-30 所示。例如，H_2 与空气混合时，只有 H_2 含量在 4.0% ～ 74.2% 之间才能着火。如果 H_2 的含量小于 4.0%，或大

于 74.2%，即使有明火存在也不能着火。当温度高时，着火的燃烧极限范围将加宽。而燃烧在瞬间（极短时间）完成就称为爆炸，因此爆炸极限范围与燃烧极限范围有所区别。氢气的爆炸极限范围为 18.3% ～ 59%，在此含量范围内的混合物，如果遇到火源即产生爆炸现象。故一般点燃煤气时，要先点火后给煤气，以防止爆炸。

不同可燃气体燃烧时由于扩散速度不同，燃烧速度也不一样。图 3-31 是各种可燃气体同空气混合时的燃烧速度。由图可见，H_2 的燃烧速度大于 CO，故 H_2 比 CO 燃烧得快。焦炉煤气中含 H_2 多，而高炉煤气中可燃成分主要是 CO，所以焦炉煤气比高炉煤气燃烧速度快，故焦炉煤气的火焰短，高炉煤气的火焰长。

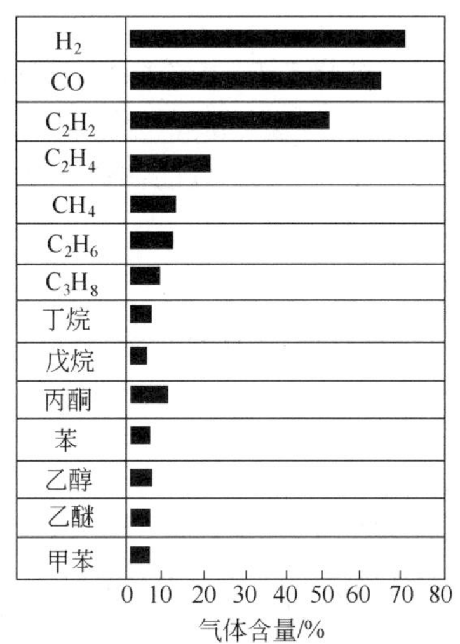

图 3-30 可燃气体的着火浓度范围

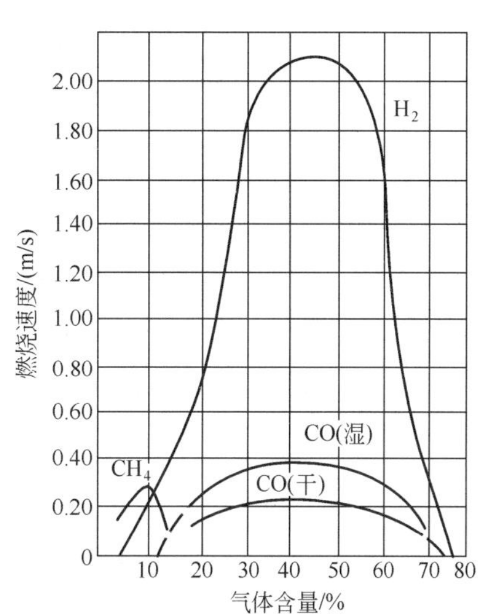

图 3-31 可燃气体的燃烧速度

煤气和空气在焦炉中是分别进入燃烧室的，在燃烧室中进行混合与燃烧过程。由于混合过程远较燃烧过程慢，因此燃烧速度和燃烧完全程度取决于混合过程。煤气和空气的混合主要是以扩散方式进行，所以此种燃烧称为扩散燃烧。由于扩散燃烧有火焰出现，亦称有焰燃烧或火炬燃烧。火焰是煤气燃烧析出的游离炭粒的运动途径。当混合和燃烧同时进行时，有的煤气流中含有碳氢化合物而没有氧，由于高温热解作用生成游离炭粒，此炭粒受热发光，所以在燃烧颗粒运动的路径上可以看到光亮的火焰。火焰可以表示可燃气体与空气的混合燃烧过程。

大型焦炉因炭化室高，其高度方向要加热均匀，希望火焰长，即希望扩散过程进行得慢些，所以空气和煤气进入火道应尽量造成小的气流扰动。亦可在燃烧时采用废气循环，增加火焰中的惰性气体成分，使扩散燃烧速度降低，以求拉长火焰，提高焦炉的高向加热均匀性。

为了燃烧充分，要供给过量的空气，过量空气与理论需要量之比称空气过剩系数，可按下式计算燃烧过程的空气过剩系数 α：

$$\alpha = 1 + K\frac{\varphi(O_2) - 0.5\varphi(CO)}{\varphi(CO_2) + \varphi(CO)}$$

式中，$\varphi(O_2)$、$\varphi(CO)$、$\varphi(CO_2)$ 为燃烧生成废气中各成分体积分数；K 为系数，$K=\varphi(CO_2)/\varphi(O_2)$，$\varphi(CO_2)$ 为煤气燃烧生成 CO_2 量，$\varphi(O_2)$ 为理论燃烧需要氧量。不同形式焦炉烧焦炉煤气和高炉煤气时，α 值为 1.15 ～ 1.25。烧焦炉煤气时焦炉立火道的 α 值略高些。

3.6.2 煤气燃烧物料计算

焦炉加热用煤气中，可燃成分为 H_2、CO 与 CH_4 等，燃烧即是可燃成分与氧发生化学反应的过程。其反应结果如下式：

$$H_2+\frac{1}{2}O_2 = H_2O+Q_1,\ Q_1=10.78MJ/m^3$$

$$CO+\frac{1}{2}O_2 = CO_2+Q_2,\ Q_2=12.63MJ/m^3$$

$$CH_4+2O_2 = CO_2+2H_2O+Q_3,\ Q_3=35.87MJ/m^3$$

上述反应方程式，只是燃烧反应过程的结果，其反应历程相当复杂，有许多中间反应。参加中间反应的有：氢原子[H]、氧原子[O]和氢氧基[OH]等活泼质点（自由基），它们是不断发生的，呈连锁反应。对于燃烧计算只涉及燃烧反应结果，可以不考虑反应历程。

由上述反应过程可以看出，可燃成分燃烧后碳生成 CO_2，氢成分生成 H_2O（Q_1 ～ Q_3 是低热值）。氧则来自于空气。此外，空气和煤气还带入部分惰性成分 N_2、CO_2 与 H_2O。所以根据反应方程式可以进行燃烧过程的物料计算，确定出燃烧需要的空气量、生成废气量及废气组成。

燃烧需要的理论氧量（m^3/m^3 煤气）为：

$$\varphi(O)_T=0.01[0.5\varphi(H_2)+0.5\varphi(CO)+2\varphi(CH_4)+3\varphi(C_2H_4)+7.5\varphi(C_6H_6)-\varphi(O_2)]$$

式中，$\varphi(H_2)$、$\varphi(CO)$ 等符号，代表该成分在煤气中占有的体积分数。

供应理论氧量为 $\varphi(O)_T$ 的理论空气量为：

$$L_T=\frac{100}{21}\varphi(O)_T$$

实际燃烧时，空气供应量是大于理论空气量 L_T，空气是过剩的。假定空气过剩系数为 α，则实际空气量为：

$$L_P=\alpha L_T$$

如果估算时，可由煤气热值初步判断 $1m^3$ 煤气燃烧需要的空气量。煤气热值每 4184kJ 的煤气约需 $1m^3$ 空气。准确计算应由上式算出。

因为有过剩空气存在，故燃烧产物中除 CO_2、H_2O 和 N_2 外，还含有 O_2。废气中各成分可以按下式分别计算：

$$V_{CO_2}=0.01[\varphi(CO_2)+\varphi(CO)+\varphi(CH_4)+2\varphi(C_2H_4)+6\varphi(C_6H_6)]$$

$$V_{H_2O}=0.01[\varphi(H_2)+2\varphi(CH_4)+2\varphi(C_2H_4)+3\varphi(C_6H_6)+\varphi(H_2O)]$$

$$V_{N_2}=0.01\varphi(N_2)+0.79L_P$$

$$V_{O_2}=0.21L_P-\varphi(O)_T$$

上述各式中，$\varphi(CO_2)$ 和 $\varphi(CH_4)$ 等符号代表各成分在煤气中含有的体积分数；V_{CO_2} 等单位是 $1m^3$ 煤气燃烧生成该成分的体积（m^3）。故 $1m^3$ 煤气燃烧生成废气量为：

$$V_W=V_{CO_2}+V_{H_2O}+V_{N_2}+V_{O_2}$$

燃烧物料计算举例：燃烧用高炉煤气的组成如表 3-15 所示。

表 3-15 加热焦炉燃烧用高炉煤气的组成

组成	$\varphi(CO)$	$\varphi(H_2)$	$\varphi(CH_4)$	$\varphi(CO_2)$	$\varphi(N_2)$	$\varphi(O_2)$	$\varphi(H_2O)$
含量/%	27.3	2.66	0.19	10.7	56.51	0.29	2.35

空气过剩系数 α=1.2。根据上述计算式计算结果为：

$$\varphi(O)_T=0.01\times[0.5\varphi(H_2)+0.5\varphi(CO)+2\varphi(CH_4)-\varphi(O_2)]$$
$$=0.01\times[0.5\times(2.66+27.3)+2\times0.19-0.29]$$
$$=0.151(m^3/m^3)$$

$$L_T=\frac{100}{21}\varphi(O)_T=\frac{100\times0.151}{21}=0.72(m^3/m^3)$$

$$L_P=\alpha L_T=1.2\times0.72=0.86(m^3/m^3)$$

$$V_{CO_2}=0.01\times[\varphi(CO_2)+\varphi(CO)+\varphi(CH_4)]$$
$$=0.01\times(10.7+27.3+0.19)=0.382(m^3/m^3)$$

$$V_{H_2O}=0.01\times[\varphi(H_2)+2\varphi(CH_4)+\varphi(H_2O)]+0.012$$
$$=0.01\times(2.66+2\times0.19+2.35)+0.012$$
$$=0.066(m^3/m^3)$$

式中，0.012 是空气中带入水分量。计算用空气温度 20℃，空气相对湿度 60%，则 $1m^3$ 空气带入水汽为 $0.014m^3$，故得水汽量为：

$$0.014L_P=0.014\times0.86=0.012$$

$$V_{N_2}=0.01\varphi(N_2)+0.79L_P=0.01\times56.51+0.79\times0.86=1.24(m^3/m^3)$$

$$V_{O_2}=0.21L_P-\varphi(O)_T=0.21\times0.86-0.151$$
$$=0.03(m^3/m^3)$$

$$V_W=V_{CO_2}+V_{H_2O}+V_{N_2}+V_{O_2}$$
$$=0.382+0.066+1.24+0.03$$
$$=1.72(m^3/m^3)$$

废气组成为：

$$\varphi(O_2)=\frac{V_{O_2}}{V_W}\times100\%=\frac{0.03}{1.72}\times100\%=1.7\%$$

$$\varphi(CO_2)=\frac{V_{CO_2}}{V_W}\times100\%=\frac{0.382}{1.72}\times100\%=22.2\%$$

$$\varphi(H_2O)=\frac{V_{H_2O}}{V_W}\times100\%=\frac{0.066}{1.72}\times100\%=3.8\%$$

$$\varphi(N_2)=\frac{V_{N_2}}{V_W}\times100\%=\frac{1.24}{1.72}\times100\%=72.1\%$$

3.6.3 焦炉热量平衡

焦炉消耗热能很大，通过焦炉热量平衡可以了解焦炉热量分布、分析操作条件或提供焦炉设计数据，确定焦炉炼焦耗热量以及揭示降低耗热量的途径。

焦炉热量平衡的原则，是基于焦炉收入物料带入的热能等于焦炉支出物料带出的热能与炉表散热。因此，在进行焦炉热量平衡计算之前，首先要进行焦炉物料平衡和煤气燃烧计算，并已知焦炉尺寸和操作条件。一般计算取 1t 湿煤和 0℃作为计算基准。

焦炉热量平衡计算方法如下。

（1）收入热量

① 煤气燃烧热。煤气燃烧热为 Q_g。假设每 1t 湿煤炼焦需要燃烧煤气 V(m^3)，则煤气燃烧供热为：

$$Q_1=VQ_g$$

② 煤气焓。煤气比热容 C_g，可由煤气中各成分比热容按加和性计算求得，煤气入炉温度为 t(℃)，则得：

$$Q_2=C_g tV$$

③ 空气焓。已知 1m^3 煤气燃烧需要空气量为 L_P(m^3)，空气比热容为 C_A，故得：

$$Q_3=C_A tL_P V$$

④ 湿煤焓。干煤比热容可按可燃质与灰分分别计算，在低温时煤的比热容为 1.088kJ/(kg・K)，灰分可按 SiO_2 比热容计算，其值为 0.711kJ/(kg・K)。如果煤料含水分为 W(%)，则干煤比热容为：

$$C_d=[(100-A_d)\times 1.088+0.711\times A_d]\times 0.01$$

式中　A_d——煤干基灰分，%。

湿煤温度为 t(℃)，水的比热容为 C_w，则 1t 湿煤焓为：

$$Q_4=10(100-W)C_d t+0.01WC_w t$$

收入热量总计为：

$$Q=Q_1+Q_2+Q_3+Q_4$$

（2）支出热量

① 焦炭焓。由焦炉物料平衡可知各炼焦化产品的产率。焦炭比热容 C_K 可由其灰分和碳计算，焦炭产率 K(%) 已知，出炉温度为 1000℃，则焦炭焓为：

$$Q_5=1000\times 10KC_K$$

② 化学产品焓。化学产品出炉温度可取 750℃，焦油、粗苯、氨和硫化氢的产率是已知。焦油汽化热为 418.4kJ/kg，比热容为 2.51kJ/(kg・K)；粗苯汽化热可取 431kJ/kg，比热容为 2.00kJ/(kg・K)；氨的比热容为 2.69kJ/(kg・K)；硫化氢的比热容为 1.78kJ/(kg・K)。分别求得四种产品的焓为 q_1，q_2，q_3 和 q_4。则化学产品总焓为：

$$Q_6=q_1+q_2+q_3+q_4$$

③ 煤气焓。已知煤气发生量 V_G(m^3/t)，750℃出炉时平均比热容为 C_G，则得煤气焓为：

$$Q_7=750C_G V_G$$

④ 水汽焓。焦炉出炉的粗煤气中含水汽，已在物料平衡中计算，其值为 W_G(kg)，出炉时平均温度略低于 750℃，因水分出炉多在结焦前期。水汽焓为：

$$Q_8=(2490+2.00\times 600)W_G$$

⑤ 燃烧废气焓。焦炉火道燃烧废气在排出蓄热室时，温度降至 300℃左右，即 t_w，废气比热容可根据废气组成求得 C_w，废气量为 V_w，废气焓为：

$$Q_9=V_w C_w t_w$$

⑥ 焦炉散热。焦炉表面散失热量可由计算求得，近代焦炉散热约占炼焦消耗热量的 10%，故得：

$$Q_{10}=0.10Q$$

支出热量总计为：

$$Q=Q_5+Q_6+Q_7+Q_8+Q_9+Q_{10}$$

表 3-16 是焦炉热量平衡计算结果。图 3-32 是焦炉热量平衡图。

表3-16 焦炉热量平衡计算结果

收入				支出			
项次	名称	热量/MJ	比例/%	项次	名称	热量/MJ	比例/%
Q_1	煤气燃烧热	2663	97.7	Q_5	焦炭焓	1020.9	37.6
Q_2	煤气焓	10.4	0.7	Q_6	化学产品焓	101.7	3.6
Q_3	空气焓	15.1	0.6	Q_7	煤气焓	384.9	14.8
Q_4	湿煤焓	26.3	1.0	Q_8	水汽焓	435	16.0
				Q_9	燃烧废气焓	506	18.0
				Q_{10}	焦炉散热	272	10.0
共计		2715	100	共计		2720	100

由表3-16可见，赤热焦炭由焦炉带出炼焦耗热量的37.6%，焦炭温度约为1000℃，是高品位热能。为了回收这部分热能，一般是采用干法熄焦工艺，利用200℃的惰性气体冷却高温焦炭，使焦炭温度降到200℃以下。焦炭显热被惰性气体吸收，成为高温惰性气体，温度可达800～850℃作为热载体加热锅炉发生蒸汽。目前国内钢铁企业焦化厂和独立焦化厂大都建有此技术，且相当一部分钢铁企业为得到高质量焦炭，出焦炉的焦炭全部采用干熄焦工艺。一般每1t赤热焦炭可产生4.5MPa的蒸汽0.47～0.50t。

表中Q_6、Q_7、Q_8中显热部分可在上升管处发生蒸汽，回收热能，可产生低压蒸汽0.1t/t焦。

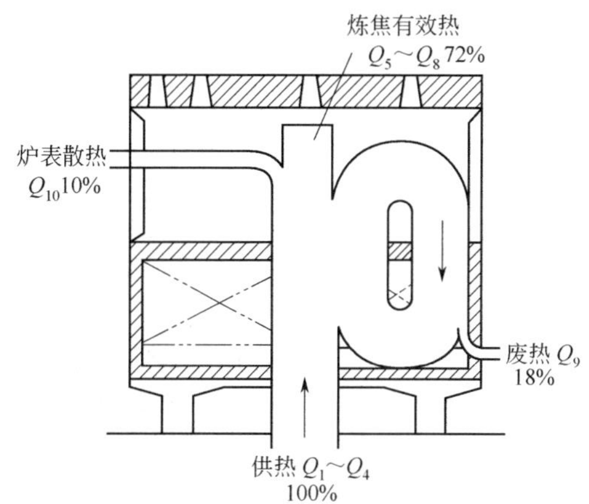

图3-32 焦炉热量平衡图

3.6.4 焦炉热效率

热效率是评价焦炉能源消耗的重要技术指标。按照国家对设备热效率计算通则规定，热效率是指为达到特定目的，供给能量利用的有效程度在数量上的表示，它等于有效能量占供给能量的百分比，且设备对全部能量的利用效率只用“热效率”，因此焦炉热效率是指传给焦炉炼制焦化产品的有效热量占供给的全部热量百分比。由热平衡表3-16可以得到焦炉热效率：

$$\eta_T = \frac{Q_5 + Q_6 + Q_7 + Q_8}{Q_1 + Q_2 + Q_3} \times 100\%$$

也可按供给总热量减去焦炉散热Q_{10}和废气带走热Q_9后再与总供热之比，故得焦炉热效率为：

$$\eta_T = \frac{Q_1 + Q_2 + Q_3 - Q_9 - Q_{10}}{Q_1 + Q_2 + Q_3} \times 100\%$$

现代焦炉热效率为70%～75%。

3.6.5 焦炉加热制度

焦炉生产能力决定于炭化室有效容积、炉孔数、周转时间（炭化室内结焦时间加上装煤及出焦操作时间）和装煤堆密度。一座焦炉一天装煤量可用下式计算：

$$m = \frac{24NV\rho}{\tau}$$

式中 N——炭化室孔数；

V——炭化室有效容积，m^3；

ρ——装炉煤堆密度，t/m³；

τ——结焦周期，h。

炭化室孔数 N 值取决于焦炉机械每天可能操作的装煤推焦出炉孔数 n，其间有如下关系：

$$n = 24N / \tau$$

中国焦炉每小时装煤出焦的炭化室炉孔数约为 5，一般每组焦炉炭化室数为 80 ～ 120。中国大型焦炉一般为 84 ～ 120 孔。

一座焦炉每天生产焦炭量为：

$$m_K = Km$$

式中　K——煤的产焦率，%

m——焦炉每天装煤量，t。

焦化厂炼焦车间焦炉炭化室孔数可由下式计算：

$$N = \frac{m_{ok}\tau}{365 \times 24K\rho V}$$

式中　m_{ok}——焦炉每年生产的焦炭量，t/a；

其他符号同前。

实际选用炭化室数要比计算值多约 5 个，以备检修之用。

焦炉生产能力与炭化室容积、炉墙厚度、墙砖热导率、火道温度以及炭化室墙加热均匀性有关。

火道温度高，结焦时间短；装炉煤水分大，需要延长结焦时间。煤料挥发分高，产焦率低，但化学产品和煤气率高。

煤料结焦终温，即焦饼中心面温度，一般为 1000 ～ 1100℃。炭化室顶部空间温度为 800℃左右，以便保证炼焦挥发产物的数量和质量。

现代焦炉每个燃烧室有 28 ～ 34 个立火道，一座焦炉的立火道数目甚多；目前国内炭化室高 7m 焦炉每个燃烧室火道数为 34 个。为了控制燃烧室立火道温度，每个燃烧室机焦两侧选定一对（双联）火道，作为控制全炉立火道温度的参比。每班进行两次全炉标准火道测温操作。对于硅砖焦炉，火道温度不能高于 1450℃。由于炭化室有锥度，为了保证炭化室内焦炭同时成熟，焦侧火道温度比机侧高 40 ～ 60℃，故机侧控温火道温度要低于 1450℃。例如，对顶装煤 7m 焦炉焦侧标准火道温度定为 1330℃，机侧标准火道温度一般为 1280℃。

3.7　焦炉传热基础

燃料煤气在焦炉火道中燃烧，放出热量。此热量以辐射和对流方式传给炉墙表面，热流再以传导方式经过炉墙传给炭化室中的煤料。所以焦炉中传热包括传导、辐射和对流传热三种方式。

3.7.1　火道传热

焦炉火道中煤气燃烧放出热量，使燃烧火焰温度升高，此热量以辐射和对流方式由火焰传给炉墙。传出的热量可以用下式计算：

$$Q = \alpha(T_g - T_C) \tag{3-1}$$

式中 Q——火焰给炉墙的热流，W/m^2；

α——给热系数，$W/(m^2 \cdot K)$；

T_g——火焰实际温度，K；

T_C——炉墙实际温度，K。

α 值可由下式计算：

$$\alpha = \alpha_c + \alpha_r \tag{3-2}$$

式中 α_c——对流给热系数，$W/(m^2 \cdot K)$；

α_r——辐射给热系数，$W/(m^2 \cdot K)$。

3

3.7.1.1 对流给热系数

焦炉火道内燃烧火焰平均温度约为1500℃，燃烧产物中三原子气体约占1/3，双原子气体约占2/3。根据沙克公式，按上述温度和组成条件，可以得出焦炉火道内对流给热系数计算公式：

$$\alpha_c = 5.7\frac{W_0^{0.75}}{d^{0.25}} \tag{3-3}$$

式中 W_0——火道中气流在标准状况下的流速，m/s；

d——火道当量直径，m。

焦炉火道内气流速度 W_0 甚小，所以火焰对流给热系数 α_c 甚小。火焰主要是以辐射方式传热，辐射传热占90% 以上。因此，将下降火道内的废气吸入上升火道，不仅冲淡了燃烧气体浓度，而且增加了立火道内气体流速，有利于提高对流给热系数。

3.7.1.2 辐射给热系数

燃烧室火焰向炉墙的辐射传热是气体和固体间的传热。由于气体和固体性质不同，气体辐射传热也不同于固体。气体中只有三原子以上的有吸收和辐射能力，双原子气体几乎没有吸收和辐射能力。对于燃烧室立火道内的火焰辐射，只有 CO_2 和 H_2O 是三原子气体；固体辐射和吸收的波长是连续的，为 0～∞。而气体辐射和吸收是不连续的，有选择性，只能辐射和吸收部分波长的辐射能。以 CO_2 和 H_2O 气体为例，只能吸收和辐射三个波带的波长。由于上述气体同固体辐射的差异，CO_2 和 H_2O 气体的辐射能不是与 T^4 成比例，而是 CO_2 与 $T^{3.5}$ 成比例，H_2O 气体与 T^3 成比例。

在焦炉立火道内的气体火焰，其向炉墙辐射的热流可按下式计算：

$$q = \frac{C_0}{\frac{1}{\varepsilon} + \frac{1}{\varepsilon_0} - 1}\left[\frac{\varepsilon_g}{\varepsilon_0}\left(\frac{T_g}{100}\right)^4 - \left(\frac{T_C}{100}\right)^4\right] \tag{3-4}$$

式中 q——热流，W/m^2；

C_0——常数，等于 $5.76W/(m^2 \cdot K^4)$；

ε——炉墙黑度，可取 0.8；

ε_g——气体在温度 T_g 时黑度；

ε_0——气体在温度 T_c 时黑度。

根据基尔霍夫定律，物体黑度在数值上等于它的吸收系数。已知气体吸收能力与气体温度、分压以及气层厚度有关，故气体黑度有如下关系式：

$$\varepsilon_g = f(T_g, pL) \tag{3-5}$$

式中 p——气体分压，Pa；

L——气层有效厚度，对于焦炉火道 L=0.9b，b 是火道宽度，cm。

火焰黑度近似地等于 CO_2 及水蒸气黑度之和，可由手册和有关参考书查得，按下式计算：

$$\varepsilon_g = \varepsilon_{CO_2} + f\varepsilon_{H_2O} \tag{3-6}$$

由式（3-4）求出火焰辐射热量 q，辐射给热系数即可按下式求出：

$$\alpha_r = \frac{q}{T_g - T_C} \tag{3-7}$$

3.7.2 煤料传热

焦炉加热炭化室煤料的热源来自两侧燃烧室炉墙内的燃烧气体，煤料由靠近炭化室墙侧的外层向里层逐渐升温，以实现炼焦过程。煤料温度在不同时间，距炉墙的不同部位都不相同，煤料温度是时间和空间的函数，煤料传热是不稳定传热过程。由燃烧室侧加热炉墙传递来的热流，其中部分热量使煤层受热升温，其余热流通过煤层传入相邻的里边煤层。在煤层中的传热，主要是以传导方式进行。炭化室煤料是平板状，高度方向和长度方向的温度差不大，可以认为是一维空间无限大平板的不稳定导热。

由于上述理由，焦炉炭化室煤料传热，可以用下述不稳定导热微分方程式描述：

$$\frac{\partial t}{\partial \tau} = a\frac{\partial^2 t}{\partial x^2} \tag{3-8}$$

式中 t——温度，℃；

x——距炭化室中心面距离，m；

a——煤料导温系数，m^2/h；

τ——煤料加热时间，h。

由上式可见煤料温度和加热时间与距离的关系。由此求解出的关系式，与焦炉实际情况有出入，因为式（3-8）只适用于一般平板不稳定导热，导温系数 α 是常数。但煤料受热进行炼焦过程的变化十分复杂，焦炉中煤料传热除了主要有传导方式外，还有对流和辐射传热方式，如煤料和焦饼中都有气流，故有对流传热，在结焦后半期因温度较高，焦饼形成裂纹、焦炭形成气孔，都有辐射传热。但是对流与辐射传热方式只占次要地位，现有的求解煤料传热与结焦时间的方法都把它忽略了，也忽略了反应热。利用式（3-8）焦炉煤料传热边值条件以及焦炉实测数据，可以求解结焦时间与炉宽、火道温度及焦饼中心温度之间的关系。

焦炉内煤料受热，其热源来自两侧对称的加热炉墙。当焦炉炭化室炉墙厚度达 80mm 时，火道温度接近常数。在靠近炉墙的煤料，由炉墙导入的热流等于传入煤料的热量。由此可以写出焦炉煤料的加热边界条件方程式：

$$X=R$$

$$\frac{\lambda_c}{\delta}(t_c - t) = \lambda\frac{\partial t}{\partial X} \tag{3-9}$$

式中 R——炭化室宽度之半，m；

δ——炉墙厚度，m；

λ_c——炉墙硅砖热导率，W/(m·K)；

λ——煤料热导率，W/(m·K)；

t_c——火道温度，℃。

当 $X > R$ 时，t 表示炉墙温度。当 $X=R+\delta$ 时，即在火道墙面处，可以写出如下边界条件式：

$$t - t_0 = t_c - t_0 \tag{3-10}$$

式中 t_0——装炉前煤料温度，℃。

用相似论方法求解式（3-8）～式（3-10）则得下式：

$$Fo = 3.84Bi^{-0.43}T_k^{\ 2} \tag{3-11}$$

$$Fo = \frac{\alpha\tau}{R^2}$$

$$Bi=\frac{\lambda_c R}{\lambda\delta}$$

$$T_k=\frac{t_k-t_0}{t_c-t_0}$$

式中 t_k——焦饼成熟时中心温度，℃。

3.7.2.1 焦炉结焦时间

由式（3-11）可改写成下式，即结焦时间计算式：

$$\tau=3.84\frac{R^2}{a}\left(\frac{\lambda_c R}{\lambda\delta}\right)^{-0.43}\left(\frac{t_k-t_0}{t_c-t_0}\right)^2 \tag{3-12}$$

对于具体焦炉，由图3-33可以简化得出火道温度、焦饼中心温度与结焦时间的关系。由图3-33可以明显看出焦饼中心温度、火道温度和结焦时间的关系。当焦饼中心温度为1000℃时，在火道温度为1350℃的结焦时间，对于炉宽450mm的是15h，对于炉宽407mm的是13h多；虽然火道温度都是1350℃，但因焦饼中心温度不同，结焦时间也不一样。当焦饼中心温度为1000℃、火道温度为1300℃左右时，火道温度每变化30℃，结焦时间相应变化1h。在火道温度为1250℃时，火道温度每变化25℃结焦时间相应变化1h。此结论是和生产经验相符合的。

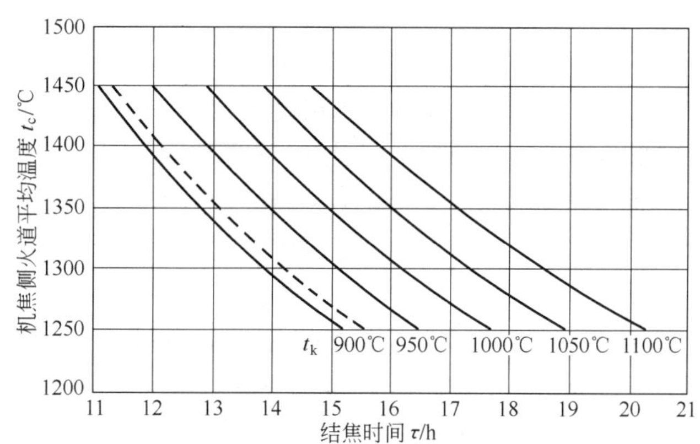

图3-33 结焦时间与火道温度的关系

—— $2R$=450mm，δ=100mm；- - - - $2R$=407mm，δ=105mm，t_k=1000℃

计算举例：

焦炉炭化室宽度407mm，炉墙厚度105mm，焦饼成熟中心温度1050℃，对应炉宽407mm处的火道温度为1327℃，实测结焦时间为14.66h。用计算方法验证结焦时间如下。

硅砖热导率为：

$$\lambda_c=\left(0.7+0.6\times\frac{t_c}{1000}\right)\times1.162$$

$$=\left(0.7+0.6\times\frac{1327}{1000}\right)\times1.162=1.739\ [\mathrm{W/(m\cdot K)}]$$

煤料热导率为：

$$\lambda=\left(0.194+0.18\times\frac{t_k-800}{1000}\right)\times1.162$$

$$=\left(0.194+0.18\times\frac{1050-800}{1000}\right)\times1.162=0.278\ [\mathrm{W/(m\cdot K)}]$$

煤料导温系数为

$$a=\left(14+20.3\times\frac{t_{\mathrm{k}}-600}{1000}\right)\times10^{-4}$$

$$=\left(14+20.3\times\frac{1050-600}{1000}\right)\times10^{-4}=23.14\times10^{-4}\ (\mathrm{m^2/h})$$

结焦时间计算结果为:

$$\tau=3.84\frac{R^2}{a}Bi^{-0.43}T_{\mathrm{k}}^2$$

$$=3.84\frac{0.2035^2}{23.14\times10^{-4}}\times\left(\frac{1.739\times0.2035}{0.278\times0.105}\right)^{-0.43}\left(\frac{1050-20}{1327-20}\right)^2=14.62\ (\mathrm{h})$$

该计算值的结焦时间与实测结焦时间基本一致。

3.7.2.2 结焦时间与炭化室宽度关系

炭化室宽度大，装炉煤的煤层厚，需要的热量多。当火道温度和焦饼中心温度一定时，炉子宽度大，需要的结焦时间长。对两座生产焦炉除炉宽和结焦时间不同外，其他条件基本相同，则有下述经验公式：

$$\frac{\tau_1}{\tau_2}=\left(\frac{R_1}{R_2}\right)^n \tag{3-13}$$

式中，n=1.20 ～ 1.65，利用式（3-13）可以计算炉宽和结焦时间关系。如甲焦炉 $2R_1$=407mm，τ_1=15h；乙焦炉 $2R_2$=450mm，则乙焦炉的操作条件和甲焦炉相同，其结焦时间由式（3-13）即可求得：

$$\tau_2=\tau_1\left(\frac{R_2}{R_1}\right)^n=15\left(\frac{450}{407}\right)^{1.57}=17.56(\mathrm{h})$$

德国进行了炭化室宽度 450mm、600mm 和 700mm 的对比研究。结果表明指数 n 不是常数，n 值随炉温提高而减小，随炭化室宽度增加而增大。宽度 450mm 与 600mm 相比，在 1100℃时，n=1.50；在 1350℃时，n=1.20。故增加炭化室宽度对焦炉产量的影响不大，但宽炭化室的煤料堆密度可以增至 880kg/m³，有利于提高炼焦生产能力。

3.7.2.3 结焦时间与炉墙厚度的关系

一般焦炉炭化室墙厚度为 100mm，理论计算和生产实践都说明减薄炉墙厚度对炉体强度影响相对较小。但是薄炉墙能缩短结焦时间。德国减薄炉墙的焦炉在长时间生产操作数据见表 3-17。表 3-17 是在焦炉炭化室长度 13590mm、高度 4000mm 条件下，给出了不同炭化室炉墙厚度时的火道温度、结焦时间及产焦量等数据。

表3-17 德国减薄炉墙的焦炉生产操作数据

工艺参数	炉墙厚度/mm		
	100	90	80
火道温度/℃	1340	1340	1340
结焦时间/h	17.3	16.3	15.4
日装煤量/t	1072	1176	1227
产焦量/%	100	109.7	114.7

由上述数据可见，减薄炉墙能强化炼焦生产。当火道温度相同时，80mm 炉墙厚度的结焦时间比 100mm 的缩短约 2h。近年炉墙厚度已减到 70mm，焦炉炉体结构强度没有问题。国内河钢集团大型 7m 焦炉，炉墙厚度已由原设计 100mm，减薄为 90mm。

由式（3-12）和上述德国的数据，可导出结焦时间与炉墙厚度的关系式。当同一类型焦炉，只是炉墙厚度不同时，其结焦时间有如下关系：

$$\frac{\tau_1}{\tau_2}=\left(\frac{\delta_1}{\delta_2}\right)^{0.48} \tag{3-14}$$

当 τ_1=18h，δ_1=110mm 时，如果炉墙厚度减薄到 δ_2=70mm，由上式得：

$$\tau_2=\tau_1\left(\frac{\delta_2}{\delta_1}\right)^{0.48}=18\times\left(\frac{70}{110}\right)^{0.48}=14.5(\text{h})$$

即结焦时间缩短 3.5h。与实际试验相符。

关于结焦时间、炉墙厚度和火道温度之间的关系可用下式计算：

$$\tau=112.22\left(\frac{\delta}{\lambda_c}\right)^{0.48}\left(\frac{1000}{t_c-t_0}\right)^2 \tag{3-15}$$

例如，炉宽 450mm，炉墙厚度 80mm，火道温度 1340℃，煤料温度 20℃，由式（3-15）算得结焦时间为：

$$\tau=112.22\times\left(\frac{0.08}{1.51}\right)^{0.48}\times\left(\frac{1000}{1340-20}\right)^2=15.49(\text{h})$$

此结果与上述德国操作数据相近。

3.7.3 蓄热室传热

现代焦炉立火道排出的废气温度很高，约为 1300℃。将这部分热量回收可以提高焦炉热效率，节省燃料。为达到此目的，现代焦炉由蓄热室回收废气中的热量。

蓄热室中有格子砖，当废气通过时，格子砖被加热，获得热量。在下一个换向期间，将格子砖蓄存热量传给空气或贫煤气。蓄热室换热是周期性的，其换向时间为 20min 或 30min。换向时间长时，格子砖表面温度波动大；换向时间短时则相反。如果换向次数增加，换向时漏入烟道的煤气量就增多。图 3-34 是蓄热室格子砖表面温度变化曲线。在换向后的加热初期，格子砖表面温度低，热废气和格子砖表面的温度差大，所以格子砖表面升温快；换向后期，温度差变小，所以升温速度降低。当冷的空气或贫煤气通过格子砖时，初期格子砖表面温度高、温度差大，格子砖表面温度下降快，后期相反，格子砖表面温度下降变慢。

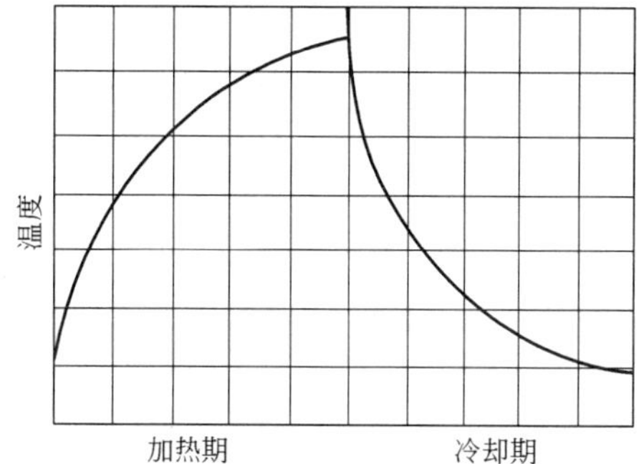

图 3-34 蓄热室格子砖表面温度变化曲线

格子砖在加热期从热废气吸收热量，在冷却期将热量传给冷气体。格子砖是热量的传递者，实际进行换热的是废气和空气或贫煤气。蓄热室的作用类似于换热器。

蓄热室换热可按下式计算：

$$Q=K_c\Delta tF$$

式中 Q——废气传给预热气体的热量，kJ/ 周期；

K_c——格子砖上下平均换热系数，kJ/(m^2 · K)；

Δt——对数平均温度差，K；

F——格子砖蓄热表面积，m^2。

蓄热室换热系数 K 和换热器的换热系数计算方法类似，只是时间单位不同，可以写成下式：

$$\frac{1}{K}=\frac{1}{\alpha\tau}+\frac{1}{\varphi}+\frac{1}{\alpha'\tau}$$

式中 K——蓄热室换热系数，kJ/(m^2·K)；

α——废气和格子砖间给热系数，kJ/(m^2·K·h)；

α'——格子砖和预热气体间给热系数，kJ/(m^2·K·h)；

τ——换向时间，h；

φ——格子砖特性系数。

上述公式中，Q 可由焦炉热平衡计算求得，Δt 可由蓄热室进出口温度求得。平均换热系数 K_c 可由格子砖上部和下部温度条件分别求出给热系数 α 和 α'，求得的上部和下部 K 值的算术平均值即是 K_c。根据已知 Q、Δt 和 K_c 数据，可以求得格子砖蓄热表面积 F。

关于蓄热室传热计算，可参见有关相关手册。

3.7.4 炼焦耗热量

炼焦耗热量是指将 1kg 炼焦煤在焦炉中炼成焦炭所需供给焦炉的热量。由于选取煤的干湿基准不同，有干煤炼焦耗热量和湿煤炼焦耗热量之分。由焦炉热量平衡表 3-16 数据可以求出湿煤炼焦耗热量为：

$$q_W=\frac{Q_1}{1000}=\frac{2720}{1000}=2.72(\text{MJ/kg})$$

由焦炉热量平衡表 3-16 可以看出，焦炉收入热量基本上是煤气燃烧热 Q_1，Q_2 ～ Q_4 甚小，可以略而不计。所以炼焦耗热量，基本上包括了有效的炼焦热 $Q_5+Q_6+Q_7+Q_8$，以及无效的废热 Q_9 和散热 Q_{10}。炼焦耗热量是焦炉热工评价指标，其值越小耗热能越少，生产耗能越经济。

降低炼焦耗热量，需要减少装炉煤水分，降低烟气排出温度，以及增加焦炉保温效果。装炉煤水分以蒸汽形式带走的热量较多，一般该水分量每变化 1%，焦炉的湿煤炼焦耗热量相应变化约 50kJ/kg。

炼焦耗热量是焦炉结构完善程度、热工管控水平及焦炉管理水平的综合评价指标，是炼焦过程的重要消耗定额。

不同煤种和不同岩相成分的煤因热分解特性不同，其炼焦热也不同。炭化室内原料煤水分蒸发需要一定的热能，水分越大耗热量越高。湿煤水分为 10% 左右时，每波动 1%，炼焦耗热量增减约 50 ～ 60kJ/kg。计算湿煤耗热量和干煤耗热量关系，可用下式：

$$q_w=q_c\frac{100-W}{100}+50W \tag{3-16}$$

式中 q_w——湿煤炼焦耗热量，MJ/kg；

q_c——干煤炼焦耗热量，MJ/kg；

W——煤料中水分，%。

按焦炉热效率为 72.5%，出炉煤气中水分平均温度 600℃计算，求得 1% 水分的耗热量为 50kJ。

焦饼中心温度越高，焦炭从炭化室带走的热量也越大。由热量平衡表 3-16 可以看出，焦炭带出热量 Q_5 占总热量的 37.6%，所以焦饼温度每增高 25℃，炼焦耗热量约增加 1%。提高炉顶空间温度，化学产品和煤气带出热量就会增加，炼焦耗热量也增加；燃烧室立火道温度高，焦炉保温不好，炉体表面散热量就大，废气温度就高，带出的废热多，炼焦耗热量就增加；空气过剩系数大，生成的废气量大，废气带走的热量多，也会使炼焦耗热量增加。此外，使用低热值煤气，废气带走热量大，故焦炉用高炉煤气加热时的炼焦耗热量比用焦炉煤气的大 210 ～ 335kJ。

炼焦耗热量主要包括三部分，一是煤料在炭化室内炼焦所需要的热量，即炼焦热；二是炉体散热；三是废气带走的热量。国外有些简化计算的公式可以用来计算炼焦热。

日本用下式计算炼焦热：

$$q=\frac{2C}{\sqrt{\pi}}\sqrt{\frac{4a\tau}{s^2}}(T_C-T_0) \tag{3-17}$$

式中 C——煤料表观比热容，kJ/(kg·℃)；

s——炭化室宽度，m；

T_C，T_0——火道和装炉煤的温度，℃。

该式把炭化室内煤料作为平板导热计算，并认为在传热时煤料是匀质物质。

德国提出的炼焦热是火道温度、装炉煤水分、煤料堆密度、煤料挥发分、炭化室宽度、炉墙厚度以及炉墙热导率的函数，基本包括了影响耗热量的所有因素。显然，将煤料灰分看作常数，否则灰分也是一个影响因素。

根据炼焦热的定义，可以利用煤料炼焦表观比热容求得炼焦热：

$$q = C(t_k - t_0) \tag{3-18}$$

式中 t_k——焦饼温度，℃；

t_0——装炉煤料温度，℃。

煤料炼焦的表观比热容 C 比较复杂，一般可按三部分来计算，即煤的可燃质组分、灰分和水分。

根据作者提出的焦炉煤料传热模式 [式（3-11）] 代入式（3-18），则得到炼焦热的计算式：

$$q = 0.51C\sqrt{\frac{\alpha\tau}{R^2}} \times \left(\frac{\lambda_c R}{\lambda\delta}\right)^{0.215}(t_c - t_0) \tag{3-19}$$

式中 C—— 煤料炼焦表观比热容；

其他符号与式（3-11）相同。

由上述计算式求得炼焦热为约 1.67MJ/kg，计算值在实验室实测值 1.454 ～ 1.720MJ/kg 之间，此实测煤样挥发分为 33.8%。由于原料煤性质不同，测定方法也不同，炼焦热介于 1.48 ～ 1.84MJ/kg，利用焦炉热平衡求得的炼焦热为 1.70 ～ 1.87MJ/kg。

如已知焦炉散热和废气带走的热量，即可求出焦炉的热效率 η_T，由炼焦热可以求得炼焦耗热量。如果 η_T=0.65，则得炼焦湿煤耗热量 q_w 为：

$$q_w = q / \eta_T = 1.67 / 0.65 = 2.57(\text{MJ} / \text{kg})$$

炼焦耗热量与结焦时间关系见图 3-35。由图可见，结焦时间越短，耗热量越高。对于具体焦炉，在适宜的结焦时间下可以实现最低耗热量。同时，由图 3-35 所示的数据表明，最低耗热量的结焦时间为 17 ～ 19h。此外，焦炭强度与结焦时间也有密切关系，即炼焦煤的性质与结焦时间存在适宜性。

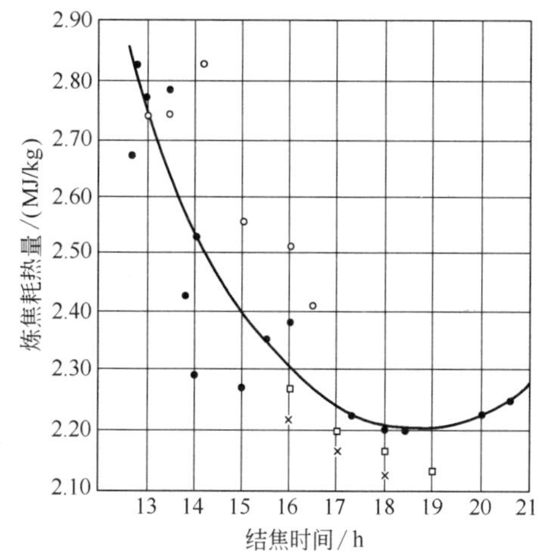

图 3-35 炼焦耗热量与结焦时间关系

3.8 焦炉流体力学基础

3.8.1 气体流动的浮力

焦炉加热的热源来自于煤气燃烧热。加热焦炉的热量与煤气量和空气量有关。因此，焦炉加热要求控制气体流动状况。

气体流动的驱动力一般是由鼓风机或抽气机来实现，而焦炉和其他工业炉气体流动的动力是由烟囱产生的浮力所致。因为焦炉燃烧系统内气体温度较高，气体密度较小，燃烧系统又是与大气连通的，所以焦炉燃烧系统和大气形成了连通器。由于炉内气体密度小于大气的，所以炉内气体把大气吸入，或者说大气把炉内气体压出，这即是烟囱的作用原理，即烟囱具有浮力，使炉内热废气由烟囱导出。

焦炉气体产生浮力的原理可由图 3-36 所示的连通器加以简单说明。由图 3-36 可见，烟囱内气柱静压力为：

$$p_{静} = H\rho_0 g \frac{273}{273+t} \tag{3-20}$$

式中 H——烟囱标高差，m；

ρ_0——废气于标准状况下的密度，kg/m³；

t——废气温度，℃；

g——重力加速度，9.81m/s²。

相应高度的大气柱如图 3-36 中虚线所示，其气柱静压力为：

$$p'_{静} = H\rho'_0 g \frac{273}{273+t'}$$

式中 ρ'_0——大气于标准状况下的密度，kg/m³；

t'——大气温度，℃。

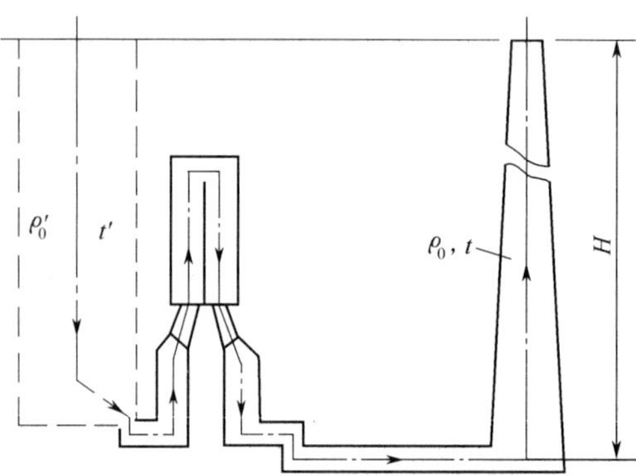

图 3-36 焦炉气体流动连通器原理图

由于烟囱内气体温度大于大气温度，即 $t > t'$，所以烟囱内的气体密度在生产操作条件下比较小，只要打开烟道翻板，即可以产生按图 3-36 中箭头方向的气体流动。所谓浮力即是两气柱产生的静压力差：

$$h = H\rho'_0 g \frac{1}{1+\frac{t'}{273}} - H\rho_0 g \frac{1}{1+\frac{t}{273}} = Hg\left(\frac{\rho'_0}{1+\alpha t'} - \frac{\rho_0}{1+\alpha t}\right) \tag{3-21}$$

式中 h——浮力，Pa；

α——$\frac{1}{273}$。

由式（3-21）可见，在焦炉燃烧系统内，有标高差为 H 的任何两点都可产生浮力 h。浮力是向上的力，是定向力。浮力对上升气流是气体流动的动力；浮力对下降气流，其作用力与流动方向相反，它成为需要克服的阻力。标高差大，大气温度低，或炉内气体温度高时，则浮力就大。在大气压低的地区，需要更高的烟囱。

3.8.2 流体力学基本方程式

对于不可压缩的实际流体运动，可以用下式描述：

$$p_1 + Z_1\rho g + \frac{\upsilon_1^2}{2}\rho = p_2 + Z_2\rho g + \frac{\upsilon_2^2}{2}\rho \pm \Sigma_{1-2}\Delta p \tag{3-22}$$

式中 p_1——1 点的压力，Pa；

p_2——2 点的压力，Pa；
Z_1——截面 1 处的标高，m；
Z_2——截面 2 处的标高，m；
ρ——1、2 两点间的气体平均密度，kg/m³；
υ_1——截面 1 处操作状态下气体流速，m/s；
υ_2——截面 2 处操作状态下气体流速，m/s；
$\sum_{1-2}\Delta p$——1、2 点截面间阻力，Pa；
+——由 1 点流向 2 点，即上升气流；
−——由 2 点流向 1 点，即下降气流，在下降气流时脚注号码不变。

式（3-22）的前提条件是气体的稳定流动，在气道的两截面间流量和密度 ρ 是常数。在焦炉燃烧系统的压力接近于大气压，可以认为对气体密度影响小。焦炉中气体温度变化较大，对气体密度影响很大，所以温度影响应当考虑。焦炉中流动的气体，在燃烧前后气体成分有改变，为了消除该误差，在焦炉流体力学计算中，可将其分成小段进行计算。

为了消除温度大幅度变化对气体密度 ρ 的影响，可以采用平均密度代入式（3-22）。焦炉内两截面间的气体平均密度，可用下式计算：

$$\rho=\frac{2\rho_1\rho_2}{\rho_1+\rho_2} \tag{3-23}$$

式中 ρ_1——截面 1 处的气体密度，kg/m³；
ρ_2——截面 2 处的气体密度，kg/m³。

式（3-22）中的压力单位是绝对压力，而焦炉中应用的单位是相对压力。为了便于应用将式（3-22）改成相对压力关系。

图 3-37 是焦炉蓄热室上下部位的相对压力关系，图中对应两点间的大气关系式建立为：

$$p_1'=p_2'+(Z_2-Z_1)\frac{\rho_0' g}{1+\alpha t'} \tag{3-24}$$

式中 p_1'——1 点的大气压力，Pa；
p_2'——2 点的大气压力，Pa；
Z_1——截面 1 处的标高，m；
Z_2——截面 2 处的标高，m；
ρ_0'——大气密度，kg/m³；
t'——大气温度，℃。

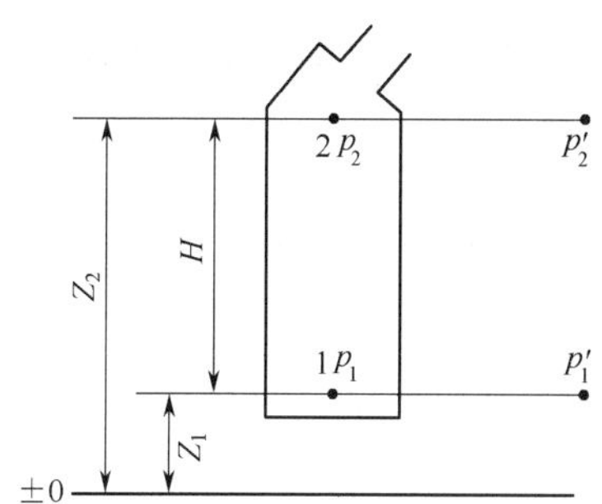

图 3-37 焦炉蓄热室部位的相对压力关系

如果由式（3-22）表示蓄热室内气体的流动情况，并由式（3-22）减去式（3-24）；令 $a_1=p_1-p_1'$；$a_2=p_2-p_2'$；H=Z_2−Z_1；则得出焦炉流体力学的基本方程式为：

$$a_1=a_2-Hg\left(\frac{\rho_0'}{1+\alpha t'}-\rho\right)+(\upsilon_2^2-\upsilon_1^2)\frac{\rho}{2}\pm\sum_{1-2}\Delta p \tag{3-25}$$

式中 a_1——焦炉 1 点的相对压力，Pa；
a_2——焦炉 2 点的相对压力，Pa；
H——1、2 两点间的标高差，m；
ρ——1、2 两点间的气体平均密度，kg/m³；
ρ_0'——大气于标准状况下的密度，kg/m³；
t'——大气温度，℃；
υ_1——截面 1 处的操作状态下气体流速，m/s；
υ_2——截面 2 处的操作状态下气体流速，m/s；
$\sum_{1-2}\Delta p$——1、2 点截面间的阻力，Pa。

由 1 点流向 2 点，即上升气流时为 +；由 2 点流向 1 点，即下降气流时为 -。

式（3-25）中的脚注 1 和 2 与图 3-37 一致，a_1 表示标高 Z_1 处的相对压力，a_2 表示标高 Z_2 处的相对压力，而 $Z_2-Z_1=H>0$，即标高 Z_2 大于 Z_1。此点是式（3-25）的一个规定，适用于上升和下降气流。

由于焦炉燃烧系统内压力一般都小于大气压，故 a 值是负的，称为吸力。吸力大指负值大，如吸力 -30Pa 小于吸力 -50Pa。

$Hg\left(\dfrac{\rho_0'}{1+\alpha t'}-\rho\right)$是浮力，与式（3-21）的意义相同。浮力方向向上。

式（3-25）可以从力的平衡关系理解其物理意义，a_1 是起点吸力，a_2 是目标点吸力，两点间流动产生的阻力是消耗的力，应加在目标点 a_2 项，故 $\sum_{1-2}\Delta p$ 与 a_2 同号。当由 1 流向 2 时，根据公式规定 a_1 处的标高小于 a_2 处的，是上升气流，故浮力 $Hg\left(\dfrac{\rho_0'}{1+\alpha t'}-\rho\right)$ 应与方向向下的阻力 $\sum_{1-2}\Delta p$ 异号；当由 2 流向 1 时，即下降气流，$\sum_{1-2}\Delta p$ 与 a_2 异号。浮力在下降气流时仍然向上，故也相当于阻力，$Hg\left(\dfrac{\rho_0'}{1+\alpha t'}-\rho\right)$ 与 $\sum_{1-2}\Delta p$ 同号。浮力在上升气流时是克服流动阻力的动力，在下降气流时相当于阻力。正是因为上升气流浮力是动力，帮助气体克服阻力，$\left(\upsilon_2^2-\upsilon_1^2\right)\dfrac{\rho}{2}$ 一项数值又甚小，所以当浮力大于阻力时，即出现气流由吸力小的地方流向吸力大的地方。

公式（3-25）应用于下述具体条件时，可以简化。

在 1 和 2 两截面的面积基本相等、流量又不变化时，速度头差 $\left(\upsilon_2^2-\upsilon_1^2\right)\dfrac{\rho}{2}$ 一项的数值甚小，可以忽略。在焦炉系统内流体多数情况下符合这一点，而且流速一般均较小，忽略之误差不大。一般计算用下式：

$$a_1=a_2-Hg\left(\frac{\rho_0'}{1+\alpha t'}-\frac{\rho_0}{1+\alpha t}\right)\pm\sum\nolimits_{1-2}\Delta p \tag{3-26}$$

上式中是用 $\dfrac{\rho_0}{1+\alpha t}$ 代替 ρ，当 H 甚小或两点间温度变化比较均匀时，可以如此代替。公式中的符号意义与式（3-25）相同。

当计算两点在水平气道中，即 $H=0$，则公式（3-26）简化成下式：

$$a_1=a_2\pm\sum\nolimits_{1-2}\Delta p \tag{3-27}$$

3.8.3 阻力计算

上述各式中 $\sum_{1-2}\Delta p$ 是计算两截面间所有阻力之和。其中包括摩擦阻力和局部阻力。摩擦阻力可用下式计算：

$$\Delta p=\lambda\frac{L}{d}\times\frac{\upsilon_0^2}{2}\rho_0(1+\alpha t) \tag{3-28}$$

式中 λ——摩擦阻力系数，当 $Re>3100$ 时，$\lambda=\dfrac{0.175}{Re^{0.12}}$，一般焦炉气道内，$\lambda$=0.05 ～ 0.06；

L——计算两点间气流路径长度，m；

d——气道当量直径，如果截面是长方形（ab）时，$d=\dfrac{2ab}{a+b}$；

υ_0——气体在标准状况下的流速，m/s。

对于气体流量有变化的气道，如小烟道、砖煤气道和侧烟道等，其摩擦阻力可用下式计算：

$$\Delta p=\frac{1}{3}\lambda\frac{L}{d}\times\frac{\upsilon_0^2}{2}\rho_0(1+\alpha t) \tag{3-29}$$

局部阻力是由于气体通道几何形状的改变，使气流情况发生变化所造成的。如扩大、收缩和拐弯等，使气流扰动，产生局部阻力。局部阻力可用下式计算：

$$\Delta p=K\frac{\upsilon_0^2}{2}\rho_0(1+\alpha t) \tag{3-30}$$

扩大局部阻力系数 K，可按下式计算：

$$K=\left(1-\frac{F_1}{F_2}\right)^2 \tag{3-31}$$

缩小局部阻力系数，可按下式计算：

$$K=0.5\left[1-\left(\frac{F_2}{F_1}\right)^2\right] \tag{3-32}$$

式中 F_1——扩大或缩小前气道截面积；

F_2——扩大或缩小后气道截面积。

关于一些特殊形状的局部阻力系数可由参考书中查得。

焦炉格子砖的阻力，包括摩擦阻力和局部阻力，属于综合阻力。现代焦炉 9 孔或 12 孔异形格子砖的综合阻力可用下式计算：

$$\Delta p=K\frac{H\upsilon_0^2\rho_0 g}{d^{1.25}}(1+\alpha t) \tag{3-33}$$

式中 d——格子砖当量直径，m；

H——格子砖高度，m；

t——格子砖内的气体平均温度，℃；

K——常数，异形格子砖的 K=0.10 ～ 0.22。

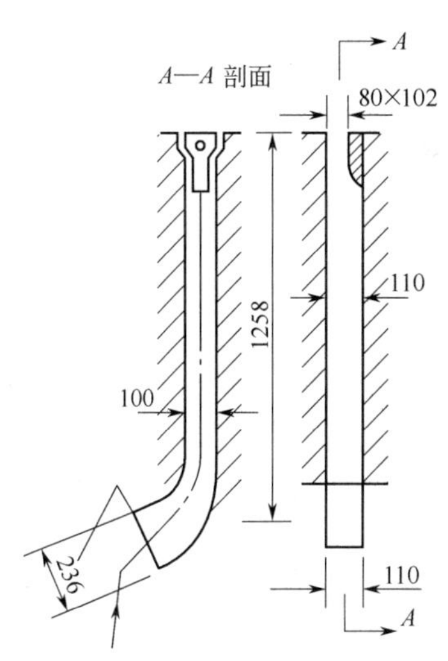

图 3-38 焦炉斜道尺寸

【斜道阻力计算例题】焦炉斜道尺寸见图 3-38，斜道入口截面积 F_1=0.11×0.236=0.026(m²)，当量直径 d_1=0.150m；斜道长度 L=1.332m；出口截面积 F_2=0.11×0.1=0.011(m²)，当量直径 d_2=0.105m。计算焦炉用高炉煤气加热时煤气斜道的阻力。在斜道入口之前，蓄热室顶空间截面积 F=0.480×0.334=0.16(m²)。斜道进入的高炉煤气流速为 0.0174m³/s，煤气预热温度 1120℃，煤气密度 ρ_0=1.285kg/m³。

煤气经过斜道的阻力包括所有局部阻力与摩擦阻力。所以，斜道阻力包括下述六部分阻力。

① 入口收缩阻力

$$K=0.5\left[1-\left(\frac{F_2}{F_1}\right)^2\right]=0.5\times\left[1-\left(\frac{0.011}{0.026}\right)^2\right]=0.411$$

$$\upsilon_0=\frac{0.0174}{0.026}=0.67(\text{m/s})$$

$$\Delta p_1=0.411\times\frac{0.67^2\times1.285\times1393}{2\times273}=0.605(\text{Pa})$$

② 入口 45° 拐弯阻力　由参考书查得 45° 拐弯的局部阻力系数为：

$$K=0.320$$

$$\Delta p_2=0.320\times\frac{0.67^2\times1.285\times1393}{2\times273}=0.47(\text{Pa})$$

③ 摩擦阻力　除斜道入口截面积稍大外。其余部位截面积都是 0.10×0.11=0.011(m²)，取 λ=0.064

$$\upsilon_0=\frac{0.0174}{0.011}=1.58(\text{m/s})$$

$$\Delta p_3=0.064\times\frac{1.332}{0.105}\times\frac{1.58^2\times1.285\times1393}{2\times273}=6.64(\text{Pa})$$

④ 45° 拐弯阻力　煤气进入斜道后由斜向改成垂直方向流动，有 45° 拐弯阻力，K=0.320

$$\Delta p_4 = 0.320 \times \frac{1.58^2 \times 1.285 \times 1393}{2 \times 273} = 2.62(\text{Pa})$$

⑤ 煤气进入火焰调节砖处的缩小阻力　立火道火焰调节砖处截面积 F=0.08×0.102=0.00816(m^2)

$$K = 0.5 \times \left[1 - \left(\frac{0.00816}{0.011}\right)^2\right] = 0.225$$

$$\upsilon_0 = \frac{0.0174}{0.00816} = 2.13(\text{m/s})$$

$$\Delta p_5 = 0.225 \times \frac{2.13^2 \times 1.285 \times 1393}{2 \times 273} = 3.35(\text{Pa})$$

⑥ 立火道底部煤气与空气出口的扩大阻力　1m^3 煤气燃烧需供给空气 0.931m^3，故得：

空气斜道进入空气量为：0.0174×0.931=0.0162(m^3/s)

煤气与空气混合后的平均密度为：0.5×(1.285+1.28)=1.282(kg/m^3)

立火道截面积为：0.34×0.501=0.1703(m^2)

煤气与空气在立火道底斜道出口的喷出速度：

$$\upsilon_0 = \frac{0.0174 + 0.0162}{2 \times 0.00816} = 2.06(\text{m/s})$$

$$K = \left(1 - \frac{2 \times 0.00816}{0.1703}\right)^2 = 0.817$$

$$\Delta p_6 = 0.817 \times \frac{2.06^2 \times 1.285 \times 1393}{2 \times 273} = 11.4(\text{Pa})$$

斜道阻力合计为：

$$\Delta p = \sum \Delta p_i = 0.605 + 0.47 + 6.64 + 2.62 + 3.35 + 11.4 = 25.08(\text{Pa})$$

【蓄热式顶吸力计算例题】已知立火道底吸力为 −55Pa，煤气斜道阻力如上述计算值 $\sum \Delta p_i = 25.7\text{Pa}$，大气温度 t'=30℃，预热后煤气温度 1120℃，大气密度 $\rho' = 1.28\text{kg/m}^3$，煤气密度 $\rho_0 = 1.285\text{kg/m}^3$，斜道区标高差 H=1.258m。

计算两点间的浮力为：

$$\begin{aligned} h &= Hg\left(\frac{\rho_0'}{1+\alpha t'} - \frac{\rho_0}{1+\alpha t}\right) \\ &= 1.258 \times 9.81 \times \left(\frac{1.28}{1+\frac{30}{273}} - \frac{1.285}{1+\frac{1120}{273}}\right) \\ &= 11.4(\text{Pa}) \end{aligned}$$

代入上升气流计算公式求得蓄热室顶吸力为：

$$a_1 = a_2 - Hg\left(\frac{\rho_0'}{1+\alpha t'} - \frac{\rho_0}{1+\alpha t}\right) + \sum\nolimits_{1-2} \Delta p - 55 - 11.4 + 25.7 = -40.7(\text{Pa})$$

焦炉各点吸力的计算方法为先求出气体流动通道的各处阻力和浮力，然后代入公式。如上述例题计算法，逐点求出。

3.8.4 烟囱计算

焦炉燃烧室排出废气及吸入空气是通过烟囱产生的浮力实现。烟囱高、废气温度高和大气温度低时，烟囱产生的浮力就大。浮力大，即吸力大。此吸力是用来克服焦炉加热系统中的气流阻力，故焦炉加热系统阻力大时，需要较高的烟囱。

烟囱计算公式，可以由式（3-26）变换得出下式：

$$a_n = -Hg\left(\frac{\rho_0'}{1+\alpha t'} - \frac{\rho_0}{1+\alpha t}\right) + \left(1+\frac{\lambda H}{d}\right)\frac{\upsilon_0^2}{2}\rho_0(1+\alpha t) \tag{3-34}$$

式中 a_n——焦炉加热系统的全部阻力（即烟囱根部需要产生的吸力），Pa；

H——烟囱高度，m；

ρ_0'——大气在标准状况下的密度，kg/m³；

t'——大气温度，℃；

ρ_0——废气在标准状况下的密度，kg/m³；

t——废气温度，℃；

d——烟囱平均直径，m；

υ_0——烟囱出口流速，m/s。

当计算烟囱高度时，a_n 可以由焦炉加热系统流体力学计算求得。上式中阻力一项按此计算方法即可。

当设计焦炉烟囱高度时，要考虑到烟囱有一定储备吸力。为简化公式，令：

$$Z_1 = -a_n$$

$$Z_2 = \left(1+\frac{\lambda H}{d}\right)\frac{\upsilon_0^2}{2}\rho_0(1+\alpha t)$$

$$Z_3 = (0.05 \sim 0.15)Z_1$$

Z_3 是储备吸力，故由式（3-34）可得设计烟囱高度计算公式为：

$$H = \frac{Z_1+Z_2+Z_3}{\dfrac{\rho_0' g}{1+\alpha t'} - \dfrac{\rho_0 g}{1+\alpha t}} \tag{3-35}$$

由上式可以看出，烟囱造成的浮力，是用于克服气体流动阻力的。

【烟囱计算例题】在克服焦炉加热系统全部阻力后，即烟囱根部产生的吸力为 a_n=−320Pa，烟囱内废气流量为 33m³/s，废气平均温度 t=250℃，大气温度取该地区最高温度 t'=43℃。废气密度 ρ_0 =1.38kg/m³，大气密度 ρ_0' =1.28kg/m³。

取烟囱出口流速 υ_0 =3.5m/s。烟囱出口内径为

$$d_0 = \sqrt{\frac{4\times 33}{\pi \upsilon_0}} = \sqrt{\frac{4\times 33}{3.14\times 3.5}} = 3.5(\text{m})$$

假定求出烟囱高度 H=100m，则平均烟囱根部内径为

$$d = d_0 + 0.01H = 3.5 + 0.01\times 100 = 4.5(\text{m})$$

取烟囱内摩擦系数 λ=0.04，则烟囱内摩擦阻力与出口损失为：

$$Z_2 = \left(1+\frac{\lambda H}{d}\right)\times\frac{\upsilon_0^2}{2}\rho_0(1+\alpha t) = \left(1+\frac{0.04\times 100}{4.5}\right)\times\frac{3.5^2}{2}\times 1.38\times\left(1+\frac{250}{273}\right) = 31(\text{Pa})$$

取烟囱的储备吸力为 Z_1 的 10%，则

$$Z_3 = 0.10Z_1 = 0.10\times 320 = 32(\text{Pa})$$

故得烟囱高度为：

$$H = \frac{320+31+32}{\left(\dfrac{1.28\times 273}{316} - \dfrac{1.38\times 273}{523}\right)\times 9.81} \approx 100(\text{m})$$

与假设的烟囱高度值相符，故计算正确。

3.8.5 立火道内废气循环

在焦炉燃烧室立火道采用双联结构设计时，为了达到燃烧室高向加热均匀性，采用废气循环方式，将废气由下降气流火道引入上升气流火道。进入上升气流火道内的废气稀释了煤气和空气，使燃烧速度降低，并促使气体流速增加，从而达到拉长火焰、实现高向加热均匀的目的，并为增加焦炉炭化室高度创造有利条件。国内外焦炉大都采用废气循环方法实现焦饼高向加热均匀性的。同时针对超大型 7m 及以上高度焦炉，中国焦化厂建设有废气循环与多段加热组合方式，达到有效拉长火焰、分散火焰高温区域的目的，并显著降低燃烧系统排出废气中氮氧化物含量。

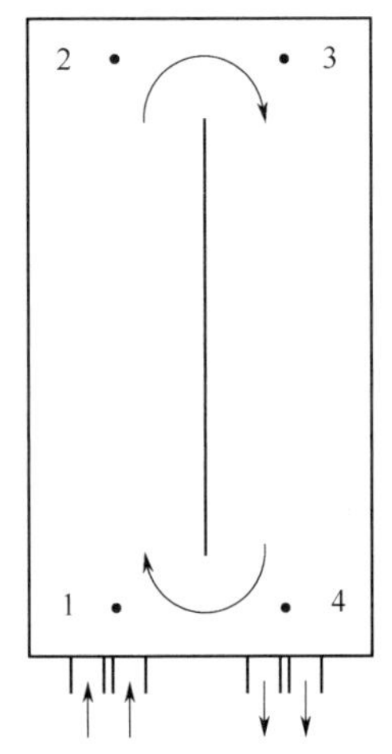

图 3-39 一组立火道废气循环简图

对于一组立火道，下降气流火道内废气通过火道底部废气循环孔进入上升火道气流，主要由下述两个作用实现的。

① 由斜道口喷出的上升气流，流速较大，产生抽吸力，相当于文氏管减压作用。

② 立火道上升气流温度高于下降气流，故一组连通的立火道存在浮力差。上升气流浮力大，对下降气流就有抽吸作用。

因此，上述作用是产生废气循环的基本原理。同时，可以利用图 3-39 说明废气循环过程。

对于 1 ～ 4 点的流动情况，可以写出下式：

$$\begin{aligned} a_1 &= a_2 - Hg\left(\frac{\rho_0'}{1+\alpha t'} - \frac{\rho_0}{1+\alpha t_1}\right) + (\upsilon_2^2 - \upsilon_1^2)\frac{\rho_0}{2}(1+\alpha t_1) + \sum\nolimits_{1-2}\Delta p \\ a_2 &= a_3 + \sum\nolimits_{2-3}\Delta p \\ a_3 &= a_4 + Hg\left(\frac{\rho_0'}{1+\alpha t} - \frac{\rho_0}{1+\alpha t_2}\right) - (\upsilon_3^2 - \upsilon_4^2)\frac{\rho_0}{2}(1+\alpha t_2) + \sum\nolimits_{3-4}\Delta p \end{aligned} \tag{3-36}$$

整理上式得：

$$a_1 - a_4 = -Hg\left(\frac{\rho_0}{1+\alpha t_2} - \frac{\rho_0}{1+\alpha t_1}\right) - \left[\frac{\upsilon_1^2}{2}\rho_0(1+\alpha t_1) - \frac{\upsilon_4^2}{2}\rho_0(1+\alpha t_2)\right] + \sum\nolimits_{1-4}\Delta p$$

对循环孔两侧气体的流动可以写成下式：

$$a_1 - a_4 = \sum\nolimits_{4-1}\Delta p \tag{3-37}$$

上述两式中，$\upsilon_1 \gg \upsilon_4$，$\sum_{1-4}\Delta p$ 较小，故 $a_1 - a_4 < 0$，即下降火道气流由废气循环孔进入上升火道。

由式（3-36）和式（3-37）两式可以求出废气循环量。由此，可以看出影响废气循环量的因素主要有斜道出口尺寸、循环孔尺寸、跨越孔尺寸和火道尺寸等。显然，增大斜道出口喷气的速度 υ_1，减少 $\sum_{1-4}\Delta p$ 阻力，将增大循环量。H 值越大，即炭化室越高，废气循环量越大。

3.9 焦炉耐火砖、砌筑和烘炉

焦炉砌筑材料主要有耐火砖、隔热材料、红砖、耐热混凝土和水泥等。焦炉砌体处于生产连续操作状态，一直受到机械、物理化学和热的作用，不同部位受到的作用程度和特点不同，因而焦炉不同部位应用的耐火材料种类、性能等不同。

炭化室墙砖在燃烧室一侧受热温度高达 1550℃，并承受灰分和湿煤等作用，温度变化剧烈。由于导热要求，需要具有良好的导热性能，同时也受到来自炉体操作车辆的载荷影响，因此一般用荷重性能、导热性能良好的硅砖砌筑。对于温度变化剧烈、受热温度变化频繁的蓄热室格子砖等，则采用黏土砖砌筑。

3.9.1 耐火砖

3.9.1.1 硅砖

硅砖含有 SiO_2 为 93% 以上，是由含 SiO_2 很高的硅石粉碎、成型及烧制而成。为了黏结成型，需要向泥料中混入 2% ～ 3% 的石灰。

硅砖导热性能好。由于 SiO_2 含量高，故对水分和灰分中盐类的侵蚀具有较高的抵抗作用。硅砖耐火温度可达 1700 ～ 1750℃，荷重软化点可达 1620℃以上。硅砖耐急冷急热性能差，剧烈的温度波动能使硅砖溃裂、破损。因为随温度的变化，SiO_2 的密度和晶型也在发生变化，因而会产生急剧的膨胀和收缩，并影响其使用性能。

SiO_2 能以三种结晶形态存在，即石英、方石英和鳞石英。每一种形态又有几种同素异晶体。各同素异晶体具有不同的晶格和密度，都有一定温度范围的稳定性，超过此温度范围即发生晶型转变，见图 3-40（图中百分数是体积变化率）。由图 3-40 可见，方石英在 180 ～ 270℃体积变化剧烈，其次是石英，而以鳞石英晶体结构形式的体积变化较缓和。鳞石英真密度小，故焦炉硅砖希望鳞石英含量大，因此硅砖真密度相对低有利。

增加硅砖导热性对焦炉强化生产操作有利，因此通过提高硅砖基体的视密度能提高导热性。

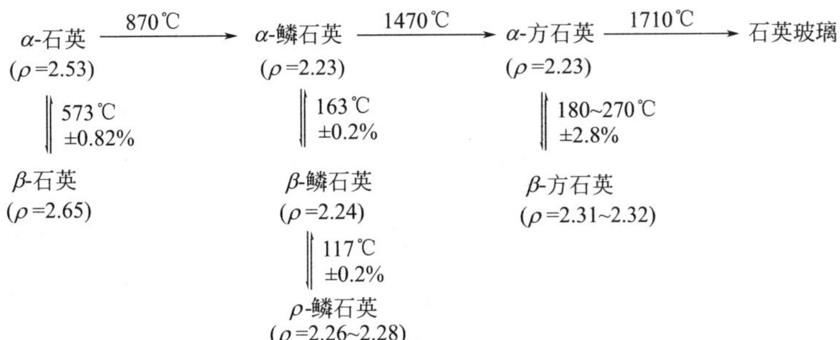

图 3-40 SiO_2 晶型转变图

焦炉用各种耐火材料性能见表 3-18。

表 3-18 耐火砖性质

项目		硅砖	黏土砖	高铝砖
主要化学成分/%		SiO_2 93～97	SiO_2 52～65	SiO_2 10～52
			Al_2O_3 35～48	Al_2O_3 48～90
耐火度/℃		1690～1750	1580～1750	1750～1790
荷重软化点/℃		1620～1650	1250～1400	1400～1530
常温耐压强度/(kgf/cm²)		200～500	150～300	200～250
体积密度/(g/cm³)		1.9	2.1～2.2	2.3～2.75
显气孔率/%		23～25	18～28	18～23
高温体积稳定性	温度/℃	1450	1350	1550
	残余变形/%	+0.8	−0.5	−0.5
热导率/[W/(m・K)]		$1.05+0.93\times10^{-3}t$	$0.7+0.64\times10^{-3}t$	$2.09+1.86\times10^{-3}t$
线膨胀率（1000℃）/%		1.2～1.4	0.35～0.60	0.5～0.6
抗急冷急热性		低温 小	大	中等
		高温 大		

注：1kgf/cm²=98.07Pa。

3.9.1.2 黏土砖

黏土砖含 Al_2O_3 量为 35% ～ 48%，其余部分主要是 SiO_2 及少量杂质。黏土砖是由未灼烧和灼烧的（熟料）黏土粉碎成型再灼烧制成的。其耐火度甚高，但荷重软化点较低，见表 3-18。黏土砖抗急冷急热性能良好，多用于温度急剧变化部位的砌筑，如小烟道内衬砖、焦炉炭化室炉头部位的底砖。熟料黏土砖可用于制备灯头砖、上升管衬砖等。黏土砖的导热性能和机械强度比硅砖差，因此现代焦炉只在低温和温度多变部位使用黏土砖。

黏土砖加热到 1100℃的总膨胀率较小且均匀，但加热到 1200℃会出现残余收缩，这是由于砖中矿物质继续发生再结晶，以及在高温下低熔点化合物逐渐熔化，固体颗粒互相靠近所致。收缩大小与配料组成和烧成温度有关。

3.9.1.3 线膨胀

常用耐火砖随温度的线膨胀率见图 3-41。由图可见，各类耐火砖膨胀受热产生的线膨胀率差别较大，黏土砖（低于 1300℃）和碳化硅砖的膨胀较小。硅砖的线膨胀率随同温度变化情况特殊，氧化镁砖膨胀率与温度接近线性增长关系。图 3-42 是 SiO_2 晶型膨胀曲线，石英和方石英均有突变温度，鳞石英较好。

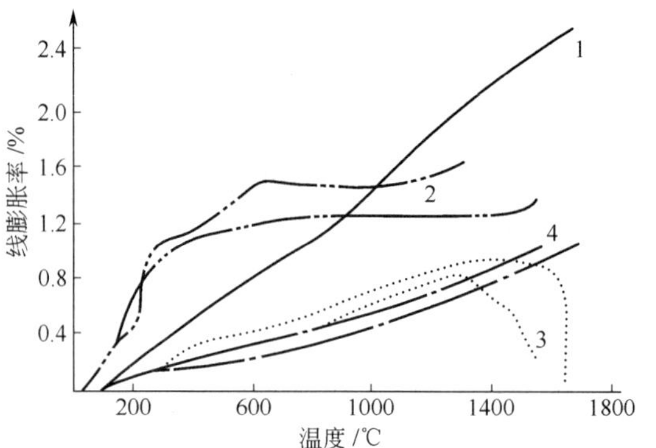

图 3-41 耐火砖的线膨胀率与温度的关系

1—氧化镁砖；2—硅砖；3—黏土砖；4—碳化硅砖

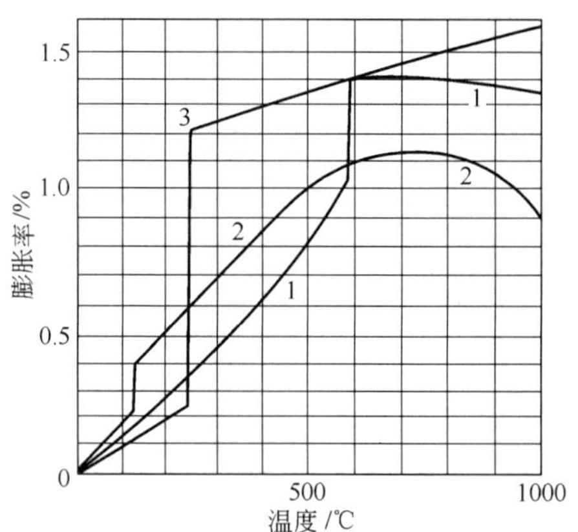

图 3-42 不同 SiO_2 晶型的膨胀曲线

1—石英；2—鳞石英；3—方石英

3.9.2 焦炉炉龄及砌筑

焦炉使用寿命即炉龄一般约为25年，国内外都有突破的实例，日本钢铁厂的焦炉炉龄长达45年及以上，国内攀钢曾有2座炭化室高5m大容积焦炉炉龄达40年。近20年来，各国相继建成大容积焦炉，一般用致密硅砖砌筑，使用效果良好。为了延长焦炉服役期，都在探索提高焦炉耐火材料使用性能，增加耐火砖的使用寿命。为强化焦炉生产操作、减少热修负荷，以及降低维护费用等提供支撑。

由于焦炉使用寿命很长，砖型异常庞杂，砌筑时技术要求也很高。砖缝要求砌筑均匀，灰浆应饱满，垂直度与水平度应达到规程标准要求。为了保证砌筑质量，要进行预砌。同时，砌筑温度要高于5℃，砌筑时要采取搭设防雨和防寒棚等措施。

3.9.3 焦炉烘炉

3

焦炉砌筑好后，应安装好护炉铁件，由冷态加热至热态生产操作温度，该过程属于焦炉热态烘炉过程。由于硅砖随升温过程有晶型转变，会发生膨胀。为了防止砌砖破裂，升温应按升温计划进行。

烘炉过程首先是干燥，脱去大量水分，为此烘炉燃料本身应含水分少，燃烧生成的产物中也需要减少水分。所用燃料应便于温度控制和调节，来源容易，价格低廉。烘炉燃料可用煤、焦炉煤气、液化天然气，以及油类液体燃料等。

烘炉由常温到900℃，是按规定升温计划进行的。制定焦炉升温曲线时，应保证焦炉升温产生的膨胀率在安全限度之内。由于硅砖受热后有晶型转变，其膨胀不均匀。为了使焦炉安全膨胀，升温计划应与砖膨胀的均匀性相协同。根据操作经验，烘炉硅砖线膨胀率每天不大于0.03%～0.04%是安全的。根据这一指标和实测的炉砖线膨胀率制定每天的升温计划。

焦炉的干燥期（＜100℃）一般为8～12d。由100℃升至125℃，实测硅砖线膨胀率为0.12%。如取每天的安全膨胀率为0.03%，则由100℃升至125℃，需要4d。根据不同温度区段规定所需升温的天数，制定出烘炉升温计划。

图3-43是某厂焦炉实际烘炉曲线。实际线膨胀率与预先计算的基本吻合，因此烘炉是成功的。该炉蓄热室墙及其以上部位均采用硅砖砌筑，有些部位用黏土砖作炉衬。

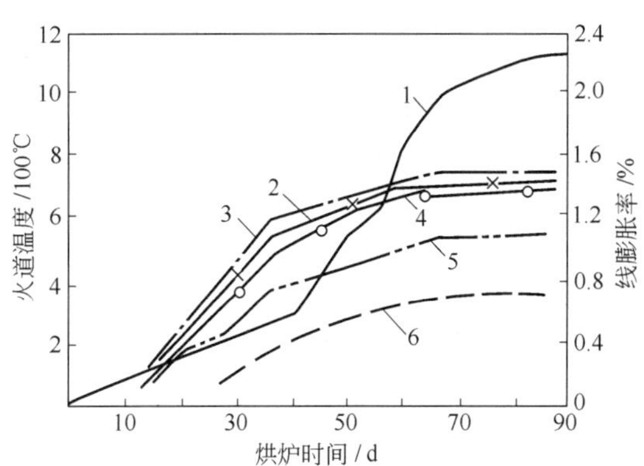

图3-43 焦炉烘炉曲线与线膨胀率的关系

1—烘炉曲线；2—炭化室高1/2处的线膨胀率；3—炉顶的线膨胀率；4—蓄热室拱顶的线膨胀率；5—高度方向的线膨胀率；6—蓄热室黏土砖砌体的线膨胀率

3.10 型焦

适宜的炼焦煤预处理技术可增加常规焦炉应用弱黏结性煤的配量，但由于高炉对焦炭的质量要求，其炼焦用配合煤主体仍为常规炼焦煤，非黏结性煤或弱黏结性煤只是作为辅助原料煤。中国炼焦煤资源虽然丰富，但其中高挥发分气煤占50%以上，而且多数炼焦煤灰分含量高，因此，从炼焦煤资源禀赋特性而言，对大型高炉焦炭质量的应用具有较大影响。此外，煤资源储量和煤种在全国范围分布很不均衡，炼焦煤主要集中在山西、山东等省区。山西省是国内最大的炼焦煤生产省，产量约占全国产量的46%，也是炼焦煤主要输出省；其次是山东、黑龙江等省。因此，扩大气煤和利用非炼焦煤生产焦炭，是中国焦化工业发展的重大课题。

人们为了利用非炼焦煤为主体的煤料生产焦炭，采用了不同的制焦工艺。其中型焦是通过加压成型，制成具有一定形状、大小和强度的成型煤料，然后进一步热处理制成型焦，用以代替焦炭。

由于型煤和型焦是连续生产，设备是密闭的，能有效地控制环境污染，所用机械比一般焦炉生产的简单，有利于实现生产的自动控制。因此，世界上各发达国家都在进行型焦技术的开发和研究，中国也进行了大量工作。

因国情和所利用的煤种不同，型焦的生产方法也多种多样，有的以褐煤、长焰煤、无烟煤等单种煤制型焦，也有的以不黏结性煤、黏结性煤和其他添加物的混合料制型焦。按型焦的用途不同可分为冶金用、非冶金用或民用。

按煤料成型挤压条件可分为冷压和热压成型两大类，冷压煤料在常温或远低于煤塑性状态的温度下加压成型，热压煤料在煤的塑性状态下成型。冷压成型又分无黏结剂成型和加黏结剂成型，前者粉煤不加黏结剂，只靠外力成型，多用于泥炭和褐煤的型煤生产。年老的煤无黏结剂压型困难，因此，需加黏结剂成型，所用黏结剂多种多样，由于借助黏结剂的作用，成型压力较低，工业上便于实现，但需提供优质的、廉价的黏结剂来源。

热压成型因加热方式不同，可分为气体热载体和固体热载体两类。一般热压成型的煤料必须具有一定的黏结性，不需外加黏结剂。

3.10.1 冷压型焦

3.10.1.1 无黏结剂冷压型焦

主要用于褐煤制型焦，在德国采用此法将软褐煤压制成型煤，作为民用或工业燃料。劳赫曼（Lauchhammer）褐煤生产型焦法采用含水 40% ～ 60%、热值为 7 ～ 10.5MJ/kg（空气干燥基）的软褐煤为原料，经粉碎至粒度＜ 1mm、干燥至含水分约为 10%。压型、高温炭化制得抗碎强度为 18 ～ 20MPa 的褐煤型焦。型焦挥发分为 0.5% ～ 1%。该型焦强度低于冶金焦，可用于小高炉、有色冶炼和化工部门等。

褐煤无黏结剂成型要求成型压力为 100 ～ 200MPa，年青的褐煤结构疏松、可塑性强、弹性差，所用成型压力可以低些。

中国曾对年老的硬褐煤无黏结剂加压成型进行试验并获得成功，对原料褐煤适当干燥，在 100 ～ 200℃温度下加压成型，得到强度较好、具有抗水性能的型煤。

无黏结剂成型，可以节约原材料，简化工艺。缺点是成型压力高，动力消耗大，对成型机材质要求高，部件磨损快，有待进一步开发和研究。

3.10.1.2 加黏结剂冷压成型

粉煤或半焦粉与黏结剂混合料在常温或黏结剂热熔温度下，以较低的外压（15 ～ 50MPa），使黏结剂在煤粒（或炭粒）表面架桥并成型的方法，称有黏结剂冷压成型法。所得型煤可进一步经氧化或炭化处理，使黏结剂和煤粒发生热缩聚反应，形成化学键结合，得到强度高于型煤的氧化型煤或型焦。

加黏结剂冷压成型虽可降低成型压力，工业上容易实现，但由于黏结剂本身需要处理，与煤料需要混捏、固结，因此，工艺比较复杂，且黏结剂用量多，需要解决黏结剂的来源。

国内外冷压型焦方法甚多，但多数规模较小，型焦质量不高。

（1）DKS 法　日本 DKS 冷压型焦质量较好，工艺流程见图 3-44。该法系 1969 年由德国迪弟尔公司（Didier-Kellogg）、日本京阪株式会社（Keihan Rentan）和住友金属公司（Sumitomo）联合创建的。1971 年在大阪建成 4.5×10^4t/a 的半工业试验装置。为了扩大试验在和歌山建成三孔斜底炉，1975 年开始操作约一年，证明该炉可以作为型焦炭化炉。所用原料为 80% 的非黏结煤、10% 的焦粉或石油焦和 10% 的黏结煤组成的配合煤，粉碎至＜ 3mm 后，与煤焦油或硬沥青混合，并在 100 ～ 200℃下压块。型块送至斜底炉，在 1300℃的火道温度下炭化 10h，所得型焦沿斜底靠重力排出。

用 DKS 型焦曾进行 6 次高炉试验。试验表明 DKS 型焦可在 1300 ～ 2800m^3 大型高炉应用，代替 50% 的冶金焦，取得全燃料比约 500kg/t、焦比＜ 450kg/t、高炉利用系数＞ 2t/（m^3・d）的良好效果。

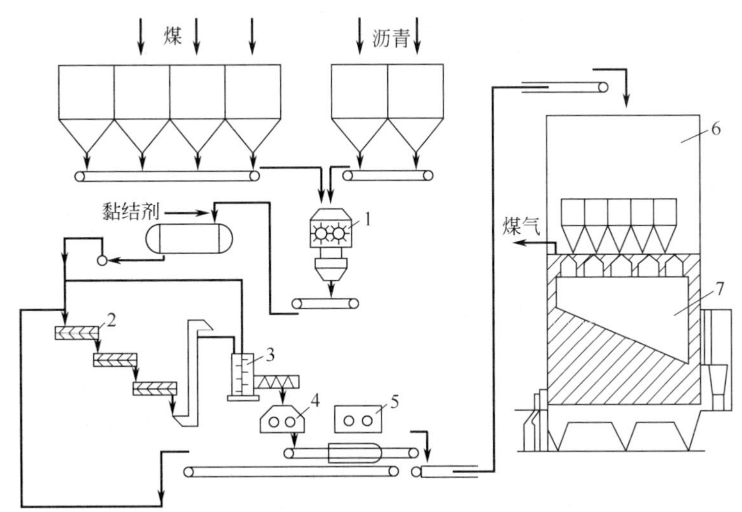

图 3-44 DKS 型焦流程

1—粉碎机；2—螺旋混合器；3—混捏机；4—对辊机；5—金属网运输、冷却器；6—储槽；7—斜底炉

（2）FMC 法 该法由美国食品机械公司于 1956 年开发，1960 年建设了一座年产 8.5×10^4t 以高挥发分煤生产型焦的工业试验厂。该工艺特点为不要求原料煤有任何黏结性，但需自产足够作为黏结剂用的煤焦油，故煤的挥发分应高于 35%。其工艺流程见图 3-45。

FMC 型焦工艺主要由下述工序构成：煤料干燥和氧化，使煤料水分＜ 2%，氧化可使煤料破除黏结性。将干煤于 500 ～ 530℃下进行低温干馏，脱挥发分，得到半焦和作为黏结剂的低温焦油；半焦于 800 ～ 857℃进一步炭化，得到干馏炭，其挥发分＜ 3%。干馏炭占 75% ～ 90% 和黏结剂占 10% ～ 25% 的配比混合成型，成型压力＞ 35MPa；型块氧化使黏结剂反应，增加型块强度；氧化后的型块在 810 ～ 920℃下进行最终炭化，得产品型焦。

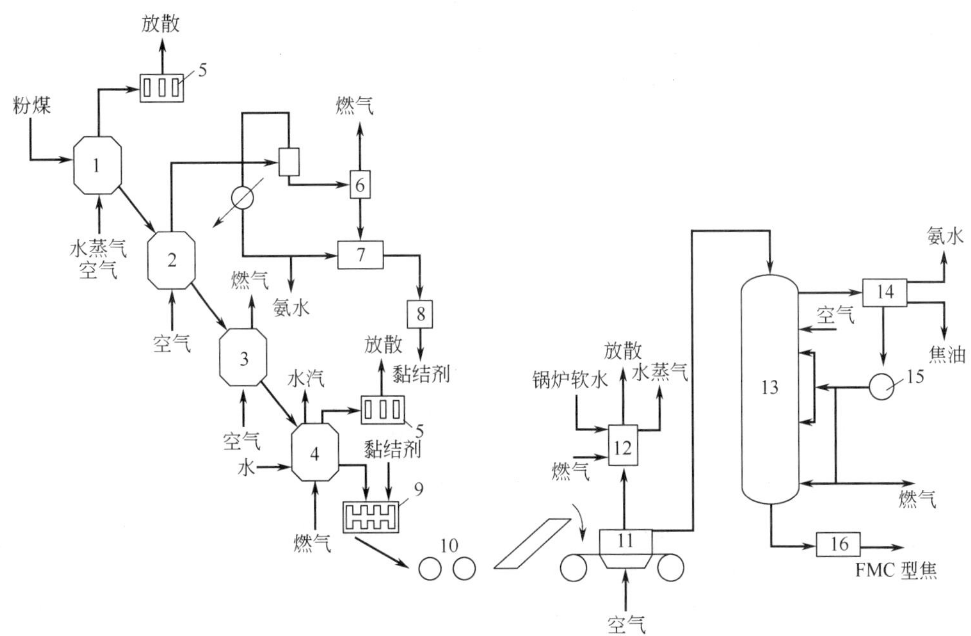

图 3-45 FMC 型焦流程

1—干燥氧化沸腾炉；2—炭化器；3—干馏炭焙烧器；4—干馏炭冷却器；5—袋式过滤器；6—焦油冷凝器；7—焦油澄清槽；8—焦油氧化槽；9—混合器；10—对辊成型机；11—熟化炉；12—锅炉；13—炭化炉；14—煤气净化器；15—风机；16—型焦冷却器

FMC 型焦在 1312m³ 的高炉上进行了试验，在型焦代用量为 40% 的条件下，取得了高炉利用系数为 2t/（m³·d）、燃料比为 524kg/t，且高炉煤气带出粉尘量与应用纯冶金焦基本接近。

3.10.2 热压型焦

将具有一定黏结性的单种煤或配合煤，快速加热到塑性温度后趁热压制成型，所得热压型煤进一步炭化可得到热压型焦。

煤料在快速加热至胶质体状态，使其中部分液态产物来不及热分解和热缩聚，从而增加胶质体的停留温度范围，改善了胶质体的流动性和热稳定性，使单位时间内气体析出量增加，增大膨胀压力，由此改善变形煤粒子相互间的接触，提高煤的黏结性。在此条件下再施以外压，进一步提高了煤粒间的黏结性。因此，可采用弱黏结煤或少量黏结煤及大量非黏结煤制得高炉及其他工业用的型焦。

按快速加热的方式热压型焦可分为气体热载体工艺和固体热载体工艺两类。

3.10.2.1 气体热载体工艺

以热废气作为快速加热的载体，使煤粉快速加热并热压成型煤。其基本工艺流程见图 3-46。国内曾进行过相关试验。

以单种弱黏结性煤或无烟煤粉为主体，并配有黏结性煤的配煤，经干燥、预热，用燃烧炉内煤气燃烧生成的热废气快速将原料加热至塑性温度区间。为控制塑性温度，用约 150℃的循环废气把热废气调节至 550 ～ 600℃。经快速加热的煤料用旋风分离器分出，通过维温分解使其充分软化熔融，最后挤压，并在热状态下成型得型煤。由旋风分离器分出的废气，作为煤料干燥、预热的热载体。干燥、预热和快速加热均在流化状态下进行，多数采用载流管，也可用旋风加热筒。

此工艺可用单一弱黏结性煤，在快速加热条件下充分发挥其黏结性，制成型煤并进一步炭化成型焦。其缺点是气体热载体加热要求风料比大，约为 1.7 ～ 2.0Nm³/kg，因而增加烟泵和冷却及洗涤系统的负荷。当废气温度过高或煤料加热终温过高时，烟煤粉过早软化分解，黏于壁上，产生的热解产物混入废气，容易堵塞系统。

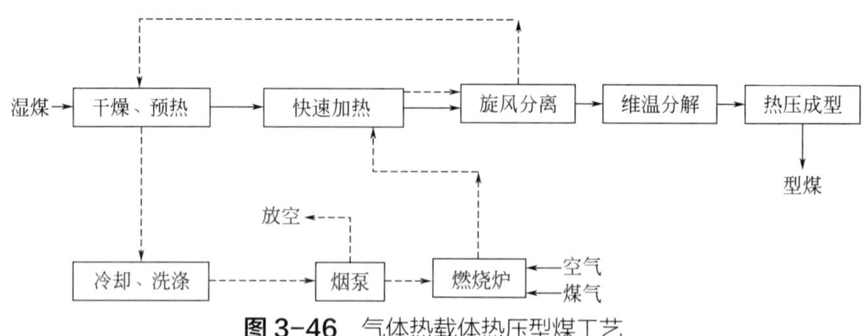

图 3-46 气体热载体热压型煤工艺

苏联的萨保什尼可夫热压焦法原理和流程与上述流程类似，快速加热采用旋风加热筒。在旋风筒中气体热载体的运动速度大，在气流旋转运动过程中，煤粒因离心力作用与气体分离并达到快速加热。旋风加热筒简单，无运动部件，且可保证气体热载体呈分散和切线状进入物料。为了降低风料比，提高煤料加热的均匀程度，防止细颗粒因局部过热形成半焦并堵塞设备，以及提高热效率，由一个旋风筒改用两个，分两段快速加热，第一段加热至 200℃左右，第二段再加热至塑性温度。热压型煤用竖炉炭化或竖炉氧化热解法制成型焦。

3.10.2.2 固体热载体工艺

以高温无烟煤粉、焦粉或矿粉作为热载体，在与预热至200～250℃的烟煤混合的同时，实现快速加热。原湖北蕲州钢铁厂对这种工艺进行了长期试验，制得了热压焦。德国的BFL法也采用固体热载体快速加热。

（1）蕲州流程　该工艺于20世纪60年代初在蕲州开始运行，是在以铁矿粉为固体热载体快速加热气煤的热压料球基础上发展起来的。将65%～75%的无烟煤或贫煤和30%～35%、胶质层厚度＞10mm的烟煤，分别粉碎后，前者在沸腾炉内靠上部分（加入料的5%～6%）燃烧，加热至650～700℃，后者经直立管干燥、预热至约200℃，然后混合，靠高温无烟煤粉快速加热烟煤，使混合料达到440～470℃，再热压成型、焙烧而得型焦。其工艺流程见图3-47。

蕲州流程主要由四部分组成，即沸腾炉固体热载体加热部分；直立管烟煤预热部分；混合、维温和热压成型部分；型煤炭化焙烧部分。四个部分相对独立，易于操作和控制。沸腾炉靠烧掉6%的煤供加热固体热载体，故风料比较低，仅为$0.6m^3/kg$，动力消耗较少。用直立管预热烟煤，热源由炭化煤气提供，预热过程兼有气流输送和气流粉碎，利于黏结成型。炭化炉是内热连续生产，故生产能力大；型焦在其底部由冷煤气干熄焦，故耗热量低。

该工艺尚存在维温时间不够，废热利用不好，使用煤种较窄等问题。

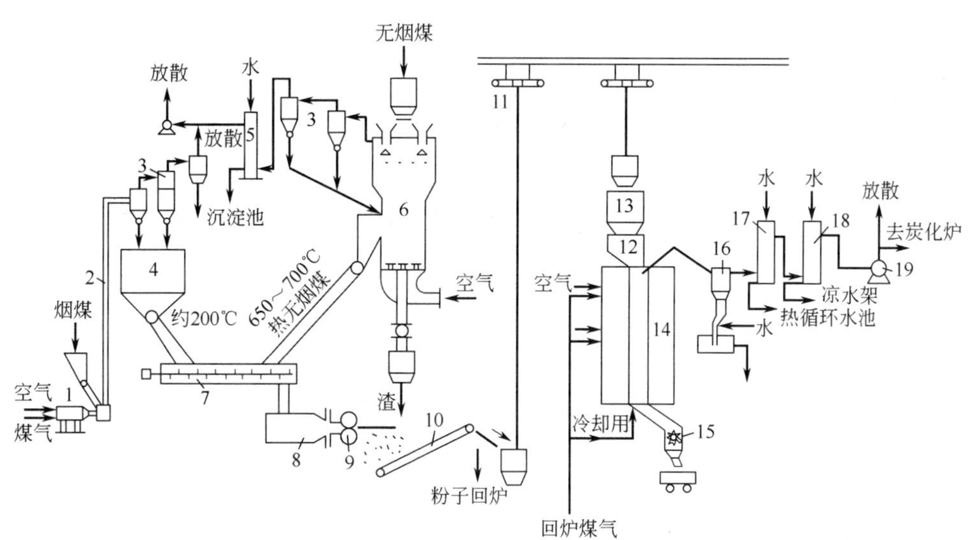

图3-47 湖北蕲州固体热载体热压焦流程

1—燃烧炉；2—直立管；3—旋风分离器；4—热烟煤仓；5—水洗塔；6—沸腾炉；7—混料机；8—挤压机；9—对辊机；10—链条机；11—电葫芦；12—辅助煤箱；13—煤球箱；14—炭化炉；15—排焦机构；16—重力除尘器；17—空喷塔；18—填料塔；19—煤气风机

（2）BFL法　德国矿山研究院（BF）和鲁奇公司联合开发了BFL干馏热压型焦工艺。利用LR工艺生产焦粉，混以黏结性煤热压成型，经过热处理得到型焦。该工艺装置最大能力达到600t/d，工艺流程见图3-48。

用1/3的黏结性煤和2/3的高挥发分非黏结性煤作为原料，分别经立管干燥器干燥，非黏结性煤在LR装置与860℃的热半焦相混合，于干馏槽内在750℃进行快速干馏反应。750℃的产品热半焦与干燥的黏结性煤在混合器中混合，混合后的物料温度为450～500℃，黏结性煤形成胶质体，作为黏结剂成分在对辊压型机中成型。成型煤料在高于850℃的条件下进行加热干馏，最后冷却得到型焦。

非黏结性高挥发分煤经LR法干馏后，除半焦可用于生产型焦之外，还可得煤气和焦油及中油。半焦与黏结性煤混合是在双螺旋混合器中完成的。该混合器有两根旋转方向相同的螺旋，每根轴上装有双螺旋叶片。

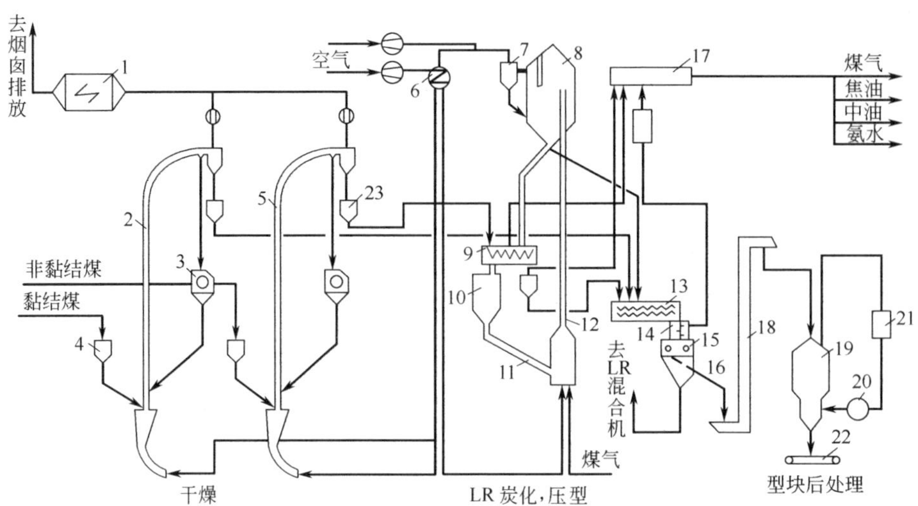

图 3-48 BFL 热压型焦流程

1—电除尘器；2，5—直立管；3—粉碎机；4—煤槽；6—换热器；7—旋风器；8—集合槽；9—LR 混合器；10—LR 干馏槽；11—下降管；12—LR 提升管；13—热压料混合器；14—搅拌器；15—对辊压型机；16—条筛；17—煤气冷却器；18—斗式提升机；19—后处理炉；20—循环风机；21—冷却器；22—带运机；23—中间槽

1976 年在英国建设的 31.1t/h BFL 装置，用烟煤为原料，煤料含水 10.0%、灰分 6.8%、干燥无灰基挥发分 36.9%。铝甑低温干馏试验的煤焦油产率为 10.6%，热解水量 2.3%；煤粒度 0 ～ 3mm；煤干燥无灰基热值 36.49MJ/kg。关于该工艺主体部分 LR 部分的技术参数列于表 3-19。

表 3-19 干燥非黏结性煤与热半焦混合的LR工艺装置技术参数

项目	工艺参数		项目	工艺参数
烟气数量/(m^3/h)	27500		焦炭灰分/%	11.5
干馏煤气组成/%	$\varphi[CO_2+H_2S(SO_2)]$	7+1	焦炭挥发分/%	3
	$\varphi(N_2)$	7	焦炭粒度/mm	0～3
	$\varphi(H_2)$	28	重焦油产量/(t/h)	3.9
	$\varphi(CO)$	10	热解水量/(t/h)	1.2
	$\varphi(CH_4)$	39	水中一元酚含量/(g/L)	14
	$\varphi(C_2^+)$	8	水中总酚含量/(g/L)	22
焦炭产量/(t/h)	18.2		水中NH_3/(g/L)	14

注：BFL 型焦以未经焙烧的型块和焙烧后的型焦在 568m^3 和 764m^3 的高炉中进行了 3 ～ 4d 的试验，高炉运行参数正常，仅风压和高煤气带出粉尘量有所增加。

3.11 本章小结

本章主要介绍煤的成焦过程、配煤和焦炭、现代焦炉、炼焦新技术、燃烧和传热以及流体力学等内容。

单一炼焦煤因其挥发分、灰分、硫分和黏结性等煤质指标差异较大，难以满足高炉焦的质量要求，同时也难以满足炼焦工艺对煤种的适应性。所以，为发挥各煤种特性需要进行配煤炼焦。常用炼焦煤主要有气煤、1/3 焦煤、肥煤、焦煤和瘦煤等煤种，其中捣固炼焦工艺可以拓展低变质程度和高变质程度炼焦煤的使用比例。

炼焦煤干馏过程中，随加热温度升高，煤大分子结构发生热解并产生熔融状的胶质体，随温度进一步提高，胶质体内芳核发生缩合及稠环化而形成半焦，半焦经收缩并逐渐形成焦炭。煤大分子热解过程可产生煤气、焦油、苯、萘等化学产品，其中煤焦油主要在煤的软化熔融阶段产生量较大。

炼焦过程需要控制焦炭质量。高炉用焦炭的质量指标主要包括机械强度和热态性能，同时焦炭的灰分产率 A_d 和全硫产率 $S_{t,d}$ 也是重要控制指标。目前国内高炉用焦的机械强度主要是指抗碎强度 M_{40} 和耐磨强度 M_{10}，焦炭的热态性能是指反应性 CRI 和反应后强度 CSR。高炉用焦炭应具有抗碎强度 M_{40} 高、耐磨性能 M_{10} 好，反应后强度 CSR 高，灰分低，硫和磷等杂质少，粒度均匀，且具有适宜的气孔率。

现代焦炉炉体主要由炭化室、燃烧室、蓄热室、斜道区和炉顶区及小烟道构成。加热炭化室煤料的热源来自两侧燃烧室立火道内的燃烧气体；燃烧室火道向炉墙传热以辐射热为主，炭化室内煤料以导热为主，即由靠近炭化室墙侧的煤料吸收热量后逐渐向里层煤料传热并逐渐升温，以实现炼焦过程。在焦炉大型化后，需要控制燃烧室长向加热温度的均匀性，固将蓄热室设计为分格蓄热室结构形式。大型焦炉高向加热均匀性主要是采用高低灯头、废气循环、分段加热等方式。加热焦炉的燃料主要为高炉煤气及焦炉煤气，其中焦炉煤气因其可燃组分多、燃烧速度快、火焰短，而高炉煤气因其可燃组分少、燃烧速度慢、燃烧火焰长。焦炉燃烧室排出废气及吸入空气是通过烟囱产生的浮力实现的。烟囱高、废气温度高和大气温度低时，烟囱产生的浮力就大。焦炉热效率是指焦炉利用的有效能量占供给能量的百分比，它是评价焦炉能源消耗的重要技术指标。

目前炼焦工艺主要分两种，即顶装煤炼焦和捣固炼焦工艺。捣固炼焦工艺是将散煤由煤塔装入捣固煤槽内，再用捣固机配置的捣固锤将煤料捣固成煤饼，然后由推焦机将其推入炭化室内。干法熄焦（CDQ）是利用惰性气体将由炭化室推出温度约 1000℃的赤热焦炭进行冷却的工艺，而被加热的惰性气体再送入废热锅炉产生蒸汽。

思考题

3-1 炼焦煤的种类有哪些？其结焦性如何？
3-2 表征煤变质程度的指标有哪些？
3-3 高温炼焦化学产品的质量产率一般是多少？
3-4 为什么要配煤炼焦？
3-5 烟煤受热产生软化熔融的原理是什么？
3-6 什么是烟煤的黏结性和结焦性？
3-7 什么是配煤细度，炼焦生产为什么要控制配煤细度？
3-8 备煤工艺流程有哪些？
3-9 炼焦煤在炭化室内的成焦特点是什么？
3-10 炼焦煤在炭化室内是如何形成焦炭的？
3-11 什么是炼焦煤的膨胀压力，影响膨胀压力的因素有哪些？
3-12 焦炭主要有哪些用途？
3-13 焦炭的机械强度是如何测定的？
3-14 焦炭热反应性和反应后强度对高炉生产有何意义？
3-15 焦炭的气孔是怎样形成的？
3-16 炼焦炉炉体主要由哪几部分构成？
3-17 为什么燃烧室要分成多组立火道？
3-18 为什么焦炉生产上要保证焦饼的高向和长向加热均匀性？
3-19 现代大型焦炉一般采用哪些技术措施可以解决焦饼的高向加热均匀性？
3-20 蓄热室是如何回收燃烧室排出废气的热量，以及预热入炉贫煤气和空气的？
3-21 热浮力对焦炉加热系统上升气流和下降气流作用的差异性是什么？

思考题解答

参考文献

[1] 郭树才 . 煤化学工程 . 北京：冶金工业出版社，1991.

[2] 姚昭章，炼焦学 .3 版 . 北京：冶金工业出版社，2005.

[3] 鞍山焦耐院编写组 . 焦化设计参考资料（上）. 北京：冶金工业出版社，1980.

[4] 徐一 . 炼焦与煤气精制 . 北京：冶金工业出版社，1985.

[5] Eliott A M. Chemistry of Coal Utilization .2nd Sup. New York : John Wiley & Sons，1981.

[6] Hideo K. Progress on Chemistry of Coal Utilization in the 20th Century. Journal. 日本エネルギ - 学会誌 . 2000，79，876：301-320.

[7] Falbe J. Chemierost off aus Kohle. Stuttgart：Gearg Thieme Verlag，1977.

[8] Du Y，Sang S，Wang W，et al. Experimental Study of the Reactions of Supercritical CO_2 and Minerals in High-Rank Coal under Formation Conditions. Energy & Fuels，2018，32（2）：1115-1125.

[9] 木村英雄 . 石炭化学工业 . 东京：三共出版株式会社，1977.

[10] 郑文华，温燕明，郑波 . 新常态下中国炼焦化学行业运行及发展趋势 . 钢铁，2016，51（05）：1-8.

[11] 崔丕江 . 创新驱动转型升级推进中国焦化行业科学发展 . 中国钢铁业，2014，10：7-9.

[12] 韩行禄，刘景林 . 耐火材料应用 . 北京：冶金工业出版社，1986.

[13] 化工部工业炉设计技术中心 . 化学工业炉设计手册 . 北京：化学工业出版社，1988.

[14] 郑国舟，杨开莲，杨厚斌 . 焦炉的物料平衡与热平衡 . 北京：冶金工业出版社，1988.

[15] Collin G，Zander M. 工业煤化学的现状和前景 . 高晋生，译 . 燃料与化工，1991，22（1）：3-6.

[16] 邱欣盛 . 热回收焦炉在钢铁联合企业中的应用 . 燃料与化工，2022，53（3）：23-25.

[17] 李艳红，刘洋，赵文波，等 . 炼焦新技术的研究进展 . 化学世界，2014，55（07）：434-438.

[18] 张国富 . SCOPE21 炼焦技术的研发与实用 . 燃料与化工，2010，41（2）：1-5.

[19] 中国冶金百科全书编辑部 . 中国冶金百科全书：炼焦化工 . 北京：冶金工业出版社，1986.

[20] 张晓光 . 一种新型煤炭风力分离及调湿技术 . 燃料与化工，2009，40（2）：1-8.

[21] Okazaki T，Ono T. Program for Sustainable Development at Nippon Steel. Nippon Steel Technical Report，2012，101：189-195.

[22] 李良华，程乐意，张福行 . 煤调湿与成型煤工艺运行成本分析 . 燃料与化工，2014，45（2）：8-10.

[23] 王永胜，武金旺，杨昆，等 . 焦化行业节能减排关键技术选择初步研究 . 煤质技术，2016（1）：48-52，60.

[24] Nishioka K，Oshima H，Sugiyama I，et al.Development of the Innovative Cokemaking Process（SCOPE21）for the 21st Century .Tetsu-to-Hagane，2004，90（9）：614-619.

[25] 朱仁良，程乐意 . 提高宝钢焦炭质量的关键技术 . 中国金属学会 2007 年高炉炼铁用焦炭质量技术研讨会论文集 . 牡丹江，2007.

[26] 于振东，郑文华 . 现代焦化生产技术手册 . 北京：冶金工业出版社，2010.

[27] 王新东，白金锋 . 绿色焦化工艺技术 . 北京：冶金工业出版社，2020.

[28] Nomura S，Ayukawa H，Kitaguchi H，et al. Improvement in Blast Furnace Reaction Efficiency through the Use of Highly Reactive Calcium Rich Coke . ISIJ International，2005，45（3）：316-324.

[29] Zhai Y F，Wang S F，Wang Z，et al. Experimental and numerical study on laminar combustion characteristics of by-product hydrogen coke oven gas. Energy，2023，278：127766.

[30] Fan C Y，Meng F R，Cheng Q W，et al. Transient numerical simulation of heat recovery coke oven based on chemical percolation devolatilization model. Energy Sources Part A-Recovery Utilization and Environmental Effects，2023，45（3）：6693-6709.

[31] Shamsi M，Rooeentan S，Karami B，et al. Design and thermodynamic analysis of a novel structure utilizing coke oven gas for LNG and power cogeneration. Energy，2023，277：127656.

[32] Wang Q W，Shen Q L，Li X G，et al. Revisit flame modulation towards low-NO_x and uniform thermal field in heating flue of a coke oven . Applied Thermal Engineering，2023，228：120522.

4 炼焦化学产品的回收与精制

本章学习重点

- 了解炼焦化学产品回收的意义，由炼焦过程可以得到的主要化学产品。
- 掌握影响炼焦过程化学产品产率和组成的因素。
- 掌握集气管内煤气冷却的基本原理。
- 了解横管初冷器冷却煤气的工艺原理，以及初冷后煤气的冷却温度对后续净化的影响。
- 掌握喷淋式饱和器法回收煤气中氨的基本原理，了解从硫酸铵母液中回收粗轻吡啶的方法。
- 掌握洗油吸收煤气中苯族烃的基本原理，了解洗苯塔回收粗苯的工艺操作条件。
- 了解富油脱苯的影响因素及管式炉加热富油脱苯的工艺特点。
- 了解粗苯催化加氢精制工艺的种类，以及主要催化单元所用催化剂的种类及作用。
- 掌握焦油中主要馏分及主要特点，了解一塔式和两塔式焦油蒸馏流程及主要设备。
- 了解粗酚和精酚、工业萘和精萘、粗蒽和精蒽的生产方法。
- 了解煤沥青的性质、加工和利用方法。

4.1 炼焦化学产品

4.1.1 组成与产率

炼焦工业为钢铁产业高炉冶炼提供了重要原料支撑。目前，中国是世界上焦炭产量最大的国家，2021 年焦炭产量达 4.64 亿吨，拥有焦化厂 500 多家。每年炼焦用煤量约 6×10^{8}t，每年产煤气量约为 $2\times10^{11}m^{3}$，焦油产量约为 2.5×10^{7}t（含中温焦油、低温焦油），粗苯量约为 6×10^{6}t，氨产量约为 1.8×10^{6}t。由于各焦化厂回收化学产品工艺设备不同，工艺参数控制不同，以及配煤质量差异性等因素，其化学产品产率和组成有一定的差异。

炼焦过程产生的挥发性产物称为煤气或荒煤气。煤气的产率和组成与原料煤性质和炼焦工艺条件有关。煤高温干馏产生的煤气中含有多种化合物，包括常温下的气态物质，如氢气、甲烷、一氧化碳和二氧化碳等；烃类；含氧化合物，如酚类；含氮化合物，如氨、氰化氢、吡啶类和喹啉类等；含硫化合物，如硫化氢、二硫化碳和噻吩类等。煤气中还含有许多水蒸气。

煤气组成复杂，影响其组成和产率的因素较多。主要影响因素为炼焦温度和二次热解作用。提高炼焦温度和增加在高温区停留时间，都会增加粗煤气中气态产物的产率及主要组分氢的含量，也会增加芳烃和杂环化合物的含量。已知碳与杂原子之间的键强度顺序为：C—O ＜ C—S ＜ C—N，因此在低温（400 ～ 450℃）进行煤热解，生成含氧化合物较多；氨、吡啶和喹啉等在高于 600℃时开始出现在煤气中。

煤热解生成的煤气由净焦炉煤气、焦油、粗苯、硫化氢、氰化氢、氨气和水等构成。由于粗苯含量少，且在粗煤气中分压低，故于 20 ～ 40℃的常压下不凝出；而焦油分子量较高，常温常压下会发生凝结。

热解温度对煤化学产品产率的影响可以从煤低温干馏和高温干馏的实验数据加以说明。表 4-1 比较了一种烟煤在低温干馏和高温干馏所得到的化学产品产率和组成。

表4-1 化学产品产率和组成

项目	低温炼焦	高温炼焦	项目	低温炼焦	高温炼焦
煤气（质量分数）/%	6～8	13～15	焦油中含量（质量分数）/%		
煤气/（m^3/t）	80～120	330～380	酚类	20～35	1～3
焦油（质量分数）/%	7～10	3～5	碱类	1～2	3～4
粗苯（或汽油）（质量分数）/%	0.4～0.6	0.8～1.1	萘	痕量	7～12
煤气中含量（体积分数）/%			粗苯（或汽油）中烃含量（质量分数）/%		
H_2	26～30	55～60	不饱和烃	40～60	10～15
CH_4	40～55	25～28	脂肪烃或环烷烃	15～20	2～5
			芳烃	30～40	80～88

不同焦化厂焦炉生产的煤气组成差别较小。这是由于焦炉用炼焦配合煤具有共性组成，且因二次热解作用的强烈，导致组分中主要以热稳定的化合物为主，故其中几乎无酮类、醇类、羧酸类和二元酚类。煤低温干馏焦油主要含有带长侧链的环烷烃和芳烃，煤高温干馏的焦油主要为多环芳烃和杂环化合物的混合物。低温焦油的酚馏分含有复杂的烷基酚混合物，而高温焦油的酚馏分中主要为酚、甲酚和二甲酚。低温干馏煤气中几乎没有氨，而高温炼焦煤气中氨含量为 8 ～ 12g/m^3。

煤的低温热解产物主要决定于原料煤性质。例如，泥炭和褐煤的低温焦油中羧酸含量可达 2.5%，而烟煤的低温焦油中几乎不含有羧酸。褐煤的一次焦油中含氧化合物可达 40% ～ 45%，而烟煤的比较少。

萘和蒽主要来源于焦化工业，它们主要用于生产塑料、染料和表面活性剂。甲酚、二甲酚用于生产合成树脂、农药、稳定剂和香料。吡啶和喹啉用于生产生物活性物质。沥青约占焦油量的一半，其主要是由多环芳烃组成，主要用于生产碳素电极用的针状焦、电极炭、黏结剂等。焦炉煤气可用作燃料，也可作为生产化工原料甲醇、二甲醚等的原料，其中氢气是目前氢能利用的重要来源。

粗苯是芳烃混合物，是重要化工原料，其含有的苯、甲苯、二甲苯含量达 90% 以上，其中苯含量约占 70%。低温干馏气的油中含有 40% ～ 60% 的不饱和化合物，在加工之前需要进行稳定化处理。

4.1.2 回收与精制方法

自焦炉导出的煤气温度为 650 ～ 800℃，按一定顺序对其进行净化处理，以便回收和精制其中的焦油、粗苯、氨等化学产品，并得到净煤气。

煤气中含有的少量杂质对煤气输送和利用不利。煤气中的萘能以固态析出，堵塞管路。煤气中的焦油雾，对回收氨和粗苯操作有害。煤气中的硫化物，能腐蚀设备，且对煤气后续加工利用带来污染等问题。氨能腐蚀设备，燃烧生成氮氧化物，污染大气。不饱和烃类能形成聚合物，并引起管路和设备堵塞发生故障。

目前焦化厂对煤气中的化学产品回收和煤气净化方式先是采用冷却冷凝方式析出其中的焦油和水，再用鼓风机抽吸和加压输送煤气，后续可以从煤气净化过程中回收粗苯、氨、吡啶碱以及硫黄等有用的化工产品。在一般钢铁公司中的焦化厂，炼焦化学产品的回收与精制的典型流程见图 4-1。

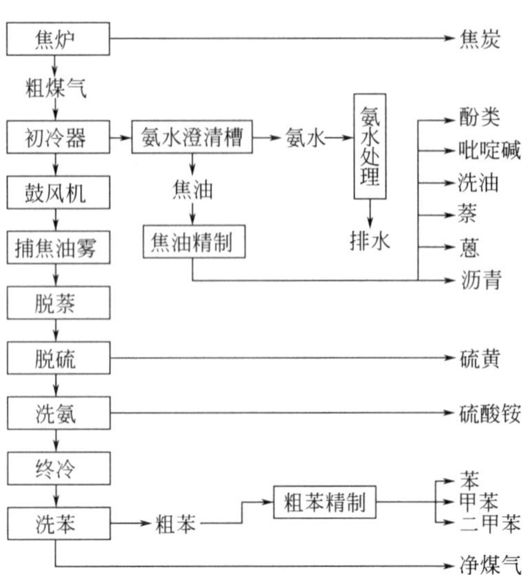

图 4-1 炼焦化学产品的回收与精制流程

从煤气中回收化学产品多用吸收方法，也可以用吸附或冷冻方法。吸收方法的突出优点是单元设备生产能力大，适合于大规模生产，但吸附和冷冻方法设备多，能量消耗高。

煤气中所含化学产品在回收和净化前后的含量，见表 4-2。

表 4-2 煤气中化学产品回收前后的含量

化学产品	回收前/(g/m^3)	回收后/(g/m^3)	化学产品	回收前/(g/m^3)	回收后/(g/m^3)
氨	8～12	0.03～0.3	硫化氢	4～20	0.2～2
吡啶碱	0.45～0.55	0.05	氰化氢	1～2.5	0.05～0.5
粗苯	30～40	2～5			

4.1.3 全负压回收与净化流程

为了简化煤气净化工艺和降低能量消耗，中国、德国、日本部分焦化厂采用全负压化学产品回收与净化流程，见图 4-2。对比图 4-1 和图 4-2，可见后者比前者少了终冷工序，使流程变短，煤气系统阻力损失小。此外，鼓风机置于流程后，机前处于负压，避免了要处理的煤气经冷却后又加热、加热后又冷却造成的温度起伏。

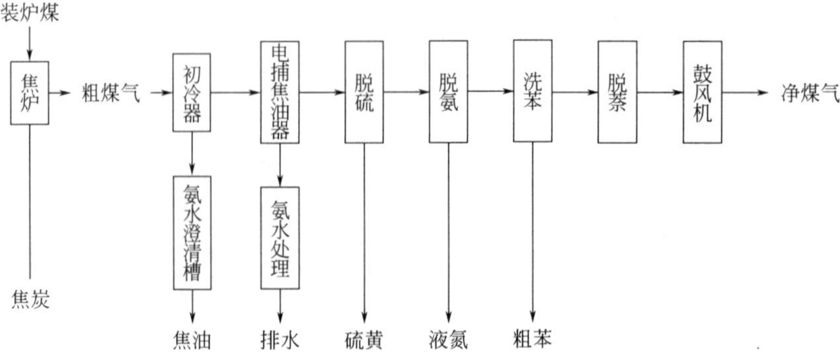

图 4-2 焦炉煤气负压生产操作流程示意图

4.2 粗煤气分离

4.2.1 粗煤气初步冷却

为了回收化学产品和净化煤气，便于加工利用，首先需要对粗煤气进行冷却。

自焦炉炭化室来的煤气中含有水汽和焦油蒸气等，对其进行初步冷却，分离出焦油和水，以便把煤气输送到回收车间的后续工序，并进一步加工。煤气初步冷却和输送流程见图 4-3。

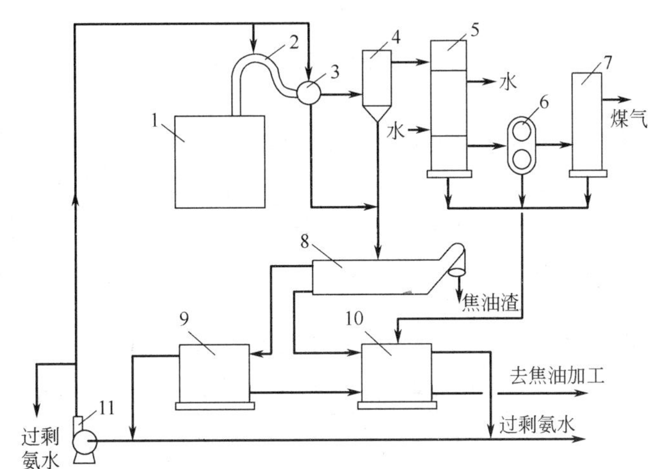

图 4-3 初步冷却工艺流程

1—焦炉；2—桥管；3—集气管；4—气液分离器；5—初冷器；6—鼓风机；7—电捕焦油器；8—油水澄清槽；9，10—储槽；11—泵

焦炉炭化室导出的煤气温度为 650 ～ 800℃，经上升管到桥管，然后汇集到集气管，在此用 70 ～ 75℃的循环氨水进行喷洒，煤气被冷却到 80 ～ 82℃，其中有 60% 左右的焦油蒸气冷凝下来，这是重质焦油部分。焦油和氨水的混合物自集气管和气液分离器去油水澄清槽。

煤气由气液分离器去初冷器，在此进行冷却，残余的焦油和大部分水汽冷凝下来，煤气被冷却到约 21℃；从初冷器排出的煤气再经鼓风机增压输送，因压缩过程属于绝热压缩，煤气可升温 10 ～ 15℃。初冷器后的煤气含有焦油和水的雾滴，在鼓风机的离心力作用下大部分以液态析出，余下部分在电捕焦油器的电场作用下再进行沉降。

在澄清槽内的焦油与氨水混合物因密度不同进行分离，氨水在上，焦油在下，底部沉降物是焦油渣。焦油渣是由煤尘和焦粉构成，用刮板机由槽底刮出，可以送回到配煤系统中。氨水用泵送到桥管和集气管进行喷洒冷却，循环利用。焦油用泵送去焦油加工车间。有焦化企业在采用圆形焦油储槽进行焦油氨水分离时，可用泵抽取部分焦油循环搅拌方法来防止槽底沉积焦油渣，也避免人工清渣。

氨水有两部分，一是集气管喷洒用的循环氨水，二是初冷器排出的冷凝氨水。氨水中含有铵盐，氨含量为 4 ～ 5g/m^3，同时，氨水中含有酚类。在循环氨水中约有 70% ～ 80% 难水解的氯化铵，其加热时难分解的称为固定铵。初冷器的冷凝氨水中铵盐有 80% ～ 90% 为易水解的碳酸氢铵、硫化铵以及氰化铵，此类物质加热时易分解的称为挥发性铵盐。为了防止氯化铵在循环氨水中积累，部分循环氨水外排进入剩余氨水中，同时补充一部分冷凝氨水入循环氨水。

每吨煤炼焦约产生 320 ～ 360m^3 粗煤气，其组成（体积分数）为：煤气 75%，水汽 23.5%，焦油和苯蒸气为 1.5%。对此气体进行冷却，放出热量约为 0.5GJ，其中 75% ～ 80% 用于蒸发喷洒的氨水，其余热量则用于加热水及散热损失。当冷却用的喷洒氨水温度为 70 ～ 80℃时，以炼焦装煤量计的氨水喷洒量为 5 ～ 6m^3/t，其中蒸发的氨水量仅占2% ~ 3%。

由于出炉的煤气温度比较高所以冷却喷洒氨水量大，煤气与喷洒氨水之间的蒸发换热是在形成的水滴表面上进行。桥管和集气管喷头所处的几何空间小，水滴与粗煤气接触时间短，故在换热空间较小条件下冷却煤气，效率较高，致使粗煤气由出炉时的高温冷却到约82℃，其主要原因是利用氨水的蒸发潜热吸收煤气的热量实现冷却目的。喷洒氨水中含有煤和焦的尘粒、焦油以及腐蚀性盐类，限制了喷嘴采用小孔径结构（因小孔径易堵），需要勤清扫。喷嘴孔径为2 ~ 3mm，喷洒可行，但是水滴较大，喷洒路径短，恶化了换热条件。蒸发水分量占水滴量的小部分。为此，采用热水喷洒，增大水滴蒸发的蒸气压，可加快蒸发速度，改善煤气冷却效果。因水的汽化潜热大，水升温的显热小，故冷水喷洒不可行，否则喷洒量要增大几倍。

喷洒过量氨水还有一个作用是由于氨水量大可使集气管中的重质焦油能与氨水一起流动，便于送到回收车间进行处理。

初冷器入口煤气含水汽量约有50%（体积分数）或65%（质量分数）。这些水主要来自配煤带入的水分，约为80 ~ 100kg/t；煤热解生成水约为20 ~ 30kg/t，以及集气管蒸发水汽约180 ~ 200kg/t。在初冷器中煤气冷却冷凝的水量可达煤气含水量的92% ~ 95%，初冷器后的煤气被水汽饱和，其水汽含量按装炉煤量计约为10 ~ 15kg/t。在初冷器中换热量的90%为煤气中水汽冷凝放出的热量。初冷器后的煤气质量减少2/3，而容积减少3/5，从而减少了后续煤气输送的电能消耗。

进入初冷器的煤气中焦油也在此冷凝，特别是煤气中所含的萘。因萘的沸点与焦油中其他组分相比较低，为218℃；熔点高，为80℃；并能升华，形成雾状和尘粒（悬浮于气体中萘的晶粒），因此，煤气在冷却管的表面有萘结晶析出，导致传热系数降低。此外，在导热管中因焦油的富集也能形成沉积物，堵塞通道，增加初冷器阻力。为了防止萘于管道和设备中凝结，应充分脱除煤气中的焦油和萘。因此，初冷器的操作条件将影响后续煤气输送和回收车间相关工艺的确定，特别是对氨回收部分有直接影响。

煤气冷却采用管壳式冷却器，目前焦化企业主要应用立管式和横管式，并以立管式为主。管间走煤气，管内走冷却水。横管式初冷器上段冷却水出口温度为40 ~ 45℃，下段低温水出口温度为20 ~ 21℃。

初冷器工艺参数见表4-3。

表4-3 初冷器工艺参数

项目	立管式	横管式
冷却表面积/m^2	2100	2950
煤气处理量/（m^3/h）	10000	20000
传热系数/[W/（m^2·K）]	185	215

由表4-3可知，初冷器换热管的传热系数值比较大，这是由于水汽冷凝传热所致。横管式传热系数大于立管式，不仅是由于管内水流速度大，而且是横管冷却器的冷凝液膜流动条件适宜。横管式或倾斜管式初冷器，上部管子冷凝的焦油可以洗涤下部所有换热管，可减少萘的沉积，有利于稳定传热效率。

管壳式冷却器的缺点是耗用金属量大，还必须清除管内水垢，故早期的焦化厂多采用直接冷却器，即煤气与冷却水直接接触，具有洗涤煤气的作用，该方式的金属用量少，节省投资，但因形成的冷凝液量大、废水量大等技术问题，难以工业应用。另外，也可以将煤气先行进入间接管式冷却器内冷却，当温度降至55℃后，再进入直接冷却器，使煤气温度降至30℃以下。这样所需传热面积减少，节省了一部分基建投资，但存在流程长，后续仍然需要焦油与氨水的分离等问题。

煤气初冷用冷却水量较大，每1000m^3煤气用水量为17 ~ 22m^3。采用空气冷却和水冷却两种方法，可减少用水量。焦炉煤气从焦炉排出时拥有大量的热能，目前采用新型上升管间接换热方式提取该部分热量，可以生产高压或过热蒸汽。

4.2.2 焦油与氨水分离

由集气管来的氨水、焦油和焦油渣的分离是在油水澄清槽内完成的，见图 4-3。同时，为强化焦油与氨水分离效果，目前大型焦化厂在该工艺过程中设有超级离心机进行焦油氨水的深度分离，以降低焦油含水量及脱除焦油渣，见图 4-4。对焦油氨水混合物进行分离，主要基于以下原因：

① 循环喷洒桥管和集气管冷却煤气的氨水应不含焦油和固体颗粒物，否则会堵塞喷嘴，影响喷洒效果。

② 焦油需要后续精制加工。如果含有少量水将增大耗热量、增加管式加热炉炉管压力以及用于喷洒冷却煤气的氨水用量。此外，有水汽存在于设备中，会增大设备容积，增大阻力。同时，因氨水中溶有铵盐，当加热高于 250℃时，将分解析出 HCl 和 SO_3，导致焦油精制车间设备腐蚀。

③ 焦油中含有的固体颗粒焦油渣主要是煤粉和焦粉等，是焦油灰分的主要来源，而灰分含量是评价焦油中高沸点馏分即沥青质量的重要指标之一。焦油中含有的焦油渣在管道和设备中逐渐沉积会破坏正常操作。焦油中的固体颗粒物容易与油形成稳定的油水乳化液，难以分离。

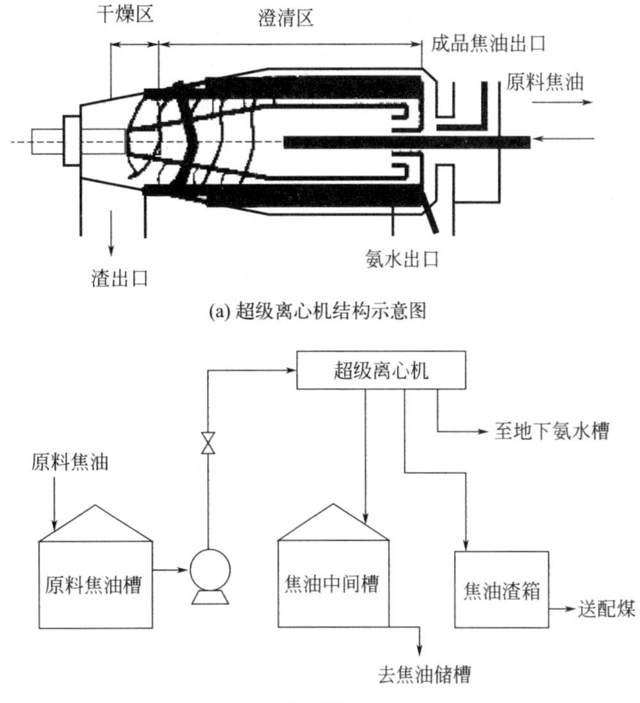

图 4-4 焦油脱渣的超级离心机结构和工艺流程

由于焦油本身性质，脱除水和焦油渣比较困难，焦油黏度大难以沉淀分离，焦油能部分地溶于水中。因为焦油中含有极性化合物（酚类、碱类），使得多环芳香化合物和水及溶于水中的盐类均一化作用性能增加，故焦油与水易形成稳定的乳化液。焦油中含有的固体粒子不大，约小于 0.1mm，这些微粉颗粒又加剧了乳化作用。焦油密度为 1180 ～ 1220kg/m³，焦油渣密度为 1250kg/m³，其差甚小，把焦油渣由焦油中沉淀出来比较难，不仅需要一定的时间，也需要维持一定的温度。氨水、焦油和焦油渣分离的适宜温度为 80 ～ 85℃，在此条件下可以降低焦油黏度、改善沉降分离性能。焦油去精制之前，含水分应不大于 3% ～ 4%，灰分应不大于 0.1%，低于 80 ～ 85℃条件进行沉降分离达不到此指标要求。

为进一步对焦油氨水深度脱水和脱渣，目前大型焦化厂采用超级离心机。基本原理是将需要分离的焦油通过中心供料管送入离心机内，在离心力的作用下，焦油中的油和固体残渣因两相密度不同可形成同心液层，较轻的液相处于离心液柱的内层，较重的液相和固体颗粒处于外层。不同液体环的厚度可通过调节溢流堰和可变叶轮来改变。因此，焦油分离后，密度大的固体沉降到转鼓壁上，沉积固体（黑色）由螺旋输送器送到转筒体的锥体端，从排料口排入固体储槽。三相超级离心机采用在进料量 10 ～ 13m³/h、转速 3900 ～ 4000r/min、温度 70 ～ 80℃的工艺条件下，可实现焦油内含水稳定在 1.8% ～ 2.0% 以内，焦油总灰分小于 0.04%，甲苯不溶物小于 3.1%；同时极大地降低了生产过程中能耗。

分离焦油渣可以采取加压沉降分离或离心分离后再用氨水洗的方法。离心分离改善了焦油与焦油渣的分离特性；用氨水多次洗涤焦油可改善焦油与焦油渣的分离。

在实验研究中，可用低沸点油稀释焦油，例如用粗苯，然后可有效地进行溶液与水和焦油渣的分离。分离后焦油含水可降至 0.05% ～ 0.1%，不仅焦油渣沉淀分出，而且高凝结组分也被分出。

4.2.3 煤气输送

焦炉煤气输送大都采用离心式鼓风机，煤气处理规模小的焦化厂可用罗茨鼓风机。利用鼓风机吸力将煤

气从焦炉集气系统导出，再经过管道和回收设备输送到用户。焦化厂生产送出的煤气出口压力应达到 4 ～ 6kPa。鼓风机前最大负压为 -5 ～ -4kPa，机后压力为 20 ～ 30kPa。现代焦化厂使用的鼓风机总压头一般为 30 ～ 36kPa。

功率大的离心式鼓风机能力可达 72000m³/h，小的为 9000m³/h，每分钟转数为 3000 ～ 5000 转。一般 4 座焦炉用 3 台鼓风机，2 台操作，1 台备用。可用蒸汽透平，也可用电动机传动。煤气鼓风机正常运转是焦化厂生产的关键，所以必须精心操作和维护，机体下部凝结的焦油和水要及时排出。

4.2.4 煤气脱焦油雾

煤气经过初冷器冷却之后，其中还残留有焦油 2 ～ 5g/m³，尽管在鼓风机的离心力作用下又脱出了大部分，但鼓风机后煤气中仍含有焦油 0.3 ～ 0.5g/m³。这部分焦油在回收车间后续工序中会析出，特别是在硫酸铵工序，污染硫酸铵母液和设备，恶化产品质量，并形成酸性焦油。清除煤气中焦油雾的方法有多种，目前广泛采用的是多管式电捕焦油器，见图 4-5。管中心导线常取为负极，管壁则作为正极，焦油雾滴经过管中电场时变成带负电荷的质点，故沉积在管壁上，并随管壁汇流到下部被捕集，并导出。因焦油雾含水和盐提高了焦油的带电性能，所以电捕焦油器处理除尘干燥的煤气效率低。电捕焦油器中煤气流速为 1.0 ～ 1.8m/s，电压为 30 ～ 80kV，耗电 1kW · h/1000m³ 煤气。电捕焦油器后煤气中焦油含量一般不大于 50mg/m³。

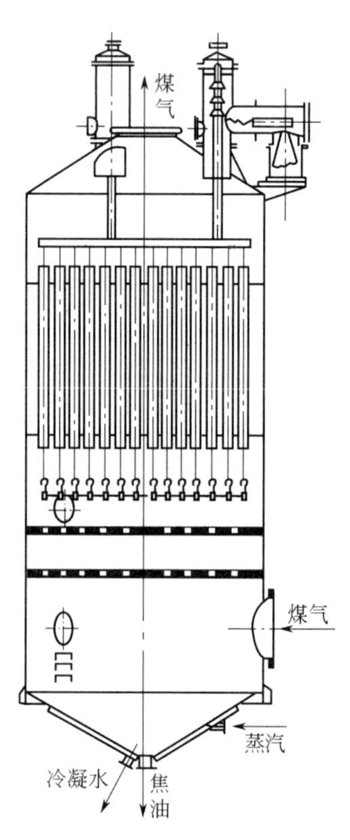

图 4-5 电捕焦油器结构示意图

电捕焦油器可置于鼓风机前或机后。置于机前煤气温度低，有利于焦油雾和萘晶粒析出，但机前为负压，绝缘子处易着火。置于机后较安全，机后煤气中焦油含量少于机前，焦油雾滴也大于机前。中国大多数焦化厂多置于机后呈正压操作。为了安全有效操作，采用防止煤气进入的绝缘箱，改进电晕极端结构和在沉淀极端部磨光棱角与毛刺等措施。

4.2.5 煤气除萘

煤高温热解煤气中含有萘，焦炉粗煤气中含萘约 8 ～ 12g/m³。其中大部分萘在初冷器中与焦油一起从煤气中析出，由于萘易升华，初冷后的煤气中含萘量仍很高，其含量主要取决于煤气温度。当初冷器后煤气温度为 25 ～ 35℃时，煤气中萘含量约为 1.1 ～ 2.5g/m³；目前初冷器后煤气温度控制在约 20 ～ 21℃，加之喷洒轻质焦油措施及良好的工艺操作条件，可使煤气中萘含量低至 0.55g/m³。

由于鼓风机后煤气温度升高，其萘含量增大，其值约为1.3 ～ 2.8g/m³。如萘沉积于管道和设备，会影响生产，需要除萘。煤气除萘方法有多种，主要采用冷却冲洗法和油吸收法。前者将于煤气终冷部分介绍，油吸收法可将煤气萘含量降至0.5g/m³。

油吸收法可用的吸收油为洗油、焦油、蒽油和轻柴油等。在吸收塔内喷淋吸收油，煤气自塔下向上流过，萘被塔顶部的喷淋油吸收，是物理吸收过程。中国焦化厂主要采用自产的焦油洗油吸收萘，也有采用轻柴油的。焦油洗油对萘的溶解度高于轻柴油，主要是基于“相似相溶”原理，故达到相同除萘效率时，轻柴油用量会多。

萘在焦油洗油和煤气中的平衡数据见图4-6。在30℃、35℃、40℃的温度下，为使洗萘塔后煤气中含萘量小于0.5g/m³，入塔焦油洗油含萘量分别不得高于15%、10.5%和8%。但在实际生产中，达不到平衡状态，所以入塔洗油含萘量比上述数值低得多。实际循环洗油允许含萘量约为7% ～ 10%。

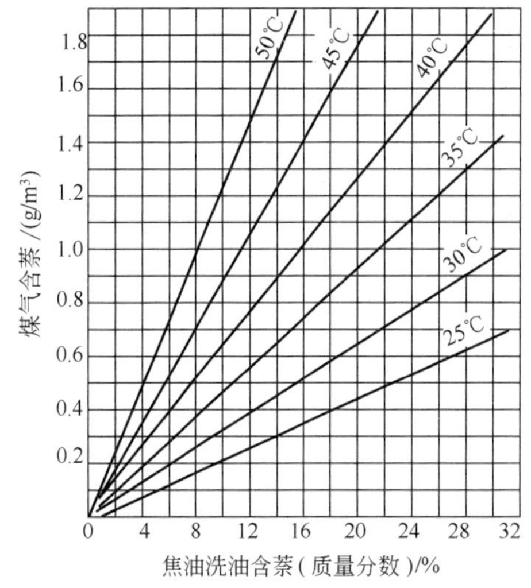

图4-6 萘在焦油洗油和煤气中的平衡关系

4.3 氨和吡啶的回收

煤热解温度高于500℃时形成氨，高温炼焦煤中的氮约有20% ～ 25%转化为氨，粗煤气中氨含量为8 ～ 11g/m³（体积分数1.0% ～ 1.5%）。煤气中氨含量的8% ～ 16%在煤气冷却中溶于凝缩液中。焦炉气中含有吡啶碱量为0.35 ～ 0.6g/m³。

焦炉炭化室产生的粗煤气经桥管和集气管中的氨水喷洒冷却，在此煤气中的大部分氨溶于氨水，其余通过饱和器吸收用于生产硫酸铵。同时，由于煤气中氨与氰化氢化合，生成溶解度高的铁氰化复合物，从而加剧了腐蚀作用。

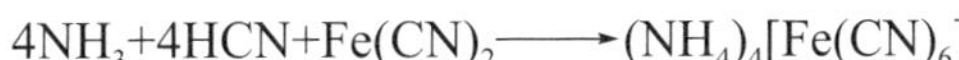

$$4NH_3+4HCN+Fe(CN)_2 \longrightarrow (NH_4)_4[Fe(CN)_6]$$

煤气中氨主要用来生产硫酸铵产品，如不回收，会给后续净化工艺带来不利影响等，因此必须回收。

此外，煤气中的氨在燃烧时会生成有毒的、有腐蚀性及对大气层环境有害的氮氧化物；氨在粗苯回收中能使油和水形成稳定的乳化液，影响油水分离。上述这些都使现代焦化生产遇到困难，为此，煤气中氨含量不允许超过0.03g/m³。

吡啶碱主要包括吡啶、甲基吡啶、二甲基吡啶和三甲基吡啶等，是重要的高附加值精细化学品。其主要用途是作为医药原料，如生产磺胺类药、维生素、雷米封、口服避孕药等，以及橡胶促进剂和除莠剂等。此外，吡啶碱类产品还可作合成纤维的高级溶剂。粗吡啶具有特殊气味，常温下为油状液体，沸点范围115 ～ 156℃，易溶于水。图4-7是30℃的吡啶和水系统的气液相平衡线。粗吡啶所含主要组分与性质见表4-4。

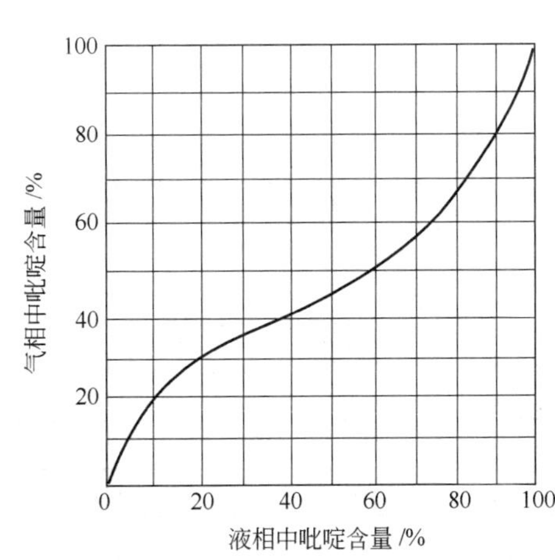

图4-7 30℃时吡啶与水系统气液相平衡曲线

表4-4　粗吡啶主要组分含量与性质

组分	结构式	密度/(g/cm^3)	沸点/℃	含量/%
吡啶	N	0.979	115.3	40～45
α-甲基吡啶	N, CH_3	0.946	129	12～15
β-甲基吡啶	N, CH_3	0.958	144	10～15
γ-甲基吡啶	CH_3, N	0.974	143	
2,4-二甲基吡啶	CH_3, N, CH_3	0.946	156	5～10

4.3.1　回收氨和吡啶原理

氨和吡啶溶于水，可以用水洗回收。氨和吡啶呈碱性，20℃的解离常数分别为 1.8×10^{-5} 和 1.8×10^{-9}，能溶于酸中。氨和吡啶碱在煤气中的分压较小，为增大吸收工艺过程推动力，应该降低吸收温度，减少吸收剂中氨和吡啶碱的浓度。为了用水完全回收氨和吡啶碱，应采用多级逆流吸收塔，在较低的温度条件下用净水喷洒。完全回收的条件是在化学吸收溶液中氨的平衡蒸气压接近于零。

氨和吡啶碱的吸收速度由其在水中的扩散速度限定。如氨的吸收按下式进行：

$$NH_3+H_2O \rightleftharpoons NH_3\cdot H_2O \rightleftharpoons NH_4^+ + OH^-$$

当用酸性溶液吸收时，平衡向右侧移动。用磷酸溶液进行化学吸收时，应考虑生成磷酸盐的水解。氨和吡啶碱碱性弱，磷酸解离常数不高，第一步解离常数为 7.5×10^{-3}，第二步为 6.2×10^{-8}；硫酸第二步解离常数就达 1.02×10^{-2}。

由于上述原因，温度由20℃提高到100℃时，水的离子积由 0.681×10^{-14} 增大到 1.00×10^{-12}；而弱碱和弱酸的解离常数随温度增高而增大，其水解度有些可以增大12～15倍。

氨和吡啶的不同盐类在不同温度时的水解度，见表4-5。

表4-5　氨和吡啶的盐类水解度

盐类	温度/℃	酸性硫酸盐/%	硫酸盐/%	一元取代磷酸盐/%	二元取代磷酸盐/%
氨盐	20	0.002	0.02	0.019	8.3
	60	0.008	0.11	0.102	24.8
	100	0.023	0.41	0.360	53.3
吡啶盐	20	0.2	2.96	1.9	90.0
	60	0.8	9.9	10.2	97.0
	100	2.3	29.0	36.0	99.0

为了减少盐类水解，不应在高温条件下回收氨和吡啶碱，温度要低于60℃，并使用硫酸过剩的溶液。在这种条件下，于一段工序过程的设备中就可得到酸性盐。

4.3.2 饱和器法生产硫酸铵

目前中国大部分大型焦化厂采用硫酸吸收煤气中氨，生产硫酸铵，作为化学肥料加以利用。也有生产液态氨，其工业应用附加值更高。

在合成氨生产高效肥料出现后，由于焦化生产的硫酸铵肥效低、质量差、数量少，作为农业肥料已显得不重要，但焦炉煤气中的氨必须脱除，而利用硫酸铵产品为农业提供硫酸铵肥料是目前较佳的脱氨工艺路线。

硫酸铵的重要质量指标之一是粒度大小。小粒子易吸收空气中水分而结块，给运输、储存和使用都带来困难，且潮湿的硫酸铵具有腐蚀性。硫酸铵产品中 1 ～ 4mm 的粒子含量多质量就好，其中 2 ～ 3mm 粒子含量不小于 50%。中国一级农用硫酸铵质量指标要求：白色，氮含量大于 21%，水分小于 0.5%，游离酸（H_2SO_4）不大于 0.5%，颗粒中 60 目筛余量不小于 75%。目前新建设焦化厂多采用喷淋式饱和器法生产硫酸铵。

现在通用的饱和器法生产的硫酸铵颗粒很小。为了生产大颗粒硫酸铵，采用了无饱和器方法，以实现晶粒尺寸的控制。为了克服生产硫酸铵成本高的缺点，在美国发展了无水氨生产方法。具体采用何种技术路线脱出煤气中的氨，要视化学产品的适应性和市场，以及工艺设备投资和生产成本而定。

4.3.2.1 工艺流程

图 4-8 是目前大多数焦化厂采用的喷淋式饱和器法生产硫酸铵的工艺流程。其与鼓泡式饱和器吸氨相比，具有过程阻力小、硫酸铵结晶颗粒大、氨回收效率高等优点。当用喷淋式饱和器回收煤气中的氨时，首先煤气进入饱和器上部外筒体和内筒体之间的环形分配室内，在此用循环泵送入母液进行喷淋，然后煤气在环形空间一侧集中顺通道上升，再沿水平切线通道进入内筒体和煤气出口管之间旋转向下运动，最后经出口管路排出进入粗苯工段。

生产硫酸铵用酸为浓度 72% ～ 78% 的硫酸，其自高位槽加入饱和器。煤气经含酸浓度约为 3% ～ 5% 的硫酸母液喷淋以吸收其中的氨并形成结晶母液，结晶母液通过降液管流入饱和器下部结晶槽内，然后煤气向上流动。饱和器母液中不断有硫酸铵生成，同时也有硫酸氢铵在饱和器内生成，待硫酸铵浓度达到一定的过饱和度后，将析出硫酸铵结晶。饱和器结晶槽上部小颗粒的硫酸铵晶体用母液循环泵抽出循环喷淋煤气，大颗粒硫酸铵结晶沉积在结晶槽底部，定期由结晶泵抽送至结晶槽，然后经离心分离，滤出母液后，再用热水洗涤结晶，以减少结晶表面上的游离酸和杂质。离心分离出来的母液与结晶槽溢流出来的母液一同自流到回流槽并返回饱和器下部。

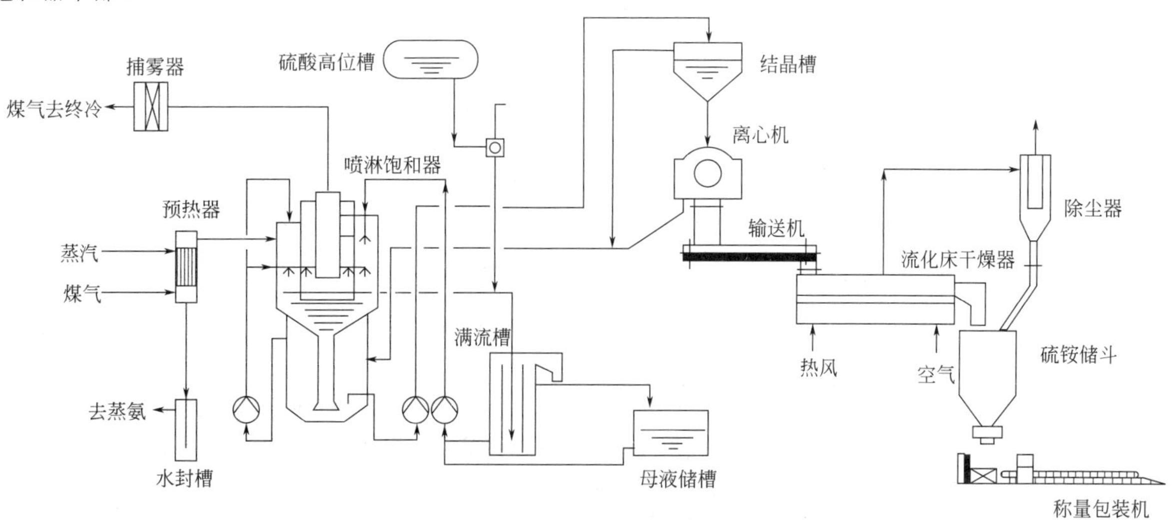

图 4-8 喷淋式饱和器法生产硫酸铵工艺流程

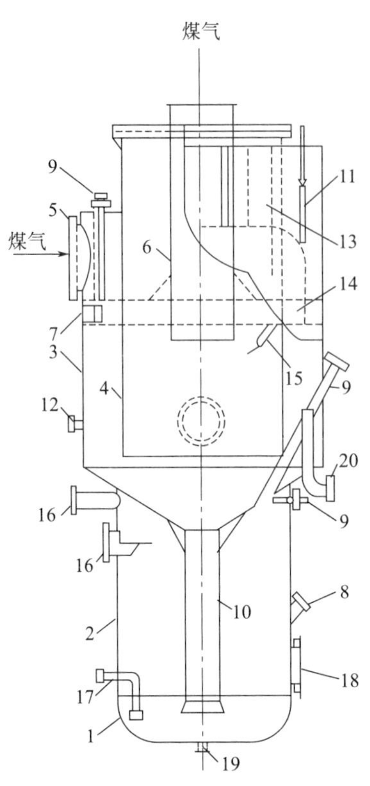

图 4-9　喷淋式饱和器

1—封头；2—下筒体；3—外筒体；4—内筒体；5—煤气入口；6—煤气出口；7—循环母液入口；8—回流母液入口；9—温水喷淋管；10—降液管；11—母液喷淋管；12—蒸汽清扫管；13—切线形煤气通道；14—母液分配箱；15—循环母液喷淋管；16—母液出口管；17—结晶抽出管；18—人孔；19—放空管；20—溢流管

离心机分离出的硫酸铵晶体，由螺旋输送机送至振动式流化床干燥器内，经热空气干燥后送入硫酸铵储斗，然后称量包装送入成品库。振动式流化床干燥器用的热空气由送风机经热风器加热后送入。流化床干燥器排出的热废气经旋风分离出细小晶粒后，并进一步采用干式除尘器过滤或湿式洗涤后排入大气中。

饱和器的器壁上会沉积细的晶盐，增加煤气流动阻力。为此，饱和器需定期地用热水和借助于加大酸量进行洗涤。喷淋式饱和器全部采用不锈钢制作，其构造如图 4-9 所示。喷淋式饱和器由上部的喷淋室和下部的结晶槽组成。喷淋室由本体、外套筒和内套筒组成。煤气进入本体后，向下在本体与外套筒的环形室内流动，然后向上出喷淋室，再沿切线方向进入外套筒与内套筒间，旋转向下进入内套筒，由顶部排出。外套筒与内套筒间形成旋风式分离器，起到除去煤气中夹带的液滴的作用。在煤气入口和煤气出口间分隔成两个弧形分配箱，其内设置喷嘴数个，朝向煤气流。在喷淋室的下部设有母液溢流管，控制喷淋室下部的液面，促使煤气由入口向出口在环形室内流动。在煤气出口设有母液喷淋装置。在煤气入口和煤气出口设有温水喷淋装置，以清洗喷淋室。

4.3.2.2　操作条件

操作温度对硫酸铵结晶粒度的影响是复杂的。结晶过程主要分两个阶段，即结晶中心形成和晶粒长大。两个阶段速度比例关系着粒子尺寸。假如结晶中心形成速度 v_0 大于结晶粒子长大速度 v_c，则结晶粒子小。为了得到大粒子结晶，必须使 v_c 大。两种速度与温度关系如下：

$$v_0=K_1\exp(-E_1/T^3)$$

$$v_c=K_2\exp(-E_2/T^2)$$

式中　K_1，K_2，E_1，E_2——常数。

由上式可见，当母液温度升高时，结晶中心形成速度 v_0 增长较快，即结晶粒子小。为了得到大粒结晶，在较低的温度下操作是适宜的。但是，为了保持饱和器内的水平衡，器内温度要保持高于 45 ～ 50℃。饱和器内进入较多的过剩水，如硫酸带入水、回收吡啶返回溶液增加水以及洗涤饱和器的水，而过剩水只能由煤气带走。为此，需要利用生成硫酸铵的中和热（1173.2kJ/kg 硫酸铵）来蒸发水分进入到煤气中，则饱和器母液温度下的饱和水蒸气压应大于煤气中的水蒸气分压，即煤气露点应低于母液温度。一般饱和器母液温度比煤气露点高 15 ～ 20℃。煤气露点决定于初冷器后煤气温度，其值为 20 ～ 21℃，饱和器温度为 50 ～ 55℃。

饱和器的酸度要保持过量，以便防止水解和改善氨的回收条件。但是，增大酸度能提高形成结晶中心的速度，导致晶粒变小。酸度对氨的回收和晶粒长大都有不同影响，因此要加以综合考虑。工业生产常用条件下母液中含有的游离酸含量如下：每升含有离子 NH_4^+ 9.7mol； SO_4^{2-} 4.4mol； HSO_4^- 0.9mol。因此母液过剩酸度可由 H^+ 浓度决定，它是由 HSO_4^- 解离形成的，而 HSO_4^- 的形成是由于 H_2SO_4 过量所致。假如溶液含游离酸为 4%，即导致含 HSO_4^- 为 8%。最佳的母液酸度为 3% ～ 5%。

为了获得足够大和均匀的晶粒，酸度需稳定，即波动小是重要的。在游离酸为 5.0%±0.1% 时，晶粒质量优于游离酸为 2.0%±0.3% 的产品。因为虽然前者酸度大，但波动小，有利于晶粒长大。

母液中杂质对饱和器操作不利，如铁、铝和钙离子，硫酸带入的砷以及煤气带入的有机物等。铁离子来自设备腐蚀而进入溶液，复盐离子来自吡啶碱回收返回的溶液，主要为铁氰复盐 $[Fe(CN)_6]^{4-}$。砷和铁氰杂质能使母液发泡、密度降低，煤气由水封穿出。焦油物质和铁氰蓝将使结晶着色。为此要得到高质量硫酸铵应该使用干净的酸，降低腐蚀作用，并提高捕集焦油器的效率。

搅拌有利于获得大粒结晶，因搅拌改善了分子扩散到结晶表面的条件，消除了局部过饱和区，降低了过饱和程度，使晶粒在溶液中停留悬浮，并使小粒溶解、大粒子长大。饱和器内搅拌采用泵打入循环母液，母液循环量为 20 ～ 30m³/t 硫酸铵。如果循环量不足，搅拌作用不够充分，饱和器生成的硫酸铵结晶粒子就小，不大于 1mm，主要粒子部分不大于 0.5mm。

4.3.3 无饱和器法生产硫酸铵

饱和器法生产硫酸铵的煤气阻力大，硫酸铵结晶粒度偏小，易堵塞管路，为了克服这些缺点，改成喷洒式酸洗塔制取硫酸铵方法。采用不饱和过程吸收氨，得到不饱和硫酸铵溶液，然后在另外一个设备中进行结晶操作，此为无饱和器法生产硫酸铵。无饱和器法生产硫酸铵工艺流程见图 4-10，包含氨回收、蒸发结晶与分离干燥过程。

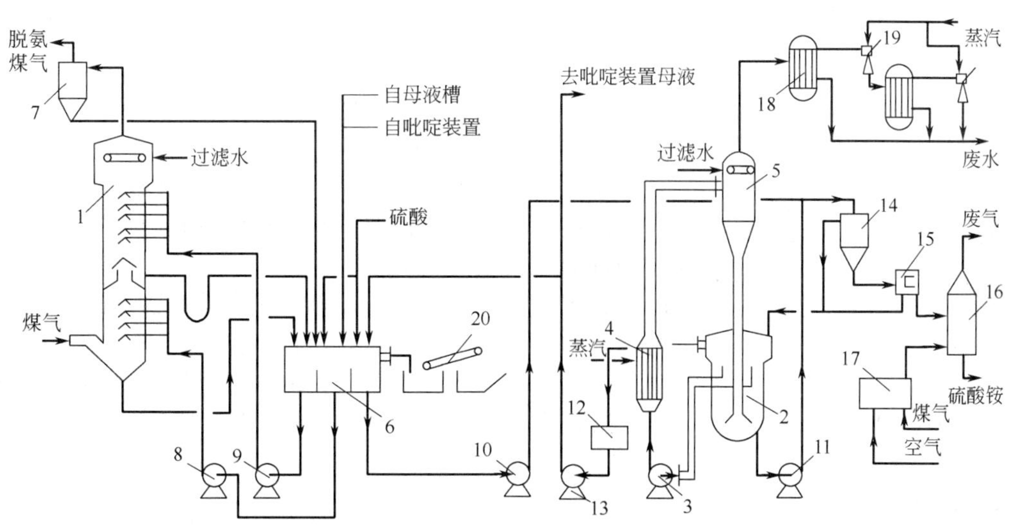

图 4-10 无饱和器法生产硫酸铵工艺流程

1—酸洗塔；2—结晶槽；3—循环泵；4—母液加热器；5—蒸发器；6—母液循环槽；7—除酸器；8—一段母液循环泵；9—二段母液循环泵；10—供结晶母液泵；11—结晶母液泵；12—满流槽；13—满流槽母液泵；14—供料槽；15—离心机；16—结晶干燥器；17—热风炉；18—冷凝器；19—蒸汽喷射器；20—酸焦油分离

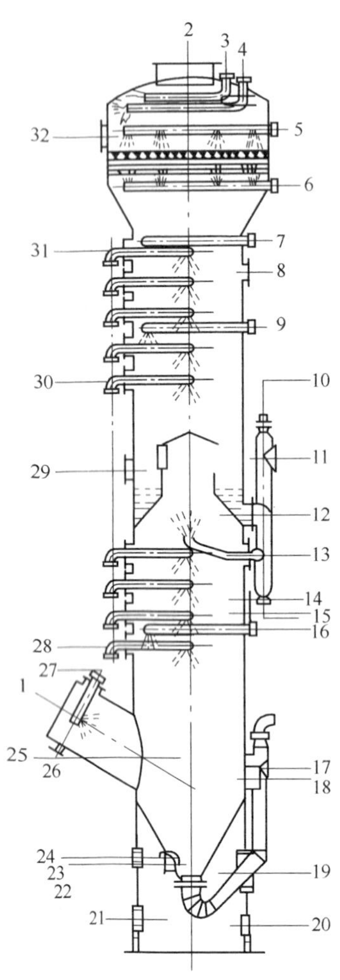

图 4-11 酸洗塔结构图

1—煤气入口；2—煤气出口；3,4,5,6,7,9,13,16—水清扫备用口；8,19—穿管孔；10—放散口；11—上段母液满流口；12—上段存液段；14—备用口；15—冷凝水入口；17—下段母液满流口；18,29,32—人孔；20,21,24—通风孔；22,23—检液孔；25—压力计插孔；26—压力计；27—母液喷洒口；28—下段喷洒液口；30,31—上段喷洒液口

煤气进入酸洗塔，在此回收煤气中的氨和吡啶。酸洗塔结构见图 4-11。酸洗塔为两段喷洒空塔，下部为第一段，用 2.5% 稀硫酸，由 4 个不同高度单喷嘴喷洒吸收。煤气由第一段向上流动，进入第二段，在此用 3.0% 的稀酸喷洒，由 5 个不同高度单喷嘴喷洒吸收。脱氨后的煤气经除酸器脱除硫酸雾滴，去粗苯等回收工序。煤气中含氨由 6.0g/m^3 降至 0.1g/m^3。

原料硫酸含量为 93%，由酸槽加入母液循环槽。该槽有两块隔板，使槽中母液硫酸浓度有一定梯度，使得酸洗塔一、二段喷洒液的酸浓度达到上述要求值；另外，使硫酸浓度均匀分布，控制硫酸铵浓度不达到饱和状态。酸洗塔煤气处理量 105000m^3/h，一段循环泵流量 370m^3/h，喷嘴喷洒压力 0.2MPa，每个喷嘴流量 1500L/min；二段循环泵流量 260m^3/h，喷嘴喷洒压力 0.1 ～ 0.2MPa，每个喷嘴流量为 850 ～ 1200L/min。

酸洗塔内因发生中和反应而放热，由此煤气带走水分，为了保持水平衡，在塔上连续加入过滤温水 3.5m^3/h。当母液循环槽中硫酸铵含量达到 40% ～ 42%，或密度达到 1.24g/cm^3 时，由结晶母液泵将母液送去供料槽，再入结晶槽结晶。母液中积聚的酸焦油用刮板刮去。

不饱和的母液在结晶槽蒸发、浓缩和结晶，使硫酸铵母液达到饱和状态析出结晶，并使结晶颗粒长大。含小颗粒结晶的母液停留在结晶槽上部，通过溢流板，经母液循环泵，去母液加热器，升温至 56℃，再进入蒸发器，以切线方向旋转蒸发。蒸发器为减压操作，其绝对压力为 11.16kPa。母液浓缩靠减压蒸发，晶粒长大靠大循环搅动。循环量为 4600m^3/h，相当于供料量的 144 倍 [4600/(16×2)]。浓缩后的硫酸铵母液，沿下降管流入结晶槽。结晶槽的最上部不含结晶的母液，其密度最小，通过满流口流入满流槽，再用泵送回到母液循环槽。悬浮在结晶槽上部的小粒硫酸铵随母液经泵连续地进行循环。沉积在结晶槽下部的大颗粒结晶母液密度最大，一般控制在 1.245 ～ 1.247g/cm^3 之间，是过饱和的，用结晶泵将结晶母液送至供料槽，一边用搅拌器搅拌，一边流入离心机。离心分离出的硫酸铵进入沸腾干燥器，干燥冷却后温度为 60℃，进行包装储存。

蒸发母液结晶用的加热器，用 0.3MPa 蒸汽加热，用量为 9.4t/h。沸腾干燥器的热气来自热风炉的烟气及空气混合物，温度为 180℃。酸洗塔煤气阻力为 800 ～ 1000Pa；煤气入口温度 38℃，煤气出口温度 44℃；循环母液温度 44 ～ 45℃；煤气入口含氨 6.0 ～ 6.2g/m^3，煤气出口含氨 0.1g/m^3；煤气入口含吡啶 0.25g/m^3，煤气出口含吡啶 0.11g/m^3。

4.3.4 吡啶回收

硫酸铵饱和器中母液的吡啶碱浓度，在进行吡啶回收时，其值不大于 20g/L，因母液酸度小，吡啶离子水解度增大。而在无饱和器法的塔上段吸收时，酸度大、水解度小，吡啶碱浓度为 100 ～ 150g/L。

生产上将相当于吸收吡啶碱量的一部分母液送去吡啶回收工段分离吡啶。采用氨中和法分离出吡啶产品。由于吡啶具有弱碱性，在母液中与酸反应生成酸式和中式吡啶盐，然后用氨气分解即得到吡啶产品，其中和反应式如下：

$$NH_3 + C_5H_5NH^+ \rightleftharpoons NH_4^+ + C_5H_5N$$

上述平衡反应常数等于 10000，所以 NH_3 与 $C_5H_5NH^+$ 反应可生成 NH_4^+ 和 C_5H_5N。

图 4-12 为分离吡啶碱的生产工艺流程。吡啶产品在中和器中生成。中和器结构形式有鼓泡式、塔式及文丘里式反应设备。首先将部分母液送入中和器，同时中和反应需要的氨气由蒸氨塔产出。氨气的生产是将剩余氨水送入蒸氨塔上部，下部通入直接蒸汽，塔顶出来氨气和蒸汽一同送入中和器中作为反应原料。此外，蒸氨塔底排出的废水中含有酚，将其送入脱酚装置可以得到酚产品。

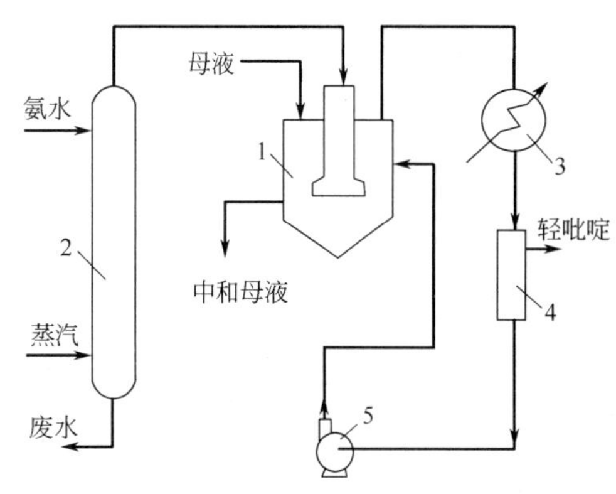

图 4-12 吡啶碱分离工艺流程

1—中和器；2—蒸氨塔；3—冷凝器；4—分离器；5—回流泵

中和器反应温度为 100 ～ 105℃，在此条件下分解出吡啶碱，产出的吡啶碱和蒸汽由中和器顶部排出，再经冷凝器凝缩及分离器分离。在分离器上部分出轻吡啶碱馏分，含吡啶碱 75% ～ 80%、含水 15%、含酚类 5% ～ 10%，将其送去粗吡啶碱精制工段。在分离器分出的含盐水溶液，含碱在 80 ～ 100g/L，用泵再打回到中和器。

中和后的硫酸铵母液返回到饱和器或无饱和器法的酸洗塔下段。中和器中氨过量，溶液呈碱性，生产中希望碱度小，不大于 0.5g/L，因为高的 pH 条件能增大铁氰化合物的生成速度。

$1m^3$ 氨水含氨 4.5 ～ 5.0g，以碳酸氢铵、硫酸氢铵、氰化铵、氯化铵和硫氰化铵盐形式存在，前三种盐在溶液加热到沸点时即分解，由溶液分解出 CO_2、H_2S 或 HCN，故称为挥发铵。氯化铵和硫氰化铵，只能在强碱作用下加热才能解析出来，称为固定铵。一般情况下，氨水中挥发铵盐占 80% ～ 85%，其余为固定铵。有些工厂只从氨水中回收挥发铵，利用蒸氨塔加热蒸出氨。回收固定铵需在蒸氨塔之外增设分解器，固定铵与碱（氢氧化钠或氢氧化钙）反应，使氨游离，然后在蒸氨塔中蒸出。

为使母液中硫酸吡啶分出吡啶碱，也可以采用液氨，省去了氨水蒸馏过程，工艺流程见图 4-13。在中和塔内氨与硫酸吡啶发生置换反应，吡啶碱游离，并由塔顶逸出。吡啶和水共沸温度为 92.6℃，经冷凝冷却后在盐析槽分离，吡啶碱含量大于 65%，水分小于 30%。中和塔的顶部温度为 90 ～ 95℃，塔底温度为 100 ～ 102℃。

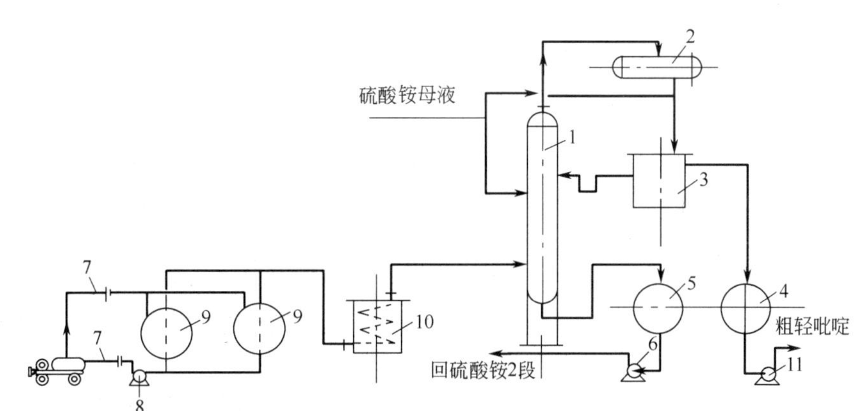

图 4-13 吡啶回收工艺流程

1—吡啶中和塔；2—冷凝器；3—盐析槽；4—粗吡啶中间槽；5—硫酸铵母液槽；6—母液泵；7—卸料管；8—氨压缩机；9—液氨槽；10—汽化器；11—粗吡啶送出泵

4.3.5 无水氨生产

磷酸属于三元弱酸，利用磷酸吸收焦炉煤气中的氨、吸氨富液再解吸以及对解吸所得氨气冷凝液进行精馏，可以得到无水氨。此法称弗萨姆（Phosam）法，由美国钢铁公司开发。

磷酸铵溶液吸收氨，实质是用磷酸吸收氨。磷酸解离如下：

$$H_3PO_4 \xrightleftharpoons{k_1} H^+ + H_2PO_4^-$$

$$H_2PO_4^- \xrightleftharpoons{k_2} H^+ + HPO_4^{2-}$$

$$HPO_4^{2-} \xrightleftharpoons{k_3} H^+ + PO_4^{3-}$$

式中，解离常数 k_1 为 7.5×10^{-3}；k_2 为 6.23×10^{-8}；k_3 为 4.8×10^{-18}。所以，氨与磷酸水溶液作用，能生成磷酸一铵、磷酸二铵和磷酸三铵三种盐，都是白色结晶，主要性质见表 4-6。

表4-6 磷酸铵盐主要性质

名 称	分子式	晶型	25℃水中溶解度/%	生成热/(J/mol)	氨蒸气压/Pa		0.1mol/L溶液pH
					100℃	125℃	
磷酸一铵	$NH_4H_2PO_4$	正方晶系	41.6	121.3	0.0	6.7	4.4
磷酸二铵	$(NH_4)_2HPO_4$	单斜晶系	72.1	202.9	666.6	3999.7	7.8
磷酸三铵	$(NH_4)_3PO_4$	三斜晶系	24.1	244.3	8.57×10^4	1.57×10^5	9.0

由表 4-6 中数据可见，磷酸一铵稳定，加热到 125℃才开始分解。磷酸二铵盐不稳定，三铵盐很不稳定。因此，弗萨姆法所用磷酸铵溶液中主要含有磷酸一铵和磷酸二铵。在低于 120℃时，磷酸铵溶液的氨分压主要与磷酸二铵含量有关。在 40 ~ 60℃时，磷酸铵溶液中磷酸一铵盐能很好地吸收煤气中的氨，生成磷酸二铵，得到富铵溶液。同时，在高温下将富铵溶液解吸时，磷酸二铵又受热分解放出氨还原为磷酸一铵，所得贫铵溶液返回吸收塔循环使用。上述吸收解吸过程如下：

$$NH_3+NH_4H_2PO_4 \xrightleftharpoons[\text{解吸}]{\text{吸收}} (NH_4)_2HPO_4$$

一般喷洒贫铵溶液中含磷酸铵量约为 41%，$(NH_3)/(H_3PO_4)$ 摩尔比为 1.1 ~ 1.3。当吸收温度为 40 ~ 60℃时，煤气中氨回收率可达 99%。降低吸收温度和降低磷酸二铵含量可提高氨回收率。

弗萨姆法回收氨工艺流程见图 4-14。鼓风机后经电捕焦油的焦炉煤气，进入两段喷洒吸收塔，在 50℃，用泵打贫磷酸铵溶液入吸收塔喷洒，煤气与喷洒液逆流接触，煤气中 99% 以上的氨被吸收。塔后煤气中含氨为 0.02 ~ 0.1g/m³。吸收塔后煤气露点温度升高 12 ~ 15℃，溶液中部分水分蒸发到煤气中去。喷洒的液气比为 6 ~ 8L/m³。空塔气速约为 2.8m/s。塔的煤气总阻力为 1.0 ~ 1.5kPa。

吸收塔底富铵溶液含磷酸铵约为 44%，$(NH_3)/(H_3PO_4)$ 摩尔比为 1.90 左右。少部分富液在泡沫浮选除焦油器中，在空气鼓泡作用下脱出焦油，然后送去解吸。大部分富液用于循环喷洒，循环喷洒液量约为送去解吸液量的 30 倍。富液入解吸塔前经贫富液换热器，温度升至 118℃左右，在蒸脱器脱出酸性气体，再经增压至 1.4MPa，并加热至 180 ~ 187℃进入解吸塔上部进行解吸。

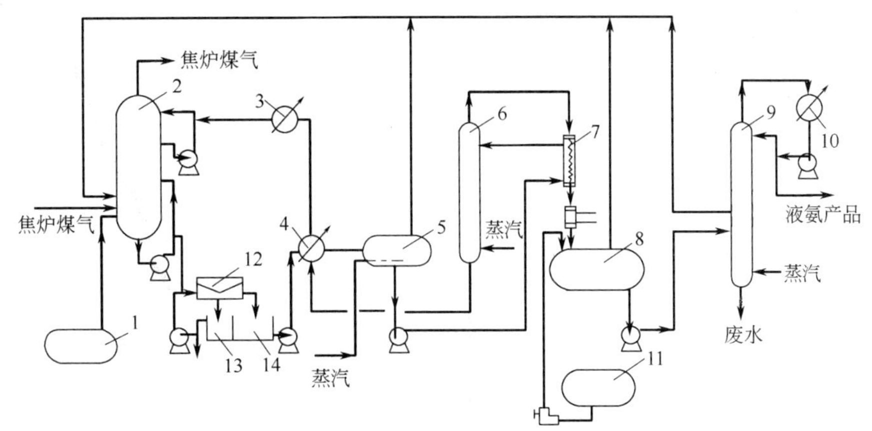

图 4-14　无水氨生产工艺流程

1—磷酸槽；2—吸收塔；3—贫液冷却器；4—贫富液换热器；5—蒸脱器；6—解吸塔；7,10—冷凝器；8—给料槽；9—精馏塔；11—氢氧化钠槽；12—除焦油器；13—焦油槽；14—溶液槽

解吸塔为 20 层板式塔，操作压力约为 1.4MPa。塔底通入压力为 1.5 ～ 1.7MPa 的过热直接蒸汽，与富液逆流接触中部分氨解吸。塔底排出贫液温度约为 198℃，$(NH_3)/(H_3PO_4)$ 摩尔比约为 1.25，经换热和冷却到 75℃，再与吸收塔上段循环液合并进塔。

解吸塔顶出来的蒸汽压力约为 1.4MPa，温度约为 187℃，含氨 18% 左右。塔顶蒸汽经冷凝与富液换热，并全部冷凝冷却至 120 ～ 140℃，去精馏塔给料槽，用泵加压至 1.7MPa 送去精馏塔进行精馏分离。

精馏塔为板式塔，有 20 ～ 40 层塔板，操作压力 1.5 ～ 1.7MPa。塔底通入压力为 1.8MPa 的过热直接蒸汽。塔顶得 99.8% 纯氨气，含水小于 0.01%，经冷凝冷却后部分回流，回流比约为 2。控制塔顶温度为 37 ～ 40℃。塔顶产物经活性炭脱去微量油后送去产品槽。塔底排出废液温度约为 201℃，压力约为 1.6MPa，含氨约为 0.1%，可送去蒸氨塔处理。在精馏塔进料板附近送入 30% 的氢氧化钠溶液，将进料中残存的二氧化碳、硫化氢等酸性气体与氨结合生成的铵盐分解，生成钠盐溶于水中排出，以免所形成的铵盐在塔内积聚堵塞。由于水与氨的沸点差大，在进料板与塔底之间有一个温度突变区，界面塔板为 2 ～ 3 块，上方约为 40℃的氨液，下方为 130℃的氨水。

弗萨姆装置中每 1kg 无水氨产品消耗纯磷酸 7.5g，纯氢氧化钠 10g，蒸汽（1.8MPa）10 ～ 11kg，冷却水 150 ～ 200kg，电 0.22kW · h。比硫酸铵法少耗电 60%，循环水量少 54%。

弗萨姆法设备结构较简单，因氨气腐蚀性较强，故材质要求较高，主要设备全用不锈钢。采用此技术可以克服生产硫酸铵成本高和缓解硫酸短缺的矛盾。

4.4　粗苯回收

脱氨后的焦炉煤气中含有苯系化合物，其中以苯为主，称为粗苯。虽然石油化工可生产合成苯，但目前中国焦化工业生产的粗苯，仍是苯类产品的重要来源。一般粗苯产率是炼焦煤的 0.9% ～ 1.1%，在焦炉煤气中粗苯含量 30 ～ $40g/m^3$。

粗苯为淡黄色透明液体，比水轻，不溶于水。储存时，由于不饱和化合物易发生氧化和聚合形成树脂类物质溶于粗苯中，色泽变暗。在 0℃时粗苯比热容为 1.60J/(g · K)，蒸发热为 447.7J/g，粗苯蒸气比热容为 431J/(g · K)。粗苯的沸点低于 200℃，粗苯的主要组成如表 4-7。

表4-7　粗苯主要组成

组成	含量/%	组成	含量/%
苯	55～75	苯并呋喃类	1.0～2.0
甲苯	11～22	茚类	1.5～2.5
三甲苯和乙基甲苯	1～2	其中：二硫化碳	0.3～1.4
不饱和化合物	7～12	噻吩	0.2～1.6
其中：环戊二烯	0.6～1.0	饱和化合物	0.6～1.5
苯乙烯	0.5～1.0		

粗苯中酚类含量为 0.1% ～ 1.0%，吡啶碱含量为 0.01% ～ 0.5%。

粗苯中主要成分在 180℃前馏出，高于 180℃馏出物称溶剂油。180℃前馏出量多，粗苯质量好，其量一般为 93% ～ 95%。因此工业上将 180℃前的馏出量作为鉴别粗苯性质的指标之一。

从煤气中回收粗苯或由低温干馏煤气回收汽油，最通用的方法是洗油吸收法。为达到 90% ～ 96% 的回收率，采用多段逆流吸收法。吸收塔理论塔板数为 7 ～ 10 块，吸收温度为 25℃左右。

回收氨后的煤气温度为 55 ～ 60℃，因此在回收粗苯之前需要对煤气冷却。故粗苯回收工段由煤气终冷、洗油吸收粗苯以及脱苯塔系统构成。

4.4.1　煤气最终冷却和除萘

饱和器后的煤气温度为 55 ～ 60℃，其中水汽是饱和的，此种煤气冷却到 25 ～ 28℃，放出热量很大。煤气中含有氰化氢、硫化氢和萘。因前序初冷工艺控制煤气出口温度在 21℃以内，故在终冷工艺冷却煤气过程中，萘仍会有析出，同时还有少量的焦油及氨物质。焦化厂煤气终冷主要有间接式和直接式终冷工艺。目前焦化厂大都采用直接式终冷器，塔内用循环喷洒的终冷水直接冷却，循环水再经过换热器取走所吸收热量，而冷却后的水可以送入油水澄清槽。此外，循环用终冷水定期少量排污，其排污量等于煤气在终冷塔内冷凝的冷凝液量，直接式煤气终冷工艺流程图如图 4-15 所示。

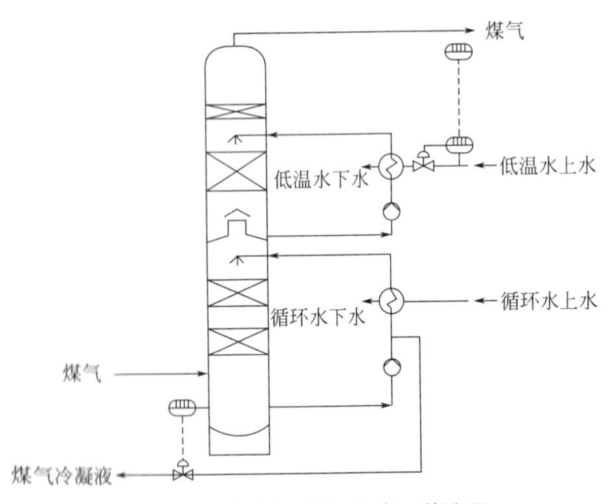

图 4-15　直接式煤气终冷工艺流程

间接式煤气终冷工艺主要采用横管式间接终冷器来冷却煤气。为防止终冷器堵塞，一般采用循环喷洒冷凝液的方法，对终冷器的管间进行清洗，循环液需要少量排放，最终返回到焦油氨水分离单元前的焦油氨水主管道，其排量等于终冷过程中煤气的冷凝液量。

针对初冷后煤气集合温度较高、煤气除萘效果不好、含萘量较高的工艺问题，可以采用煤气终冷和焦油洗萘及终冷和油洗萘的工艺组合。有些焦化厂采用热焦油洗涤终冷水除萘方法，其工艺流程见图 4-16。煤气在终冷塔内自下而上流动，与经隔板喷淋下来的冷却水流接触被冷却。煤气冷至 25 ～ 28℃，部分水汽被冷凝，同时冷却下来的水会含有少量焦油。

冷却煤气后的冷却水由塔底流出，经液封管导入焦油洗萘器底部，并向上流动。热焦油在筛板上均匀分布，通过筛孔向下流动，在油水逆流接触中萃取萘。含萘焦油由洗萘器下部排出，经液位调节器流入焦油储槽。每个焦油储槽循环使用 24h 后，加热静置脱水再送去焦油车间。

焦油萘混合物去焦油储槽。送入洗萘器焦油温度约为 90℃，洗萘器下部宜保持在 80℃左右。温度过低，洗萘效果下降；温度过高，液面不稳，焦油易从液面调节器溢出。洗萘焦油量为终冷水量的 5%。新焦油量不足，必须循环使用。焦油在洗萘的同时，也萃取了水中酚，故终冷水中酚含量降低，有利于水处理。

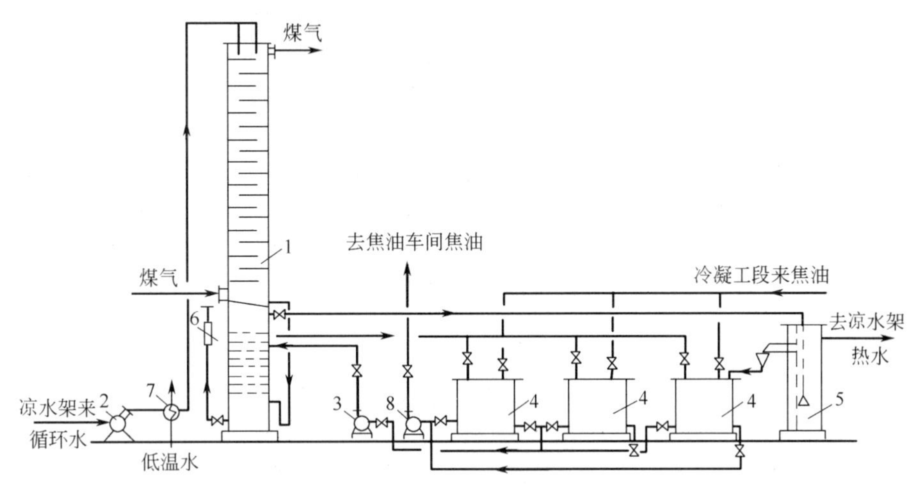

图 4-16 热焦油洗涤终冷水除萘流程

1—煤气终冷塔（下部焦油洗萘）；2—循环水泵；3—焦油循环泵；4—焦油槽；5—水澄清槽；6—液位调节器；7—循环水冷却器；8—焦油泵

带焦油洗萘器的终冷塔构造见图 4-17。塔的上部为多层带孔的弓形筛板，筛孔直径 10 ～ 12mm，孔间距 50 ～ 75mm。隔板的弦端焊有角钢，用以维持液位，水经孔喷淋而下，形成小水柱与上升的煤气接触，冲洗冷却。塔的隔板数一般为 19 层。自由截面积（圆缺的部分）占塔截面积的 25%。

塔下部洗萘器一般设 8 层筛板，筛孔直径为 10 ～ 14mm，孔中心距为 60 ～ 70mm，筛板间距为 600 ～ 750mm，水和焦油接触时间为 8 ～ 10min。洗萘器水中悬浮萘与焦油相遇，由于焦油温度较高，萘溶于焦油被萃取。

油洗萘和终冷流程是将油洗塔和终冷塔分立，除萘在油洗塔完成，除萘后的煤气再入终冷塔冷却，然后去苯吸收塔。洗萘塔所用的油为洗苯富油，其量为洗苯富油的 30% ～ 35%，入塔含萘量小于 8%。洗萘塔可用木格填料，填料比面积为 0.2 ～ 0.3m^2/m^3 煤气。煤气空塔速度为 0.8 ～ 1m/s。油洗萘效果好，终冷水用量为水洗萘的一半，有利于环境保护。

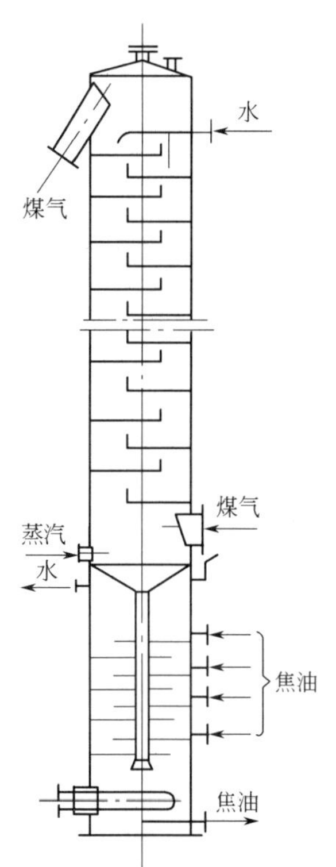

图 4-17 带焦油洗萘器的煤气终冷塔

4.4.2 粗苯吸收

吸收煤气中的粗苯可用焦油洗油，也可以用石油的轻柴油馏分。洗油应有良好的吸收能力、大的吸收容量、小的分子量，以便在相等的吸收浓度条件下具有较小的分子浓度，在溶液上降低苯的蒸气压，增大吸收推动力。

焦油洗油沸点范围为 230 ～ 300℃，其主要成分为甲基萘、二甲基萘和苊；分子量为 170 ～ 180，有良好的吸收粗苯能力，饱和吸收量可达 2.0% ～ 2.5%。故 1t 炼焦煤所产煤气需要喷洒洗油量为 0.5 ～ 0.65m^3。使用焦油洗油洗苯时，解吸粗苯过程中每吨粗苯损失洗油量 100 ～ 140kg。

4.4.2.1 工艺流程

用洗油吸收煤气中的苯族烃所采用的洗苯塔虽有多种型式，但工艺流程基本相近。洗油吸收粗苯成为富苯

洗油，简称富油。富油脱出吸收的粗苯，称为贫油。贫油在洗苯塔（吸收苯塔）吸收粗苯又成为富油。填料塔吸收苯族烃的工艺流程见图 4-18。煤气经最终冷却器冷却到 25 ～ 30℃，含粗苯 25 ～ 40g/m^3，依次通过两个洗苯塔，塔后煤气中苯族烃含量一般要求低于 2g/m^3。温度为 27 ～ 30℃的脱苯洗油（贫油）用泵送至最后一个洗苯塔的顶部，与煤气逆向沿着填料向下喷洒，然后经过油封流入塔底接受槽，由此用泵送至下一个洗苯塔。按煤气流向第一个洗苯塔底流出的苯质量分数约 2.5% 的富油送至脱苯装置。脱苯后的贫油经冷却后再回到贫油槽循环使用，贫油含苯 0.2% ～ 0.4%。贫油温度应略高于煤气温度 2 ～ 4℃，以防煤气中水汽凝出。

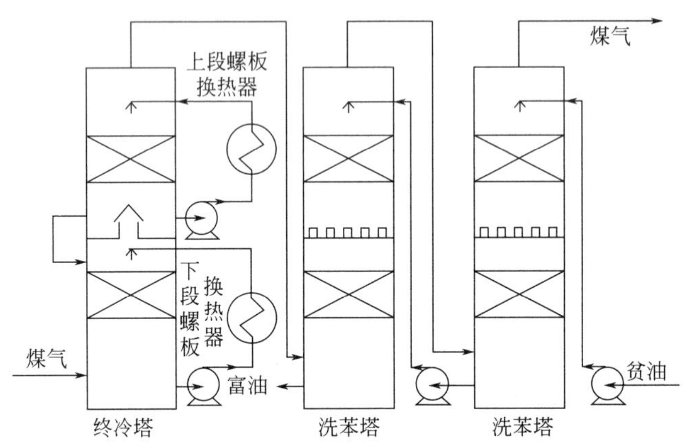

图 4-18　从煤气中吸收苯族烃的工艺流程

在吸收和解吸粗苯过程中，洗油经过多次加热及冷却，因吸收了来自煤气中的不饱和化合物进入洗油中，发生聚合反应，洗油的轻馏分损失、高沸点物质富集。此外，洗油中还含有无机物，如硫氰化物和氰化物形成的复合物。为了保证洗油的性能，必须对洗油进行再生处理，脱出重质组分。

4.4.2.2　粗苯吸收影响因素

用洗油自煤气中吸收粗苯是典型的吸收过程，可由下述传质方程描述：

$$G = KF\Delta p$$

式中　G——吸收粗苯量，kg/(m^2 · h)；

K——吸收传质系数，kg/(m^2 · Pa · h)；

Δp——吸收推动力，对数平均压力差，Pa；

F——吸收表面积，m^2。

煤气中粗苯分压 p_B 与洗油上的粗苯蒸气压 p'_B 之差越大，越有利于吸收，根据分压定律，则得

$$p_B = cp$$

式中　p——煤气总压力，Pa；

c——煤气中粗苯的摩尔分数。

洗油粗苯蒸气压 p'_B 根据拉乌尔定律，则得

$$p'_B = c'p'$$

式中　p'——给定温度下粗苯的蒸气压，Pa；

c'——洗油中粗苯的摩尔分数。

吸收推动力则为$p_B - p'_B$，对全吸收塔则用对数平均压力差：

$$\Delta p = \frac{\Delta p_1 - \Delta p_2}{\ln \frac{\Delta p_1}{\Delta p_2}}$$

式中 Δp_1——塔底煤气粗苯分压与洗油粗苯的蒸气压之差；

Δp_2——塔顶煤气粗苯分压与洗油粗苯的蒸气压之差。

由上述公式可明显看出，粗苯吸收过程与吸收温度、洗油性质及循环量、贫油含苯量以及吸收面积有关。这些影响因素分述如下。

（1）吸收温度 吸收温度决定于煤气和洗油温度，也受大气温度影响。吸收温度高时，洗油液面上粗苯的蒸气压随之增大，吸收推动力减小，因而使粗苯回收率降低；但吸收温度也不宜过低，当温度低于 10 ～ 15℃，洗油黏度显著增加，吸收效果不好。适宜的温度为 25℃左右，实际操作温度波动于 20 ～ 30℃。洗油的温度比煤气温度高，以防煤气中的水汽被冷凝下来进入洗油。在夏季洗油温度比煤气高 1 ～ 2℃；冬季比煤气高 5 ～ 10℃。为了保证适宜温度，煤气在终冷器冷却至 20 ～ 25℃，贫油应冷却至 30℃。

（2）洗油的分子量及循环量 吸收剂的吸收能力与其分子量成反比。吸收剂与溶质的分子量越接近，则吸收得越完全。当其他条件一定时，洗油的分子量小，则苯在洗油中的浓度增大，吸收效果好。但洗油的分子量也不宜过小，否则在脱苯蒸馏时洗油与粗苯不易分离。

送往吸收塔的洗油量可根据下式求得：

$$q_m(w_2 - w_1) = q_V \frac{a_1 - a_2}{1000}$$

式中 q_m——洗油循环量，kg/h；

w_2，w_1——贫油、富油中粗苯的质量分数，%；

q_V——标准状况下煤气量，m^3/h；

a_1，a_2——煤气入口与出口粗苯含量，g/m^3。

从式中可以看出，增加洗油循环量，可降低洗油中的粗苯含量，因而可提高粗苯回收率。但循环量也不宜过大，以免在脱苯蒸馏时过多地增加蒸汽耗量和冷却水用量。循环洗油量随吸收温度的升高而增加，一般夏季循环量比冬季多。

由于石油洗油的分子量（平均为 230 ～ 240）比焦油洗油分子量（平均为 170 ～ 180）大，石油洗油吸收粗苯能力比焦油洗油低，为达到同样的粗苯回收率，石油洗油用量比焦油洗油多。石油洗油用量为焦油洗油的 130%。

（3）贫油含苯量 贫油含苯量越高，则塔后粗苯损失越大，因为粗苯吸收推动力低，吸收效率不好。贫油含苯宜为 0.2% ～ 0.4%。

（4）吸收面积 塔内填料可为洗油与煤气中苯族烃的气、液作用提供充分接触的吸收面积。增加吸收面积，可以提高洗油的吸收率。从先前的木格填料塔到目前的花环填料塔等，处理 $1m^3/h$ 煤气的吸收面积从 1.1 ～ $1.3m^2$ 降到约 $0.3m^2$，同时可使塔后煤气中粗苯含量降至 $2g/m^3$ 以下。

4.4.2.3 吸收塔

焦化厂采用的苯吸收塔主要有填料塔、板式塔和空喷塔。其中填料塔因吸收面积大，目前被广泛采用。塔内填料主要为木格、钢板网、塑料花环及其他形式的填料。钢板网填料塔和液体再分布板见图 4-19。苯吸收塔填料的选择取决于塔的阻力要求。板式塔操作可靠，但阻力较大，约为 7 ～ 8kPa。为此优先选用阻力小的填料塔。

早先焦化厂应用的木格填料，其具有操作稳定可靠、阻力小的特点。但由于比表面积小，所以生产能力小，设备庞大笨重，逐渐被高效填料取代。表 4-8 列出了新型花环填料、钢板网、轻瓷和孔板波纹填料的工艺特性数据。表中数据是根据煤气处理量为 $130000m^3/h$ 做出的单位煤气量的填料面积。一般木格填料效率低，应用较多的原因是由于它的操作稳定可靠，制造简单。工业生产表明，煤气通过木格有效截面的流速由 1.5 ～ 1.7m/s 提高到 2.6m/s，吸收面积可由 $1.0m^2/(m^3 \cdot h)$ 降至 $0.6m^2/(m^3 \cdot h)$。

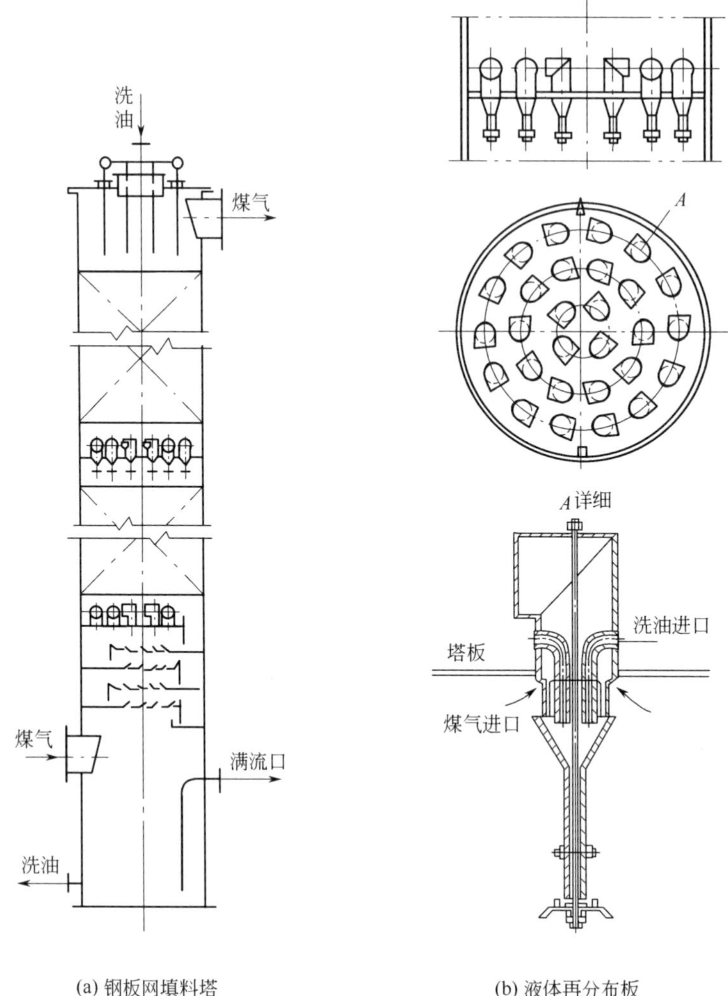

(a) 钢板网填料塔 (b) 液体再分布板

图 4-19 吸收苯填料塔

表4-8 苯吸收塔内的填料特性

项目	新型花环填料	钢板网	轻瓷	孔板波纹填料
比表面积/（m^2/m^3）	106	41.3	96.4	125～250
空隙率/%	91	70	71	93～98
堆积密度/（kg/m^3）	76	230	360	100～200
耐腐蚀性	好	较好	较好	最好
耐温性/℃	120	＞120	＞120	＞120

由表 4-8 中数据可以看出，当采用新型花环和孔板波纹填料时，吸收塔将具有较高的吸收效率。该两种填料具有较高的比表面积和孔隙率，应用时会使塔内气液传质作用增强，气液通过能力大，流动阻力小，同时填料的单段压降也低，因此在常规设计条件下，塔后煤气含苯可控制在 1.5g/m^3 以下。

提高吸收压力对回收粗苯是有效的，因为压力提高，可提高煤气中粗苯的分压，增大吸收粗苯的推动力。表 4-9 为压力对吸收粗苯效率的影响。提高吸收压力，可以降低粗苯生产成本，提高粗苯回收率。

表4-9 不同压力吸收粗苯指标

项目		指标			
吸收压力/MPa		0.11	0.4	0.8	1.2
吸收塔容积/m^3		100	10	6.9	5.7
金属用量/t		100	46.5	40.8	37.2
换热表面积/m^2		100	32	21.2	12.8
单位消耗	蒸汽/t	100	46.8	35.0	27.6
	冷却水/t	100	49.4	38.2	29.7
	电/kW·h	100	32.4	21.6	17.6
富油饱和含苯量/%		2.0～2.5	8.0	16.0	20.0

提高压力回收粗苯的成本费中未包括煤气压缩的电力，也没有包括采用活塞式压缩机的投资和折旧费。在煤气采用大容量离心式压缩机进行加压，并向远距离输送时，采用加压吸收苯是有利的。

4.4.3 富油脱苯

洗油饱和粗苯含量一般为2.5%～3.0%，解吸后贫油中含粗苯为0.2%～0.4%，为了达到足够的脱苯程度，富油脱苯塔底温度必须达到洗油的沸点温度（250～300℃），但在如此高温条件下操作，洗油发生变化，质量会迅速恶化。

富油脱苯的合适方法是采用水蒸气蒸馏，富油预热到135～140℃后再入脱苯塔，塔底通入水蒸气，常用水蒸气压力为0.5～0.6MPa。此法缺点为耗用水蒸气量大、设备大，多耗冷却水，形成了大量含苯、氰化物和硫氰化铵的废水。

采用管式炉加热富油到180℃后再入脱苯塔的方法，由于温度适宜，对脱苯操作稳定性较好，且生产粗苯所用技术经济指标均得到改善，直接水蒸气耗量可减少到20%～25%。

为了消除脱苯生成的废水，可采用减压蒸馏。减压蒸馏技术的核心是降低塔内气压，以此降低苯沸点，节省用于蒸馏的热量。目前有焦化厂的减压蒸馏采用热循环油提供热量。

4.4.3.1 工艺流程

富油脱苯采用水蒸气蒸馏生产两种苯的工艺流程，见图4-20。富油中含粗苯浓度甚低，洗油量是粗苯量的40～45倍，因此大量循环油携带的热量，需要回收利用。图4-20所示工艺解决了热量回收利用问题。

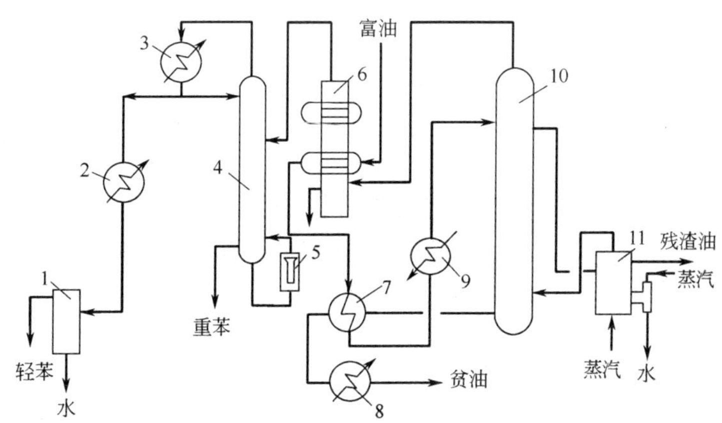

图4-20 富油脱苯工艺流程

1—分离器；2—冷凝器；3,6—分凝器；4—两苯塔；5,9—加热器；7—换热器；8—冷却器；10—脱苯塔；11—再生器

冷的富油在分凝器被脱苯塔来的蒸气加热，然后在换热器与脱苯塔底来的热贫油进行换热，最后用蒸汽加热或管式炉加热后入脱苯塔上部。脱苯塔底部给入直接蒸汽以及自再生器来的水和油的蒸气。脱苯塔顶导出水、油和粗苯蒸气，在分凝器中使洗油和大部分水蒸气冷凝。从分凝器上部出来的是粗苯蒸气和余下的水蒸气。为得到合格粗苯产品，分凝器上部蒸气出口温度用冷却水控制在 86 ～ 92℃。如果是生产一种粗苯，分凝器出来的蒸气经冷凝分离，即得粗苯产品。

图 4-20 是生产两种苯的工艺流程，由分凝器上部出来的蒸气进入两苯塔中部，在塔顶分出轻苯，塔底为重苯。

生产一种苯时，粗苯中含有 5% ～ 10% 的萘溶剂油，在粗苯精制时需先将其分离出去。生产两种苯时，萘溶剂油集中于 150 ～ 200℃的重苯中，而沸点低于 150℃的轻苯中主要为苯类。因此，对于粗苯精制，两种苯流程优于一种苯流程。蒸汽法生产一种苯工艺流程见图 4-21。

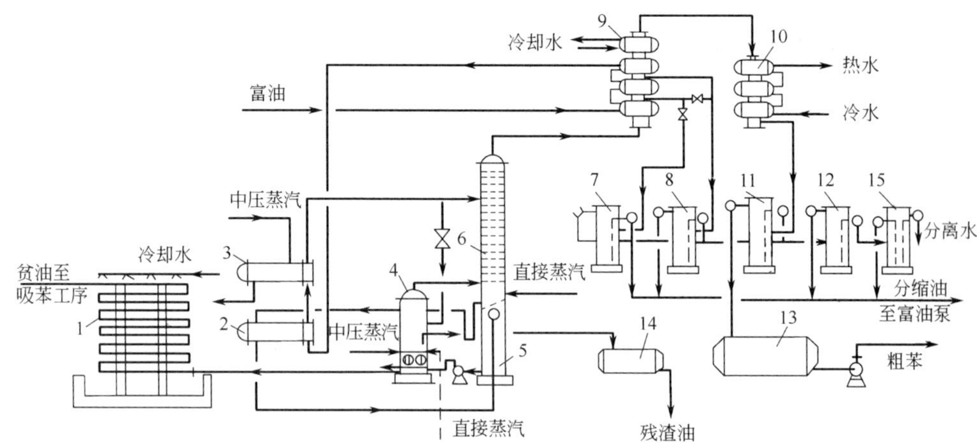

图 4-21 蒸汽法生产一种苯工艺流程

1—喷淋式贫油冷却器；2—贫富油换热器；3—预热器；4—再生器；5—热贫油槽；6—脱苯塔；7—重分凝油分离器；8—轻分凝油分离器；9—分凝器；10—冷凝冷却器；11—粗苯分离器；12—控制分离器；13—粗苯储槽；14—残渣槽；15—控制分离器

4.4.3.2 脱苯塔和两苯塔

脱苯塔多采用泡罩塔，材质为钢板焊制和铸钢两种，以条形泡罩结构应用较广。塔板数为 14 层，脱苯为提馏过程，加料板为自上向下数第 3 层。

两苯塔顶温度为 73 ～ 78℃，塔顶产物为轻苯；塔底温度为 150℃，塔底产物为重苯。精馏段为 8 ～ 12 层，提馏段为 3 ～ 6 层。回流比为 2.5 ～ 3.5。塔板可为泡罩或浮阀式。当用浮阀塔板时，板间距为 300 ～ 400mm，空塔截面气速为 0.8m/s。

有的焦化厂采用 30 层塔板的精馏塔，将粗苯蒸气分馏成轻苯、重苯和萘溶剂油三种产品，便于进一步精制。

4.4.3.3 洗油再生

为了保持循环洗油质量，取循环洗油量的 1% ～ 1.5% 由富油入塔前管路或由脱苯塔进料板下的第一块塔板引入再生器，进行洗油再生处理，见图 4-21。

再生器用 0.8 ～ 1.0MPa 间接蒸汽加热洗油至 160 ～ 180℃，并用直接蒸汽蒸吹。

器顶蒸出的油和水蒸气温度为155～175℃，一同进入脱苯塔底部。残留于再生器底部的高沸点聚合物及油渣称为残渣油，排至残渣油槽。残渣油300℃前的馏出量要求低于40%，以免洗油耗量大。

为了降低蒸汽耗量和减轻设备腐蚀，可采用管式炉加热再生法，见图4-22。脱苯部分设备腐蚀，其原因是煤气和洗油中含有氨、氰盐、硫氰盐、氯化铵和水，腐蚀严重处为脱苯塔下部，该处温度高于150℃。由再生器来的蒸汽，其中含氯化铵、硫化氢和氨，焦油洗油中溶有这些盐类。在管式炉加热时，洗油在管式炉加热到300～310℃时，在蒸发器内水汽与油气同重的残渣油分开。蒸气在冷凝器内凝结，并于分离器内进行油水分离。该方式与蒸汽法再生不同，洗油不仅分出重的残渣，而且也分出产生腐蚀作用的盐类。故管式炉加热再生洗油法与蒸汽加热再生法相比，脱除聚合残渣干净，腐蚀较轻。

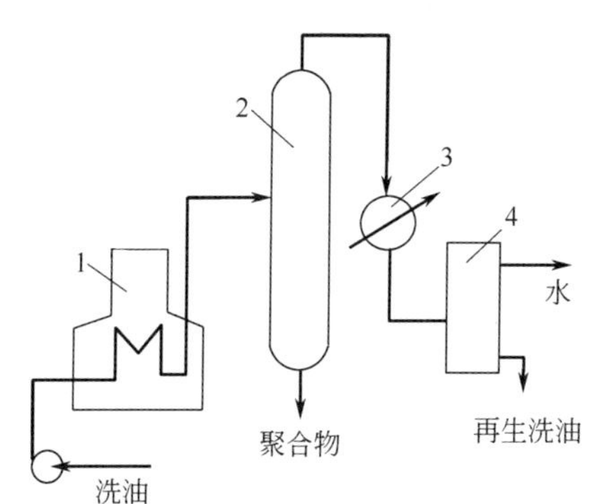

图4-22 管式炉加热洗油再生流程

1—管式炉；2—蒸发器；3—冷凝器；4—分离器

消除设备腐蚀的根本方法是，避免上述盐类进入苯回收系统，并且合理选用脱苯塔材质。关于焦炉煤气脱除硫化氢和氰化氢可参见第5章脱硫部分内容。

4

4.5 粗苯精制

粗苯精制目的是得到苯、甲苯、二甲苯等产品，它们都是重要的基本有机化工原料。粗苯精制包括酸洗或加氢、精馏分离、初馏分中的环戊二烯加工以及高沸点馏分中的茚与古马隆的加工利用。

4.5.1 粗苯的组成、产率和用途

粗苯产率以干煤计约为0.9%～1.1%。其中含苯及其同系物为80%～95%；不饱和化合物为5%～15%，主要集中于79℃以前低沸点馏分和140℃以上的高沸点馏分中，它们主要为环戊二烯、茚、古马隆（苯并呋喃）及苯乙烯等；硫化物含量为0.2%～2.0%；饱和烃为0.3%～2.0%。此外，粗苯精制原料中还有少量来自焦油的轻馏分，其含苯、酚和吡啶等成分。

大型焦化厂的粗苯和轻苯产品产率，见表4-10。粗苯中主要成分是苯，是纯苯的主要来源。苯的用途很多，是有机合成的基础原料，可制成苯乙烯、苯酚、丙酮、环己烷、硝基苯、顺丁烯二酸酐等，进一步可制合成纤维、合成橡胶、合成树脂以及染料、洗涤剂、农药、医药等多种产品。甲苯和二甲苯也是有机合成的重要原料。

表4-10 粗苯和轻苯组成及产品产率

项目	粗苯	轻苯	项目	粗苯	轻苯
初馏分/%	0.9	1.0	精制残渣/%	0.8	0.9
纯苯/%	69.0	74.5	重质苯/%	3.0	—
甲苯/%	12.8	13.9	苯溶剂油/%	4.0	—
二甲苯/%	3.0	3.3	洗涤损失/%	1.9	2.0
轻溶剂油/%	0.8	0.9	精制损失/%	1.6	1.0
吹苯残渣/%	2.2	2.4	合计/%	100	100

4.5.2　粗苯精制原理

粗苯中主要成分为苯、甲苯、二甲苯，它们在 101kPa 压力下的沸点：苯 80.1℃，甲苯 110.6℃，间二甲苯 139.1℃，对二甲苯 138.4℃，邻二甲苯 144.9℃，乙苯 136.2℃。

由上述数据可见，各种苯的沸点有差别，即挥发度不同。据此可以很容易分离出苯和甲苯。二甲苯的三种异构体和乙苯的沸点差甚小，难以采用精馏方法进行分离。

粗苯中与苯的沸点相近的有硫化物和不饱和化合物，故分离出纯苯较难。例如，噻吩和环己烷的沸点分别为 84.07℃和 81℃，精馏时分不开。由于以苯为原料进行催化加工时，硫化物能使催化剂中毒，不饱和化合物在储存时能聚合或产生暗色物质，在催化加工时易使催化剂结焦，所以要求将其从苯中除掉。

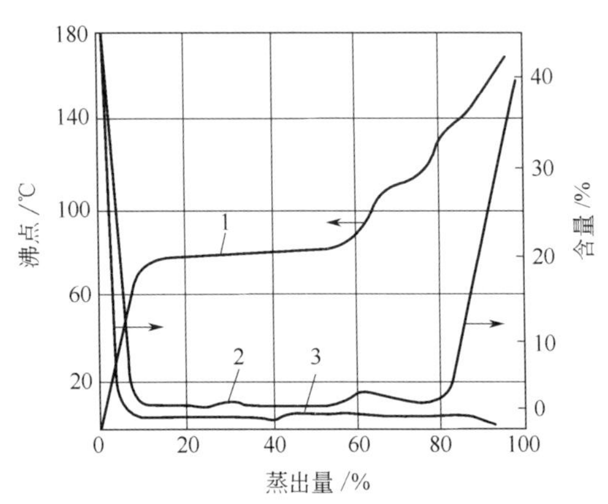

图 4-23　粗苯蒸馏曲线中硫化物及不饱和化合物的分布
1—粗苯蒸馏曲线；2—不饱和化合物；3—硫化物

由于精馏方法不能脱除苯中噻吩和不饱和化合物，所以在精馏之前采用化学净化方法。为此，可采用加入化学试剂或催化加氢，使之生成易于分离的产物，达到净化目的。

采用化学净化办法，需要消耗化学试剂和损失原料，所以仅对采用精馏方法难以分离的硫化物和不饱和化合物需要采用化学净化方法。粗苯中含有这些化合物的分布见图 4-23。由图可见，不同沸点馏分中不饱和化合物和硫化物的含量不同，在低于苯沸点的初馏分中含量高。

在二甲苯高沸点馏分中不饱和化合物含量很高。如果先对沸点较低的馏分进行化学净化，这不仅可以减少化学净化过程的原料消耗，而且可以分别利用各馏分。例如初馏分（低于苯沸点馏分）含有环戊二烯，它是合成橡胶、药品和合成树脂的原料，此外还有二硫化碳。高沸点馏分富集有茚、古马隆、苯乙烯，可作为古马隆 - 茚树脂原料，该树脂可制造涂料、颜料和绝缘材料等。

粗苯精制流程包括下述过程。

① 初步精馏。使低沸点化合物，高沸点含硫化合物和不饱和化合物分开。

② 化学精制。把粗苯主要组分沸点范围内所含的硫化物和不饱和化合物脱除。

③ 加氢精制。将轻苯在临氢及催化剂作用下，使其中的不饱和化合物饱和，脱除硫化物等杂质而得到苯类产品的工艺过程。

④ 最终精馏。生产合格的纯苯或苯、甲苯、二甲苯及溶剂油等产品。

4.5.3　初步精馏及深加工

4.5.3.1　初步精馏

粗苯的初步精馏是由两个精馏塔完成，其流程见图 4-24。粗苯在初馏塔顶分出初馏分；在混合馏分塔顶分出苯、甲苯、二甲苯（BTX）馏分，塔底分出重苯。如果粗苯回收工段把粗苯已分成轻苯和重苯，则不再需要混合馏分塔。

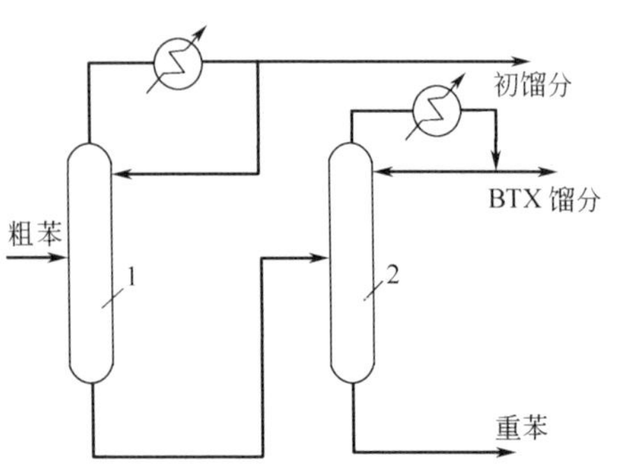

图 4-24　粗苯初步精馏工艺流程
1—初馏塔；2—苯、甲苯、二甲苯（BTX）塔

轻苯的初馏分产率为 1.0% ～ 1.2%，其组成约为：环戊二烯等 20% ～ 30%；二硫化碳为 25% ～ 40%；苯为 5% ～ 15%。纯苯中含二硫化碳应不超过 1 ～ 50mg/kg。可见，初馏塔很重要，初馏分要分离得很干净，否则其中的二硫化碳会进入 BTX 馏分，留在苯

中。此外，增大了 BTX 馏分的化学净化难度。

环戊二烯反应能力强，黏度高，能形成高分子聚合物。初馏塔采用效率足够高的精馏塔，塔板数为 30 ～ 50，回流比为 40 ～ 60，空塔气速为 0.6 ～ 0.9m/s。

初馏塔的再沸器易堵塞，这是低沸点不饱和化合物发生了聚合，堵塞物主要是胶状的游离碳。应防止进料和回流液中带水，否则不仅塔操作不稳定，而且增加堵塞再沸器的可能性。

4.5.3.2 初馏分深加工

初馏分随原料组成、初馏塔操作、储存时间、气温条件等的不同而有所不同，且组分含量波动较大。初馏分组成分布范围见表 4-11。

表4-11 初馏分组成分布

组分	粗苯初馏分/%	轻苯初馏分/%	组分	粗苯初馏分/%	轻苯初馏分/%
二硫化碳/%	15～25	25～40	苯/%	30～50	5～15
环戊二烯及二聚环戊二烯/%	10～15	20～30	饱和烃/%	3～6	4～8
其他不饱和化合物/%	10～15	15～25			

由于二硫化碳和环戊二烯的沸点很接近，分别为 42.5℃和 46.5℃，因此用精馏方法难以分离得到纯产品。环戊二烯反应性好，加热可使其发生聚合生成二聚环戊二烯，也能与其他二烯烃发生聚合反应。这些二聚体与环戊二烯相比，反应能力较低，在低于 120℃是较稳定的。二聚反应如下：

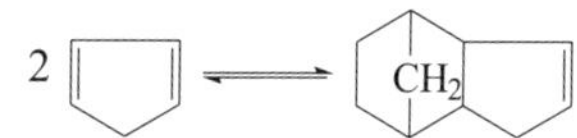

当温度高于 115℃，反应逆向进行，聚合物又解聚得到单体。

热聚合法在间歇反应釜内进行，聚合温度为 60 ～ 80℃，用间接蒸汽加热，聚合时间约为 16 ～ 20h。聚合操作完成后进行精馏分离，可得到表 4-12 中各馏分产品。

表4-12 热聚合法得到的各馏分产品

组分	比例	组分	比例
初馏分（40℃前）/%	7.4	釜底残液/%	31.5
工业二硫化碳（48℃前）/%	19.0	损失（主要为不凝性气体）/%	27.1
中间馏分（60℃前）/%	5.0	合计/%	100
轻质苯（78℃前，包括动力苯和苯馏分）/%	10.0		

上述初馏分送入回炉煤气管道，中间馏分和轻质苯可并入粗苯。釜底残液为工业二聚环戊二烯，含量为 70% ～ 75%，其中还含有 3% ～ 5% 沸点低于 100℃的组分、环戊二烯及 C_5 烯烃等。用直接蒸汽蒸馏釜底残液，可得到含量大于 95% 的二聚环戊二烯。

对二聚环戊二烯采用热解法解聚，即得环戊二烯，它是制取二烯系有机氯农药和杀虫剂的重要原料。

4.5.4 硫酸法精制

硫酸法作为粗苯精制的一种方法，在特定时期具有一定的典型性。当粗苯混合馏分（BTX）用含量为 90% ～ 95% 的硫酸洗涤时，不饱和化合物及硫化物发生了化学反应，生成复杂的产物。由此实现粗苯的精制目的。

4.5.4.1 化学反应

（1）聚合反应　不饱和烃在硫酸作用下发生聚合反应，生成酸式酯，进一步反应生成二聚物，例如：

$$R-CH=CH_2+H_2SO_4 \longrightarrow R-\underset{}{\overset{CH_3}{\overset{|}{C}H}}-OSO_3H$$

$$R-\overset{CH_3}{\overset{|}{C}H}-OSO_3H + R-CH=CH_2 \longrightarrow R-\overset{CH_3}{\overset{|}{C}}=\overset{CH_3}{\overset{|}{C}}-R + H_2SO_4$$

此反应还可以继续进行，生成三聚物和深度聚合物。二聚物和三聚物与相应的芳烃差别是沸点高。聚合程度越大，黏度越高，溶于净化产品的溶解度降低，导致树脂状物沉积于器壁。故应防止聚合程度增大。聚合物呈黑褐色，简称酸焦油，密度较大，可以从混合物中分离出来。

（2）脱硫反应 混合馏分中二硫化碳与硫酸不起反应，但噻吩能进行磺化反应：

$$C_4H_4S + H_2SO_4 \rightleftharpoons C_4H_3S-SO_3H + H_2O$$

生成的噻吩磺酸可溶于硫酸和水中，用洗涤法可从苯中分出来。

苯及其同系物也可以发生磺化反应：

$$C_6H_5CH_3+H_2SO_4 \rightleftharpoons CH_3C_6H_4SO_3H+H_2O$$

但是，噻吩磺化反应速率比苯类快 800 ～ 1000 倍，故噻吩可由苯中选择性地分出。

（3）噻吩与不饱和化合物反应 噻吩与不饱和化合物在硫酸的催化作用下，可生成共聚物。

$$RCH=CH_2 + H_2SO_4 \rightleftharpoons R\overset{CH_3}{\overset{|}{C}H}-OSO_3H$$

$$R\overset{CH_3}{\overset{|}{C}H}-OSO_3H + C_4H_4S \longrightarrow C_4H_3S-\underset{R}{\underset{|}{\overset{H}{\overset{|}{C}}}}-CH_3 + H_2SO_4$$

生成物是热稳定的烷基化噻吩，其沸点比苯的沸点高 60 ～ 70℃。

研究表明，上述噻吩烷基化反应速率比其他磺化速度快 10 ～ 20 倍，故在不饱和化合物存在下，首先噻吩进行烷基化反应，然后再发生磺化脱噻吩反应。

烷基化脱噻吩反应比磺化法有很大的优点，因为烷基化反应是不可逆的（低于300℃），而磺化反应是可逆的，析出水使硫酸稀释，降低了反应速率。

噻吩大部分集中于苯馏分中，其中含不饱和化合物甚少，约为 1% ～ 2%，故其中噻吩难除净。若对苯、甲苯、二甲苯混合馏分进行酸洗，其中不饱和化合物含量为 4% ～ 6%，易将噻吩及其同系物分出，且硫酸耗量少，焦油生成量也少。所得聚合物溶于混合馏分中，最终精馏时入塔底残渣中。为了强化烷基化反应，在酸洗时添加 0.5% ～ 2% 沸点为 160 ～ 250℃的粗溶剂油，利用其所含茚等，将噻吩及其同系物完全除去。

4.5.4.2 硫酸浓度及反应条件

酸洗用硫酸含量为 93% ～ 95%，浓度低时，达不到洗净效果；浓度高时，生成中性酯量增加，不饱和化合物聚合程度加深，磺化反应加剧。酸洗反应温度应不超过 40 ～ 45℃，温度过高时，同样有硫酸含量增高的缺点。此外，温度高，苯的蒸气压大，苯损失增多。酸洗反应时间以 10min 左右为宜，延长时间，可改善洗涤效果，但过长会加剧磺化反应。

4.5.4.3　工艺流程

混合馏分硫酸洗涤在焦化厂是采用连续流程，其生产工艺流程见图 4-25。

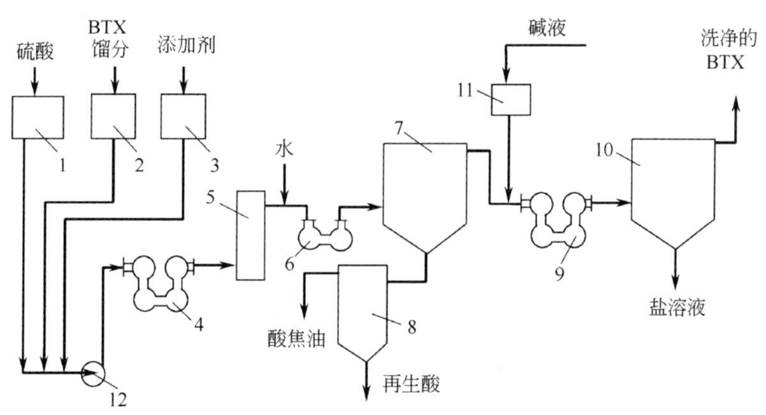

图 4-25　BTX 混合馏分酸洗工艺流程

1,2,3,11—高位槽；4,6,9—球形混合器；5—反应器；7,10—澄清槽；8—酸焦油澄清槽；12—泵

混合馏分和硫酸以及添加剂（1.2% ~ 1.8%）经计量后用泵打入第一组球形混合器洗涤，然后在反应器内完成酸洗反应。在反应器后加入水洗，经第二组球形混合器，水稀释硫酸，中断反应，并使硫酸再生，硫酸回收率介于 65% ~ 80%，再生酸含量为 20% ~ 35%。再生酸在澄清槽下分出，槽上混合馏分加碱中和，再于第三组球形混合器混合并在澄清槽中澄清后，分出盐溶液，得洗净的苯、甲苯、二甲苯混合馏分。

球形混合器构造见图 4-26。几个球连用使液流 90° 转弯扰动，达到混匀目的。

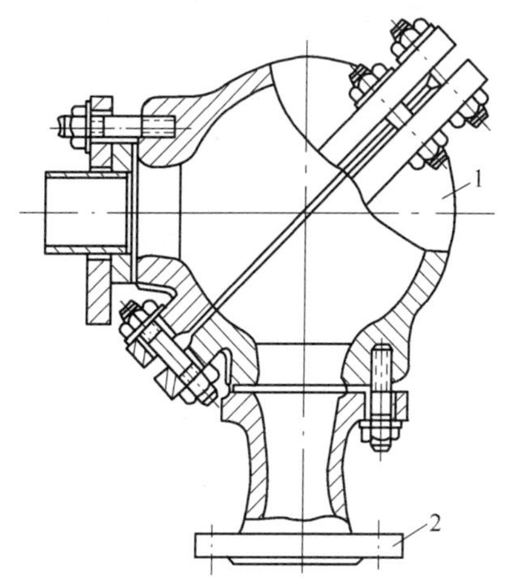

图 4-26　球形混合器

1—铸铁半球；2—连接管法兰

4.5.4.4　吹苯和最终精馏

酸洗后，苯、甲苯、二甲苯混合馏分精制与其组成有关。其组成为：苯 74% ~ 76%；三甲苯（溶剂油）2.0% ~ 2.5%；二甲苯 2% ~ 2.5%；高沸点聚合物 4% ~ 6%；甲苯 11% ~ 13%；低沸点聚合物 3% ~ 4%。

苯和甲苯含量占 85% ~ 89%，在中、小型精苯车间提取纯苯、甲苯可在连续式设备上进行，而其余组分甚少，只能在间歇式设备上生产。

（1）吹苯　已酸洗的 BTX 混合馏分中除上述所含聚合物外，在酸洗时溶有中性酯，在高温作用下可分解为二氧化硫、三氧化硫、二氧化碳及残渣，所以最终精馏时首先在吹苯塔中将苯、甲苯、二甲苯组分从塔顶随蒸汽蒸吹出，见图 4-27，其余的聚合物等重质产物留于塔底。

为了中和蒸出气中酸性物，用 12% ~ 16% 的氢氧化钠溶液喷洒。吹苯塔原料的预热温度为 110 ~ 118℃，塔顶温度为 100 ~ 105℃。中和后苯类蒸气经冷凝冷却到 25 ~ 30℃，再经油水分离得苯、甲苯、二甲苯混合馏分。塔底残渣作为生产古马隆的原料，为使残渣含水和含油合格，塔底有间接蒸汽加热器，同时吹入直接蒸汽，维持塔底温度为 135℃左右。

已洗 BTX 混合馏分吹出 BTX 产率为 97.5%，残渣产率为 2.5%。吹苯塔可用 20 ~ 22 层塔板的栅板塔，空塔气速可取 0.6 ~ 1.0m/s。

（2）连续精馏　年处理轻苯 2×10^4t 以上的精苯车间，可采用连续精馏流程，见图 4-27。已洗 BTX 混合馏分，连续地在吹苯塔、苯塔、甲苯塔和二甲苯塔精馏，在各塔顶得到相应的产品。吹苯塔底分出残液，塔顶油气经冷凝分出水，BTX 进入苯塔，塔顶得纯苯产品；苯塔底馏分入甲苯塔，塔顶得甲苯产品；甲苯塔底产物入二甲苯塔，塔顶得二甲苯产品，塔中部侧线产物为溶剂油，塔底为釜残液。操作条件见表 4-13。

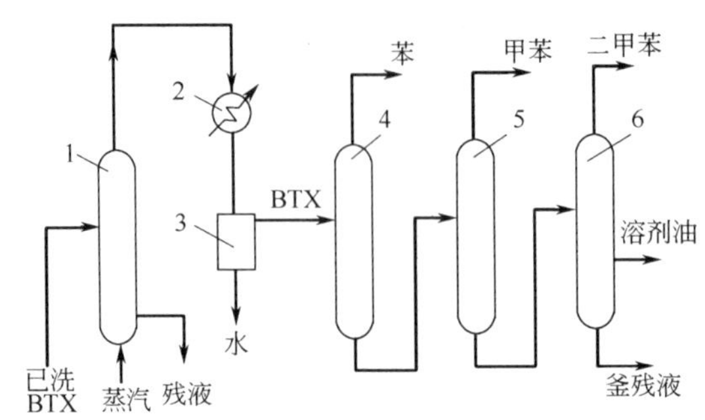

图 4-27　BTX 混合馏分连续精馏流程

1—吹苯塔；2—冷凝器；3—分离器；4—苯塔；5—甲苯塔；6—二甲苯塔

表 4-13　连续精馏塔操作条件

项目	苯　塔	甲苯塔	二甲苯塔	项目	苯　塔	甲苯塔	二甲苯塔
回流比	1～1.5	1.5～2.0	0.8～1.0	塔底温度/℃	124～128	150～155	140～150
塔顶温度/℃	80±0.5	110±0.5	89～96（水蒸气蒸馏）	塔压/kPa	<35	<35	<35

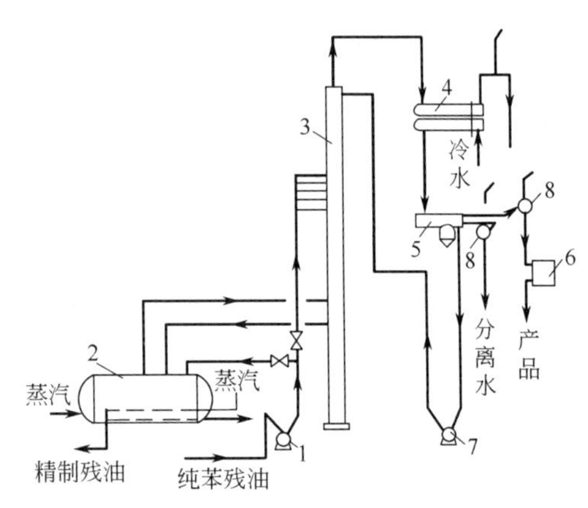

图 4-28　间歇釜式半连续精馏工艺流程

1—原料泵；2—精制釜；3—精馏塔；4—冷凝冷却器；5—油水分离器；6—计量槽；7—回流泵；8—视镜

三种苯类精馏塔为浮阀塔，塔板数为 30 ～ 35。从二甲苯残液油中提取三甲苯需要塔板数约为 85。这些塔板数可按多组分理想溶液的精馏计算法确定，如都是简单精馏塔，可按关键组分法（Fenske-Gilliand）计算。

（3）半连续精馏　吹苯塔产生的吹出苯、甲苯和二甲苯混合馏分采用半连续精馏分离，混合馏分连续送入纯苯塔提取纯苯。纯苯塔底产物，即纯苯残油再进行半连续间歇釜式精馏，工艺流程见图 4-28。

纯苯残油用泵装入精制釜内，用蒸汽加热进行全回流。当釜温达到 124 ～ 125℃时，开始切取苯 - 甲苯馏分；当塔顶温度达到 110℃，开始切取甲苯，直至釜内高沸点组分富集到一定量，当釜温约 145℃时，停止向釜内进料。再继续切取甲苯 - 二甲苯馏分、二甲苯及轻溶剂油。釜底排出的精制残油用泵经套管冷却器送入储槽。

切取二甲苯和溶剂油时，釜底通入直接蒸汽，进行水蒸气蒸馏。也可以用蒸汽喷射泵造成一定的真空度，进行减压蒸馏，以便降低蒸馏温度，少耗蒸汽。

图 4-28 的间歇精馏装置，也可以用于精制重苯。在精馏重苯时可得 150℃前馏分（甲苯和二甲苯）10% ～ 15%，溶剂油 40% ～ 60%，150 ～ 180℃馏分（重质苯）30% ～ 50%。其中，150℃前馏分可加入初馏塔混合馏分中，重质苯可作为制取古马隆树脂的原料。

4.5.5　古马隆 - 茚树脂生产

重苯中含有不饱和芳香化合物，如苯乙烯、茚和古马隆，其中茚和古马隆的分子结构式如下：

茚： 古马隆：

古马隆又名苯并呋喃或氧杂茚，常温下是白色油状液体，存在于煤焦油及沸点为 168 ～ 175℃的粗苯馏分中，在粗苯中的含量为 0.6% ～ 1.2%。

茚在常温下是无色油状液体，存在于煤焦油及沸点为 176 ～ 182℃的粗苯馏分中，在粗苯中的含量为 1.5% ～ 2.5%。茚的化学性质比古马隆更活泼，更易氧化。

古马隆和茚同时存在时，在催化剂（如浓硫酸、氯化铝、氟化硼等）作用下，或在光和热的影响下，能发生聚合反应，生成高分子古马隆 - 茚树脂。聚合物的分子量一般在 500 ～ 2000 之间。

以宝钢古马隆 - 茚树脂生产工艺为例，简述如下。

原料为重苯和从焦油蒸馏经过脱酚和脱吡啶的酚油。其中含树脂组分 23.5% ～ 27%，135 ～ 195℃馏出量为 64% ～ 67%。树脂制造工艺过程见图 4-29。

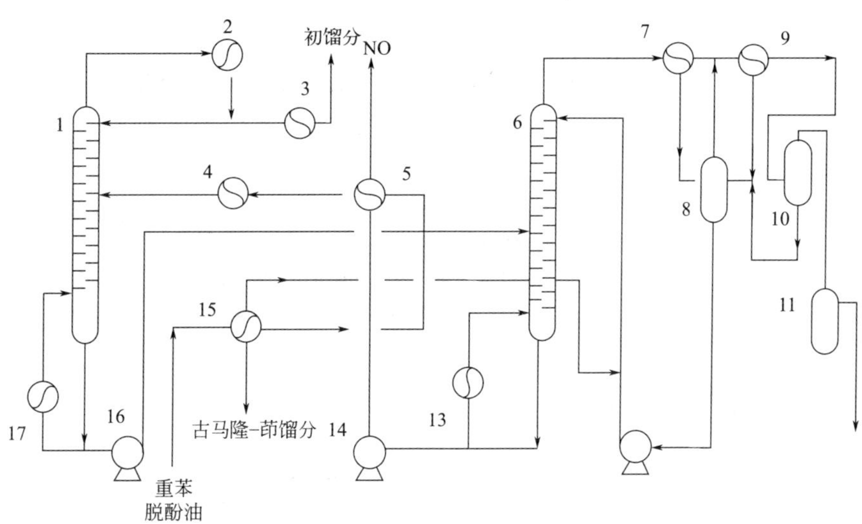

图 4-29 古马隆 - 茚树脂生产工艺流程

1—初馏塔；2—初馏凝缩器；3—初馏冷却器；4—初馏塔原料加热器；5——氧化氮（NO）热交换器；6—馏分塔；7—精馏古马隆 - 茚馏分塔凝缩器；8—古马隆 - 茚馏分塔回流槽；9—排气冷却器；10—排气捕集器；11—古马隆 - 茚馏分压缩槽；12—古马隆 - 茚馏分循环泵；13—古马隆 - 茚馏分重沸器；14——氧化氮排除泵；15—古马隆 - 茚馏分热交换器；16—古马隆 - 茚馏分塔装入泵；17—初馏塔重沸器

4.5.5.1 初馏

初馏目的是脱除原料中的低沸点和高沸点组分。初馏得到树脂成分集中的馏分。树脂组分主要是苯乙烯、古马隆和茚。

苯乙烯的沸点 146℃，古马隆的沸点 173.5℃，茚的沸点 181.5℃。通过两个精馏塔由原料得到沸点范围为 135 ～ 195℃的古马隆馏分。脱除低沸点馏分的塔顶温度为 130℃，塔底为 160℃；脱高沸点馏分的塔为减压蒸馏，塔顶温度为 110℃，塔底温度为 163℃，压力 30.6kPa。

4.5.5.2 酸洗

古马隆馏分中含 3% 吡啶碱，吡啶碱能与催化剂发生反应，消耗催化剂。如果吡啶混入树脂，恶化颜色。需用稀硫酸洗涤脱除。

一般采用两段酸洗，酸油混合采用喷射混合器和管道混合器。硫酸浓度为 40%。酸洗后的馏分用 1% ～ 5% 的氢氧化钠中和，然后用水洗脱除硫酸钠。酸洗工艺流程见图 4-30。

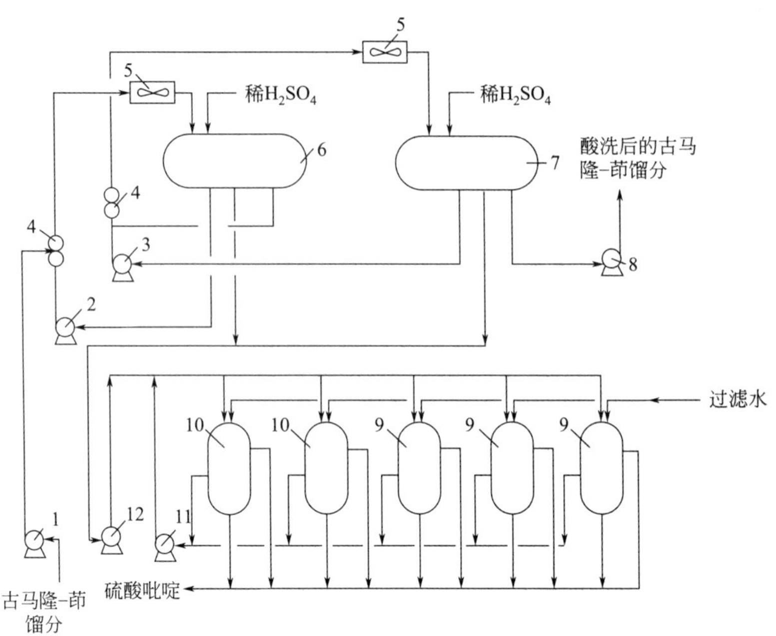

图 4-30 古马隆 - 茚馏分酸洗工艺流程

1—酸洗原料泵；2—酸洗泵 A；3—酸洗泵 B；4—喷射混合器；5—管道混合器；6—第一酸洗槽；7—第二酸洗槽；8—酸洗后的古马隆 - 茚馏分输送泵；9—废酸稀释槽 A、B、C；10—废酸分离槽 A、B；11—废酸排除泵；12—废酸泵

4.5.5.3 脱色

中和后的原料馏分中含有酸焦油杂质，影响树脂颜色。采用精馏塔进行减压精馏，在塔底脱掉有色杂质。塔顶温度为 110℃，压力为 17.3kPa；塔底温度为 158℃，压力为 26.6kPa。

4.5.5.4 连续聚合

将古马隆 - 茚馏分与催化剂连续通过聚合管，在流动状态下充分混合，发生聚合反应。在聚合过程中保证聚合热有效移出，维持恒定聚合温度。

聚合催化剂为三氟化硼乙醚配合物，反应温度为 100℃ ±5℃。1、2 和 3 段聚合管内的流速分别为 0.5m/s、0.1m/s 和 0.06m/s。由于催化剂腐蚀性强，设备和管道均需用高镍合金钢制造。

4.5.5.5 聚合油水洗

水洗目的是除去聚合油中残留的催化剂。如不除去，经过一段时间放置，不仅树脂颜色恶化，而且腐蚀设备和管道。

4.5.5.6 闪蒸

经水洗后的净聚合油，除了树脂还含有中性油，要进行闪蒸浓缩。闪蒸必须在低温下进行，因聚合油中还残留一定量的不饱和化合物，经高温氧化会引起树脂颜色变化，降低产品质量。闪蒸用两个减压薄膜蒸发器。

4.5.5.7 含氟废水处理

古马隆 - 茚树脂生产使用三氟化硼乙醚配合物催化剂，在聚合和水洗之后，油水分离槽分出的水中含有氟离子，此排水需进行处理。

含氟废水加入石灰乳 [$Ca(OH)_2$] 和氯化钙（$CaCl_2$）发生化学反应，生成 CaF_2。反应温度为 150℃，通入蒸汽，维持压力为 392 ～ 539kPa，反应时间为 30 ～ 40min。

4.5.6 粗苯催化加氢精制

早在 20 世纪 50 年代初，轻苯加氢精制工艺就已得到采用，目前在国内外已广泛应用。由于粗苯的酸洗精制产生再生酸和酸焦油等污染物，目前尚无更好的方法进行处理，且酸洗法得到的苯类产品难以彻底脱出其中的微量杂质，产品质量只能达到溶剂级。同时，因酸焦油分离时会夹带苯产品而影响收率。因此，目前国内焦化厂的粗苯加工是采用加氢精制技术，其具有苯类产品收率高，含硫、氮杂质低等优势，可以实现与石油苯相同的质量水平。因此，将原料 BTX 混合馏分进行催化加氢，然后对加氢油进行精制得到纯苯等产品，是目前焦化厂的重要技术路线。

轻苯加氢工艺有多种，按反应温度区分有高温加氢（600 ～ 630℃）、中温加氢（480 ～ 550℃）以及低温加氢（350 ～ 380℃）。日本、美国采用高温加氢，即莱托（Litol）法；德国等采用低温加氢的鲁奇工艺。中国的中温加氢工艺和宝钢引进的高温莱托法基本相同。

轻苯加氢精制的三种主要方法如下。

（1）莱托法　该法属于粗苯高温加氢工艺。采用钴钼催化剂进行预加氢处理，采用三氧化二铬系催化剂进行高温加氢。加氢反应温度为 600 ～ 650℃，压力为 6.0MPa。由于苯的同系物加氢脱烷基转化为苯，苯的收率可高达 114% 以上，可得到合成用苯，结晶点 5.5℃，纯度 99.9%。

（2）鲁奇法　该法属于粗苯低温加氢工艺。采用钴 - 钼催化剂，反应温度为 360 ～ 380℃，压力 4 ～ 5MPa，以焦炉煤气或纯氢为氢源，进行气相加氢。加氢油通过精馏系统进行分离，得到苯、甲苯、二甲苯和溶剂油。产品收率可达 97% ～ 99%。

（3）克虏伯 - 考伯斯（Krupp-Koppers，K-K）法　采用钴钼催化剂，反应温度为 200 ～ 400℃，压力 5.0MPa，可用焦炉煤气为氢源。苯的精制收率为 97% ～ 98%。通过萃取蒸馏制取纯苯。

4.5.6.1 莱托法加氢精制

（1）化学反应　轻苯在反应器中，主要反应是加氢脱硫和加氢脱烷基；副反应是饱和烃加氢裂解、不饱和烃加氢和脱氢、环烷烃脱氢和生成联苯等。

① 脱硫。莱托法催化加氢，可使噻吩脱至（0.3±0.2）mg/kg 的苯类产品，所以此法不需要预先脱除原料中的硫分。

$$C_4H_4S + 4H_2 \longrightarrow C_4H_{10} + H_2S$$

$$CS_2+4H_2 \longrightarrow CH_4+2H_2S$$

$$C_4H_9SH+H_2 \longrightarrow C_4H_{10}+H_2S$$

$$C_2H_5SC_2H_5+2H_2 \longrightarrow 2C_2H_6+H_2S$$

加氢脱硫反应主要在第一反应器中进行。

② 脱烷基。莱托加氢催化剂有加氢脱烷基功能，可将烷基苯转化为苯。具体反应例如下：

$$C_6H_5R+H_2 \longrightarrow C_6H_6+RH$$

$$C_6H_5CH_3+H_2 \longrightarrow C_6H_6+CH_4$$

③ 饱和烃加氢裂解。加氢裂解反应，是第一反应器的主要反应。未反应的非芳烃类在第二反应器中完成。轻苯中非芳烃化合物几乎全部被裂解分离出去。

$$C_7H_{16}+H_2 \longrightarrow C_3H_8+C_4H_{10}$$

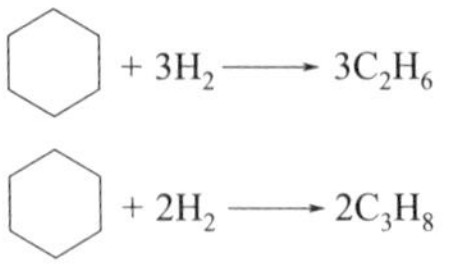

$$+ 3H_2 \longrightarrow 3C_2H_6$$

$$+ 2H_2 \longrightarrow 2C_3H_8$$

④ 不饱和烃脱氢和加氢。

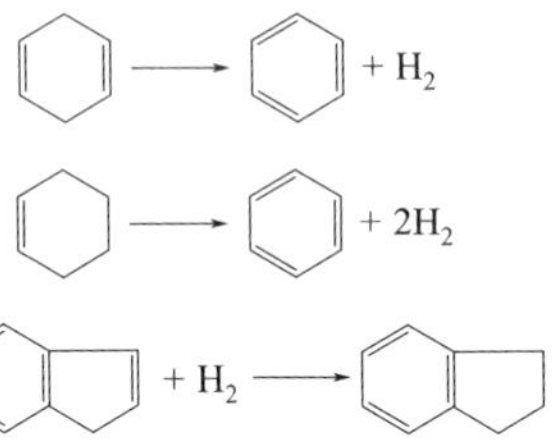

$$\longrightarrow \quad + H_2$$

$$\longrightarrow \quad + 2H_2$$

$$+ H_2 \longrightarrow$$

⑤ 环烷烃脱氢。

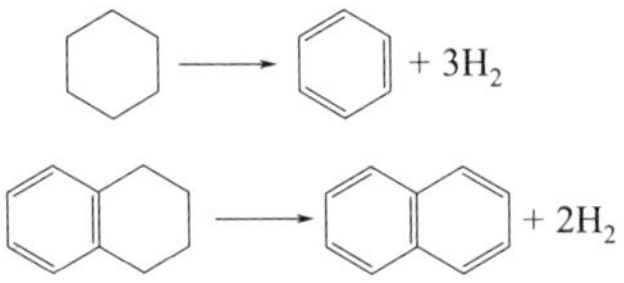

$$\longrightarrow \quad + 3H_2$$

$$\longrightarrow \quad + 2H_2$$

⑥ 苯加氢及联苯生成。

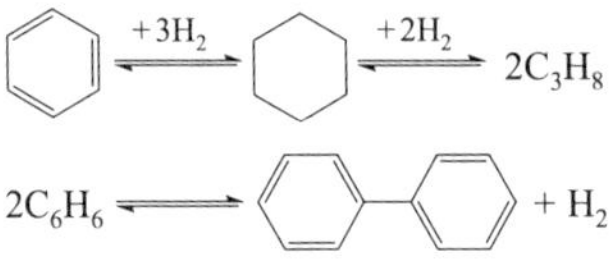

$$\underset{}{\overset{+3H_2}{\rightleftharpoons}} \quad \overset{+2H_2}{\rightleftharpoons} 2C_3H_8$$

$$2C_6H_6 \rightleftharpoons \quad + H_2$$

⑦ 脱氮或脱氧。

$$+ 5H_2 \longrightarrow C_5H_{12} + NH_3$$

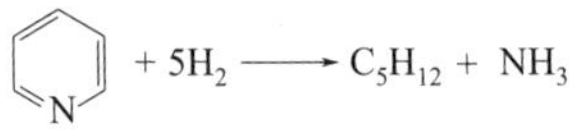

（2）工艺流程　粗苯加氢精制包含预蒸馏得轻苯、轻苯莱托法加氢、苯精制和制氢系统。加氢精制工艺流程见图 4-31。宝钢一期工程的粗苯加氢精制既是如此。

① 粗苯预蒸馏。粗苯加氢原料为轻苯、粗苯和焦油的轻油混合馏分，在两苯塔进行预蒸馏，将有利制苯物质集中于轻苯中。古马隆、茚等高分子化合物控制在重苯中，在预蒸馏过程中控制不饱和化合物的热聚合程度小些，以防堵塞。故预蒸馏采用负压操作，在轻苯蒸发预热器进口处加入阻聚剂 20 ～ 50mg/kg，阻止聚合物生成。预蒸馏的两苯塔为 20 层大孔筛板塔，由不锈钢板冲压制成。再沸器为竖型列管降膜式，有一台备用，强制循环加热。

② 轻苯的蒸发汽化。轻苯经蒸汽预热至 120 ～ 150℃后，用高压泵送入蒸发器。蒸发器为钢制中空圆筒形设备，内部装有 1/3 液体，底部装有氢气喷射器，向上开口，使循环氢气喷入液体中。循环含氢气体由加热炉加热至 470℃左右，进入蒸发器内喷出，与轻苯混合并使其汽化。这样，轻苯在氢气保护下被直接加热，可以抑制轻苯中易聚合物的热聚合，此为本法的关键。

循环气体进入蒸发器，供给轻苯潜热和显热，使轻苯蒸发，同时，也起到降低烃类分压、降低蒸发温度的作用。循环气体中氢含量为 65% ～ 68%，经压缩至 6.0MPa，预热至 150℃，分两路：一路作为冷循环气体入蒸发器出口油气管道；另一路入循环气体加热炉，然后部分入蒸发器底部，其余部分也加入蒸发器后的管道。

③ 轻苯加氢。加氢过程分成两步完成，先进行预加氢，再完成莱托法加氢。

预加氢过程反应器温度为 230 ～ 250℃，压力为 5723 ～ 5743kPa，经 Co-Mo 系催化剂完成预加氢反应，使含有 2% 左右的苯乙烯加氢成为乙苯。这样转化了热稳定性差的苯乙烯，消除了因热聚合形成的聚合物，防止堵塞和结焦，以利于后续主加氢的操作。

将预加氢的油气送入加热炉加热至 610℃，压力为 5566.4kPa，然后再送入第一加氢反应器顶部，并由底部排出。由于加氢反应放热，油气温度升高约 17℃，用冷氢进行急冷，温度降至 620℃，接着又进入第二加氢反应器。这样，轻苯在铬系催化剂（Cr_2O_3-Al_2O_3）作用下完成加氢反应。由第二反应器排出的加氢油气，温度为 630℃、压力为 5507.6kPa。

④ 加氢反应器。加氢反应器是莱托加氢的核心设备，其第一加氢反应器结构见图 4-32，是固定床式绝热反应器。第一加氢反应器和第二加氢反应器相似，但由于进入第二加氢反应器的油气不含有大量的易结焦性物质，因此第二加氢反应器顶部的催化剂层没有设置油气分布筛。

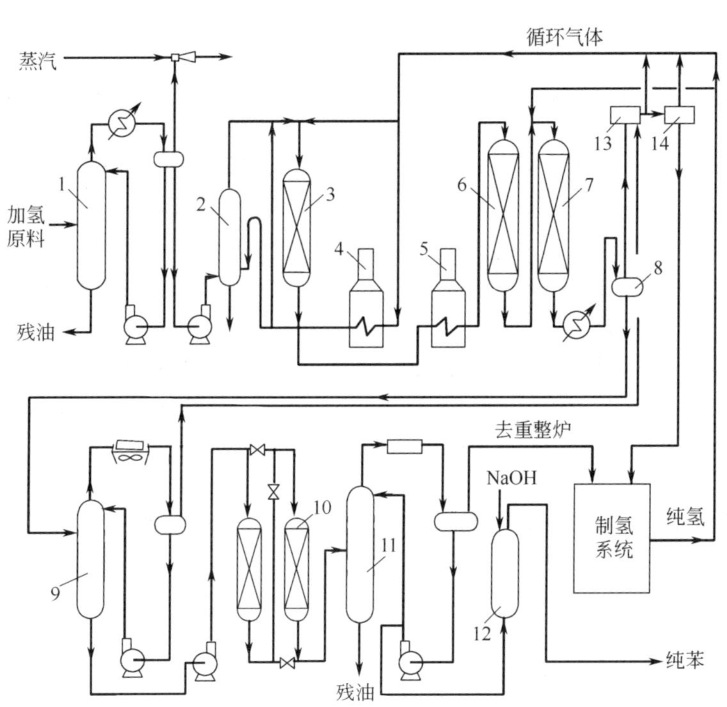

图 4-31 轻苯加氢精制工艺流程

1—两苯塔；2—蒸发器；3—预反应器；4—循环气体加热炉；5—加氢原料用管式炉；6—第一加氢反应器；7—第二加氢反应器；8—高压闪蒸器；9—稳定塔；10—白土塔；11—苯塔；12—碱处理槽；13—H_2S 脱除系统；14—氢精制系统

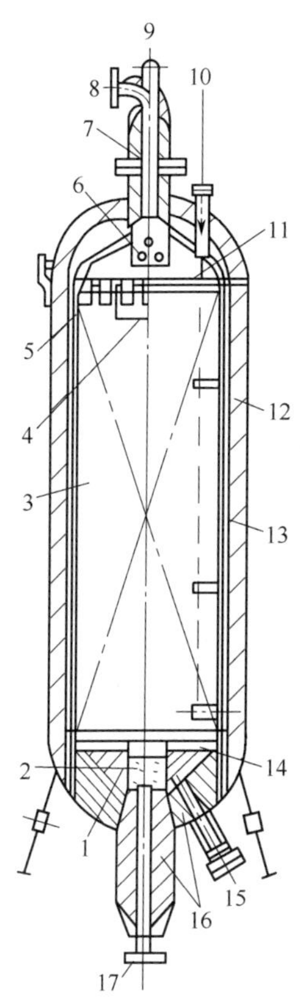

图 4-32 第一莱托加氢反应器

1,11,14—氧化铝球；2—油气排出拦筐；3—催化剂；4—沉箱；5—油气分布筛；6—缓冲器；7,12,16—隔热层；8—油气入口；9—人孔；10—热电偶插孔；13—内衬板；15—催化剂排出口；17—油气出口

⑤ 加氢产物的精制。加氢油经过精制过程才能得到纯苯产品。精制工艺流程中主要设备为稳定塔、白土塔和苯塔，见图 4-31。

稳定塔的作用是将加氢油中溶解的氢、小于 C_4 的烃以及部分硫化氢等比苯轻的组分，由塔顶分馏出去。稳定塔进料油温为 120℃，塔顶压力为 793.8kPa。

白土塔的作用是脱除来自稳定塔底加氢油中微量的不饱和化合物。塔内填以 Al_2O_3 和 SiO_2 为主的活性白土，真密度 2.4g/cm^3；比表面积 200m^2/g，孔隙体积 280cm^3/g；操作压力 1460.2kPa，温度 180℃。由于白土在 180℃左右进行吸附，一些不饱和化合物成为黑色聚合物。当活性下降时，可用蒸汽吹扫实现再生。

苯塔进料为来自白土塔的加氢油，进料温度为 104℃，塔顶压力为 41.2kPa，塔顶温度为 92 ～ 95℃，塔顶产物

冷凝后可得 99.9% 的纯苯；塔底温度为 144 ～ 147℃。苯塔是筛板塔，塔顶产品中含有微量的硫化氢等，可用 30% 的氢氧化钠溶液洗涤除去。

（3）制氢　制氢原料气为来自加氢反应器后的含氢气体，除 H_2 外还含有 CH_4 和 H_2S 等。CH_4 是过程产物，它是本加氢方法氢的来源。采用蒸汽催化重整工艺，使 CH_4 转化为 H_2 和 CO；生成的 CO 与蒸汽变换反应得 H_2，化学反应如下。

脱硫反应：

$$H_2S+ZnO \longrightarrow ZnS+H_2O$$

甲烷重整反应：

$$CH_4+H_2O \rightleftharpoons CO+3H_2$$

$$CH_4+2H_2O \rightleftharpoons CO_2+4H_2$$

CO 变换反应：

$$CO+H_2O \rightleftharpoons CO_2+H_2$$

制氢系统含 H_2S 脱除、苯类物质甲苯洗涤、CH_4 重整、CO 变换及氢精制等过程。

① 脱除 H_2S。莱托加氢脱硫反应是使轻苯中硫化物转化为 H_2S 并进入气体中。为防止其在循环气体中积聚和起腐蚀作用，需要脱除。一般采用化学吸收法，吸收剂为 13% ～ 15% 单乙醇胺（MEA）水溶液。吸收塔底压力为 5076.4kPa、温度 55℃左右，塔顶气体中含 H_2S 约 4mg/kg。脱硫后气体约 90% 在补充部分纯度为 99.9% 氢气后，返回加氢系统循环利用；脱硫后的另一部分约 10% 的气体用作制氢原料，首先送去甲苯洗净塔。

② 脱苯类。脱硫后的制氢原料中含有约 10% 的苯类，因此采用甲苯洗涤的吸收方式脱除，否则会在高温重整炉的炉管内结焦。洗后气体中含芳烃浓度小于 1000mg/m³。

③ 重整。脱苯后的原料气中含有 CH_4，在重整炉内与蒸汽进行反应。工艺流程见图 4-33。

原料气先在重整炉对流段加热到 380℃，压力为 2136.4kPa，在脱硫反应器内用 ZnO 脱去残余的 H_2S，以防重整催化剂中毒。

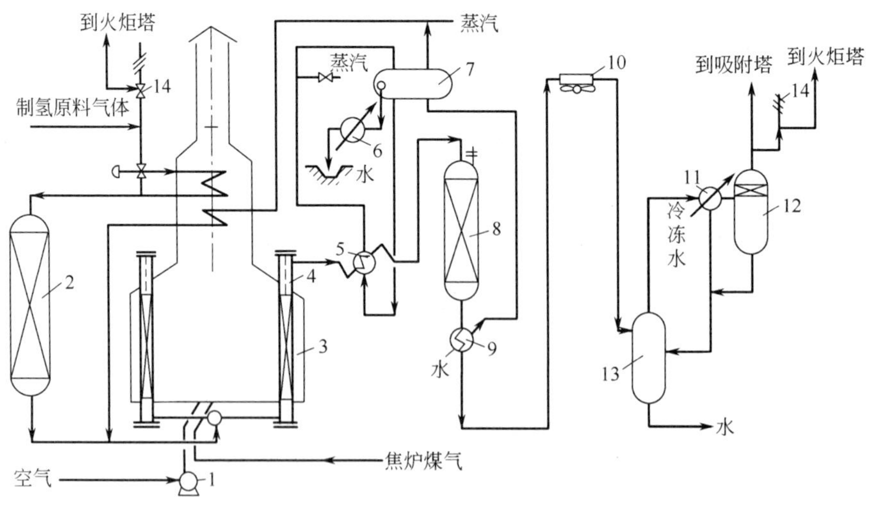

图 4-33　重整、变换工艺流程

1—重整空气鼓风机；2—脱硫反应器；3—重整炉；4—装有催化剂的反应管；5—蒸汽发生器；6—排水冷却器；7—汽包；8—CO 变换反应器；9—反应气体凝缩器；10—反应气体空冷器；11—辅助冷却器；12—气体分液槽；13—凝结水槽；14—安全阀

脱硫后的气体与 2352kPa 的过热蒸汽混合，混合后气体温度 400℃、压力 2126.6kPa，该混合气进入重整炉辐射段炉管，炉管中装有镍系催化剂。由下向上流动，完成重整反应。出炉管后的重整气体温度 790 ～ 800℃、压力 2107kPa，通过热量回收，生产 2646kPa 的蒸汽，减压入重整炉过热，作为重整介质。

④ CO 变换。重整气回收热量后，温度降到 360℃，进入 CO 变换反应器，见图 4-33。在 Fe-Cr 系催化剂作用下发生变换反应，生成 H_2 和 CO_2。变换后气体温度为 380 ～ 390℃，经换热降至 190℃左右，再冷至 60℃，分出水后去变压吸附装置。

⑤ 变压吸附制纯氢。变换后气体中尚含有 CO_2、CO、CH_4 及 H_2O 等，为了得到纯氢，在变压吸附装置中，用 Al_2O_3 吸附水，用活性炭吸附 CO_2，用 Al_2O_3 分子筛吸附 CO 和 CH_4 等，最后得到纯度为 99.9% 的氢气。

4.5.6.2　K-K 加氢工艺

K-K 加氢工艺是由德国 BASF/VEBA 公司开发的工艺，后由克虏伯 - 考伯斯（简称 KK）改进的焦化粗苯加氢工艺。该方法属于低温气相加氢，主要由加氢精制和加氢油萃取精馏两个单元组成，萃取工艺采用 *N*- 甲基吗啉实现芳烃与非芳烃的分离。

粗苯经加压后与少部分循环氢气混合一同进入多段连续蒸发器底部喷嘴，由此可抑制苯中高沸点物质在换热器及重沸器表面的聚合结焦，在预反应器 190 ～ 240℃条件下，通过 Ni-Mo 催化剂的催化作用，将其中容易聚合的双烯烃、苯乙烯、二硫化碳等加氢转化为单烯烃。

经预反应器脱除烯烃及硫化物后的产物直接送入主反应器，然后预反应器来的原料苯在加氢温度 300 ～ 380℃和压力 3.0 ～ 4.0MPa 条件下，通过 Co-Mo 催化进行气相加氢；使单烯烃发生饱和反应，生成相应的饱和烷烃。其中的噻吩、氮化物及氧化物等杂质通过加氢转化成烃类、硫化氢、水及氨，同时抑制了芳烃转化，故芳烃损失率应小于 0.5%。反应产物与预蒸发器换热而降温，再经分离后，液相组分送稳定塔脱除 H_2S、NH_3 等气体，塔底得到加氢油，其中噻吩含量小于 0.5mg/kg。在加氢过程产生的 H_2S 及其他气相产物，从稳定塔顶排出。加氢油经 *N*- 甲基吗啉萃取蒸馏，把非芳烃分离出去。再经连续精馏，可以得到苯、甲苯及混合二甲苯产品。同时，在二甲苯中非芳烃质量分数小于 2.5%。具体工艺流程示意见图 4-34。

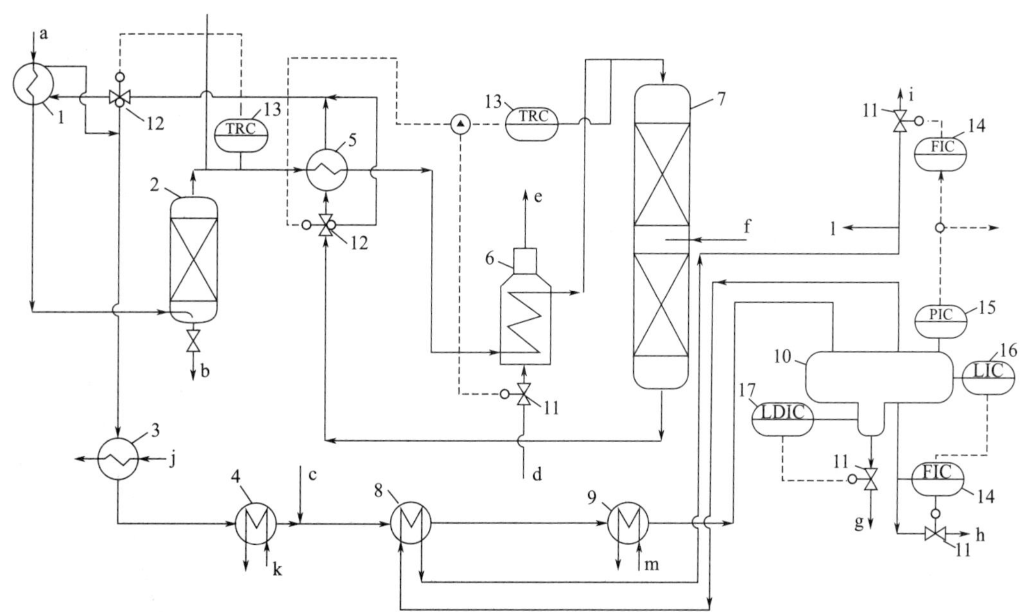

图 4-34　K-K 法粗苯催化加氢精制工艺流程

1—油气加热器；2—预反应器；3—循环气体换热器；4—预蒸发器；5—预反应生成物换热器；6—主反应加热炉；7—主反应器；8—排气加热器；9—主反应生成物冷却器；10—分离器；11—调节阀；12—三通调节阀；13—温度记录调节；14—流量指示调节；15—压力指示调节；16—液面指示调节；17—界面指示调节；

a—多段蒸发器来的油气；b—高沸点液体；c—注水；d—焦炉煤气；e—烟气；f—补充氢气；g—分离水；h—粗加氢油；i—放散气体；j—去循环气体换热器的循环气体；k—粗苯；l—到压缩机入口的循环气体；m—冷却水

K-K 粗苯精制工艺主要操作指标见表 4-14。

表4-14 K-K粗苯精制工艺主要操作指标

名称	指标	名称	指标
入预反应器温度/℃	180～230	分离器温度/℃	35～50
出预反应器温度/℃	195～245	分离器压力/MPa	2.4~2.9
预反应器压力/MPa	3～4	补充氢压力/MPa	3.5
主反应器温度/℃	280～355	循环气体压力/MPa	3.5
主反应器压力/MPa	3～4		

注：预反应器和主反应器的温度随催化剂的活性变化而改变。

由此可见，K-K 法对加氢油是进行分步逐级蒸馏制取纯苯、甲苯、二甲苯、非芳烃、C_9 馏分等多种产品。用稳定塔脱除硫化氢和少量非芳烃，残油塔去除重苯，然后将加氢油蒸馏分离成苯和甲苯馏分，以及重组分二甲苯和三甲苯馏分，苯和甲苯馏分用甲酰吗啉进行萃取蒸馏得到非芳烃，再用苯塔精馏可以制备纯苯和甲苯，二甲苯和三甲苯的重组分馏分精馏得到二甲苯和 C_9 馏分。

4.6 煤焦油蒸馏

炼焦生产的高温煤焦油密度较高，其值为 1.160 ～ 1.220g/cm³，主要由多环芳香族化合物所组成，烷基芳烃含量较少，高沸点组分较多，热稳定性好。

低温干馏焦油和快速热解焦油所用的原料煤、干馏条件以及所得的焦油产率和性质都与高温焦油有很大差别。

各种焦油馏分组成见表 4-15。沸点高于 360℃的馏分在高温焦油中含量高；沸点低于 170℃的馏分在低温焦油中含量高，而在高温焦油中含量很低。低温焦油中酚含量高，而高温焦油中酚含量低。因此，对焦油的加工主要依据其组成和性质。

表4-15 各种焦油馏分组成

项目	低温焦油				坎阿褐煤快速热解焦油	高温焦油
	乌克兰褐煤	莫斯科褐煤	长焰煤	气 煤		
密度/（g/cm³）	0.900	0.970	1.066	1.065	1.080	1.190
馏分产率/%						
<170℃	5.5	12.3	9.4	9.2	11.0	0.5
170～230℃	13.2	15.7	7.6	7.2	17.0	13.5
230～300℃	17.5	19.8	31.7	29.9	27.0	10.0
300～360℃	41.8	25.3	21.2	21.8	10.0	18.0
>360℃	22.0	26.9	30.9	31.7	23.0	58.0
酚含量/%	12.3	12.6	39.4	28.3	26.0	2.0

因高温焦油与低温焦油性质差别较大，但其加工方式具有相似之处。本节主要讨论高温焦油，以下简称为焦油。

4.6.1 焦油组成及主要产品用途

焦油中主要中性组分见表 4-16。除萘含量较高，达到 10% 左右之外，每个组分相对含量都较低，但由于焦油数量较大，各组分的绝对数量不小。因此，煤焦油深加工分离高附加值产品具有实际价值。

表4-16 焦油中的主要中性组分

组分	沸点（101kPa）/℃	熔点/℃	焦油中含量/%		
			中国	苏联阿夫捷夫厂	德国
萘 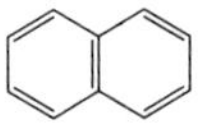	218	80.3	8～12	11.50	10.0
1-甲基萘 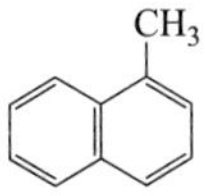	244.7	−30.5	0.8～1.2	0.62	0.5
2-甲基萘 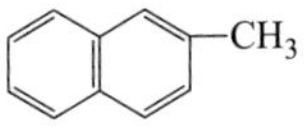	241.1	34.7	1.0～1.8	1.24	1.5
苊 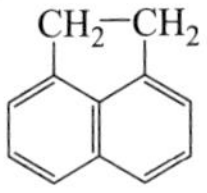	277.5	95.0	1.2～1.8	1.62	2.0
芴 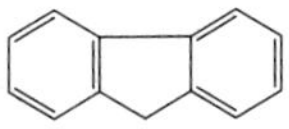	297.9	114.2	1.0～2.0	1.65	2.0
氧芴 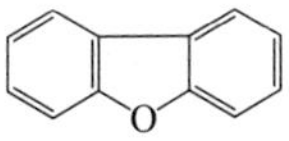	286.0	81.6	0.6～0.8	1.25	1.0
蒽 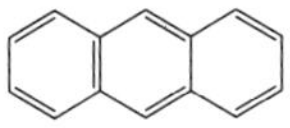	342.3	216.0	1.2～1.8	1.24	1.8
菲 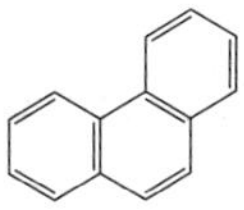	340.1	99.1	4.5～5.0	4.25	5.0
咔唑 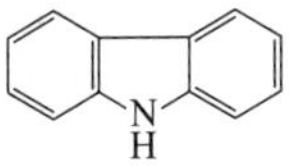	353.0	246.0	1.2～1.9	1.40	1.5
荧蒽 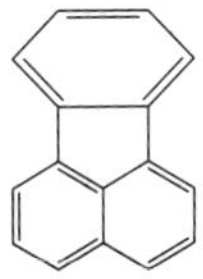	383.5	109.0	1.8～2.5	2.30	3.3
芘 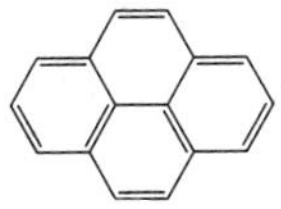	393.5	150.0	1.2～1.8	1.85	2.1
䓛 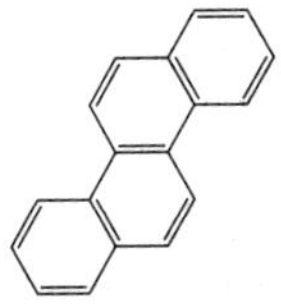	448.0	254.0	0.65	0.42	2.0

焦油各组分的性质有差别，但性质相近组分较多，需要先采用蒸馏方法切取各种馏分，使酚、萘、蒽等需要提取的单组分产品浓缩集中到相应的馏分中，再进一步利用物理和化学方法进行分离。

4.6.1.1 焦油馏分

焦油馏分的沸程范围很宽，为提取其中需要的产品，需要按馏分沸程切取范围小的馏分，以利于后续进一步深加工。焦油连续蒸馏切取的馏分一般有下述几种。

（1）轻油馏分 170℃前的馏分，产率为0.4%～0.8%，密度为0.88～0.90g/cm³。主要含有苯族烃，酚含量小于5%。

（2）酚油馏分 170～210℃的馏分，产率为2.0%～2.5%，密度为0.98～1.01g/cm³。含有酚和甲酚20%～30%，萘5%～20%，吡啶碱4%～6%，其余为酚油。

（3）萘油馏分 210～230℃的馏分，产率为10%～13%，密度为1.01～1.04g/cm³。主要含有萘70%～80%，酚、甲酚和二甲酚4%～6%，重吡啶碱3%～4%，其余为萘油。

（4）洗油馏分 230～300℃的馏分，产率为4.5%～7.0%，密度为1.04～1.06g/cm³。含有甲酚、二甲酚及高沸点酚类3%～5%，重吡啶碱类4%～5%，萘含量低于15%，还含有甲基萘及少量苊、芴、氧芴等，其余为洗油。

（5）一蒽油馏分 280～360℃的馏分，产率为16%～22%，密度为1.05～1.13g/cm³。含有蒽16%～20%，萘2%～4%，高沸点酚类1%～3%，重吡啶碱2%～4%，其余含有喹啉类化合物等。

（6）二蒽油馏分 初馏点为310℃，馏出50%时为400℃，产率为4%～8%，密度为1.08～1.18g/cm³，含萘不大于3%。

（7）沥青 为焦油蒸馏残液，产率为50%～56%。

4.6.1.2 主要产品及其用途

针对焦油切取的各馏分段可以进一步加工分离制取多种化学产品，目前焦化厂提取如下主要产品。

（1）萘 萘为无色晶体，易升华，不溶于水，易溶于醇、醚、三氯甲烷和二硫化碳，是焦油加工的重要产品。国内生产的工业萘多用来制取邻苯二甲酸酐，供生产树脂、工程塑料、染料、油漆及医药等用。萘也可以用于生产农药、炸药、植物生长激素、橡胶及塑料的防老剂等。

（2）酚及其同系物 酚为无色结晶，可溶于水，能溶于乙醇。酚可用于生产合成纤维、工程塑料、农药、医药、染料中间体及炸药等。甲酚可用于生产合成树脂、增塑剂、防腐剂、炸药、医药及香料等。

（3）蒽 蒽为无色片状结晶，有蓝色荧光，不溶于水，能溶于醇、醚、四氯化碳和二硫化碳。目前，蒽主要用于制蒽醌染料，还可以用于制合成鞣剂及油漆。

（4）菲 菲是蒽的同分异构物，在焦油中含量仅次于萘的含量。它有不少用途，由于其产量较大，还有待进一步开发利用。

（5）咔唑 又名9-氮杂芴，为无色小鳞片状晶体，不溶于水，微溶于乙醇、乙醚、热苯及二硫化碳等。咔唑是染料、塑料、农药的重要原料。

（6）沥青 是焦油蒸馏的高沸点残液，为多种多环高分子化合物的混合物。根据生产条件不同，沥青软化点可介于70～150℃之间。目前，中国生产的电极沥青和中温沥青的软化点为75～90℃。沥青有多种用途，可用于制造屋顶涂料、防潮层和筑路、沥青焦、电炉及电池电极等。

（7）各种油类　各馏分在提取出有关的单组分产品之后，即得到各种油类产品。其中，洗油馏分经脱二甲酚及喹啉碱类之后得到洗油，主要用作回收粗苯的吸收溶剂。脱除粗蒽结晶的一蒽油是配制防腐油的主要成分。部分油类还可作柴油机的燃料。

上述仅为焦油产品的部分用途，可见综合利用焦油具有重要意义。目前，国内高温煤焦油年产量约有 2.4×10^{7}t，其中 70% 以上进行加工精制，其余大部分作为高热值低硫的喷吹燃料。世界焦油精制技术先进的厂家，已从焦油中提取了 230 多种产品，并向集中加工大型化方向发展。

近年来，由于电炉冶炼、制铝等电极材料，以及碳纤维材料等需求增大，促进了沥青重整改质等相关新技术的发展。

4.6.2 焦油蒸馏前的准备

焦油蒸馏前的准备包括均匀化、脱水及脱盐等工艺过程。

焦油在蒸馏前含有乳化的水，其中含有盐，例如氯化铵。焦油能与盐和酸及固体颗粒形成复合物，以极小的粒子分散在焦油中，形成较稳定的乳浊液。这种焦油在加热时，含有的小水滴不能立即蒸发，处于过热状态，会造成突沸冲油现象。故焦油在加热蒸馏之前需要脱水。充分脱盐，有利于降低沥青中灰分含量，提高沥青制品质量，同时也减少设备腐蚀。有的脱盐采用煤气冷凝水洗涤焦油的办法，进入焦油加工车间的原料焦油含水应不大于 4%，含灰低于 0.1%。

焦油中含水和盐，其中固定铵盐（例如氯化铵）在蒸发脱水后仍留在焦油中，当加热到 220 ～ 250℃，固定铵盐分解成游离酸和氨：

$$NH_4Cl \xrightarrow{220\sim250\,^\circ\mathrm{C}} HCl + NH_3$$

产生的游离酸会严重腐蚀设备和管道。生产上采取的脱盐措施是加入 8% ～ 12% 碳酸钠溶液，使焦油中固定铵含量小于 0.01g/kg。

4.6.3 焦油蒸馏工艺流程

用蒸馏方法分离焦油，可采用分段蒸发流程和一次蒸发流程，见图 4-35。

分段蒸发流程是将产生的蒸气分段分离出来，一次蒸发流程是将焦油加热到指定的温度，并达到气液相平衡，一次将组分以蒸气形式蒸出的过程。

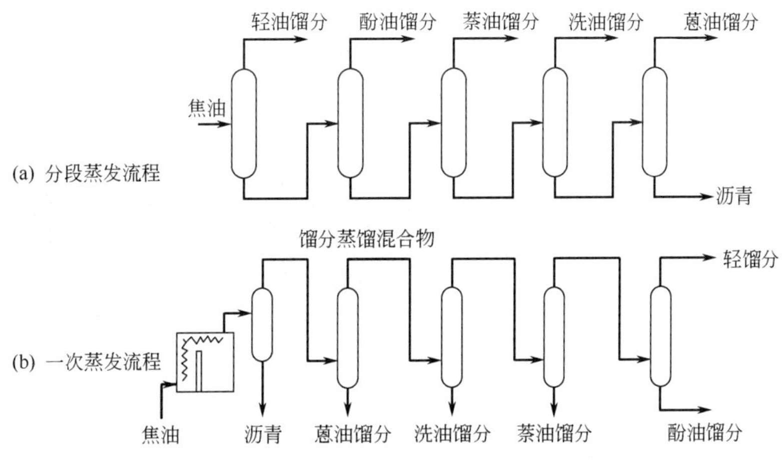

图 4-35　焦油蒸馏分离方案

4.6.3.1 一次蒸发流程

由图 4-35（b）可以看出，焦油在管式加热炉加热至气液相平衡温度，液相为沥青，其余馏分进入气相，在蒸发器底沥青分出，其余沸点较低的馏分依次在各塔顶分出。沥青中残留低沸点物不多。蒸发器温度由管式炉辐射段出口温度决定，此温度决定馏分油和沥青的产率及质量，目前生产控制在 390℃左右。

焦油馏分产率与一次蒸发温度呈线性增加的关系，见图 4-36。沥青软化点与焦油加热温度（管式炉辐射段出口温度）是接近线性增加的关系，见图 4-37。

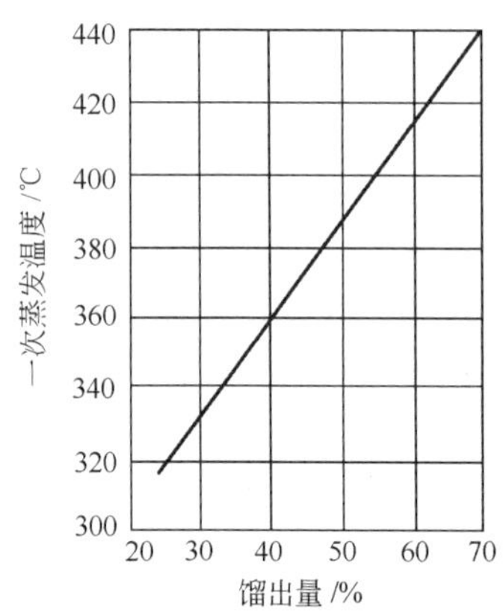

图 4-36 焦油馏分产率与一次蒸发温度的关系

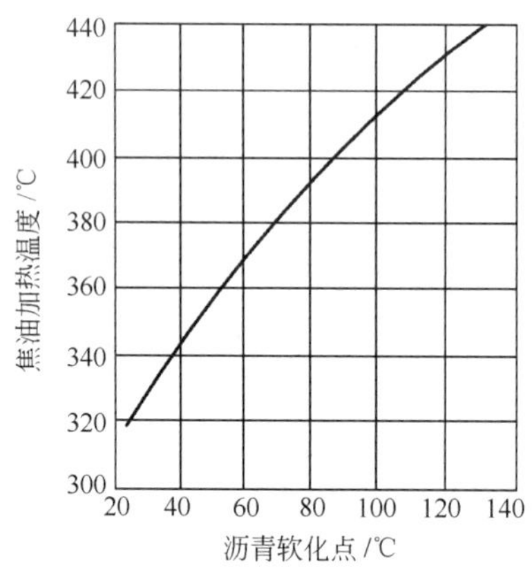

图 4-37 沥青软化点与焦油加热温度的关系

（1）一塔流程　图 4-38 是一塔式焦油脱水和蒸馏的工艺流程。

焦油在管式炉对流段加热到 125 ～ 140℃去一段蒸发器，在此焦油中大部分水和轻油蒸发出来，混合蒸气由器顶排出来，温度为 105 ～ 110℃，经冷凝冷却后进行油水分离，得到轻油。无水焦油从器底去无水焦油槽。在焦油送去加热脱水过程的抽出泵前加入碱液，实现脱水的同时进行脱盐。

无水焦油用泵送到管式炉辐射段，加热到 390 ～ 405℃，再进入二段蒸发器进行一次蒸发，分出各馏分的混合蒸气及沥青，沥青由器底去沥青槽。

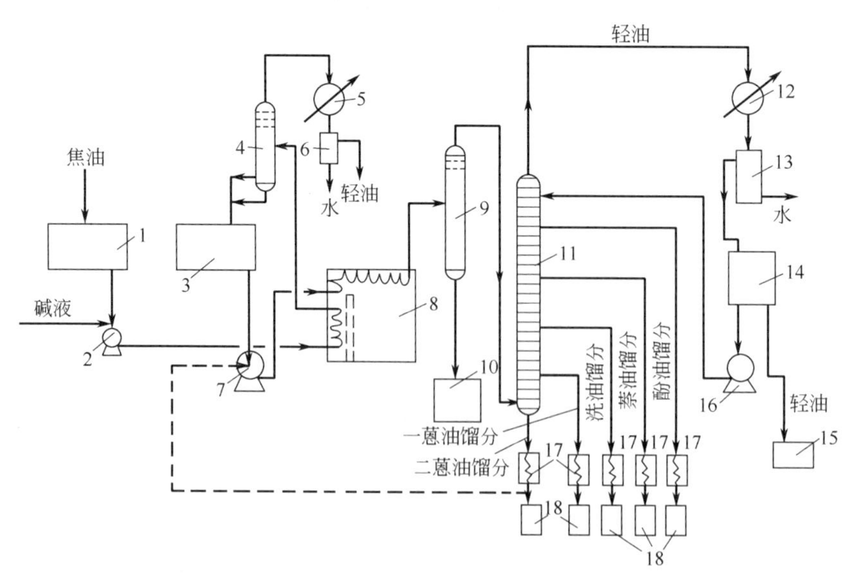

图 4-38 一塔式焦油脱水和蒸馏工艺流程

1—焦油槽；2,7,16—泵；3—无水焦油槽；4—一段蒸发器；5,12—冷凝器；6,13—油水分离器；8—管式加热炉；9—二段蒸发器；10—沥青槽；11—馏分塔；14—中间槽；15,18—产品中间槽；17—冷却器各馏分混合蒸气温度为 370 ～ 375℃，去馏分塔自下数第 3 ～ 5 层塔板进料。塔底排出二蒽油馏分，第 9、11 层塔板侧线切取一蒽油馏分，在第 15、17 层塔板侧线切取洗油馏分，在第 19、21、23 层塔板侧线切取萘油馏分，在第 27、29、31、33 层塔板侧线切取酚油馏分。这些馏分经各自的冷却器冷却，进入各自的中间槽。侧线引出的塔板数可根据馏分组成加以调节。

馏分塔顶出来的轻油和水的混合物经冷凝冷却、油水分离，轻油入中间槽，部分回流，剩余部分作为中间产品送去粗苯精制车间加工。

蒸馏用的直接蒸汽，经管式炉加热至 450℃，分别送入各塔塔底。

宝钢是一塔式流程，采用减压蒸馏，脱水焦油与馏分塔底的软沥青换热，再经管式炉辐射段加热到 340℃，入馏分塔。塔顶排出轻油馏分，大部分回流到塔顶。塔的侧线切取萘油馏分，温度约为 160℃，洗油馏分温度约为 210℃，蒽油馏分温度约为 270℃。由于减压操作，馏分塔内温度低于用直接蒸汽蒸馏操作的馏分塔。

（2）两塔流程　两塔流程与一塔流程不同之处是增加了蒽油塔。两塔式焦油蒸馏流程见图 4-39。

二段蒸发器顶的各馏分混合蒸气入蒽油塔自下数第 3 层塔板，塔顶用洗油馏分回流。塔底排出温度为 330 ～ 355℃的二蒽油。自第 11、13、15 层塔板侧线切取温度为 280 ～ 295℃的一蒽油。

蒽油塔顶的油气入馏分塔自下数第 5 层塔板，洗油馏分由塔底排出，温度为 225 ～ 235℃。萘油馏分自第 18、20、22、24 层塔板侧线切取，温度为 198 ～ 200℃。酚油馏分自第 36、38、40 层塔板侧线切取，温度为 160 ～ 170℃。馏分塔顶出来的轻油和水汽经冷凝冷却和分离，轻油部分回流至馏分塔，其余部分为产品。

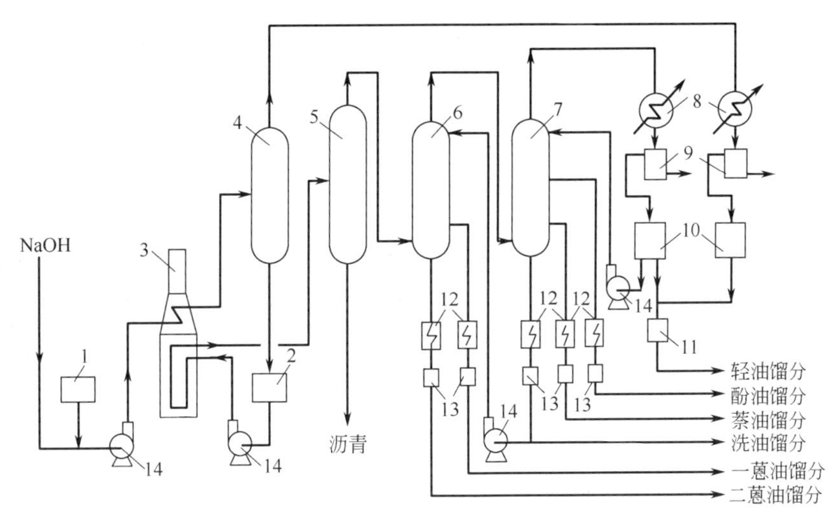

图 4-39　两塔式焦油蒸馏流程

1—焦油槽；2—无水焦油；3—管式加热炉；4——段蒸发器；5—二段蒸发器；6—蒽油塔；7—馏分塔；8—冷凝器；9—油水分离器；10—中间槽；11,13—产品中间槽；12—冷却器；14—泵

4.6.3.2　德国焦油蒸馏流程

德国焦油加工利用业发达，焦油加工产品种类多，技术先进，产品应用范围较广。目前能够从焦油中分离及制备出的产品达 220 多种。德国各焦化厂回收的焦油全部集中在吕特格公司（Rutgers Werke AG）加工，该公司焦油精制加工能力为每年 150×10^4t。

（1）沙巴（Sopar）厂流程　吕特格公司所属沙巴厂采用焦油常减压蒸馏，2 台管式炉，3 台蒸馏塔，焦油年处理能力为 25×10^4t。工艺流程见图 4-40。

焦油加热后首先在脱水塔脱水，塔顶出轻油和水蒸气。塔底的脱水焦油经管式炉加热入酚油塔中部，塔顶出酚油，部分回流，其余部分为产品。酚油塔底由管式炉循环供热。酚油塔中部侧线馏分入萘油塔，萘油塔是提馏塔，塔底出萘油馏分。酚油塔底液去减压塔，塔顶出甲基萘油，上部侧线出洗油，下部两个侧线出一蒽油和二蒽油，塔底产物为沥青。

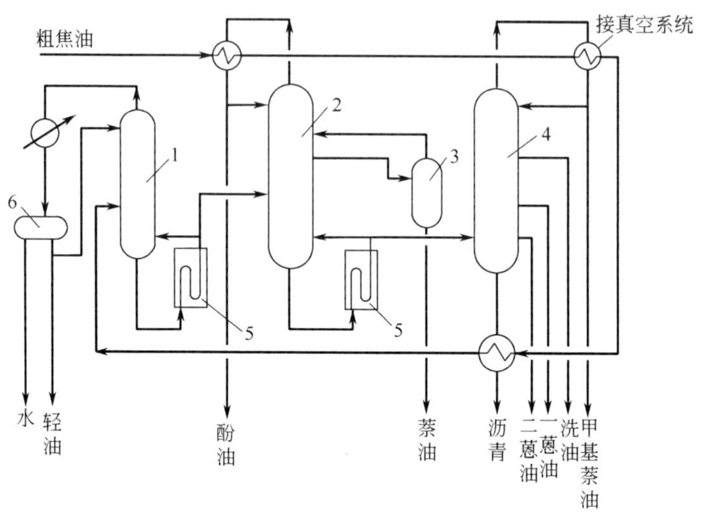

图 4-40　沙巴厂焦油蒸馏流程

1—脱水塔；2—酚油塔；3—萘油塔；4—减压塔；5—管式炉；6—油水分离槽

沙巴厂焦油蒸馏操作数据见表 4-17。

表4-17　沙巴厂焦油蒸馏操作数据

馏分产品	初馏点/℃	馏出温度/℃	馏出量/%	馏分产品	初馏点/℃	馏出温度/℃	馏出量/%
轻油	90	180	90	洗油	255	290	95
酚油	140	206	95	一蒽油	300	390	95
萘油	214	218	95	二蒽油	350	—	—
甲基萘油	288	250	95	沥青（软化点水银法）	65～75	—	—

（2）卡斯特鲁普（Castrop）厂流程　该厂焦油蒸馏工艺流程见图 4-41。

含水 2.5% 的原料焦油先通过换热器，利用脱水塔蒸出水蒸气进行预热，然后再用低压蒸汽加热至 105℃，进入脱水塔顶部，经蒸馏、冷凝分离出轻油和水。塔底脱水焦油部分返到管式炉加热至 105℃实现再沸脱水，部分至脱水焦油槽。脱水焦油经换热、预热，再经蒽油塔底沥青换热至 250℃后，进入常压酚油塔中段。酚油塔下段为浮阀或筛板式，上段为泡罩式。酚油塔的管式炉出口温度 380℃，回流比为 16∶1。

酚油塔有一侧线入萘油辅塔，自辅塔底出萘油。酚油塔底馏分经换热去甲基萘塔，塔顶出甲基萘油，回流比为 17∶1。甲基萘塔顶蒸气冷凝热用于产生低压蒸汽。

自甲基萘塔引一侧线入洗油辅塔，经提馏后自辅塔底得洗油。

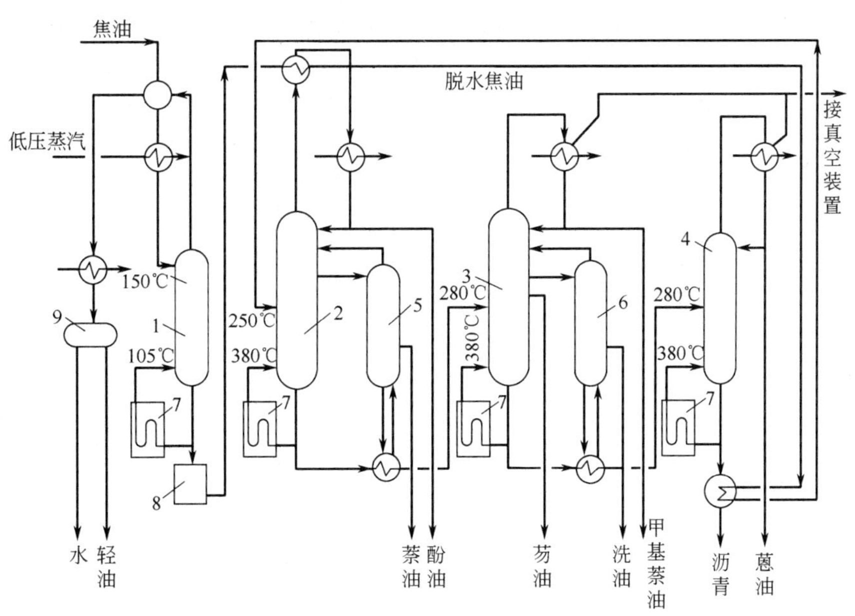

图 4-41 卡斯特鲁普厂焦油蒸馏流程

1—脱水塔；2—酚油塔；3—甲基萘塔；4—蒽油塔；5—萘油辅塔；6—洗油辅塔；7—管式炉；8—脱水焦油槽；9—油水分离器

自甲基萘塔下部的侧线切取芴油。塔底馏分送往蒽油塔，蒽油塔顶出蒽油，底部出沥青。蒽油塔回流比为 1.5∶1。蒽油冷凝热也用来发生蒸汽。

4.6.3.3 法国焦油蒸馏流程

法国 IRH 工程公司拥有的煤焦油常减压蒸馏技术目前也是处于行业内领先水平。其工艺流程见图 4-42。蒸馏过程分为脱水、常压蒸馏和减压蒸馏三个工艺过程。

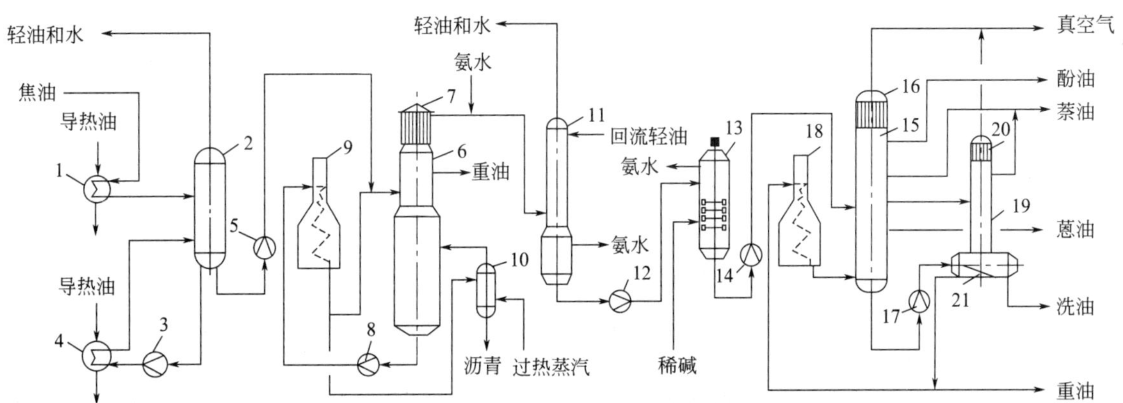

图 4-42 法国常减压焦油蒸馏工艺流程

1—焦油预热器；2—脱水塔；3—脱水塔循环泵；4—脱水塔重沸器；5—脱水塔抽出泵；6—预蒸馏塔；7—预蒸馏塔分缩器；8—沥青循环泵；9—沥青加热炉；10—沥青塔；11—急冷塔；12—宽馏分泵；13—中和塔；14—馏分塔进料泵；15—馏分塔；16—馏分塔分缩器；17—重油循环泵；18—重油加热炉；19—洗油塔；20—洗油塔分缩器；21—洗油塔重沸器

脱水在常压下进行，馏分根据沸点和产量不同进行常压和减压蒸馏。

原料焦油预热后进入脱水塔，塔顶排出轻油和水，轻油回兑原料焦油，用以共沸脱水。塔底无水焦油一部分送入重沸器进行循环加热后向脱水塔底供热，另一部分经导热油再次加热至约240℃与初馏塔底经管式炉循环加热的部分沥青汇合，温度达375℃后进入预蒸馏塔。预蒸馏塔为常压蒸馏，塔顶采出的油气被喷洒的氨水急冷后进入急冷塔，急冷塔顶的轻油油气经冷凝冷却、油水分离后，部分轻油作为回流，急冷塔底产出的宽馏分油经油水分离后进入中和塔顶部，中和塔带有搅拌装置，塔底通入稀碱液，与宽馏分中的铵盐发生中和反应，以脱除焦油带入的铵盐。

预蒸馏塔侧线切取重油馏分，塔底沥青由泵送入沥青加热炉加热后，一部分循环入塔提供蒸馏所需热量，另一部分进入沥青塔，沥青塔底通入过热蒸汽，汽提调整软化点后生产中温沥青，中温沥青可以直接作为产品外销，也可以进入到改质沥青工序中，经过改质工序β反应釜、α反应釜进行改质处理，再经过汽提塔提高改质沥青质量、调整软化点，生产改质沥青。

经脱盐后的净混合油与馏分塔的高温馏分换热后进入馏分塔，塔顶采出酚油，侧线分别采出萘油、洗油和蒽油，塔底采出重油。侧线采出的洗油馏分再经副塔进入洗油塔，进一步蒸馏脱出其中的萘组分生产含萘低于2%的低萘洗油。洗油塔为减压操作。馏分塔所需热量由管式炉循环加热塔底重油提供。

萘油和蒽油馏分直接作为产品。馏分塔底重油馏分首先进入洗油塔重沸器加热，提供洗油蒸馏的热量，然后一部分进入加热炉加热后，再作为热源返回馏分塔底，另一部分作为产品采出。

该流程采用了后加碱工艺，使沥青产品中钠离子含量低，进而提高了沥青产品的品质。对煤焦油宽馏分分离采用三塔式流程，加热方式采用管式炉及导热油热量回收技术。因此，该技术具有煤焦油分离效率高、余热回收率高等特点，且成为当前煤焦油深加工领域的主要生产工艺。

4.6.4 焦油分离工艺主要设备

4.6.4.1 管式加热炉

中国焦化厂用于焦油蒸馏的管式加热炉有圆筒形和方箱式两种，新建厂多为圆筒形或箱形立式炉。管式炉主要由燃烧室、对流室和烟囱构成。图4-43是一种焦油蒸馏箱形立式管式炉。

炉管分辐射段和对流段，水平布置。辐射管从入口至出口管径是变化的，按顺序为四种规格，可使焦油在管内加热均匀，提高炉子热效率，避免炉管结焦，延长使用寿命。

焦油在管内的流向是先从对流段管的上部接口进入，流经全部对流管后，出对流段，经联络管进入斜顶处的辐射管入口，由下至上流经辐射段一侧的辐射管，再由底部与另一侧的辐射管相连，由下至上流动，最后由斜顶处最后一根辐射管出炉。

本炉设有多个自然通风和垂直向上的燃烧器，煤气通入中心烧嘴进行燃烧，有一次、二次通风口，并由手柄调节风量。烧嘴中有的设有废气通入管，用以喷燃有害气体。在两个燃烧器旁设有喷烧酚水的喷嘴。风箱是一个侧面为L形、断面为长方形的管状物，内衬消声材料，端部入口处设有百叶窗。燃烧器用风通过风箱消除噪声。

炉子采用陶瓷纤维耐火材料，以玻璃棉毡为绝热材料作内衬保温，辐射段和对流段采用相同形式的衬里。这种陶瓷纤维内衬的耐火和绝热性能好，质量轻，易施工，使用寿命长。

图4-43所示管式炉的条件：操作压力为入口491kPa，出口20kPa；操作温度为焦油入口245℃，出口340℃；炉子热效率为76%。

辐射管热强度可取75.3～83.7MJ/(m^2·h)，对流管热强度为25.1～41.8MJ/(m^2·h)。焦油在管内流速为0.5～3m/s，一般取0.55m/s。

4.6.4.2 蒸发器

由管式炉辐射段出来的焦油进入二段蒸发器，或称为脱水塔。宝钢焦化厂脱水塔结构见图4-44。

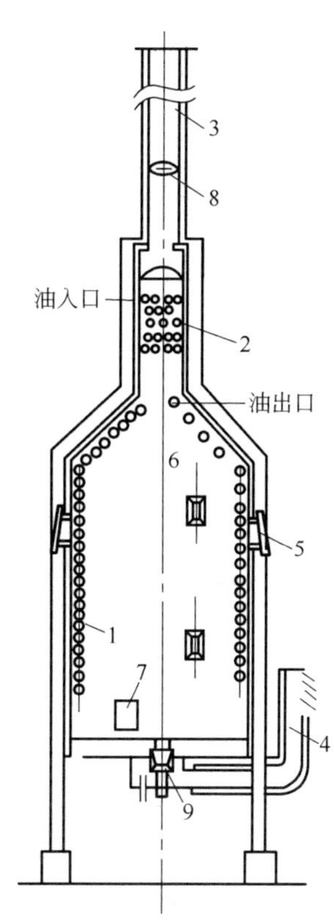

图 4-43 焦油蒸馏加热管式炉

1—辐射管；2—对流管；3—烟囱；4—风箱；5—防爆门；6—观察孔；7—人孔；8—烟囱翻板；9—燃烧器

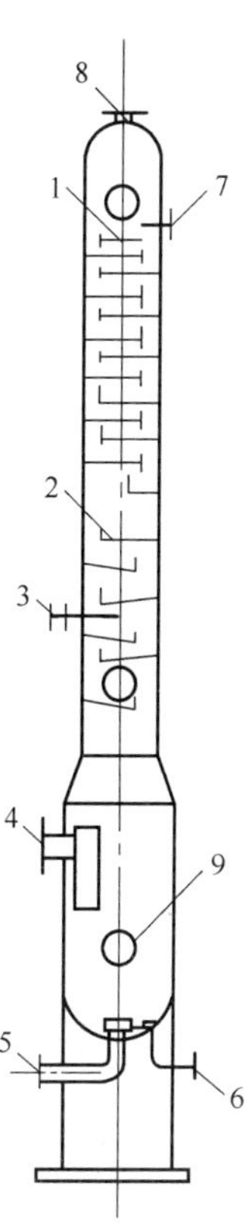

图 4-44 脱水塔

1—浮阀塔板；2—隔板；3—进料口；4—来自再沸器的气相入口；5—再沸器泵吸入口；6—脱水焦油出口；7—回流口；8—气相出口；9—人孔

脱水塔的设计压力为 186kPa，设计温度为 220℃，是一个具有弓形隔板和浮阀塔板的蒸馏塔。

4.6.4.3 馏分塔

馏分塔可为条形泡罩塔或浮阀塔，塔板数为 41 ～ 63。塔段和塔板由铸铁制造，塔板零件由合金钢制造。宝钢一塔流程中的馏分塔全部由合金钢制成，塔板数为 52。

馏分塔板间距为 350 ～ 450mm，空塔蒸气流速可取 0.35 ～ 0.45m/s。

馏分塔底设有直接蒸汽分布器，供通入直接过热蒸汽用。当采用减压蒸馏时，塔底则无此分布器。

4.7 煤焦油馏分深加工

焦油蒸馏所得酚油馏分、萘油馏分以及洗油馏分中，均含有酚类和吡啶类，见表 4-18。表中是苏联焦化厂一般生产情况的数据，它的馏分塔板数为 48 ～ 52。由表中数据可见，酚油、洗油和萘油馏分中都含有酚类和吡啶碱，为了回收酚类和吡啶碱需要对馏分进行酸、碱洗涤。已洗涤的萘油馏分用于生产工业萘或压榨萘。蒽油馏分用于提取精蒽。

表4-18 焦油馏分部分组成

馏分	沸点范围/℃	馏分产率（对无水焦油）/%	在馏分中含量/%			提取率/%	
			萘	酚类	吡啶碱	萘	酚类
轻油	<170	0.6①/0.42②	2.0/	0.5/2.5	0.8/	0.12/	0.17/
酚油	170～210	2.5/1.84	18.0/	38.0/23.7	6.2/6.0	4.5/	52.3/
萘油	210～230	10.0/16.23	82.0/73.3	6.0/2.95	3.8/2.6	82.2/	33.0/
洗油	230～300	9.5/6.7	8.0/6.5	1.5/2.4	4.5/7.6	7.6/	7.8/
一蒽油	300～360	17.4/22.7	2.5/1.8	0.7/0.64	6.7/	4.4/	6.7/
二蒽油	360～440	8.0/3.23	1.5/1.5	/0.40	—	1.2/	—

① 分子为苏联生产数据。
② 分母为国内生产数据。

4.7.1 馏分脱酚和吡啶碱

焦油馏分中含酚类和吡啶碱，它们呈酸性或碱性，与碱或酸反应可生成溶于水的盐类。一般用 NaOH 和 H_2SO_4 提取，其化学反应如下：

$$C_6H_5OH + NaOH \rightleftharpoons C_6H_5ONa + H_2O$$

$$C_9H_7N + H_2SO_4 \rightleftharpoons C_9H_7NH^+ + HSO_4^-$$

酚是弱酸（解离常数 $K=10^{-10} \sim 10^{-9}$），喹啉及其衍生物是弱碱（$K=10^{-10}$）。因此，水解能影响其提取度。利用过量试剂和采用逆流提取可以抑制水解。由于平衡关系，酚或吡啶碱不能提取完全，需要强化传质过程，促进酚或吡啶碱由油中向外扩散，有助于提取。因为油的黏度大，油中含酚和吡啶碱的浓度低，为了改善提取度，必须增加萃取时间，或者强化混合。但混合过程不能过度，因为油和碱的溶液界面张力小，易乳化。

酚的提取度还受到油中碱性成分存在的影响，在油中酚和吡啶相互作用，形成配合物。如下反应式：

$$C_6H_5OH + C_9H_7N \rightleftharpoons C_6H_5O^- + C_9H_7NH^+$$

上式相互作用能为 25 ～ 33kJ/mol。上述作用是可逆的，当溶液中酚或吡啶的含量降低时，反应向左移动，配合物分解。此平衡与酚或吡啶含量有关，如油中酚含量大于吡啶碱量时，所形成的配合物在酸洗时不易分解，反之，则碱洗时不易分解。故若吡啶喊含量比酚含量大，则应先脱吡啶碱；反之，则应先脱酚。此外，吡啶碱能溶于酚盐中，影响酚类纯度，故实际上焦油馏分的洗涤是酸洗与碱洗交替进行的。

洗涤时碱液和酸液浓度对提取度有重要影响。提高浓度则提取度高，但所得产品中有较多的中性油，影响产品质量。碱浓度大，油的黏度大和馏分在萃取前储存时间长，中性油形成乳化液的程度就加大。此外，油储存时生成树脂状物质，使乳化液稳定。

为了减少中性油在产品中的夹带，在新鲜馏分油中提取酚或吡啶碱时，萃取用碱液含量不高于 8% ～ 10%；萃取用酸液含量不高于 20% ～ 30%。为了降低黏度，酚油馏分萃取温度为 60℃，萘油馏分萃取温度为 80 ～ 90℃。

酚油馏分脱酚需要分段进行，是在脱酚中和器内进行。先用碱性酚钠洗涤，生成中性酚钠。待酚含量降至约 3% 时，再用新碱液洗涤，生成碱性酚钠，由此可以减少碱液的用量。提取酚时用过量碱，是化学反应需要量的 140%，即每 1t 酚用 100%NaOH 量为 0.5t。欲得碱性酚盐时，碱用量为上述值的 2.5 ～ 3 倍。对于间歇操作过程，酚油在中和器上部。

酸洗脱吡啶可与碱洗脱酚在同一设备中进行。馏分脱吡啶需进行两次，第一次使用酸性硫酸吡啶进行洗涤，得中性硫酸吡啶；第二次用新的稀硫酸洗涤，得酸性硫酸吡啶，其可以作为第一次脱吡啶之用。脱 1kg 吡啶碱需用 100% 硫酸 0.62kg，实际用量为 0.65 ～ 0.7kg。如制备酸性硫酸吡啶时，加酸量为上述值的 2 倍。

4

4.7.2 粗酚的制取

酚馏分碱洗所得酚钠组成为：酚类 20% ～ 25%，油和吡啶碱等 3% ～ 10%，碱与水 70% ～ 80%。其中油和吡啶碱等杂质会混入粗酚，需要脱除。粗酚钠先经净化，再进行酚钠盐分解得粗酚产品。

粗酚钠净化由脱油、CO_2 分解酚钠或用硫酸分解酚钠和苛化等工艺过程组成。

4.7.2.1 酚钠水溶液脱油

粗酚钠脱油是在脱油塔中用蒸汽蒸吹，塔底有再沸器加热，同时塔底通入直接蒸汽，控制塔底温度为 108 ～ 112℃，塔底得到净酚钠。塔顶温度为 100℃，塔顶馏出物经换热冷凝后进行油水分离，回收脱出油。

4.7.2.2 酚钠分解

酚钠盐遇到比酚强的酸即可分解，酚即游离析出。酚钠分解过去多用硫酸法，现在倾向于用二氧化碳法。

二氧化碳分解酚钠的反应式如下：

$$2\,C_6H_5ONa + CO_2 + H_2O \longrightarrow 2\,C_6H_5OH + Na_2CO_3$$

二氧化碳过量时，反应生成 $NaHCO_3$，表明酚钠已完全分解。

为使氢氧化钠循环使用，可用石灰将产生的碳酸钠溶液苛化，反应式如下：

$$Na_2CO_3+CaO+H_2O \longrightarrow 2NaOH+CaCO_3\downarrow$$

氢氧化钠回收率约为 75%。

分解所需的二氧化碳，可以用焦化厂焦炉加热煤气燃烧后产生的烟道废气作为气源，或采用石灰窑烟气以及高炉煤气。脱掉油的酚钠水溶液进入分解塔底，高炉煤气也进入分解塔底，鼓泡上行，与溶液并流接触，发生分解反应。一次分解控制在 85% ～ 90%，过量分解则生成 $NaHCO_3$，一次分解物分出 Na_2CO_3 后，再于二次分解塔进行二氧化碳的二次分解。分解反应温度控制在 58 ～ 62℃。

酚钠经二氧化碳分解，分解率达到 97% ～ 99%，还残留少量酚钠，需用 60% 稀硫酸进一步分解，即得到粗酚。

4.7.3 精酚生产

生产精酚原料为粗酚，其来源有两个：一是焦油蒸馏脱酚而得；二是含酚废水萃取所得。粗酚中各组分含量和沸点见表 4-19，此外，还含有高级酚。

表4-19 粗酚组成及性质

化合物	结构式	含量（鞍钢）/%	沸点/℃	熔点/℃
苯酚	OH	37.2～43.2	182.2	40.8
邻甲酚	OH, CH_3	7.62～10.35	191.0	32
间甲酚	OH, CH_3	31.9～37.8	202.7	10.8
对甲酚	OH, CH_3		202.5	36.5
3,5-二甲酚	OH, CH_3, CH_3	7.27～8.92①	221.8	64.0
2,4-二甲酚	OH, CH_3, CH_3	4.88～6.2	211	26
2,5-二甲酚	OH, CH_3, CH_3		211.2	75
3,4-二甲酚	OH, CH_3, CH_4	0.74～2.45	227.0	65
2,6-二甲酚	OH, CH_3, CH_3	0.76～2.54	201	45

① 还含 2,3- 二甲酚的量。

粗酚经过脱水和精馏分离得到精制产品，工艺流程见图 4-45。为了降低操作温度，采用减压操作。

粗酚经预热器进入脱水塔，脱水塔顶逸出的水汽经凝缩器冷凝成酚水流入回流槽，部分作为回流进入脱水塔顶，多余部分经隔板满流入液封罐排出。脱水粗酚从塔底送入初馏塔，在初馏塔中分馏为甲酚产品前的轻馏分和二甲酚产品后的重馏分。

从初馏塔顶逸出的轻馏分蒸气经凝缩器进入回流槽，部分作为回流进入初馏塔顶，其余经液封罐送入苯酚馏分塔。在苯酚馏分塔中将轻馏分分馏为苯酚馏分和甲酚馏分。从苯酚馏分塔顶逸出的苯酚馏分蒸气经凝缩器进入回流槽装置，并以内回流方式回流，另一部分经液封罐流入接受槽。甲酚馏分一部分经再沸器循环供热，另一部分从塔底送入邻位甲酚塔。

邻位甲酚塔顶采出邻位甲酚产品，塔底残油送入间位甲酚塔精馏。间位甲酚塔顶采出间位甲酚产品，塔底排出残油。各塔内热源均采用蒸汽加热一部分塔底残油方式，并通过再沸器循环向塔内供热，维持塔内稳定操作。

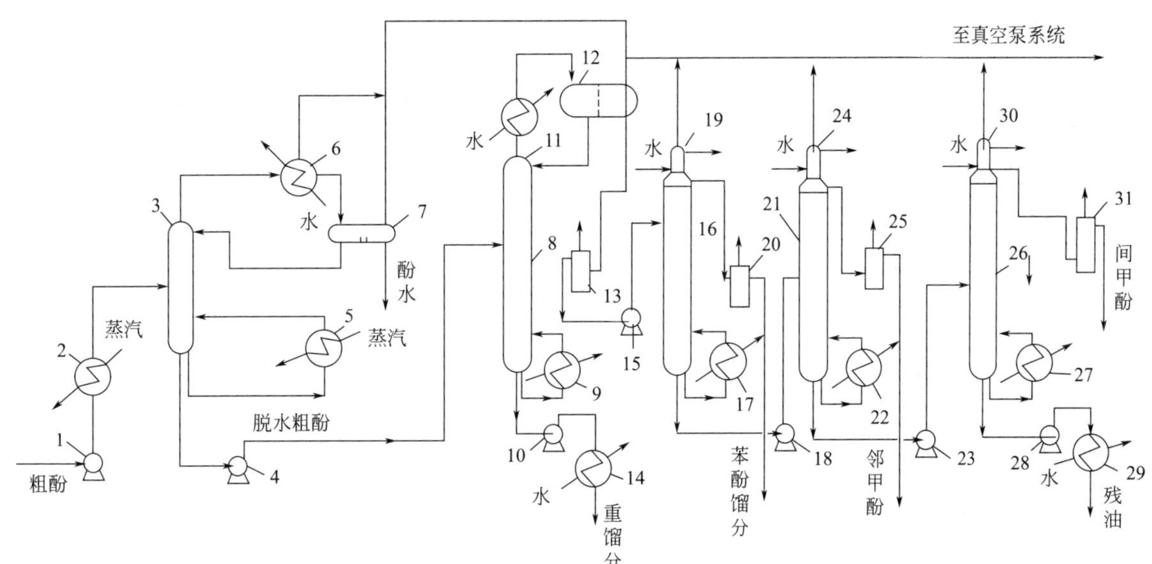

图 4-45 粗酚连续精馏工艺流程

1—粗酚泵；2—预热器；3—脱水塔；4—初馏塔进料泵；5,9,17,22,27—再沸器；6,11,19,24,30—凝缩器；7,12—回流槽；8—初馏塔；10—初馏塔底泵；13,20,25,31—液封槽；14,29—冷却器；15—苯酚馏分塔进料泵；16—苯酚馏分塔；18—邻位甲酚塔进料泵；21—邻位甲酚塔；23—间位甲酚塔进料泵；26—间位甲酚塔；28—残油泵

4.7.4 吡啶精制

吡啶是含氮芳烃化合物，呈弱碱性，随煤气进入硫酸铵饱和器并与硫酸作用生成吡啶盐类，存在于循环母液的属于粗轻吡啶；通过焦油馏分酸洗得到的是粗重吡啶。轻、重吡啶加工得到的吡啶等精制产品，可与水互溶，有刺激性臭味，是制取医药、染料中间体及树脂中间体的重要原料，也是重要溶剂、浮选剂和腐蚀抑制剂等。

循环母液制备吡啶工艺采用氨气中和硫酸铵母液得到粗轻吡啶，然后通过精制得到纯吡啶、α- 甲基吡啶、β- 甲基吡啶、吡啶溶剂等多种产品。

由硫酸铵母液中得到的粗轻吡啶规格为：水分不大于 15%，吡啶碱 60% ～ 63%，中性油 20% ～ 23%，于 20℃密度为 1.012g/cm³。其精制过程包括脱水、粗蒸馏和精馏。吡啶及其同系物性质见表 4-20。

硫酸铵母液生产粗轻吡啶的工艺流程见图 4-46。

表4-20　吡啶及其同系物性质

名称	结构式	相对密度d_4^{20}	结晶点/℃	沸点/℃	折射率n_D^{20}
吡啶	N	0.98310	–41.55	115.26	1.51020
2-甲基吡啶	N, CH_3	0.94432	–66.55	129.44	1.50101
3-甲基吡啶	CH_3, N	0.95658	–17.7	144.00	1.50582
4-甲基吡啶	CH_3, N	0.95478	–4.3	145.30	1.50584
2,6-二甲基吡啶	H_3C, N, CH_3	0.92257	–5.9	144.00	1.49767
2,5-二甲基吡啶	H_3C, N, CH_3	0.9428	–15.9	157.2	1.4982
2,4-二甲基吡啶	CH_3, N, CH_3	0.9493	–70.0	158.5	1.5033
2,5-二甲基吡啶	H_3C, N, CH_3	0.9385	–5.9	171.6	1.5032
3,4-二甲基吡啶	CH_3, CH_3, N	0.9537	—	178.9	1.5099
2,4,6-三甲基吡啶	CH_3, H_3C, N, CH_3	0.9191	–46.0	170.5	1.4981

含有硫酸铵结晶和硫酸吡啶的母液从结晶槽排出，经过结晶沉降分离槽分离其中的硫酸铵晶体后的母液抽出直接送至中和器，同时利用蒸氨塔顶分缩器后含氨10%～12%的氨气与硫酸铵母液同时送入中和器，并在中和器中与硫酸吡啶发生置换反应，生成硫酸铵并释放出吡啶。含吡啶蒸汽的气液混合物从中和器排出，经过旋风分离器气液分离后，气相进入吡啶冷凝冷却器、油水分离器，分离出含水小于30%的粗吡啶液体送入粗吡啶槽作为吡啶产品。除去吡啶的母液由气液分离器底部排出至母液贮槽。从油水分离器来的分离液进入中和器的另一侧，以回收其中的吡啶和氨。

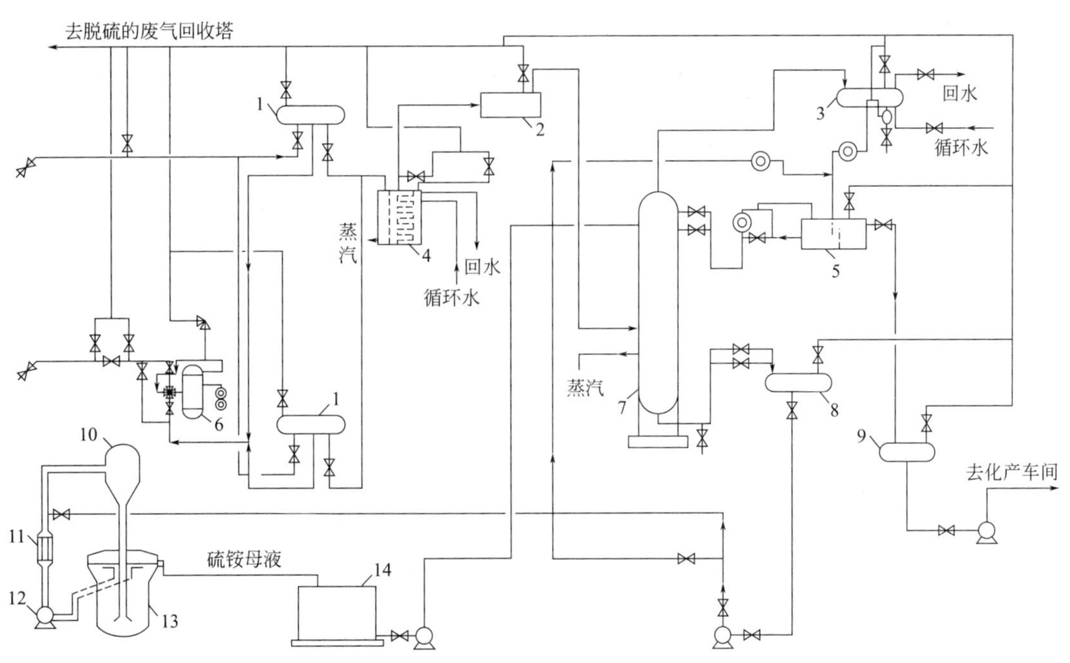

图 4-46 中和塔法粗轻吡啶生产工艺流程图

1—液氨槽；2—氨气罐；3—凝缩器；4—液氨汽化器；5—盐析槽；6—氨压缩机；7—中和塔；8—废母液槽；9—粗轻吡啶槽；10—蒸发槽；11—加热器；12—循环泵；13—结晶槽；14—满流槽

粗吡啶中含有水分约 15%，溶于吡啶中能形成沸点为 94℃的共沸溶液。为脱除吡啶中水分。可利用苯与水不互溶而在常压下却能于 69℃共沸馏出的特点，采用加苯恒沸蒸馏法。于此温度下，轻吡啶不蒸出，达到脱水目的。

脱水后的粗轻吡啶，利用间歇蒸馏得精制产品，纯吡啶、α- 甲基吡啶馏分、β- 甲基吡啶馏分和溶剂油。该工艺由于具有投资低、流程短、运行稳定性等优点，在国内大型焦化厂都有应用。

从冷凝器和油水分离器等逸出的未凝结气体一起送入鼓风机前煤气负压系统进行废气回收。

焦油馏分酸洗得到的重硫酸吡啶，可采用氨水法及碳酸钠法进行分解，得到重吡啶。经过减压脱水、初馏和精馏，得到浮选剂、2,4,6- 三甲基吡啶、混二甲基吡啶和工业喹啉等。

4.7.5 工业萘生产

萘是化学工业中一种很重要的原料，广泛用于生产增塑剂、醇酸树脂、合成纤维、染料、药物和各种化学助剂等。目前，萘系芳烃化合物有 85% 来自煤焦油，15% 来自石油加工馏分的烷基萘加氢脱烷基。中国工业萘年产量在 2020 年已达 119 万吨。

已脱掉酚和吡啶碱的含萘馏分主要用于制取工业萘。含萘馏分中的组分复杂，还含有酚类、吡啶碱类以及中性油分。例如已酸、碱洗的萘油和洗油混合馏分中：酚类 0.7% ～ 1.0%，吡啶碱类 3% 左右，中性组分 95.5% ～ 96.5%。在中性组分中，萘含量 60.5%，甲基萘 15.9%，二甲基萘 2.1%，苊 5.7%，氧芴 2.1%。此含萘馏分进行蒸馏可得到含萘为 95% 的工业萘。

生产工业萘蒸馏工艺流程见图 4-47。

萘油经换热温度可升至 190℃，然后进入初馏塔。塔顶蒸出的酚油经换热冷却到 130℃进入回流槽，大部分回流到初馏塔顶，塔顶温度为 198℃。塔底液分两路，一路用泵送入萘塔，另一路用循环泵送入再沸器，与萘塔产生的蒸气换热，升至 255℃再循环回到初馏塔。

初馏塔是常压操作，而萘蒸馏塔为了利用塔顶蒸气有一定温度，达到初馏塔再沸器热源的要求，塔压应为

196 ～ 294kPa。此压力可通过送入系统的氮气量和向系统外排出气量加以控制。

萘塔顶出来的蒸气入初馏塔再沸器，凝缩后入萘塔回流槽，一部分作为回流到萘塔顶，另一部分作为含萘95% 的产品抽出。萘塔顶正常压力为 225kPa 时，温度为 276℃。萘塔底液用泵压送，大部分通过管式炉加热循环回到萘塔内，供给萘塔精馏所必需的热量。

萘蒸馏加热用的管式炉是圆筒式结构，油料操作压力出口为 274kPa，出口温度为 311℃。管式炉热效率为 76%。

初馏塔和萘塔均为浮阀式塔板，分别为 63 层和 73 层。

95% 以上含萘量的工业萘产率为 62% ～ 67%，萘的回收率可达 95% ～ 97%。

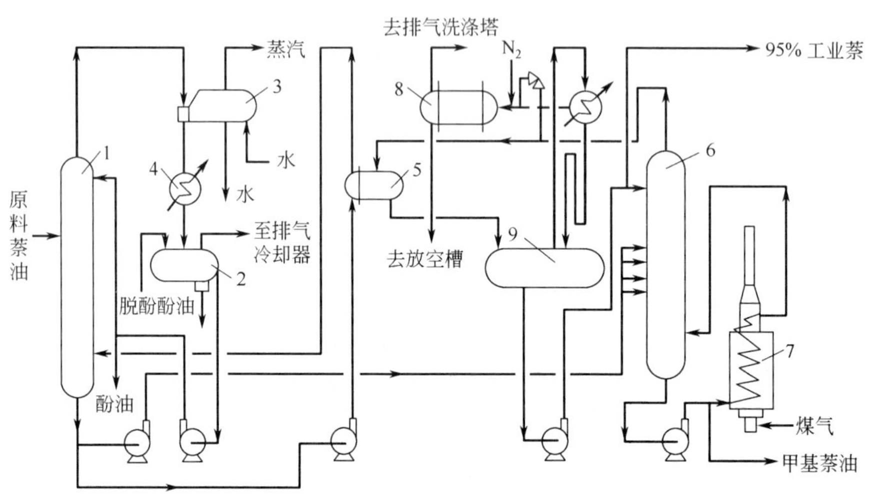

图 4-47 生产工业萘蒸馏工艺流程

1—初馏塔；2—初馏塔回流槽；3—初馏塔第一冷凝器；4—初馏塔第二冷凝器；5—再沸器；6—萘塔；7—管式炉；8—安全阀喷出气冷凝器；9—萘塔回流槽

4.7.6 精萘生产

工业萘中含萘 95% 左右，其中还含杂环及不饱和化合物，需要进一步精制。工业萘结晶点只有 77.5 ～ 78.0℃，而精萘结晶点应达到 79.3 ～ 79.6℃，纯萘的结晶点为 80.28℃。萘的分离与精制原理除精馏之外，还有冷却结晶、催化加氢、萃取分离和升华精制等。

4.7.6.1 压榨萘

在萘油馏分中萘的结晶温度最高，可利用冷却结晶，在结晶中富集萘组分，达到精制目的。

萘油馏分经过冷却结晶、过滤和压榨得到压榨萘产品，其中含纯萘 96% ～ 98%，其余的 2% ～ 4% 为油、酚类、吡啶碱类及含硫化合物等。压榨萘除了用于生产苯酐外，主要用于生产精萘。压榨萘提供了一种早期萘精制的生产方法，为小规模的生产操作。

4.7.6.2 硫酸洗涤法

结晶萘是经萘饼熔融、硫酸洗涤、精馏和结晶过程生产出来的。

萘饼用蒸汽于 100 ～ 110℃熔融。熔融的萘用 93% 硫酸洗涤，洗涤温度为 90 ～ 95℃。经过酸洗，萘中的不饱和化合物、硫化物、酚类和吡啶碱类基本脱除。洗涤净化后的萘尚含有高沸点的油，通过减压间歇精馏除去。液态萘在结晶机中冷却结晶，即得片状结晶萘产品。

4.7.6.3 区域熔融法

（1）原理　熔融液体混合物冷却时，结晶出来的固体不同于原液体，一般固体会变纯。如果将晶体反复熔化和析出，结晶的晶体纯度不断提高，相当于精馏过程，此即区域熔融。

A、B 两组分能生成任意组成的固体溶液，其相图见图 4-48。当组成为 I 的液体混合物冷却时，结晶离析出来的固相组成变为 J，即固体中含有的 A 组分比原来液体中高得多，但仍含有 B 组分，当将 J 组成的固体升温液化并再冷却，此时结晶离析出来的固体组成变为 K，即固体中含有的 A 组分比原来液体中所含的更多，亦即更纯。

从图 4-48 进一步看出，当原来液体组成为 I_1，低熔点组分 B 为混合物的主要组分，冷却结晶时，析出的固体组成为 J_1，其中杂质 A 组分的含量显然增大。

由上述过程可见，对于具有图 4-48 这样相图的混合物，不管最初的液体组成如何，析出固体中所含的 A 组分总比原来液体的多。对于这类混合物，利用区域熔融精制法可以提纯，经过多次精制处理后，纯组分 A 可从精制装置的一端得到，而绝大部分杂质则从装置的另一端排出。

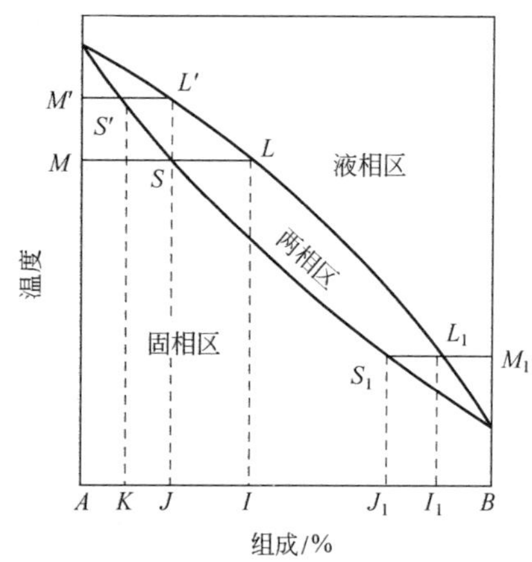

图 4-48 固体溶液相图

（2）工艺流程　区域熔融制取萘是目前精萘制备的重要工艺，其工艺流程见图 4-49。将 95% 的工业萘，温度为 82 ～ 85℃，用泵通过 60 ～ 70℃夹套保温管送入萘精制机。于此被温水冷却而析出结晶。析出的萘由装于机内刮板机送向热端（图 4-49 中左端），然后进入立管，在管底部萘结晶被加热熔化，一部分由下向上回流，另一部分为产品，含萘 99%、出口温度为 85 ～ 90℃。送至中间槽。结晶后的残液则向冷端（图 4-49 中右端）流动，最后由上段管流出，温度为 73 ～ 74℃，引至晶析残油槽。

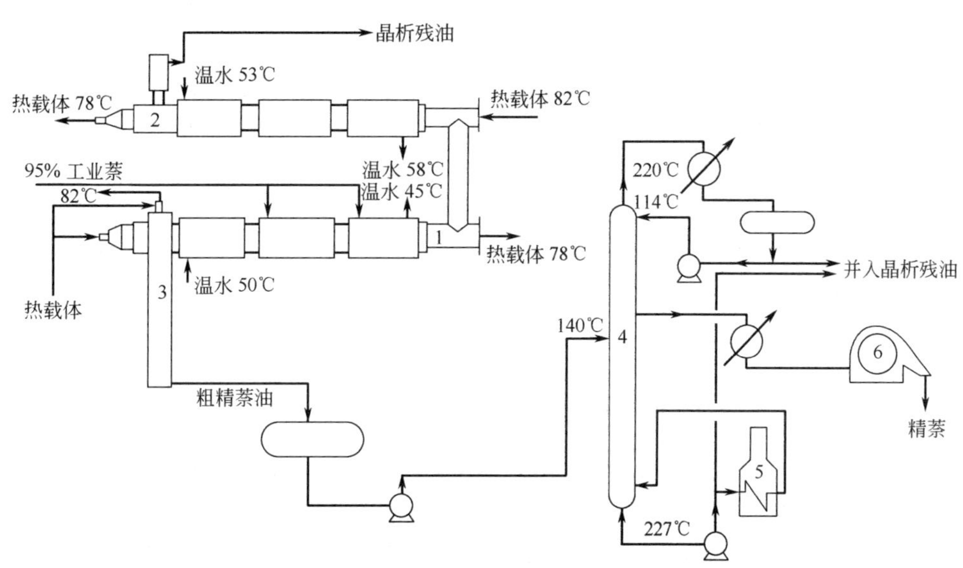

图 4-49 区域熔融法生产精萘工艺流程图

1—精制机管 1；2—精制机管 2；3—精制机管 3；4—精馏塔；5—管式炉；6—结晶制片机

经过晶析提纯的精萘半成品，由中间槽用泵送入 20 层浮阀精馏塔，入塔温度为 120 ～ 140℃。经过塔内精馏，塔顶为低沸点油气，经冷凝冷却至 114 ～ 130℃，部分回流，回流比为（1.5 ～ 2）∶1，其余部分去晶析残油槽。塔底高沸点油的温度为 227℃，用泵送入管式加热炉加热，入塔底作为热源：塔底液另一部分去晶析残油槽。晶析残油作为萘蒸馏原料。

精萘产品由塔的上部侧线采出，温度为220℃，经冷却后入精萘槽，通过进一步冷却结晶得精萘产品。由于晶析萘油中含有硫杂茚，为了保证精萘质量，硫杂茚含量不能太高，为防止其循环积累，通过生产一定数量的95%工业萘产品把硫杂茚带出系统。一般精萘产量约20%～30%，工业萘产量约占70%～80%。

4.7.6.4 分步结晶法

分步结晶法实际是一种间歇式区域熔融法，由于结晶器是箱形的，故亦称箱式结晶法。分步结晶法的流程、设备及操作比较简单，操作费用和能耗都比较低，既可生产工业萘，又可生产精萘，在国外应用较多。

以结晶点78℃的工业萘为原料，分步结晶如下。

（1）第一步 进料温度约为95℃，进入第一步结晶箱。结晶箱能以2.5℃/h的速度根据需要进行冷却或加热。当萘油温度降低时，使结晶析出，然后放出余油，作为第二步结晶的原料。余油放完后，立即升温至结晶全部熔化，即得精萘，结晶点为79.6℃，含硫杂茚为0.8%，对工业萘的产率为65%。

（2）第二步 由第一步结晶箱来的萘油，其量为35%，在第二步结晶箱冷却结晶。分出结晶量为15.75%，其结晶点为78℃，返回第一步结晶箱作原料，余下的19.25%萘油，送去第三步结晶箱作原料。

（3）第三步 由第二步结晶箱来的萘油进行结晶，分出7.7%的工业萘返回到第二步利用。排出的残油量为11.55%，其中含硫杂茚大于10%，可回收硫杂茚或作燃料油使用。

结晶箱的升温和降温是通过一台泵、一个加热器和一个冷却器与结晶箱串联起来而实现。每步结晶箱之间联起来，以便实现结晶分步进行。冷却时加热器停止供蒸汽，用泵使结晶箱管片内的水或残油经冷却器冷却，再送回结晶管片内，使管片间的萘油逐渐降温结晶。加热时冷却器停止供冷水，加热器供蒸汽，通过泵循环使水或残油升温，管片间的萘结晶便吸热熔化，萘的浓度随之提高。

当装置年生产能力为（4～6）×10^4t工业萘时，共需要8个结晶箱。结晶箱外形尺寸长17m、宽3m、高1.6m，内有60组结晶片，每组5片，共计300片。每台结晶箱的冷却面积为2784m^2，每片管片结构轮廓尺寸为长2900mm、宽32mm、高1600mm。

4.7.6.5 催化加氢

催化加氢精制如同苯精制一样。由于粗萘中有些不饱和化合物沸点与萘很接近，用精馏方法难以分离。而在催化加氢条件下这类不饱和化合物很容易除去。美国联合精制法采用常用的钴钼催化剂，反应压力为3.3MPa，温度为285～425℃，液体空速1.5～4.0L/h。加氢产物中萘和四氢萘占98%，其中四氢萘1.0%～6.0%，硫100～300mg/kg。

4.7.7 粗蒽和精蒽

焦油蒸馏所得的一蒽油馏分进行冷却结晶，即得到粗蒽。一蒽油馏分组成见表4-21。

表4-21 一蒽油馏分主要组分含量

组分	质量分数/%	组分	质量分数/%
蒽	4～7	萘	1.5～3
菲	10～15	甲基萘	2～3
咔唑	5～8	硫化物	4～6
芘	3～6	酚类	1～3
芴	2～3	吡啶碱类	2～4
二氧化苊	1～3		

一蒽油馏分结晶所得的粗蒽是混合物，呈黄绿色糊状，其中含纯蒽 28% ～ 32%，纯菲 22% ～ 30%，纯咔唑 15% ～ 20%。粗蒽是半成品，可用于制造炭黑及鞣革剂，是生产蒽、咔唑和菲的原料。精蒽和精咔唑是生产染料和塑料的重要原料。

菲在焦油中含量仅次于萘。菲用于医药，可合成吗啡和咖啡因、二甲基吗啡等；在染料工业上，菲可制取 2- 氨基菲醌、苯绕蒽酮、硫化还原染料（蓝 BO，黑 BB 及棕色）等。此外，塑料工业上合成鞣剂，菲在高温高压下加氢可得过氢菲，是高级喷气式飞机的燃料。

蒽、菲和咔唑的性质见表 4-22。

表4-22 蒽、菲和咔唑的性质

名称	结构式	沸点/℃	熔点/℃	升华温度/℃	熔化热/（kJ/mol）	蒸发热/（kJ/mol）	密度（20℃）/（g/cm³）
蒽		340.7	216.04	150～180	28.8	54.8	1.250
菲		340.2	99.15	90～120	18.6	53.0	1.172
咔唑	N H	354.76	244.8	200～240		370.6	1.1035

4.7.7.1 粗蒽生产

一蒽油馏分温度为 80 ～ 90℃，进行搅拌冷却，至 40 ～ 50℃开始结晶，约需 16 ～ 18h，再慢慢冷却至终点温度为 38 ～ 40℃，总共约需 25h，形成结晶浆液。结晶浆液在离心机中分出粗蒽结晶。

4.7.7.2 精蒽生产

把粗蒽分离成蒽、菲和咔唑，主要是根据它们在不同溶剂中溶解度不同和蒸馏时相对挥发度的差异。从粗蒽或一蒽油中分离出蒽的方法有多种，目前工业上生产方法可分为两类，一是溶剂法，二是蒸馏溶剂法。当前焦化厂生产主要采用前一方法，工业发达国家则多采用后一方法。

（1）溶剂洗涤结晶法　焦化厂一般用重苯和糠醛为溶剂，进行热溶解洗涤，冷却结晶完成后，进行真空抽滤。这样的洗涤结晶过程进行 3 次，得精蒽产品，精蒽纯度可达 90%。

（2）粗蒽减压蒸馏苯乙酮洗涤结晶法　吕特格公司焦油加工厂采用粗蒽减压蒸馏苯乙酮洗涤结晶流程生产精蒽，年产量 6000t。工艺流程见图 4-50。

① 蒸馏　粗蒽熔化，加热至 150℃，入蒸馏塔自下数第 36 块塔板，塔顶产物为粗菲，其中含蒽 1% ～ 2%，冷凝后一部分回流，其余为产品。半精蒽由第 52 块塔板切取，含蒽 55% ～ 60%。粗咔唑由第 3 块塔板切取，含咔唑 55% ～ 60%。塔底液由加热炉加热至 350℃，进行再沸循环。蒸馏塔为泡罩式，直径 2.4m，塔板数为 78，进料量为 4t/h。

② 溶剂洗涤结晶 半精蒽与加热至120℃的苯乙酮以1∶（1.5～2）加入洗涤器，并维持在120℃一段时间，然后送到卧式结晶机，10h内冷至60℃，结晶机容积12m³，3台轮换使用，搅拌转速为4r/min，外有水夹套。结晶机内物料冷至规定时间后，放入卧式离心机分离，离心机2台，每台每次得蒽500kg。湿蒽运至盘式干燥器（直径3.5m，高1.5m），在120～130℃下干燥，除去残留溶剂。

③ 原料与产品 原料为粗蒽，其含蒽25%～30%、菲30%～40%、咔唑13%。溶剂为苯乙酮，是生产苯乙烯的副产品，沸点202℃、熔点19.5～20℃，20℃密度1.0281g/cm³。产品精蒽纯度为96%。

此法采用连续减压蒸馏，处理量大，同时可得菲、蒽和咔唑的富集馏分。苯乙酮是比较好的溶剂，对咔唑和菲的选择性、溶解性好，所以只需洗涤结晶一次，就可得到纯度大于95%的精蒽。

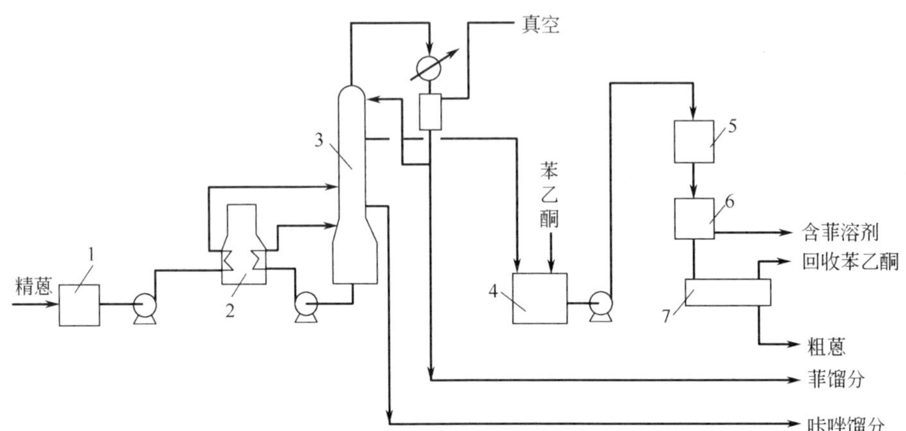

图4-50 粗蒽减压蒸馏苯乙酮洗涤结晶工艺流程

1—熔化器；2—管式加热炉；3—蒸馏塔；4—洗涤器；5—结晶器；6—离心机；7—干燥器

4.8 煤沥青利用与加工

4.8.1 沥青性质

煤焦油沥青是焦油蒸馏产生的残液，产率占焦油的54%～56%，它是由三环以上的芳香族化合物和含氧、含氮、含硫杂环化合物以及少量高分子碳素物质组成。低分子组分具有结晶性，形成了多种组分共溶混合物，沥青组分的分子量在200～2000之间，最高可达3000。沥青有很高的反应性，在加热甚至在储存时能发生聚合反应，生成高分子化合物。沥青的物理化学性质与原始焦油性质及其蒸馏条件有关。

根据沥青产品的软化点不同，国家标准将其分为三种，低温（软）沥青的软化点为35～75℃，中温沥青软化点为75～95℃，高温（硬）沥青软化点为95～120℃。相关质量指标见表4-23。

表4-23 煤沥青质量指标

指标名称	低温沥青		中温沥青		高温沥青	
	1号	2号	1号	2号	1号	2号
软化点/℃	35～45	46～75	80～90	75～95	95～100	95～120
甲苯不溶物含量/%	—	—	15～25	≤25	≥24	—
灰分/%	—	—	≤0.3	≤0.5	≤0.3	—
水分/%	—	—	≤5.0	≤5.0	≤4.0	≤5.0
喹啉不溶物/%	—	—	≤10	—	—	—
结焦值/%	—	—	≥45	—	≥52	—

中温沥青回配蒽油可得软沥青。其中软沥青挥发分一般为55%～70%，游离碳≤25%。游离碳即甲苯（或苯）不溶物，游离碳量高，可溶物含量低。

软沥青用于建筑、铺路、电极碳素材料及炉衬黏结剂，也可以用于制炭黑以及做燃料用。中温沥青可用于制油毡、建筑物防水层、高级沥青漆等。中温沥青是制取沥青焦、延迟焦及改质沥青的原料，主要用于电炉炼钢、炼铝等工艺中制备电极的碳素原料。

沥青组分常用溶剂分析方法，用苯（或甲苯）和喹啉作为溶剂进行萃取，可将沥青分离成苯可溶物（BS）、苯不溶物（BI）、苯不溶但喹啉可溶物（BI-QS）与喹啉不溶物（QI）。BS称为γ组分；BI-QS称为β组分；QI称为α组分。其中β代表黏结性的组分，其数量体现沥青作为电极黏结剂的性能。用作电极黏结剂的沥青称电极沥青，包括中温沥青及改质沥青。如电解铝用阳极炭块等。

各种电极沥青的技术指标见表4-24。

表4-24 电极沥青技术指标

沥青		软化点/℃	甲苯不溶物/%	喹啉不溶物/%	结焦值/%	β树脂含量/%	灰分/%	水分/%
高温改质沥青	特级	106～112	28～32	6～12	≥57	≥20	≤0.25	≤1.5
	一级	105～112	26～32	6～12	≥56	≥18	≤0.30	≤4.0
	二级	105～120	26～34	6～12	≥54	≥16	≤0.30	≤5.0
中温改质沥青		90～100	26～34	5～12	≥54	≥16	≤0.30	≤5.0
中温沥青		80～90	15～25	≤10	≥45	≥16	≤0.30	≤5.0

4.8.2 改质沥青

普通中温沥青中苯不溶物（BI）约为18%，喹啉不溶物（QI）一般为6%左右。当此种沥青进行热处理时，沥青中芳烃分子在热缩聚过程产生氢、甲烷及水。同时沥青中原有的β树脂一部分转化为二次α树脂，苯可溶物的一部分转化为β树脂，α树脂成分提高，黏结性增加，沥青得到了改质。这种沥青称改质沥青。

典型的双炉双釜负压管式炉法改质沥青工艺流程见图4-51。以焦油蒸馏产出的中温沥青（350～360℃）为原料，与$1^{\#}$改质系统加热炉出口沥青混合后一同进入$1^{\#}$改质系统，在此发生热缩聚反应，通过控制反应釜温度，主要生成β树脂。系统底部沥青经$1^{\#}$改质系统循环泵抽出，大部分送至$1^{\#}$改质系统加热炉循环加热，小部分与$2^{\#}$改质系统循环泵出口沥青混合，经$2^{\#}$改质系统加热炉加热后，进入$2^{\#}$改质系统，在此进一步发生热缩聚反应，同样通过控制反应釜温度，主要生成α树脂。系统底部沥青经$2^{\#}$改质系统循环泵抽出，大部分

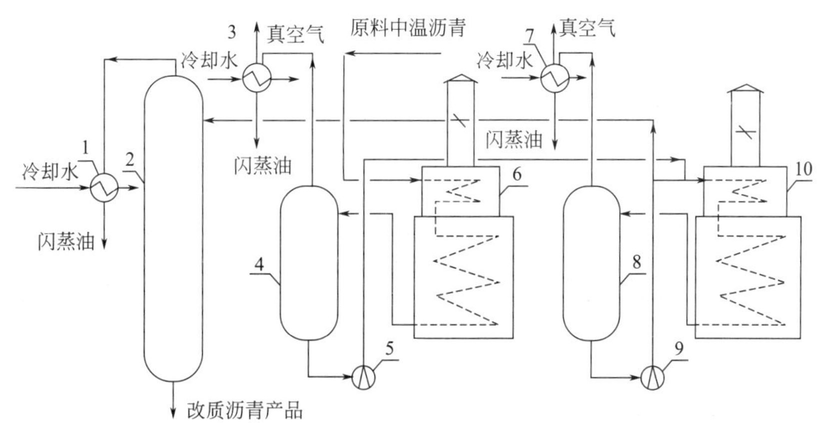

图4-51 双炉双釜负压管式炉法改质沥青工艺流程

1—改质塔闪蒸油冷凝冷却器；2—改质塔；3—闪蒸油冷凝冷却器；4—$1^{\#}$反应釜；5—$1^{\#}$沥青循环泵；6—$1^{\#}$反应釜加热炉；7—$2^{\#}$沥青循环泵；8—$2^{\#}$反应釜；9—闪蒸槽；10—$2^{\#}$反应釜加热炉

送至 2# 改质系统加热炉循环加热，小部分送至改质稳定系统，进一步调整沥青组分和软化点，生产合格的改质沥青。

改质稳定系统底部的改质沥青由循环泵抽出，大部分返回系统内循环搅拌，少部分经过沥青换热器换热后，经沥青冷却器进一步冷却至 220℃。冷却后的改质沥青可由改质沥青输送泵送至沥青储运单元。若改质塔产出的产品质量与标准相差较大时，可以通过改质沥青输送泵将不合格产品送回 1# 改质系统入口管道。1# 改质系统、2# 改质系统的闪蒸油气进入配套的真空及冷却系统，保持系统真空度的同时，可有效回收闪蒸油，冷却的闪蒸油送至储运单元。

针对目前原料中温沥青普遍 QI 含量低的特点，在改质反应前首先对原料进行闪蒸，可以有效地克服原料 QI 含量低对产品质量的影响；同时，延长中温沥青在改质系统内的停留时间（约 36h），保证次生 QI 的生成率，提高最终产品的 QI。

电极沥青的规格可通过改变加热温度和加热反应时间加以变更，软化点可以通过添加调整油控制。作为电极黏结剂的改质沥青，有多种规格，其具体种类及规格见表 4-24。改质沥青目前通用的生产方法是采用沥青于反应釜中通过高温或者通入过热蒸汽聚合，或者通入空气氧化，使沥青的软化点提高到 110℃左右，达到电极沥青的软化点要求。

重质残油改质精制综合流程（CHERRY-T）法生产改质沥青，可生产软化点为 80℃左右，β 树脂高达 23% 以上的任何等级改质沥青，产率比热聚合法高 10%。此法是将脱水焦油在反应釜中加压到 0.5 ～ 2MPa，加热到 320 ～ 370℃，保持 5 ～ 20h，使焦油中有用组分，特别是重油组分，以及低沸点不稳定的杂环组分，在反应釜中经过聚合转变成沥青质，从而得到质量好的改质沥青。

4.8.3 延迟焦化

中温沥青用氧化法加工成高温沥青，软化点达 130℃以上，在沥青焦炉内制取沥青焦，可作石墨电极、阳极糊等骨料等，但该法环境污染严重。

延迟焦生产工艺在石油化工厂建设较多。国内外焦化厂主要采用延迟焦化生产石油焦方法，进行煤沥青焦的生产。20 世纪国内宝钢焦化厂引进了日本新日铁公司的延迟焦生产技术，后续国内多家焦化厂陆续建设了有煤沥青延迟焦化生产工艺。延迟焦化工艺具有自动化和机械化水平高，废热利用好，环境保护措施好等特点。

煤沥青延迟焦化的原料为软沥青（低温沥青），其配比为：中温沥青 78.3%，脱晶蒽油 19.2%，焦化轻油 2.5%。也可以只用中温沥青与脱晶蒽油两种原料配合，配合后原料软化点为 35 ～ 40℃。

延迟焦化工艺流程见图 4-52。原料软沥青加热至 135℃，经换热器加热至 270℃后进入分馏塔。软沥青流量与分馏塔液位串级调节。分馏塔有两个软沥青入口，一个在自上数第 24 层塔板，另一个在塔底部。进入第 24 层塔板料流有冲洗塔板的作用，另一方面视软沥青的软化点而定，高时从底部入塔，低时从第 24 层入塔。进塔的软沥青与焦化塔来的高温油进行换热后，与凝缩的循环油混合。混合油由加热炉装料泵抽出送入加热炉。混合油的性质随软沥青性质和操作条件而变化，其常规操作工艺参数如下：

加热炉装入混合油量约 30t/h，入炉前油温为 311 ～ 320℃，出炉后油温为 493℃，加热炉出口油压约 490kPa，加热炉内油的压降一般为 980kPa，最大为 1470kPa。混合油的技术指标见表 4-25。

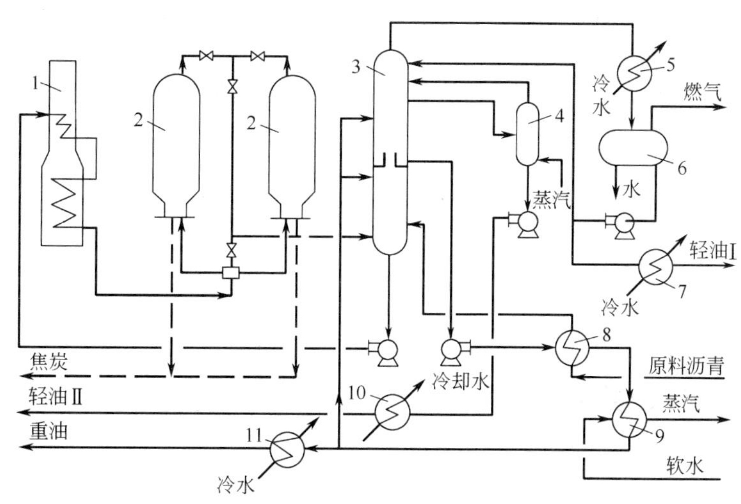

图 4-52　延迟焦化工艺流程

1—管式加热炉；2—焦化塔；3—分馏塔；4—吹气柱；5—冷凝器；6—分离器；7,10,11—冷却器；8—换热器；9—蒸汽发生器

表 4-25　混合油的技术指标

项目		指标	项目		指标
密度（70℃）/（g/cm³）		1.172	蒸馏试验	315℃前产品质量分数/%	0.5
康氏残炭/%		20		325℃前产品质量分数/%	7.4
甲苯不溶物/%		6.6		360℃前产品质量分数/%	26.4
蒸馏试验	初馏点	219		400℃前产品质量分数/%	51.9

混合油在炉入口管内流速约 1.2m/s，这样低的流速且处在临界分解温度范围区内，故炉管内表面的油膜易聚合成焦炭。为了避免结焦，需向炉管内注入 2940kPa 高压水蒸气，使混合油以高速湍流状态通过临界分解温度区域。软沥青的临界分解温度范围是 455 ～ 485℃。注汽点应设在此临界分解温度区之前，蒸汽过于提前注入将使管内阻力损失增大，油料在低温区的停留时间短，高温部分热负荷增大。因此，工艺上可以设 3 个注汽点，生产中主要使用中间的一个注汽点，另外两点仅通入少量蒸汽，以防沥青堵塞。

加热炉用煤气加热，火嘴前煤气压力一般不低于 54.9kPa，最低 19.6kPa，最高 98kPa，设计选用的压缩机煤气出口压力为 140kPa。

由加热炉出来的高温油经四通阀通过焦化塔盖的中间位置进入焦化塔，软沥青在塔内聚合和缩合，生成了延迟焦和油气。延迟焦化装置设有两台焦化塔，一台焦化塔一般需操作 24h 集满焦炭，然后将油料切换入另一台焦化塔。在切换后，原塔仍留有很多油分，于是先吹入蒸汽，把油分吹出后，再用水冷却。当焦炭冷却后，再把上下塔盖取下，用高压水切割焦炭并冲入焦槽。出完焦的塔，再装上上下塔盖，蒸汽试压检验密封，与另一塔连通，用油蒸气预热塔体，为下一次切换做好准备，整个生产周期约需 48h。

焦化塔顶部压力为 254.8kPa，油气温度 464℃，油气内含有重油、轻油及煤气，由塔顶出来进入分馏塔底部。分馏塔共有 27 层塔板，以盲塔板（自上数第 21 层）将塔分为上下两部分，上半部为分馏段，下半部为换热和闪蒸段。在塔的下半部来自焦化塔的上升气流与进塔的原料软沥青以及下降回流重油进行换热，油气中的循环油被凝缩下来，与原料软沥青混合成为塔底混合油，由泵送往加热炉。在塔的上半部，从塔的下部上升的油气与下降的重油回流接触，重油馏分凝缩下来，与重油回流液一起落在盲塔板内。重油温度约 317℃，用重油循环泵抽出。经软沥青换热，温度降至 276℃，接着通过蒸汽发生器，温度降为 224℃，然后分为两路，其中的一路重油返回塔内做中段回流，以维持塔的热平衡：另一路重油作为焦化重油产品，经锅炉给水换热，温度降至136℃，再经冷水冷却降至90℃送出。塔顶油气是轻油和煤气，轻油大部分回流，部分作为产品，煤气去煤气管道，煤气中主要组分：H_2含量为59.0%；CH_4含量为40%：其余为乙烷等成分。

分馏塔顶压力157kPa、温度为172℃，塔底压力206kPa。分馏塔为板式塔，其中下部几层为淋降板，中部为一层盲板，其余均为浮阀塔板。塔底内部装有过滤器，混合油过滤后被泵抽出，可避免出油管堵塞。

焦化塔实际上是裂解与聚合反应器，属于空体结构反应器，整个塔体由复合钢板制造。由于其操作按冷热交替变换进行操作，故保持塔的结构强度需采取一定的措施，需要缓和焦化过程中的应力集中，以适应热胀冷缩的强烈温度变化。

4.9 焦油加工利用进展

现在世界年产高温焦油近2900万吨，产量较高的国家有中国、美国、日本、俄罗斯和德国，中国焦油产量居世界前列。

由于石油化工发展，芳烃供应结构发生变化，对煤焦油产品的质量要求提高，但是多环芳烃和杂环化合物还是主要来自煤焦油，与石油化工相比占有优势。为了增强与石油化工的竞争力，世界煤焦油加工采取了集中加工、设备大型化、扩大产品种类、提高产品质量、进行深度加工等措施。

焦油组成复杂，有些组分在焦油中含量少，占1%以上的品种仅有13种，它们是萘、菲、荧蒽、芘、䓛、芴、蒽、苊、咔唑、2-甲基萘、1-甲基萘、氧芴和甲酚，为了获得窄馏分和精制产品，把煤焦油集中加工有利于产品提取和加工。例如，德国年产焦油150万吨左右，由吕特格公司焦油加工厂集中加工，焦油分离精制水平最高，工业化精制产品达230～250种。德国焦油产品主要用于化学工业，其产品去向大致为：化学工业占50%，钢铁工业占12%，电极生产占28%，其他占10%。

随焦油蒸馏分离技术的发展，对焦油中附加值高的萘油馏分采用蒸馏法制取95%工业萘技术，取代压榨萘生产工艺，萘回收率提高了10%。同时，焦油蒸馏由常压法改为减压或常减压法，实现了能耗降低，并将加热炉由方箱形改为圆筒形，降低了基建费用。

沥青加工利用技术有了较快发展，先后开发了改质沥青、硬沥青、延迟焦和针状焦，以及炭微球和优质沥青黏结剂等生产工艺。

近年来，日本、美国等都在加紧研究和开发煤焦油沥青制造高性能碳素纤维，这是焦油加工利用的重要方向之一，其主要用于航空航天、压力容器、碳/碳复合材料、风电叶片、交通建设、体育休闲等领域。中国也在进行大量研究和开发工作，目前碳纤维产能达9.79万吨，已有T800、T1000级等高性能产品投入市场。

中国仅高温煤焦油年产量约2000万吨，实际年加工能力达2600万吨；加工品种深度和质量不断提高，已具备了处理我国全部炼焦高温焦油产量的能力，但与发达国家煤焦油加工产品深度相比仍有差距。因此，通过市场机制及技术创新，着力提高产品品种的精细化加工，提升产品质量，降低能耗，消除环境污染，已成为近年来中国焦油加工的技术方向。

4.10 本章小结

炼焦化学产品的回收与精制是从煤焦化过程获取化学品的重要工艺过程。本章主要介绍粗煤气分离、氨和吡啶的回收、粗苯回收和粗苯精制、煤焦油蒸馏和焦油馏分深加工以及煤沥青的利用与加工等内容。

焦炉煤气净化分常压煤气净化和全负压煤气净化流程。国内主要采用常压煤气净化流程。炼焦过程生成的化学产品产率及组成主要与原料煤的性质和炼焦工艺条件有关，其中炼焦煤的性质是主要因素。提高炼焦温度及增加炉顶空间温度，会相应增加煤气产率，其中氢气含量会增加较多。

焦炉炭化室导出的 650 ～ 800℃高温煤气用 70 ～ 75℃的循环氨水进行喷洒被冷却到 80 ～ 82℃，随后采用间接冷却方式，将约 82℃的煤气冷却到 21℃左右，在此煤气中残余的焦油和大部分水汽冷凝下来，形成轻质焦油冷凝液及氨水。在焦油氨水澄清槽内完成焦油和氨水及焦油渣的分离，此外采用超级离心机对澄清槽内分离的粗焦油再进行二次分离，可进一步分出焦油中所含的焦油渣。

利用喷淋式饱和器法吸收煤气中的氨具有过程阻力小、硫酸铵结晶颗粒大、氨回收效率高等特点。氨和吡啶碱在煤气中的分压较小，可通过降低吸收温度，减少吸收剂中氨和吡啶碱的浓度等增大吸收过程的推动力。可以以硫酸铵饱和器的母液为原料，采用氨气中和法，在温度 100 ～ 105℃的中和器中发生中和反应分解出吡啶。

用焦油洗油吸收可从煤气中回收粗苯。影响洗油吸收粗苯的因素主要有吸收温度、洗油性质、贫油含苯量和洗油循环量，以及吸收塔内填料的表面积等。富油脱苯主要采用水蒸气蒸馏方法，特别是采用管式炉将富油加热到 180℃后再入脱苯塔的方法，具有脱苯效率高、操作稳定及技术经济指标好等特点。粗苯可通过酸洗或加氢、精馏分离等方法进行精制。

煤焦油的沸程范围很宽，通过蒸馏可分离出轻油、酚油、萘油、洗油和蒽油馏分及沥青馏分，其中沥青的占比达焦油总量的约 50%。酚油馏分的脱酚主要采用碱洗形成中性酚钠盐，然后用二氧化碳分解酚钠，从而得到粗酚产品。

煤焦油沥青主要由三环以上的芳香族化合物和含氧、氮、硫的杂环化合物，以及少量高分子碳素物质组成。煤焦油沥青属于中温沥青，将部分蒽油配入中温沥青可以制备软沥青。目前中温煤沥青是制取沥青焦、延迟焦及针状焦的原料，同时也被广泛用作制备新能源电池及电容器的电极材料。

思考题

4-1 什么是炭化室内煤气的初次热解产物？
4-2 什么是焦炉净煤气，其包括哪些组分？
4-3 煤气负压净化系统与正压净化系统各有何特点？
4-4 为什么要对粗煤气进行初冷操作？
4-5 控制煤气初冷器集合温度对生产有什么指导意义？
4-6 为什么用热循环氨水而不是用冷的清水喷洒出炉粗煤气？
4-7 剩余氨水是如何产生的？
4-8 为什么要脱除煤气中的氨？
4-9 初冷工艺后煤气中焦油雾是如何脱除的，脱出的基本原理是什么？
4-10 喷淋式饱和器回收煤气中氨的基本原理是什么？
4-11 从硫酸铵母液中回收吡啶的基本原理是什么？
4-12 写出 Phosam 法生产无水氨的基础化学反应式。
4-13 用洗油洗涤煤气中的苯，对洗油的质量有哪些要求？
4-14 进入洗苯塔中的洗油温度与煤气温度是否相同，为什么？
4-15 影响洗苯塔后煤气含苯量的因素有哪些？
4-16 粗苯精制的目的是什么？
4-17 与酸洗精制法相比，粗苯的催化加氢精制有哪些优点？
4-18 焦油在加工前为什么要进行脱水？
4-19 如何由高温煤焦油原料制取改质沥青产品？

思考题解答

参考文献

[1] 王兆熊，高晋生，等 . 焦化产品的精制和利用 . 北京：化学工业出版社，1989.

[2] 任庆烂 . 炼焦化学产品的精制 . 北京：冶金工业出版社，1987.

[3] 于振东，郑文华 . 现代焦化生产技术手册 . 北京：冶金工业出版社，2010.

[4] 焦化设计参考资料编写组 . 鞍山焦耐院编焦化设计参考资料 . 北京：冶金工业出版社，1980.

[5] 肖瑞华，白金锋 . 煤化工产品工艺学 . 2 版 . 北京：冶金工业出版社，2008.

[6] Eliott A M. Chemistry of Coal Utilization . 2nd Sup Vol. New York : John Wiley & Sons. 1981.

[7] 王春，李向军 . 酒钢焦化厂无水氨装置优化 . 燃料与化工，2015，46（04）：54-55，58.

[8] 单春华，姜秋，李瑞，等 . 煤焦油减压蒸馏新工艺 . 燃料与化工，2019，50（03）：44-46，51.

[9] 中国冶金百科全书编辑部 . 中国冶金百科全书：炼焦化工 . 北京：冶金工业出版社，1986.

[10] 曾旭 . 焦化苯加氢精制工艺萃取溶剂分析评价 . 燃料与化工，2014，45（06）：5-9，18.

[11] 周晓晓，马俊，刘丽丽 . 煤焦油加氢原料蒸馏工艺方案选择 . 燃料与化工，2019，50（01）：34-36.

[12] 陈年连，张艳 . 馏分脱酚操作参数的研究和改进 . 燃料与化工，2018，49（03）：52-56.

[13] 张树福，廖志强，单春华 . 改质沥青工艺的选择 . 燃料与化工，2019，50(4)：38-43.

[14] 王新东，白金锋 . 绿色焦化工艺技术 . 北京：冶金工业出版社，2020.

[15] Ahmadi A，Gholizadeh M，Fallahi-Samberan M，et al. Pyrolysis of municipal waste : Effect of waste type and co-pyrolysis on the formation of products and coke over zeolite catalyst. Chemical Engineering Research & Design，2022，187：105-119.

[16] Li J Z，Chen X D，Zhang Y M，et al. Characterization of FCC slurry oil products thermally converted over modified coke powder. Energy，2022，261，125257.

[17] Wang D D，Littlewood P，Marks T J，et al. Coking Can Enhance Product Yields in the Dry Reforming of Methane. ACS Catalysis，2022，12（14）：8352-8362.

[18] Kuznetsov P N，Fetisova O Y，Kuznetsova L I，et al. Insight into the key kinetic steps in the pyrolysis of coking and non-coking coals，characterization of the pyrolysis products. International Journal of Coal Science & Technology，2023，10（1）：s40789.

[19] Machhi D J，Modhera B，Parikh P A. Catalytic cracking of low-density polyethylene dissolved in various solvents : product distribution and coking behavior. Journal of Material Cycles and Waste Management，2023，25：3005-3020.

[20] Dalil M，Carnevali D，Edake M，et al. Gas phase dehydration of glycerol to acrolein : Coke on WO_3/TiO_2 reduces by-products. Journal of Molecular Catalysis

A-Chemical，2016，421：146-155.

[21] Lavrova A S，Vasilyev V V，Strakhov V M. Comparison of the Coking Products from Heavy Petroleum Tars and Heavy Catalytic-Cracking Gas-Oil . Coke and Chemistry，2019，62（4）：164-168.

[22] Long L，Zhou W，Qiu Y，et al. Coking and gas products behavior of supercritical n-decane over NiO nanoparticle/nanosheets modified HZSM-5. Pergamon，2020，192：116540.

[23] Zhai Y F，Wang S F，Wang Z，et al. Experimental and numerical study on laminar combustion characteristics of by-product hydrogen coke oven gas. Energy，2023，278：127766.

[24] Mu X，Qian W，Yan C，et al. The structural model of coal is studied by quantum chemistry calculation and separation of coal liquefied oil group components. Fuel，2023，337：127162.

[25] Qin X，Liu Q，Yu J，et al. Study on structure and properties of remained solids from liquefaction of Naomaohu coal in tetrahydronaphthalene. Fuel，2023，339：127348.

5 煤的气化

本章学习重点

- ○ 掌握煤气化的原理与过程、基本化学反应、反应动力学及机理。
- ○ 掌握煤气化技术的分类方法。
- ○ 掌握固定床、流化床和气流床气化的原理、典型技术工艺流程及特点。
- ○ 了解煤炭地下气化的原理、方法及影响因素。
- ○ 了解煤气化联合循环发电工艺过程及系统效率的影响因素。
- ○ 了解煤气甲烷化的基本原理及工艺流程。
- ○ 了解煤气净化方法的原理、典型工艺流程及特点。
- ○ 掌握不同煤气化方法的特点及煤气化技术的选择原则。

煤的气化是煤与气化剂反应转化成气体产物（即煤气）的热化学过程。通过煤气化可将组分复杂、难以加工利用的固体煤转化为易于净化及应用的气体产品，通常是以氧气（空气）、水蒸气或氢气等作气化剂，在高温条件下经化学反应将煤或煤焦中的碳和氢等转化为气体产物，其有效成分包括氢气、一氧化碳及甲烷等。

煤气的使用始于18世纪末，19世纪后期出现了直立干馏炉和水煤气生产技术，当时的煤气主要用作燃料气。20世纪以来煤气化技术有了快速的发展，到50年代前后，已逐渐形成了移动床（固定床）、流化床和气流床三种主要技术方向；70年代石油危机出现后，西方工业国家更大量投资开发煤气化新技术；至今，大型高效煤气化技术的研究开发一直是煤化工领域的热点。

我国于1885年11月在上海杨浦建成了第一座煤制气厂用于供应城市煤气，之后，东北的几个城市也建有煤气厂。新中国成立后，煤气化及应用技术逐渐普及并提高。20世纪80年代起，我国政府非常重视煤气工业的规划和发展，与工业国家的国际交流合作也日益增多，我国的煤气化工业进入快速发展期，期间先后引进了一批先进的煤气化技术，同时，在国家科技计划的支持下通过科研单位、高校和企业的联合攻关，开发出了具有自主知识产权的加压气流床气化和灰熔聚流化床等气化技术，其中多种技术已实现商业运行。

煤气化是实现煤炭高效清洁利用的核心技术之一，煤气可应用于许多方面：①合成化肥、甲醇、醋酸、烯烃、天然气及液体燃料等的原料气；②石化加氢、煤直接液化、燃料电池等的氢气源；③工业、民用以及先进整体气化联合循环发电等的燃气；④直接还原炼铁的还原气等。

煤气化技术的发展所追求的目标是：希望能使用包括劣质煤在内的固体燃料，大规模连续高效洁净地生产煤气。

5.1 煤气化原理

煤的气化是煤在热条件下的转化过程，这一过程及伴随的化学反应是在气化反应器，即煤气化炉中进行的。研究气化过程的主要化学反应的热力学、动力学因素和反应机理，有助于判断气化过程进行的方向、限度和速率，也有利于气化数学模型的建立。由于煤性质的复杂多样性，在煤气化技术开发过程中借助于数学模型指导解决气化模拟放大中的一系列普遍性问题尤显其重要性。

5.1.1 煤气化过程及化学反应

5.1.1.1 煤气化过程

在不同的气化方法中，原料煤与气化剂的相对运动及接触方式有所不同，但煤由受热至最终完全气化转化所发生化学反应的类型及所经历的过程相似，原料煤通常要经历干燥、热解、燃烧和气化过程。图 5-1 是固定床气化炉气化过程示意图。气化原料（煤或煤焦）由上部加料装置装入炉膛，原料层及灰渣层由下部炉栅支撑，空气中通入一定量的水蒸气所形成的气化剂由下部送风口进入，与原料层接触发生气化反应。反应生成的煤气由原料层上方引出，气化反应后残存的灰渣由下部的灰盘排出。

在气化炉中，原料与气化剂逆向流动，气化剂由炉栅缝隙进入灰渣层，接触热灰渣后被预热，然后进入灰渣层上面的氧化层（又称燃烧层）。在这里，气化剂中的氧与原料中的碳作用，生成二氧化碳，生成的气体与未反应的气化剂一起上升，与上面炽热的原料接触，被碳还原，二氧化碳与水蒸气被还原为一氧化碳和氢气，该层称为还原层。还原层生成的气体和剩余未分解的水蒸气一起继续上升，加热上面的原料层，使原料进行热解，该层称为干馏层或热解层。该层下部的原料即为干馏产物半焦或焦炭。干馏气与上升的气体混合即为煤气。煤气经过最上面的原料层将原料预热并干燥后，进入气化炉上部空间由煤气出口引出。

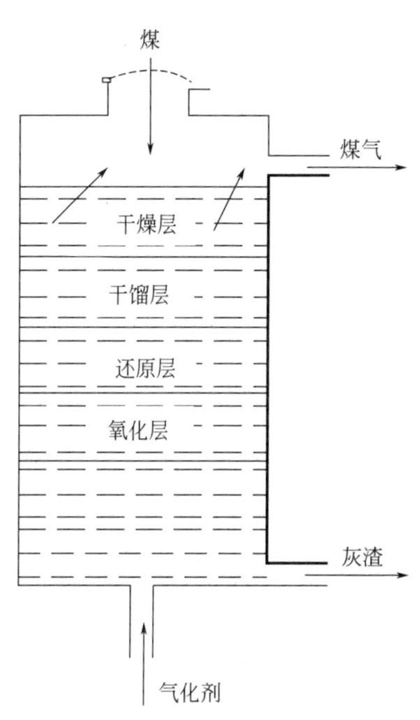

图 5-1 固定床气化炉气化过程

综上所述，在气化炉中的原料层可以分为灰渣层、氧化层、还原层、干馏层和干燥层。灰渣层可预热气化剂和保护炉栅不受高温。氧化层主要进行碳的氧化反应。碳的氧化反应速率很快，故氧化层高度很小。由于氧化反应为放热反应，所以氧化层温度最高。在还原层中主要是二氧化碳和水蒸气的还原反应，该反应为吸热反应，所需热量由氧化层供给。由于还原层温度逐渐下降，使反应速率逐渐减慢，因而还原层高度超过氧化层。制造煤气的反应主要是在氧化层和还原层中进行的，所以称氧化层和还原层为气化区，上部的干燥层和干馏层进行原料的预热、干燥和干馏。

实际操作中，气化炉内进行的气化反应并不是在几个截然分开的区域中进行，各区域并无明显的分界线，在原料层中进行着错综复杂的氧化反应和还原反应。

由于是将通入一定量水蒸气的空气作为气化剂，故制得的煤气中含有较多的氮气，煤气中以 CO 和 H_2 为主的有效成分不高。如将空气和水蒸气交替鼓入水煤气发生炉中，以空气与煤或焦炭燃烧，使原料层中蓄积热量，然后向原料层中通入水蒸气进行反应，可生成 CO 与 H_2 为主的水煤气。

现代大型煤流化床和气流床气化工艺中原料煤与气化剂大都采用富氧 / 水蒸气气化剂，以提高煤气中的有效组分和热值，气化强度也大幅提升，而且通过煤气中 CO 与 H_2 间的变换反应可调节 H_2 与 CO 的比例，生产用作化学合成的原料气。

5.1.1.2 煤热解化学反应

煤在热解阶段其有机质和矿物发生一系列变化形成固体、液体和气体产物，反应途径和相互影响异常复杂，热解反应的宏观形式为：

$$煤 \longrightarrow CO、CO_2、H_2、H_2O、H_2S、NH_3、气态烃、焦油、焦$$

在煤热解过程中，一般认为包括裂解和缩聚两大类反应，热解前期以裂解反应为主，后期则主要发生缩聚反应。

（1）裂解反应　裂解反应的具体形式是多样化的，主要与煤的分子结构有关。①桥键的断裂，煤中的桥键是各结构单元间的连接键，主要形式是—CH_2—CH_2—、—CH_2—、—CH_2—O—、—O—、—S—S—等，这些键受热时易断裂生成自由基，可与其他产物结合或自行结合使自由基反应终止；②侧链的断裂，煤单元结构的侧链在升温过程中也容易断裂，脂肪侧链生成气态烃，如 CH_4 和 C_2H_4 等低分子烃，而含氧官能团的断裂脱落则主要生成 CO 和 CO_2；③低分子化合物的裂解，煤中的低分子化合物通常以脂肪烃为主，在热条件下易脱离主体结构或裂解逸出生成挥发性产物，如 CH_4、C_2H_6、H_2O、CO_2、H_2 和可凝性的焦油。

（2）二次热分解反应　裂解反应的产物通常称为一次分解产物，若在一定的停留时间或更高温的热作用下，会发生二次热分解反应。主要的二次热分解反应有：裂解、芳构化、加氢和缩聚反应。在温度很高的极快速热解过程中，一次分解产物以裂解反应为主，二次热分解反应是次要的。

（3）缩聚反应　在煤的热解过程中，缩聚反应不仅发生在部分的二次热分解中，随温度上升，在黏结性煤的胶质体固化及半焦芳构脱氢阶段，发生的化学反应也以缩聚反应为主。

5.1.1.3 气化基本化学反应

煤气化的总过程有两种类型的反应，即非均相反应和均相反应。前者是气化剂或气态反应产物与固体煤或煤焦的反应；后者是气态反应产物之间的相互作用或与气化剂的反应。生成气的组成取决于所有这些反应的综合。虽然煤的“分子”结构很复杂，其中含有碳、氢、氧和其他多种元素，但在讨论基本化学反应时，做了以下两个假定：

① 仅考虑煤中的主要元素碳；

② 考虑在气化反应前发生煤的干馏或热解。

考虑煤的气化过程仅有固定碳、水蒸气和氧参加，则进行下列反应：

$$\boldsymbol{r_1} \qquad C+\frac{1}{2}O_2 \longrightarrow CO \qquad \Delta H=-110.4kJ/mol \tag{1}$$

$$\boldsymbol{r_2} \qquad C+O_2 \longrightarrow CO_2 \qquad \Delta H=-394.1kJ/mol \tag{2}$$

$$\boldsymbol{r_3} \qquad C+H_2O \rightleftharpoons H_2+CO \qquad \Delta H=135.0kJ/mol \tag{3}$$

$$\boldsymbol{r_4} \qquad C+CO_2 \rightleftharpoons 2CO \qquad \Delta H=173.3kJ/mol \tag{4}$$

$$\boldsymbol{r_5} \qquad C+2H_2 \rightleftharpoons CH_4 \qquad \Delta H=-84.3kJ/mol \tag{5}$$

$$\boldsymbol{r_6} \qquad H_2+\frac{1}{2}O_2 \rightleftharpoons H_2O \qquad \Delta H=-245.3kJ/mol \tag{6}$$

$$\boldsymbol{r_7} \qquad CO+\frac{1}{2}O_2 \rightleftharpoons CO_2 \qquad \Delta H=-283.7kJ/mol \tag{7}$$

$$r_8 \qquad CO+H_2O \rightleftharpoons CO_2+H_2 \qquad \Delta H=-38.4kJ/mol \tag{8}$$

$$r_9 \qquad CO+3H_2 \rightleftharpoons CH_4+H_2O \qquad \Delta H=-219.3kJ/mol \tag{9}$$

以上是与煤中的主要组分碳的转化有关的反应，当参加反应的物质为C、O_2和H_2O时，式（1）、式（2）及式（3）为一次反应，它们产生的气态反应产物CO、CO_2和H_2是二次反应剂，式（4）～式（8）为一次和二次反应剂之间的反应，式（9）为二次反应剂之间的反应，该反应生成三次产物。因认为产生的焦油和气态烃可进一步裂解或反应生成气态产物，所以煤气化可用下列的简式表示。

$$煤 \longrightarrow C+CH_4+CO+CO_2+H_2+H_2O$$

进一步观察煤气化过程时，会注意到煤中存在的其他元素如硫和氮的行为。它们与气化剂O_2、H_2O和H_2以及与反应中产生的气态反应产物之间可能进行的反应如下：

$$S+O_2 \rightleftharpoons SO_2$$
$$SO_2+3H_2 \rightleftharpoons H_2S+2H_2O$$
$$SO_2+2CO \rightleftharpoons S+2CO_2$$
$$2H_2S+SO_2 \rightleftharpoons 3S+2H_2O$$
$$C+2S \rightleftharpoons CS_2$$
$$CO+S \rightleftharpoons COS$$
$$N_2+3H_2 \rightleftharpoons 2NH_3$$
$$N_2+H_2O+2CO \rightleftharpoons 2HCN+1.5O_2$$
$$N_2+xO_2 \rightleftharpoons 2NO_x$$

上述反应对能量平衡并不起重要作用，但这些反应产物对于评价气化工艺过程中可能产生的腐蚀和污染，以及进一步对煤气精制所需要的基本数据是有意义的。

5.1.2 化学当量计算

前面所列煤气化的基本化学反应（$\boldsymbol{r}_1 \sim \boldsymbol{r}_9$），不同气化过程即由上述或其中部分反应以串联或平行的方式组合而成。通过化学当量计算可分析工艺过程是否合理和优化。

设前述反应在七维空间按（C、O_2、H_2O、CO、CO_2、H_2、CH_4）的排列次序以矢量形式表达：

$$\boldsymbol{r}_1=\left(-1,\ -\frac{1}{2},\ 0,\ 1,\ 0,\ 0,\ 0\right)$$

$$\boldsymbol{r}_2=(-1,\ -1,\ 0,\ 0,\ 1,\ 0,\ 0)$$

$$\boldsymbol{r}_3=(-1,\ 0,\ -1,\ 1,\ 0,\ 1,\ 0)$$

$$\boldsymbol{r}_4=(-1,\ 0,\ 0,\ 2,\ -1,\ 0,\ 0)$$

$$\boldsymbol{r}_5=(-1,\ 0,\ 0,\ 0,\ 0,\ -2,\ 1)$$

$$\boldsymbol{r}_6=\left(0,\ -\frac{1}{2},\ 1,\ 0,\ 0,\ -1,\ 0\right)$$

$$\boldsymbol{r}_7=\left(0,\ -\frac{1}{2},\ 0,\ -1,\ 1,\ 0,\ 0\right)$$

$$\boldsymbol{r}_8=(0,\ 0,\ -1,\ -1,\ 1,\ 1,\ 0)$$

$$\boldsymbol{r}_9=(0,\ 0,\ 1,\ -1,\ 0,\ -3,\ 1)$$

七维空间中，九个矢量中四个矢量是线性独立的，选择$\boldsymbol{r}_1$、$\boldsymbol{r}_2$、$\boldsymbol{r}_3$和$\boldsymbol{r}_9$为“基线”，则其他矢量皆可通过这四个矢量的正或负的线性组合而成，如

$$\boldsymbol{r}_4=2\boldsymbol{r}_1-\boldsymbol{r}_2$$

$$\boldsymbol{r}_5=\boldsymbol{r}_3+\boldsymbol{r}_9$$

$$\boldsymbol{r}_6=\boldsymbol{r}_1-\boldsymbol{r}_3$$

$$\boldsymbol{r}_7=\boldsymbol{r}_2-\boldsymbol{r}_1$$

$$\boldsymbol{r}_8=\boldsymbol{r}_2+\boldsymbol{r}_3-2\boldsymbol{r}_1$$

换言之，可以认为反应式（4）是两个反应式（1）减去反应式（2）。

$$2\boldsymbol{r}_1 \quad 2C+O_2 \longrightarrow 2CO$$

$$-\boldsymbol{r}_2 \quad CO_2 \longrightarrow C+O_2$$

$$\boldsymbol{r}_4 \quad C+CO_2 \longrightarrow 2CO$$

这样的方法并未考虑到反应进行的机理和序次，仅意味着反应式（4）的化学当量计算与反应式（1）和式（2）线性相关。

导入以下三个增加的反应将是有用的：

$$\boldsymbol{r}_{10} \quad C+2H_2O \longrightarrow CO_2+2H_2 \quad \Delta H=96.6\text{kJ/mol} \tag{10}$$

$$\boldsymbol{r}_{11} \quad 3C+2H_2O \longrightarrow 2CO+CH_4 \quad \Delta H=185.6\text{kJ/mol} \tag{11}$$

$$\boldsymbol{r}_{12} \quad 2C+2H_2O \longrightarrow CO_2+CH_4 \quad \Delta H=12.2\text{kJ/mol} \tag{12}$$

$$\boldsymbol{r}_{10}=(-1,\ 0,\ -2,\ 0,\ 1,\ 2,\ 0)$$

$$\boldsymbol{r}_{11}=(-3,\ 0,\ -2,\ 2,\ 0,\ 0,\ 1)$$

$$\boldsymbol{r}_{12}=(-2,\ 0,\ -2,\ 0,\ 1,\ 0,\ 1)$$

$$\boldsymbol{r}_{10}=\boldsymbol{r}_2+2\boldsymbol{r}_3-2\boldsymbol{r}_1=\boldsymbol{r}_3+\boldsymbol{r}_8$$

$$\boldsymbol{r}_{11}=3\boldsymbol{r}_3+\boldsymbol{r}_9$$

$$\boldsymbol{r}_{12}=2\boldsymbol{r}_1+\boldsymbol{r}_2+3\boldsymbol{r}_3+\boldsymbol{r}_3=\boldsymbol{r}_5+\boldsymbol{r}_{10}$$

因为系统中加入的是 C、O_2、H_2O，其全部变化必然是 C、O_2、H_2O 的消失及 CO、CO_2、H_2、CH_4 的生成。所以，全部反应以矢量方式表达时，必须具有以下形式（-，-，-，+，+，+，+）。为了防止整个反应变化中生成 C、O_2 和 H_2O 或者 CO、CO_2、H_2 及 CH_4 被反应掉，任何一个煤的气化反应系统可由以下六个反应的非负（零或正）线性组合而成。当没有甲烷生成时，则只用前四个反应。

$$\boldsymbol{r}_1 \quad C+\frac{1}{2}O_2 \longrightarrow CO \quad \Delta H=-110.4\text{kJ/mol} \tag{1}$$

$$\boldsymbol{r}_2 \quad C+O_2 \longrightarrow CO_2 \quad \Delta H=-394.1\text{kJ/mol} \tag{2}$$

$$\boldsymbol{r}_3 \quad C+H_2O \longrightarrow H_2+CO \quad \Delta H=135.0\text{kJ/mol} \tag{3}$$

$$\boldsymbol{r}_{10} \quad C+2H_2O \longrightarrow CO_2+2H_2 \quad \Delta H=96.6\text{kJ/mol} \tag{10}$$

$$\boldsymbol{r}_{11} \quad 3C+2H_2O \longrightarrow 2CO+CH_4 \quad \Delta H=185.6\text{kJ/mol} \tag{11}$$

$$\boldsymbol{r}_{12} \quad 2C+2H_2O \longrightarrow CO_2+CH_4 \quad \Delta H=12.2\text{kJ/mol} \tag{12}$$

当系统消耗 C、O_2、H_2O 时，这六个非负的基本反应的位置见图 5-2。

$\boldsymbol{r}_1$—$\boldsymbol{r}_3$—$\boldsymbol{r}_{10}$—$\boldsymbol{r}_2$ 的四边形表示没有甲烷生成时进行这些反应的范围。当有甲烷生成时，则范围扩大为 $\boldsymbol{r}_1$—$\boldsymbol{r}_{11}$—$\boldsymbol{r}_{10}$—$\boldsymbol{r}_2$，在上述范围的上部表示碳过量，在上述范围的下部则表示 O_2、H_2O 过量。

当没有甲烷生成时，可由供入的 C、O_2、H_2O 物质的量算得所生成的气体 CO、CO_2 和 H_2 的量。

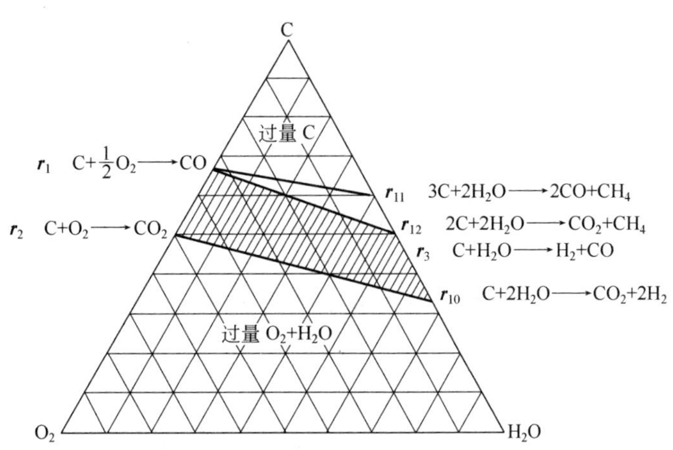

图 5-2 气化炉中 C、O_2、H_2O 的消耗及六个非负的基本反应

5.1.3 气化反应的化学平衡

气化过程中的化学反应在进行正反应的同时，反应产物也相互作用形成逆反应。当正反应与逆反应的速率相等时，化学反应就达到动态平衡。

根据质量作用定律，以各组分气体分压表示的平衡常数 K_p 如下式：

$$K_p = \frac{p_A^a p_B^b}{p_E^e p_G^g}$$

式中，p_A、p_B、p_E 和 p_G 各为 A、B、E 和 G 气体组分的分压。

5.1.3.1 温度的影响

温度对平衡常数的影响，可用 $C+CO_2 \rightleftharpoons 2CO$ 表示：即在 800 ～ 1000℃温度下发现几乎所有的 CO_2 均反应生成 CO（见表 5-1）。

表 5-1 $C+CO_2 \rightleftharpoons 2CO$ 反应在不同温度下的平衡组成

温度/℃	$\varphi(CO_2)$/%	$\varphi(CO)$/%	温度/℃	$\varphi(CO_2)$/%	$\varphi(CO)$/%
450	97.8	2.2	850	5.9	94.1
650	60.2	39.8	900	2.9	97.1
700	41.3	58.7	950	1.2	98.8
750	24.1	75.9	1000	0.9	99.1
800	12.4	87.6			

5.1.3.2 压力的影响

如反应的进行伴随着气相体积的增加或减小，则升高总压力时，反应向减小总压力的方向（即减小体积的方向）进行。反之，降低总压力时，将使反应向增加总压力的方向（即增加体积的方向）进行。

从反应方程式 $C+CO_2 \rightleftharpoons 2CO$ 中不难看出，有

$$\frac{d\ln K_p}{dT} = -\frac{Q_p}{RT^2} \tag{5-1}$$

式中，Q_p 为等压下的反应热效应。

由上式可知，如反应是吸热的，则 $Q_p<0$、$\frac{\mathrm{d}\ln K_p}{\mathrm{d}T}>0$，平衡常数值随温度的升高而增加，即温度上升，平衡向吸热方向进行。如反应是放热的，则 $Q_p>0$、$\frac{\mathrm{d}\ln K_p}{\mathrm{d}T}<0$，平衡常数值随温度的升高而减小，即温度降低，平衡向放热方向进行。

例如，二氧化碳还原反应：

$$C+CO_2 \rightleftharpoons 2CO \qquad \Delta H=173.3\text{kJ/mol} \tag{4}$$

当该反应平衡时，气相中只有 CO 与 CO_2，则平衡常数 K_p 可表示为

$$K_p=\frac{p_{CO}^2}{p_{CO_2}} \tag{5-2}$$

由表 5-1 可见，随着温度升高，在煤气混合物中 CO 含量显著增加，在 1000℃时达到 99.1%。由于反应前后体积发生变化，因而（$CO+CO_2$）混合气体的总压力相应变化，这种变化势必影响平衡时二者的含量。如图 5-3 所示为反应 $C+CO_2 \rightleftharpoons 2CO$ 中平衡混合物组成与压力的关系。

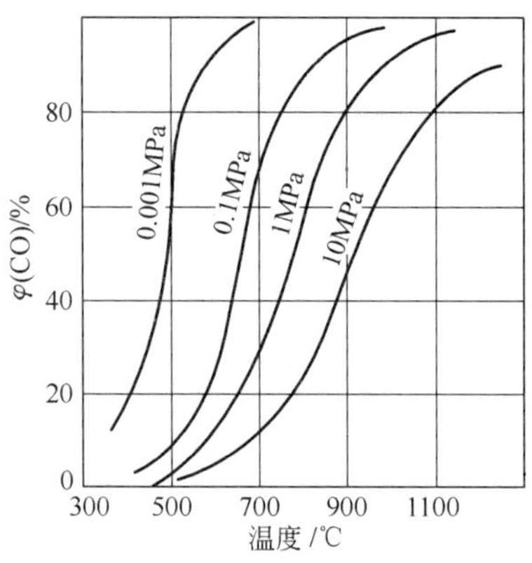

图 5-3　CO 与 CO_2 的平衡组成随压力的变化

由图 5-3 可以看出，在反应温度 800℃、混合气体压力为 0.1MPa 时，CO 平衡含量为 92%；在 1MPa 时，混合气体中的 CO 含量降至 58%；而在 10MPa 时则降至 24%。

与此相反，若压力降为 0.01MPa 时，CO 的平衡含量却可以增加到 92% ～ 97%。在反应温度为 800℃、总压力为 0.001MPa 时，CO_2 的平衡含量达到可以忽略的程度。

按理想气体计算出的热力学关系应符合 $pV=nRT$ 状态方程式。实际上，接触到的都是真实气体，在加压下其性质如按理想气体考虑将存在很大差异，上述的热力学关系在此情况下不准确。如平衡常数 K_p 不仅是温度的函数，而且同时也随着总压力而变化。

对非理想系统应用热力学定律时，可使用称为逸度的某些有效压力以替代实验分压，K_p 则代之以 K_f。

$$K_f=\frac{f_A^a f_B^b}{f_E^e f_G^g}$$

式中，f_A、f_B、f_E 和 f_G 分别为物质 A、B、E 和 G 的分逸度，对理想气体 $p=f$，即逸度与压力相同。

在低压下，对理想气体导出的热力学相互关系也可用于实际气体，因为当 $p\to 0$ 时，$f\to p$。

一般情况下，逸度与压力具有以下的关系：

$$f=rp$$

式中 r——活度系数。

对于气相混合组分则相应为

$$f_i=r_ip_i$$

式中 r_i——各组分的活度系数；

p_i——各组分的分压力。

则 K_f 与 K_p 之间的相互关系可用下式表示：

$$K_f=K_p\frac{r_A^a r_B^b}{r_E^e r_G^g} \tag{5-3}$$

计算活度系数时可考虑使用简单而对工艺计算足够准确的（达 4%）经验方法。例如，引用对比压力 $\pi=\dfrac{p}{p_C}$ 及对比温度 $\tau=\dfrac{T}{T_C}$（p_C 为临界压力，T_C 为临界温度）。然后，根据不同气体的对比温度 τ 及对比压力 π，由图 5-4 查出相应的活度系数。对于 H_2、He 及 Ne 的对比温度和对比压力的计算应改用下面的公式：

$$\pi=\frac{p}{p_C+8},\quad \tau=\frac{T}{T_C+8}$$

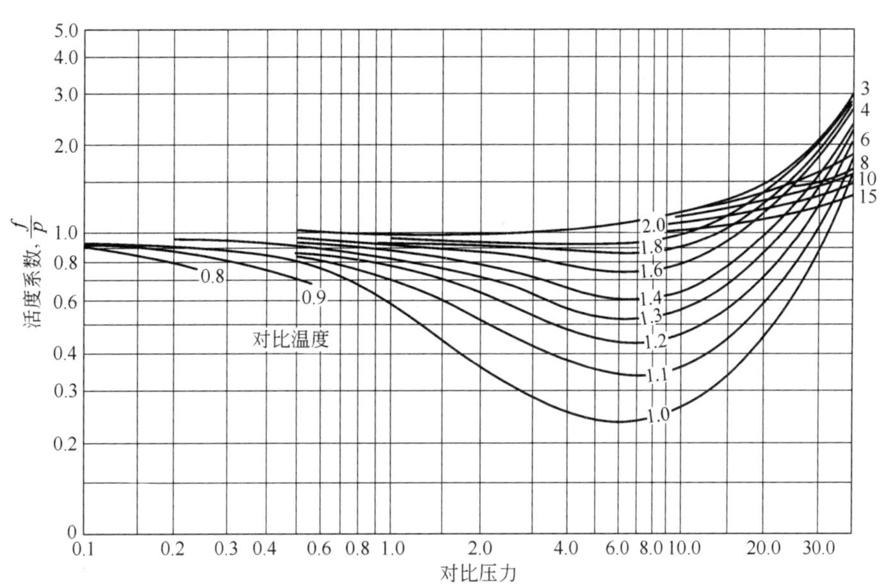

图 5-4 气体和蒸气的活度系数

5.1.3.3 煤气组成的热力学计算

在用蒸汽 - 氧鼓风的煤焦气化过程中进行着前述的气化反应，煤气的组分主要由反应式（4）、式（5）、式（8）的平衡状态所确定。

煤气组分中应包含 CO、CO_2、H_2、CH_4 及 H_2O。除此之外，煤气中还含有氮气，因为气化过程中应用的工业氧含有约 5% 的氮气。借助于解出带有六个未知数的方程式组，可以计算出煤气的理论组分。

$$K_{p_1}=\frac{p_{CO}^2}{p_{CO_2}}$$

$$K_{p_2}=\frac{p_{CO_2}p_{H_2}}{p_{CO}p_{H_2O}} \tag{5-4}$$

$$K_{p_3}=\frac{p_{CH_4}}{p_{H_2}^2} \tag{5-5}$$

式中　　K_{p_1}，K_{p_2}，K_{p_3}——反应式（4）、式（8）、式（5）的平衡常数；

p_{CO}，p_{CO_2}，p_{H_2}，p_{CH_4}，p_{H_2O}——煤气中CO、CO_2、H_2、CH_4及H_2O的分压。

$$p_{CO}+p_{CO_2}+p_{H_2}+p_{CH_4}+p_{H_2O}+p_{N_2}=p \tag{5-6}$$

式中　p_{N_2}——煤气中的N_2分压；

p——煤气的总压力。

式（5-6）可由过程的物料平衡获得。已知鼓风中氢与氧的质量比等于所制得的煤气中氢与氧的质量比，此质量关系可由在鼓风中及煤气中氢及氧的分压来表示。

$$A=\frac{p'_{H_2O}}{2p'_{O_2}+p'_{H_2O}}=\frac{2p_{CH_4}+p_{H_2O}+p_{H_2}}{2p_{CO_2}+p_{H_2O}+p_{CO}} \tag{5-7}$$

式中　p'_{O_2}和p'_{H_2O}——鼓风中O_2及H_2O的分压。

式（5-7）与式（5-6）相似，表示鼓风中氮与氧的质量比与在制得的煤气中氮与氧的质量比相等。

$$B=\frac{p'_{N_2}}{2p'_{O_2}+p'_{H_2O}}=\frac{p_{N_2}}{2p_{CO_2}+p_{H_2O}+p_{CO}} \tag{5-8}$$

式中　p'_{N_2}——在鼓风中N_2的分压。

由式（5-7）、式（5-8）可解出A与B。

令

$$\beta=\frac{p'_{H_2O}}{p'_{O_2}},\quad \alpha=\frac{p'_{N_2}}{p'_{O_2}}$$

$$p=p'_{H_2O}+p'_{O_2}+p'_{N_2} \tag{5-9}$$

可求出

$$p'_{O_2}=\frac{p}{1+\alpha+\beta}$$

$$p'_{H_2O}=\frac{\beta p}{1+\alpha+\beta}$$

$$p'_{N_2}=\frac{\alpha p}{1+\alpha+\beta}$$

将p'_{O_2}、p'_{H_2O}及p'_{N_2}的值代入式（5-7）及式（5-8），可得

$$A=\frac{\beta}{2+\beta} \tag{5-10}$$

$$B=\frac{\alpha}{2+\beta} \tag{5-11}$$

为了简化解出带有六个未知数的方程式组，可以排出式（5-12）。该式按前述的方法一样列出。

$$\alpha=\frac{p_{N_2}}{p_{CO_2}+\frac{1}{2}p_{CO}-\left(p_{CH_4}+\frac{1}{2}p_{H_2}\right)} \tag{5-12}$$

由式（5-2）、式（5-4）得

$$p_{H_2O}=\frac{p_{CO_2}p_{H_2}}{K_{p_1}K_{p_2}} \tag{5-13}$$

联解方程式（5-5）～式（5-8）、式（5-12）、式（5-13）得

$$\beta p_{CO} + (3\beta + 2\alpha + 2)p_{H_2} + \frac{2\beta + 2\alpha + 2}{K_{p_1}K_{p_2}} p_{CO}p_{H_2} + (4\beta + 4\alpha + 4)K_{p_3}p_{H_2}^2 = 2\beta p \quad (5\text{-}14)$$

p_{H_2}大小决定后，从式（5-14）很易求出p_{CO}；知道了p_{CO}由式（5-2）即可确定p_{CO_2}；由式（5-5）可确定p_{CH_4}；由式（5-13）可求出p_{H_2O}；由式（5-8）和式（5-12）可算出p_{N_2}。

p_{H_2}的选择是否合适，可将所求得的各组分的分压代入式（5-6）进行校核。

5.1.3.4 2MPa 和 900℃条件下煤气的理论平衡组成计算

设鼓风中组分分压的比例为α =0.052632（在工业氧中氧含量为95%）和β =10，此时鼓风中组分的分压为

$$p'_{O_2} = 1.8096\text{MPa}$$

$$p'_{H_2O} = 19.0964\text{MPa}$$

$$p'_{N_2} = 0.0940\text{MPa}$$

为了确定煤气组成的分压，必须计算出在900℃和2MPa时的平衡常数K_{p_1}、K_{p_2}和K_{p_3}，0.1MPa时的平衡常数见表5-2。

表5-2 在0.1MPa时平衡常数的数值

平衡常数	温度/℃				
	500	700	900	1000	1100
$K_{p_1} = \frac{p_{CO}^2}{p_{CO_2}}$	3.67×10^{-3}	0.915	36.5	146	452
$K_{p_2} = \frac{p_{CO_2}p_{H_2}}{p_{CO}p_{H_2O}}$	5.01	1.565	0.744	0.580	0.461
$K_{p_3} = \frac{p_{CH_4}}{p_{H_2}^2}$	2.26	0.144	1.86×10^{-2}	3.65×10^{-3}	4.59

在2MPa压力下的平衡常数不仅是温度的函数，而且还随着总压力的变化而改变。所以，在确定2MPa压力下的平衡常数时，煤气组分的分压应代之以称为逸度的有效压力，故需求得相应温度、压力条件下煤气中各组分的活度系数。根据各组分的临界温度和临界压力，求得相应的对比温度和对比压力。然后，根据图5-4做出图5-5（π =10时）。求得的煤气中每一组分在相应的对比温度下的活度系数列于表5-3。

表5-3 2MPa及900℃时各组分的对比温度和对比压力及活度系数的数值

煤气组分	临界温度T_c/℃	临界压力p_c/MPa	对比温度τ	对比压力π	在π=10时的活度系数
N_2	−147.1	33.5	9.38	0.598	1.112
H_2	−239.9	12.8	28.7	0.963	1.024
CH_4	−82.5	45.8	6.05	0.437	1.153
CO	−139	35	8.81	0.573	1.116
CO_2	31.1	73	3.87	0.274	1.176
H_2O	374.2	218.5	1.82	0.092	1.193

已知π =10时活度系数的数值，对煤气的每一组分在其他对比压力下可用内插法算得活度系数的数值（见表5-4）。因为活度系数在π =0～10之间的变化几乎是直线关系，因此用内插法确定活度系数的误差不大。

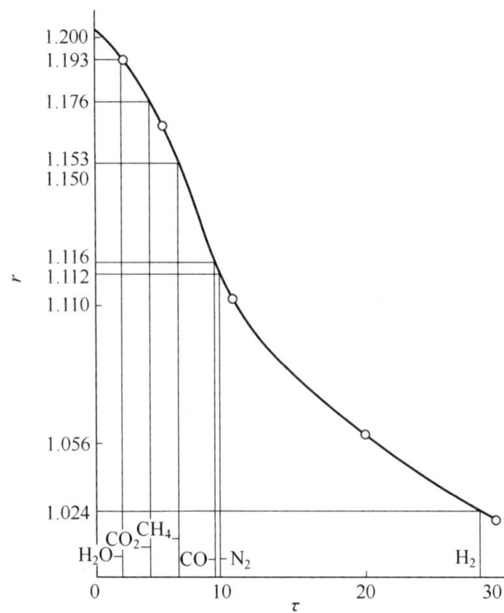

图 5-5 活度系数与所列对比温度之间的关系（π=10）

表 5-4 活度系数的计算

条件	N_2	H_2	CH_4	CO	CO_2	H_2O
在π值的差值为	10−0=10	10	10	10	10	10
r值的差值为	0.112	0.024	0.153	0.116	0.176	0.193
在π值的差值为	0.598	0.963	0.437	0.573	0.274	0.092
r值的差值为	0.00670	0.00231	0.00670	0.00665	0.00442	0.00178
所求得的r数值	1.00670	1.00231	1.00670	1.00665	1.00442	1.00178

已知煤气中各成分的活度系数大小，即可算出上述反应在 900℃和 2MPa 压力下的平衡常数的数值：

$$K_{f_1}=K_{p_1}\frac{r_{CO}^2}{r_{CO_2}}=36.5\times\frac{1.00665^2}{1.00442}=36.82$$

$$K_{f_2}=K_{p_2}\frac{r_{CO_2}r_{H_2}}{r_{CO}r_{H_2O}}=0.744\times\frac{1.00442\times1.00231}{1.00665\times1.00178}=0.7428$$

$$K_{f_3}=K_{p_3}\frac{r_{CH_4}}{r_{H_2}^2}=1.86\times10^{-2}\times\frac{1.00670}{1.00231^2}=1.864\times10^{-2}$$

当鼓风中水蒸气对氧的分压之比为 10 时，气化过程在温度为 900℃和 2MPa 的压力条件下，通过前述的方程式可逐步确定出各组分分压的计算数值。用氧 - 水蒸气混合鼓风时，在上述条件下对碳的气化算得的煤气的平衡组成列于表 5-5。

表 5-5 用氧 - 水蒸气混合鼓风[$\frac{\varphi(H_2O)}{\varphi(O_2)}$=10]在 2MPa 和 900℃下对碳的气化算得的煤气的平衡组成（体积分数） 单位：%

煤气组成	湿	干	煤气组成	湿	干
CO_2	8.75	9.60	N_2	0.39	0.43
CO	40.20	44.80	H_2O	10.10	—
CH_4	4.76	5.30	总计	100	100
H_2	35.80	39.87			

5.1.4 气化反应动力学

气化反应既取决于化学因素，也取决于物理——扩散和传热等因素。因此，气化反应动力学应从上述几方面研究气化反应的速率和历程。

气化过程中的反应既有气体反应物与产物或产物之间的均相反应，又有气、固两相间的非均相反应，而气化反应中主要的反应为非均相反应。

在固体（碳）表面上进行的非均相气化反应经历以下几个阶段。

① 气体反应物向固体（碳）表面转移或扩散。

② 气体反应物被吸附在固体（碳）表面上。

③ 被吸附的气体反应物在固体（碳）表面起反应而形成中间配合物。

④ 中间配合物的分解或与气相中到达固体（碳）表面的气体分子发生反应。

⑤ 反应产物从固体（碳）表面解吸并扩散到气体空间。

上述历程中，既有化学反应过程，也有物理过程。由于物理过程中以物质扩散为主，所以也称为扩散过程。

整个历程进行得快慢，通常用气化反应总速率来衡量。气化反应总速率为单位时间内单位反应表面上发生反应的物质量。该速率与上述各阶段的速率有关，主要取决于历程中最慢阶段的速率。

如果反应总速率受化学反应速率限制时，称为化学动力学控制；如果受物理过程速率限制时，则称为扩散控制。化学动力学控制下的气化反应，其反应速率属于本征反应速率。研究化学动力学控制区域内颗粒的本征反应性可以为气化反应系统的设计提供有用的信息，并对理解气化的化学本质有重要的意义。温度是判断反应是否处于动力学控制区域的一个很重要因素，一般温度高于 1100℃时，扩散影响变得很突出。有学者研究了神府煤快速热解焦和神府煤慢速热解焦与 CO_2 之间的气化反应，发现气化反应速率在温度达到 1150℃时均发生明显的转折，也就是气化温度为 1150℃时，气化反应由化学动力学控制逐渐向扩散控制转变。

前人已对化学动力学控制下的气化动力学模型进行了大量的研究，并提出了多种气化反应模型，但常用的模型主要有收缩未反应芯模型、混合模型和随机孔模型。收缩未反应芯模型认为，气固反应在固体核表面上发生，随着反应进行反应面逐步向内推进，未反应核不断收缩。此模型主要应用于化学反应速率远大于核内反应气体的扩散速率且固体反应物致密的气固反应体系。混合模型认为煤的气化反应不能确切地认为是均相反应模型、缩芯模型或两者的混合，即（$1-X$）的指数并不一定是 1 或 2/3，而是一个不确定的值。随机孔模型认为多孔介质由具有任意孔径分布的圆柱孔构成，气化反应主要在微孔内表面上进行，反应速率与孔结构的变化直接相关，即与微孔表面积变化成正比。孔结构的变化是孔扩容和孔重叠（合并）效应相互竞争的结果，孔扩容效应使微孔的总表面积增大，而孔重叠效应则导致总表面积减小。随机孔模型可以很好地解释炭、煤焦在动力学控制区的气化行为，既适用于存在最大反应速率的情况，也用于反应速率逐步减小的情况。更加引人注目的是，由于该模型是从具体反应物的结构变化入手，对研究特定种类的炭、煤焦的气化动力学行为具有无可比拟的优势。随机孔模型的反应速率随转化率的变化关系如式（5-15）所示：

$$\frac{\mathrm{d}X}{\mathrm{d}t}=k(1-X)\sqrt{1-\psi\ln(1-X)} \tag{5-15}$$

式中，k 为反应速率常数，min^{-1}；ψ 为孔结构参数，与初始孔隙率和孔的长度有关；X 为气化反应的碳转化率；t 为气化反应时间，min。

煤焦平均气化反应速率常数与反应温度的关系符合 Arrhenius 定律的形式，即为：

$$k=A\exp[-E_a/(RT)] \tag{5-16}$$

式中，A 为指前因子；E_a 为气化的表观活化能，kJ/mol；R 为气体常数；T 为反应温度，K。

根据式（5-16），以 $\ln k$ 对 $1/T$ 作图得一直线，截距为 $\ln A$，斜率为 $-E_a/R$，从而求出煤焦气化反应的表观活化能 E_a 和指前因子 A。

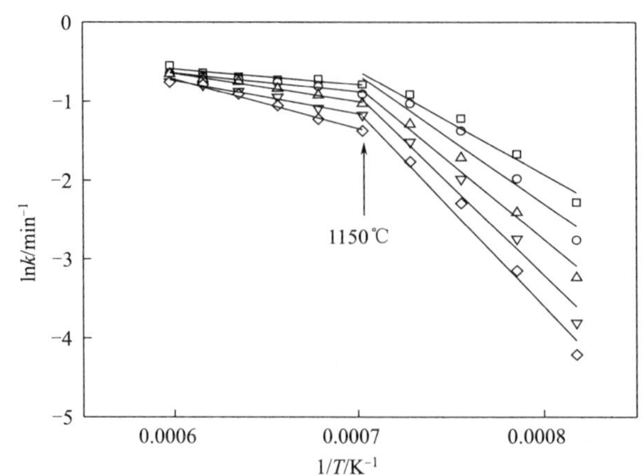

图 5-6 在反应温度为 950 ～ 1400℃范围内神华慢速热解煤焦的 Arrhenius 图

□ SH-SP950；○ SH-SP1100；△ SH-SP1200；▽ SH-SP1300；◇ SH-SP1400

图 5-6 是在反应温度为 950 ～ 1400℃条件下神华煤慢速热解焦的 Arrhenius 曲线。从图中可以发现所有煤焦的 Arrhenius 曲线均在 1150℃处发生偏转，这说明：在反应温度为 950 ～ 1150℃范围内，煤焦与 CO_2 的气化反应是以化学控制为主；在反应温度为 1150 ～ 1400℃范围内，煤焦与 CO_2 的气化反应是以扩散控制为主。

5.1.5 气化反应机理

气化反应机理是气化反应动力学研究内容之一。一般通过实验手段分析单个反应的反应步骤、反应机理、反应级数和活化能等。气化反应机理的研究有助于深入了解反应过程。

5.1.5.1 碳的氧化反应机理

实验证明，碳和氧的反应随着温度、流体力学条件和鼓风中氧组分的分压不同，所制得的煤气中碳的氧化物比例 $\varphi(CO):\varphi(CO_2)$ 也不同，其变化范围很大。对此反应曾进行了大量的研究，最初，认为 C 与 O_2 直接结合生成 CO_2，而 CO 是所生成的 CO_2 与 O_2 之间的二次反应产物。以后，有人认为 CO 是 C 与 O_2 的一次反应产物，而 CO_2 是生成的 CO 与 O_2 进一步反应而生成的。最后，较多的实验研究结果认为 C 与 O_2 作用的结果首先生成中间配合物，而后中间配合物分解，同时产生 CO 与 CO_2。

Rhead 和 Wheeler 于 1910 年用木炭在低温下对氧化过程进行了研究，首先提出 CO 与 CO_2 同时生成，并提出氧在碳的表面形成不明组成的碳氧中间配合物。他们提出了下述过程机理。

① 按下式形成复杂的中间碳氧配合物；

$$xC+\frac{y}{2}O_2 \longrightarrow C_xO_y$$

② 随反应条件的不同，复杂的碳氧配合物热分解，同时生成不同比例的 CO 与 CO_2。

$$C_xO_y \longrightarrow mCO_2+nCO$$

此后，许多学者研究认为固相的碳氧配合物的分解有气态的氧分子参加。如采用赤热的石墨丝在真空状态下通入氧气流时，在不同温度范围测得的反应结果不同。

当实验在 $T<1200$℃下进行时，测得的结果是 CO 与 CO_2 两种产物分子数量相等，观察过程如下：首先是两个溶解的氧分子渗入石墨晶格中并使之活化；然后是由气相空间来的第三个氧分子与碳氧配合物进行如下反应：

$$4C+3O_2 \longrightarrow 2CO_2+2CO$$

上述反应为一级反应。在较高的温度 $T>1600$℃下，氧分子仅与碳周围的原子进行反应，而所形成的碳氧配合物在高温下直接发生热分解，所得氧化产物之比为$\frac{\varphi(CO_2)}{\varphi(CO)}\approx 0.5$，且反应速率具有零级特征，反应按下式进行：

$$3C+2O_2 \longrightarrow CO_2+2CO$$

在多数情况下，由实验得到的反应速率方程的形式如下：

$$W=K_s p^n \tag{5-17}$$

式中，p 是反应气体氧的分压；n 是反应级数。

反应速率常数 K_s 可表示为修正的阿伦尼乌斯公式形式

$$K_s=AT^N\exp[-E/(RT)] \tag{5-18}$$

式中，对于指数 N，大多数研究者取为零。反应级数 n 和频率因子 A 要用实验方法确定，对于不同的原料测得的活化能 E 的变化范围相当大，而得到的反应级数 n 值在 0 ～ 1 之间变化。

5.1.5.2 碳与二氧化碳反应的机理

碳与二氧化碳的还原反应是一个重要的气固相反应。一般在 800℃以上进行反应明显，该反应在一定程度上确定了气化炉中生产所获得的煤气的质量。在该反应的研究过程中，除了考虑二氧化碳的吸附和形成某种碳氧配合物外，同时要注意到所形成的一氧化碳在反应自由表面上是否覆盖而致“中毒”。也有采用放射性同位素 ^{14}C 或 $^{14}CO_2$ 分别对上述反应机理进行研究。

由于不同研究者采用不同的原料和反应条件，因而得到了几种反应机理和基元反应，一般都有表面碳氧配合物的生成阶段。

有人在 4MPa 压力下进行碳与二氧化碳反应的研究，并提出下述过程：

$$C_f+CO_2 \longrightarrow CO+C(O)$$

$$C(O) \longrightarrow CO+C_f$$

$$CO+C(CO) \rightleftharpoons C(CO)$$

$$CO_2+C(CO) \longrightarrow 2CO+C(O)$$

$$CO+C(CO) \longrightarrow CO_2+2C_f$$

式中，C_f 为碳表面上的活性中心。

不少研究者用来拟合反应速率的方程式为朗格缪尔（Langmuir）的等温吸附形式：

$$W=\frac{k_1 p_{CO_2}}{1+k_2 p_{CO}+k_3 p_{CO_2}} \tag{5-19}$$

式中，k_1、k_2 和 k_3 分别为表面氧化物的分解生成 CO 并逸入气相及 CO 解吸等过程的阶段常数。

最近也有研究者选用如下的公式作为碳与二氧化碳的反应速率公式：

$$W=Km(C^*)\ p_{CO_2}^n \tag{5-20}$$

式中，$m(C^*)$ 指没有反应的剩余碳质量。

5.1.5.3 碳与水蒸气反应的机理

碳与水蒸气的相互作用由下列多相化学反应组成

$$C+H_2O = CO+H_2$$

$$C+2H_2O = CO_2+2H_2$$

此外，还可能进行二次反应，即

$$C+CO_2 = 2CO$$

和另一个称为一氧化碳变换或水煤气反应的单相反应

$$CO+H_2O = CO_2+H_2$$

当发生在与碳接触时，具有多相的性质。

由于存在二次反应，所以比对碳与二氧化碳的研究更复杂。同 C 与 O_2 和 C 与 CO_2 的反应类似，碳与水蒸气的反应过程中同样形成表面碳氧配合物。认为有以下过程。

第一阶段：水蒸气在碳表面的物理吸附。

$$C+H_2O \rightleftharpoons \underset{(吸附)}{C+H_2O}$$

第二阶段：生成碳氧配合物，这是化学吸附过程，而水蒸气中的氢在中间配合物生成的同时分解出来并为碳表面所吸附，然后在高温作用下脱附。

$$\underset{(吸附)}{C+H_2O} \rightleftharpoons \underset{(吸附)}{C_xO_y+H_2}$$

$$\underset{(吸附)}{H_2} \rightleftharpoons H_2$$

所形成的中间配合物既可在高温下分解，也可能由于气相中的水蒸气与之反应而生成 CO。

$$C_xO_y+H_2O \rightleftharpoons \underset{(吸附)}{H_2+CO}$$

$$C_xO_y \rightleftharpoons \underset{(吸附)}{C+CO}$$

$$\underset{(吸附)}{CO} \rightleftharpoons CO$$

一般较多应用如下的反应速率方程式：

$$W=\frac{k_1 p_{H_2O}}{1+k_2 p_{H_2}+k_3 p_{H_2O}} \tag{5-21}$$

式中 p_{H_2}，p_{H_2O}——氢和水蒸气的分压；

k_1——在碳表面上水蒸气的吸附速率常数；

k_2——氢的吸附和解吸平衡常数；

k_3——碳与吸附的水蒸气分子之间的反应速率常数。

式（5-21）预示氢将作为一种“抑制剂”起作用，在实验中确实发现这样的情况。据研究认为，H_2 比 CO 能更快地被表面所吸附，从而阻碍水蒸气的分解反应进行。

5.1.5.4 碳与氢气的反应

煤与氢的反应很复杂，存在几个平行反应。加氢气化的主要产物甲烷是在三个阶段中形成的：第一阶段为热裂解，该过程中释放出的挥发分中的碳再进行加氢反应，这一阶段通常受煤中的挥发分释出的速率所限制；第二阶段为氢与热裂解时释出的活性的碳进行反应，同时有些活性的碳失去活性；第三阶段是氢与惰性的碳进行加氢反应。第一与第二阶段在很大程度上存在着重叠，特别当快速加热到 1000K 以上条件下更是如此。

Ⅰ	A. B.	煤 ⟶ CH_4、C_f、C*、C^0 C_f+2H_2 ⟶ CH_4	热裂解 挥发分加氢
Ⅱ	A. B.	C*+2H_2 ⟶ CH_4 C*+C^+ ⟶ 2C^0	快速加氢气化 失活
Ⅲ		C^0+2H^2 ⟶ CH_4	慢速加氢气化

注：C* 为活性的碳；C^0 为惰性的碳；C_f 为挥发分中的碳。

煤炭和石墨等在氢气氛中的反应速率方程常用下式表示：

$$W=\frac{ap_{H_2}^2}{1+bp_{H_2}} \tag{5-22}$$

式中 a，b——取决于温度和煤炭性质的动力学参数，通常表示为阿伦尼乌斯形式；

p_{H_2}——氢的分压。

上式意味着随着氢气分压的增加，反应级数从 2 降到 1。当氢的分压很高时，则可用下面的一级反应方程表示：

$$W=k_m p_{H_2} \tag{5-23}$$

式中 k_m——0.035exp(−17900/T)。

前面所有关于 C 与 O_2、CO_2、H_2O 及 H_2 的反应机理和动力学方程都是有选择地加以介绍。由于不同学者研究的条件和方法不同，得出的看法和动力学方程往往也不尽相同，故有待进一步的研究和发展。

5.1.5.5 催化气化反应机理

多年来，在世界范围内对煤的催化气化进行了较为广泛的研究，由于煤的催化气化在加快煤的气化速率，提高碳的转化率，在同样的气化速率下降低反应温度，减少能量消耗以及实现气化产物定向化等方面具有优越性，因而这种气化技术的研究开发受到人们广泛关注。已有大量关于煤催化气化的催化剂类型、催化气化的作用机理以及催化气化反应动力学等方面的研究见诸报道，并出现了典型的 Exxon 煤催化气化工艺过程。开展煤催化气化反应机理方面的研究工作，不仅有助于加深对不同类型催化剂催化活性差异的认识，而且还有利于新催化剂的开发和利用。

在各类催化剂中，碱金属催化剂显示出优越的催化性能，因此引起众多学者的关注，并提出很多作用机理来解释它们的催化行为，但还没有一个机理能解释所有的催化气化现象。Wood 和 Sancier 总结了这方面的工作，把碱金属催化机理分成氧传递机理、反应中间体机理和电化学机理。本节对普遍接受的氧传递机理做简要的介绍。

早在 1931 年人们为解释催化剂在煤焦气化中的作用就提出了氧传递机理的概念，后来的学者又丰富和发展了这一机理。McKee 和 Chatterji 基于对石墨 -CO_2 反应的实验，于 1975 年提出由碱金属的氧化还原循环构成的氧传递机理：

$$M_2CO_3+2C = 2M+3CO$$

$$2M+CO_2 = M_2O+CO$$

$$M_2O+CO_2 = M_2CO_3$$

总反应 $$C+CO_2 = 2CO$$

式中，M_2CO_3 为碳酸盐分子式，其中 M=Na，K，Rb 或 Cs。1982 年 McKee 进一步从热力学上论证了此机理。氧传递机理可以很好地解释碱（碱土）金属盐催化 C-CO_2 反应的催化作用机理，即碱金属盐首先与碳发生还原反应，然后又被氧化气氛所氧化，通过往复地发生氧化还原反应实现对煤气化的催化作用。

在此之后，Verra 等对烟煤焦 - 水蒸气的反应也曾提出过类似的机理：

$$K_2CO_3+2C \Longrightarrow 2K+3CO$$

$$2K+2H_2O \Longrightarrow 2KOH+H_2$$

$$CO+H_2O \Longrightarrow CO_2+H_2$$

$$2KOH+CO_2 \Longrightarrow K_2CO_3+H_2O$$

总反应 $$C+H_2O \Longrightarrow CO+H_2$$

随着含碳材料催化气化技术研究的不断深入，传统的氧传递机理又补充了新的内容。如：有人应用 X 衍射光谱仪证明了碱金属的还原 - 氧化反应的发生；有研究观察到 CO_2 和 CO 在 773K 开始析出的不连续峰，表明了碳还原反应的存在。也有学者针对传统的氧传递机理不能很好地解释碱金属催化气化反应的选择性而提出了氧传递和反应中间体混合机理。

通过以上分析，可以看出氧传递机理能很好地解释不同催化剂催化活性的差异及其作用机理。随着催化气化技术研究的不断深入，相关的机理和理论仍在不断地发展和完善。

5.2 煤的气化方法

煤的气化有多种方法，相关的气化技术可以有各种分类方法，如固体和气化剂的接触方式、气化所需热量的供入方式等。不同的气化方法获得的产品煤气组成性质差异很大。

5.2.1 煤气化方法分类

5.2.1.1 按供热方式分类

煤气化过程总体是吸热反应，因此必须供给热量。目前使用的或处于研究发展中的气化方法，可归纳为五种基本类型。图 5-7 以简化形式表示了自热式煤的水蒸气气化原理。自热式即气化过程中没有外界供热，煤与水蒸气进行吸热反应所消耗的热量，是由煤与氧进行的放热反应所提供。根据气化炉类型的不同，反应温度在 800 ～ 1800℃之间、压力在 0.1 ～ 4MPa 之间，制得的煤气中除了 CO_2 及少量或微量 CH_4 外，主要含 CO 和 H_2。该过程中，也可用空气代替氧气，这样制得的煤气含有相当数量的氮气。

上述方法使用的工业氧的价格较贵，制得的煤气中二氧化碳的含量较高，降低了气化效率。如使煤仅与水蒸气反应，从气化炉外部供给热量，则这种过程称为外热式煤的水蒸气气化，其原理见图 5-8。以这个原理为基础的工艺结构形式，由于气化炉的热传递差，所以不经济。新发展的流化床和气流床气化，采用较好的热传导方式，同时供给反应所需的热量不一定由煤或焦炭的燃烧提供，从而节省煤炭。

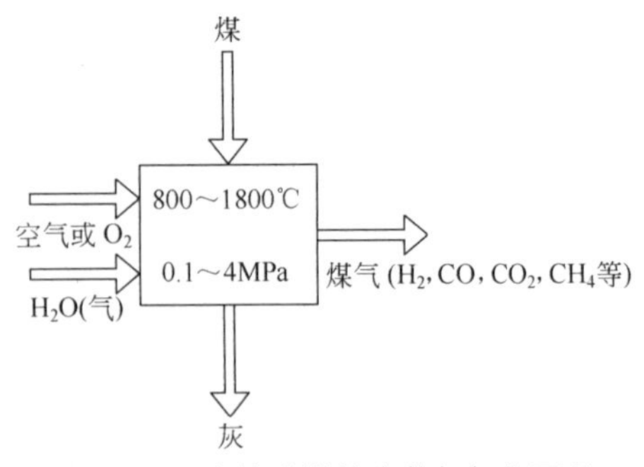

图 5-7 自热式煤的水蒸气气化原理

由煤可制成主要由 CH_4 组成的煤气，该煤气具有类似天然气的特征，即所谓代用天然气。该法主要利用煤的加氢气化原理，见图 5-9。煤与氢气在 800 ～ 1000℃温度范围内和加压条件下反应生成 CH_4。该反应是放热反应，增加压力，有利于 CH_4 的生成，并可利用更多的反应产生的热量。而煤与氢的反应性比与水蒸气的反应性要小得多，且随碳转化率的上升，煤与氢的反应性会大大降低。在一定尺寸的气化炉中，仅部分装入的碳转变成甲烷，未反应的残余焦炭或含碳残渣再与水蒸气进行煤的水蒸气气化，见图 5-10。煤首先进行加氢气化，残余的焦炭再与水蒸气进行反应，产生加氢阶段需用的氢，再将氢送入加氢气化装置。

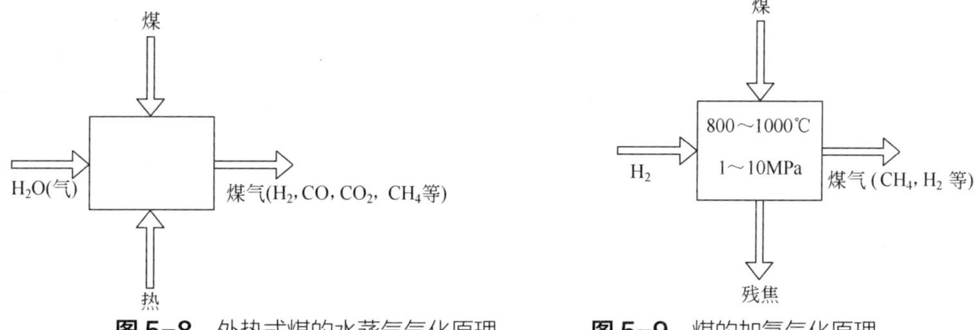

图 5-8 外热式煤的水蒸气气化原理　　**图 5-9** 煤的加氢气化原理

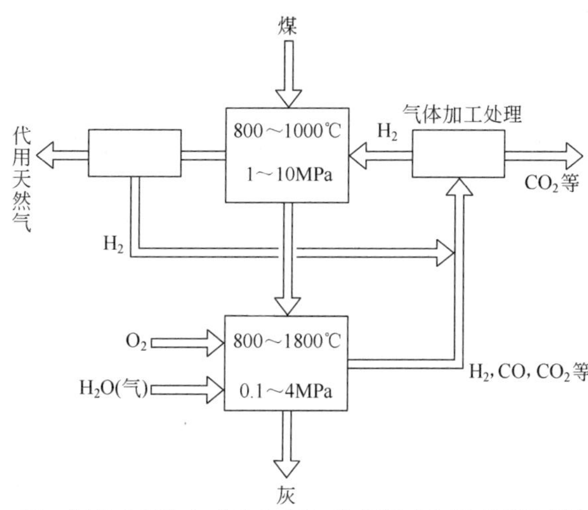

图 5-10 煤的水蒸气气化和加氢气化相结合制造代用天然气原理

代用天然气制造还可采用如图 5-11 所示的由煤的水蒸气气化和甲烷化相结合的方法。即首先由煤的水蒸气气化产生以 CO 和 H_2 为主的合成气，然后合成气在催化剂的作用下“甲烷化”生成甲烷。

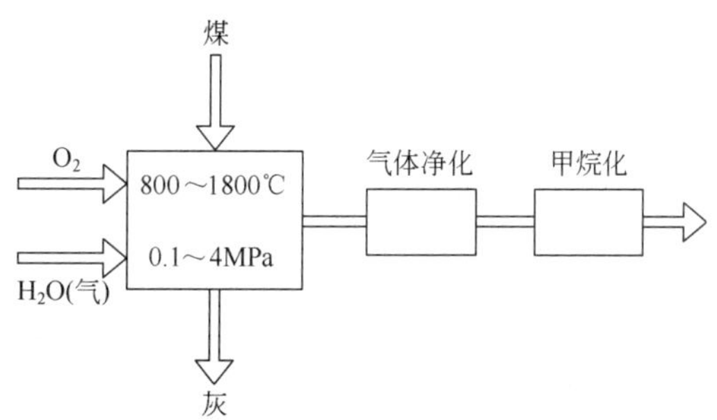

图 5-11 煤的水蒸气气化和甲烷化相结合制造代用天然气原理

5.2.1.2 按气化反应器类型分类

如果在一个圆筒形容器内安装一块多孔水平分布板，并将颗粒状固体堆放在分布板上，形成一层固体层，工程上则称该固体层为“床层”，或简称床。如将气体连续引入容器的底部，使之均匀地穿过分布板向上流动通过固体床层流向出口，则随着气体流速的不同，床层将出现三种完全不同的状态，如图 5-12 所示。

当气体以较小的速度流过固定床层时，流动气体的上升力不致使固体颗粒的相对位置发生变化，即固体颗粒处于固定状态，床层高度亦基本上维持不变，这时的床层称为固定床。在固定床阶段，逐渐提高流体流速，则颗粒间的空隙开始增加，床层体积增大，流体流速再增加时，床层顶部部分粒子被流体托动。这时，固体颗粒之间出现明显的相对运动。再后固体颗粒全部浮动起来，显示出相当不规则的运动，而且随着流速的提高，颗粒的运动越来越剧烈，但仍逗留在床层内而不被流体带出，即向上运动的净速度为零。床层的这种状态被称为固体流态化，这类床层称为流化床。

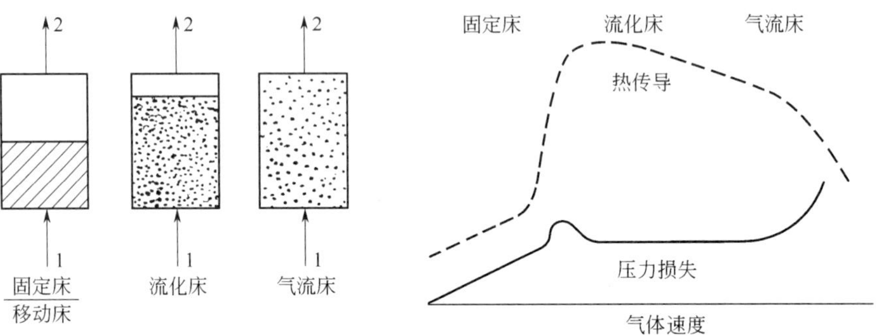

图 5-12 气固反应器的主要类型

1—反应物；2—产物气

图 5-13 不同类型反应器的压力损失和热传导

在固定床阶段，提高气体的速度时，压力降成比例地上升，经过一个极大值后，在一个较大的气速范围内，压力降仍基本保持不变，如图 5-13 所示。把这个极大值所对应的速度称为流化床的临界流速。流态化可保持在一个较大的气流速度范围内，实际上可以是临界速度的好几倍。

当进一步提高气体流速至超过某值时，则床层不能再保持流化，颗粒已不能继续逗留在容器中，开始被流体带到容器之外，直到称为带出速度的气体流速的数值等于颗粒在该气体中的沉降速度。这时，固体颗粒的分散流动与气体质点流动类似，所以也称为气流床。

这三种状态的形成，取决于一系列的参数，如：气体流量、温度、压力和气体种类、密度、黏度以及固体密度、颗粒结构、平均粒子半径和颗粒形状等。

在三种气化床层中，即使都是气固相系统，但由于流动机理不同，自气化炉炉壁向炉内的热传导情况也不同。如图 5-13 所示，在固定床中热传导系数开始较小，然后随流速增大而增加。在流化床开始，观察到热传导系数的明显上升，然后在流化床阶段保持接近常数，进入气流床的范围，则迅速下降。

（1）固定床气化炉　固定床气化炉一般使用 6 ～ 50mm 的块状煤或煤焦为原料，对细料或黏结性原料需进行专门处理。固体原料由炉上部加入，气化后的灰渣自炉底排出，这一情形的固体原料实际是下移行进的，故也称为移动床（以后通称为固定床）。如图 5-14 所示，气化剂自气化炉底部鼓入，进入炉内的气化剂与灰渣进行逆向热交换，加入炉中的煤焦与产生的煤气也进行逆向热交换，使煤气离开床层时的温度不致过高。如使用含有挥发分的燃料，则产生的煤气中含有烃类及焦油等。床层中最高温度在氧化层，即氧开始燃烧至含量接近为零的一段区域。如在鼓风中添加过量的水蒸气将炉温控制在灰分熔化点以下，则灰渣以“干”的方式通过炉栅排出；反之，灰分也可熔化成液态灰渣排出。

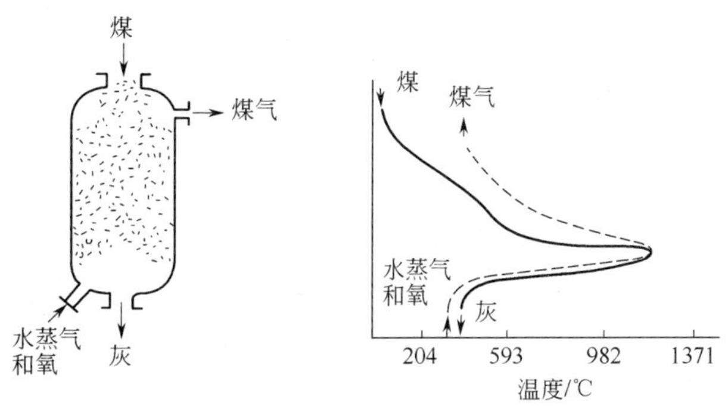

图 5-14　固定床气化炉（非熔渣）及炉内温度分布曲线

（2）流化床气化炉　加入炉中的煤料粒度一般为 3 ～ 5mm 左右，这些细粒煤料在自下而上的气化剂的作用下保持着连续不断和无秩序地沸腾及悬浮状态运动，迅速地进行着混合和热交换，其结果导致整个床层温度和组成的均一。故产生的煤气和灰渣皆在接近炉温下导出，因而导出的煤气中基本上不含焦油类物质，如图 5-15 所示。流化床层中扬析出的煤焦可从产生的煤气中分离出来再返入炉内。粒度很小的煤料进入床层后迅速达到反应温度。热解时，挥发分很易逸出，粒子不发生很大的膨胀，如原料粒度太细及颗粒间的摩擦形成细粉，则易使产生的煤气中带出物增多；粒度过大则挥发分的逸出可能受到一定阻力，虽不足以引起爆裂，但粒子将比原来有所膨胀，可能形成较大的空隙，类似一个充气的硬壁气球，有较低的密度，在较低的气速下能流化，这将减小生产能力，故要避免这种情况的存在。

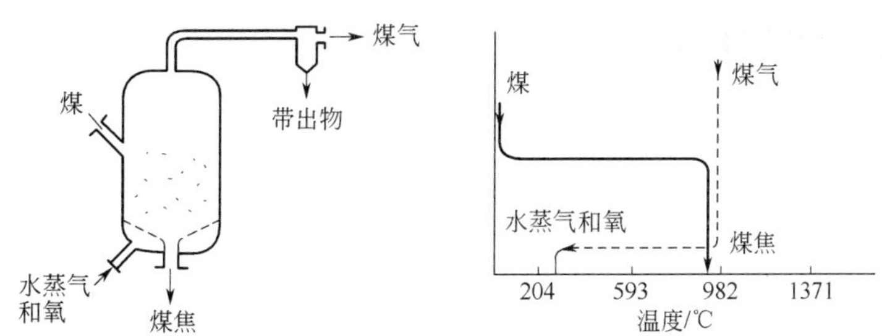

图 5-15　流化床气化炉示意图及炉内温度分布曲线

当黏结性煤料由于瞬时加热到炉内温度，有时煤粒来不及进行热解并与水蒸气发生反应，而煤粒已经开始熔融，并与其他煤粒接触时，即可能形成更大的粒子，因而影响床层的流化状态，以致严重结焦甚至破坏床层的正常流化。为此，需对黏结性煤进行如预氧化破黏、焦与原煤的预混合等的处理。

（3）气流床气化炉　将粉煤（70% 以上通过 200 目）用气化剂输送入炉中，以并流方式在高温火焰中进行反应，其中部分灰分可以以熔渣方式分离出来，反应可在所提供的空间连续地进行，炉内的温度很高，如图 5-16 所示。所产生的煤气和熔渣在接近炉温的条件下排出，煤气中不含焦油等物质，部分灰分结合未反应的燃料可能被产生的煤气所携带并分离出来。也可将粉煤制成水煤浆进料，但由于水分蒸发，故耗氧量较高。

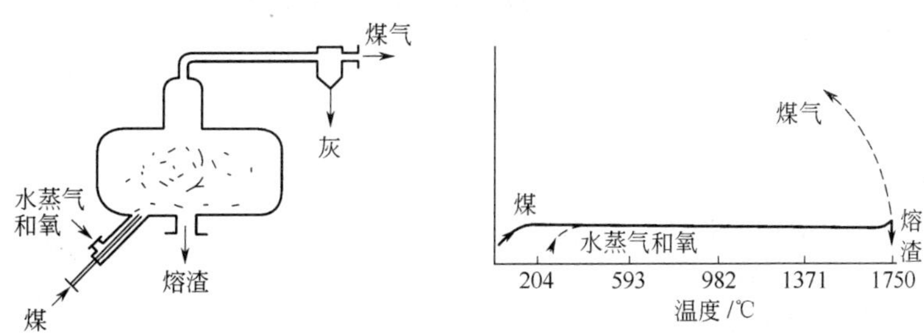

图 5-16　气流床气化炉示意图及炉内温度分布曲线

气流床在压力下操作，其突出的优点是生产能力大。由于没有充分的炭储量缓冲，故负荷的变化不大。由于并流操作，粗煤气出口温度高，应回收这部分热量以生产蒸汽。当使用的煤种灰熔点很高时，这种方法仍可能需要添加助熔剂以保证液态灰渣顺利排除。

从广义上说，煤等离子气化炉也是一种特殊的外热式气流床。

（4）熔池气化炉　这是一种气 - 固 - 液三相反应的气化炉。如图 5-17 所示，煤和气化剂并流导入炉中，熔池中是液态熔灰、熔盐或熔融金属，这些熔化物具有不同的作用。如：作为原料煤和气化剂之间的分散剂；作为热库以高的传热速率吸收和分配气化热；作为热源供煤中挥发物质的热解和干馏；与煤中的硫起化学反应而起到吸收硫的作用；提供了一个进行煤的气化的催化剂环境；煤中的灰分熔于其中。

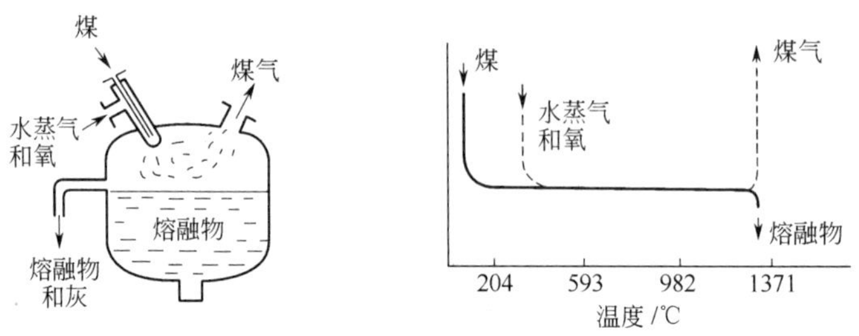

图 5-17　熔池气化炉示意图及炉内温度分布曲线

这种气化炉类似气流床气化炉，原料煤和气化剂并流导入熔池，但它可用约 6mm 以下直到煤粉所有范围的煤粒。所产生的煤气和灰渣在反应温度下从气化炉中导出。但熔化物往往会造成环境污染。

5.2.2　气化过程热的产生和传递

除了前面讨论的固体燃料和气化剂之间的传热方式外，反应热的供入方式对气化炉的最佳设计及气化效率都有重要影响。

$$气化效率\ (\eta)=\frac{Q_H^G}{Q_H^C}=\frac{V_g H_h}{Q_H^C} \tag{5-24}$$

式中　Q_H^C——气化原料的化学热，kJ/kg；

Q_H^G——1kg 气化原料产生的煤气化学热，kJ/kg；

V_g——干煤气产率，m^3/kg；

H_h——干煤气的高位热值，kJ/Nm^3。

气化效率即单位质量气化原料的化学热转化为所产生的煤气化学热的比例。气化原料的一部分直接转化为可燃气体组分，而另一部分即可能为转化反应提供所需的热能，故用其他热源提供这部分热量时，就可减少气化原料的使用量从而提高气化效率。如果考虑可以利用的全部热量与气化原料、气化剂所含全部热量以及其他热源所提供的热量之比称为热效率。

$$热效率\ (\eta_T)=\frac{V_g H_h+Q_5+(Q_6+Q_7+Q_8)K}{Q_H^C+Q_1+Q_2+Q_3+Q_4} \tag{5-25}$$

式中　Q_1——气化原料带入的焓；

Q_2——空气带入的焓；

Q_3——空气中水蒸气的热焓；

Q_4——其他热源所供热量；

Q_5——气化所产生的焦油（冷凝下）化学热；

Q_6——气化所产生干煤气的焓；

Q_7——气化所产生煤气中水蒸气的热焓；

Q_8——气化所产生煤气中未冷凝的焦油蒸气的热焓；

K——热能有效回收系数。

碳与水蒸气和二氧化碳反应以及加热固体燃料和气化剂所需要的热量，可由气化炉内部产生或外部提供。在气化炉内部产生热量，即为自热式；自外部提供热量即为外热式。迄今为止，成熟的工艺基本上皆为自热式过程。外热式方法，特别是高温外热式过程，还处于开发阶段。

在气化炉中除由碳与氧及氢的反应提供热量外，还存在这样的可能，即在煤中添加某些物质，这种添加物在气化过程中同时进行反应并提供热量。例如，氧化钙可与气化过程中形成的二氧化碳发生放热反应，生成碳酸钙：

$$CaO+CO_2 \rightleftharpoons CaCO_3 \qquad \Delta H=-172.6kJ/mol \tag{13}$$

这种方法具有不需要工业氧而可制造热值较高的煤气的优点。对自热式气化炉中不同的产热方式的比较见表 5-6。

表5-6 自热式气化炉中不同的产热方式的比较

反应物质	优点	缺点	适用场合
空气	耗费少	N_2稀释了煤气	低热值煤气
H_2	高CH_4含量	煤气作为合成气时CH_4需进一步分离转化	加热气
O_2	可获纯度高的煤气	需制氧设备	中热值煤气及合成气
CaO	不需制造O_2	再生未解决	合成气和加热气

当使用氧化钙后，不需分离空气的制氧设备，即可获得不被 N_2 所稀释的粗煤气。此外，由于减少了产物气中的 CO_2 含量，在热力学平衡上也产生有利的影响。因而更进一步提供了钙与硫化合的可能性，能在气化炉中进行煤气脱硫。但到目前为止，所形成的碳酸钙的再生还是难点。同时，由于氧化钙和二氧化碳的反应仅发生在表面，反应不容易完全。一种解决的办法是使用白云石（镁、钙氧化物），因为氧化镁在气化炉的温度下基本上不与二氧化碳发生反应，所以二氧化碳较容易渗入白云石内部与氧化钙反应，而再生时，粒子内部的气孔结构保持敞开。但这种气化工艺过程的开发，尚需很长的时间。

对外热式的气化过程，热量在气化反应器外部产生，然后直接用热载体或热交换的方法将热量传递给煤。

用燃烧煤气加热蓄热室，再将反应所需的水蒸气经蓄热室加热，经过预热的水蒸气进入反应器与煤反应。或用煤气和空气在燃烧室中燃烧，将固体热载体加热后导入反应器中，其热量供煤与水蒸气反应所需。也可利用高温核反应堆的热量或别的能源形式供气化过程利用。几种外热式气化过程分别示于图 5-18 中。

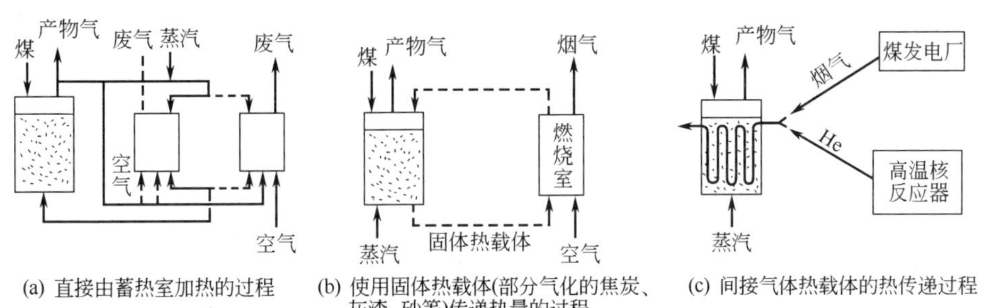

(a) 直接由蓄热室加热的过程　(b) 使用固体热载体(部分气化的焦炭、灰渣、砂等)传递热量的过程　(c) 间接气体热载体的热传递过程

图 5-18 外热式气化过程中热的产生和传递

5.2.3 气化反应器的生产能力

一种气化方法的经济性不仅取决于气化反应器单位体积的处理能力，而且由尽可能大的气化炉尺寸所决定。如固定床气化炉一般直径为 3m，过去认为达到直径 3.6m 已是极限，再增大直径，可能由于布料不均而影响生产能力，同时增加金属消耗以致得不偿失。事实上，由于旋转布料器的有效使用，于 1969 年后，

鲁奇炉的直径已达 3.8m，并试图试验直径为 5.0m 的气化炉。所以，气化炉的尺寸不能完全由物理化学和反应工程学而建立的数学模型所决定，还受工程技术水平的制约。

表示气化反应器的生产能力，主要引入平均停留时间 τ 的概念。对此进行定性说明：

$$\tau = \frac{V_R}{q_V} \tag{5-26}$$

式中　V_R——反应器体积，m^3；

q_V——体积流量，m^3/h；

τ——平均停留时间。

在煤气化中，一般由质量流量导出固体密度：

$$\rho_{煤} = \frac{q_m}{q_V} \tag{5-27}$$

式中　q_m——固体的质量流量，kg/h；

$\rho_{煤}$——固体的密度，kg/m^3。

由式（5-26）、式（5-27）得出

$$\frac{q_m}{V_R} = \frac{\rho_{煤}}{\tau} \tag{5-28}$$

式中　$\frac{q_m}{V_R}$——单位气化反应器的生产能力（简称容积气化强度），$kg/(m^3 \cdot h)$。

根据式（5-28），当反应器的容积气化强度（q_m/V_R）给定时，必须先确定固体密度 $\rho_{煤}$，才能确定停留时间 τ。固体密度 $\rho_{煤}$取决于煤的表观密度 ρ_s，以及反应器中煤堆的疏松程度 ε。

$$\rho_{煤}=(1-\varepsilon)\rho_s \tag{5-29}$$

煤的表观密度取决于煤种，一般在 1.3 ～ 1.4g/cm³。ε 值取决于反应器的类型，其值为：

固定床反应器	0.4 ～ 0.5
流化床反应器	0.5 ～ 0.7
气流床反应器	约 1

对气流床反应器密度的近似计算表明，在常压和 1500℃条件下，反应气体与煤的混合物的比体积约为 10m³/kg 煤，故 $\rho_{煤}\approx 0.1kg/m^3$。气化压力增加时，该值随压力成比例地增加。在气化反应器中，碳密度的近似值（无灰煤为基准）为

固定床反应器	600 ～ 700kg/m³	气流床反应器	0.1MPa	0.1kg/m³
流化床反应器	400 ～ 600kg/m³		4MPa	4.0kg/m³

停留时间 τ 取决于要求的碳转化率、反应动力学以及在反应器中的返混程度。如要求将转化率从 90% 提高到 99%，则反应器中煤的停留时间要加倍，或流量不变，反应体积要加倍。

如存在返混，则停留时间还要增加。若以 N 描述返混，则当 N=1 时，表示完全返混；当 $N=\infty$时，则不存在返混：

$N=\infty$	固定床反应器	N=6 ～ 15	流柱形的流化床
N=2 ～ 6	隔板流化床	N=8 ～ 12	湍流的气流床

对固定床不能看作等温过程，而是存在温度和浓度的梯度。如气流不均匀地流过床层，则将进一步导致反应器横截面上的不均一的反应行为。

讨论煤转化过程时，式（5-28）可表示为

$$\frac{q_m}{V_R}=\frac{\rho_{煤}}{\tau(N,X_C,K,T)} \tag{5-30}$$

τ 随以下的因素而减小：

所要求的碳转化率（X_C）的下降；

返混的减少（N 值上升）；

反应速率常数（K）的上升、温度（T）的上升和更高的反应性。

因此，当质量流量相同时，固定床反应器的体积总是比流化床更小。在流化床中，通过使用活性较高的原料弥补其不足。使用气流床时，由于碳密度很小，必须用较高的温度来补偿。如升高压力和减少反应气体组分中的 N_2 含量也将产生一定的影响。表 5-7 中列出的结果证实了上述情况。

表5-7 不同反应器类型煤容积气化强度(q_m/V_R)的比较

反应器类型		最高温度/℃	煤容积气化强度(q_m/V_R)/[kg/(m³·h)]
固定床	0.1MPa	约1100	120～200
	3MPa	800～1100	200～300
流化床	4MPa	795～895	71
气流床	0.1MPa	1500	360
	4MPa	1500	7200（计算的数值）

注：表中值来自一种含碳量约 85% 的气煤。

5.2.4 装料和排灰

对于所有的煤气化方法，不管应用何种类型的反应器，或采用何种供热方式，必须把固体的煤焦加入到气化炉内和把气化后剩余的灰渣从炉内顺利地排出。这些都将影响到气化炉能否顺利、连续和稳定地运行。

5.2.4.1 装料

煤气发生炉的工作情况、煤气组成及煤气的热值在一定程度上决定于燃料的加入方法。特别是对固定床气化炉，加料有间歇和连续之分。当间歇加料后，煤气温度将有所下降，同时煤气中的挥发分、水汽及二氧化碳的含量都将增加，经过一段时间之后，煤气中的一氧化碳含量增加。当应用连续作用的自动加料时，则可使气化过程稳定。同时，加入炉内的燃料分布均匀性也是影响气化炉正常操作的极重要因素。

在常压下运行的气化炉中，装煤方法从开始的自由落下，发展到不同的流槽、螺旋加料器、进煤阀，直至气动喷射。

对于在加压下运行的气化炉，外部环境处于大气温度和压力条件下，所以必须克服压力差。成熟的加煤方式有：料槽阀门和泥浆泵加煤。

在料槽阀门系统，如图 5-19 所示，先关闭阀门 2，打开阀门 1，煤进入料槽；料槽装满后，关闭阀门 1，经过管道 A，用净化了的或至少干燥的粗煤气与气化炉压力平衡；然后打开阀门 2，将煤加入炉内。再关闭阀门 2，通过管道 B 卸压，然后打开阀门 1，再将煤加入槽中，就这样周而复始。这种加煤系统存在的问题是密封圆锥易机械磨损。

另一种方法是煤料与油或水混合搅拌制成浆状悬浮液，其中含大约 60% 的固体煤料，经过泵打入气化炉。用这种方法加料，没有机械密封部分，但液体油或水必须被蒸发，为此要消耗能量。油比水具有较低的汽化热，但往往存在回收的问题。制水煤浆或油煤浆要求在储存过程中固体组分不沉降，可采取不断搅拌或添加乳化剂的方法来解决。

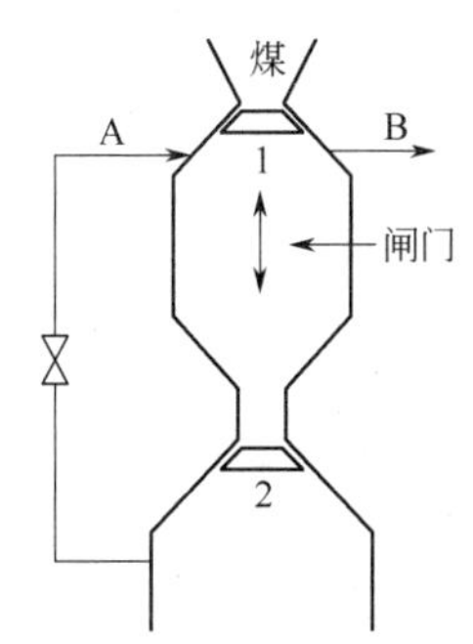

图 5-19 料槽阀门加煤

5.2.4.2　排灰

由于反应器类型不同，必须采用不同的排灰方式。图 5-20 表示了各种排灰方法的原理。

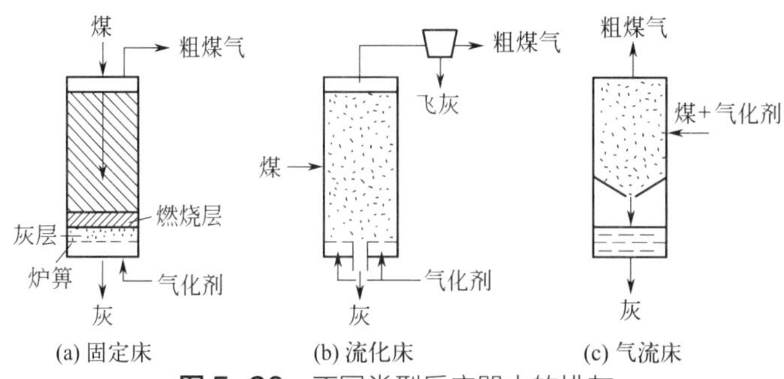

图 5-20　不同类型反应器中的排灰

在固定床反应器中，所有的矿物质组分与煤一起自上至下运动，经燃烧层后基本燃烬成为灰渣，并在合适的排灰装置上，例如回转式炉栅（或称炉箅）上排出。必须注意在炉栅上保持一定厚度的灰层，以保护炉栅，为了保证灰渣成为松碎的固体排出，必须选择合适的蒸汽 / 氧比，使灰分不致熔化而结渣。在加压固定床气化炉中，使用加煤时已提及的料槽阀门同样的原理来执行排灰。

在流化床气化炉中，存在着均匀分布并与煤的有机质聚生的灰，以及几乎与煤的有机质处于分离状态的具有较大矸石组分的灰。后者由于密度较大而聚集在流化床底部，能通过底部的开口排出。与煤有机质聚生的矿物质构成前一种灰的骨架，随着气化过程的进行骨架壁越来越薄，又由于机械应力的作用，造成崩塌，富灰部分成为飞灰，其中总带有未气化的碳。

气流床要求停留时间短，因此采用很高的炉温，气化后剩余的灰分被熔化成液态，即成为液渣排出。液渣一滴一滴经过气化炉的开口淋下，在水浴中迅速冷却，然后成为粒状固体排出。这种排渣的前提是气化温度应高于灰渣的熔化温度。

5.2.5　煤质对气化的影响

气化反应过程与煤的性质和组成有着密切的关系。煤气化过程在工艺上存在许多方法，对某一种气化方法，往往对煤的性质具有某些特定的要求。以下就一些与煤的气化工艺过程有关的煤的性质作必要的阐述。

（1）水分　对固定床气化炉，煤的水分必须保证气化炉顶部出口煤气温度高于气体露点温度，否则需将入炉煤进行预干燥，煤中含水量过多而加热速度太快时，易导致煤料破裂，使出炉煤气带出大量煤尘。同时，水分含量多的煤在固定床气化炉中气化所产生的煤气冷却后将产生大量废液，增加废水处理量。

在流化床和气流床气化时，为了使煤在破碎、输送和加料时能保持自由流动状态而规定原料煤的水分应＜ 5%。特别是使用烟煤的气流床气化，采用干法加料时，一般要求原料煤的水分最好＜ 2%，以便于粉煤的气动输送。

（2）挥发分　挥发分主要指在干馏或热解时逸出的煤气、焦油、油类及热解水。干馏煤气中含有氢、一氧化碳、二氧化碳、轻质烃类和微量氮化合物等，这些气体添加到煤气中，可增加煤气的产率和热值。

当压力高于 0.5MPa 时，释出的 H_2 与 C 形成 CH_4 或 C_2H_6 等。

在固定床气化时，随煤气逸出的有机化合物可冷凝下来，而在流化床和气流床气化炉中，当温度高于 800 ～ 900℃时，将裂解成碳和氢。

煤的种类以及它们逸出条件的不同，将在很大程度上影响到残余固定碳或焦炭的性质。

（3）黏结性　煤在受热后是否形成熔融的胶质层及其不同的性质会使煤发生黏结、弱黏结或结焦等不同情况。通常结焦或较强黏结的煤不用于气化过程。

不带搅拌装置的固定床气化炉，一般应使用不黏结性煤或焦炭，带有搅拌装置时可使用弱黏结性煤。固定床两段炉仅能使用自由膨胀指数为 1.5 左右的煤为原料。

弱黏结性煤在加压下，特别是在常压到 1MPa 之间其黏结性可能迅速增加。

流化床气化炉一般可使用自由膨胀指数约 2.5 ～ 4.0 的煤。当采用喷射进料时，喷入的煤粒很快与已部分气化所得的焦粒充分混合，这时可使用黏结性稍强的煤为原料。

由于气流床气化炉中煤粉微粒之间互相接触机会很少，整个反应又进行得很快，故可使用黏结性煤，但不应使用黏结性较强的煤为原料。

（4）固定碳　固定碳是煤在干馏后的焦炭中的主要成分。它将与 H_2O、H_2、CO_2 及 O_2 等进行反应。它在结构上可能是稠密的，或者是轻质多孔状的，它可能是硬的或易碎的，也可能是软性或脆性的。当它与 H_2 或 H_2O 反应时，可能是很活泼的，也可能是惰性的。总之，上述特性与原料性质、压力、加热速度以及加热最终温度等条件有关。

（5）反应性　各种煤与 CO_2 和 H_2O 的反应活性，在一定程度上表现出与 H_2 的反应活性的差别很大。反应活性大的煤及其焦炭和固定碳能迅速地和 H_2O 或 CO_2 进行反应。与活性小的煤相比，它可保持 H_2O 的分解或 CO_2 的还原一直在较低的温度下进行。

通过实验可以测定煤焦的反应性，但这仅仅是在一定条件下的相互比较。因为实验很难模拟气化炉中的气化过程及其温度。煤焦的反应性除决定于煤焦的孔径和比表面积外，还与煤中的含氧基团及矿物组成中含有某些具有催化性质的碱金属和碱土金属等元素的含量有关。此外，煤焦中碳的有序化程度也是影响煤焦反应活性的一个关键因素。煤焦中碳的有序化程度不仅取决于原煤的变质程度，而且还与原煤的热解历程密切相关。众多学者研究发现：在气流床的气化温度范围内，随着热解温度的升高，煤焦中碳的有序化程度向有序化方向发展，但远未达到“石墨化”的程度。

反应活性具有三方面的重要影响：第一，当制造合成天然气时，是否有利于 CH_4 的生成；第二，反应活性好的原料，借助于水蒸气在更低的温度下进行反应，同时还进行 CH_4 生成的放热反应，可减少氧的消耗；第三，当使用具有相同的灰熔点而反应活性较高的原料时，由于气化反应可在较低的温度下进行，使得较易避免结渣现象。

（6）灰分　煤和煤焦中的灰分，虽然其中某些金属离子对气化反应起着催化作用，然而，无论在固态或液态排渣的气化炉中，灰分的存在往往是影响气化过程正常进行的主要原因之一。

① 灰渣中碳的损失。煤焦中灰分的多少及其性质、操作条件和气化炉构造都将影响灰渣中碳的损失。如气化过程中熔化的灰分将未反应的原料颗粒包起来而使碳损失。故原料中灰分越多，随灰渣而损失的碳量就越多。其关系可按下式计算：

$$w(\mathrm{C})_\mathrm{A}=\frac{[A_\mathrm{P}-0.01w(\mathrm{Z})A_\mathrm{Y}]x}{100-x} \tag{5-31}$$

式中　$w(\mathrm{C})_\mathrm{A}$——灰渣中碳损失占燃料的质量分数，%；

A_P——工作燃料中的灰分，%；

x——干灰渣中碳的含量，%；

$w(\mathrm{Z})$——带出物为工作燃料的质量分数，%；

A_Y——带出物的灰分，%。

式（5-31）说明，即使灰渣中含碳量相同，灰渣中碳损失量也将随原煤中灰分含量的增加而增多。当然，灰渣中的碳损失也可能受其他因素的影响。如操作中添加水蒸气量过多，使气化层温度过分降低，结果使一部分原料不能充分与气化剂发生反应，而随炉渣排出，以致增加了损失等。

② 煤中矿物质对环境的影响。煤中矿物质包含着许多成分，而其中的某些组分在气化过程中是形成污染的根源。

a. 在 1350K 以上强碱金属盐可能挥发。

b. 在高温条件下，如 As、Cd、Cr、Ni、Pb、Se、Sb、Ti 及 Zn 等的化合物可能升华。

c. 如黄铁矿 (FeS_2) 等含硫金属化合物，当氧含量充足时可能形成 SO_x，当氧含量不足时则可能形成 H_2S、COS、CS_2 及含硫的碳氢化合物。

③ 灰熔点。灰分的熔化温度是燃料可能进行气化操作而灰分不致发生熔融的近似的最高温度。反之，如要求灰分熔融而以液态方式排渣，则必须超过此温度。这个温度仅仅是近似的。如在流化床中灰分被大量炭所稀释，当床内温度超过熔化温度时，尚不致发生熔渣和结块。反之，仍以流化床而言，当灰分的浓度超过某一界限，即使炉温低于熔化温度也可能发生熔渣和结块。在固态排渣时，为了防止结渣，就要加大过量蒸汽的用量。

④ 灰分的熔聚性。煤灰的熔聚行为是灰熔聚气化的一个重要煤质指标。实验证明，在低于变形温度（T_1）时，就产生了足以将其他未熔晶体“黏聚”起来的液相物，并能形成具有一定强度的熔聚物，在还原性气氛中，液相物的产生温度比灰软化点约低 100℃。铁的氧化物含量和形成速度是产生液相物的重要因素。

⑤ 结渣性。灰熔点与灰分的结渣性虽有一定的关系，但灰分的灰熔点低并不一定表示结渣性强，反之亦然。因为在实验室条件下测定灰熔点时，使用的是灰分，而不是原生矿物质，煤中矿物质并不是均匀分布的，某种条件下，可能伴随着强烈的放热反应，同时产生低熔共晶物形成结渣中心。另外，测定灰熔点时，是将灼烧后的氧化物即灰分均匀地铺在三角锥形体上，放置在外部加热的电炉中，在由无烟煤形成的还原性气氛中，测定其变形、软化和熔化等温度。当发生炉中使用不同的原料时，由于其活性不同，即使在同样的气化强度下也可能产生不同的炉温，故即使灰熔点相同的煤焦也可能产生不同的结渣程度。

⑥ 灰渣的黏度及其特性。灰熔点对液态排渣虽是重要因素，但同样重要的还有灰渣黏度与温度的关系。灰渣的流动特征对液态排渣极为重要。

（7）煤的热稳定性　煤的热稳定性是指煤在加热时，是否易于破碎的性质。当热稳定性太差的煤在进入气化炉后，随着温度的升高而发生碎裂，产生细粒和煤末，从而妨碍气流在固定床气化炉内的正常流动和均匀分布，影响气化过程的正常进行。

无烟煤的机械强度虽然较大，但往往热稳定性较差。当使用无烟煤在固定床气化炉中生产水煤气时，由于鼓风阶段气流速度大、温度升高迅速，故要求所使用的无烟煤应具有较好的热稳定性，这样才能保持气化过程的正常运行。

（8）煤的机械强度　煤的机械强度是指煤的抗碎强度、耐磨强度和抗压强度等综合性的物理、力学性能。

在固定床气化炉中，煤的机械强度与飞灰带出量和单位炉截面的气化强度有关。

在流化床气化炉中，煤的机械强度与流化床层中是否能保持煤粒大小均匀一致的状态有关。

在粉煤气化炉中，煤的机械强度和热稳定性差，一般不会不利于操作的进行，反而可节省磨煤的电耗。

一般说来，无烟煤的机械强度较高。

（9）粒度　出矿的煤料含有大量粉末和细粒。6mm 以下的细料的比例取决于所使用的采矿机械系统。因煤的性质和破碎方法的不同，使得剥离采掘烟煤可能含细末达 30% 以上，重型机械采掘则可达 40% 以上，而剥离采掘褐煤含细末可高达 60%。

在固定床气化炉中原料的粒度组成应尽量均匀而合理。如含大量煤粉和细粒，易使气化床层分布不均而影响正常操作。筛下的煤细末，可用于生产蒸汽和动力。此外，也可用成型的方法制成煤球用于固定床气化炉。

流化床气化炉一般使用 3 ～ 5mm 的原料煤，要求煤的粒度十分接近，以避免带出物过多。

气流床气化炉（干法进料）使用的粒径＜ 0.1mm，即至少要有 70% ～ 90% ＜ 200 目的粉煤；水煤浆进料时，还要求有一定的粒度级配，以提高水煤浆中煤的浓度。气流床气化炉对原料煤粒径的均一性和粒径保持度的要求最低。

5.3 固定床气化

本节着重讨论在常压和加压下各种固定床气化炉的制气原理、过程控制以及煤气发生炉的结构和气化过程的物料与热量衡算。

5.3.1 常压气化炉制气原理

将煤、焦炭等原料由上部投入气化炉（常被称作发生炉）中，在炉底部通入空气和水蒸气，炉内先后发生碳与氧、碳与水蒸气及碳与二氧化碳等的一系列反应，制得的煤气称为发生炉煤气。

理想的制取发生炉煤气的过程，应是在气化炉内实现碳与氧所生成的二氧化碳全部还原为一氧化碳。即过程所释出的热量，正好全部供给碳与水蒸气的分解过程。此时，在发生炉内进行的最基本的化学反应为

$$C+\frac{1}{2}O_2+\frac{3.76}{2}N_2 = CO+1.88N_2 \quad \Delta H=-110.4\text{kJ/mol} \tag{14}$$

$$C+H_2O = CO+H_2 \quad \Delta H=135.0\text{kJ/mol} \tag{3}$$

假设气化过程在下述理想情况下进行。

① 气化纯碳，且碳全部转化为一氧化碳。

② 按化学计量方程式供给空气和水蒸气，且无过剩。

③ 若将气化系统视为孤立系统，且系统内实现热平衡。

在上述理想情况下，制得的煤气为理想发生炉煤气，其综合反应式为

$$2.2C+0.6O_2+H_2O+2.3N_2 = 2.2CO+H_2+2.3N_2 \quad \Delta H^0=0$$

根据上式可以计算理想发生炉煤气的组成。其体积分数为

$$\varphi(CO)=\frac{2.2}{2.2+1+2.3}\times 100\ \%=\frac{2.2}{5.5}\times 100\ \%=40\%$$

$$\varphi(H_2)=\frac{1}{5.5}\times 100\%=18.2\%$$

$$\varphi(N_2)=\frac{2.3}{5.5}\times 100\%=41.8\%$$

实际气化过程与理想情况存在很大差别。首先，气化的原料并非纯碳，而是含有挥发分、灰分等的煤或焦炭，且气化过程不可能进行到平衡。碳更不可能完全气化，水蒸气不可能完全分解，二氧化碳也不可能全部还原，因而煤气中的一氧化碳、氢气含量比理想发生炉煤气组成要低。同时，气化过程中存在热损失，如生成煤气、带出物和炉渣等带出的热损失，散热损失等，因而气化效率随煤种的改变而不同，一般应为 70% ～ 75% 左右。实际的气化指标见表 5-8。

表5-8　不同燃料的实际气化指标

项目	燃料种类			
	大同	阳泉	焦炭	鹤岗
燃料				
水分(ad)/%	2.50	4.12	4.00	1.69
灰分(ad)/%	18.72	23.14	14.40	17.63
固定碳(ad)/%	58.33	67.78	80.38	52.88
挥发分(daf)/%	25.96	6.82	1.50	34.46
热值/(MJ/kg)	29.14	26.50	28.00	21.90
消耗系数和产量				
蒸汽消耗量/(kg/kg)	0.3～0.4	0.3～0.5	0.3	0.23
空气消耗量/(m^3/kg)	2.2～2.3	2.8	2.2	1.85
煤气产率/(m^3/kg)	3.3	4.0	4.1	2.77
饱和温度/℃	53～56	50～60	46	60
煤气组成/%				
$\varphi(CO_2)$	3～4	5.4	2	4.4
$\varphi(CO)$	27	25	34	28.3
$\varphi(H_2)$	13～15	17	8	11.1
$\varphi(CH_4)$	2～3.4	2.1	0.4	4
$\varphi(C_nH_m)$	0.4～0.6	—	0.2	0.6
$\varphi(O_2)$	0.2	0.2	0.1	0.2
$\varphi(N_2)$	50	50.3	55.3	51.4
Q/[kg/(m^2·h)]	6270	5434	5350.4	6589
气化强度/[kg/(m^2·h)]	230	200～250	200	292
粒度/mm	25～75	25～50		
气化效率/%	71.02	77.70	78.30	65.40

从混合发生炉煤气生产原理中看出，炉内存在着煤的干馏层和气化层。虽然上述过程很难分开，但总的来说，干馏层都较薄，当煤加入发生炉中时很快进行干馏，并且由于气化层的热辐射影响，使干馏产物难免遭受一定程度的热裂解，所以，获得的焦油质量较重，在后续煤气的净化过程中难以处理。两段式完全气化炉（简称两段炉）使用含有大量挥发分的弱黏结性烟煤及褐煤来制取煤气，即把煤的干馏和气化在一个炉体内分段进行。两段炉具有比一般发生炉较长的干馏段，加入炉中的煤的加热速度比一般发生炉慢，干馏温度也较低，因而获得的焦油质量较轻，在净化过程中较易处理。

水煤气发生炉的制气原理与上述发生炉煤气的制气原理大体类同，不同的是空气和水蒸气是依次进入气化炉内。在间歇法生产水煤气的过程中，首先向发生炉内送入空气，使空气中的氧和炽热的碳发生下列反应而放出热量：

$$C+O_2 \longrightarrow CO_2 \qquad \Delta H=-394.1\text{kJ/mol} \tag{2}$$

$$C+\frac{1}{2}O_2 \longrightarrow CO \qquad \Delta H=-110.4\text{kJ/mol} \tag{1}$$

$$CO+\frac{1}{2}O_2 \longrightarrow CO_2 \qquad \Delta H=-283.7\text{kJ/mol} \tag{7}$$

所放出的热量蓄积于燃料层中，当蓄积的热量使燃料层达到制造水煤气所需的温度时，停止送入空气，然后向发生炉内送入水蒸气，使水蒸气和炽热的碳进行反应而生成水煤气。经一定时间后，燃料层温度下降，当水蒸气不再分解或分解很少时，停止送入水蒸气，再向发生炉送入空气，如此循环不已。

$$C+H_2O \rightleftharpoons H_2+CO \qquad \Delta H=135.0kJ/mol \tag{3}$$

$$C+2H_2O \rightleftharpoons CO_2+2H_2 \qquad \Delta H=96.6kJ/mol \tag{10}$$

向发生炉送入空气的阶段称为吹空气阶段或吹风阶段，向发生炉送入水蒸气的阶段称为吹蒸汽阶段或制气阶段。上述两阶段联合组成水煤气制造过程最基本的工作循环。

5.3.2 气化过程控制

对气化过程的控制，目的在于根据原料和对煤气的要求，选择合适的炉型。在可能达到的合理气化强度条件下，获得高的气化效率。

如使用的原料具有弱黏结性，就需要选用带搅拌装置的气化炉进行气化。如原料煤的机械强度和热稳定性差，则在带有搅拌装置的气化炉中可能破坏加入炉中的原料的合理筛分组成。当原料的筛分组成粒度较小，又要求以热煤气形式输往用户时，则选用干法出灰的气化炉可能更有利。

根据气化炉的特点和原料性质，确定合理的气化强度范围。气化强度与原料种类有关，原料中水分与挥发分在干馏层和干燥层从原料中逸出，实际进入气化层的只是焦炭。一般气化强度均按工作原料计算。如某无烟煤按工作原料计算的气化强度为200kg/(m²·h)，如按半焦计算只有185kg/(m²·h)。某褐煤按工作原料计算的气化强度为260kg/(m²·h)，而按半焦计算只有150kg/(m²·h)。如气化强度超过合理的范围，就可能使灰渣中含碳量增加和出口煤气中带出物增多，从而增加了原料的损失，因而降低煤气产率，并且影响到煤气的质量，其综合结果是气化效率降低。

在机械化固定床发生炉中，使用烟煤时的气化强度一般为200～300kg/(m²·h)，使用无烟煤或焦炭时的气化强度一般为200～250kg/(m²·h)。使燃料层保持一定的高度和气化强度，即意味着燃料层和气化剂之间控制在一定的接触时间。为了取得良好的气化效率，必须使气化炉中保持均匀和不致发生结渣的最高炉温。

原料中灰分含量越高和灰分的变形、软化温度越低，则在气化炉中结渣的可能性越大。为了防止结渣，必须增加水蒸气的加入量，亦即提高鼓风饱和温度。但过分地增加鼓风中的水蒸气量，往往会降低煤气的质量。当原料的活性高时，在相同温度下的蒸汽分解率高，则鼓风的饱和温度可适当升高。对不同类型的燃料来说，水蒸气单位消耗量也不同。气化无烟煤约需水蒸气0.32～0.50kg，气化1kg褐煤约需水蒸气0.12～0.20kg。水蒸气单位消耗量的差异主要由于原料煤的理化性质不同，如原料中水分和挥发分越多，经干燥干馏后进入气化层的碳量就越少。而在气化层中每气化1kg碳的水蒸气消耗量大致相同，例如，无烟煤是0.42～0.66kg、烟煤是0.42～0.62kg、褐煤是0.40～0.63kg。所以，在正常气化过程中，对于在气化层中每气化1kg碳而言，水蒸气的消耗量最低为0.40～0.43kg，最高为0.63～0.65kg。

在生产过程中，当水蒸气用量较少时，可得到质量较好的煤气。由图5-21可以看出，随着水蒸气单位消耗量的增加，水蒸气的绝对分解量也增加，但是水蒸气的分解率却降低。

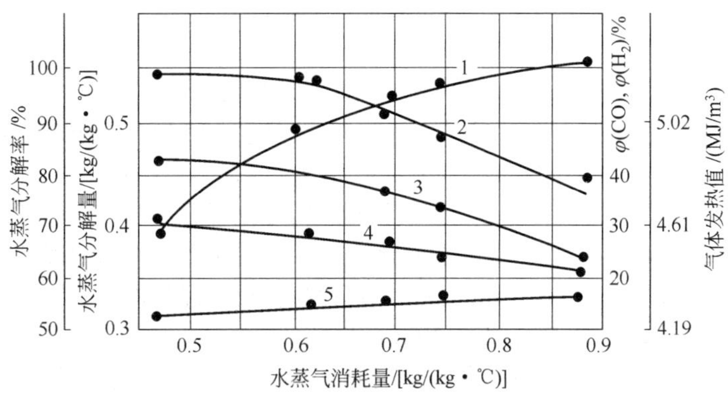

图5-21 水蒸气消耗量与水蒸气分解率、水蒸气分解量、气体发热值和气体组成的关系

1—水蒸气分解量；2—气体发热值；3—水蒸气分解率；4—CO含量；5—H_2含量

因此，只有当原料中灰分较多、灰熔点较低、结渣性较强时，才采用提高气化剂中水蒸气含量，即提高饱和温度的方法，防止炉内灰分熔融结渣，以保持气化过程的正常运行。故控制合适的饱和温度并使之稳定，同时要力求减少波动（最好不大于 ±1℃）是固定床气化炉操作控制的又一重要因素。

间歇法制造水煤气，主要是由吹空气（蓄热）、吹水蒸气（制气）两个过程组成。但为了节约原料、保证水煤气质量、正常操作和安全生产，还必须包括一些辅助阶段。因此，间歇法制造水煤气的过程控制稍显复杂，一般由吹空气、水蒸气吹净、一次上吹制气、下吹制气、二次上吹制气和空气吹净共六个阶段组成完整的水煤气生产工作循环。当生产合成氨的原料气或对煤气质量要求不严格时，可以不需要水蒸气吹净阶段。

间歇法将提供热量的燃烧反应与消耗热量的水煤气反应分开进行，所以存在许多缺点。从 20 世纪 60 年代起，中国的一些化肥厂相继进行技术改造，开发成功富氧连续气化工艺，具有如下特点：取消了六阶段循环，采用富氧 / 纯氧和蒸汽连续气化，取消了阀门的频繁切换，大大延长了有效的制气时间，使生产能力提高；气化强度、气化效率、煤气的有效成分随气化剂中氧浓度增加而增加。一般认为中小规模生产可采用富氧，大规模生产用纯氧更为合适。生产试验表明，采用大块焦为原料时，最大吹风量达 $8000m^3/h$（50% 富氧），产气量达 $2300m^3/h$，煤气中的有效气体含量 $\varphi(CO+H_2)$ 为 67% ～ 69%，比原来的空气间歇法气化能力提高 2 倍；采用小块焦时，吹风量 $6000m^3/h$（50% 富氧），产气量达 $17500m^3/h$，煤气中的有效气体含量 $\varphi(CO+H_2)$ 为 68% ～ 70%，气化强度提高一倍以上。

5.3.3 煤气发生炉

煤气发生炉的形式很多，通常可根据气化原料、气化剂、排渣和操作方式进行分类。下面主要介绍几种典型的机械化常压煤气发生炉。

5.3.3.1 常用煤气发生炉

常用的常压煤气发生炉有 M 型（又称 AД 型）和 W-G 型（Wellman-Galusha）两种。

（1）具有凸型炉箅的煤气发生炉　凸型炉箅的煤气发生炉中，较普遍使用的有两种形式，即 3M21 型（又称 3AД-21 型）和 3M13 型（又称 3AД13 型）。3M21 型发生炉主要用于气化贫煤、无烟煤和焦炭等不黏结性燃料，而 3M13 型发生炉主要用于弱黏结性烟煤。这两种发生炉都是湿法排灰，亦即灰渣通过具有水封的旋转灰盘排出。这两种发生炉的机械化程度较高，性能可靠。但发生炉的构件基本上都是铸造件，所以制造较复杂。以下着重介绍 3M13 型煤气发生炉。

3M13 型煤气发生炉如图 5-22 所示。这是一种带搅拌装置的机械化煤气发生炉。设搅拌装置的目的是当气化弱黏结性烟煤时可用以搅动煤层，破坏煤的黏结性，并扒平煤层。上部加煤机构为双滚筒加料装置。搅动装置是由电动机通过蜗轮、蜗杆带动在煤层内转动，搅拌耙可根据需要在煤层内上下移动一定距离，搅拌杆内通循环水冷却，防止搅拌耙烧坏。

发生炉炉体包括耐火砖砌体和水夹套，水夹套产生蒸汽可作气化剂。在炉盖上设有汽封的探火孔，用以探视炉内操作情况或通过“打钎”处理局部高温和破碎渣块。

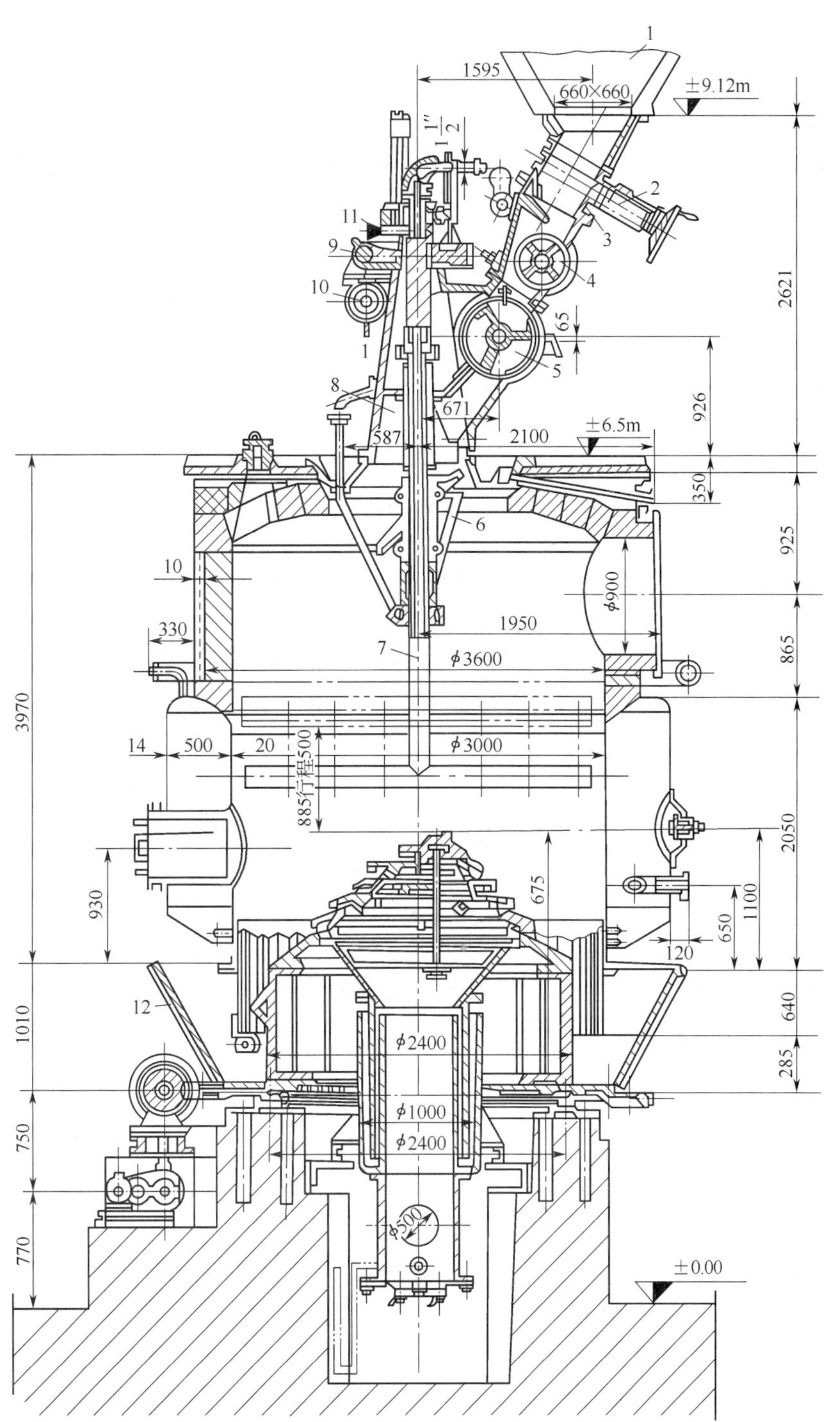

图 5-22 3M13 型煤气发生炉

1—煤斗；2—煤斗闸门；3—伸缩节；4—计量给煤器；5—计量锁气器；6—托盘和三角架；7—搅拌装置；8—空心柱；9—蜗杆减速机；10—圆柱减速机；11—四头蜗杆；12—灰盘

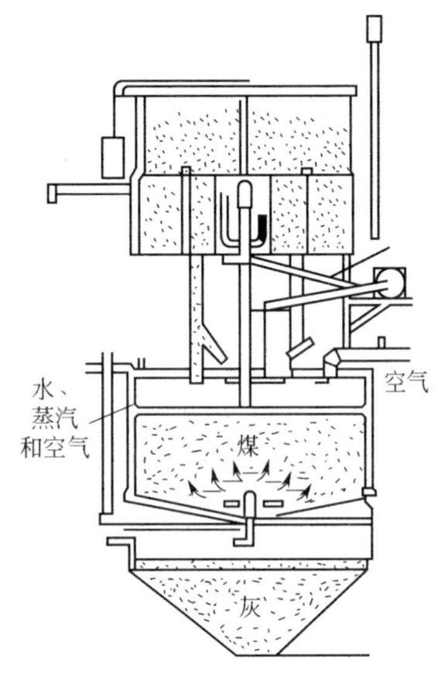

图 5-23　魏尔曼 - 格鲁夏煤气发生炉

发生炉下部为炉箅及除灰装置，包括炉箅、灰盘、排灰刀及气化剂入口管。灰盘和炉箅固定在铸铁大齿轮上，由电动机通过蜗轮、蜗杆带动大齿轮转动，从而带动炉箅和灰盘转动。带有齿轮的灰盘坐落在滚珠上以减少转动时的摩擦力，排灰刀固定在灰盘边侧，灰盘转动时通过排灰刀将灰渣排出。

（2）魏尔曼 - 格鲁夏（Wellman-Galusha）煤气发生炉　魏尔曼 - 格鲁夏煤气发生炉有两种形式：一种是无搅拌装置的用于气化无烟煤、焦炭等不黏结性燃料；另一种是有搅拌装置的用于气化弱黏结性烟煤。图 5-23 为魏尔曼 - 格鲁夏煤气发生炉。该炉加煤部分分为两段，煤料由提升机送入炉子上面的受煤斗，再进入煤箱，然后经煤箱下部四根煤料供给管加入炉内。在煤箱上部设有上阀门，在四根煤料供给管上各设有下阀门，下阀门经常打开，使煤箱中的煤连续不断地加入炉中。当下阀门开启时，关闭上阀门，以防煤气经煤箱逸出。只有当煤箱加煤时，先关闭四根煤料供给管上的下阀门，然后才能开启上阀门加料。当加料完毕后，关闭上阀门，接着开启下阀门，上、下阀门间有连锁装置。发生炉炉体较一般发生炉高（炉径 3m 时，总高 17m，炉体高 3.6m，料层高度 2.7m），煤在炉内停留时间较长，有利于气化进行完全。发生炉炉体为全水套，鼓风空气经炉子顶部夹套空间水面通过，使饱和了水蒸气的空气进入炉子底部灰箱经炉箅缝隙进入炉内，灰盘为三层偏心锥形炉箅，通过齿轮减速传动，炉渣通过炉箅间隙落入炉底灰箱内，定期排出。由于煤层厚，煤气出口压力高，故为干法排灰。魏尔曼 - 格鲁夏煤气发生炉生产能力较大，操作方便，整个发生炉中铸件很少，故制造方便。

5.3.3.2　水煤气发生炉

水煤气发生炉与混合煤气发生炉的构造基本相同，但在水煤气生产过程中，吹空气时压力高达 0.176MPa，因而水煤气发生炉必须采用干法排渣。同时，水煤气生产中主要使用无黏结性的焦炭或无烟煤为原料，所以水煤气发生炉中没有搅拌装置。水煤气发生炉炉壳由钢板焊成，上部衬有耐火砖和保温硅藻砖，使炉壳钢板免受高温的损害。下部外设夹套锅炉，主要是降低氧化层温度，防止熔渣粘壁并副产蒸汽。夹套锅炉两侧设有探火孔，用于测量火层，了解火层分布和温度情况。

5.3.3.3　两段式煤气发生炉

两段式煤气发生炉如图 5-24 所示。气化段（下段）和一般发生炉相同，包括水套、转动炉箅、湿式灰盘等。水套以上为干馏段（上段），其炉壁由钢板外壳内衬耐火砖构成，内部用格子砖在径向分成数格（一般分成四格）。两段式发生炉仍用空气和水蒸气为气化剂。下段产生的发生炉煤气一部分由位于气化炉上部的下段煤气出口引出，称为“下段煤气”，温度约 500 ～ 600℃。另一部分煤气则自下而上进入干馏段煤层，利用其显热对煤进行干馏。煤气由上段煤气出口排出，称为“上段煤气”，其出口温度约为 100 ～ 150℃。由于干馏过程的温度较低，所以上段煤气中所含的焦油为轻质焦油。经静电除焦油器，焦油即可由煤气中分离出来。上下段煤气混合后，煤气高位热值约为 6.0 ～ 7.5MJ/m³。表 5-9 列出了两段煤气发生炉生产的煤气组成等指标。

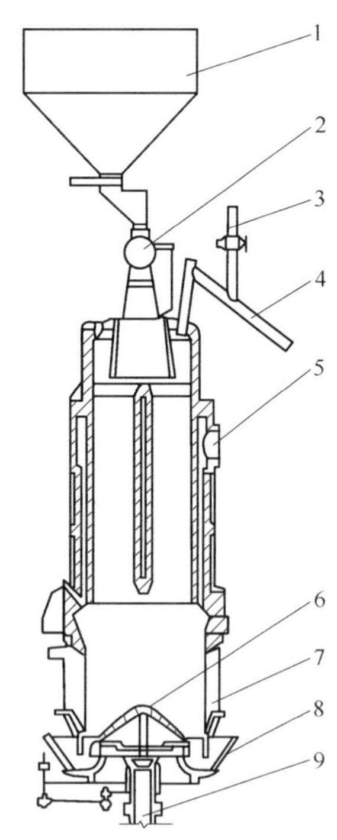

图 5-24　两段式煤气发生炉

1—煤斗；2—加煤机；3—放散管；4—上段煤气出口；5—下段煤气出口；6—炉箅；7—水套；8—灰盘；9—空气和蒸汽入口

表5-9 两段煤气发生炉生产的煤气组成等指标

项目		热粗煤气	冷净煤气
煤气组成	$\varphi(CO)$/%	27.9	29.2
	$\varphi(H_2)$/%	16.9	17.6
	$\varphi(CO_2)$/%	4.2	4.4
	$\varphi(CH_4)$/%	2.2	2.3
	$\varphi(N_2)$/%	44.2	46.5
	水分/%	4.2	—
	焦油蒸气/%	0.3	—
	轻油/%	0.1	—
热效率		88 ～93	72 ～80
煤气高位热值/(MJ/m^3)		7.75～7.82	6.14～6.70
混合煤气温度/℃		400	常温
煤气产率/(m^3/kg煤)		3.55	3.4～3.55

5.3.3.4 煤气发生站工艺流程

煤气发生站的工艺流程按气化原料性质及所使用煤气的要求不同，可分为热煤气工艺流程、无焦油回收的冷煤气工艺流程及有焦油回收的冷煤气工艺流程。仅对后者介绍如下。当气化烟煤时，气化过程中产生的焦油蒸气随同煤气一起排出。若焦油蒸气冷凝会堵塞煤气管道和设备，故必须从煤气中除去。回收焦油的冷煤气发生站工艺流程如图 5-25 所示。煤气由发生炉出来，首先进入竖管冷却器，初步除去重质焦油和粉尘，同时根据焦油性质不同冷却至 80 ～ 90℃左右，经半净煤气管道进入电捕焦油器，除去焦油雾滴后进入洗涤塔，煤气被冷却到 35℃以下，进入净煤气管道，经排送机送至用户。

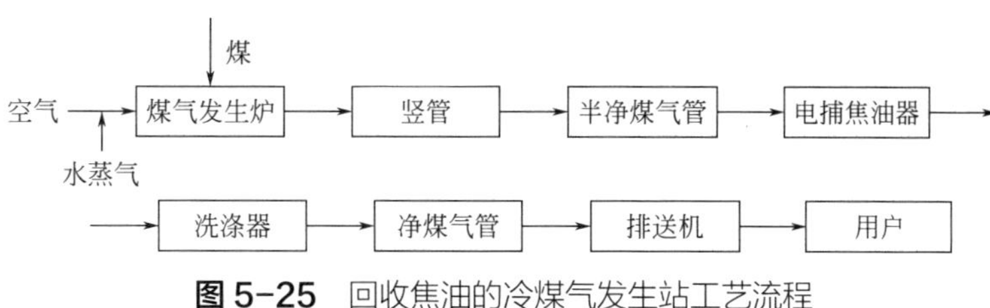

图 5-25 回收焦油的冷煤气发生站工艺流程

在间歇生产水煤气的过程中，吹风气和水煤气带出的热量约为总热量的 30%。为了提高过程的热效率，应充分考虑这部分废热的回收。这是中国目前广泛使用的一种流程，它可使大部分的废热得以回收利用。其典型的工艺流程，如图 5-26 所示。在吹风阶段，炉顶出来的高温吹风气在燃烧室 5 内，与二次空气混合燃烧，热量部分积蓄在燃烧室格子砖内。高温废气进入废热锅炉 6，将管间的水蒸发产生水蒸气，以回收热量。降温后的废气经烟囱阀 18，由烟囱 8 排入大气。在上吹制气阶段，蒸汽自下而上通过料层，上行煤气经燃烧室和废热锅炉回收热量后，其温度约为 200 ～ 250℃，由洗气箱、洗涤塔经除尘冷却后进入气柜。在下吹蒸汽阶段，蒸汽进入燃烧室顶部，经燃烧室预热后，进入发生炉顶部，自上而下通过料层。下行煤气温度较低，约 200 ～ 300℃，其显热不予回收，经洗气箱、洗涤塔入气柜。

5.3.4 加压气化原理与工艺

常压固定床气化炉生产的煤气热值低，煤气中一氧化碳含量高，气化强度低，生产能力有限，煤气也不宜远距离输送。为解决上述问题，人们开发了加压气化技术。

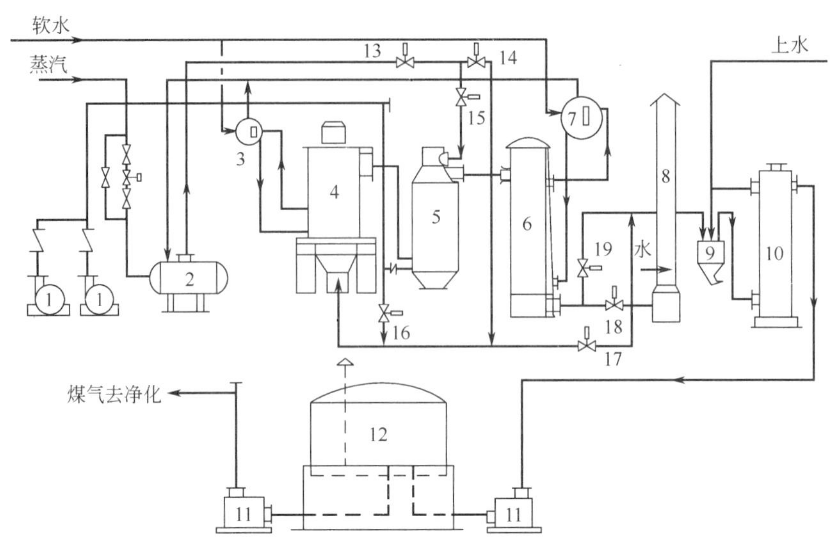

图 5-26 水煤气站流程

1—空气鼓风机；2—蒸汽缓冲罐；3,7—集汽包；4—水煤气发生炉；5—燃烧室；6—废热锅炉；8—烟囱；9—洗气箱；10—洗涤塔；11—气柜水封；12—气柜；13—蒸汽总阀；14—上吹蒸汽阀；15—下吹蒸汽阀；16—吹风空气阀；17—下行煤气阀；18—烟囱阀；19—上行煤气阀

5.3.4.1 加压固定床气化炉生产工况

加压固定床气化炉与常压气化炉类似，如图 5-27 所示。原料煤由上而下，气化剂由下向上，逆流接触，逐渐完成煤炭由固态向气态的转化。炉内的料层可根据各区域的特征及主要作用，依次分为干燥区、干馏区、气化区、燃烧区和灰渣区。

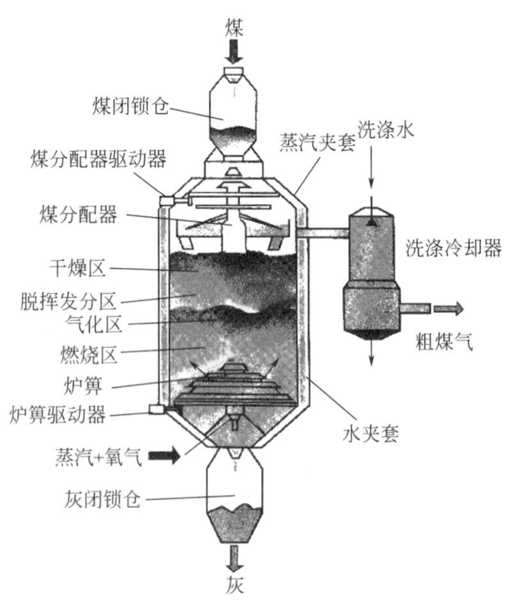

图 5-27 加压固定床气化炉内的生产工况

以褐煤为气化原料，在气化炉中进行长期试验得出的不同压力下气化试验结果列于表 5-10 中。

表5-10 褐煤在各种不同压力下的气化试验结果

指标		气化压力/MPa				
		0.1	1.0	2.0	3.0	4.0
粗煤气（湿）组成/%	$\varphi(CH_4)$	2.2	5.6	9.4	12.6	16.1
	$\varphi(H_2)$	40.7	33.5	27.2	20.4	15.8
	$\varphi(C_nH_m)$	0.2	0.25	0.4	0.8	2.2
	$\varphi(CO)$	27.1	19.5	14.2	13.1	9.2
	$\varphi(CO_2)$	19.3	22.55	23.8	25.6	26.2
	$\varphi(H_2O)$	10.5	18.6	25.0	27.5	30.5
粗煤气（干）组成/%	$\varphi(CH_4)$	2.4	6.8	12.5	18.5	24.1
	$\varphi(H_2)$	45.6	41.3	36.3	29.7	23.4
	$\varphi(C_nH_m)$	0.2	0.3	0.5	1.1	2.8
	$\varphi(CO)$	30.2	23.9	18.9	16.1	13.8
	$\varphi(CO_2)$	21.6	27.7	31.8	33.6	35.9
净煤气（干）组成/%	$\varphi(CH_4)$	2.7	9.4	17.8	29.4	38.8
	$\varphi(H_2)$	58.05	56.8	53.9	44.5	37.6
	$\varphi(C_nH_n)$	0.25	0.4	0.7	1.7	3.1
	$\varphi(CO)$	39.0	33.4	27.6	24.4	20.5
净煤气热值/（kJ/m^3）		12301.7	14809.7	17138.0	19328.3	21752.7
净煤气/粗煤气		0.784	0.723	0.682	0.664	0.641
焦油/%	以煤计的产率	4.3	6.4	8.8	10.1	11.8
	对铝甑的收率	41.6	51.2	71.2	86.3	94.3
	轻质油以煤计的产率	0.3	1.3	2.04	2.86	4.23
氧气消耗量/（m^3/m^3净煤气）		0.186	0.169	0.154	0.138	0.127
水蒸气消耗量/（kg/m^3净煤气）		0.464	0.807	1.03	1.28	1.46
净煤气产率/（m^3/kg煤）		1.45	1.05	0.71	0.64	0.56
热效率/%	生成煤气热/进炉总热	88.2	79.5	73.9	68.2	61.5
	水蒸气分解率	64.7	50.3	37.5	30.1	29.0
气化强度/[kg煤/(m^2·h)]		420	750	1500	1800	2200

注：可燃物质，69.00%；灰分，12.00%；水分，19.00%；挥发分，41.30%；铝甑焦油，12.40%；干燃料热值，19446kJ/kg；燃料粒度，2～15mm；试验条件，炉内气化温度为1000℃，水蒸气过热温度为500℃。

从表5-10可见，气化压力是一个重要的操作参数，它对煤气化过程及其煤气组成、热值、产率和消耗都有显著影响。

5.3.4.2 过程原理及其影响因素

（1）压力对煤气组成的影响 从图5-28中可见，随着气化压力的增加，粗煤气中甲烷和二氧化碳含量增加，氢气和一氧化碳含量减少。当然，煤气中二氧化碳洗去后，其热值也将随气化压力提高而增加。这是因为在气化炉内，主要由下列反应生成甲烷：

$$C+2H_2 \rightleftharpoons CH_4 \qquad \Delta H=-84.3kJ/mol \qquad (5)$$

$$CO+3H_2 \rightleftharpoons CH_4+H_2O \qquad \Delta H=-219.3kJ/mol \qquad (9)$$

$$CO_2+4H_2 \rightleftharpoons CH_4+2H_2O \qquad \Delta H=-162.8kJ/mol \qquad (15)$$

$$2CO+2H_2 \rightleftharpoons CO_2+CH_4 \qquad \Delta H=-247.3kJ/mol \qquad (16)$$

上述是体积减小的放热反应，提高压力和降低温度有利于反应向着生成甲烷的方向移动。

与此相反，在炉内进行的二氧化碳还原和水蒸气分解反应：

$$C+CO_2 \rightleftharpoons 2CO \qquad \Delta H=173.3kJ/mol \tag{4}$$

$$C+H_2O \rightleftharpoons H_2+CO \qquad \Delta H=135.0kJ/mol \tag{3}$$

均是反应后气体体积增加的吸热反应。降低压力和升高温度都有利于二氧化碳的还原和水蒸气的分解。如图5-3所示，在同一压力下，温度越高，一氧化碳的平衡浓度越高。在相同温度下，压力越高，一氧化碳平衡浓度降低，因而加压下气化产生的粗煤气中二氧化碳含量高于常压气化，而一氧化碳含量低于常压气化。

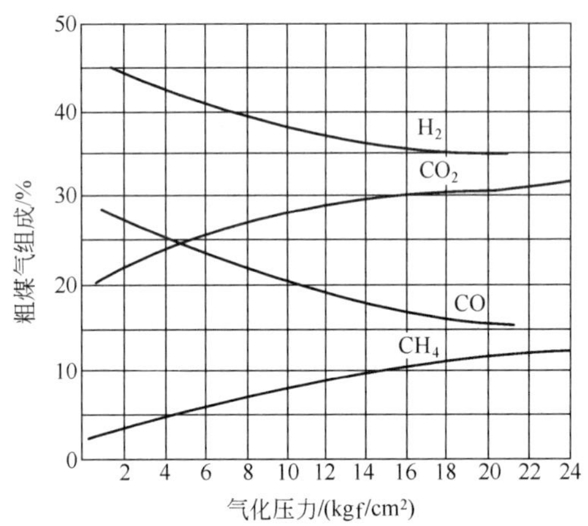

图 5-28　粗煤气组成与气化压力的关系

($1kgf/cm^2=0.098MPa$)

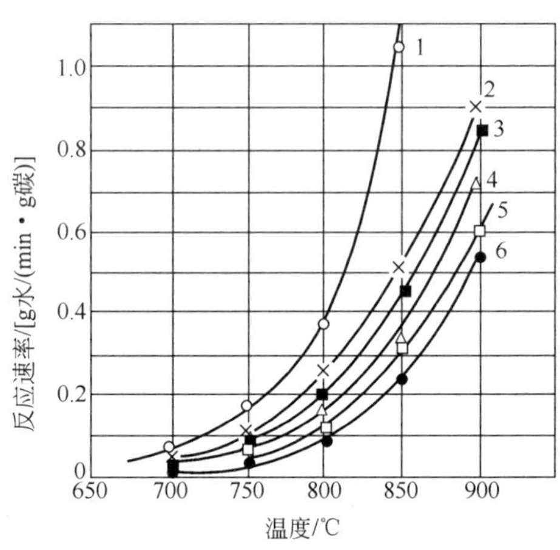

图 5-29　不同温度下水蒸气分解反应总速率与压力的关系

1 ～ 6 分别表示反应压力为 0.098MPa、0.98MPa、1.96MPa、4.9MPa、6.86MPa、9.8MPa

如图 5-29 所示，从不同温度下水蒸气分解反应的总速率与压力的关系可见，在试验的所有压力下，随着温度升高，反应速率都是增加的。而在同一温度下，随着压力增加，反应速率下降，即加压不利于水蒸气分解反应。因加压下甲烷生成反应需耗氢，而水蒸气分解生成的氢又是甲烷生成反应中氢的重要来源，由此导致随着气化压力提高，煤气中氢含量减少。

（2）压力对氧气耗量的影响　在气化过程中，甲烷生成反应为放热反应，这些反应热可为水蒸气分解、二氧化碳还原等吸热反应提供热源。因此，甲烷生成反应的放热成为气化炉内除碳燃烧反应以外的第二热源，从而减少了碳燃烧反应中氧的消耗。故随气化反应压力提高，氧气的消耗量减少。例如，生产的煤气热值一定时，在 1.96MPa 下消耗的氧气仅为常压下气化时耗氧量的 1/3 ～ 1/2。

（3）压力对蒸汽消耗量的影响　前已述及，加压使生成的甲烷量增加，生成甲烷所消耗的氢气量亦增加，水蒸气分解生成的氢气是甲烷生成反应中氢的重要来源。但加压不利于水蒸气分解反应进行。在加压下，水蒸气分解率下降。为解决这一矛盾，只有增加水蒸气用量，通过提高水蒸气浓度，使生成物氢气的绝对量增加，以满足甲烷生成反应的需要。这样，就导致加压气化的水蒸气耗量比常压下气化大幅度上升，而且在实际操作中，还需用蒸汽量来控制炉温，以有利于甲烷生成反应进行。故总的蒸汽耗量在加压时约比常压下高 2.5 ～ 3 倍。水蒸气分解率在常压下约为 65%，而在压力为 1.96MPa 时下降为 36%，图 5-30 表示气化压力与水蒸气耗量的关系。可见，当提高气化压力时，水蒸气消耗量增加，水蒸气分解率降低，这是固态排渣加压气化炉生产上的一大缺陷。

（4）压力对气化炉生产能力的影响　提高鼓风速度是强化生产的一项措施。但鼓风速度的提高往往受到料层阻力和带出物数量的限制。在加压下操作时，该情况可明显改善，从而使气化强度得以提高。

在常压气化炉和加压气化炉中，假定带出物的数量相等，则出炉煤气动压头相等，可近似得出，加压气化炉与常压气化炉生产能力之比为下式。

$$\frac{q_{V_2}}{q_{V_1}}=\sqrt{\frac{T_1 p_2}{T_2 p_1}} \tag{5-32}$$

对于常压气化炉，p_1 通常略高于大气压，p_1≈0.1078MPa；常压气化炉和加压气化炉的气化温度之比 T_1/T_2≈1.1 ～ 1.25。故：

$$q_{V_2}/q_{V_1}=(3.19\sim3.41)\sqrt{p_2}$$

即生产能力均以煤气在标准状况下的体积流量表示时，加压气化将比常压气化高 $(3.19\sim3.41)\sqrt{p_2}$ 倍，此时压力单位为MPa。如气化压力为2.5～3MPa的鲁奇加压气化炉，其生产能力将比常压下高5～6倍。

另外，压力下气体密度大，因而气化反应的速率加快，有助于生产能力的提高。而且在料层高度相同的条件下，压力下气化的气固相接触时间加大约 5 ～ 6 倍，因而使气化反应进行得较充分，碳的转化率较高。

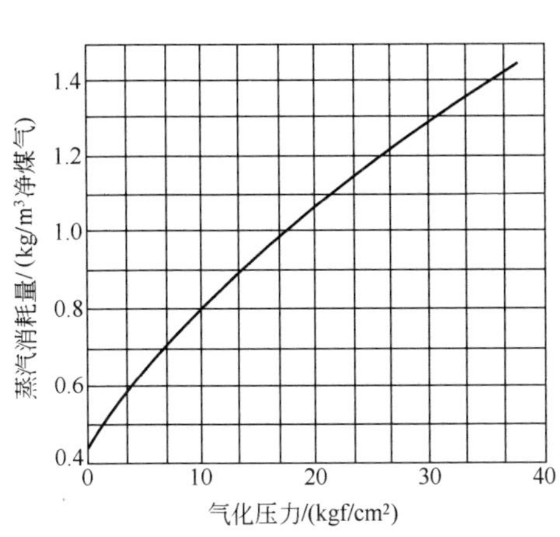

图 5-30　气化压力与水蒸气耗量的关系

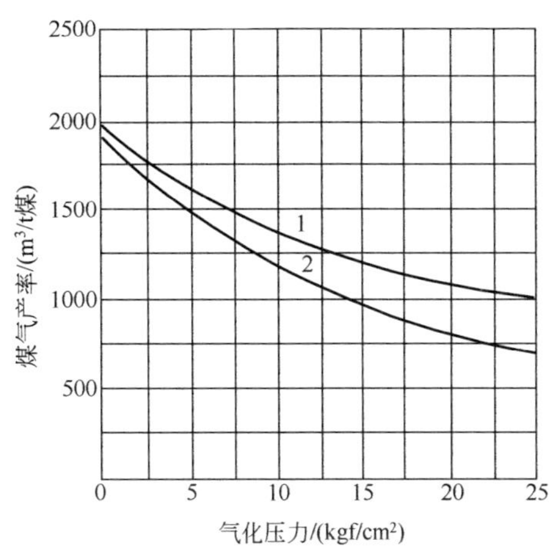

图 5-31　气化压力与煤气产率的关系

1—粗煤气; 2—净煤气

（5）压力对煤气产率的影响　气化压力的提高，使得甲烷的生产量增加，气体的总体积减小。与常压气化相比，加压气化时煤气产率较低。随着气化压力的提高，煤气产率呈现下降趋势，且净煤气产率的下降幅度比粗煤气更大。因为加压气化所生产的粗煤气中，含有大量二氧化碳，一旦净化脱除，使净煤气的体积大为减少。图 5-31 为气化压力与煤气产率的关系。

（6）加压气化对煤气输送动力消耗的影响　加压气化可以大大节省煤气输送的动力消耗。因为煤的气化所产生的煤气的体积一般都比气化介质的体积更大。据计算，在 2.94MPa 压力下用氧 - 水蒸气混合物作为气化剂时，所需压缩的氧气约占所制得煤气体积的 14% ～ 15%，这比常压造气产生的煤气再压缩到 2.94MPa，几乎可节省动力 2/3。

加压下气化生产的煤气所具有的压力可被利用于远距离输送（或用于化工合成），在 1.96MPa 压力下气化时，中间不用再设加压站便可将煤气输送到 150km 左右以外的地区。因此，一些煤气生产厂可设在矿区附近，从而减少了煤的运输费用。

5.3.4.3　固定床加压气化炉及工艺流程

（1）加压气化炉　以鲁奇炉为典型的固定床加压气化炉自 20 世纪 30 年代在德国发明以来，出现了几种改进的炉型。由开始仅以褐煤为原料，炉径为 2600mm，采用边置灰斗和平型炉箅，发展到能使用气化弱黏结性烟煤，采用了搅拌装置和转动布煤器，炉箅改为塔节型，灰箱设置在炉底正中的位置，回收的煤粉和焦油返回气化炉内进行裂解和气化。气化炉直径发展到 3800mm 甚至 5000mm，最大单炉生产能力达 75000 ～ 100000m³/h。

中国起步较晚，20 世纪 50 年代建立了实验装置；60 年代引进了捷克制造的早期鲁奇炉，1974 年在云南建成投产，用褐煤加压气化制合成氨。

1978年，山西化肥厂引进4台直径3800mm的Ⅳ型鲁奇炉，以本地贫煤为原料，生产合成氨原料气。

中国自行设计制造的2800mm加压气化炉已应用于工业生产，现介绍如下。气化炉结构如图5-32所示。气化炉直径为3000mm×50mm，高为10900mm，双层壳体结构，内筒直径为2860mm×24mm，设有煤分布器和搅拌器（破黏装置）用以均匀布煤。气化炉本体由内、外两层厚钢筒制成，两筒间装满水形成水夹套，防止炉体承受高温。水夹套与外部的水蒸气收集器相连，可以不断地将水蒸气引出供气化炉自用。

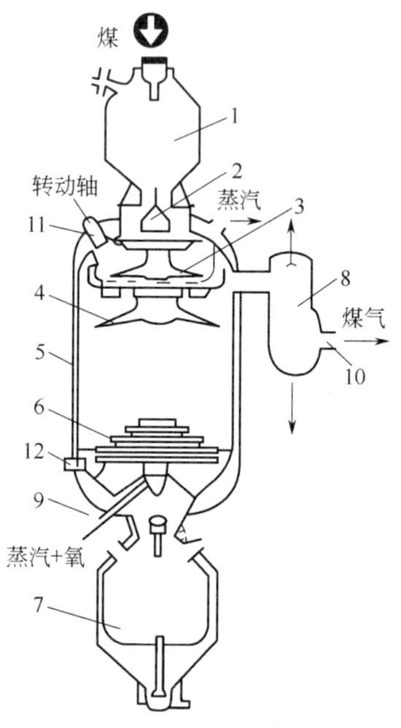

图5-32　加压气化炉

1—加煤箱；2—钟罩阀；3—煤分布器；4—搅拌器；5—夹套锅炉；6—塔节型炉箅；7—灰箱；8—洗涤冷却器；9—气化剂入口；10—煤气出口；11—布煤器传动装置；12—炉箅传动装置

气化剂通过双套筒进入塔节型炉箅，使气流分布均匀。炉箅的传动机构放在侧面。炉箅下部设有三把下灰刮刀，不同的下灰量可通过炉箅的转速来调节，以适应不同灰分的煤料要求。炉箅设有破渣装置，可控制渣粒度＜100mm，保证下灰通畅，不致堵塞阀门。炉箅和灰盘采用完善的气体冷却结构，可提高热效率，以降低炉箅温度。加压气化炉的加煤装置如图5-19所示。

近年来，煤制天然气在我国得以快速发展。2009年8月20日，内蒙古大唐国际克什克腾煤制天然气项目获得国家发改委核准（发改能源〔2009〕2163号），是第一个由国家发改委核准的大型煤制天然气示范项目。该项目分3期连续滚动建设，每期均为13.3×10^{8}m^3/a煤制天然气，3期全部建成投产后达到40亿m^3/a煤制天然气的生产规模。2009年8月30日该项目正式开工建设，2013年12月18日投运成功，正式并入管网，向中石油北京段天然气管线输送出清洁的煤制天然气产品。该项目以劣质褐煤作为原料，采用48台Mark-Ⅳ型鲁奇炉生产合成气，单炉设计产气能力达到36000m^3/h，炉径约3.6m，产物中有效气$CO+H_2$为22000m^{3}左右。

（2）工艺流程　早期的加压制气工艺中，常采用无废热回收的制气工艺，该过程热效率很低。近年来，注意了余热利用，尤其在采用大型加压气化炉生产时，煤气带出的显热量较大，故有回收的价值。有废热回收的制气工艺流程如图 5-33 所示。

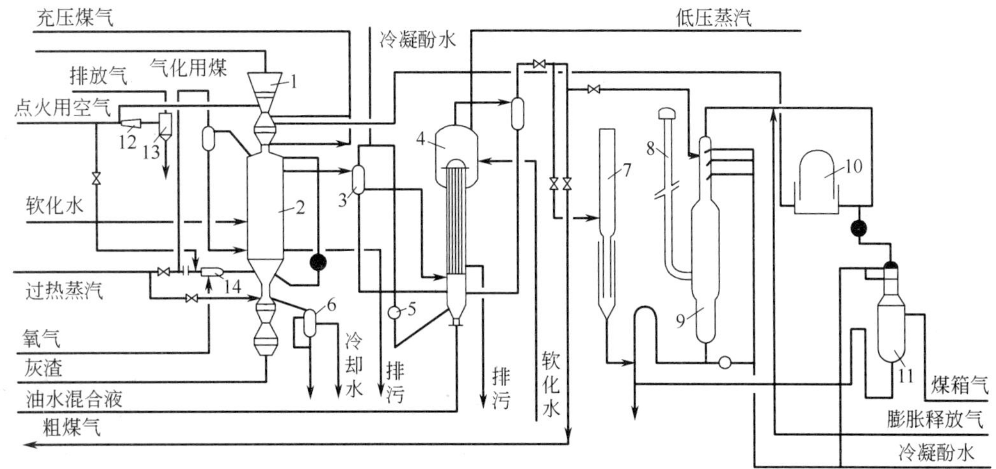

图 5-33　有废热回收的制气工艺流程

1—储煤仓；2—气化炉；3—喷冷器；4—废热锅炉；5—循环泵；6—膨胀冷凝器；7—放散烟囱；8—火炬烟囱；9—洗涤器；10—储气柜；11—煤箱气洗涤器；12—引射器；13—旋风分离器；14—混合器

原煤经破碎筛分后，粒度为 4 ～ 50mm 的煤加入上部的储煤仓，由加料溜槽通过圆筒阀门定期加入煤箱（有效容积 4m³）。煤箱中的煤通过下阀不断加入炉内。原煤与反应后含有残碳的灰渣经转动炉箅借刮刀连续排入灰箱，灰箱中的灰渣定期排入灰斗，全部操作均通过液压程序系统自动进行（也可切换为半自动或手动）。系统生产的粗煤气由气化炉上侧方引出，出口温度视不同原料约为 350 ～ 600℃，经喷冷器喷淋冷却，除去煤气中的焦油及煤尘，再经废热锅炉回收热量后，按不同情况经过洗涤和变换工艺。

（3）煤加压气化的各项指标　国内外已有大量加压固定床气化炉投入工业运行。现将国内外部分加压气化炉的生产和试验数据，整理列于表 5-11 中。

表 5-11　加压气化炉制气的各项指标

指标		焦炭	无烟煤	烟煤	褐煤
煤的分析	① W_{ar}/%	3～5	0～7	8～15	15～25
	② A_{ar}/%	10～12	6～14	10～20	12～28
	③ V_{daf}/%	2.0	2～4	15～35	28～35
	④ 固定碳/%	82～87	78～85	62～68	45～55
	⑤ 热值/(kJ/kg)	27170	27170～30932	18810～27170	12540～18810
	⑥ 铝甑分析(空干基)	半焦/%	85～96	65～68	60～70
		焦油/%	2.5～4	5～11	6～10
		热解水/%	4～8	5～9	5～9
		（气体+损失）/%	5～9	8～14	10～16
	⑦ 粒度/mm	5～20	5～20	5～25	6～40
操作条件	① 气化压力/MPa	2.2～2.4	2.4～2.8	2.0～2.4	1.8～2.7
	② 气化温度/℃	1150	1150	1000～1100	950～1052
	③ 炉顶温度/℃	400～500	400～500	350～450	280～350
	④ 灰渣温度/℃	260	280	250	225
	⑤ 入炉水蒸气温度/℃	400～450	400～500	380～450	350～420

续表

指标			焦炭	无烟煤	烟煤	褐煤
消耗定额及单位产率	① 氧气消耗率/(m^3/kg煤)		0.18～0.22	0.18～0.24	0.15～0.19	0.13～0.16
	② 蒸汽消耗率/(kg/kg煤)		1.2～1.4	1.2～1.6	1.1～1.4	0.9～1.2
	③ 汽氧比/(kg/m^3)		4.5～5.3	4.5～6	5～7	6～8.5
	④ 水蒸气分解度/%		38～42	38～42	35～40	32～37
	⑤ 粗煤气产率/(m^3/t煤)		1600～1700	1600～1800	1400～1600	1000～1300
	⑥ 净煤气产率/(m^3/t煤)		1120～1190	1120～1260	980～1120	700～910
	⑦ 焦油产率/(kg/t煤)		—	—	35～50	45～70
	⑧ 轻质油产率/(kg/t煤)		—	—	4～7	6～9
	⑨ 氨产率/(kg/t煤)		—	—	4～6	6～9
	⑩ 酚产率/(kg/t煤)		—	—	2～5	3～7
干煤气的组成、热值	① 粗煤气组成	$\varphi(CH_4)$/%	7.0	7.0	9.6	12.5
		$\varphi(H_2)$/%	39.85	38.35	38.75	38.3
		$\varphi(CO)$/%	20.5	22.6	18.6	14.5
		$\varphi(C_nH_m)$/%	0.3	0.2	0.6	0.8
		$\varphi(CO_2+H_2S)$/%	31.0	30.5	31.1	32.2
		$\varphi(O_2)$/%	0.15	0.15	0.15	0.2
		$\varphi(N_2)$/%	1.2	1.2	1.2	1.5
	② 粗煤气高位热值/(kJ/m^3)		11077	11077	11118	11788
	③ 粗煤气低位热值/(kJ/m^3)		10032	10032	10032	10659
	④ 净煤气组成	$\varphi(CH_4)$/%	9.86	9.72	13.2	17.86
		$\varphi(H_2)$/%	56.29	54.25	55.33	55.37
		$\varphi(CO)$/%	28.86	31.37	26.22	20.71
		$\varphi(C_nH_m)$/%	0.59	0.28	0.85	1.14
		$\varphi(CO_2+H_2S)$/%	2.5	2.5	2.5	2.5
		$\varphi(O_2)$/%	0.21	0.21	0.21	0.28
		$\varphi(N_2)$/%	1.69	1.67	1.69	2.14
	⑤ 净煤气高位热值/(kJ/m^3)		15675	15759	16804	17598
	⑥ 净煤气低位热值/(kJ/m^3)		14003	14128	15048	16636
碳的损失	① 灰渣中碳含量/%		4～6	4～6	4～6	4～8
	② 带出物中碳含量/(g/kg煤)		2.5	2.5	1.8	1.5
	③ 焦油中碳含量/(g/kg煤)		—	—	30	45
热平衡收入	① 燃料发热量/%		85.5	87.5	84.5	81.5
	② 氧气显热/%		0.3	0.5	0.3	0.1
	③ 水蒸气热焓/%		14.2	12.0	15.2	18.4
共计	① 气体发热量/%		74.0	74.0	65.0	62.5
	② 干气体显热/%		4.6	4.8	4.1	2.8
	③ 气体中水分热焓/%		12.5	12.0	13.0	15.5
	④ 焦油发热量/%		—	—	7.0	6.6
	⑤ 轻质油发热量/%		—	—	1.2	1.8
	⑥ 水溶物发热量/%		—	—	0.6	0.9
	⑦ 灰渣特有热损失/%		2.9	2.6	3.0	3.1
	⑧ 带出物特有热损失/%		0.8	0.9	0.9	1.0
	⑨ 其他热损失/%		5.2	5.7	5.2	5.8
效率	① 气体效率/%		86.5	84.6	76.9	76.7
	② 热效率/%	按气体计算	74.0	74.0	65.0	62.5
		包括气体及焦油	—	—	73.8	71.8

5.3.5 加压液态排渣气化炉

5.3.5.1 基本原理

从上述加压固定床气化技术可知，为控制炉温，需通入过量的水蒸气，因而水蒸气分解率低，废水处理量大。由于炉温控制较低，反应不够完全，灰渣中残碳含量较高，气化能力受到限制。此外，固态排渣需借助于机械转动炉箅，使得气化炉的结构复杂，维修费用高。为克服这些不足，开发了加压液态排渣气化炉。

液态排渣气化炉的基本原理是，仅向气化炉内通入适量的水蒸气，控制炉温在灰熔点以上，使灰渣呈熔融状态自炉内排出。由于消除了为防止气化炉内结渣对炉温的限制，可使气化层的温度有较大提高，从而大大加快了气化反应速率，提高了设备的生产能力，产物粗煤气中冷凝下来需要处理的液体量较少，灰渣中基本上无残碳，几乎所有的碳都得到了利用。

5.3.5.2 气化炉概况及其结构

英国煤气公司将苏格兰西田（Westfield）的一台鲁奇炉改为熔渣操作，该炉直径为 1.83m。1977 年，美国能源部建造了一座 B-G/Lurgi 示范厂，将产品作为补充天然气供工业和民用。

（1）液态排渣气化炉　液态排渣加压气化炉示于图 5-34。气化炉的加料装置及炉体上部结构与固态排渣加压气化炉相似，其主要特点是灰渣呈熔融状态排出，故炉子下部和排灰机构的结构较特殊。它取消了固态排渣的转动炉箅，提高了操作温度。根据不同的原料特性，操作温度一般在 1100 ～ 1500℃，操作压力为 2.35 ～ 3.04MPa。

一定块度的煤由炉顶经煤箱通过布煤器均匀加入气化炉内，布煤器和搅拌器的工作性能与固态排渣加压气化炉相似。由于炉渣呈熔融状态，在炉子下部设有熔渣池。在熔渣池上方有 8 个沿径向均布安装并稍向下倾斜的喷嘴。气化剂及部分煤粉和焦油由喷嘴送入炉内，并汇集在熔渣池中心管的排渣口上部，使该区域的温度高达 1500℃左右，保证熔渣呈流动状态。在渣箱的上部增设一液渣急冷箱，箱内容积的 70% 左右充满水。从排渣口落下的液渣，在此淬冷而形成渣粒。当渣粒在急冷箱内积聚到一定高度后，卸入渣箱内，然后定期排出。

为防止回火，气化剂在喷嘴出口的气流速度应大于 100m/s。欲降低运行负荷时，可借关闭气化喷嘴的数量进行调节。因此，它比普通气化炉具有较大的调整负荷的能力。

炉体为钢制外壳，内砌耐火砖，再衬以碳化硅耐高温材料。喷嘴外部有水冷套；排渣口材质为硝基硅酸盐或碳化硅，以抵抗高温熔渣的侵蚀。为保证排渣的畅通，排渣口大小的设计与熔渣流量和黏度 - 温度特性有关。

（2）加压液态排渣气化炉的优缺点　加压液态排渣气化炉强化了生产，对煤气化的指标有明显的改善，主要有以下几点。

① 气化炉的生产能力提高 3 ～ 4 倍。

② 煤气中的带出物大为减少，灰渣中的碳含量在 2% 以下；煤气出口温度也低，主要由于离开高温区的未分解水蒸气量减少，炉中煤的干燥与干馏主要是利用反应气体的显热；气化过程的热效率约由普通气化炉的 70% 提高到 76% 左右。

③ 煤气中的 $CO+H_2$ 组分提高 25% 左右，煤气的热值也相应提高。

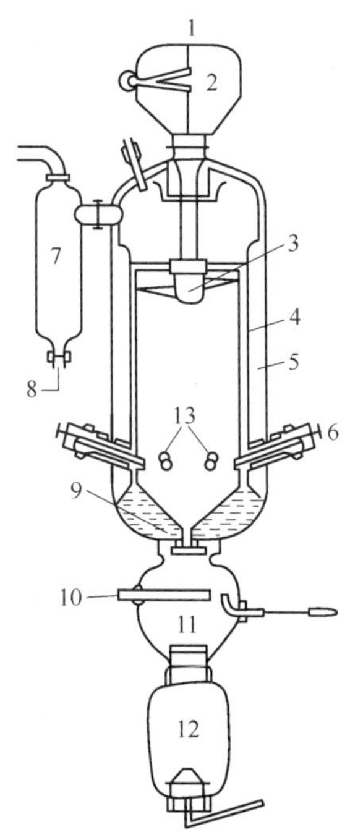

图 5-34　液态排渣加压气化炉

1—加煤口；2—煤箱；3—搅拌器；4—耐火砖衬；5—水夹套；6—蒸汽 - 氧气吹入口；7—洗涤冷却器；8—煤气出口；9—耐压渣口；10—循环熄渣水；11—熄渣室；12—渣箱；13—风口

④ 水蒸气分解率高，后系统的冷凝液大为减少。

⑤ 降低了煤耗。

⑥ 改善了环境污染，污水处理量仅为固态排渣气化时的 1/4 ～ 1/3。生成的焦油可经风口回炉造气。液态灰渣经淬冷后成为洁净的黑色玻璃状颗粒，由于它的玻璃特性，化学活性极小，不存在环境污染问题。

主要存在的问题如下。

① 对炉衬材料在高温、高压下的耐磨、耐腐蚀性能要求高。

② 熔渣池的结构和材质是液态排渣炉的技术关键，尚需进一步研究。

（3）加压液态排渣炉在我国的应用　加压液态排渣炉在我国的第一个大型商业化项目于 2008 年 6 月在内蒙古呼伦贝尔开工建设，2011 年 9 月开始试车。该项目由云天化集团控股的金新化工投资兴建，项目为年产 50 万吨合成氨、80 万吨尿素。原料煤为当地宝日希勒煤田的褐煤制备的型煤，运行方式为 2 开 1 备。截至目前，该项目单炉最长运行时间超过 100d，气化装置连续制气接近 200d。

中煤鄂尔多斯能源化工有限公司建设了两套年产 50 万吨合成氨、80 万吨尿素装置，采用七台加压液态排渣炉，5 开 2 备，原料为烟煤。该装置于 2013 年 12 月 31 日一次性开车成功，单台气化炉首次运行超过 60d。加压液态排渣炉单炉数据见表 5-12。

表 5-12　加压液态排渣炉单炉数据

项目	数值	项目	数值
内径/m	3.6	碳转化率/%	99.5
气化压力/MPa	4.0	冷煤气效率/%	89
日投煤量/t	1200	比氧耗/[$m^3(O_2)$/1000m^3（$CO+H_2$）]	190～230
日有效气量（$CO+H_2+CH_4$）/1000 m^3	1600		

5.3.5.3 鲁尔 -100 加压气化炉概况

由加压气化原理可知，增加气化压力有利于甲烷化反应，使产物煤气中甲烷含量增加，净煤气热值提高。同时，气化压力增高可使气化炉生产能力成 $\sqrt{p}$ 倍增加，鲁尔煤气公司、鲁尔煤炭公司和斯梯格（Steag）公司于 1976 年制定了联合开发高压气化炉（鲁尔 -100）的计划。

鲁尔 -100 气化炉的构造如图 5-35 所示。气化炉内径 1.5m，设计最大操作压力为 10MPa，最大生产能力 7t 煤 /h。气化炉上部设置两个煤箱。当一个煤箱加满煤前，内部的煤气压力被泄放，泄放的煤气再压缩后送往另一个煤箱。

鲁尔 -100 气化炉自 1979 年 9 月投试至 1983 年 8 月合计运行了 6000h，气化原煤约 2300t。试运转期间，达到了预期的各项重要指标，特别应当指出的是以下两项试验结果。

① 运行压力由 2.5MPa 提高到 9.0MPa 以上时，粗煤气中的甲烷含量由 9% 增加到 16% 以上。与一般的固定床压力气化炉相比，气化强度可提高一倍多。

② 降低粗煤气的气流速度能减少气化炉的煤尘带出量，从而可以使用细颗粒含量高的煤进行气化。

5.3.6 煤气化过程的物料与热量计算

煤气化过程的物料与热量计算又简称为气化过程计算。气化过程计算的目的是根据一些已知数据，如原料煤（焦）的工业分析和元素分析数据、气化剂组成和操作条件等，通过计算来确定一些操作指标，如产气量、气化剂消耗量、气化效率和热效率等，为评价煤气化过程提供基础数据和为设计选用气化工艺设备提供数据。

由于煤气化是一个复杂的反应过程，在此过程中既有气-固相反应，又有气相反应，而且原料煤的种类、性质、状态和气化方法都会对反应过程产生影响，反应也不可能完全按化学方程式进行，因此，完全根据理论进行计算将是很困难的。目前，经常采用的计算方法大致有以下三种：

① 综合计算方法。

② 实际数据计算法。

③ 反应平衡计算法。

这些计算方法在用于不同的固定床气化工艺时其具体计算内容又略有区别。下面就混合发生炉煤气的计算作一介绍。

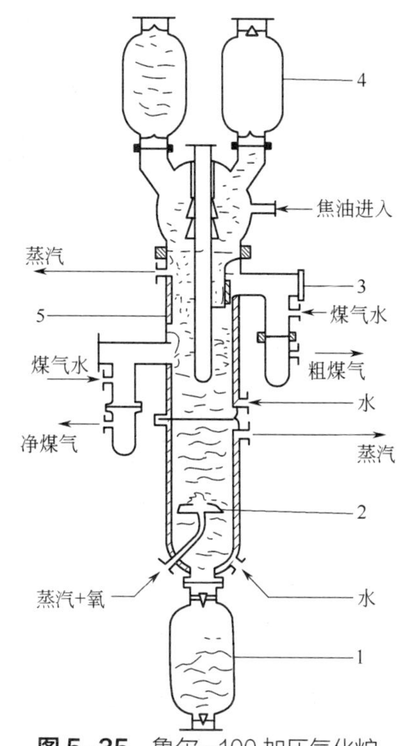

图 5-35 鲁尔 -100 加压气化炉

1—灰箱；2—炉箅；3—洗涤器；4—煤箱；5—分配器

5.3.6.1 混合发生炉煤气化过程计算

（1）综合计算法　在一些工程的初步设计中，气化原料的元素分析数据一般可以获得，而煤气成分的分析数据只有在投产或气化试验后才能取得，因此在没有煤气成分等数据情况下，在工程的初步设计中可采用综合计算法获得某些参考数据。

综合计算法是在一定的理论和经验基础上做一些假设，结合应用原料的元素分析数据综合推算出煤气组成、产气率、气化剂耗量等，再进行热平衡等其他计算。该法将气化过程分为两个阶段，即气化炉上部料层的干馏过程与下部料层的气化过程，生成煤气则是干馏气和气化煤气的总和。

综合计算法具体计算步骤如下。

① 干馏过程计算。干馏过程计算主要根据干馏过程的物料平衡，求得干馏气的组成、数量以及进入气化区的碳量。

在计算过程中，该计算方法在一定的理论和经验基础上做下列假设。

a. 水蒸气，来源于煤中的水分和干馏生成的热解水。原料煤中的 50% 的氧与氢化合成热解水。

b.CH_4、C_2H_4，来源于原料煤中的碳和氢。其生成量主要取决于原料的煤化程度和干馏温度。

c.CO_2，来源于原料煤的碳和氧。其生成量随煤化程度的加深而减少。

d. 焦油，其性质和数量与原料煤的种类、气化炉的结构及操作条件关系很大。生成量主要取决于煤中的氢量。

e.H_2S，煤中的硫除少量转入焦油中外，20% 进入灰渣，80% 与氢化合成 H_2S，转入煤气中。

f.N_2，煤中的氮，除少量转入焦油中外，几乎全部以 N_2 的形式转入煤气中。

g.H_2，除了生成热解水、CH_4、C_2H_4、焦油和 H_2S 以外，煤中剩余的氢都以氢气的形式进入煤气中。

h.CO，煤中的氧，除了生成热解水、CO_2 和焦油外，都以 CO 的形式进入煤气中。

i. 带出物，在计算时应考虑到自气化炉中被煤气流带出的小颗粒原料。当原料煤中含粉末不多时（约 10%），带出物约占原料质量的 1% ～ 3%。

j. 灰渣含碳，灰渣含碳为灰渣质量的 5% ～ 15%。

k. 气化用碳，除了生成干馏产物以及在灰渣和带出物中的损失以外，其余的碳均进入发生炉下部，参加气化反应，生成气化煤气。

生成干馏气时，原料中各元素的消耗量与煤种的关系列于表5-13，不同煤种干馏所得焦油的组成见表5-14。

表5-13 干馏过程原料中各元素的消耗量

煤种	氧的消耗/%		氢的消耗/%	
	生成CO_2	生成H_2O	生成CH_4	生成C_2H_2
无烟煤	10	50	20	
烟煤	10	50	30～40	4
褐煤	20～25	50	25～30	3
泥煤	40	50	15～20	3

表5-14 干馏段的焦油组成

煤种	w(C)/%	w(H)/%	w(O)/%	w(N)/%	w(S)/%
烟煤	83.0	1.0	10.0		与煤中含硫量有关
褐煤	78.7	1.9	12.1	1.3	与煤中含硫量有关
泥煤	76.1	1.2	12.8	1.3	与煤中含硫量有关

② 气化过程计算。气化过程计算系根据气化过程的物料平衡计算，求得气化煤气组成、数量以及气化过程消耗的气化剂（空气、水蒸气）量。

碳进入气化区后，与气化剂反应生成CO、H_2、CO_2以及一部分未分解的水蒸气和N_2，一起进入气化煤气，在气化煤气中上述五个组分的含量，可通过下列五个方程式求解。

a. 碳平衡方程。进入气化区的碳量等于生成煤气中CO和CO_2所含的碳量。

$$x(CO)+x(CO_2)=x(C) \tag{5-33}$$

b. 氢平衡方程。气化剂带入的水蒸气量等于已分解的蒸汽和未分解的蒸汽量之和。

$$x(H_2)+x(H_2O)=x(W) \tag{5-34}$$

式中 $x(H_2O)$——未分解的蒸汽量，kmol；

$x(W)$——气化剂带入的蒸汽量，kmol。

c. 氧平衡方程。气化剂中空气和蒸汽带入的氧量等于气化煤气中CO和CO_2所含氧量。

$$x(CO_2)+\frac{1}{2}x(CO)=\frac{21}{79}x(N_2)+\frac{1}{2}x(H_2)$$

即

$$2x(CO_2)+x(CO)=\frac{1}{1.88}x(N_2)+x(H_2) \tag{5-35}$$

式中 $\frac{21}{79}x(N_2)$——空气带入的氧量，kmol；

$\frac{1}{2}x(H_2)$——已分解水蒸气提供的氧量，kmol。

d. 平衡常数方程。在发生炉条件下，CO变换反应所达到的平衡情况为：

$$K_p=\frac{p(CO)p(H_2O)}{p(CO_2)p(H_2)} \tag{5-36}$$

e. 被气化的碳量与空气中的氮量之间存在下述关系：

$$\eta=\frac{\varphi(CO+CO_2)}{\varphi(N_2)}\times 100\% \tag{5-37}$$

将式（5-33）～式（5-35）联立求解，即可求得气化煤气的组成和数量。式中有关数据可由经验得到。表5-15为计算时采用的蒸汽耗量、平衡常数及煤气中的碳氮比。

表5-15 蒸汽耗量、平衡常数及煤气中的碳氮比

煤种	以原料可燃基计的水蒸气耗量/(kg/kg)	平衡常数 $K_p=\frac{p(CO)p(H_2O)}{p(CO_2)p(H_2)}$	煤气中的碳氮比η/%
无烟煤	0.3～0.4	2.00	60
烟煤	0.25～0.35	2.25	61
褐煤	0.20～0.33	2.5	62
泥煤	0.15～0.25	2.4	63

③ 煤气组成和热值计算。

a. 煤气组成和产率。根据干馏过程和气化过程的物料平衡和元素平衡结果，即可求得煤气组成和产率。

$$\text{湿煤气产率 } V'(\mathrm{m^3/kg})=\frac{M'}{G}\times 22.4$$

$$\text{干煤气产率 } V(\mathrm{m^3/kg})=\frac{M}{G}\times 22.4$$

式中 M'——湿煤气量，kmol；

M——干煤气量，koml；

G——气化原料耗量，kg。

b. 煤气热值。根据煤气中各可燃组分的热值加和计算。

④ 热量平衡和热效率。

Ⅰ. 入热项目。

a. 原料化学热 Q_1，为原料热值 Q_C 与原料耗量 G_C 的乘积，$Q_1=Q_CG_C$。

b. 原料物理热 Q_2，为原料温度 t_2、比热容 c_C 和耗量的乘积，$Q_2=G_Cc_Ct_2$。

c. 空气带入显热 Q_3，为空气鼓风量 G_a、比热容 c_a 和鼓风温度 t_3 的乘积，$Q_3=G_ac_at_3$。

d. 空气中水蒸气热焓 Q_4，随鼓风带入的水蒸气量 G_W 与鼓风温度下单位质量饱和水蒸气的热焓 i_4 的乘积，$Q_4=G_Wi_4$。

Ⅱ. 出热项目。

a. 干煤气化学热 Q_5，等于煤气的高位热值 H_h 与煤气量 V_g 的乘积，$Q_5=H_hV_g$。

b. 干煤气物理热 Q_6，为煤气出口温度 t_6、煤气比热容 c_6 与煤气量 V_g 的乘积，$Q_6=c_6t_6V_g$。其中，煤气出口温度一般在 450 ～ 500℃，煤气比热容为在该温度范围内，煤气各组分的平均比热容，利用加权求和而得。

c. 煤气中水蒸气的热焓 Q_7，为煤气中水蒸气含量 G_7 及其在出炉煤气温度下单位质量蒸汽的全部热焓 i_7，$Q_7=G_7i_7$。

d. 焦油化学热 Q_8，等于焦油热值 H_t 与焦油量 G_t 的乘积，$Q_8=H_tG_t$。其中，焦油热值 H_t 可由实验测得，也可按门捷列夫公式计算：$H_t=4.1868\{81m(C)+300m(H)-26[m(O)-m(S)]\}$，kJ/kg。

e. 焦油热焓 Q_9，为焦油蒸气量 G_t（随煤气带出）在煤气出口温度下的显热和潜热，$Q_9=G_t(r_t+c_tt_6)$。

f. 带出物的化学热 Q_{10}，等于带出物中原料的质量 G_{10} 与其热值 H'_C 的乘积。$Q_{10}=H'_C\,G_{10}$。

g. 带出物的物理热 Q_{11}，等于带出物中原料的质量 G_{10} 与带出物的比热容 c_{11} 及出口煤气温度 t_6 的乘积，$Q_{11}=G_{10}\,c_{11}\,t_6$。

h. 灰渣化学热 Q_{12}，为未燃尽的碳量 G_{12} 与纯碳热值 Q_{PC} 的乘积，$Q_{12}=G_{12}Q_{PC}$。

i. 灰渣物理热 Q_{13}，为排出灰渣量 G_{13} 与排出温度 t_{13} 及灰渣比热容 c_{13} 的乘积，$Q_{13}=G_{13}\,c_{13}\,t_{13}$。

j. 炉体散热 Q_{14}，由热衡算中的差额项计。

Ⅲ. 气化效率。

$$\eta_G=\frac{Q_5}{Q_1}\times 100\%$$

Ⅳ. 气化热效率

$$\eta_H=\frac{Q_5}{Q_1+Q_2+Q_3+Q_4}\times100\%$$

若包括焦油时

$$\eta_H=\frac{Q_5+Q_8}{Q_1+Q_2+Q_3+Q_4}\times100\%$$

若考虑废热回收时

$$\eta_H=\frac{Q_5+Q_8+K(Q_6+Q_7+Q_9)}{Q_1+Q_2+Q_3+Q_4}\times100\%$$

式中 K——废热有效回收系数。

（2）实际数据计算法 本法以原料煤（焦）在试验操作或正式生产时测得的煤气组成等数据为依据进行计算。本法较可靠，在生产工艺评价及设计计算中的应用较为广泛。

实际数据计算法的步骤如下。

① 收集和取定基本数据，主要有原料煤的元素分析和热值，干煤气的组成和热值，出口煤气中水汽含量或蒸汽分解率，带出物的数量及其组成，灰渣的组成，气化炉进出物料温度等。

② 基本数据计算，一般以 100kg 入炉煤或焦为基准，计算带出物中各元素的数量，灰渣数量和灰渣中各元素量，原料气化后进入煤气的各元素量。

③ 物料衡算，计算每立方米煤气所含各元素量，由碳平衡计算煤气产量，由氮平衡计算空气耗量，由氢平衡计算煤气中水蒸气含量。

5.3.6.2 计算举例

用实际数据计算法进行发生炉煤气化过程计算如下。

① 已知直接测定和在煤气发生炉试验时所获原始数据如下。

a. 无烟煤的工业分析

$$W_{ar}=4.0\%；A_d=12.0\%；V_{daf}=2.0\%$$

b. 无烟煤的元素分析。

$$w(C)_{daf}=93.0\%；w(H)_{daf}=2.0\%；w(O)_{daf}=2.3\%；$$

$$w(N)_{daf}=1.0\%；w(S)_{daf}=1.7\%$$

c. 干发生炉煤气组成。

$$\varphi(CO_2)=6.0\%；\varphi(O_2)=0.2\%；\varphi(C_nH_m)=0.0\%；$$

$$\varphi(H_2S)=0.2\%；\varphi(CO)=27.0\%；\varphi(H_2)=14.0\%；$$

$$\varphi(CH_4)=0.6\%；\varphi(N_2)=52.0\%$$

d. 焦油产率 $V_j\approx0$（即表示煤气中几乎不带焦油，可忽略，如果煤气中带有焦油，则必须取得焦油组成）。

e. 带出物产率 V_T 为工作原料的 2%。

f. 带出物组成 $w(C)_T=80\%$；$A_T=20\%$。

g. 干灰渣含碳量 $w(C)_F=15.0\%$。

h. 煤气温度 500℃。

i. 蒸汽饱和温度 58℃。

② 物料衡算，以 100kg 应用基煤为计算基准。

a. 确定工作原料组成。

$$A_{ar}=A_d\frac{100-W_{ar}}{100}$$
$$=12\times\frac{100-4.0}{100}$$
$$=11.52\%$$

由可燃基转变成应用基的转换系数为

$$K=\frac{100-\left(W_{ar}+A_{ar}\right)}{100}=\frac{100-(4.0+11.52)}{100}=0.8448$$

由此可求得按应用基计算的原料组成为：

$w(C)_{ar}=w(C)_{daf}K=93.0\%\times0.8448=78.57\%$

$w(H)_{ar}=w(H)_{daf}K=2.0\%\times0.8448=1.69\%$

$w(O)_{ar}=w(O)_{daf}K=2.3\%\times0.8448=1.94\%$

$w(N)_{ar}=w(N)_{daf}K=1.0\%\times0.8448=0.84\%$

$w(S)_{ar}=w(S)_{daf}K=1.7\%\times0.8448=1.44\%$

$A_{ar}=11.52\%$

$W_{ar}=4.00\%$

合计 100.00%

b. 确定干灰渣生成率。因原料中的灰分分配在带出物和灰渣中，故

$$A_{ar}=A_TV_T+A_FV_F$$

$$V_F=\frac{A_{ar}-A_TV_T}{A_F}=\frac{11.52-20\times0.02}{100-15.0}=13.08\%$$

式中 V_F——灰渣生成率（占工业原料质量），%；
V_T——带出物产率（占工业原料质量），%；
A_F——灰渣中灰含量，kg/kg；
A_T——带出物中灰含量，kg/kg。

c. 确定干煤气产率。按碳平衡计算

$$V_g=\frac{w(C)_{ar}-\left[w(C)_F+w(C)_j+w(C)_T\right]}{\frac{12}{22.4}\left[\varphi(CO_2)+\varphi(CO)+\varphi(CH_4)+2\varphi(C_2H_4)\right]}=417m^3/100kg(煤)$$

式中 V_g——干煤气产率，m^3/100kg(煤)；
$w(C)_{ar}$——原料煤含碳量，kg/100kg(煤)；
$w(C)_F$——灰渣中含碳量，$w(C)_F=13.08\times0.15=1.96$[kg/100kg(煤)]；
$w(C)_j$——焦油中含碳量，$w(C)_j=0$；
$w(C)_T$——带出物中含碳量，$w(C)_T=2\times0.8=1.6$[kg/100kg(煤)]；
$\varphi(CO_2)$，$\varphi(CO)$，$\varphi(CH_4)$，$\varphi(C_2H_4)$——每 $1m^3$ 煤气中各成分含量，m^3。

d. 按氮平衡确定空气消耗量。

$$V_K=\frac{\varphi(N_2)^gV_g-w(N)_{ar}/1.25}{0.79}=274m^3/100kg(煤)$$

式中 V_K——空气消耗量，m^3/100kg(煤)；

5

$\varphi(N_2)^g$——每 1m³ 干煤气中氮含量，$\varphi(N_2)^g$=0.52；

V_g——干煤气产率，m³/100kg(煤)；

$w(N)_{ar}$——煤中含氮量，$w(N)_{ar}$=0.85[kg/100kg(煤)]。

e. 确定蒸汽消耗量。已知蒸汽饱和温度为 58℃，查得含湿量为 0.175kg/m³，故蒸汽消耗量为

$$W_Z=0.175\times2.74=0.479[\text{kg/kg(煤)}]$$

f. 确定煤气中含水分。由氢平衡得：

$$m(H_2O)_g=\frac{w(H)_{ar}+0.111(W_{ar}+W_z)-0.0899[\varphi(H_2)+\varphi(H_2S)+2\varphi(CH_4)+2\varphi(C_2H_4)]V_g-w(H)_j}{0.111V_g}$$

$$=0.0362\text{kg}/\text{m}^3(\text{煤气})$$

式中 $m(H_2O)_g$——煤气中含水量，kg/m³；

$w(H)_{ar}$——煤中氢含量，$w(H)_{ar}$=0.0169kg/kg；

W_{ar}——煤种水分含量，W_{ar}=0.04kg/kg；

W_Z——蒸汽消耗量，W_Z=0.479kg/kg；

V_g——干煤气产率，V_g=4.17m³/kg(煤)；

$w(H)_j$——焦油中含氢量，$w(H)_j$=0；

$\varphi(H_2)$，$\varphi(H_2S)$，$\varphi(CH_4)$，$\varphi(C_2H_4)$——每 1m³ 煤气中各成分含量。

g. 确定湿煤气的产率。湿煤气产率为干煤气的体积和煤气中水分体积之和。

$$V'_g=V_g[1+m(H_2O)_g/0.833]=4.351\text{m}^3/\text{kg(煤)}$$

式中 V'_g——湿煤气产率，m³/kg(煤)；

V_g——干煤气产率，V_g=4.17m³/kg(煤)；

$m(H_2O)_g$——煤气中含水量，$m(H_2O)_g$=0.0362kg/m³；

0.833——蒸汽密度，kg/m³。

h. 确定蒸汽分解率。当气化 100kg 煤时，在煤气中有 0.0362×417=15.1(kg) 水分，其中 W_{ar}=4.0kg，热解水[一般考虑煤中 50% 的氧转变为水，即 $0.5w(O)_{ar}$] $0.5\times1.94\times\frac{18}{16}=1.09$ (kg)，因此，在煤气中由送风中带入的不分解蒸汽为

15.1−(4.0+1.09)=10.01(kg)

故分解蒸汽为 47.9−10.01=37.89(kg)

蒸汽分解率为 37.89/47.9×100%=79.1%

i. 计算煤气的质量组成

$$碳w(C)=\frac{12}{22.4}[\varphi(CO_2)+\varphi(CO)+\varphi(CH_4)+2\varphi(C_2H_4)]\times0.01\times V_g=75.05\text{kg}$$

$$氢w(H)=\frac{2.02}{22.4}[\varphi(H_2S)+\varphi(H_2)+2\varphi(CH_4)+2\varphi(C_2H_4)]\times0.01\times V_g=5.79\text{kg}$$

$$氧w(O)=\frac{32}{22.4}[\varphi(CO_2)+\varphi(O_2)+0.5\varphi(CO)]\times0.01\times V_g=117.4\text{kg}$$

$$氮w(N)=\frac{28.02}{22.4}\varphi(N_2)\times0.01\times V_g=271.2\text{kg}$$

$$硫w(S)=\frac{32}{22.4}\varphi(H_2S)\times0.01\times V_g=1.19\text{kg}$$

j. 其他部分物料，如气化过程中通煤孔气封用的蒸汽也应计入，对气化 100kg 无烟煤采用约 2kg 蒸汽，这部分蒸汽也成为煤气中的水分。

综合上述，气化过程的物料平衡见表 5-16。

表5-16 气化过程物料平衡

项目		组成						总计/%
		φ(C)/%	φ(H)/%	φ(O)/%	φ(N)/%	φ(S)/%	A/%	
进入	干原料	78.57	1.69	1.94	0.84	1.44	11.52	96.00
	原料水分	—	0.44	3.56	—	—	—	4.00
	空气	—	—	82.14	270.62	—	—	352.76
	气化用蒸汽	—	5.32	42.58	—	—	—	47.90
	通煤孔气封用蒸汽	—	0.22	1.78	—	—	—	2.0
	合计	78.57	7.67	132.00	271.46	1.44	11.52	502.66
支出	干煤气	75.50	5.79	117.40	271.20	1.19	—	471.08
	送风的未分解蒸汽	—	1.12	9.0	—	—	—	10.12
	原料水分	—	0.44	3.56	—	—	—	4.00
	分解水	—	0.11	0.87	—	—	—	0.98
	通煤孔气封用蒸汽	—	0.22	1.78	—	—	—	2.00
	带出物	1.6	—	—	—	—	0.4	2.00
	灰渣	2.0	—	—	—	—	11.12	13.12
	误差	-0.53	-0.01	-0.60	+0.27	+0.21	—	-0.66
	合计	78.57	7.67	132.01	271.47	1.40	11.52	502.64

③ 气化过程的热平衡计算。

热平衡与物料平衡一样，以 100kg 燃料为基准，按高位热值进行计算。

a. 入方。

煤的发热量 Q_1

$$Q_1=28832\times100=2883200(\text{kJ})$$

式中 28832——煤的高位热值，kJ/kg。

煤的物理热 Q_2

$$Q_2=1.088\times20\times100=2176\text{kJ}$$

式中 1.088——煤的比热容，kJ/(kg·℃)；

20——煤的温度，℃。

气化用蒸汽和拨火孔气封用蒸汽的物理热 Q_3

$$Q_3=(2490+58\times1.883)\times47.9+2746\times2=129994(\text{kJ})$$

式中 2490——水蒸气的潜热，kJ/kg；

1.883——水蒸气的比热容，kJ/(kg·℃)；

2746——气封用表压 4kgf/cm^2 水蒸气的热焓，kJ/kg。

气化用空气的物理热 Q_4

$$Q_4=1.304\times58\times274=20723(\text{kJ})$$

总进入量 $Q_{入}=Q_1+Q_2+Q_3+Q_4=3036093(\text{kJ})$

b. 出方。

干煤气发热量 Q_1'

$$Q_1'=5519\times417=2301423(\text{kJ})$$

式中 5519——干煤气的高位热值，kJ/m^3。

干煤气的物理热 Q_2'

$$Q_2'=1.374\times500\times417=286479(\text{kJ})$$

式中　1.374——干煤气的平均比热容，kJ/(m³・℃)。

煤气中水分的热焓量 Q_3'

煤气中蒸汽量 =0.0362×417+2=17.1(kg)

$$Q_3' = (2490+1.975\times500)\times17.1=59465(\text{kJ})$$

带出物的化学热 Q_4'

$$Q_4' = 34045\times0.8\times2=54472(\text{kJ})$$

式中　34045——碳的高位热值，kJ/kg。

带出物的物理热 Q_5'

$$Q_5' = 0.837\times2\times500=837(\text{kJ})$$

式中　0.837——带出物的比热容，kJ/(kg・℃)。

灰渣中可燃碳的化学热 Q_6'

$$Q_6' = 34045\times2=68090(\text{kJ})$$

灰渣的物理热 Q_7'

灰渣排出温度取 400℃，在该温度下灰渣的比热容为 0.857kJ/(kg・℃)

$$Q_7' = 400\times0.857\times13.1=4491(\text{kJ})$$

发生炉水套生产蒸汽所消耗的热量 Q_8'

用直径 3.0m W-G 发生炉时，水套受热面积为 32m²，水套受热产生的蒸汽全部被空气饱和后带入炉内，故发生炉水套生产的蒸汽量可假设与气化用蒸汽量相一致，即：

$$Q_8' = (2490+58\times1.883)\times47.9=124502(\text{kJ})$$

向四周散热的热损失 Q_9'——按热量收支的差额计算。

气化过程的热平衡见表 5-17。

表5-17　气化过程热平衡

入方	热量/kJ	比例/%	出方	热量/kJ	比例/%
原料煤发热量,Q_1	2883200	94.97	干煤气发热量,Q_1'	2301423	75.80
原料煤物理热,Q_2	2176	0.07	干煤气物理热,Q_2'	286479	9.44
气化和拨火孔气封用蒸汽物理热,Q_3	129994	4.28	煤气中水分的热焓,Q_3'	59465	1.96
			带出物的化学热,Q_4'	54472	1.79
气化用空气物理热,Q_4	20723	0.68	带出物的物理热,Q_5'	837	0.03
			灰渣中可燃碳化学热,Q_6'	68090	2.24
			灰渣物理热,Q_7'	4491	0.15
			水套产蒸汽耗热,Q_8'	124502	4.10
			散热损失,Q_9'	136334	4.49
合计	3036093	100.00	合计	3036093	100.00

④ 气化效率 η_1。

$$\eta_1 = \frac{Q_1'}{Q_1}\times100\% = \frac{2301423}{2883200}\times100\% = 79.82\%$$

⑤ 热效率 η_2。

$$\eta_2=\frac{Q_1'+Q_2'+Q_3'+Q_8'+Q_{焦油}}{Q_1+Q_2+Q_3+Q_4}\times100\%$$
$$=\frac{2301423+286479+59465+124502+0}{2883200+2176+129994+20723}\times100\%=91.30\%$$

5.4 流化床气化

自固体流态化技术发展以后，温克勒（F. Winkler）首先将流态化技术应用于小颗粒煤的气化，开发了流化床（或称沸腾床）气化。由于流化床气化采用的原料煤颗粒较细（0 ～ 10mm），气化剂流速很高，炉内煤料处于剧烈的搅动和不断返混的流化状态，炉床内温度均匀，气固相接触良好，有利于气固反应速率的提高。流化床气化技术自 1926 年开发以来得到了迅速发展和不断提高。

5.4.1 常压流化床气化原理

流化床气化采用 0 ～ 10mm 的小颗粒煤作为气化原料。气化剂同时作为流化介质，通过气化炉内的气体分布板（炉箅）自下而上经过床层。根据所用原料的粒度分布和性质，控制气化剂的流速，使床内的原料煤全部处于流化状态，在剧烈的搅动和返混中，煤粒和气化剂充分接触，同时进行着化学反应和热量传递。利用碳燃烧放出的热量，提供给煤粒进行干燥、干馏和气化。生成的煤气在离开流化床床层时，夹带着大量细小颗粒（包括 70% 的灰粒和部分未完全气化的炭粒）由炉顶离开气化炉。部分密度较重的渣粒由炉底排灰机构排出。

在流化床气化炉内，主要进行的反应有：碳的燃烧反应、二氧化碳还原反应、水蒸气分解反应及水煤气变换反应等，见式（2）、式（3）、式（4）、式（8）及式（10）。

5.4.2 常压流化床（温克勒炉）气化

温克勒气化是最早的以褐煤为原料的常压流化床气化工艺，在德国的莱纳（Leuna）建成第一台工业炉。以后，在气化炉及废热锅炉的设计上进行了不断的开发和改进，但其基本原理没有变化。

5.4.2.1 温克勒气化炉

图 5-36 为温克勒气化炉的示意图。由图可见，该炉是一个高大的圆筒形容器。它在结构和功能上可分为两大部分：下部的圆锥部分为流化床，上部的圆筒部分为悬浮床，其高度约为下部流化床高度的 6 ～ 10 倍。

将 0 ～ 10mm 的原料煤由螺旋加料器加入圆锥部分的腰部。一般沿筒体的圆周设置两个或三个进口，互成 180° 或 120° 。

温克勒炉采用的炉箅装在圆锥体部分，炉箅直径比上部炉膛的圆柱形部分的直径小，鼓风气流沿垂直于炉箅的平面进入炉内。这样的结构为床层中的颗粒进行充分的循环创造了良好条件。当灰渣直接落在炉箅平面上时，虽可借刮灰板将灰刮去，但难以彻底清除。灰渣在炉箅上的堆积，往往会

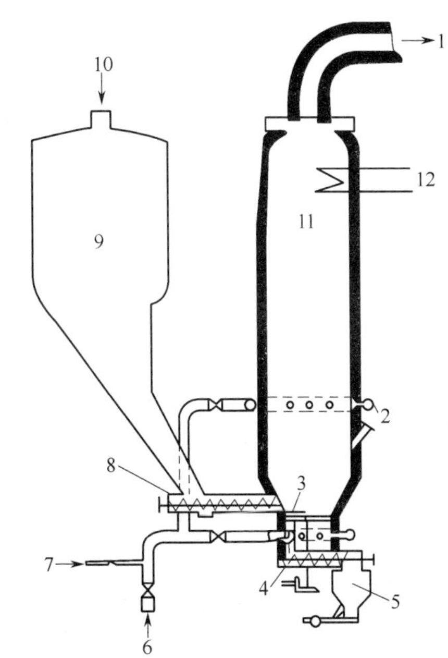

图 5-36 温克勒气化炉

1—煤气出口；2—二次气化剂入口；3—灰刮板；4—除灰螺旋；5—灰斗；6—空气入口；7—蒸汽入口；8—供料螺旋；9—煤仓；10—加煤口；11—气化层；12—散热锅炉

引起结渣现象，因而限制了炉温的提高，同时也不利于气化剂的均匀分布。

氧气（空气）和水蒸气作为气化剂自炉箅下部供入，或由不同高度的喷嘴环输入炉中。通过调整气化介质的流速和组成来控制流化床温度不超过灰的软化点。富含灰分的较大粒子，由于其密度大于煤粒，均沉积在流化床底部，由螺旋排灰机排出。在温克勒炉中，30% 左右的灰分由床底部排出，其余由气流从炉顶夹带而出。

为提高气化效率和适应气化活性较低的煤，在气化炉中部适当的高度引入二次气化剂，在接近于灰熔点的温度下操作，使气流中所带的炭粒得到充分气化。

废热锅炉安装在气化炉顶部附近，由沿内壁配置的水冷管组成。产品气由于废热锅炉的冷却作用，使其中的熔融灰粒在此重新固化。

5.4.2.2　温克勒气化工艺流程

温克勒气化工艺流程如图 5-37 所示。

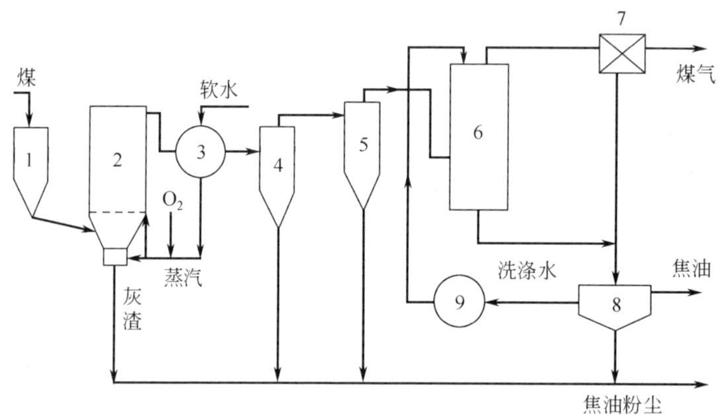

图 5-37　温克勒气化工艺流程

1—料斗；2—气化炉；3—废热锅炉；4，5—旋风除尘器；6—洗涤塔；7—煤气净化装置；8—焦油水分离器；9—泵

（1）原料的预处理　原料预处理包括以下内容。

① 原料经破碎和筛分制成 0 ～ 10mm 级的入炉料，为了减少带出物，有时将 0.5mm 以下的细粒筛去，不加入炉内。

② 烟道气余热干燥，控制入炉原料水分在 8% ～ 12% 左右。经过干燥的原料，不致发生加料困难，同时可提高气化效率，降低氧气消耗。

③ 对于有黏结性的煤料，需经破黏处理，以保证床层内正常的流化工况。

（2）气化　经预处理后的原料进入料斗，料斗中充以氮或二氧化碳气体，用螺旋加料器将原料送入炉内。一般蒸汽 - 空气（或氧气）气化剂的 60% ～ 70% 由炉底经炉箅送入炉内，调节流速，使料层全部流化，其余的 30% ～ 40% 作二次气化剂由炉筒中部送入。生成的煤气由气化炉顶部引出，粗煤气中含有大量的粉尘和水蒸气。

（3）粗煤气的显热回收　粗煤气的出炉温度一般在 900℃左右，且含有大量粉尘，这给煤气的显热利用增加了困难。一般采用辐射式废热锅炉，生产压力为 1.96 ～ 2.16MPa 的水蒸气，蒸汽产量为 0.5 ～ 0.8kg/m³ 干煤气。

由于煤气含尘量大，对锅炉炉管的磨损严重，应定期保养和维修。

（4）煤气的除尘和冷却　粗煤气经废热锅炉回收热量后，经两级旋风除尘器及洗涤塔，可除去煤气中大部分粉尘和水汽，使煤气的含尘量降至 5 ～ 20mg/m³，煤气温度降至 35 ～ 40℃

5.4.2.3　工艺条件及气化指标

（1）工艺条件

① 操作温度。实际操作温度的选定，取决于原料的活性和灰熔点，一般为 900℃左右。

② 操作压力。约为 0.098MPa。

③ 原料。粒度为 0 ～ 10mm 的褐煤、不黏煤、弱黏煤和长焰煤等均可使用，但要求具有较高的反应性。使用具有黏结性的煤时，由于在富灰的流化床内，新鲜煤料迅速分散和稀释，故使用弱黏煤时一般不致造成床层中的黏结问题，但黏结性稍强的煤有时也需要进行预氧化破黏。由于流化床气化时床层温度较低，碳浓度也较低，故不适宜使用低活性、低灰熔点的煤料。

④ 二次气化剂用量及组成。引入气化炉身中部的二次气化剂用量和组成须与被带出的未反应碳量成适当比例。如二次气化剂过少，则未反应碳得不到充分气化而被带出，造成气化效率下降；反之，二次气化剂过多，则产品气将被不必要地烧掉。

（2）气化指标　温克勒流化床气化生产燃料气和水煤气的气化指标见表 5-18。

表5-18 温克勒流化床工艺的气化指标

指标		褐煤①	褐煤②
1.原料煤分析	水分/%	8.0	8.0
	w(C)/%	61.3	54.3
	w(H)/%	4.7	3.7
	w(N)/%	0.8	1.7
	w(O)/%	16.1	15.4
	w(S)/%	3.3	1.2
	灰分/%	13.8	23.7
	热值/(kJ/kg)	21827	18469
2.产品组成及热值分析	φ(CO)%	22.5	36.0
	$\varphi(H_2)$%	12.6	40.0
	$\varphi(CH_4)$%	0.7	2.5
	$\varphi(CO_2)$%	7.7	19.5
	$\varphi(N_2)$%	55.7	1.7
	$\varphi(C_mH_n)$%	—	—
	$\varphi(H_2S)$/%	0.8	0.3
	焦油和轻油/(kJ/m^3)	—	—
	产品气热值/(kJ/m^3)	4663	10146
3.条件	（汽/煤）/（kg/kg）	0.12	0.39
	（氧/煤）/（kg/kg）	0.59	0.39
	（空气/煤）/（kg/kg）	2.51	—
	气化温度/℃	816～1200	816～1200
	气化压力/MPa	约0.098	约0.098
	炉出口温度/℃	777～1000	777～1000
4.结果	煤气产率/(m^3/kg)	2.91	1.36
	气化强度/[kJ/(m^2·h)]	20.8×10^4	21.2×10^4
	碳转化率/%	83.0	81.0
	气化效率/%	61.9	74.4

① 流化床（温克勒）气化工艺的主要优点。

a. 单炉生产能力大。当炉径为 5.5m，以褐煤为原料，蒸汽 - 氧气常压鼓风时，单炉生产能力为 60000m^3/h；蒸汽 - 空气常压鼓风时，单炉生产能力为 100000m^3/h，均大大高于常压固定床气化炉的产气量。

b. 气化炉结构较简单。如炉箅不进行转动，甚至改进的温克勒炉不设炉箅，因此操作维修费用较低。每年该项费用只占设备总投资的 1% ～ 2%，炉子使用寿命较长。

c. 可气化细颗粒煤（0 ～ 10mm）。随着采煤机械化程度的提高，原煤中细粒度煤的比例亦随之增加，现在，一般原煤中＜ 10mm 的细粒度煤要占 40% 甚至更多。流化床气化时可充分利用机械化采煤得到＜ 10mm 的细粒度煤，可适当简化原煤的预处理工序。

d. 出炉煤气基本上不含焦油。由于煤的干馏和气化在相同温度下进行，相对于固定床干馏区来说，其干馏温度高得多，故煤气中几乎不存在焦油，酚和甲烷含量也很少，排放的洗涤水对环境污染影响较小。

e. 运行可靠，开停车容易。负荷变动范围较大，可在正常负荷的 30% ～ 150% 范围内波动，而不影响气化效率。

② 流化床（温克勒）气化工艺的主要缺点

a. 气化温度低。为防止细粒煤粒中灰分在高温床中软化和结渣，以致破坏气化剂在床层截面上的均匀分布，流化床气化时的操作温度应控制在 900℃左右，所以必须使用活性高的煤为原料，并因此对进一步提高煤气产量和碳转化率起限制作用。

b. 气化炉设备庞大。由于流化床上部固体物料处于悬浮状态，物料运动空间比固定床气化炉中燃料层和上部空间所占的总空间大得多，故流化床气化时以容积计的气化强度比固定床要小得多。

c. 热损失大。由于炉床内温度分布均匀，出炉煤气温度几乎与炉床温度一致，故带走热量较多，热损失较大。

d. 带出物损失较多。由于使用细颗粒煤为原料，气流速度又较高，颗粒在流化床中磨损使细粉增加，故出炉煤气中带出物较多。

e. 粗煤气质量较差。由于气化温度较低，不利于二氧化碳还原和水蒸气分解反应，故煤气中 CO_2 含量偏高，可燃组分含量（如 CO、H_2、CH_4 等）偏低，因此为净化压缩煤气耗能较多。

温克勒气化工艺的缺点，主要是由于操作温度和压力偏低造成的。为克服上述存在的缺点，需提高操作温度和压力。为此，发展了高温温克勒法（HTW）气化工艺和流化床灰团聚气化工艺。

5.4.3 高温温克勒气化

5.4.3.1 基本原理

（1）温度的影响　已知提高气化反应温度有利于二氧化碳还原和水蒸气分解反应，可以提高气化煤气中一氧化碳和氢气的浓度，并可提高碳转化率和煤气产量。要提高反应温度，同时要防止灰分严重结渣而影响过程的正常进行。在原料煤中可添加石灰石、石灰或白云石来提高煤的软化点和熔点。但这只有在煤中灰分具有一定碱性时才合适，否则添加上述石灰石等不仅不能提高灰分的软化点和熔点，甚至会产生相反的效果。

（2）压力的影响　采用加压流化床气化可改善流化质量，消除一系列常压流化床所存在的缺陷。采用加压，增加了反应器中反应气体的浓度，减小了在相同流量下的气流速度，增加了气体与原料颗粒间的接触时间。在提高生产能力的同时，可减少原料的带出损失。在同样生产能力下，可减小气化炉和系统中各设备的尺寸。

① 对床层膨胀度的影响。当气流的质量流量不变时，随着压力的提高，床层膨胀度急剧下降，为使膨胀度达到保证正常流化所需的值，则需提高气体的线速度，即增加鼓风量。研究发现，膨胀度相同的流化床在常压和加压下的运行状态有明显差别。当负荷、粒度组成、膨胀度均相同时，加压下流化床可得到较均匀的床层，气泡含量很少，颗粒的往复运动均匀，并具有相当明显的上部界限。所以，加压流化床的工作状态比常压下稳定。

② 对带出物带出条件的影响。随着流化床反应器中压力的提高，气流密度增大，气流速度减小，床层结构改善，这些都为减少气流从床层中带出粉末创造了有利条件。即不仅带出量减少，而且带出物的颗粒尺寸也减小。

所以，当床层膨胀度不变时，压力升高，将使带出量大大减少。

③ 加压流化床与常压流化床相比，可使气化炉的生产能力有很大的提高。试验证明，使用水分为 24.5%、粒度为 1 ～ 1.6mm 的褐煤为原料，在表压分别为 0.049MPa 和 1.96MPa 下，用水蒸气 - 空气气化时，气化强度可由 $930kg/(m^2 \cdot h)$ 增加到 $2650kg/(m^2 \cdot h)$；当用水蒸气 - 氧气气化时，气化强度可由 $1050kg/(m^2 \cdot h)$ 增加到 $3260kg/(m^2 \cdot h)$。在床层膨胀度和气化剂组成相同的条件下，气化强度随压力增加而增加，约与两种压力的比值的平方根成正比，这与固定床气化时的规律相同。

④ 压力提高有利于甲烷的生成，使煤气热值得到相应提高。甲烷生成伴随着热的释放，相应降低了气化过程中的氧耗。

5.4.3.2 气化工艺

高温温克勒（HTW）气化工艺是在温克勒炉的基础上，提高气化温度和气化压力而开发的一项新工艺。

（1）工艺流程　工艺流程如图 5-38 所示。

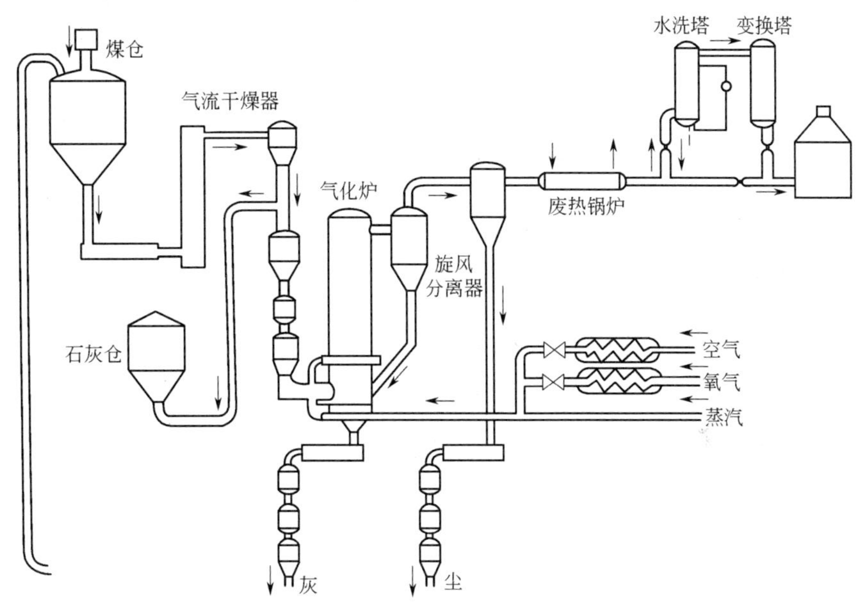

图 5-38　HTW 示范工厂流程

含水分 8%～12% 的干褐煤输入充压至 0.98MPa 的密闭料锁系统后，经螺旋加料器加入气化炉内。白云石、石灰石或石灰也经螺旋加料器输入炉中。煤与白云石类添加物在炉内与经过预热的气化剂（氧气 - 蒸汽或空气 - 蒸汽）发生气化反应。携带细煤粉的粗煤气由气化炉逸出，在第一旋风分离器中分离出的较粗的煤粉循环返回气化炉。粗煤气再进入第二旋风分离器，在此分离出细煤灰并通过密闭的灰锁系统将灰排出。除去煤尘的煤气经废热锅炉生产水蒸气以回收余热，然后进入水洗塔使煤气最终冷却和除尘。

褐煤水分超过 8% ～ 12% 时，需经预干燥，使煤中水分含量不大于 10%。

（2）试验结果　用莱茵褐煤为原料，煤的灰分中 $w(CaO)+w(MgO)$ 占 50%；$w(SiO_2)$ 占 8%。灰熔点 T_1=950℃，添加 5% 石灰石后提高为 1100℃。以氧气 - 蒸汽为气化剂，在气化压力为 0.98MPa、气化温度为 1000℃的条件下进行高温温克勒（HTW）气化试验，试验结果与常压温克勒气化炉的工艺参数比较见表 5-19。

表 5-19　高温温克勒气化炉与常压温克勒气化炉的比较

项目		常压温克勒气化炉	高温温克勒气化炉
气化条件	压力/MPa 温度/℃	0.098 950	0.98 1000
气化剂	氧煤比/（m^3/kg）	0.398	0.380
	蒸汽煤比/（m^3/kg）	0.167	0.410
产率（$CO+H_2$）/[m^3 /t(煤)]		1396	1483
气化强度（$CO+H_2$）/[m^3/(m^2・h)]		2122	5004
碳转化率/%		91	96

高温温克勒工艺在压力下气化，大大提高了气化炉的生产能力。气化压力提高至 0.98MPa，气化强度达 5004m^3(CO_2+H_2)/(m^2・h)，是常压温克勒炉的两倍多。由于提高气化反应温度和使煤气中夹带的煤粉经分离后返回气化炉使用，使碳转化率上升为 96%。煤中添加 CaO 后，不但可脱除煤气中的 H_2S 等，并可使含碱性灰分的煤灰熔点有所提高。当气化反应温度提高后，虽然煤气中的甲烷含量有所降低，但煤气中的有效成分增加，总之，提高了煤气的质量。

5.4.4 U-GAS 气化

灰团聚气化是一种细粒煤流化床气化过程。其特点是灰渣的形成和排渣方式是团聚排渣。与传统的固态和液态方式不同，它是在流化床中导入氧化性高速射流，使煤中的灰分在软化而未熔融的状态下，在一个锥形床中相互熔聚而黏结成含碳量较低的球状灰渣，有选择性地排出炉外。与固态排渣相比，降低了灰渣中的碳损失；与液态排渣法相比，减少了灰渣带走的显热损失，从而提高了气化过程的碳利用率，是煤气化排渣技术的重大发展。目前采用该技术，并处于由中试装置向示范厂发展的气化工艺有 U-GAS 气化工艺和 KRW 气化工艺。

U-GAS 气化工艺是美国煤气工艺研究所（I.G.T）在研究了煤灰团聚过程的基础上开发的流化床灰团聚煤气化工艺。于 1974 年建立了炉径为 0.9m 的 U-GAS 气化炉，在该装置上做了系统的开发工作，使用了世界各地多种煤样约 3600t。长期试验结果表明，该工艺基本上可达到原定的三个主要目标：

① 可利用各种煤有效地生产煤气；

② 煤中的碳高效地转化成煤气而不产生焦油和油类；

③ 减少了对环境的污染。

中国科学院山西煤化所对灰团聚气化过程也在进行开发研究，并取得了可喜的进展。

（1）U-GAS 气化炉及气化过程　中试 U-GAS 气化炉如图 5-39 所示。在气化炉内，共完成四个重要功能：煤的破黏、脱挥发分、气化及灰的熔聚，并使团聚的灰渣从半焦中分离出来。

首先将 0 ～ 6mm 级的煤料进行干燥，直到能满足输送的要求。通过闭锁料斗，用气动装置将煤料喷入气化炉内；或用螺旋加料器与气动阀控制进料相结合的方式，将煤料均匀、稳定地加入气化炉内。在流化床中，煤与水蒸气及氧气（或空气）在 950 ～ 1100℃下进行反应。操作压力视煤气的最终用途而定，可在 0.14 ～ 2.41MPa 范围内变动，煤很快被气化成煤气。

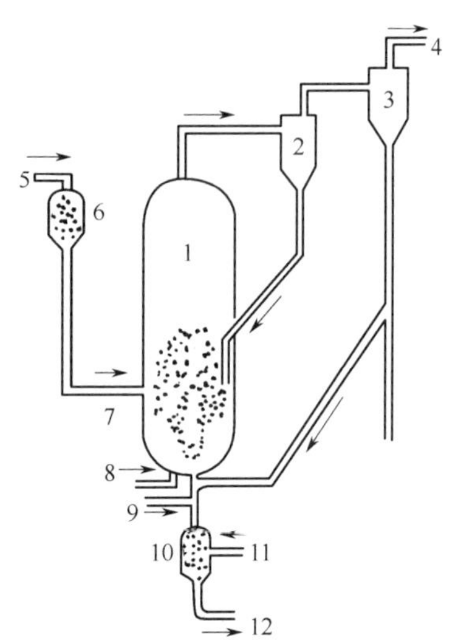

图 5-39 U-GAS 气化炉

1—气化炉；2—Ⅰ级旋风除尘器；3—Ⅱ级旋风除尘器；4 —粗煤气出口；5—原料煤入口；6—料斗；7—螺旋给料机；8，9—空气（或氧气）和蒸汽的入口；10—灰斗；11—水入口；12—灰水混合物出口

煤气化过程中，灰分被团聚成球形粒子，从床层中分离出来。

炉箅呈倒锥格栅型。

气化剂一部分自下而上流经炉箅，创造流化条件；另一部分气化剂则通过炉子底部中心文氏管高速向上流动，经过倒锥体顶端孔口，进入锥体内的灰熔聚区域，使该区域的温度高于周围流化床的温度，接近煤的灰熔点。在此温度下，含灰分较多的粒子互相黏结、逐渐长大、增重，直至能克服从锥顶逆向而来的气流阻力时，即从床层中分离出来，排到充满水的灰斗中，呈粒状排出。

床层上部空间的作用是裂解在床层内产生的焦油和轻油。

从气化炉逸出的煤气携带的煤粉由两个旋风分离器分离和收集。由Ⅰ级旋风分离器收集的焦粉返回流化床内；由Ⅱ级旋风分离器收集的焦粉则返回灰熔聚区，在该区内被气化，而后与床层中的灰一起熔聚，最终以团聚的灰球形式排出。

粗煤气实际上不含焦油和油类，因而有利于热量回收和净化过程。

一座直径为 1.2m 的 U-GAS 气化炉，以空气和水蒸气为气化剂，气化温度为 943℃，气化压力为 2.41MPa 时，粗煤气的产量为 16000m³/h，调荷能力达 10∶1，气化效率约 79%。煤气组成和热值如表 5-20。

表 5-20 煤气组成和热值

操作条件	煤气组成/%						煤气热值/(kJ/m³)
	$\varphi(CO)$	$\varphi(CO_2)$	$\varphi(H_2)$	$\varphi(CH_4)$	$\varphi(H_2S+COS)$	$\varphi(N_2+Ar)$	
空气鼓风、烟煤	19.6	9.9	17.5	3.4	0.7	48.9	5732
氧气鼓风、烟煤	31.4	17.9	41.5	5.6	80（mg/kg）	3.6	11166

（2）U-GAS 气化工艺的特点

① 灰分熔聚及分离。U-GAS 气化工艺的主要特点是流化床中灰渣与半焦的选择性分离，即煤中的碳被气化，同时灰被熔聚成球形颗粒，并从床层中分离出来。

灰粒的表面熔化或熔聚成球是一个复杂的物理化学过程。为使在气化过程中实现灰的熔聚和分离，气化炉中灰熔聚区域的几何形状、结构尺寸及相应的操作条件都起着重要的作用。它包括：文丘里管（颈部）内的气速、流经文丘里管和流经炉箅的氧气量与水蒸气量的比例，熔聚区的温度以及带出细粉的循环量等因素。

a. 文丘里管内的气流速度。文丘里管内的气速及气化剂中的汽 / 氧比极为重要，它直接关系到床层高温区的形成。文丘里管颈部的气速控制着灰球在床层中的停留时间，相应地决定了灰球中的含碳量。当灰球中的含碳量在允许范围以内时，停留时间越短越好，以免由于停留时间过长，床层中灰含量过高，导致结渣现象的发生。

b. 熔聚区的温度。熔聚区的温度是灰团聚成球的最重要的影响因素。它由煤和灰的性质所决定，必须控制在灰不熔化而又能团聚成球的程度。实验发现，此温度常比煤的灰熔点（T_1）低 100 ～ 200℃，与灰分中铁的含量有关。有理论认为，煤中灰分的团聚是依靠灰粒外部生成黏度适宜的一定量的液相将灰粒表面润湿，在灰粒相互接触时，由于表面张力的作用，灰粒发生重排、熔融、沉积以及灰粒中晶粒长大。而黏度适宜的一定数量的液相只有在合适的温度下才能产生。温度过低，灰粒外表面难以生成液相，或生成的液相量太少，灰分不能团聚；温度过高，灰分熔化黏结成渣块，破坏了灰球的正常排出。一般通过文丘里管的气化剂的汽 / 氧比比通过炉箅的气化剂的汽 / 氧比低得多，这样才能形成灰熔聚所必需的高温区。

c. 带出细粉的再循环。U-GAS 气化工艺借助两个旋风分离器实现细粉循环并进一步气化，生成的细灰与床层中的熔聚灰一起形成灰球排出。

由于细粉直接返回床层和熔聚区，在返回过程中细粉的冷却和热量损失以及气化反应的吸热，使得细粉的循环量对灰熔区的温度有一定的影响。故要选择好细粉返回床层的适宜位置，加强返回系统的保温，使其对灰熔区温度的影响变得较小，达到既提高煤的利用率，又保证灰熔聚成球的正常进行。

② 对煤种有较广泛的适应性。U-GAS 气化工艺的主要优点在于它具有较广泛的煤种适应性和高的碳转化率。中试结果表明，粒度为 0 ～ 6mm 的煤料用作气化原料时，无需除去任何细粉。具有一定黏结性的煤，可不需经预氧化处理直接用于气化，并可使用含灰分较多的原煤作为气化原料。

U-GAS 和 KRW 的灰团聚流化床气化工艺均还面临着技术挑战，部分项目因工艺问题未能成功运行。20 世纪 90 年代上海焦化厂曾引进 U-GAS 气化技术，建有 8 台直径 2600mm 的气化炉，但因工艺问题无法正常运行；KRW 气化工艺在美国内华达州的 100MW IGCC 装置也因工艺问题至今未能顺利运行。

5.4.5　ICC 灰熔聚气化

在 20 世纪 80 年代初，中国科学院山西煤化所开展了 ICC 灰熔聚流化床气化的研发。灰熔聚流化床气化的难点之一是使已经充分反应的灰分发生熔化和可控团聚，并稳定下落离开气化炉。ICC 气化炉底部设有中心射流和环形管结构，高浓度氧由中心射流管进入气化炉并形成局部高温区，在此局部区间灰发生熔融团聚，随团聚灰渣球的变大、增重下坠而与炉内的半焦分离，最终通过环管排出。这一灰分选择性分离系统确保了床层各段的正常流化及灰渣的顺利下落，温度操作范围较宽。气化炉示意图见图 5-40。

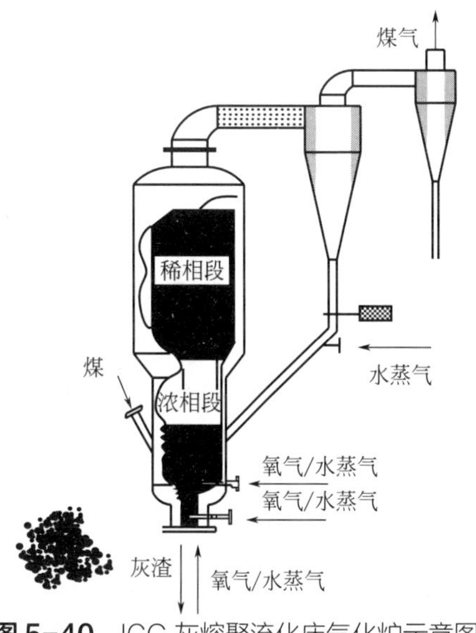

图 5-40　ICC 灰熔聚流化床气化炉示意图

2008 年 9 月第一套低压灰熔聚流化床粉煤气化工业示范装置在石家庄金石化肥厂建立并完成示范试验，其核心装置气化炉内径 2.4m，操作压力 0.6MPa，单炉日处理晋城无烟煤 324t，干煤气产量 26000m³/h，配套 6 万吨 /a 合成氨。表 5-21 列出示范装置的运行数据。在此基础上，晋城煤业集团 10 万吨 /a 高硫煤 MTG 合成油项目建立了 6 台 0.6MPa 加压气化工业装置，2009 年 6 月投入生产运行，单台

气化炉日处理 300 ～ 330t 煤，实现了高灰分、高灰熔点、高硫劣质晋城无烟粉煤的气化利用。2009 年，云南文山铝业有限公司 80 万吨 /a 氧化铝项目配套煤气工程中采用了 3 台灰熔聚流化床气化炉，设计压力 0.4MPa，单台气化炉日处理褐煤 450t，产气量 32500 ～ 38000Nm³/h，2012 年 9 月投产并验收，该气化炉的投产及平稳运行在燃料气制备行业起到了示范作用。

表5-21 示范装置运行数据

<table>
<tr><th colspan="2">项目</th><th>数值</th><th>项目</th><th>数值</th></tr>
<tr><td colspan="2">单炉产气量/(m^3/h)</td><td>14000～16000</td><td rowspan="2">吨氨消耗烟煤量/t</td><td rowspan="2">1.9～2.3</td></tr>
<tr><td rowspan="5">煤气组成/%</td><td>CO_2</td><td>23～27</td></tr>
<tr><td>CO</td><td>28～30</td><td>耗氧量/m^3</td><td>755～863</td></tr>
<tr><td>H_2</td><td>39～41</td><td>吨氨耗蒸汽量/t</td><td>1.97～2.25</td></tr>
<tr><td>N_2</td><td>1.7～1.9</td><td rowspan="2">炉渣残碳/%</td><td rowspan="2">8～16</td></tr>
<tr><td>CH_4</td><td>约3.0</td></tr>
</table>

5.5 气流床气化

5.5.1 基本原理和特点

5.5.1.1 基本原理

在气化炉的基本原理中曾述及，当气体流过固体床层时，进一步提高气体流速至超过某一数值（见图 5-12），则床层不能再保持流化态，固体颗粒与气体质点流动类似被分散悬浮在气流中，被气流带出容器，此种形式称为气流床。

所谓气流床气化，一般是将气化剂（氧气和水蒸气）夹带着煤粉或煤浆，通过特殊喷嘴送入炉膛内。在高温辐射下，氧煤混合物瞬间着火、迅速燃烧，产生大量热量。火焰中心温度可高达 2000℃左右，所有干馏产物均迅速分解，煤焦同时进行气化，生成含一氧化碳和氢气的煤气及熔渣。

气流床气化炉内的反应基本上与流化床内的反应类似。

在反应区内，由于煤粒悬浮在气流中，随着气流并流运动。煤粒在受热情况下进行快速干馏和热解，同时煤焦与气化剂进行着燃烧和气化反应，反应产物间同时存在着均相反应，煤粒之间被气流隔开。所以，基本上煤粒单独进行膨胀、软化、燃尽及形成熔渣等过程，而煤粒相互之间的影响较小。从而使原料煤的黏结性、机械强度、热稳定性对气化过程基本上不起作用。故气流床气化除对熔渣的黏度 - 温度特性有一定要求外，原则上可适用于所有煤种。

5.5.1.2 主要特征

（1）气化温度高、气化强度大　气流床反应器中由于煤粒和气流并流运动，煤料与气流接触时间很短，而且由于气流在反应器中的短暂停留，故要求气化过程在瞬间完成。为此，必须保持很高的反应温度（达 2000℃左右）和使用煤粉（＜ 200 目）作为原料，以纯氧和水蒸气为气化剂，所以气化强度很大。

（2）煤种适应性强　气化时对原料煤除要注意熔渣的黏度 - 温度特性外，基本上可适用所有煤种。但褐煤不适于制成水煤浆加料。当然，挥发分含量较高、活性好的煤较易气化，完成反应所需要的空间小，反之，为完成气化反应所需的空间较大。

（3）煤气中不含焦油　由于反应温度很高，炉床温度均一。煤中挥发分在高温下逸出后，迅速分解和燃烧生成二氧化碳和水蒸气，并放出热量。二氧化碳和水蒸气在高温下与脱挥发分后的残余炭反应生成一氧化碳和氢，因而制得的煤气中不含焦油，甲烷含量亦极少。

（4）需设置较庞大的磨粉、余热回收、除尘等辅助装置　由于气流床气化时需用粉煤，粒度要求为70%～80%通过200目筛，故需较庞大的制粉设备，耗电量大。此外，由于气流床为并流操作，制得的煤气与入炉的燃料之间不能产生热交换，故出口煤气温度很高。同时，因为气速很高，带走的飞灰很多，因此，为回收煤气中的显热和除去煤气中的灰尘需设置较庞大的余热回收和除尘装置。

5.5.2 K-T气化

K-T（Koppers-Totzek）气化是气流床气化工艺中一种常压粉煤气化制合成气的方法。

5.5.2.1 气化炉

K-T气化炉如图5-41所示。K-T炉炉身内衬有耐火材料的圆筒体，两端各安装着圆锥形气化炉头，一般如图5-41所示为两个炉头，也有四个炉头的。

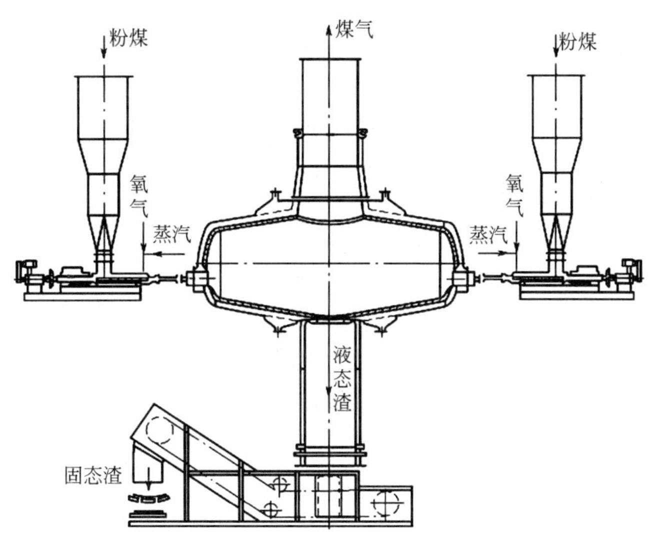

图5-41 K-T气化炉

粉煤（70%～80%通过200目筛，即细于0.1mm）与氧气和水蒸气混合物由气化室相对两侧的炉头并流送入，瞬间着火，形成火焰，进行反应。在火焰末端，即气化炉中部，粉煤几乎完全气化。由于两股相对气流的作用，气化区内的反应物形成高度湍流，使反应加快。反应基本上在炉头内完成，即在喷嘴出口0.5m处或在0.1s内完成。气体在炉内的停留时间约为1s。在炉内的高温下，灰渣熔融呈液态，其中60%～70%自气化炉底排出，其余的熔融细粒及未燃尽的炭被粗煤气夹带出炉。为了防止炉衬受结渣侵蚀和高温的影响，炉内设有水蒸气保护幕。保护幕呈圆锥形，包围着粉煤燃烧与气化所形成的火焰。经过多年的研究，K-T炉在炉型、耐火材料寿命及废热回收等方面有了很大进展。

5.5.2.2 气化工艺

（1）气化工艺流程　K-T气化工艺流程包括：煤粉制备、煤粉和气化剂的输送、制气、废热回收和洗涤冷却等部分，如图5-42所示。

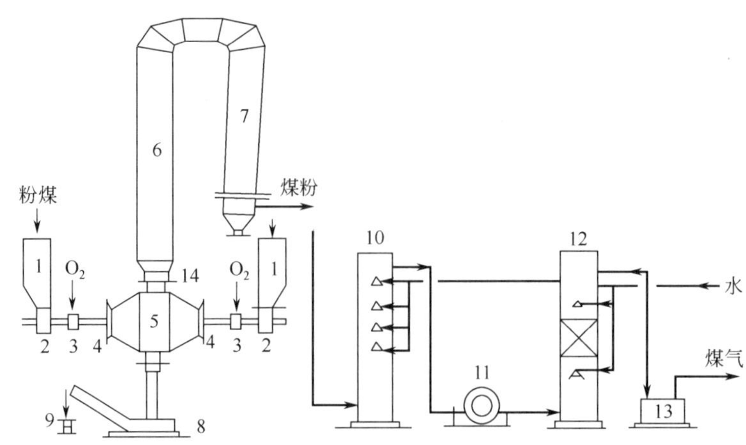

图 5-42 K-T 气化工艺流程

1—煤斗；2—螺旋给料机；3—氧煤混合器；4—粉煤喷嘴；5—气化炉；6—辐射锅炉；7—废热锅炉；8—除渣机；9—运渣车；10—冷却洗涤塔；11—泰生洗涤机；12—最终冷却塔；13—水封槽；14—急冷器

① 煤粉制备。要求煤粉粒度达到 70% ～ 80% 通过 200 目筛，并要求干燥。干燥后，烟煤水分控制在 1%；褐煤水分控制在 8% ～ 10%。

小于 25mm 的原料煤送至球磨机中进行粉碎，从燃烧炉来的热风与循环风、冷风混合成 200℃左右（视煤种而定）的温风也进入球磨机。原煤在球磨机内磨细、干燥，煤粉随 70℃左右的气流进入粗粉分离器，进行分选，粗煤粒返回球磨机，合格的煤粉加入充氮的粉煤储仓。

② 煤粉和气化剂的输入。煤粉由煤仓用氮气通过气动输送系统输入气化炉上部的粉煤料斗，全系统均以氮气充压，以防氧气倒流而产生爆炸。粉煤以均匀的速度加入螺旋加料器，螺旋加料器将煤粉送入氧煤混合器。从空分车间送来的工业氧，经计量后进入氧煤混合器。在混合器内，氧气和煤粉均匀混合，通过一连接短管，进入烧嘴，以一定的速度喷入气化炉内，过热蒸汽同时经烧嘴送入气化炉内。

煤粉喷射速度必须大于火焰的扩散速度，这是防止回火的关键。

每个炉头内的两个烧嘴组成一组，与对面炉头内的烧嘴处于同一直线上。每个烧嘴皆有相应的螺旋加料器给煤。这种双烧嘴相邻对称设置的优点是：改善湍流状态，当其中一个烧嘴堵塞时，仍可保证继续操作；喷出的煤粉在自己的火焰区中未燃尽时，可进入对面烧嘴的火焰中气化；由于相对烧嘴的火焰是相对喷射的，一端的火焰喷不到对面炉壁，因此可以减轻炉壁耐火材料承受瞬间高温的程度。

③ 制气。由烧嘴进入的煤、氧和水蒸气在气化炉内迅速反应，产生温度约为 1400 ～ 1500℃的粗煤气。粗煤气在炉出口处用饱和蒸汽急冷，气体温度降至 900℃以下，气体中夹带的液态灰渣快速固化，以免粘在炉壁上或堵塞气体通道而影响正常生产。

在高温炉膛内生成的液态渣，经排渣口排入水封槽淬冷，灰渣用捞渣机排出。

④ 废热回收。合成气的显热用辐射锅炉或对流火管锅炉加以回收，并副产高压蒸汽。废热锅炉出口煤气温度在 300℃以下。

辐射式废热锅炉约可回收热量的 70%，由于炉内空腔大，故结渣、结灰等问题均不严重；对流式废热锅炉的技术问题较多，如飞灰对炉管的磨损较严重等。

⑤ 洗涤冷却。洗涤冷却系统有多种流程可供选择。根据飞灰的含碳量和回收利用的要求，可选用传统的考伯斯除尘流程、干湿法联合除尘流程及文丘里流程等。

图 5-42 所示系传统的考伯斯除尘流程。该流程中，不考虑飞灰回收利用，飞灰经洗涤后集中堆存处理。由于在正常操作时，多数煤种气化时产生的飞灰含碳量不高，不值得回收利用。

该流程中，气化炉逸出的粗煤气经废热锅炉回收显热后，进入冷却洗涤塔，直接用水洗涤冷却，再由机械除尘器（泰生洗涤机）和最终冷却塔除尘和冷却，用鼓风机将煤气送入气柜。

冷却洗涤塔的除尘效率可达90%，经泰生洗涤机和最终冷却塔后，气体含尘量可降至30～50mg/m³；采用两套泰生洗涤机串联，并通过焦炭过滤，气体含尘量可降至3mg/m³。洗涤塔中的洗涤水经沉降分离后，循环使用。泰生洗涤机则使用新水。

（2）操作条件与气化指标

① 原料煤。可应用各种类型的煤，特别是褐煤和低变质烟煤更为适用。要求煤的粒度小于0.1mm，即要求70%～80%通过200目筛。

② 温度：火焰中心温度为2000℃，粗煤气炉出口处未经淬冷前温度约为1400～1500℃。

③ 压力：微正压。

④ 氧煤比：烟煤0.85～0.9kg/kg(煤)。

⑤ 蒸汽煤比：0.3～0.34kg/kg(煤)。

⑥ 气化效率：69%～75%(冷煤气效率)。

⑦ 碳转化率：80%～98%。

⑧ 使用不同原料时，煤气的性质见表5-22。

表5-22 K-T气化炉生产的合成气性质

项目		烟煤	褐煤	燃料油
原料组成	W/%	1.0	8.0	0.05
	A/%	16.2	18.4	—
	w(C)/%	68.8	49.5	85.0
	w(H)/%	4.2	3.3	11.4
	w(O)/%	8.6	16.1	0.40
	w(N)%	1.1	1.8	0.15
	w(S)/%	0.1	2.9	3.0
煤气组成	$\varphi(H_2)$/%	33.3	21.2	47.0
	$\varphi(CO)$/%	53.0	57.1	46.6
	$\varphi(CH_4)$/%	0.2	2.0	0.1
	$\varphi(CO_2)$/%	12.0	11.8	4.4
	$\varphi(O_2)$/%	痕量	痕量	痕量
	$\varphi(N_2+Ar)$/%	1.5	2.2	1.2
	$\varphi(H_2S)$/%	<0.1	1.5	0.7
煤气热值/（MJ/m³）		10.36	10.22	10.99
煤气产率/（m³/kg）		1.87	1.27	1.89

（3）主要优缺点 K-T气化技术成熟，有多年运行经验；气化炉结构简单，维护方便，单炉生产能力大；煤种适应性广，更换烧嘴还可气化液体燃料和气体燃料；蒸汽用量低；煤气中不含焦油和烟尘，甲烷含量很低（约0.2%），有效成分（$CO+H_2$）可达85%～90%；不产生含酚废水，大大简化了煤气净化工艺，生产灵活性大，开、停车容易，负荷调节方便；碳转化率高于流化床。

主要缺点是为制煤粉需要庞大的制粉设备，耗电量高；气化过程中耗氧量较大，需设空分装置，又需消耗大量电力；为将煤气中含尘量降至0.1mg/m³以下，需有高效除尘设备。在制煤粉过程中，为防止粉尘污染环境，也需设置高效除尘装置，故操作能耗大，建厂投资高。

为进一步提高气化强度和生产能力，在K-T气化炉的基础上，后发展了谢尔-考伯斯（Shell-Koppers）气化炉，即由原来的常压操作改进为加压下气化，使生产能力大为提高。

5.5.3 Shell煤气化

Shell煤气化工艺（Shell coal gasification process）是由荷兰国际石油公司开发的一种加压气流床粉煤气化技术。Shell煤气化工艺由20世纪70年代初期开始开发至90年代投入工业化应用。1993年采用Shell煤气化

工艺的第一套大型工业化生产装置在荷兰布根伦市建成，用于整体煤气化燃气 - 蒸汽联合循环发电，发电量为250MW。设计采用单台气化炉和单台废热锅炉，气化规模为2000t/d(煤)。煤电转化总（净）效率 >43%（低位发热量）。1998 年该装置正式投入商业化运行。

5.5.3.1 工艺技术特点

Shell 煤气化工艺属加压气流床粉煤气化，是以干煤粉进料，纯氧作气化剂，液态排渣。干煤粉由少量的氮气（或二氧化碳）吹入气化炉，对煤粉的粒度要求也比较灵活，一般不需要过分细磨，但需要经热风干燥，以免粉煤结团，尤其对含水量高的煤种更需要干燥。气化火焰中心温度随煤种不同约在 1600 ～ 2200℃之间，出炉煤气温度约为 1400 ～ 1700℃。产生的高温煤气夹带的细灰尚有一定的黏结性，所以出炉需与一部分冷却后的循环煤气混合，将其激冷到 900℃左右后再导入废热锅炉，产生高压过热蒸汽。干煤气中的有效成分 $CO+H_2$ 可高达 90% 以上，甲烷含量很低。煤中约有 83% 以上的热能转化为有效气，大约有 15% 的热能以高压蒸汽的形式回收。表 5-23 列出了 Shell 煤气化工艺在德国汉堡（Shell-Koppers）中试装置的设计条件和不同煤种的试验结果。

表5-23 Shell-Koppers中试装置的设计条件和试验结果

项目	数据	
设计条件		
处理煤量/（t/d）	150	
操作压力/MPa	3.0	
最高气化温度/℃	1700～2000	
单炉生产能力/（m^3/h）	8500～9000	
主要试验结果		
煤种	Wyodak褐煤	烟煤
气体组成/%		
CO	66.1	65.1
CO_2	2.5	0.8
H_2	30.1	25.6
CH_4	0.4	—
H_2S+COS	0.2	0.47
N_2	0.7	8.03
氧/煤比/（kg/kg）	1.0	1.0
煤气产率/（m^3/kg）	—	2.1
碳转化率/%	>98	99.0

加压气流床粉煤气化（Shell 炉）是 20 世纪末实现工业化的新型煤气化技术，是 21 世纪煤炭气化的主要发展途径之一。其主要工艺技术特点如下。

① 煤种适应广。由于采用干法粉煤进料及气流床气化，因而对煤种适应广，可使任何煤种完全转化。它能成功地处理高灰分、高水分和高硫煤种，能气化无烟煤、石油焦、烟煤及褐煤等各种煤。对煤的性质诸如活性、结焦性和水、硫、氧及灰分不敏感。

② 能源利用率高。由于采用高温加压气化，因此其热效率很高，在典型的操作条件下，Shell 气化工艺的碳转化率高达 99%。合成气对原料煤的能源转化率为 80% ～ 83%。在加压下（3MPa 以上），气化装置单位容积处理的煤量大，产生的

气量多，采用了加压制气，大大降低了后续工序的压缩能耗。此外，还由于采用干法供料，也避免了湿法进料消耗在水汽化加热方面的能量损失。因此能源利用率也相对提高。

③ 设备单位产气能力高。由于是加压操作，所以设备单位容积产气能力提高。在同样的生产能力下，设备尺寸较小，结构紧凑，占地面积小，相对的建设投资也比较低。

④ 环境效益好。因为气化在高温下进行，且原料粒度很小，气化反应极为充分，影响环境的副产物很少，因此干粉煤加压气流床工艺属于“洁净煤”工艺。Shell 煤气化工艺脱硫率可达 95% 以上，可生产出纯净的硫黄副产品，产品气的含尘量低于 2mg/m³。气化产生的熔渣和飞灰是非活性的，不会对环境造成危害。工艺废水易于净化处理和循环使用，通过简单处理可实现达标排放。生产的洁净煤气能更好地满足合成气、工业锅炉和燃气透平的要求及环保要求。

5.5.3.2 工艺流程

Shell 煤气化工艺流程见图 5-43，从示范装置到大型工业化装置均采用废热锅炉流程。

来自制粉系统的干燥粉煤由氮气或二氧化碳经浓相输送至炉前煤粉储仓及煤粉锁斗，再经由加压氮气或二氧化碳将细煤粒子由煤粉锁斗送入径向相对布置的气化烧嘴。气化所需氧气和水蒸气也送入烧嘴。通过控制加煤量，调节氧量和蒸汽量，使气化炉在 1400 ～ 1700℃范围内运行。气化炉操作压力为 2 ～ 4MPa。在气化炉内煤中的灰分以熔渣的形式排出。绝大多数熔渣从炉底离开气化炉，用水激冷，再经破渣机进入渣锁系统，最终泄压排出系统。熔渣为一种惰性玻璃状物质。

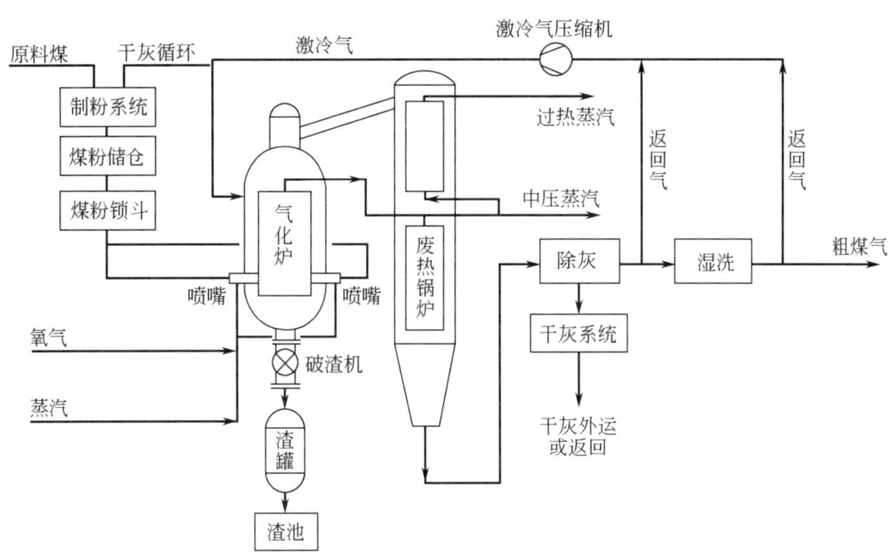

图 5-43 Shell 煤气化工艺（SCGP）流程示意图

出气化炉的粗煤气夹带着飞散的熔渣粒子被循环冷却煤气激冷，使熔渣固化而不致粘在冷却器壁上，然后再从煤气中脱除。合成气冷却器采用水管式废热锅炉，用来产生中压饱和蒸汽或过热蒸汽。粗煤气经省煤器进一步回收热量后进入陶瓷过滤器除去细粉尘（＜ 20mg/m³）。部分煤气加压循环用于出炉煤气的激冷。粗煤气经脱除氯化物、氨、氰化物和硫（H_2S、COS），HCN 转化为 N_2 或 NH_3，硫化物转化为单质硫。工艺过程中大部分水循环使用。废水在排放前需经生化处理。如果要将废水排放量减小到零，可用低位热将水蒸发。剩下的残渣只是无害的盐类。

5.5.3.3 气化炉

Shell 煤气化装置的核心设备是气化炉。气化炉结构简图见图 5-44。Shell 煤气化炉采用膜式水冷壁形式。

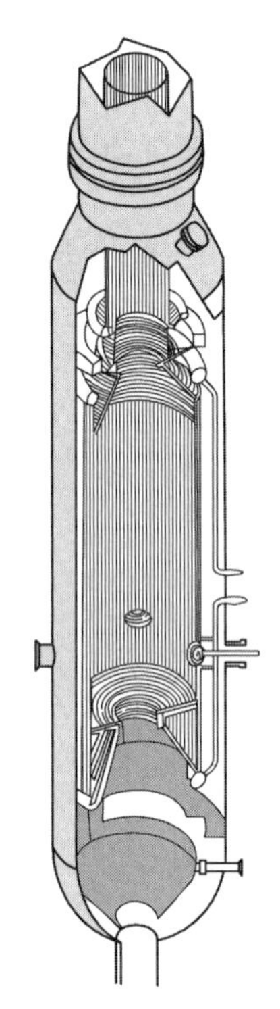

图 5-44　Shell 煤气化炉结构

它主要由内桶和外桶两部分构成：包括膜式水冷壁、环形空间和高压容器外壳。膜式水冷壁向火侧敷有一层比较薄的耐火材料，一方面为了减少热损失；另一方面更主要的是为了挂渣，充分利用渣层的隔热功能，以渣抗渣、以渣护炉，可以使气化炉热损失减少到最低，以提高气化炉的可操作性和气化效率。环形空间位于压力容器外壳和膜式水冷壁之间。设计环形空间的目的是容纳水、蒸汽的输入输出和集管，另外，环形空间还有利于检查和维修。气化炉外壳为压力容器，一般小直径的气化炉用铬合金钢制造，其他用低铬钢制造。对于日产 1000t 合成氨的生产装置，气化炉壁设计温度一般为 350℃，设计压力为 3.3MPa（气）。

气化炉内筒上部为燃烧室（或气化区），下部为熔渣激冷室。煤粉及氧气在燃烧室反应，温度为 1700℃左右。Shell 气化炉由于采用了膜式水冷壁结构，内壁衬里设有水冷管，副产部分蒸汽，正常操作时壁内形成渣保护层，用以渣抗渣的方式保护气化炉衬里不受侵蚀，避免了由于高温、熔渣腐蚀及开停车产生应力对耐火材料的破坏而导致气化炉无法长周期运行。由于不需要耐火砖绝热层，运行周期长，可单炉运行，不需备用炉，可靠性高。

Shell 煤气化技术自 2001 年与湖北双环签订第一个技术许可合同以来，至今我国已引进约三十台气化炉。Shell 煤气化技术在国外主要用于发电，Shell 煤气化的工艺流程和一些操作数据都是从发电流程得到的，并不完全适合于氢、氨和醇的生产。我国引进的 Shell 煤气化装置主要用于合成氨和制甲醇，在这方面国外也没有成熟的经验可借鉴。近年来，通过我国相关企业和业内人士的努力，Shell 气化装置在操作运行和故障处理方面都有了很大的进步，装置的生产运行逐步趋向稳定。如广西柳州化工股份有限公司的 Shell 煤气化装置从 2006 年 9 月开车以来，年累计运行时间逐年增加，2007 年为 221d，2008 年为 285d，2009 年为 330.5d，达到了年操作 330d 的设计指标。

5.5.4 GSP 粉煤气化

德国黑水泵煤气厂从 1977 年开始开发了干法进料的加压粉煤气化方法，开始建立的中试装置处理量为 100 ～ 300kg/h，后来达到 10t/d，到 1983 年又建成了大型装置。

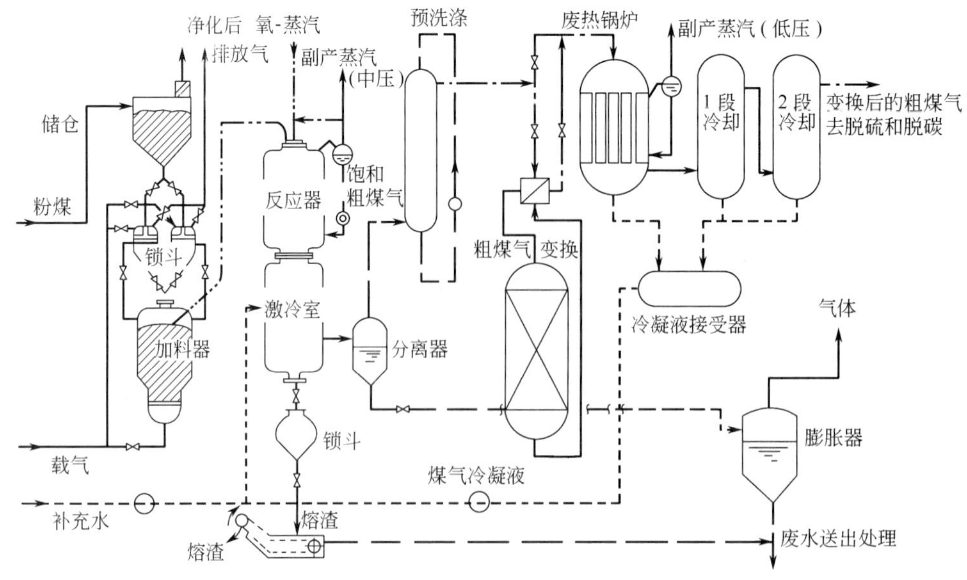

图 5-45　GSP 粉煤气化工艺流程图

大型装置流程如图 5-45 所示。进入系统的煤经粉碎后在干燥器内用 700 ～ 800℃烟气干燥到水分约 10%，干燥后烟气 120℃，经过滤器后排空。干燥后的煤，在球磨机中磨碎到 80% 的煤小于 0.2mm，送入粉煤储仓。为了将煤粉加压到 4MPa，交替使用加压密封煤锁。低压侧用球阀隔开。加料状况由流量装置检测。通过加压煤斗的交替使用，使计量加料器可连续供料，气流分布板在计量加料器的下部，在其上部形成松散的流化床。松动的煤粉以密相形式，由载气吹入输送管道中，并导入气化炉喷嘴。一个计量加料器可连接许多喷嘴。采用这种高密度褐煤粉的运行参数是：

传送速度：3 ～ 8m/s；

粉状褐煤的负载密度：250 ～ 450kg/m^3；

输送能力：800 ～ 1200kg/(cm^2 · h)。

这个输送系统的优点是采用了最小的损耗、最低的载气耗量和较小的管道截面积，输送气体可用自产煤气、工业氮或 CO_2，可根据煤气的用途而定。

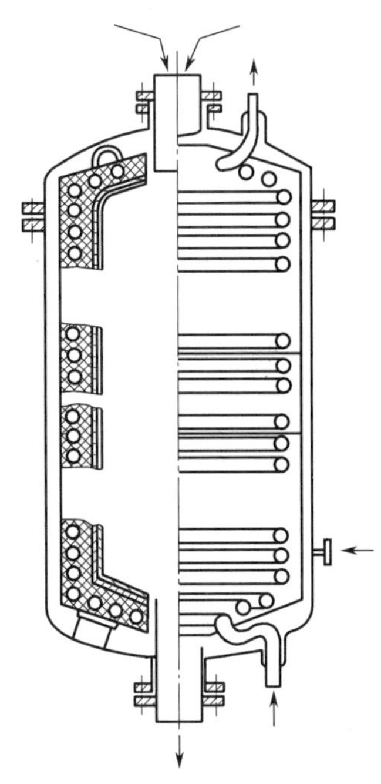

图 5-46　GSP 粉煤气化炉

反应器如图 5-46 所示，粉煤和氧 - 蒸汽进行火焰反应，停留时间为 3 ～ 10s。火焰温度 1800 ～ 2000℃，设计压力为 1 ～ 5MPa，反应剂以轴向的平行方向通过喷嘴进入，热煤气和熔渣由下部出口导出。反应器壁上布满了排管，在排管中用冷却水进行冷却或可设计成锅炉系统。排管内压力通常比反应器稍高。这种结构已通过多年运行的考验。冷却排管移去热量占总输出量的 2% ～ 3%。

粗煤气同液态渣一起离开反应室后进入激冷室，用水激冷，液渣固化成颗粒状。粗煤气进入激冷室的温度为 1400 ～ 1600℃，被冷却到 200℃，并被蒸汽饱和，同时除去渣粒和未气化的粉状燃料的残余物。

两种煤得到的煤气组成列于表 5-24，可见用东爱尔勃煤时，由于煤气中氧含量较高，粗煤气中 CO_2 含量高达 10% ～ 12%。

表 5-24　两种粉煤气化参数

项目		东爱尔勃褐煤	西爱尔勃褐煤	
			有助熔剂	无助熔剂
煤气产量/[m^3(粗煤气,干)/h]		25000 ～52000	40000	40000
比煤耗/[kg/m^3(粗煤气,干)]		0.65 ～0.67	0.645	0.646
气化效率/%		72 ～75	69	72.5
碳转化率/%		99.5	99.7	99.5
粗煤气组成（干）	$\varphi(H_2)$/%	35 ～39	39 ～42	36 ～41
	$\varphi(CO)$/%	46 ～50	39 ～43	36 ～41
	$\varphi(CO_2)$/%	10 ～12	11 ～13	15 ～19
	$\varphi(N_2)$/%	2.5 ～3.0	2.5 ～3.9	3.1 ～4.0
	$\varphi(CH_4)$/%	0 ～0.4	0 ～0.4	0 ～0.4
	$\varphi(CO+H_2)$/%	约85	约85	约79

GSP 工艺已经经过多年大型装置的运行，业已证明可以气化高硫、高灰分和高盐煤。煤气中 CH_4 含量很低，可作合成气，气化过程简单，气化炉能力大。中试的试验表明，这一方法也可以气化硬煤和焦粉。

GSP 气化工艺具有 Shell 煤气化和德士古气化的优点，又避开了它们的缺点，受到了中国有关企业的广泛关注。目前，神华宁煤 167 万吨甲醇制烯烃项目（采用 5 台日投煤量 2000t 的 GSP 气化炉，已投产）和山西兰花煤化工有限责任公司 52 万吨尿素项目（采用 2 台日投煤量 2000t 的 GSP 气化炉，原料为高灰熔点、高硫的

无烟粉煤）均采用了 GSP 气化工艺。

5.5.5　德士古气化

德士古（Texaco）气化是一种以水煤浆为进料的加压气流床气化工艺。它是在德士古重油气化工业装置的基础上发展起来的煤气化装置。因德士古公司被通用公司（GE）收购，又称为 GE 气化工艺。

德国鲁尔化学公司（Ruhrchemie）和鲁尔煤炭公司（Ruhr-Kohle）取得了德士古气化专利，于 1977 年在奥伯豪森 - 霍尔顿建成日处理煤 150t 的示范工厂。此后，德士古气化技术得到了迅速发展。单炉生产能力已达到 1832t/d。

5.5.5.1　基本原理和气化炉

德士古水煤浆加压气化过程属于气流床并流反应过程，德士古气化炉如图 5-47 所示。

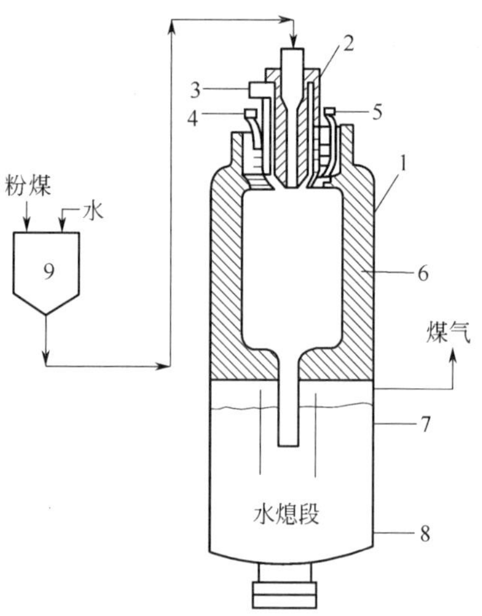

图 5-47　德士古气化炉

1—气化炉；2—喷嘴；3—氧气入口；4—冷却水入口；5—冷却水出口；6—耐火砖衬；7—水入口；8—渣出口；9—水煤浆槽

水煤浆通过喷嘴在高速氧气流作用下破碎、雾化喷入气化炉。氧气和雾状水煤浆在炉内受到耐火衬里的高温辐射作用，迅速经历着预热、水分蒸发、煤的干馏、挥发物的裂解燃烧以及碳的气化等一系列复杂的物理、化学过程。最后，生成以一氧化碳、氢气、二氧化碳和水蒸气为主要成分的湿煤气及熔渣，一起并流而下，离开反应区，进入炉子底部急冷室水浴，熔渣经淬冷、固化后被截留在水中，落入渣罐，经排渣系统定时排放。煤气和所含饱和蒸汽进入煤气冷却净化系统。

气化炉为一直立圆筒形钢制耐压容器，炉膛内壁衬以高质量的耐火材料，以防热渣和粗煤气的侵蚀。气化炉近似绝热容器，故热损失很少。

德士古气化炉内部无结构件，维修简单，运行可靠性高。

气化炉内除主要进行反应式（2）～式（5）、式（8）、式（9）外，还进行以下反应：

$$C_mH_n \longrightarrow (m-1)C+CH_4+\frac{n-4}{2}H_2$$

$$C_mH_n+\left(m+\frac{n}{4}\right)O_2 \longrightarrow mCO_2+\frac{n}{2}H_2O$$

5.5.5.2 气化工艺

图 5-48 所示为德士古气化工艺流程简图。由图可见，德士古气化工艺可分为煤浆制备和输送、气化和废热回收、煤气冷却净化等部分。

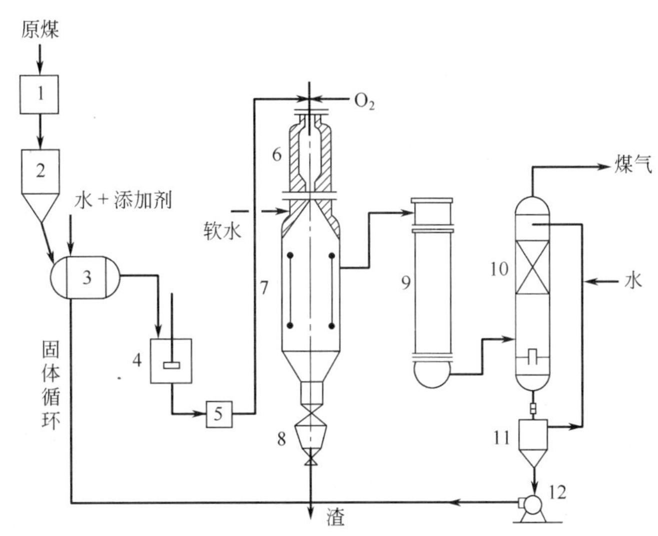

图 5-48 德士古工艺流程

1—输煤装置；2—煤仓；3—球磨机；4—煤浆槽；5—煤浆泵；6—气化炉；7—辐射式废热锅炉；8—渣锁；9—对流式废热锅炉；10—气体洗涤器；11—沉淀器；12—灰渣泵

（1）煤浆制备和输送 德士古气化工艺采用煤浆进料，比干式进料系统稳定、简单。

煤浆制备有多种方法，现国外较多采用一段湿法制水煤浆工艺，同时，又有开路（不返料）和闭路（返料）研磨流程之分。前者是煤和水按一定比例一次通过磨机制得水煤浆，同时满足粒度和浓度的要求；后者是煤经研磨得到水煤浆，再经湿筛分级，分离出的大颗粒再返回磨机。

一段湿法（开路）：

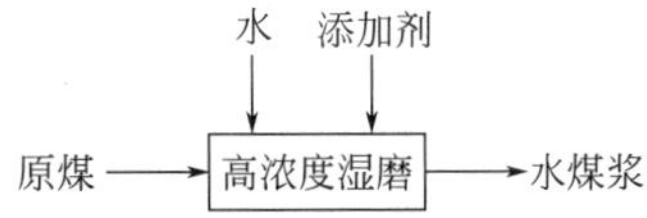

一段湿法制浆工艺具有流程简单，设备少，能耗低，无需二次脱水等优点（尤其是开路流程）。当使用同样物料研磨到相同细度时，湿法比干法可节省动力约 30% 左右。所谓干法，即不用湿磨，而是将原煤用干磨研磨成所要求的筛分组成的煤粉，再按比例加入水和添加剂混合制成水煤浆。

（2）气化和废热回收 气化炉是气化过程的核心。在气化炉结构中，喷嘴是关键设备。喷嘴结构直接影响到雾化性能，并进一步影响气化效率，还会影响耐火材料的使用寿命。喷嘴的良好设计可把能量从雾化介质中转移到煤浆中去，为氧气和煤浆的良好混合提供有利条件。要求喷嘴能以较少的雾化剂和较少的能量实现雾化，并具有结构简单、加工方便、使用寿命长等性能。据报道，一个设计良好的喷嘴，能使碳转化率从 94% 提高到 99%。

喷嘴按物料混合方式不同，可分为内混式或外混式；按物料导管的数量不同，可分为双套管式和三套管式等。

国外使用的喷嘴结构基本上是三套管式，中心管导入氧气，内环隙导入煤浆，外环隙导入85%氧气，并根据煤浆的性质可调节两股氧气的比例，以促使氧、碳反应完全。

水煤浆气化炉对向火面耐火材料的要求很高。因该处除承受热力腐蚀、机械磨蚀外，还将遭受灰渣的物理、化学等腐蚀作用。影响耐火材料性质的主要因素有温度、煤灰性质、熔渣流速及热态机械应力等，而其中以炉温为最重要的因素。

由于高温下反应，有相当多的热量随煤气以显热的形式存在。因此，煤气化的经济性必然与副产蒸汽相联系。

根据煤气最终用途不同，粗煤气可有三种不同的冷却方法。

① 直接淬冷法。多见于生产合成氨原料气或氢气等生产流程。

高温煤气和液态熔渣一起，通过炉子底部的急冷室，与水直接接触而冷却；或在气化室下部用水喷淋冷却。在粗煤气冷却的同时，产生大量高压蒸汽，混合在粗煤气中一起离开气化炉。

② 间接冷却法。即采用废热锅炉的间接冷却法。多见于生产工业燃料气、联合循环发电用燃气、合成用原料气等。

在气化炉下部直接安装辐射式冷却器（废热锅炉）。粗煤气将热传给水冷壁管而被冷却至700℃左右。熔渣粒固化、分离，落入下面的淬冷水池，后经闭锁渣斗排出。辐射式冷却器的水冷壁管内产生高压蒸汽，做动力和加热用。离开辐射冷却器的煤气导入对流冷却器（水管锅炉）进一步冷却至300℃左右，同时回收显热和生产蒸汽。

③ 间接冷却和直接淬冷相结合的方法。热粗煤气先在辐射式冷却器中冷却至700℃左右，使熔渣固化，与煤气分离，同时产生高压蒸汽；然后，粗煤气用水喷淋淬冷至200℃左右。

（3）煤气的冷却净化及“三废”处理　经回收废热的粗煤气，需进一步冷却和脱除其中的细灰，可通过煤气洗涤器或文丘里喷嘴等加以洗涤冷却。

煤气中不含焦油，故不需设置脱焦油装置。

废水中含有极少量的酚、氰化氢和氨，只需常规处理即可排放。

固体排放物（固体熔渣）不会造成对环境的污染，并可用作建筑材料。

5.5.5.3　工艺条件及气化指标

影响德士古炉操作和气化的主要工艺指标有：水煤浆浓度、粉煤粒度、氧煤比及气化炉操作压力等。

（1）水煤浆浓度　水煤浆浓度对气化的影响为：随着水煤浆浓度的提高，煤气中的有效成分增加，气化效率提高，氧气耗量下降，如图5-49和图5-50所示。

为了维持正常的气化生产，煤浆的可泵送性和稳定性等也很重要。故研究水煤浆的成浆特性和制备工艺，寻求提高水煤浆质量的途径是十分必要的。

选择合适的煤种（活性好、灰分和灰熔点都较低），调配最佳粒度和粒度分布是制备具有良好流动性和较为稳定的高浓度水煤浆的关键。适宜的添加剂也能改变煤浆的流变特性，且煤粉的粒度越细，添加剂的影响越明显。

一般说来，褐煤的内在水分含量较高，其内孔表面积大，吸水能力强，在成浆时，煤粒上能吸附的水量多。因而，在水煤浆浓度相同的条件下，自由流动的水相对减少，以致流动性较差；若使其具有相同的流动性，则煤浆浓度必然下降。故褐煤在目前尚不宜作为水煤浆的原料。

（2）粉煤粒度　粉煤的粒度对碳的转化率有很大影响。因为煤粒在炉内的停留时间及气固反应的接触面积与颗粒大小的关系非常密切，较大的颗粒离开喷嘴后，在反应区中的停留时间比小颗粒短；另外，比表面积又与颗粒大小呈反比，这双重影响的结果必然使小颗粒的转化率高于大颗粒。

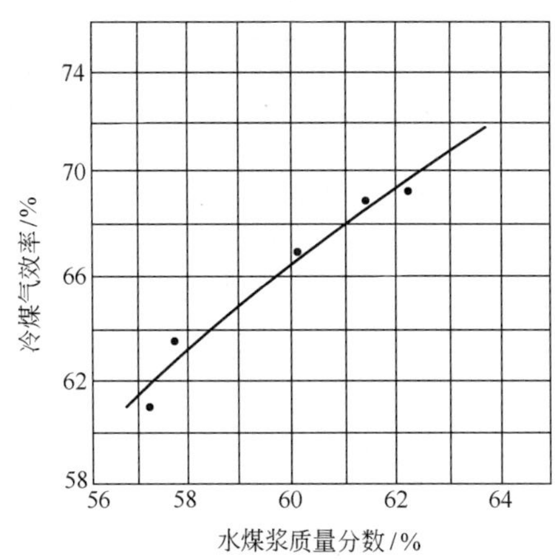

图 5-49 水煤浆浓度与冷煤气效率的关系

气化压力 2.45MPa（表压）；气化温度 1380℃；入炉煤量（干）1.00 ~ 1.05t/h；氧煤比 1.0kg/kg；铜川煤

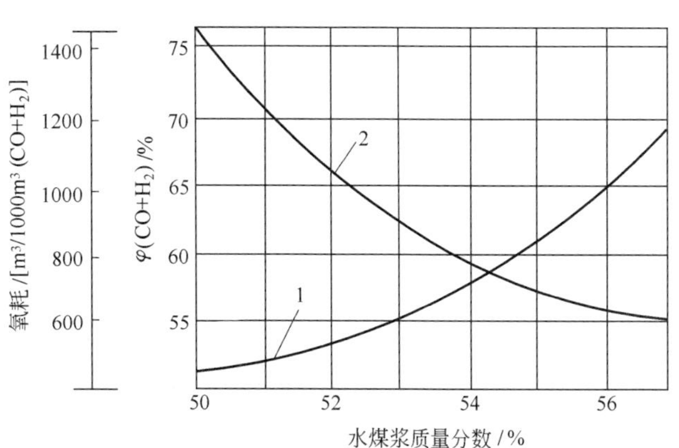

图 5-50 水煤浆浓度与煤气质量及氧耗的关系

1—CO+H_2 含量；2—氧耗

煤粉越细虽有利于转化率，但当煤粉中细粉含量过高时，水煤浆表现为黏度上升，不利于配制高浓度的水煤浆。故对反应性较好的煤种，可适当放宽煤粉的细度。

（3）氧煤比　氧煤比是气流床气化的重要指标。当其他条件不变时，气化炉温度主要取决于氧煤比，如图 5-51 所示。提高氧煤比可使碳的转化率明显上升，如图 5-52 所示。但是，当氧气用量过大时，部分碳将完全燃烧，生成二氧化碳，或不完全燃烧而生成的一氧化碳，又进一步氧化成二氧化碳，从而使煤气中的有效组分减少，气化效率下降。并且随氧煤比的增加，氧耗明显上升，煤耗下降。故操作过程中应确定合适的氧煤比。

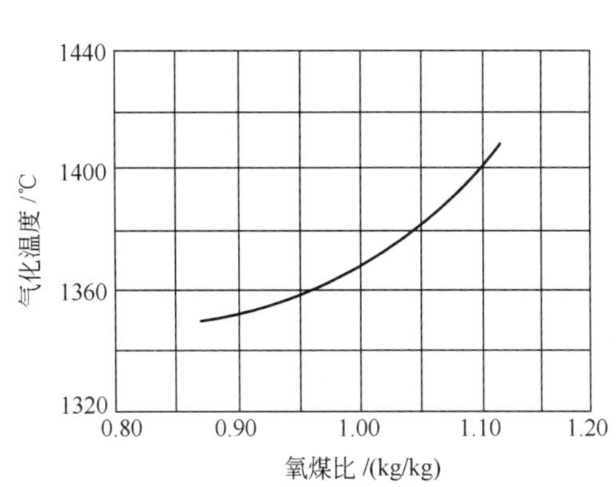

图 5-51 氧煤比与气化温度的关系

气化压力 2.45MPa（表压）；入炉煤量（干）1.00 ~ 1.05t/h；煤浆质量分数 60%；铜川煤

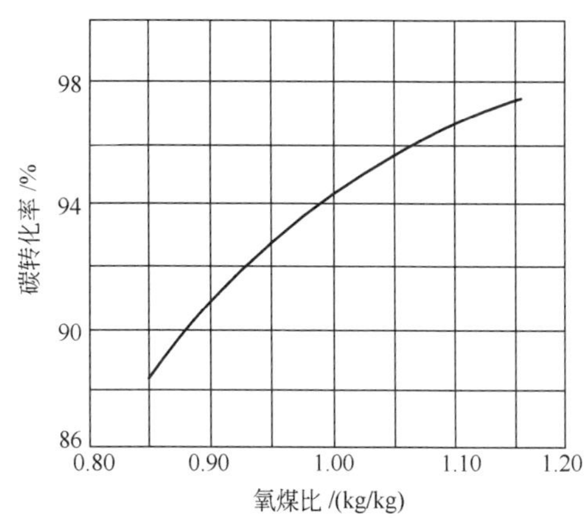

图 5-52 氧煤比与碳转化率的关系

气化压力 2.45MPa（表压）；气化温度 1380℃；入炉煤量（干）1.00 ~ 1.05t/h；煤浆质量分数 60%；铜川煤

（4）气化压力　气流床气化压力的增加，不仅增加了反应物浓度，加快了反应速率；同时延长了反应物在炉内的停留时间，使碳的转化率提高。气化压力的提高，既可提高气化炉单位容积的生产能力，又可节省压缩煤气的动力。故德士古工艺的最高气化压力可达 8.0MPa，一般根据煤气的最终用途，选择适宜的气化压力。

（5）气化指标　表 5-25 列举了国内外德士古气化炉的主要气化操作指标。

表5-25 国内外德士古气化炉的主要气化操作指标

项目		国外中试	国外中试	日本宇部工业	中国中试
① 煤种		伊利诺伊6号煤	伊利诺伊6号煤	澳洲煤	铜川煤
② 元素分析	w(C)/%	64.64	65.64	66.80	69.34
	w(H)/%	4.72	4.72	5.00	3.92
	w(N)/%	1.32	1.32	1.70	0.60
	w(S)/%	3.41	3.41	4.20	1.54
	w(A)/%	13.01	13.01	15.00	15.17
	w(O)/%	11.90	11.90	7.30	9.40
③ 煤样高位热值/(kJ/kg)		26796	26796	28931	28361
④ 投煤量/(t/h)		0.635	6.35	约20	1.2
⑤ 气化压力(绝压)/MPa		2.58	—	3.49	2.56
⑥ 气体组成	φ(CO)/%	42.2	39.5	41.8	36.1～43.1
	$\varphi(H_2)$/%	34.4	37.5	7	32.3～42.4
	$\varphi(CO_2)$/%	21.7	21.5	20.6	22.1～27.6
⑦ 碳转化率/%		99.0	95.0	98.5	95～97
⑧ 冷煤气效率/%		68.0	69.5	—	65.0～68.0

5.5.5.4 评价

德士古气化炉的特点是单炉生产能力大，能使用除褐煤以外的各种灰渣的黏度 - 温度特性合适的粉煤为原料，故使用的煤种较宽。所制得的煤气中甲烷及烃类含量极低，最适宜用作合成气。由于德士古气化是在加压下操作，它可配合不同的合成工艺，进行等压操作。工艺过程中所产生的“三废”少且易于处理，并可考虑使用排出的废水制备水煤浆。为防止水中可溶性盐类的积累，可适当排出少量废水，按常规的方法处理即可。当本法使用高灰熔点的煤气化时，可能需要添加助熔剂以克服排渣的困难。这时此法将大为逊色，使原来生产 1m³ 煤气的耗氧量较高的缺点更为突出。德士古气化可使用较多的煤种，然而皆需制成粉煤，故煤的粉碎部分投资大，且耗能较多。粉煤与水制成水煤浆的优点是加料方便和稳定，但与干法加料相比，必然增加氧耗。除了褐煤因煤浆浓度低不宜作原料外，也不适用于高灰分煤，原因在于磨碎和氧耗太高。

德士古气化虽然也存在一些缺点，但其优点是显著的，而且与其他许多有希望且优点突出的气化方法相比较，它最先实现了工业化规模生产，已为许多国家所采用。在中国，山东鲁南化肥厂、上海焦化厂、渭河煤化工集团和安徽淮南化工厂等都已引进该煤气化工艺，并都已投入生产。

5.5.6 多喷嘴对置式水煤浆气化

多喷嘴对置式水煤浆气化炉开发是国家“九五”重点攻关项目，由华东理工大学和水煤浆气化及煤化工国家工程研究中心主持攻关，2000 年 7 月 22t/d 的多喷嘴对置式水煤浆气化中试装置开始试运行。在国家“十五”863 计划支持下，2002 年起在兖矿集团国泰化工有限公司建设两套单炉煤处理量 1150t/d 的工业示范装置，并于 2005 年投入运行。示范装置的成功运行已充分证实：该技术工程上完全可行，工艺指标优于引进的水煤浆气化技术，操作非常平稳。

近年来，多喷嘴对置式水煤浆气化技术致力于向大型化的方向发展，先后开发了日处理煤 1500t、2000t、2500t、3000t 以及 4000t 的气化炉。2021 年 9 月，首套日处理煤 4000t 级超大型多喷嘴对置式水煤浆气化炉在内蒙古汇能煤化工有限公司顺利投产，这是目前世界单炉规模最大的水煤浆气化炉，在业界引起了广泛关注。截至 2023 年，多喷嘴对置式水煤浆气化技术已推广应用到国内外的约 70 家企业，实现技术转让 202 台。

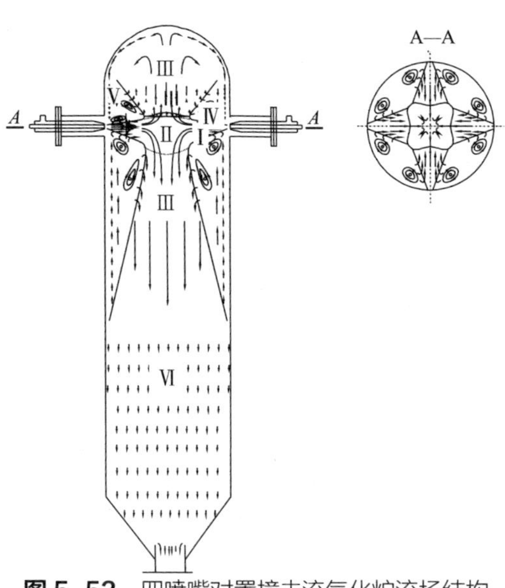

图 5-53 四喷嘴对置撞击流气化炉流场结构

5.5.6.1 工艺原理

多喷嘴对置式水煤浆气化技术是基于对置射流强化混合的原理。图 5-53 是气化炉的流场结构示意，水煤浆分别由 4 台高压煤浆泵加压后与氧气一起送至两对 4 个水平对称布置的喷嘴，水平对置撞击后煤浆被雾化成约 100μm 的微粒滴，从而使煤浆表面积增长数千倍，有利于热质传递和化学反应。原料在煤气炉内进行部分燃烧和气化反应，生成的粗煤气和熔渣一同进入下部洗涤激冷室，粗煤气经水喷淋降温后送洗涤除尘工序，而熔渣在底部水浴中激冷固化并由锁渣罐收集定期排放，洗涤塔下部流出的黑水经循环泵加压供激冷室使用。

5.5.6.2 工艺流程与技术特点

图 5-54 为多喷嘴对置式水煤浆气化工艺流程简图，可分成磨煤制浆、气化、煤气净化和含渣黑水处理等工段。主要设备包括磨煤机、煤浆料槽、多喷嘴对置式气化炉、旋风分离器、洗涤冷却塔、蒸发热水塔、闪蒸罐、澄清槽和灰水槽等。

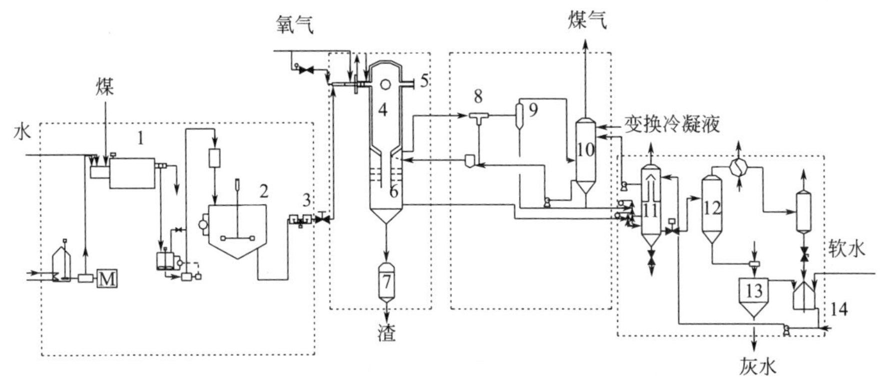

图 5-54 多喷嘴对置式水煤浆气化工艺流程简图

1—磨煤机；2—煤浆槽；3—煤浆泵；4—多喷嘴对置式气化炉；5—喷嘴；6—洗涤冷却室；7—锁斗；8—混合器；9—旋风分离器；10—水洗塔；11—蒸发热水塔；12—真空闪蒸器；13—澄清槽；14—灰水槽

5.5.6.3 工艺指标

兖矿国泰化工有限公司的多喷嘴对置气化工业化示范装置使用北宿精煤生产煤气，其典型产品气组成见表 5-26。

表5-26 典型产品煤气组成

煤 种	煤气组成/%						
	H_2	CO	CO_2	H_2S	CH_4	N_2	其他
北宿精煤	36.33	48.46	14.21	0.71	0.05	0.24	—

表5-27给出了多喷嘴对置式水煤浆气化炉使用不同煤种时的主要工艺指标。由表可见，多喷嘴对置式水煤浆气化炉采用北宿精煤和神府煤原料的碳转化率均达到了98%，比氧耗为309和400，而比煤耗则分别为535和581，实际工业运行结果表明多喷嘴对置式水煤浆气化技术稳定可靠且工艺指标先进。

表5-27 多喷嘴对置气化炉示范装置工艺指标

项 目	煤 种	
	神府煤	北宿精煤
单炉原料处理能力/(t/d)	750	1000
操作压力/MPa	6.5	4.0
煤浆质量分数/%	60	61
有效气成分（$CO+H_2$）/%	83	85
碳转化率/%	98	98
比氧耗/[$m^3(O_2)/1000m^3(CO+H_2)$]	400	309
比煤耗/[kg(煤)/1000m^3($CO+H_2$)]	581	535

5.5.7 非熔渣－熔渣分级气化

5.5.7.1 工艺概述

非熔渣-熔渣分级气化技术是由清华大学热能工程系与北京达立科公司（现由北京盈德清大科技有限责任公司接替）、山西丰喜集团（临猗分公司）共同研发的分级给氧、上喷式、水煤浆气化技术（也称为“清华炉”）。第一代技术采用直径2800mm气化炉，气化压力4.0MPa，其特点是采用分级补入氧气，减少了主烧嘴的氧化程度，采用部分非氧化性气体作为主烧嘴预混气体，降低烧嘴区域温度，可延长烧嘴寿命至90d。第二代技术在第一代技术的基础上，采用直径3200mm气化炉，气化压力6.5MPa，采用水冷壁代替传统的耐火砖衬里，解决了耐火砖造成的长时间停工检修、烧嘴磨损等问题，同时有助于解决高熔点煤的使用问题。

这两代技术均在山西阳煤丰喜集团临猗分公司建设了工业示范装置，运转情况良好。目前，该技术已与山西焦化、内蒙古金诚泰、大唐呼伦贝尔化肥和惠生内蒙古煤化工等公司签订了16套转让协议，日单炉投煤量可达1800t。

5.5.7.2 工艺原理

非熔渣-熔渣分级气化技术的主要原理是将煤炭加工成浆状，加压送入部分氧化气化炉中产生合成气，与传统气流床煤气化工艺有着本质的区别。非熔渣-熔渣分级气化技术把一次给氧的连续气化过程分为二次给氧的两级气化过程。主要的燃烧过程在第一段完成，在第二段补充部分氧气，完成全部的燃烧过程和气化过程，并且在第一段控制氧气的加入比例，保持温度在煤的灰熔点以下。在第二段加入氧气的作用下使温度提高到煤的灰熔点以上，从而实现煤的非熔渣-熔渣分级气化。即该技术将煤的气化反应过程变成五个阶段：脱水分和挥发分→燃烧→气化→再燃烧→再气化，从而提高气化效率。非熔渣-熔渣气化的工艺原理见图5-55。

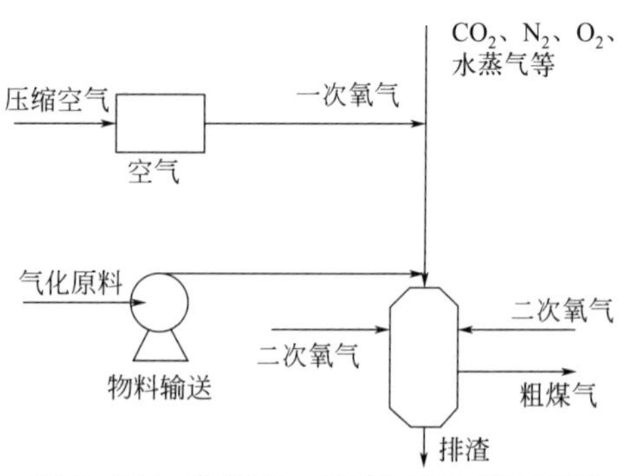

图5-55 非熔渣－熔渣气化工艺原理图

通过氧气分级供给，气化炉主烧嘴和侧壁氧气喷嘴分别向气化炉内加氧，使气化炉主烧嘴的氧气量可脱离炉内部分氧化反应所需的碳与氧的化学当量比约束，改变了主烧嘴局部区域氧化强度过高的状态，使气化炉轴向温度均衡并有所提高，充分发挥气化炉全容积的气化功能。

5.5.7.3 工艺指标

第二代非熔渣 - 熔渣分级气化技术于 2012 年 8 月，由中国石油和化学工业联合会组织现场考核专家组对该气化技术工业装置进行了现场考核。考核表明：该装置连续稳定运行 72h，平均负荷率为 103.1%；自动化水平高，安全可靠，操控性能良好；投资和运行费用较低，煤种适应性较好；装置全部采用我国自主技术和国产设备，国产化率达到 100%，考核数据（见表 5-28）达到设计指标。

表5-28 水煤浆水冷壁清华炉考核数据

项目	运行数据	项目	运行数据
日投煤量(干煤)/(t/d)	581	比煤耗/[kg(煤)/1000m^3(CO+H$_2$)]	605.0
有效气(CO+H$_2$)产量/(m^3/h)	40002	粗渣含碳量/%	2.48
有效成分(CO+H$_2$)含量/%	78.46	干煤气产率/(m^3/kg)	2.11
水冷壁副产蒸汽量/(t/h)	0.96	冷煤气效率/%	73.2
比氧耗/[m^3(O$_2$)/1000m^3(CO+H$_2$)]	404.3	热效率/%	96.6

5.5.8 航天粉煤气化

5.5.8.1 工艺概述

航天粉煤气化技术由中国航天科技集团公司下属的航天长征化学工程股份有限公司在充分吸收当今世界先进气流床煤气化技术经验的基础上，自主研发的组合式单烧嘴、顶喷式、水冷壁、后激冷、干煤粉加压气流床气化技术。2006 年 3 月，首套航天粉煤气化示范工程落户河南濮阳。2008 年 10 月，首次投料试车，并实现 72h 连续运转。2009 年 10 月，通过中国石油和化学工业联合会鉴定。目前，该技术已经广泛应用于煤制甲醇、合成气、乙二醇和氢气等领域。

航天粉煤气化技术在国内应用较好，截至 2015 年底，已实现技术转让约 75 台。目前在线运行的气化装置 40 套，其中 1000t 级 18 套，2000t 级 22 套。

5.5.8.2 航天炉结构

航天炉由烧嘴、气化炉燃烧室、激冷室及承压外壳组成，气化炉燃烧室内部设有水冷壁，其主要作用是抵抗 1450 ～ 1700℃高温及熔渣的侵蚀。为了保护气化炉压力容器及水冷壁盘管，水冷壁盘管内通过中压锅炉循环泵维持强制水循环。盘管内流动的水吸收气化炉内反应产生的热量并发生部分汽化，然后在中压汽包内进行汽液分离，产出 5.0MPa（表压）的中压饱和蒸汽送入蒸汽管网。水冷壁盘管与承压外壳之间有一个环腔，环腔内充入流动的 $CO_2(N_2)$ 作为保护气。

激冷室为一承压空壳，外径与气化炉燃烧室的直径相同，上部设有激冷环，激冷水由此喷入气化炉内。下降管将合成气导入激冷水中进行水浴，并设有破泡条及旋风分离装置，这种结构可有效解决气化炉带水问题。航天炉的结构见图 5-56。

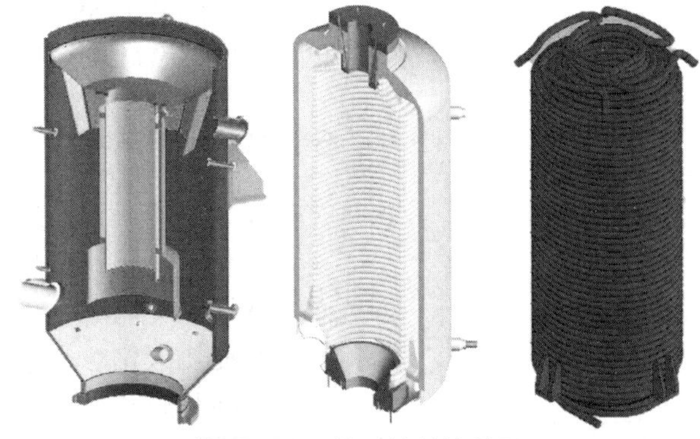

图 5-56 航天炉结构简图

5.5.8.3 技术指标

日投煤量 1500 ～ 2000t 航天炉的典型运行数据见表 5-29。

表5-29 航天炉技术指标

指标	数值	指标		数值
气化压力/MPa	3.93	煤气组成	CO/%	55.9
投煤量/（t/h）	58.52		H_2/%	30.1
比氧耗/[$m^3(O_2)/1000m^3$（$CO+H_2$）]	289		CO_2/%	5.5
氧煤比/（m^3/kg）	0.73		N_2/%	8.0
干煤气产量/（m^3/h）	116243		CH_4/%	＜0.5

5.5.9 SE- 东方炉气化

5.5.9.1 技术概况

SE- 东方炉气化技术是中国石油化工股份有限公司与华东理工大学共有产权的气流床粉煤气化技术。其以干燥的煤粉为原料，采用单喷嘴顶置、水冷壁衬里气化炉，配以激冷工艺，生产合成气，满足化工生产需要。除煤粉制备单元为通用技术外，煤粉高压供料与输送、气化与激冷、合成气洗涤以及渣水处理单元均以专利技术支撑，形成了自主知识产权的粉煤加压气化成套技术。

2011 年 11 月“单烧嘴冷壁式粉煤加压气化（SE- 东方炉气化）成套技术开发”列入中石化“十条龙”科技攻关项目，在中国石化扬子石油化工有限公司建设日处理煤 1000t 级 SE- 东方炉气化示范装置。2014 年 1 月底开车运行，用时约 25 个月，创煤气化装置建设到开车运行的最短纪录。2014 年 1 月 25 日至 2 月 6 日，首次投料并连续运行 275h。2 月 28 日产出合格氢气，二氧化碳输送煤粉流程打通，该工业示范装置已成功运行了贵州煤、山西晋城煤、山西高平煤以及安徽淮南煤等典型高灰熔点、高灰分的劣质原料煤，运行炉温高达 1650℃，并实现了长周期稳定运行，充分体现了技术对高灰熔点、高灰分劣质原料煤清洁高效气化的成熟可靠性能。

扬子石油化工有限公司 SE- 东方炉粉煤气化示范装置所展现的优良煤种适应性和气化炉高温运行优势，获得了中国石油化工集团公司总部和兄弟企业的高度认可。目前，SE- 东方炉气化技术已与扬子石油化工有限公司（一期和二期日投煤 1000t 级）、中安联合煤化有限责任公司（日投煤 1500t 级）、中科（广东）炼化有限公司（日投煤 2000t 级）等企业签订了专利实施许可合同，完成了 SE- 东方炉粉煤加压气化成套技术的系列化、大型化。

5.5.9.2 工艺特点

SE- 东方炉气化技术的工艺流程如图 5-57 所示。该技术具有如下特点：集点火 - 开工升温 - 气化功能为一体的长寿命复合式粉煤气化烧嘴、简化结构的膜式水冷壁技术、烧嘴和气化炉流场匹配优化技术、高可靠性的煤粉载气平稳切换技术、智能化气化炉操作控制技术以及高效节能的合成气激冷 - 洗涤 - 渣水处理系统等，同时还开发了水冷壁炉膛直接测温、可视化火焰检测和煤粉流量在线标定等专有设备。

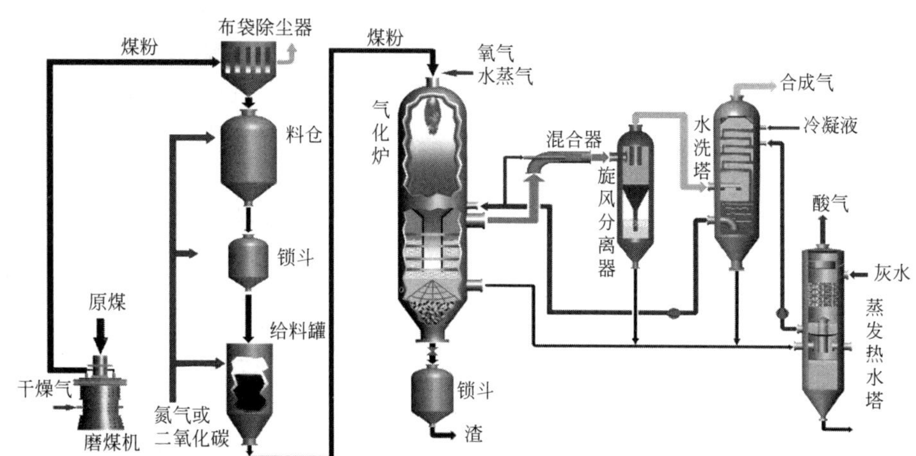

图 5-57 SE- 东方炉粉煤气化技术的工艺流程图

5.5.9.3 技术指标

2014 年 10 月 17 ～ 20 日，SE- 东方炉粉煤气化示范装置完成满负荷考核标定，工艺参数如表 5-30 所示。

表 5-30 SE- 东方炉气化技术指标

指标	数值	指标	数值
入炉煤	贵州煤60% +神华煤 40%	入炉蒸汽/(t/h)	3.5
		气化压力/MPa	3.9
灰分(质量分数)/%	16～20	气化温度/℃	1400～1550
灰熔点/℃	1248～1399	出炉灰渣比	4：6～3：7
气化炉负荷/%	100	粗渣可燃物含量(质量分数)/%	<3
$CO+H_2$产量/(Nm^3/h)	72066	细灰可燃物含量(质量分数)/%	20～35
有效气成分/%	89	碳转化率/%	>98
入炉氧量/(kg/h)	34000	比氧耗/[$m^3(O_2)/1000m^3(CO+H_2)$]	331
入炉煤量/(t/h)	41.0	比煤耗/[kg(煤)/$1000m^3(CO+H_2)$]	569

5.5.10 两段式干煤粉气化

两段式干煤粉气化是国电西安热工院研究提出的一种气化工艺，2006 年 45t/d 的中试装置通过了科技部的验收，该装置的技术指标如表 5-31 所示。现在该院正在进行“两段式干煤粉加压气化技术”的工业示范和推广，目前已建成的有华能绿色煤电公司 2000t/d 级气化装置和内蒙古世林公司 1000t/d 级气化装置，前者用于 IGCC 示范电站，而后者用于 300kt/a 煤制甲醇项目。

表 5-31 两段式干煤粉气化技术指标

项目	预期数值	试验数据
冷煤气效率/%	79～81	83.2
碳转化率/%	97～98	98.9
煤气有效成分（$CO+H_2$）含量/%	86～90	91.7
比氧耗/[$m^3(O_2)/1000m^3(CO+H_2)$]	≤320	298.6
比煤耗/[kg(煤)/$1000m^3(CO+H_2)$]	≤540	518.2
日处理煤量/（t/d）	36	36

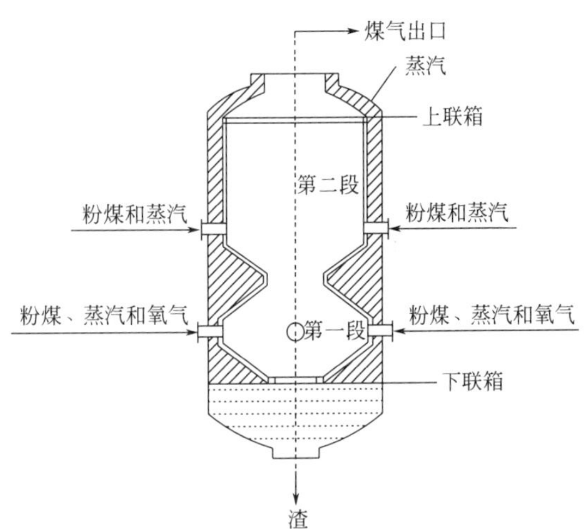

图 5-58 两段式干煤粉气化炉结构

两段式干煤粉气化炉结构示意图见图 5-58，主要特征是具有上炉膛和下炉膛两段结构，均采用水冷壁。下炉膛是第一反应区，下炉膛的侧壁上设有煤粉、水蒸气和氧气的输入喷嘴，采用液态排渣，排渣口位于下炉膛底部。上炉膛为第二反应区，上炉膛的侧壁设有二次煤粉和水蒸气喷嘴。由气化炉下段喷入的干煤粉约占总煤量的 80% ～ 85%。气化炉的上段操作温度 1000 ～ 1200℃、下段 1400 ～ 1700℃，操作压力 3 ～ 4MPa，（$CO+H_2$）含量 >90%，碳转化率可达 99%。两段炉膛结构既可使上段煤气降温防止熔态渣携带，同时可充分利用下段煤气显热进行热裂解和部分气化，目的是提高总的冷煤气效率和热效率。

近年来，我国的气流床煤气化技术发展迅速，除上面提及的煤气化技术外，多元料浆气化、五环炉气化和神宁炉气化等煤气化技术均实现了商业化运行。随着人们对煤化工重要性的重新认识，作为龙头的煤气化技术展现了广阔的市场需求，上述煤气化技术的成功运行为我国丰富的煤炭资源的清洁高效利用提供了强有力的技术支撑。

5.6 煤炭地下气化

煤炭地下气化是地下煤层就地进行气化生产煤气的一种气化方法。在某些场合，如煤层埋藏很深、甲烷含量很高，或煤层较薄、灰分含量高、顶板状况险恶，进行开采既不经济又不安全时，如能采用地下气化方法则可以解决这些问题。故地下气化不仅是一种造气的工艺，而且也是一种有效利用煤炭的方法，实际上提高了煤炭的可采储量。此外，地下气化可从根本上消除煤炭开采的地下作业，将煤层所含的能量以清洁的方式输出地面，而残渣和废液则留于地下，从而大大减轻了采煤和制气对环境造成的污染。

由于地下煤层的构成及其走向变化多端，虽经多年的研究试验，至今尚未形成一种工艺成熟、技术可靠、经济合理的煤炭地下气化方法，有待今后的努力探索。

5.6.1 地下气化的原理

煤炭地下气化的原理与一般气化原理相同，即将煤与气化剂作用转化为可燃气体。

其基本过程如图 5-59 所示，从地表沿着煤层开掘两个钻孔 1 和 2。两钻孔底有一水平通道 3 相连接，图中 1、2、3 所包围的整体煤堆，即为进行气化的盘区 4。在水平通道的一端（如靠近钻孔 1 处）点火，并由钻孔 1 鼓入空气，此时即在气化通道的一端形成一燃烧区，其燃烧面称为火焰工作面。生成的高温气体沿气化通道向前渗透，同时把其携带的热量传给周围的煤层，在气化通道中形成由燃烧区（Ⅰ）、还原区（Ⅱ）、干馏区（Ⅲ）和干燥区（Ⅳ）组成的气化反应带。

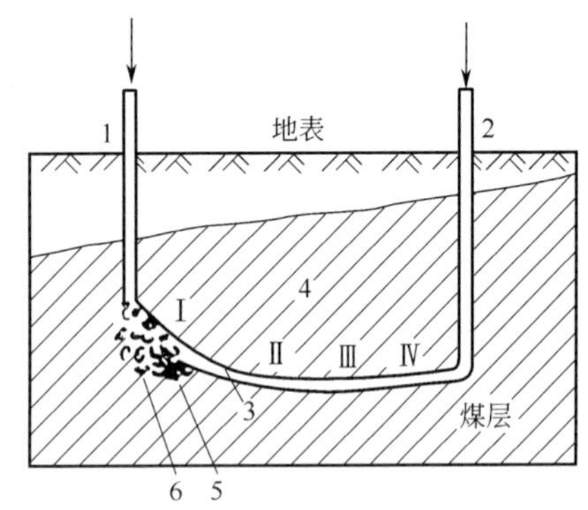

图 5-59 煤炭地下气化反应带示意

1,2—钻孔；3—水平通道；4—气化盘区；5—火焰工作面；6—崩落的岩石；Ⅰ－燃烧区；Ⅱ—还原区；Ⅲ—干馏区；Ⅳ—干燥区

随着煤层的燃烧，火焰工作面不断地向前、向上推进，火焰工作面下方的燃空区不断被烧剩的灰渣和顶板垮落的岩石所

充填，同时煤块也可下落到燃空区，形成一反应性高的块煤区。随着系统的扩大，气化区逐渐扩及整个气化盘区的范围，并以很宽的气化前沿向出口推进。

由钻孔 2 到达地面的是焦油和煤气，燃气热值约为 4000kJ/m^3，煤气组成大致为：$\varphi(CO_2)$，9% ～ 11%；$\varphi(CO)$，15% ～ 19%；$\varphi(H_2)$，14% ～ 17%；$\varphi(O_2)$，0.2% ～ 0.3%；$\varphi(CH_4)$，1.4% ～ 15%；$\varphi(N_2)$，53% ～ 55%。

5.6.2 地下气化方法

煤炭地下气化一般分为有井式和无井式两大类。有井式气化由于事先还需进行竖井和平巷工程，亦即还存在着地下作业的工作量，故目前基本上已不再采用。无井式气化已完全取消地下作业，该法通过钻孔和贯通完成气化炉的建设，即选择具有一定透气性（渗透性）的煤层，在地面上钻若干个钻孔，在某些钻孔点火强制通入气化剂，而在另外一些钻孔引出燃气。

此工艺主要环节有两个：钻孔和开掘气化通道（称为贯通）。

（1）钻孔　钻孔的目的是在地下形成一个气化空间，从投资上考虑希望钻的孔数少，且气化效果好。钻孔包括定孔位、孔数、孔间距以及钻孔形成。

（2）贯通　贯通的目的是在钻孔之间开辟一条输送气化剂并导出气化剂与煤层进行反应后所产生的煤气的通道，这主要取决于煤层的渗透性好坏。如渗透性好，则不必贯通。渗透性稍差的煤层，需进行贯通。贯通方法有气流贯通、水力贯通和电力贯通等，最常用的是气流贯通法及具有很大发展前景的定向钻进法。

气流贯通法是对透气性较好的煤层，用燃烧法贯通，即在一侧钻孔的顶部点火，由钻孔送入加压的空气，借助煤层的多孔性，燃烧所产生的热烟气，穿透煤层至另一侧钻孔导出。煤层在高温烟气作用下，开始被干燥和干馏而形成多孔裂缝，继而被气化且透气性越来越好。随着气化过程的进一步发展，生成的孔道继续增长，气化过程移至煤层深处。

定向钻进法即利用测量的方法，并采取一定的技术措施，随时控制钻进钻孔的斜度和方向，沿煤层开辟出一条气化通道，它以曲线钻孔或垂直倾斜钻孔代替垂直钻孔。一般用于倾斜或急倾斜煤层的气化准备，也可用于水平煤层。曲线钻孔的技术难度比较大，在钻定向孔时，应首先根据地质、钻孔深度、钻孔方法和造斜工具的性能等条件，来选择定向孔的孔身剖面，使钻孔能以最简单的剖面（孔身弯曲次数最少）、最小的深度、最快的速度顺利地进行钻进。

5.6.3 影响因素

煤的地下气化既与煤的性质和种类有关，又与煤层情况和地质条件有关。如无烟煤由于透气性差、气化活性差，一般不适于地下气化，而褐煤最适宜于地下气化方法。由于褐煤的机械强度差、易风化、难于保存，且水分大、热值低等特点，不宜于矿井开采，而其透气性好、热稳定性差，没有黏结性，较易开拓气化通道，故有利于地下气化。

煤层所处水文条件，顶板和底板的岩石性质及煤层的构造也对煤的地下气化具有重要影响。

适当的地下水量有利于气化过程中发生水煤气反应，提高煤气热值；如地下水过多，将降低气化反应温度，使气化过程进行不完全；地下水严重时，将造成熄火，中断气化过程。

煤层顶板、底板岩石的性质和结构对地下气化有重要影响，要求邻近岩层完全覆盖气化煤层。当气化过程进行到一定程度时，顶板往往在热力、重力和压力的作用下破碎而垮落，造成煤气大量泄漏，影响到气化过程的有效性和经济性。

厚煤层进行地下气化不一定经济，一般以 1.3 ～ 3.5m 厚的煤层进行地下气化比较经济合理。煤层的倾斜度对其气化的难易也有影响，一般来说，急倾斜煤层易于气化，但开拓钻孔工作较困难。试验证明，煤层倾角为 35° 时，便于进行煤的地下气化。

5.7 煤的气化联合循环发电

随着生产的发展和生活水平的提高，人们对电力的需求量越来越大。以煤为燃料的发电是电力工业的一个重要部分，它与采用其他燃料发电相比，价格低、供应可靠。以煤为燃料的发电通常在锅炉中直接燃烧粉煤产生高压蒸汽，再由高压蒸汽驱动汽轮发电机发电。随着环境控制要求日益严格，使得投资和操作费用不断提高，燃气和燃油的发电成本和投资比燃煤要低，但从燃料的资源蕴藏量来看，煤炭仍占有较大的优势。

20 世纪 70 年代以来，美国一些小型电站采用了燃油或燃气联合循环发电技术。这种工艺虽然在初期可靠性不高，但目前已成为这些地区供电的主体。石油危机以后，在欧美和日本曾一度积极进行了煤的气化联合循环发电的技术开发。

5.7.1 煤气化联合循环发电过程

整体煤气化联合循环（integrated gasification combined cycle，IGCC）发电工艺流程如图 5-60 所示。

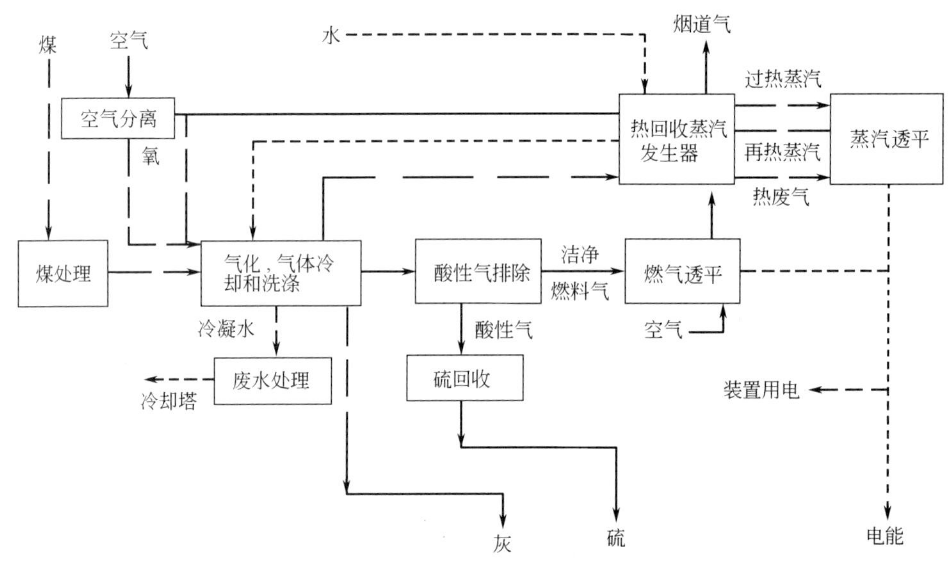

图 5-60 IGCC 工艺流程

将煤加入气化炉内与蒸汽和氧气（或空气）反应，产生热粗燃气，经冷却和洗涤脱除尘粒并脱去酸性气体，同时可回收得到元素硫。洁净燃料气在燃气透平中燃烧，温度为 1090℃左右，离开燃气透平的 482 ～ 538℃的热烟气经废热锅炉回收热量产生过热蒸汽，然后经蒸汽透平产生电能，这样，燃气透平和蒸汽透平皆可产生电能。

燃气透平操作所要求的烟道压力为 1.4MPa，各种气化工艺都必须满足这个要求。如煤气具有更高的压力，则可先经膨胀透平回收能量。在粗煤气冷却器中产生的饱和蒸汽，可在废热锅炉中过热，与热烟气经废热锅炉产生的过热蒸汽，一并经蒸汽透平产生电能。

5.7.2 IGCC 工艺操作条件对系统效率的影响

美国“冷水”（Cool Water）煤气化联合循环发电工程是世界上第一个商业规模

的联合循环发电装置。该工程将德士古煤气化工艺和美国通用电气公司的蒸汽、燃气轮机装置结合起来形成联合循环。德士古气化炉日处理煤 1000t，发电 100MW，该项工程于 1984 年 5 月投入运行，取得了良好效果，并对系统操作条件的影响做了研究。

（1）燃气透平燃烧温度的影响　研究表明，德士古 IGCC 装置应用目前的 1093℃燃气透平时，其工艺总效率为 37% ～ 38%，比传统的燃煤火力发电装置的效率（34%）要高，IGCC 工艺效率受透平效率的影响，当透平效率提高 10% 时，IGCC 工艺将提高 6.7%，而燃气透平效率受燃气透平入口温度的影响，入口温度越高效率越高。

另一个因素是蒸汽循环的影响，目前，透平的排废气温度为 482 ～ 538℃，故不可能使蒸汽过热和再热的温度提高到 538℃。当透平排出的废气温度提高到 565 ～ 593℃时，就可以在蒸汽过热器中得到高质量的蒸汽，因而增加了蒸汽循环的效率。

（2）蒸汽循环条件的影响　过热蒸汽与非过热蒸汽循环相比，前者比后者可获得更高的效率。

（3）燃气预热温度的影响　IGCC 工艺的洁净燃料气可以用粗煤气预热，在燃料气中加入显热使燃气透平的热进入量增加而有利于燃烧，将燃气预热到约 315℃比较合适。

（4）煤浆浓度的影响　采用德士古气化时，如果煤浆中煤的质量分数从 67% 干固体减少到 50%，则系统效率将下降 2.5%。近年来，德国德士古装置已将煤浆的质量分数提高到 70% 以上。

（5）气化操作压力的影响　气化压力的增加会使工艺效率下降，当气化压力增加到 2.1MPa 以上时，再增加 0.68MPa，工艺效率将下降 0.08%。

5.7.3 煤气联合循环发电工艺的评价

① 由于 IGCC 工艺的燃料气脱除了硫化物，因而可以满足环保要求，而且相对来说所花费用较少，还可以使用价格较低的高硫煤种。因为气化过程中煤中的硫被转化成 H_2S 和羰基硫（又称硫氧化碳，COS），在煤气中这种还原形式的硫的脱除比从烟气中脱除 SO_2 要简单；煤气化工艺中的硫化氢浓度较高，脱除比较容易，而传统发电的燃烧废气中的 SO_2 浓度较低，脱除比较困难；在大多数 IGCC 工艺中，煤均在高压下（2 ～ 4MPa）气化和在高压下脱硫。由于压力高，气体体积相应减小，比传统发电的烟道气体积小得多，因而所需设备也较小。燃煤发电系统的烟道气体积约为德士古气化工艺在 3.4MPa 压力下操作的燃料气体积的 150 倍以上。

此外，氮氧化物的排放也可满足环保要求，美国“冷水”工程 NO_x 排放的设计要求为 $0.06kg/10^6kJ$ 单位燃煤。

② IGCC 装置比燃煤蒸汽发电装置的耗水量显著减少，因为 60% 的电量是由燃气透平产生，不需要冷却水。IGCC 装置无需烟气脱硫系统也使耗水量大大降低。

③ 在同样规模下，IGCC 装置占地比传统的燃煤蒸汽发电要少。

④ IGCC 工艺的效率比燃煤蒸汽发电装置高约 10%，因而也可以相应解决采煤和运输带来的环境问题。

⑤ IGCC 装置的效率高，因而发电成本降低。

⑥ IGCC 工艺可由许多并行的煤气化系列和燃气、蒸汽透平系列组成，因而操作机动性较好，调节速度快，能很快满足负荷调节的要求。在设计选择档次时比较合适，可以节约投资。

⑦ 将煤气化工艺列入 IGCC 工艺，则电力公用事业可以和合成气联合生产，也可以和化工原料气或代用天然气联合生产。

随着煤气化工艺的开发和发展以及材料工业的开发和研究，可使燃气透平的入口温度进一步提高。随着煤气的干法高温脱硫工艺的开发和建立，将使煤的气化联合循环发电系统日趋完善。

5.8 煤气的甲烷化

煤气的甲烷化工艺，在国外主要目的是今后用于生产代用天然气（SNG）。一种是以轻烃混合物为原料，经催化蒸汽裂解变为合成气，再将合成气中的一氧化碳和氢转化成甲烷；另一种是将煤气化生产气化煤气，脱除二氧化碳和硫化氢，然后将一氧化碳和氢合成甲烷，其产品气的热值为 33.5 ～ 35.4MJ/m³。城市煤气在净化过程中，将一氧化碳转化为甲烷，既可消除一氧化碳的毒性，还可使煤气的热值增加。

5.8.1　基本原理

一氧化碳和氢反应的基本方程是：

$$CO+3H_2 \rightleftharpoons CH_4+H_2O \qquad \Delta H=-219.3\text{kJ/mol} \tag{9}$$

反应生成的水与一氧化碳发生作用：

$$CO+H_2O \rightleftharpoons CO_2+H_2 \qquad \Delta H=-38.4\text{kJ/mol} \tag{8}$$

二氧化碳与氢作用：

$$CO_2+4H_2 \rightleftharpoons CH_4+2H_2O \qquad \Delta H=-162.8\text{kJ/mol} \tag{17}$$

上述反应的平衡随温度的升高向左移动，若压力升高则导致平衡向右移动。该过程中发生的副反应为：

一氧化碳的歧化反应：

$$2CO \rightleftharpoons CO_2+C \qquad \Delta H=-173.3\text{kJ/mol} \tag{4}$$

沉积碳的加氢反应

$$C+2H_2 \rightleftharpoons CH_4 \qquad \Delta H=-84.3\text{kJ/mol} \tag{5}$$

该反应在甲烷合成温度下，达到平衡很慢。当有碳的沉积产生时会造成催化剂的失活。

离开反应器的气体混合物的热力学平衡，决定于原料气的组成、压力和温度。图 5-61 表示 $\varphi(H_2)/\varphi(CO)$ 比为 3.8 时二氧化碳含量对合成气转化达到平衡的影响。图 5-62 表示温度和压力对合成气平衡组成的影响。

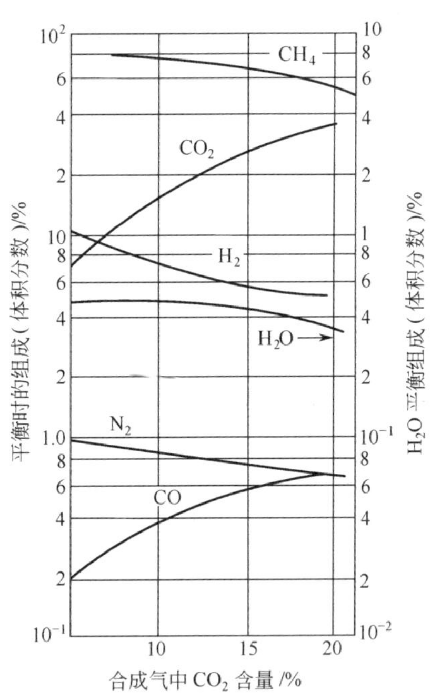

图 5-61　二氧化碳含量对合成气转化的影响

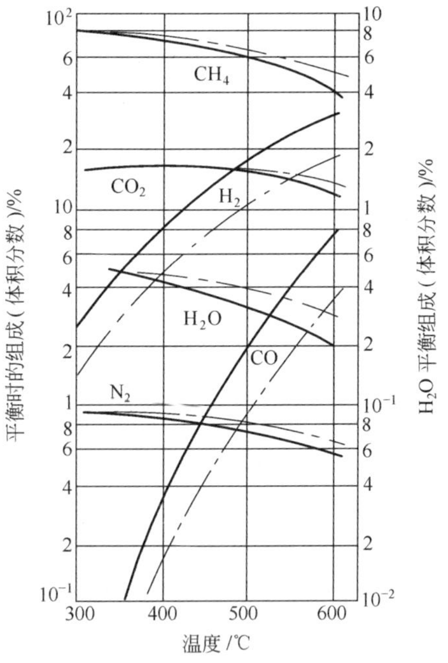

图 5-62　压力和温度对合成气转化的影响

——0.5MPa；－－－2MPa

从上述结果可以看出，反应气体中二氧化碳含量的增加，将使达到平衡时甲烷的含量降低，一氧化碳含量升高。随反应温度的升高，平衡时甲烷的含量降低，一氧化碳含量增加，二氧化碳含量先近似不变后略有降低，提高压力将使平衡时的甲烷含量增加。

5.8.2 催化剂

元素周期表中第Ⅷ族的所有金属元素都能不同程度地催化一氧化碳加氢生成甲烷的反应。对于甲烷化催化剂的开发和研究表明，镍是良好的金属催化剂。其他金属通常仅作为助催化剂。对于甲烷化催化剂常用的反应温度约为 280 ～ 500℃，压力 2 ～ 2.5MPa 或更高，在如此剧烈的反应条件下，催化剂应有足够大而稳定的比表面积。为了获得寿命长和活性均匀的甲烷化催化剂，目前较倾向于使用含镍约为 25% ～ 30%、含碱性氧化物为 3% ～ 6% 以及稳定性好的硅酸铝催化剂（含量以质量分数表示）。镍催化剂对于硫化物，如硫化氢和硫氧化碳等的抗毒能力较差。原料气中总硫含量应限制在 0.1×10^{-6} 以下。在镍催化剂中加入其他金属（钨、钡）或氧化物（氧化钼、三氧化二铬、氧化锌）能明显地改善镍催化剂的抗毒能力。

5.8.3 工艺流程

由于甲烷化反应是强放热反应，所以要考虑原料气中一氧化碳的转化过程和移出反应热的传热过程，以防止催化剂在温度过高时，因烧结和微晶的增大，引起催化活性的降低。同时需考虑当原料气中 $n(H_2)/n(CO)$ 比较低时，可能产生析炭现象。

因此，在甲烷化工艺过程中，在选择反应条件时，应考虑以下因素。

① 在 200℃以上，甲烷生成的催化反应能达到足够高的反应速率。

② 当压力不变而反应温度升高时，由于热力学平衡的影响，甲烷的含量将降低，如要达到使一氧化碳完全加氢的目标，反应宜分步进行：第一步在尽可能高的合理温度下进行，以便尽量利用反应热；第二步残余的一氧化碳加氢应在低温下进行，以便一氧化碳最大限度地转化成甲烷。

③ 在 450℃以上，一氧化碳分解反应不规则地增加。为了避免碳在催化剂上的沉积，应在原料气中加入蒸汽，使气体的温升减小，以抑制析炭反应，且因化学平衡移动而使一氧化碳转化率有所增加。当原料气的 $n(H_2)/n(CO)$ 比值较小时，也需引入蒸汽。

④ 避免消耗能量的工艺步骤，例如压缩或中间冷却等；减少催化剂的体积，延长其寿命，使投资费用和操作费用最低。

在不同的制气工厂中，对甲烷化工艺的要求不同。为满足各种用途的要求，研究和开发了多种甲烷化工艺。现选择两种流程进行介绍。图 5-63 为固定床催化剂多段绝热反应器的甲烷化反应流程。

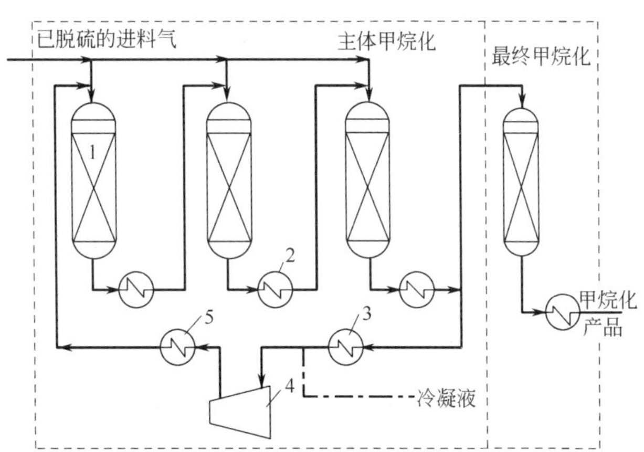

图 5-63　多段绝热反应器的甲烷化反应流程

1—反应器；2—废热热交换器；3—循环气冷却器；4—压缩机；5—加热器

该流程要求原料气 $n(H_2)/n(CO)$ 的比值为 3∶1 左右。在进行甲烷化之前，通常要脱除原料气中的一部分二氧化碳。

经脱硫的原料气通过多个甲烷化反应器 1，第一个反应器的温度约为 500℃，逐渐降为最后一个反应器的

250℃。在每一段甲烷化反应器之间设有废热热交换器 2，有效地回收热量生产高压蒸汽。

从上述流程的最终甲烷化反应器之前取出部分气体作为循环气体。此循环气体经冷却器 3 冷却，再经压缩机 4 加压后通入原料气中，作为吸热载体来限制反应温度，抑制反应器内碳的沉积。

如原料气中含氢量不足，则原料气中应先添加水蒸气，使经过变换后的原料气中氢含量达到要求。

在催化剂床层内没有内部冷却装置，而是绝热操作。由于采用废热热交换器，本流程获得了较高的总热效率，而且安全可靠、操作方便。

图 5-64 为液相甲烷化反应工艺流程。该流程为使催化剂在液相存在下进行强放热的甲烷化反应，使传热过程得到改善。片状镍催化剂（粒度 2.5 ～ 4.5mm）浸没在轻油中，当合成气通入反应器 2 时，催化剂床层发生膨胀，气速的大小取决于气体、催化剂和有机液体的密度。此时，轻油浮在上层，与催化剂有明显的区别。由于甲烷化反应释放的热量被轻油吸收，将轻油引入外部热交换器 1，进行冷却。反应后的气体经热交换器 3，并在冷却器 4 中除去反应过程蒸发出来的有机组分而循环使用。还可除去水分，再经二氧化碳脱除，即可得到代用天然气。该工艺流程有较高的选择性和较大的灵活性。

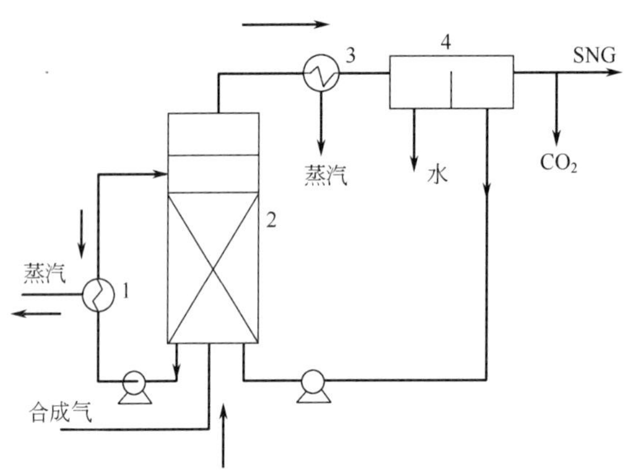

图 5-64　液相甲烷化反应的工艺流程

1,3—热交换器；2—反应器；4—冷却器

目前，中国在常压水煤气部分甲烷化技术的开发中，已在工业化单管放大试验中取得了较好效果，可将 CO 含量约 30%、CH_4 含量约 1% 的水煤气转化为 CO 含量约 9%、CH_4 含量约 29%，高位热值 12979 ～ 14654kJ/m³ 的煤气，并已进一步建立了扩大示范装置。

同时，还对以 MoS 为主，以 Al_2O_3 为载体并添加适当助催化剂的新型耐硫耐油甲烷化催化剂进行了开发，该项研究和试验工作也在进行之中。

5.9　煤气的净化

从气化炉出来的粗煤气中，几乎都含有灰尘粒子、焦油蒸气、水蒸气、硫化物、氰化物以及二氧化碳等杂质。不同气化工艺所生产的粗煤气的杂质组成和含量各不相同，且具有各自的特点。焦炉煤气中同样含有硫化氢和氰化氢等有害杂质，它们腐蚀生产回收设备及煤气储存输送设施，并污染厂区环境。

煤气净化的目的就是根据各种煤气的特点和用途，清除粗煤气中的有害杂质，使其符合用户的要求，并尽可能回收其显热及有价值的副产品。

根据用户对煤气净化程度和到达用户时温度的要求，可分为热煤气系统和冷洁净煤气系统。热煤气系统一般对煤气净化程度要求较低，往往仅除去煤气中的尘粒，而冷洁净煤气系统则需考虑煤气的冷凝、冷却、废热回收及脱除煤气中的尘粒、焦油、氨、硫化氢、氰化物和二氧化碳等。本节着重介绍煤气中酸性气体（H_2S、CO_2）的脱除。

5.9.1 脱除煤气中酸性气体的重要性

气化炉和焦炉生产出的粗煤气中，或多或少含有各种硫化物，这些硫化物按其化合状态可分为两类：一类是硫的无机化合物，主要是硫化氢（H_2S）；另一类是硫的有机化合物，如二硫化碳（CS_2）、硫氧化碳（COS）、硫醇（C_2H_5SH）和噻吩（C_4H_4S）等。有机硫化物在较高温度下进行变换时，几乎全部转化为硫化氢，所以，煤气中硫化氢所含的硫约占煤气中硫总量的90%以上。因此，煤气脱硫主要指脱除煤气中的硫化氢。

硫化氢在常温下是一种带刺鼻臭味的无色气体，其密度为1.539kg/m³。硫化氢及其燃烧产物二氧化硫（SO_2）对人体均有毒性，在空气中含有0.1%的硫化氢就能使人致命。煤气中硫化氢的存在会严重腐蚀输气管道和设备，其腐蚀程度将随煤气中硫化氢的分压增高而加剧。

中国城市煤气中的硫化氢含量要求低于20mg/m³。冶炼优质钢时，煤气中的硫化氢允许含量为1～2g/m³。如将煤气用作各种化工合成原料气时，往往硫化物会使变换催化剂及合成催化剂中毒，因此必须进行煤气脱硫。煤气脱硫不仅可以提高煤气质量，同时可以生产硫黄或硫酸，有效地改善环境，从而做到变害为利，综合利用。

对于粗煤气中的二氧化碳，是否必须脱除，应根据煤气的用途决定。对于低热值工业燃气，尤其是用于联合循环发电的燃气，不必脱除二氧化碳，但对于中热值城市煤气，若不脱除二氧化碳，其热值指标达不到城市煤气标准。

由于硫化氢和二氧化碳同为酸性气体，因此，在脱除方法上有许多相似之处，往往用一种方法可将硫化氢和二氧化碳同时除去。根据对硫化氢和二氧化碳净化程度的不同要求，可选用共同脱除的方法，也可选用对硫化氢，或对二氧化碳具有选择性的净化方法。

5.9.2 脱硫方法的分类

从脱硫技术的发展来看，煤气脱硫技术是随环境保护要求的提高而逐渐发展的。

脱硫技术有三大类型：原煤脱硫、煤气脱硫和烟气脱硫。其中，煤气脱硫无论在技术上或经济上均优于其他两类。

煤气脱硫有许多方法，而且有些方法，如中和法和物理吸收法，在脱硫的同时还可脱去煤气中的二氧化碳和氰化氢，图5-65列举了主要的煤气脱硫方法和分类。

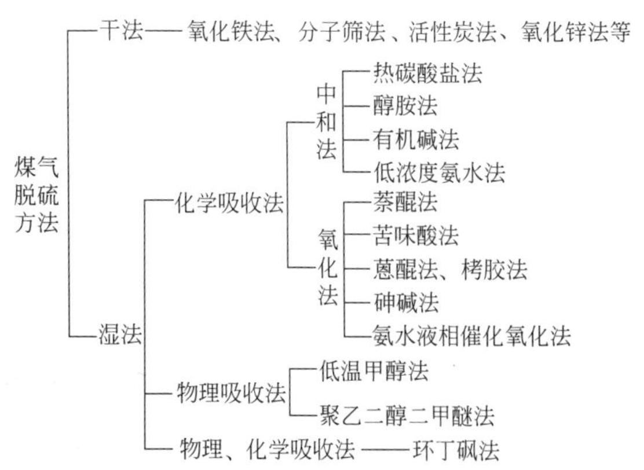

图5-65 煤气脱硫的主要方法与分类

干法脱硫既能脱除无机硫，又能脱除有机硫，而且能脱至极精细的程度。然而，干法脱硫剂常需周期再生切换工序，高效连续运转特性较差，因此少见用于含硫较高的煤气，在常温煤气脱硫上，一般与湿法脱硫相配合作为第二级脱硫使用。在IGCC等工艺中，若完全使用中高温脱硫脱碳技术则可直接利用高温煤气中的显热，也不必特意去除去煤气中的水汽，因而可明显提高燃气的发电效率。

湿法脱硫可以处理含硫量很高的煤气，脱硫剂是便于输送的液体物料，不仅可以再生，而且可以回收有价值的元素硫，从而构成一个连续脱硫循环系统，只需在运转过程中，补充少量物料，以抵偿操作损失即可。在化学吸收法中，其中的中和法存在一个经浓缩后的酸气处理问题，目前已有多种工艺可将此浓缩酸气最终转化为元素硫或硫酸，如克劳斯硫回收法等。氧化法存在一个经脱硫后的废液处理问题，目前已开发了多种各具特色的废液处理工艺，它们可以分别与各种脱硫方法配套使用，实际上已成为脱硫工艺中不可缺少的组成部分。

中国对作为城市煤气气源的焦炉煤气，最初采用的脱硫方法为砷碱法和氧化铁干箱，后将砷碱法逐步改为改良 A.D.A 法。目前，城市煤气工业的发展，对煤气脱硫技术的开发起了很大的推动作用，多种不同层次的脱硫方法已在工业上得到应用。

仅就气化和焦化工业中应用较多的几种方法简述如下。

5.9.3 煤气的干法脱硫

煤气的干法脱硫早已得到应用。最初用固态消石灰作为脱硫剂，后改用天然沼铁矿及用铁矾土生产氧化铝时产生的铁泥等制备的脱硫剂（含有氢氧化铁）。干法脱硫具有工艺简单、成熟可靠、可以较完全地除去煤气中的硫化氢和大部分氰化氢等优点，所以至今仍得到一定的应用。

中国许多焦化厂采用氢氧化铁法进行焦炉煤气的干法脱硫。

5.9.3.1 生产过程原理

氢氧化铁法脱硫是将焦炉煤气通过含有氢氧化铁的脱硫剂，使硫化氢与 $Fe(OH)_2$ 或 $Fe(OH)_3$ 反应生成 FeS 或 Fe_2S_3。当硫在脱硫剂中富集到一定程度后，使脱硫剂与空气接触，在有水分存在时，空气中的氧将铁的硫化物又转化为氢氧化物并生成单体硫，脱硫剂即得到再生并供继续使用。当煤气中含有氧时，则脱硫和脱硫剂的再生可同时进行。

经过反复地吸收和再生后，硫黄就在脱硫剂中聚集，并逐步包住活性 $Fe(OH)_3$ 的颗粒，使其脱硫能力逐渐降低。所以，当脱硫剂上含有 30% ～ 40%（质量分数）的硫黄时，即需要换新的脱硫剂。

脱硫剂应含有占风干物料 50% 以上的氧化铁，其中活性氢氧化铁含量应占 70% 以上。在装入脱硫箱时，不应含有腐殖酸或腐殖酸盐，其 pH 应大于 7。如腐殖酸类的含量大于 1%，将会引起脱硫剂的氧化，从而降低其硫容量和反应速率，进而可能发生由于硫黄菌的作用，使得硫从已形成的硫化物中以硫化氢的形态分解出来。此外，为使脱硫剂在使用中不因硫的聚积而过于增大体积和变得密实，脱硫剂在自然状态下应是疏松的，湿料堆密度不宜大于 0.8kg/L。

按上述要求，脱硫剂可用磨碎的沼铁矿或铁屑和锯木屑按体积 1∶1 的比例混合制成，再加约 0.5%（质量分数）的熟石灰以使脱硫剂呈碱性（pH 为 8 ～ 9），并用水均匀调湿至含水分 30% ～ 40%。用铁屑制备的脱硫剂，需置于大气中约 3 个月，并定期翻晒，以使其充分氧化。

在碱性脱硫剂中，硫化氢的脱除按下列化学反应进行

$$2Fe(OH)_3+3H_2S \longrightarrow Fe_2S_3+6H_2O$$

$$Fe_2S_3 \longrightarrow 2FeS+S\downarrow$$

$$Fe(OH)_2+H_2S \longrightarrow FeS+2H_2O$$

当有足够的水分时，氢氧化铁的再生是空气中或焦炉煤气中的氧去氧化所生成的硫化铁，按下列化学反应进行

$$2Fe_2S_3+3O_2+6H_2O \longrightarrow 4Fe(OH)_3+6S\downarrow$$

$$4FeS+3O_2+6H_2O \longrightarrow 4Fe(OH)_3+4S\downarrow$$

其中，Fe_2S_3 的生成及再生的两个反应是主要反应，这两个反应过程都是放热反应，每 1kmol 硫放出的热

量分别为 21.0kJ 和 201.9kJ。根据这两个反应式，可以进行过程的计算。

脱硫剂吸收硫化氢的最好条件为：温度 28 ～ 30℃，脱硫剂的水分不低于 30%。但由于过程进行中所放出的热量，使煤气被加热而相对湿度降低，故脱硫剂中有部分水分被蒸发带走，而使再生反应受到破坏。所以，在脱硫之前，需往煤气中加入一些水蒸气。

从上述两个主要反应可见，脱除 1kmol 硫化氢需要 0.5kmol 氧，焦炉煤气中通常含氧 0.5% ～ 0.6%，这个含量可以满足含硫化氢约 15g/m^3 的煤气在脱硫再生时的需要，故中国焦化厂采用此法脱硫时，煤气中的含氧量已满足需要，而无需再添加空气。

煤气干法脱硫的效率取决于脱硫剂的活性。

5.9.3.2 干法脱硫装置

煤气干法脱硫装置可分为箱式和塔式两种，常用的多为箱式。图 5-66 所示为装好脱硫剂的箱式脱硫装置，整个设备为一长方形的槽，箱体可用钢板焊成或用钢筋混凝土制成，内壁涂一层沥青或沥青漆，箱内水平的木格子上装有四层厚为 400 ～ 500mm 的脱硫剂，顶盖与箱体用压紧螺栓装置密封连接。此种设备的水平截面积一般为 25 ～ 50m^2，总高度一般为 1.5 ～ 2m。

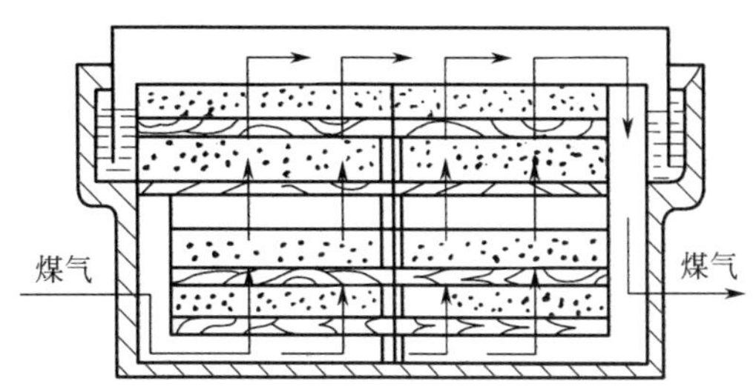

图 5-66 箱式干法脱硫装置

整个箱式干法脱硫装置由四组设备组成，一般用三组设备并联操作，另一组设备备用。

干法脱硫可能达到的净化程度很高，一般可达到 0.1 ～ 0.2g/100m^3 煤气。但是反应速率慢，要达到最高的净化程度，煤气需和脱硫剂接触 130 ～ 200s。所以，煤气通过脱硫剂的速度取 7 ～ 11mm/s，并且要依次通过箱内的脱硫剂层，以保证足够的接触时间。

当煤气以上述流速通过脱硫剂时，每 1m 厚脱硫剂的阻力为 1250 ～ 2500Pa。

箱式干法脱硫装置的设备较笨重、占地面积大，更换脱硫剂时劳动强度大，所以当煤气中硫化氢含量高时，需先经湿法脱硫，再根据净化程度的需要进一步采用干法脱硫。

5.9.4 改良 A.D.A 法脱硫

改良蒽醌二磺酸钠法（简称 A.D.A）是氧化脱硫法，是湿法脱硫中较成熟的方法。A.D.A 法脱硫液主要为 2,6- 蒽醌二磺酸、2,7- 蒽醌二磺酸和碳酸钠，其中添加适量的酒石酸钾钠（$NaKC_4H_4O_6$）及 0.12% ～ 0.28% 的偏钒酸钠（$NaVO_3$）。

改良 A.D.A 脱硫过程的主要化学反应为

$$H_2S+Na_2CO_3 \longrightarrow NaHS+NaHCO_3$$

$$2NaHS+4NaVO_3+H_2O \longrightarrow Na_2V_4O_9+2S\downarrow +4NaOH$$

$$Na_2V_4O_9+2A.D.A(\text{氧化态})+2NaOH+H_2O \longrightarrow 4NaVO_3+2\,A.D.A(\text{还原态})$$

上述反应在脱硫塔中完成。还原态的 A.D.A 在再生塔中通入空气氧化再生为氧化态：

$$2\ \text{NaO}_3\text{S–[ONa, H 蒽环]–SO}_3\text{Na} + 2O_2 \longrightarrow 2\ \text{NaO}_3\text{S–[O, O 蒽醌环]–SO}_3\text{Na} + 2NaOH$$

（还原态 A.D.A）　　（氧化态 A.D.A）

此外，在反应中还有下述反应进行：

$$NaHCO_3+NaOH \longrightarrow Na_2CO_3+H_2O$$

从上述反应可见，在脱硫过程中，偏钒酸钠、A.D.A 和碳酸钠都可再生，供脱硫过程循环利用。

A.D.A 脱硫方法在操作中易发生堵塞，在改良 A.D.A 溶液中添加 PDS（主要成分为双核酞菁钴磺酸铵）试剂，可克服这一缺点。

5.9.5 萘醌法脱硫

萘醌法（Takahax）为一种高效湿式氧化脱硫法，在许多国家和中国个别焦化厂得到采用。本法是由湿法脱硫（萘醌法）及脱硫废液处理 [希罗哈克斯（Hirohax）湿式氧化法] 两部分组成，经处理后的脱硫液送往硫酸铵母液系统以制取硫酸铵。

5.9.5.1 原理和流程

（1）生产过程原理 该法使用的脱硫液为含有 1,4- 萘醌 -2- 磺酸铵（作为催化剂以符号 NQ 表示）的碱性溶液，碱源为焦炉煤气中的氨。由于要利用煤气中的氨，所以由鼓风机送来的焦炉煤气经电捕焦油器捕除焦油雾后即进入本装置的吸收塔。在吸收塔中，当焦炉煤气与吸收液接触时，煤气中的氨首先溶解生成氨水。

$$NH_3+H_2O \longrightarrow NH_4OH$$

然后，氨水吸收煤气中的硫化氢和氰化氢，生成硫氢化铵和氰化铵。硫氢化铵在 NQ 作用下析出硫。

$$NH_4OH+H_2S \longrightarrow NH_4HS+H_2O$$

$$NH_4OH+HCN \longrightarrow NH_4CN+H_2O$$

$$NH_4HS + \text{(1,4-萘醌-2-}SO_3NH_4\text{)} + H_2O \longrightarrow NH_4OH + S\downarrow + \text{(1,4-二羟基萘-2-}SO_3NH_4\text{)}$$

将含有硫氢化铵和氰化铵的吸收液送入再生塔底部，同时吹入空气，在催化剂的作用下氧化再生。此时，硫氢化铵与氧在 NQ 作用下生成氢氧化铵并析出硫；氰化铵与硫反应生成硫氰酸铵。

$$NH_4HS+\frac{1}{2}O_2 \xrightarrow{NQ} NH_4OH+S\downarrow$$

$$NH_4CN+S \longrightarrow NH_4SCN$$

NQ 也进行再生反应，从还原态再生为氧化态。

$$\text{(1,4-二羟基萘-2-}SO_3NH_4\text{)} + \frac{1}{2}O_2 \rightleftharpoons \text{(1,4-萘醌-2-}SO_3NH_4\text{)} + H_2O$$

再生时，还发生生成硫代硫酸铵的副反应：

$$2NH_4HS+2O_2 \xrightarrow{NQ} (NH_4)_2S_2O_3+H_2O$$

$$NH_4HS+2O_2+NH_4OH \xrightarrow{NQ} (NH_4)_2SO_4+H_2O$$

此法的脱硫效率除与设备构造、吸收液的循环量、吸收塔内煤气的停留时间等有关外，主要与煤气中的氨含量有很大关系。根据生产实际资料，入塔煤气中 $w(NH_3)/w(H_2S) < 0.5$ 时，脱硫效率有下降趋势，为使脱硫效率保持在 90% 以上，此比值需保持在 0.7 以上。

再生反应速率（HS^- 的减少速度）同催化剂浓度的平方根值（$\sqrt{mol/m^3}$）及再生气体中氧的浓度成正比关系，同温度成反比关系。

若采用填料再生塔提高空气和吸收液的接触程度，将有助于再生反应速率的提高。

再生后的吸收液返回吸收塔循环使用。在循环过程中，吸收液里逐渐积累了上述反应生成的硫黄、硫氰酸铵、硫代硫酸铵和硫酸铵等物质。为使这些化合物在吸收液中的浓度保持一定，就需提取部分吸收液（提取量 $1.5m^3/10^4m^3$）作为脱硫废液送往废液处理装置予以处理。

（2）工艺流程　如图 5-67 所示，焦炉煤气经捕除焦油雾后，先进入中间煤气冷却器由约 50℃冷却到 36℃。中间煤气冷却器由预冷段、洗萘段、终冷段三段空喷塔组成。在塔下部的预冷段，煤气由约 50℃被直接冷却到不析出萘的温度，即约 38℃。在塔中部的洗萘段，用含萘约 5% 的洗油喷洒，使煤气中的含萘量降至约 $0.36g/m^3$，这一含量可保证煤气在终冷段中无萘析出。洗萘富油的一部分送往粗苯工序处理。煤气最后在塔上部的终冷段被冷却至 36℃，然后进入脱硫塔。

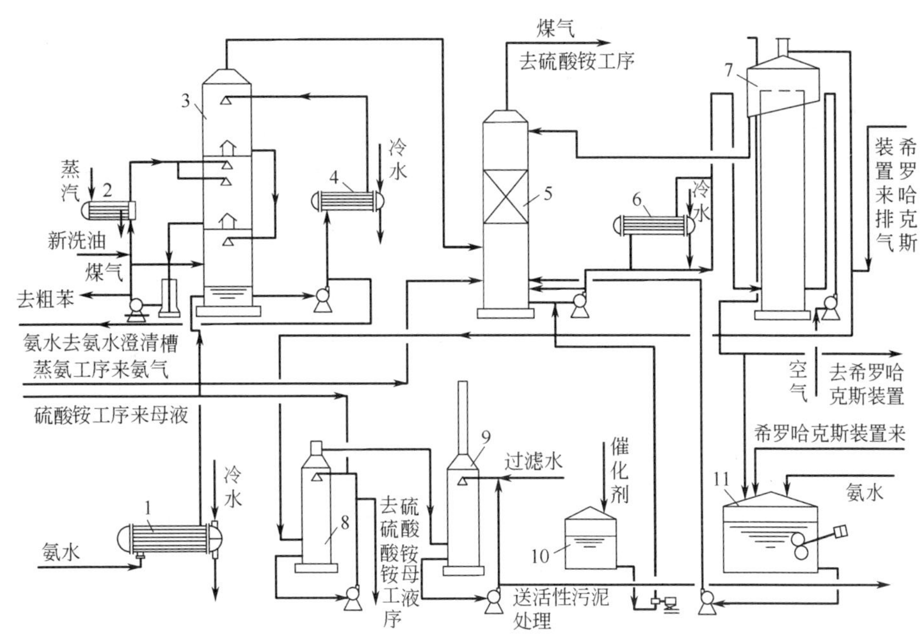

图 5-67　塔卡哈克斯（Takahax）湿法脱硫工艺流程

1—第一冷却器；2—吸收油加热器；3—中间煤气冷却器；4—第二冷却器；5—脱硫塔；6—吸收液冷却器；7—再生塔；8—第一洗净塔；9—第二洗净塔；10—催化剂槽；11—吸收液槽

因中间煤气冷却器循环喷洒的氨水中含有萘、焦油雾及渣子等，所以需将其中一部分分送至氨水澄清槽，再从氨水储槽送来补充氨水。

脱硫塔为填料塔，焦炉煤气从塔的下部进入，与从塔顶喷洒的吸收液对流接触，煤气中的 H_2S、HCN、NH_3 即被吸收液吸收。出塔的焦炉煤气送往硫酸铵工序。从塔底排出的吸收液用循环泵送入再生塔底部。再生塔为鼓泡塔，吸收液与空气并流流动，液中的硫氢根离子在催化剂作用下氧化而生成前述的各种铵盐和硫黄。

经过氧化再生的溶液具有吸收 H_2S 的能力，使之从再生塔顶部自流返回脱硫塔顶部循环使用。为了保持各种铵盐及硫黄在吸收液中不大于一定的浓度，部分吸收液需自再生塔顶部自流至希罗哈克斯装置，将硫黄及含硫酸铵盐湿式氧化为硫酸铵。

从再生塔顶部排出的空气（废气）送入第一洗净塔，用硫酸铵工序来的硫酸铵母液洗涤以吸收废气中的氨，吸氨后的母液再送回硫酸铵工序。自第一洗净塔出来的废气再进入第二洗净塔，在此用过滤水喷洒除去母液酸雾后，放入大气中。洗涤水自塔底排出送往活性污泥装置进行处理。

在脱硫塔内煤气的空塔速度为0.49m/s，吸收液喷淋密度为59$m^3/(m^2 \cdot h)$，液气比为33L/m^3，每1m^3煤气需填料面积1m^2，煤气阻力约为90Pa/m填料。

该法不仅利用焦炉煤气中的氨作为碱源，降低了成本，而且在脱硫操作中，可把再生塔内硫黄的生成量限制在硫氰酸铵生成反应所需要的量，过剩的硫则氧化成硫代硫酸盐和硫酸盐。这样，由于再生吸收液中不含固体硫，不仅改善了再生设备的操作，而且防止了吸收液起泡，减少了脱硫塔内的压力损失，避免了气阻现象的发生。

5.9.5.2　希罗哈克斯湿式氧化法处理废液

如图5-68所示，自塔卡哈克斯装置来的吸收液进入废液接受槽，在此加入从氨水蒸馏装置来的氨水，作为希罗哈克斯装置所产生的硫酸的中和剂。当氨水蒸馏装置停工时，则加入所需数量的气化液氨（氨气）。为了防止设备腐蚀，同时将缓蚀剂也加入接受槽中，用供料泵将接受槽中的混合液升压到8.8MPa，另混入8.8MPa的压缩空气，一起进入换热器与来自反应塔顶的蒸汽换热，并在加热器内用高压蒸汽加热到200℃以上，然后进入反应塔。

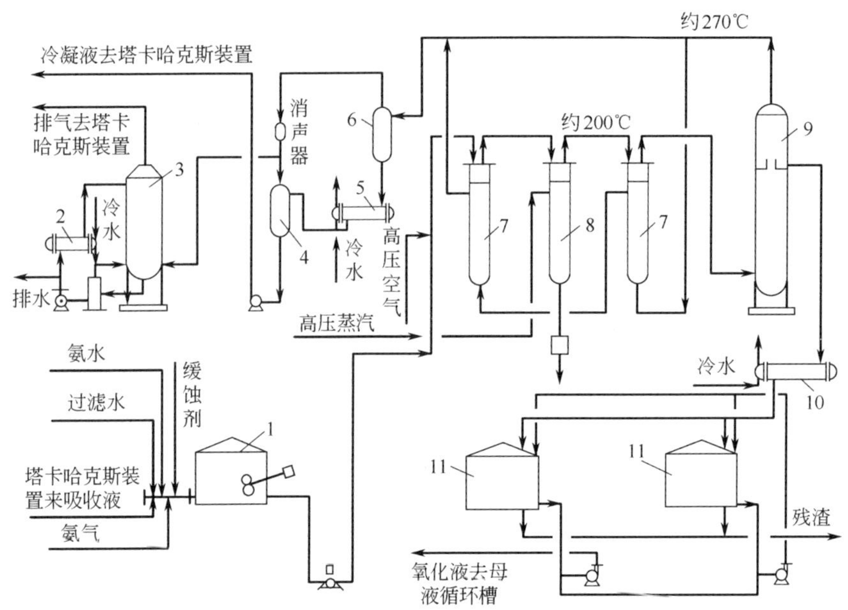

图5-68　希罗哈克斯湿式氧化法处理废液工艺流程

1—废液接受槽；2—洗涤液冷却器；3—洗涤器；4—第二气液分离器；5—凝缩液冷却器；6—第一气液分离器；7—换热器；8—蒸汽加热器；9—反应塔；10—氧化液冷却器；11—氧化液槽

在反应塔内，脱硫液中的硫化物被空气氧化而变成硫酸或硫酸铵。这时，硫氰酸铵中的碳变成二氧化碳气体，氮变成铵离子。

$$S+\frac{3}{2}O_2+H_2O \longrightarrow H_2SO_4$$

$$(NH_4)_2S_2O_3+2O_2+H_2O \longrightarrow (NH_4)_2SO_4+H_2SO_4$$

$$NH_4SCN+2O_2+2H_2O \longrightarrow (NH_4)_2SO_4+CO_2$$

$$H_2SO_4+2NH_3 \longrightarrow (NH_4)_2SO_4$$

反应塔内的反应条件是：压力 6.9 ～ 7.4MPa，温度 273 ～ 275℃。在开工阶段需短时间用外部高压蒸汽（3.9MPa）将脱硫液加热至200℃以上。但由于上述反应均为放热反应，塔内温度会自行上升到约275℃。以后，可用反应塔排出的废气与脱硫液进行换热，蒸汽加热器可停止使用，仅用反应放出的热量即可满足生产需要。

经氧化反应后的脱硫液称为氧化液（即硫酸铵母液），从反应塔断塔板处抽出，经氧化液冷却器冷却后进入氧化液槽，由此再用泵送往硫酸铵母液循环槽。从反应塔顶引出的气体用作加热脱硫液的热源，经换热器后成为气液混合物，进入第一气液分离器进行分离后，冷凝液经冷却器和第二气液分离器再送至塔卡哈克斯装置的脱硫塔，用作补充给水。废气送经洗涤器和洗涤冷却器冷却后，送至塔卡哈克斯装置的第一、第二洗净塔，同再生塔废气混合处理。

脱硫废液在此装置中处理后，硫代硫酸铵完全氧化分解，硫氰酸铵分解率可达 99%，经湿式氧化装置处理前后废液的组成如表 5-32 所示。

在脱硫塔前，煤气含 H_2S 4.9g/m^3 的情况下，采用此法所生成的硫酸量，可供生产硫酸铵所需硫酸量的 60% 以上。又由于焦炉煤气中 HCN 的氮生成了铵离子，所以硫酸铵的总产量也有所增加，由 1.0% ～ 1.2% 增至 1.3% ～ 1.4%。

表5-32 经湿式氧化装置处理前后废液的组成

项目	处理前	处理后	项目	处理前	处理后
pH	9.2	1.7	$S_2O_3^{2-}$/(g/L)	51.3	0
游离铵/(g/L)	12.9	0	SO_4^{2-}/(g/L)	12.6	324
SCN^-/(g/L)	35.2	0.21			

综上所述可见，该法在脱硫及废液处理的整个过程中，利用焦炉煤气中的 H_2S、HCN 和 NH_3 互为吸收剂而共同除去，既可自给吸氨所需的大部分硫酸，又能使硫酸铵增产。此外，还不外排燃烧废气和有害废液，没有二次污染，能有效地利用反应热，是湿法脱硫和废液处理的最好方法之一。该法蒸汽消耗少，而电力消耗较多。由于该法在中压、高温下处理脱硫废液，对设备、管道均有严重腐蚀，所以一般需使用衬钛材的复合材料。

5.9.6 低温甲醇法

低温甲醇洗涤法可脱除原料气中的二氧化碳、硫化氢、有机硫化合物、氰化物和不饱和烃类等。该法在处理含 1% 的硫化氢和硫氧化碳及 35% 的二氧化碳煤气时，可得到含硫化氢和硫氧化碳小于 0.1mg/kg、二氧化碳小于 1mg/kg 的洁净煤气，并得到高浓度的硫化氢和硫氧化碳气体供克劳斯装置使用，而含二氧化碳和氮的气体可以放空。中国引进的以煤和重油为原料的 30×10^4t 合成氨厂，皆采用低温甲醇洗脱除酸性气体。该项技术经实践证明是先进的和经济的。

5.9.6.1 基本原理

利用低温甲醇洗涤脱除粗煤气中的酸性气体是一个物理吸收和解吸过程。

在高压、低温的条件下，粗煤气中的硫化氢、二氧化碳、有机硫化物、氰化物、不饱和烃类等物质极易溶解于极性溶剂甲醇中，而在减压时，它们又很容易从溶剂中解吸出来。因此可以达到分别脱除上述各种物质的目的。

尽管过程在较低的温度下进行，但因部分冷量能加以利用，所以通常消耗冷量不大。溶液在再生工序中，由于降压而被冷却。例如，进入吸收塔的气体与净化后离开吸收塔的气体进行高效换热而被冷却。低温甲醇洗涤法脱除酸性气体的最佳条件是在 1MPa 以上的压力系统中进行。

5.9.6.2 工艺流程简述

图 5-69 是在 2.1MPa 压力下操作的低温甲醇洗脱除酸性气体的基本工艺流程。未经净化的气体与净化后离开吸收塔的气体，在换热器 6 中进行换热，未净化气体被冷却后，从两级吸收塔 1 的 Ⅰ 段下部进入，气体在吸

收塔Ⅰ段中被温度约为 -70℃的甲醇逆流洗涤，气体中部分硫化氢和二氧化碳被吸收，吸收后的甲醇溶液由于吸热而温度升高，在吸收塔的Ⅰ段出口处的甲醇溶液温度升至 -20℃。此溶液在进入第一甲醇再生塔 2 上段时，压力从 2.1MPa 降至 0.1MPa，此时，部分二氧化碳和硫化氢被解吸，从塔 2 顶部排出。与此同时，甲醇则被冷却到 -35℃左右，在塔 2 上段顶部的温度为 -35℃的甲醇流至下段，并继续被降压至 0.02MPa（绝对压力），被解吸出来的硫化氢和二氧化碳从下段的上部由真空泵 9 抽出，此时，甲醇被冷却到 -70℃，再由泵 7 加压送至吸收塔 1 循环使用。

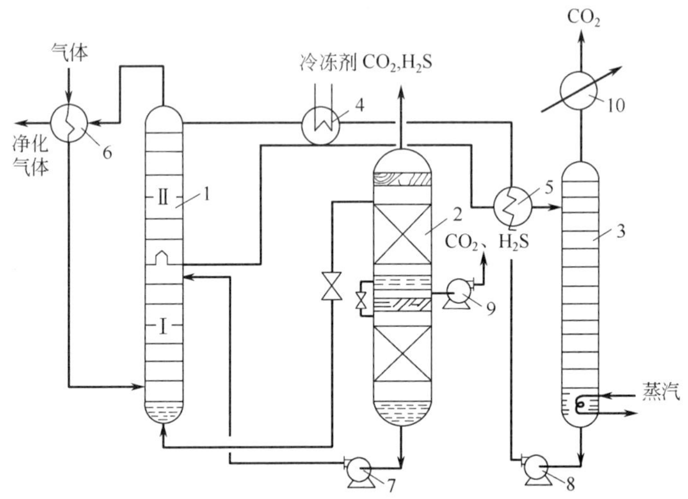

图 5-69　低温甲醇洗脱除酸性气体的基本工艺流程

1—吸收塔；2—第一甲醇再生塔；3—第二甲醇再生塔；4—冷却器；5,6—换热器；7,8—溶液循环泵；9—真空泵；10—冷却器

被吸收塔 1 的Ⅰ段吸收过的气体，从Ⅰ段上部进入Ⅱ段，再与从第二甲醇再生塔来的已被充分解吸的甲醇逆流洗涤，气体中的绝大部分二氧化碳和几乎全部的硫化氢、有机硫化物和氰化物被脱除，净化后的气体从吸收塔 1 顶部逸出。

从吸收塔 1 的Ⅱ段底部排出的吸收后的甲醇溶液，与从第二甲醇再生塔 3 底部排出的甲醇溶液在换热器 5 中进行换热后，进入第二甲醇再生塔 3，并在塔底用蒸汽加热甲醇溶液，以便使二氧化碳和硫化氢等酸性气体解吸并从塔顶逸出，与此同时，甲醇溶液得到进一步再生。

经过第二级再生的甲醇溶液从塔 3 底部排出来后，用泵 8 加压经换热器 5 换热，再经冷却器 4 冷却到 -60℃左右后，进入吸收塔，循环使用。

低温甲醇洗净化法，适合于加压气化制取合成原料气和城市煤气的净化，该法的优点是：在低温下甲醇对煤气中的杂质组分具有选择性吸收的能力，并根据酸性气体溶解度的不同，可回收不同组分的解吸气，并可同时脱除煤气中的水分；操作压力和煤气中酸性气体浓度越高，越能显示该法技术经济指标的先进；粗煤气中各组分对甲醇无副反应，不影响它的循环使用；过程的能耗低，且其冷量的利用率高。该法的缺点是设备多，流程长，工艺复杂；对设备的材质要求高，在高压、低温下材料需具有耐冷脆的性能。尽管过程在低温下进行，但甲醇因蒸发导致的损失还是相当大的，对于非联产甲醇的生产厂，必须考虑甲醇的消耗成本，并定时给以补充，低温下甲醇吸收不饱和烃，降低了煤气的热值；甲醇蒸气对人体具有毒性等。

5.10 煤气化方法的分析比较与选择

煤的气化方法很多，有已经工业化的也有接近工业化的，某些尚在开发中。这里对典型的固定床、流化床与气流床三种气化方式在宏观上进行分析，主要讨论原料适应性、过程消耗及产品煤气的后匹配等方面的特点。

5.10.1 煤气化方法比较

煤的气化方法从物料和气流的运动方式来分主要为三种方式，即固定床、流化床和气流床。

固定床气化需要块状原料；可处理水分大、灰分高的劣质煤；固态排渣时耗用过量的水蒸气，污水量大，并导致热效率低和气化强度低；液态排渣时提高炉温和压力，可以提高生产能力。固定床气化煤气中的粉尘含量低而焦油含量较高。

流化床床层温度较均匀，气化温度低于灰的软化点（T_2）；煤气中焦油含量低；气流速度较高，携带焦粒较多；活性低的煤的碳转化率低；煤的预处理、进料、焦粉回收、循环系统较复杂庞大；煤气中粉尘含量高，后处理系统磨损和腐蚀较严重。

气流床气化温度高，碳的转化率高，单炉生产能力大；煤气中不含焦油，污水问题小；液态排渣要求原料煤灰熔点不能太高，氧耗量随灰的含量和熔点的升高而增加；除尘系统庞大；废热回收系统昂贵；煤处理系统庞大和耗电量大。

综上所述，三种气化方法均有各自的特点。工业实践证明，它们有各自比较适应的经济规模。固定床气化可应用于较小的容量规模，气流床气化较适用于大规模生产，流化床气化则介乎中间。

5

5.10.1.1 原料煤的适应性

原料煤的性质是选择气化方法的重要依据。

高活性的原料煤在任何气化过程中总是有利的。固定床的原料粒度较大且气化剂流动沿程的温降明显，所以对气化活性的要求较高。加压固定床气化可显著提高气化强度，且降低了对原料煤机械强度和热稳定性的要求，因而拓展了固定床的原料适应性，尤其是可以使用资源丰富的劣质煤气化，比如褐煤。提高气化温度可直接提高固定床气化炉的生产能力，但这一措施受限于原料煤的灰熔点及气化炉的排渣形式。很明显，采用液态排渣技术后就不存在这一对原料的限制。为确保原料在气化过程中顺利地自上而下移动并使气化剂分布均匀，固定床气化大多采用黏结性低的煤或焦炭。

流化床气化可提高气固相间的传质传热效率，床层内温度均匀，但普通的流化床技术为了确保碳转化率大都仍采用活性较好的原料煤，比如褐煤和次烟煤等；黏结性较大的原料易团聚而使流化工况恶化。采用灰团聚排渣技术拓宽了对原料煤的适应性，但运行控制技术要求较高。

气流床气化温度高、原料煤在高温区的停留时间很短，因此对原料煤的活性高低及黏结与否的要求不高，在这点上明显提高了对煤的适应性。在采用水煤浆进料的工艺中，还要求煤的成浆性要好，内孔丰富、内水较大的煤是不利的，褐煤的水含量普遍高，难以直接制浆应用。干粉进料技术对原料煤无成浆性要求，提高了煤种的适应性。气流床气化要求原料煤的灰熔点与气化温度相匹配，不能过高。

5.10.1.2 气化消耗与生产能力

气化过程的消耗可分直接消耗，如原料煤、燃料煤、水、电和化学品等；间接消耗，如维修、人工、排渣、排污等费用，还有税收、保险、债息等费用。气化实际工况影响因素很多，因此缺乏直接对比意义。以下仅就较主要的几个方面简要介绍。

碳转化率是原料转化程度即原料消耗的重要指标。因气化温度和气化剂组成的不同等因素，气流床的碳转化率通常大于 95%，明显高于固定床和流化床。煤的费用约占煤气成本的 40% ～ 60%，煤的预处理一般损失

9% ～ 16% 的煤。国内机械化采煤＜ 6mm 的粉煤约占总煤量的 45% 以上，对大中型气化厂，必须考虑原料煤的分级利用，如低灰熔点的煤可以采用鲁奇液态排渣气化与德士古联产煤气等。

氧与蒸汽消耗可由化学当量与热平衡计算得到。

部分燃烧不生成甲烷的气化过程

$$C+0.275O_2+0.450H_2O \longrightarrow CO+0.450H_2$$

$$w(O_2)/w(C)=0.275;\ w(H_2O)/w(C)=0.450$$

部分燃烧生成甲烷的气化过程

$$C+0.179O_2+0.428H_2O \longrightarrow 0.786CO+0.214CH_4$$

采用氧鼓风气化时，其工艺用电约占总耗电量的一半以上，因此，选择氧耗量较小的方法对降低生产成本有重要意义。气化炉每生产 1000m³ 有效气（$CO+H_2$）的氧气消耗称为比氧耗，通常水煤浆气流床（约 400）＞干煤粉气流床（约 320）＞流化床（约 300）＞固定床（约 200）。气流床气化除满足反应所需的热量外，还需满足灰分的高温熔融所耗热量，故其耗氧量最大；水煤浆气流床气化需由更多的燃烧反应热蒸发进料中的水分，所以气化炉耗氧比干粉进料气化炉明显高；固定床加压气化过程因生成的甲烷反应是放热反应，所以耗氧量较低。在设备投资中制氧设备占总费用的 16% 左右，同时，电费和维修费亦较大，但近年来发展的大容量装机制氧设备的电耗降低不少。

对气化反应，各种气化方法的水蒸气既是气化剂也是温度调节剂，其耗量还与煤种和气化温度有关，不同工艺间不具有直接的可比性。水煤浆进料的气流床气化无需额外加入水蒸气，而流化床和固定床则是以气态气化剂形式加入到气化炉。

煤气化厂中消耗的冷却水的费用约占总用水费用的 85%，这些水是污水的主要来源，而固定床气化时污水的排放量和污水中有机物含量比流化床或气流床气化时高得多，故净化污水的费用也大得多。

气化炉单炉的处理能力是煤气化的一项重要衡量指标。规模化和高效率是现代煤气化技术发展的必然趋势。现代气流床气化炉的煤处理能力大多达到 2000t/d 或以上，要明显大于固定床和流化床。

5.10.1.3 产品煤气的后匹配和净化

煤气的后匹配问题的含义是在不同的应用场合应考虑使用不同品位的煤气。如以煤气联合循环发电为例，固定床固态排渣气化和流化床干法排渣气化均可采用空气鼓风生产低热值燃料煤气，其发电成本较低。从设备投资来看，用空气鼓风时仅为用氧鼓风的 57%。

当气化制合成原料气时，采用与合成系统相似的操作压力和温度，以实现节约能耗的等压、等温操作。现代煤气化和合成反应体系的匹配是气化研究和优化的重要课题，也是改善气化经济性的重要途径。如将鲁奇炉生产的煤气中的 CH_4 分离出来再进行重整，然后进行合成，其热效率只有 40% ～ 45%，如将 CH_4 及尾气用作城市煤气，热效率可增至 60%。流化床和气流床气化时产品煤气中 CH_4 含量低，毋需重整，但 $\varphi(H_2)/\varphi(CO)$ 较低，必须变换后才能用作合成原料气。鲁奇固态排渣气化所产生的煤气的 $\varphi(H_2)/\varphi(CO)$ 为 2，与合成反应体系较匹配，但 CH_4 含量又太高。

煤气净化设备的投资在整个气化过程中占相当大的比重，如从煤制甲醇约占 23%。煤气的净化费用决定于煤气中有害物质的含量及其脱除的难易程度，与采用的原料煤和气化方法也有关。固定床气化干馏温度较低，有机硫化物含量高，净化较复杂，流化床和气流床气化的床层温度较高且均匀，煤气中有机硫化物含量较低，脱除容易，但粉尘含量高，需增加除尘系统。

5.10.2 煤气化技术的选择

随着煤化工产业的发展，煤气化技术在不断进步完善，也在不断创新。煤气化是化工能源行业的关键技术之一，作为源头工序将直接影响整个生产系统的稳定、可靠和高效运行，煤气化技术的选择应“因原料制宜”“因产品制宜”和“因效益制宜”。

煤气化技术的先进性决定了气化生产过程的效率及产品的品质。现代工业生产发展的一个重要趋势是高效、低耗和大型化，只有选择工艺及装备高水平的气化技术，才能确保气化及相关的整个生产体系具有强劲的市场竞争力。

煤气化工艺的适应性直接影响生产过程的稳定和经济运行。煤气化技术的适应性具体表现在对原料煤的适用性和对后系统的匹配性上，应根据煤的工艺性质，如灰分、灰熔点、水分和成浆性等；下游生产和产品的要求，如合成氨、合成甲醇、煤间接液化、发电等；同时还应考虑辅助原料的资源情况，合理选择气化技术。

现代煤气化过程都是规模化高连续性生产过程，其可靠性尤显重要。具体内容包括气化产品的稳定性、运行工况的可调性、长周期生产验证和市场业绩等均是选择气化技术的重要依据。

煤的气化是一种典型的化工生产过程，应全面掌握不同气化工艺的运行特点及这些相关气化工艺将产生废渣、废水和废气的情况，并结合当地的环境状况和环保法规慎重选择气化技术。

5.11 本章小结

煤气化是在一定温度和压力条件下，煤炭与气化剂在气化炉内发生一系列化学反应，使煤炭中的碳和氢元素转变为CO和H_2等可燃性气体（即合成气）的技术。煤气化技术是煤炭清洁高效利用的核心技术，煤气化生产的合成气，是有机化学合成的原料，广泛应用于煤基大宗化学品合成（合成氨、甲醇、乙二醇、醋酸和乙烯等）、煤基清洁燃料（油品、天然气等）、IGCC发电、煤基多联产、直接还原炼铁、制氢等过程工业，是这些行业的龙头技术和关键技术。

本章主要介绍了煤气化原理，生产燃料气的气化方法，固定床、流化床及气流床气化炉型，联合循环发电，地下气化，煤气脱硫和甲烷化等内容。此外，由于原料煤性质的多样性和复杂性以及气化煤气用途不同，发展了多种气化方法，本章包括了气化的主要内容，介绍了多种新的煤气化技术。

思考题

5-1 简述煤气化的基本原理及其应用领域。

5-2 煤气化过程发生哪些主要的化学反应。

5-3 试论述煤质对气化过程的影响。

5-4 加压气化有何优点？压力提高对气化指标有什么影响？

5-5 根据燃料在炉内的运动状况可将气化炉分为哪几类？简述各类气化技术的优点和缺点。

5-6 简述影响德士古气化炉操作性能的主要工艺指标。

5-7 常压流化床（温克勒）气化工艺的主要优点和缺点是什么。

5-8 煤气化过程中产生的污染物主要有哪些。

5-9 简述各主要煤气脱硫技术的基本原理。

5-10 简述Shell煤气化工艺的特点以及“以渣抗渣”的原理。

5-11 试比较各种主要气流床气化方法的优点和存在的问题。

5-12 试讨论流化床气化技术目前存在的主要问题和发展趋势。

5-13 简述煤气化技术未来的发展方。

思考题解答

参考文献

[1] 许世森，张东亮，任永强. 大规模煤气化技术. 北京：化学工业出版社，2006.

[2] Higman C, Burgt M. Coal gasification. New York: Elsevier Science, 2003.
[3] 于遵宏 , 王辅臣 , 等 . 煤炭气化技术 . 上海 : 化工出版社 , 2010.
[4] 郭占成 , 公旭中 . 煤气化新技术与原理 . 北京 : 科学出版社 , 2014.
[5] Bell D A, Towler B F, Fa M H. Coal gasification and its applications. Beijing: Science Press, 2011.
[6] Martin A. 煤利用化学（下）. 孙俦 , 高建辉 , 杨寿金 , 译 . 北京 : 化学工业出版社 , 1991.
[7] 王辅臣 . 煤气化技术在中国 : 回顾与展望 . 洁净煤技术 , 2021, 27(1): 1-33.
[8] 陈家仁 . 煤气化技术选择刍议 . 中氮肥 , 2017(2): 1-4.
[9] 汪寿建 . 现代煤气化技术发展趋势及应用综述 . 化工进展，2016, 35(3): 653-664.
[10] 戴厚良 , 何祚云 . 煤气化技术发展的现状和进展 . 石油炼制与化工 , 2014, 45(4): 1-7.
[11] 唐宏青 . 煤气化技术发展动向 . 化工设计通讯 , 2013, 39(5): 1-5.
[12] 黄戒介 , 房倚天 , 王洋 . 现代煤气化技术的开发与进展 . 燃料化学学报 , 2002, 30(5): 385-390.
[13] 宋文健 , 崔书明 , 韩雪冬 , 等 . BGL 煤气化技术分析与中煤图克煤制化肥气化炉运行总结 . 煤炭加工与综合利用 , 2015(6): 45-49.
[14] 李亚东 . Shell 粉煤气化技术应用综述 . 大氮肥 , 2010, 33(1): 46-49.
[15] Wu S Y, Gu J, Zhang X, et al. Variation of carbon crystalline structures and CO_2 gasification reactivity of Shenfu coal chars at elevated temperatures. Energy & Fuels, 2008, 22: 199-206.
[16] Higman C, Tam S. Advances in coal gasification, hydrogenation, and gas treating for the production of chemicals and fuels. Chemical Reviews, 2014, 114, 1673-1708.
[17] 梁杰 . 煤炭地下气化过程稳定性及控制技术 . 徐州 : 中国矿业大学出版社 , 2002.
[18] 刘振宇 . 煤地下气化低效的化学反应工程根源 : 滞留层及通道中的传质与反应 . 化工学报 , 2022, 73(8): 3299-3306.

6 煤间接液化

○○ —— ○○ ○ ○○ ——

本章学习重点

- ○ 掌握F-T合成和甲醇合成原理及反应特点。
- ○ 掌握不同F-T合成和甲醇合成反应器特点。
- ○ 了解南非萨索尔（SASOL）及国内F-T合成发展的基本状况。
- ○ 了解甲醇合成的主要工艺技术和特点。
- ○ 了解甲醇的主要工业用途。
- ○ 了解甲醇制汽油及甲醇制烯烃的工艺路线。
- ○ 了解中国甲醇制烯烃技术研发的进程。

煤的间接液化是指煤经气化产生合成气（$CO+H_2$），再以合成气为原料合成液体燃料或化学产品的过程。属于煤间接液化的费 - 托（Fischer-Tropsch）合成技术，在南非萨索尔（SASOL）建有三座工厂。近年来，中国先后完成三套每年 16 万～ 18 万吨和 100 万吨以及 400 万吨的工业化示范装置，并先后投入运行。其他间接液化技术，如甲醇转化制汽油（MTG）工艺，在新西兰曾建有工业化装置，是以天然气为原料制合成气，进一步合成甲醇，再利用 Mobil 工艺将甲醇转化制汽油。目前在中国也建有多套万吨级规模的 MTG 工业化示范装置。

6.1 费 – 托合成

6.1.1 概述

费 - 托（F-T）合成，是以合成气为原料，生产各种烃类以及含氧化合物，是煤液化的主要方法之一。F-T 合成可能得到的产品包括气体和液体燃料，以及石蜡、乙醇、丙酮和基本有机化学原料，如乙烯、丙烯、丁烯和高碳烯烃等。

煤中含有硫，煤气化脱硫相对煤燃烧后的烟气脱硫更容易；煤气化可用高灰分煤，故高硫和高灰煤可以作为间接液化的原料，而高灰煤则不适合直接液化。

1922 ～ 1923 年，费舍尔（F.Fischer）和托普斯（H.Tropsch）利用碱性铁和其他催化剂，从 CO 和 H_2 得到合成油，但主要是含氧化合物。1925 年，他们宣布可在常压下用一氧化碳和氢合成较高碳的脂肪烃，并认为 Co 和 Ni 是有希望的催化剂。1935 年，在鲁尔化学公司实现了以 Co 为催化剂 F-T 合成的工业化生产，年产量达到 7 万吨。随后的研究发现在一定压力下，Fe 催化剂的性能可以得到很大改善，并于 1939 ～ 1944 年期间，

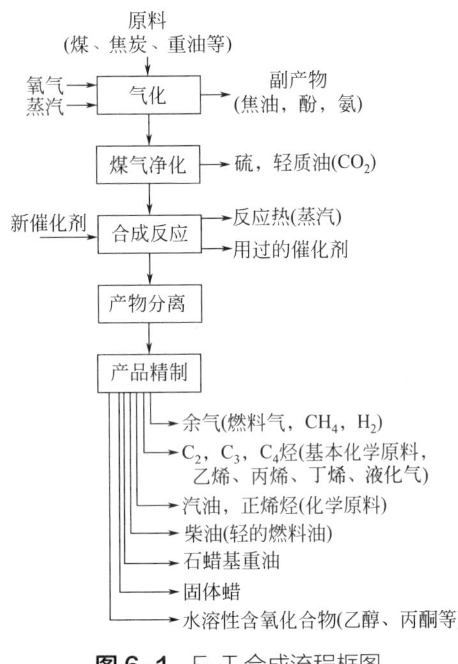

图 6-1 F-T 合成流程框图

德国工业界参与替代工厂中 Co 的铁催化剂的开发，同时开展反应器的研究。到 1945 年，德国的年生产能力约为 57 万吨，当时有 9 套装置在生产，此外，日本有 4 套，法国有 1 套，中国锦州有 1 套。总的 F-T 合成装置的年生产能力超过 100 万吨。但第二次世界大战结束后，德国的 F-T 合成厂全部关停。

1945 年之后，F-T 合成研究开发工作仍有所发展，特别是在美国启动了 Fe 在流化床或气流床中的 F-T 合成研究。到 50 年代中期，由于大量廉价石油供应，许多煤制油的研究开发项目被终止，F-T 合成的研究势头减弱。例外的是南非，由于它的资源特点和政治经济条件，在 1955 年建成利用煤制合成气的 F-T 合成厂 SASOL-Ⅰ厂，该厂采用铁催化剂，分别使用固定床（Arge）和气流床（Synthol）反应器合成工艺。至 1980 年建成 SASOL-Ⅱ厂，1982 年又建成 SASOL-Ⅲ厂。目前 SASOL 厂年生产油品和化学品约 700 万吨，其中油品近 600 万吨，消耗低质原煤 4000 多万吨。

煤基 F-T 合成的流程框图见图 6-1。在气化过程中由煤或焦炭生产合成气，在煤气加工和净化过程中，调整 $\varphi(H_2)/\varphi(CO)$ 比并脱去硫。F-T 合成产物经过分离和精制得到各种产品。

6.1.2 F-T 合成原理

6.1.2.1 化学反应

F-T 合成的基本化学反应是由一氧化碳加氢生成饱和烃和不饱和烃，反应式如下：

$$nCO + 2nH_2 \longrightarrow (-CH_2-)_n + nH_2O \tag{6-1}$$

$$\Delta H = -158kJ/mol(CH_2)(250^\circ C)$$

当催化剂、反应条件和气体组成不同时，还进行下述平行反应：

$$CO+2H_2 \rightleftharpoons -CH_2- +H_2O \tag{6-2}$$

$$\Delta H=-165kJ/mol\ (227℃)$$

$$CO+3H_2 \rightleftharpoons CH_4+H_2O \tag{6-3}$$

$$\Delta H=-214kJ/mol\ (227℃)$$

$$2CO+H_2 \rightleftharpoons -CH_2- +CO_2 \tag{6-4}$$

$$\Delta H=-204.8kJ/mol\ (227℃)$$

$$3CO+H_2O \rightleftharpoons -CH_2- +2CO_2 \tag{6-5}$$

$$\Delta H=-244kJ/mol\ (227℃)$$

$$2CO \rightleftharpoons C+CO_2 \tag{6-6}$$

$$\Delta H=-134kJ/mol\ (227℃)$$

根据热力学平衡计算，上述平行反应，在 50 ～ 350℃有利于甲烷生成，温度越高越有利。

生成产物的概率大小顺序为 CH_4> 烷烃 > 烯烃 > 含氧化合物。反应产物中主要为烷烃和烯烃。产物中正构烷烃的生成概率随链长度增加而减小，正构烯烃则相反。产物中异构甲基化合物很少。增大压力，导致反应向减少体积（即产物分子量增大）的方向进行，因而长链产物的数量增加。合成气富含氢时，有利于形成烷烃，如果不出现催化剂积碳，一氧化碳含量高将导致烯烃和醛的增多。

合成反应中也能生成含氧化合物，如醇、醛、酮、酸和酯类等。其化学反应式如下：

$$nCO+2nH_2 \rightleftharpoons C_nH_{2n+1}OH+(n-1)H_2O \tag{6-7}$$

$$(n+1)CO+(2n+1)H_2 \rightleftharpoons C_nH_{2n+1}CHO+nH_2O \tag{6-8}$$

在 F-T 合成中，含氧化合物是作为副产物，其含量应控制到尽可能低。长期以来，人们对于醇类合成很感兴趣，用含碱的铁催化剂生成含氧化合物的趋势较大，采用低温、低的 $\varphi(H_2)/\varphi(CO)$ 比、高压和大空速条件进行反应，有利于醇类的生成，一般情况下主要产物为乙醇。当增加反应温度时，例如在气流床工艺中，合成产物中发现有脂环和芳香族化合物。

关于 F-T 合成的机理有多种说法，如经典的碳化物机理、含氧中间体缩聚机理、CO 插入机理和双中间体缩聚机理以及现代的 C_2 活性物种理论和烯烃重吸附的碳化物理论等。链的增长服从聚合反应机理，包括链引发、链增长、链终止以及二次反应等过程。通常认为第一步是 CO 和 H_2 在催化剂上同时进行化学吸附，CO 中的 C 原子与催化剂金属结合，形成活化的 C—O 键，与活化的氢反应，形成一次复合物，进一步形成链状烃。链状烃由于表面化合物的加碳作用，使碳链增长，此增长碳链因脱附、加氢或因与合成产物反应而终止。反应的主要产物是烷烃和烯烃，副产物是醇、醛和酮。

6.1.2.2 F-T 合成催化剂

F-T 合成用的催化剂，主要有铁、钴、镍和钌。目前在工业上应用的主要是铁系催化剂。这些金属催化剂具有加氢活性，能形成金属羰基复合物；它们对硫敏感，易中毒。

不同催化剂用于一氧化碳加氢的适宜反应温度与压力见图 6-2。钌催化剂在低温高压下形成长链烃的聚甲基化合物，在高温低压下形成甲烷。以生产烃类化合物为目标的催化剂的操作温度与压力为：

铁催化剂 1 ～ 3MPa，200 ～ 350℃；

钴催化剂 0.1 ～ 3MPa，170 ～ 190℃；

镍催化剂 0.1MPa，170 ～ 190℃；

钌催化剂 10 ～ 100MPa，110 ～ 150℃。

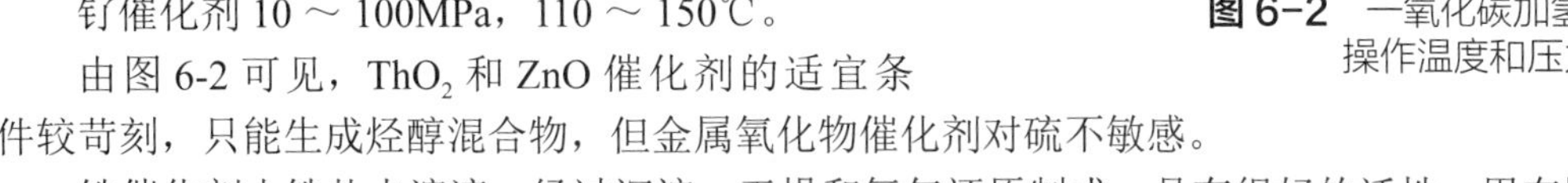

图 6-2 一氧化碳加氢催化剂的操作温度和压力

由图 6-2 可见，ThO_2 和 ZnO 催化剂的适宜条件较苛刻，只能生成烃醇混合物，但金属氧化物催化剂对硫不敏感。

铁催化剂由铁盐水溶液，经过沉淀、干燥和氢气还原制成，具有很好的活性。用在固定床反应器的中压合成时，反应温度较低，为 220 ～ 240℃。铁催化剂加钾活化，具有比表面积高和热稳定性好的结构，并可负载于载体上。合适的载体为 Al_2O_3、CaO、MgO 和 SiO_2（硅胶）等。当合成低分子产品时，可采用循环流化床反应器工艺在较高温度（320 ～ 340℃）下进行反应。用于流化床反应器工艺的催化剂为熔铁催化剂，是先将磁铁矿与助熔剂熔化，然后用氢气还原制成，具有强度较高但活性较低的特点。

在 F-T 合成反应中，会发生按反应式（6-6）进行的析炭反应，使炭沉积于催化剂上，导致催化剂失活。故操作过程应避开发生此类反应的条件。碱性助催化剂，有利于生成高碳烯烃、含氧化合物以及在催化剂上的积碳反应。与镍、钴、钌相比，铁催化剂具有反应温度较高、对断裂 C—C 键活性低的特点。

钴和镍催化剂与铁相反，具有较高低温反应活性，提高反应温度，易增加甲烷生成量。钴和镍催化剂的标准组成为：100Ni-18ThO_2-100 硅胶；100Co-18ThO_2-100 硅胶；100Co-5ThO_2-3Mg-200 硅胶。所用硅胶是具有较小堆密度的产品，ThO_2 的作用是结构助催化剂，特别是在高温（350 ～ 400℃）下的还原反应，可使金属分散相稳定。

在一般条件下，用镍和钴催化剂合成的产品主要是脂肪烃。我国石油六厂曾用钴催化剂进行 F-T 合成法生产油品，年产量达到 4.72 万吨。

6.1.2.3 反应动力学

催化剂对 F-T 合成反应的影响甚大，故动力学研究多结合具体催化剂进行。除了催化剂之外，合成气组成、反应条件以及通过催化剂床层的流动状态也对动力学产生影响。由于反应复杂，存在大量变数，反应机理众说不一，目前还没有一个普遍方程能描述 F-T 合成的宏观动力学。

在限定的条件下，对于不同催化剂和过程提出了一些反应速率方程式。

钴催化剂反应速率方程式：

$$r=k\,p_{H_2}^2/p_{CO} \tag{6-9}$$

上式的表观活化能为87.9kJ/mol。

当 $\varphi(H_2)/\varphi(CO)=2$，在中等压力条件下，用钴催化剂进行 F-T 合成，有人建议用下式：

$$r=k\,p_{H_2}^2 p_{CO}/（1+K\,p_{H_2}^2 p_{CO}） \tag{6-10}$$

上式的表观活化能为100 kJ/mol。

对于熔铁催化剂，在 $\varphi(H_2)/\varphi(CO)=1$ 的条件下，提出以下速率方程式：

$$\ln(1-x)=-kp\exp[-E/(RT)]/SV \tag{6-11}$$

式中 x—— H_2+CO 的转化率；

SV—— 体积空速，h^{-1}；

E—— 活化能，其值为 83.7kJ/mol。

对于沉淀铁催化剂，提出下式：

$$r = kp_{H_2}^m / p_{CO}\left[1+K\left(\frac{p_{CO_2}+p_{H_2O}}{p_{CO}+p_{H_2}}\right)^n\right] \tag{6-12}$$

式中，m=1 ～ 2，n=4 ～ 7。也有人提出下式：

$$r=k\,p_{H_2}/（1+K\,p_{H_2O}/p_{CO}） \tag{6-13}$$

其后，又有人提出用于铁催化剂的反应速率方程式：

$$r=k\exp[-E/(RT)]\ p_{CO}p_{H_2}/(p_{CO}+Kp_{H_2O}) \tag{6-14}$$

当用作高温流化床催化剂时，上式中的活化能 E 为 25kJ/mol；当用作低温固定床催化剂时，则 E 为 63kJ/mo1。上述各式中 K 与 k 均为常数。

6.1.3 反应器类型

F-T 合成反应放热 10.9MJ/kg 烃，反应工程上首先需要解决排除大量反应热的问题。为了达到产品的最佳选择性和长的催化剂使用寿命要求，反应需要在等温条件下进行。

上述反应热是由一氧化碳和氢转化生成 CH_2 链烃和水的反应 [见式（6-1）] 产生的。生成短链烷烃时放热量大，生成低分子烯烃时其值较小。当生成链烃和二氧化碳的反应时，总的合成反应热达到 40kJ/mol（200℃）。

在反应器中温度梯度大时，选择性变差，生成甲烷多，并在催化剂上积碳。

反应器类型有多种，在 SASOL 工厂生产中最先一直使用 Arge 固定床和

Synthol 气流床（也称为循环流化床）反应器，分别作为低温和高温 F-T 合成反应器。直到 1989 ～ 1992 年 3400 桶 /d（高温）SAS 固定流化床和 1993 年首套 2500 桶 /d 的（低温）SSBR 浆态床反应器投入运行。而近年国内工业化示范的以浆态床反应器为主。

6.1.3.1 固定床反应器

在 SASOL-I 采用的固定床反应器是鲁奇鲁尔化学公司的 Arge 反应器，为管壳式，结构类似换热器。管内装催化剂，管间通入沸腾的冷却用水移走反应热。管内反应温度可由管间蒸汽压力加以控制。固定床反应器使用活化的沉淀铁催化剂，反应温度较低，可保证操作数月不积碳。反应器尺寸较小，操作简便。产品在常温下为液态和固态。由于反应热通过管子的径向传热导出，故管子直径的放大受到限制，单元设备生产能力受到限制。

6.1.3.2 气流床反应器

气流床反应器使用熔铁粉末催化剂，催化剂悬浮在反应气流中，并被气流夹带至沉降器。此种反应器结构在 SASOL 的三个厂中都有使用，采用的是凯洛格（Kellogg）公司开发的 Synthol 反应器。

气流床反应器可在较高温度下操作，采用活性较低但强度高的熔铁催化剂，生成气态和较低沸点的液体产品。液体产品中约 78% 为石脑油，7% 为重油，其余为醇和酸等。

气流床中反应热的外传效率高，温度控制好，催化剂可连续再生，单元设备生产能力大。但存在催化剂循环量大、损耗高的问题。

6.1.3.3 固定流化床反应器

固定流化床反应器（SAS）是 SASOL 公司与美国 Badger 公司从 1981 年开始合作开发的。结构与 Synthol 类似，但去除了催化剂的循环，使操作简便、成本低。

在 SAS 反应器中加入还原熔融氧化铁催化剂，在约 340°C、25bar 的条件下，合成气从反应器底部进入通过处于悬浮沸腾状态的催化床层而转化成以气相形式存在的烃；产生的反应热通过换热管内的水蒸发带走；反应产品和未转化的气体通过内置旋风器除掉催化剂粉尘后从顶部离开反应器。在 SAS 中，细颗粒（平均粒径约 60 μm）催化剂浓相流化（床层密度约为 600kg/m^3）、气体流速小，在反应器上部有大的自由空间，并设有多孔金属过滤器及内置旋风分离器，可以有效地阻止催化剂带出。与循环流化床反应系统不同，在产品进入冷凝器前无需采用洗涤塔去除痕量催化剂。

SAS 中催化剂消耗降低到循环流化床的 40% 左右，维护量降低到循环流化床系统的 15% 左右。考虑到规模经济性，可提高反应器体积，最大产能可达 2 万桶 /d。反应器的资本成本大约是同等循环流化床反应器系统的 40%。热效率比循环流化床反应器系统高 4 个百分点。

SASOL 公司在 1989 ～ 1992 年期间在 Sasolburg 成功运行了直径 5m、3400 桶 /d 的 SAS 反应器；1995 年 6 月在 Secunda 成功启用了直径 8m、1.1 万桶 /d 的 SAS 反应器；并在 1999 年完成了将 16 台循环流化床反应器替换为 8 台 SAS 反应器（4 台直径为 8m、1.1 万桶 /d 的反应器和 4 台直径为 10.5m、2 万桶 /d 的反应器）的工程。

6.1.3.4 浆态床反应器

浆态床反应器是一个气液固三相鼓泡塔反应器。床内为高温液体（一般为熔蜡），催化剂微粒悬浮其中，合成气以鼓泡形式通入反应器。

SASOL 浆态床反应器的主要优势是反应物混合均匀，具有良好的传热性能，有利于反应温度的控制和反应热的移出，可实现等温操作，从而可用更高的平均操作温度而获得更快的反应速率。浆态床反应器单位反应器体积的产率高，每吨产品催化剂的消耗仅为列管式固定床反应器的 20% ～ 30%。SASOL 浆态床反应器结构简单，易于安装，容易放大；单台反应器生产能力高，单套 1 万桶 /d 的 SASOL 浆态床反应器相当于同直径 5 台管式固定床反应器的能力，而投资只是同规模管式固定床反应器系统的 25% 左右。

SASOL 浆态床反应器中催化剂可在线装卸，这对于铁基催化剂尤其重要。当在浆态床中采用铁催化剂时，因铁催化剂既有合成烃能力，又有水煤气变换能力，可以使用贫氢合成气，水煤气变换反应可提供不足的 H_2，而贫氢合成气有利于烃选择性的提高。浆态床反应器的压降小于 0.1MPa，且合成气循环量小，可有效节省压缩费用。由于浆态床反应器的等温特性和低压降，使得反应器控制更简单，也降低了操作成本。通过有规律地替换催化剂，平均催化剂寿命易于控制，从而更易于控制产物的选择性，提高粗产品的质量。

浆态床合成油技术产业化需解决的关键技术难题有：大规模廉价高效铁催化剂工业化制备技术、浆态床反应器中催化剂和蜡分离技术、催化剂耐磨损技术、催化剂连续补充技术、浆态床中的流体力学问题等。

6.1.3.5 反应器比较

表 6-1 为三种反应器的条件和部分产物比较。由表中数据可见，Synthol 气流床比 Arge 固定床反应器生成较多的烯烃。浆态床反应器生成较多的丙烯，生成低分子烯烃的选择性好。

表6-1 F-T反应器比较

反应器类型		Arge固定床 SASOL-Ⅰ	Synthol气流床 SASOL-Ⅰ	浆态床 Rheinpreussen-Koppers
反应温度/℃		220～250	300～350	260～300
反应压力/MPa		2.3～2.5	2.0～2.3	1.2（2.4）
$\varphi(H_2)/\varphi(CO)$ 比（原料）		1.7～2.5	2.4～2.8	1.5
C_2～C_4产率/%	C_2H_4	0.1	4.0	3.6
	C_2H_6	1.8	4.0	2.2
	C_3H_6	2.7	12.0	16.95
	C_3H_8	1.7	2.0	5.65
	C_4H_8	2.8	9.0	3.57
	C_4H_{10}	1.7	2.0	1.53
	C_2～C_4烯烃总量	5.6	25.0	24.12
	C_2～C_4烷烃总量	5.2	8.0	9.38

F-T 合成的反应热相当于合成气热值的 25%，应尽可能回收。气流床反应器总的热效率约为 66%，固定床约为 85%，浆态床约为 91%。浆态床热效率较高与其具有高的传热速率以及反应的等温特性等相关。

表 6-1 中比较的三种反应器的产品总产率大致相等，但产品分子量分布不同。从获得最大汽油产率为目标来比较，浆态床的馏分范围窄，边界明显。三种反应器系统都可选定适宜操作条件，满足生产上希望达到的产品要求。

产品价值高低是生产经济效益好坏的关键。如果工厂设计只生产单一产品，难以适应市场变化的需要，故生产的产品应有一定弹性。浆态床生产产品的弹性大，可满足此要求。

6.1.4 SASOL-Ⅰ的生产

在近二十年中国开展煤液化工业示范前，南非 SASOL 是近代唯一用 F-T 合成法生产合成液体燃料的公司。利用当地产的原料煤经气化制成合成气，通过 F-T 合成生产汽油、柴油和蜡类等产品。

1955 年建于 Sasolburg 的 SASOL-Ⅰ，采用固定床和气流床两类反应器，以当地产的烟煤为原料。煤的水分 10.7%，干燥基挥发分 22.3%，干燥基灰分 35.9%，热值为 18.1MJ/kg。合成气生产占 F-T 合成操作费用的 80% 左右。SASOL-Ⅰ采用 13 台内径为 3.85m，高 12.5m 的鲁奇加压气化炉气化煤制合成气。粗煤气经低温甲醇洗净化后得到的合成气组成为：$CO+H_2$ 86.0%；CO_2 0.6%；CH_4 12.3%；其他 1.1%。

合成气通过 F-T 合成生产发动机燃料、化学产品及化工原料。SASOL-Ⅰ采用的反应器包括 5 台 Arge 固定床反应器和 3 台 Synthol 气流床反应器。气流床的产量占 2/3，具有高的发动机燃料产率。

图 6-3 为 SASOL-Ⅰ的工艺流程简图。净化后的合成气送入两类 F-T 合成反应器，固定床反应器生成的蜡多，气流床反应器生成汽油多。合成产物冷却至常温后，水和液态烃凝出，余气大部分循环回到反应器。在 F-T 合成原料气中新鲜合成气占 1/3，循环气占 2/3。

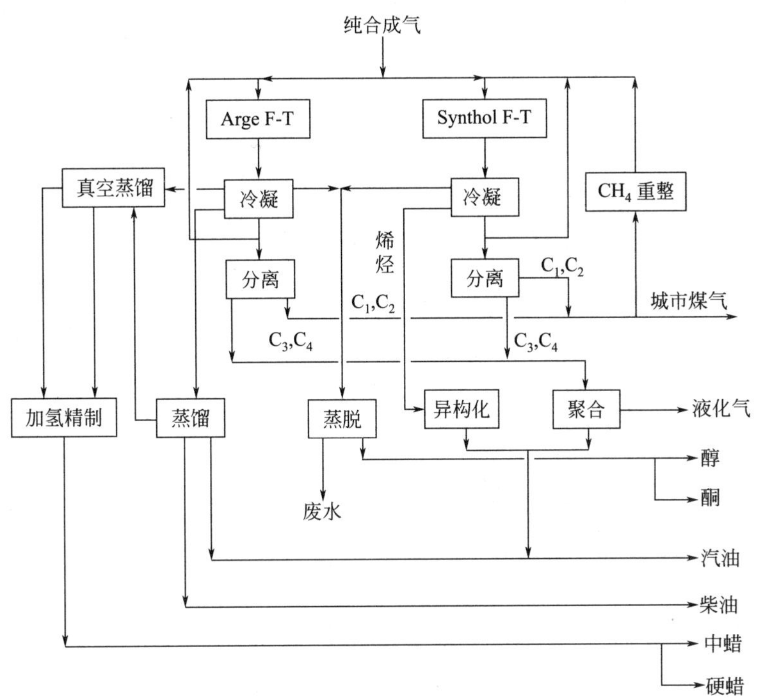

图 6-3 SASOL-Ⅰ工艺流程示意

冷凝水相中约含 2% ～ 6% 溶于水的低分子含氧化合物，主要是醇类和酮类。用蒸汽在蒸脱塔中处理，塔顶脱出含氧化合物，仅羧酸留于塔底残液中，醇和酮经分离精制，作为产品外送。

余气中含有不凝的烃类，通过吸附塔脱出 C_3 及重组分。C_3 和 C_4 作为催化聚合原料，以磷酸硅胶为催化剂，在反应温度为 190℃、压力为 3.8MPa 下进行聚合，其中的烯烃聚合成汽油，而 C_3 和 C_4 烷烃未发生反应，作为液态烃外送。

Synthol 反应器产生的轻油中约含 75% 烯烃，采用酸性沸石催化剂，在反应温度约 400℃、压力 0.1MPa 的条件下进行异构化反应。通过异构化可使汽油辛烷值由 65 增至 86，再与催化聚合的汽油相混合，所得汽油的辛烷值为 90。

Arge 反应器产生的油通过蒸馏分离可得到十六烷值约为 75 的柴油；得到的汽油辛烷值约为 35，通过催化异构化可得辛烷值约为 65 的产品。合成产物中的蜡经过减压蒸馏可生产中蜡（370 ～ 500℃）和硬蜡（>500℃），可分别进行加氢精制。

煤气化和合成反应两个过程都生成甲烷。鲁奇加压气化煤气中含甲烷 10% ～ 13%，作为反应余气回收。余气中也含有未反应的 CO 和 H_2。余气中的甲烷可通过重整制合成气，脱 CO_2 后循环回到 F-T 合成反应器。重整反应热效率较低，仅在余气过剩时采用。

F-T 合成产物为轻油、重油和气体，其组成可以通过改变合成条件加以调变，生产出较轻或较重的烃类产品。产品的范围包括重蜡、柴油、汽油和气体。F-T 合成产物中一般有烯烃生成，通过异构化反应可得高辛烷值汽油。

表 6-2 和表 6-3 是 SASOL 合成操作参数与产品分布。表中数据为正常数值，如果需要改变产品选择性，可改变催化剂组成和性质、气体循环比和反应总压力。通过调变参数可将甲烷含量控制在 2% ～ 80%，同样可在其他条件下，将硬蜡含量控制在 0 ～ 50%。

6

表6-2　SASOL的F-T合成条件与产品分布

项目		SASOL-Ⅰ		SASOL-Ⅱ
		Arge	Synthol	Synthol
操作条件				
	加碱助剂-Fe催化剂	沉淀铁	熔铁	熔铁
	催化剂循环量/(kg/h)	0	8000	
	温度/℃	220～255	320～340	320
	压力/MPa	2.5～2.6	2.3～2.4	2.2
	新原料气$x(H_2)/x(CO)$	1.7～2.5	2.4～2.8	
	循环比（分子）	1.5～2.5	2.0～3.0	
	H_2+CO转化率/%	60～68	79～85	
	新原料气流量/（km^3/h）	20～28	70～125	300～350
	反应器尺寸（直径×高）/m	3×17	2.2×36	3×75
产品产率	甲烷/%	5.0	10.1	11.0
	乙烯/% 乙烷/%	0.2 2.4	4.0 6.0	} 7.5
	丙烯/% 丙烷/%	2.0 2.8	12.0 2.0	} 13.0
	丁烯/% 丁烷/%	3.0 2.2	8.0 1.0	} 11.0
	汽油C_5～C_{12}/% 柴油C_{13}～C_{18}/%	22.5 15.0	39.0 5.0	37.0 （C_5≤375℃） 11.0 （375～750℃）
	重油 C_{19}～C_{21}/% C_{22}～C_{30}/%	6.0 17.0	1.0 3.0	3.0 （750～970℃） 0.5
	蜡C_{31}^+/%	18.0	2.0	>970℃
	非酸性化合物/%	3.5	6.0	6.0
	酸类/%	0.4	1.0	

表6-3　C_5 ~ C_{18}产品组成

产品	固定床		气流床		产品	固定床		气流床	
	C_5~C_{12}	C_{13}~C_{18}	C_5~C_{10}	C_{11}~C_{18}		C_5~C_{12}	C_{13}~C_{18}	C_5~C_{10}	C_{11}~C_{18}
烷烃/%	53	65	13	15	醇类/%	6	6	6	5
烯烃/%	40	28	70	60	醛、酮/%	1	1	6	5
芳烃/%	0	0	5	15	（正构烷烃/烯烃）×100	95	93	55	60

6.1.5　SASOL-Ⅰ的固定床F-T合成

在SASOL-Ⅰ中采用的Arge固定床合成反应器的结构类似于管壳式换热器，见图6-4。反应器的直径为3m，内有2052根长12m、内径50mm的管子用于装催化剂，管内装催化剂40m^3（约35t），采用沸腾水进行管外冷却，使反应热以水的蒸发潜热的形式移走，产生的部分蒸汽送入0.25MPa或1.75MPa的蒸汽管网。

固定床合成工艺流程见图6-5。合成气与循环气混合后经与反应气换热，再用蒸汽预热后进入反应器。每1m^3催化剂的合成气流量为600m^3/h，循环气流量为1200m^3/h。固定床合成反应器的操作温度一般在220～235℃，压力为2.5MPa，在操作末期允许最高温度为245℃。

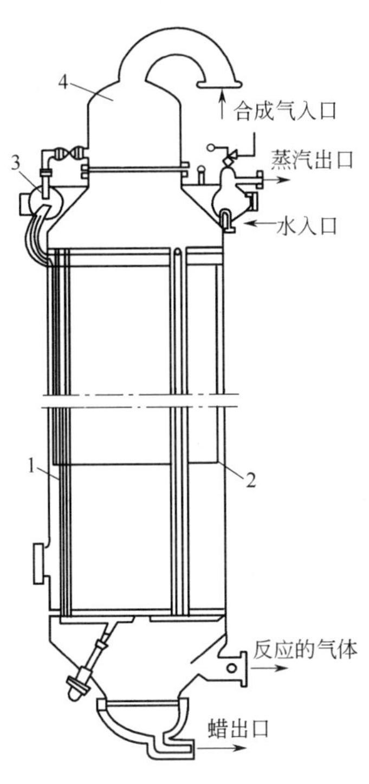

图 6-4 Arge 固定床反应器

1—催化剂管；2—内套；3—蒸汽集合管；4—蒸汽预热器

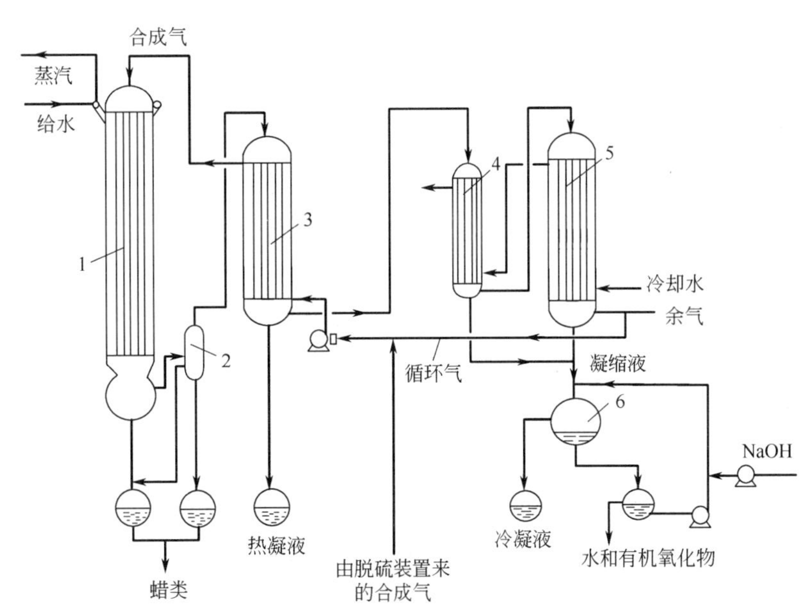

图 6-5 Arge 固定床合成工艺流程

1—反应器；2—蜡分离器；3—换热器；4，5—冷却器；6—分离器

产物从反应器底部流出，经分离器分出蜡类，气体产物流经一个换热器与原料气换热，在其底部分出热凝液，然后气体再经过两个冷却器并在分离器中分出轻油和水。用碱中和酸性物。

固定床合成工艺中采用铁催化剂。由于在操作周期内活性缓缓降低，则反应温度要相应地提高，使 CO 和 H_2 的加入量能保持恒定。为了防止催化剂在装填时氧化，在 CO_2 气氛下将催化剂覆上蜡，再于 N_2 气氛下装入反应器。一台反应器更换催化剂的时间由最初的 12d 缩减到 4 ~ 5d。平均 5 台反应器有 4.8 台在连续操作，高的反应器操作系数，是产品年产量由 5.3×10^4t 增至 8×10^4t 的基础。经过优化生产条件，年产量已达 9×10^4t。

6.1.6 SASOL-Ⅰ的气流床 F-T 合成

SASOL-Ⅰ的另一类反应器是 Synthol 气流床（循环流化床）反应器，见图 6-6。Synthol 反应器直径 2.2m、高 36m，反应热由两个冷却段用循环油冷剂移出。催化剂沉降室直径 5m。沉降室内有两台二级旋风分离器，分离催化剂细粉部分。催化剂循环量经调节阀控制进入合成气流，再循环回到反应器。

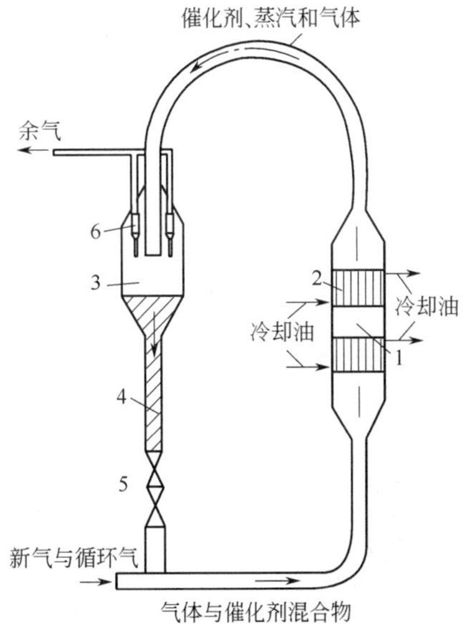

图 6-6 Synthol 气流床反应器

1—反应器；2—冷却器；3—催化剂沉降室；4—竖管；5—调节阀；6—旋风器

Synthol 合成单元有 3 台平行反应器装置，平均操作系数为 2.4，合成工艺流程见图 6-7。合成反应温度为 300 ~ 340℃，压力为 2.0 ~ 2.3MPa。反应产物气体和催化剂去沉降室，在此催化剂与气体分

离；热的催化剂经由竖管与预热的反应气体相汇合，由气流带入反应区，在反应器的反应区发生合成反应，生成物主要为烃类。

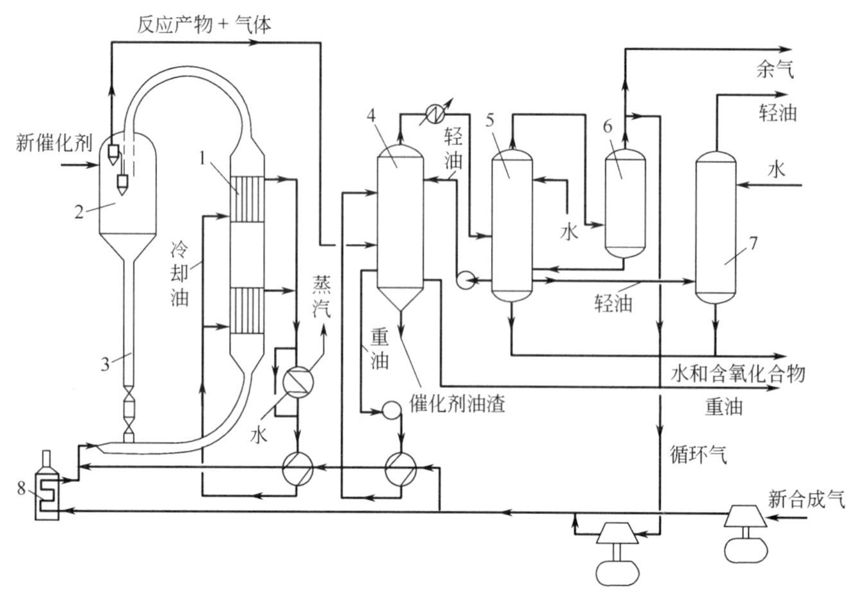

图6-7 Synthol 气流床合成工艺流程

1—反应器；2—催化剂沉降室；3—竖管；4—油洗塔；5—气体洗涤分离塔；6—分离器；7—洗塔；8—开工炉

装置在开车时，需要开工炉点火加热反应气体；当转入正常操作后，气体通过换热器与重油和循环油进行换热，该循环油是由反应器带出反应热的热油。由沉降室来的热催化剂也加热气体。合成气的预热温度介于160～220℃。合成气进入反应器后立即进行反应，温度迅速升到320～330℃。部分反应热由循环冷却油移出，用于生产1.2MPa蒸汽。

产物气流通过热油洗塔，析出重油，部分热的洗油经过换热器将热量传给新的合成气，然后再回到油洗塔，其余部分作为重油产物。虽然用于催化剂分离的旋风分离器效率很高，但油洗塔底仍有含催化剂粉的油渣排出。

在热油洗塔顶出来的蒸汽和气体在气体洗涤塔中冷凝成轻油和水。部分轻油回流到热油洗塔，控制该塔顶温度，使塔顶产物不含重油。余气通过分离器脱除液雾，再经压缩机压缩作为循环气与新合成气混合。轻油在水洗塔中洗涤后得到轻油产品。$1m^3$新合成气的主产品产率在1963年为91g，1975年达到119g。

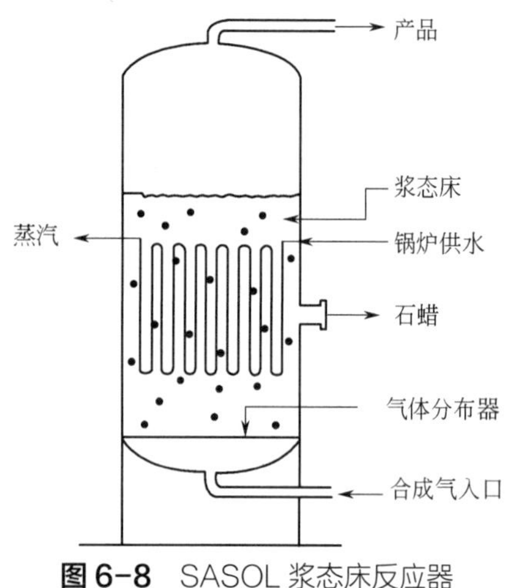

图6-8 SASOL 浆态床反应器

最初用于气流床的催化剂为一种铁矿，所含的杂质可作为助催化剂，但催化剂的均一性差，影响产品选择性以及产品产率。后开发出性能较好的催化剂，该催化剂以高熔点的钢厂锻渣为原料，以氧化物和碱作为助催化剂，在电弧炉中熔化，然后冷却，再用氢气还原制得催化剂。新催化剂使合成生产经济性提高，自1963年以后，主产品产率提高30%。

6.1.7 SASOL 的浆态床 F-T 合成

南非SASOL公司的低温F-T合成浆态床反应器技术（反应温度约220～250℃），主要产品是柴油、煤油和蜡，1993年5月成功实现商业化。商业化的浆态床反应器结构如图6-8所示。反应器的直径5m、高22m，生产能力为2500桶/d。采用粒度范围22～300μm（小于22μm的颗粒含量低于5%）的铁催化剂。

浆态床反应器是一个气液固三相鼓泡塔反应器，反应器的操作温度为250℃、操作压力3.0MPa，气体线速度10cm/s，合成气处理量$1.1\times10^5m^3/h$。经预热的合成气从反应器底部进入，以气泡形式扩散进入由液状石蜡和催化剂颗粒组成的浆液中。合成气在催化剂的作用下生成不同碳数组成的烃类产物。重质烃产品和固体催化剂采用SASOL开发的内置式固液分离器专利技术进行分离。从反应器上部出来的气相轻馏分则从排出的尾气中冷凝回收。通过冷凝液分馏和产品蜡的温和加氢裂解/加氢异构化可生产出柴油、煤油、石脑油等中间馏分油，分离的水送往回收装置处理。产生的反应热由内置式冷却盘管通过产生蒸汽撤出。

6.1.8 SASOL-Ⅱ和SASOL-Ⅲ的工艺流程

受1973年国际石油供应紧张的影响以及为扩大生产，南非SASOL公司在SASOL-Ⅰ的基础上，于1974年决定在SASOL-Ⅰ附近的Secunda建SASOL-Ⅱ，并于1980年建成投产，总投资8×10^9马克。1979年初又决定建立SASOL-Ⅲ，于1982年建成。SASOL-Ⅲ基本上是SASOL-Ⅱ的翻版。

SASOL-Ⅱ的任务是生产南非需要的发动机燃料，即生产汽油和柴油。根据SASOL-Ⅰ的实践，选定了SASOL-Ⅱ的工艺流程，并扩大生产规模。当时，方案选择的主要焦点是选用Arge固定床还是选用Synthol气流床。虽然后者的催化剂循环比较麻烦，但从生产能力考虑，SASOL-Ⅱ还是选择Synthol反应器，因为SASOL-Ⅱ或SASOL-Ⅲ的生产能力是SASOL-Ⅰ的8倍。Arge反应器有2052根内径为50 mm的管子装催化剂，管外用沸腾水冷却，由于反应热径向传出，限制了管径尺寸放大，如果选用Arge反应器只能放大2倍，需35～40台反应器；而SASOL-Ⅰ的Synthol反应器直径2m，可放大至3.5倍，仅需7台反应器。气流床的另一优点是乙烯产率比固定床大几倍，因SASOL-Ⅰ的乙烯量太少，不足以进行回收。

SASOL-Ⅱ选用的气化炉是1971年在SASOL-Ⅰ建成的直径3.85 m的4型鲁奇加压气化炉。其他单元设备都进行了放大，但设计几乎是按SASOL-Ⅰ进行，只是对Synthol反应器的换热系统作了大的改进，使其效率更高。

SASOL-Ⅱ的流程框图见图6-9和图6-10。SASOL-Ⅱ与SASOL-Ⅰ流程的相同点都是先将反应生成的水和液态油冷凝分离；不同的是，SASOL-Ⅱ流程中将余气先脱除CO_2，然后进行深冷分离成富甲烷、富氢、C_2和$C_3\sim C_4$馏分。虽然分离过程的费用高，但可以获得高价值的乙烯和乙烷组分。C_2烃去乙烯装置使乙烷裂解制乙烯；富甲烷馏分由深冷装置去重整炉，将甲烷转化成合成气。SASOL-Ⅱ余气中的甲烷浓度远高于SASOL-Ⅰ，故有较高的效率。富氢气体由深冷装置回到Synthol合成单元，也可通过变压吸附法分离制取纯氢，满足各加氢精制单元的需要。

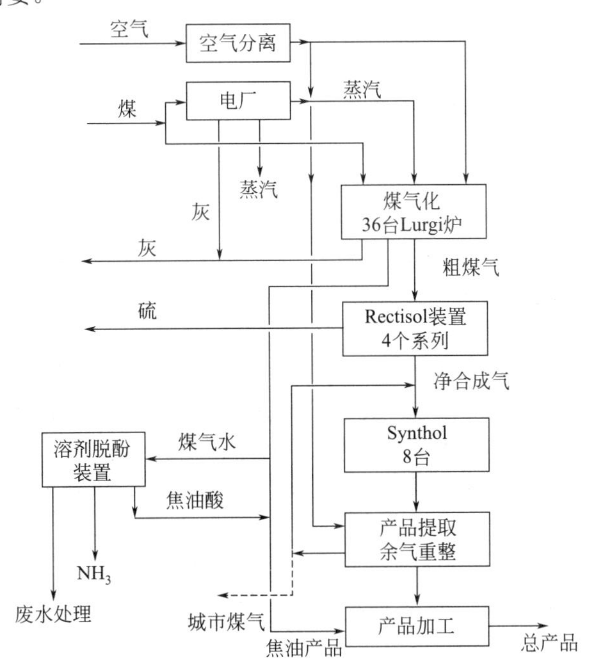

图6-9 SASOL-Ⅱ工艺流程示意

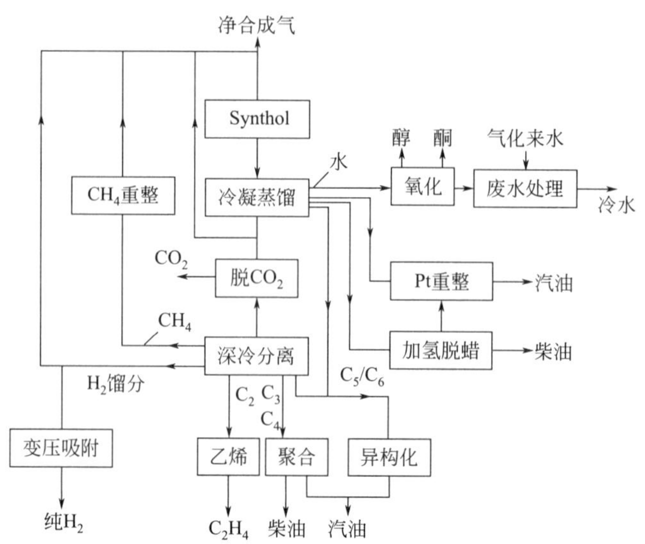

图 6-10 SASOL-Ⅱ产品加工流程示意

C_3 ～ C_4 馏分的处理方法和 SASOL-Ⅰ相同，也是采用聚合方法。由于有部分汽油循环，使柴油产率达到最大，其选择性可达 75%。对 F-T 合成油中的沸点大于 90℃的馏分进行加氢处理，对更重的馏分则利用沸石催化剂进行选择加氢。用于燃料产品生产的装置操作弹性较大，通过改变蜡加氢和烯烃聚合的操作条件，以及改变馏分的切取温度，可使生产的汽油与柴油数量在 10∶1 到约 1∶1 的比例范围变化。

SASOL-Ⅰ和 SASOL-Ⅱ的汽油产量较大，南非已达到汽油供应自给。对 F-T 合成的 C_7 ～ 190℃馏分首先加氢精制，使烯烃饱和并脱除含氧化合物，然后进行铂重整。生产的燃料符合质量要求，汽油辛烷值可达 85 ～ 88，柴油十六烷值为 47 ～ 65。

6.1.9 中国 F-T 合成技术发展

中国煤制油最早是在 1937 年，在锦州石油六厂引进德国以钴催化剂为核心的 F-T 合成技术建设煤制油厂，1943 年投运并生产原油约 100 t/a，1945 年后停产。1949 年新中国成立后，重新恢复和扩建锦州煤制油装置，采用常压钴基催化剂技术的固定床反应器，1951 年生产出油，1959 年产量最高时达 4.7 万吨 /a。1953 年，中国科学院大连石油研究所进行了 4500 t/a 的铁催化剂流化床合成油中试装置。1959 年发现大庆油田，1967 年锦州合成油装置停产。

20 世纪 80 年代初，我国重新恢复了煤制油技术的研究与开发。中国科学院山西煤炭化学研究所提出将传统的 F-T 合成与沸石分子筛相结合的固定床二段合成工艺（MFT 工艺）。

从 20 世纪 90 年代初，山西煤化所开发出新型高效 Fe-Mn 超细催化剂，并于 1996 ～ 1997 年完成连续运转 3000h 的工业单管试验。同时，提出了开发以铁基催化剂和先进的浆态床为核心的合成汽油、柴油技术以及以长寿命钴基催化剂和固定床、浆态床为核心的合成高品质柴油技术、煤制油工业软件和工艺包、煤制油全流程模拟和优化、工业反应器的设计等，有效地提高合成油工业过程放大的成功率。

1997 年，开始研制新型高效 Fe-Mn 超细催化剂。1998 年以后，在系统的浆态床试验中开发了铁催化剂。1999 ～ 2001 年期间，共沉淀 Fe-Cu-K（ICC ⅠA）、Fe-Mn 催化剂定型中试，2001 年 ICC ⅠA 催化剂实现了批量规模生产，新型铁催化剂 ICC ⅠB 也可以批量规模廉价生产，各项指标超过了国外同类催化剂。另外，还开展了钴基合成柴油催化剂和二段加氢裂化工艺的研究，完成了实验室 1500h 寿命试验，达到了国外同类催化剂水平。2002 年建成 1 套 700t/a 级规模的合成油中间试验装置，进行了多次 1500h 的连续试验，获得了工业化设计的数据。在随后的几年中，研发出了 ICC ⅠA 和 ICC ⅡA 高活性铁系催化剂及其在 1000t 级规模上的生产技术、高效浆态床反应器内构件、催化剂在床层中的分布与控制、产物与催化剂分离等关键技术，为工业化示范奠定了基础。

从2006年开始进行伊泰、潞安、神华三个示范厂的工程建设的设计。其中伊泰采用内径5.3m的浆态床F-T反应器，规模为16万吨/a；潞安采用内径5.8m的F-T反应器，规模为16万吨/a煤制油与18万吨/a合成氨联产；神华是在直接液化厂中建设18万吨/a规模装置，反应器内径为5.8m。2009 年，伊泰和潞安装置先后开车运行。2009 年 3 月 20 日至 4 月 8 日，伊泰项目第一次试车，运行 450h，生产油品 1100t；2009 年 8 月 21 日至 2010 年 3 月 13 日第二次试车，共运行 5088 h，生产负荷最高达到 84%，出油品 45000t。2010 年 5 月 2 日起第三次开车，实现满负荷生产，反应器运行温度 236 ～ 260℃，运行压力 3.2MPa。图 6-11 为浆态床 F-T 合成油示范工艺简图。

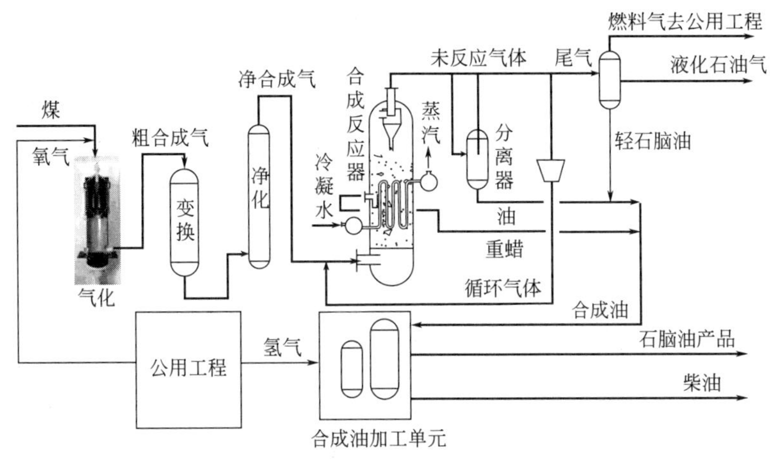

图 6-11 浆态床 F-T 合成油工艺简图

伊泰项目在 70% 负荷下的初步技术指标显示：每吨催化剂产油 1000 t，催化剂产能为每吨催化剂每小时 0.6 ～ 1.0t 油；经济性指标为每吨油消耗 3.78t 标准煤、有效气 5540Nm^3、水 12t、电 880kW · h、催化剂及化学品 360 元。在工业示范基础上，投资 550 亿元，进行神华宁煤集团 400 万吨 /a 煤炭间接液化示范项目的建设，采用内径 9.6 m 浆态床 F-T 反应器，并于 2016 年 12 月 28 日建成投产。

兖矿集团从 1998 年开始进行煤间接液化技术的研究与开发，2003 年完成 5000 t/a 工业试验装置，实现连续运行 4607h。在此基础上，开展百万吨级煤间接液化工业化示范项目的设计，2008 年，该集团的榆林 100 万吨 /a 煤间接液化制油工业示范项目通过国家发改委的审核评估，并于 2015 年建成投产。

兖矿集团在高温 F-T 合成技术开发方面，建设了规模为 5000 t/a 油品的高温流化床费 - 托合成中试装置，采用沉淀型铁基催化剂，连续满负荷运行 1580 h，并进行了多种工况考核试验，2012 年通过中国石油和化学工业协会组织的技术鉴定，2017 年 6 月开工建设 10 万吨级高温 F-T 合成工业示范项目，2018 年 9 月一次投料成功，生产出合格产品，2019 年 4 月进入工业化示范稳定运行，为高温费 - 托合成工业化应用奠定了基础。

6.2 合成甲醇

6.2.1 概述

甲醇是重要的化工产品和原料。最早是在 1830 年，由木柴干馏获得甲醇，当时称木醇。这种方法在 1923

年之前一直是甲醇的来源。

1913 年，德国 BASF 公司开展一氧化碳和氢合成含氧化合物的研究，并于 1923 年在德国 Leuna 建成世界上第一座年产 3000t 合成甲醇的生产厂。该装置采用锌铬催化剂，在 30 ～ 35MPa、300 ～ 400℃条件下进行反应，该法称为甲醇高压合成法。

工业上高压法合成甲醇的压力为 25 ～ 35 MPa，温度为 320 ～ 400℃。到 1967 年，由于无硫合成气的应用，采用高活性铜催化剂，使合成条件发生很大变化，出现了压力为 5 ～ 10MPa、温度为 230 ～ 280 ℃的低压合成甲醇的工艺。目前，低压合成甲醇工艺已是通用的工业生产方法，在经济性上优于高压法。

甲醇用途广泛，它是生产塑料、合成橡胶、合成纤维、农药和医药的原料。甲醇主要用于生产甲醛和对苯二甲酸二甲酯；以甲醇为原料合成醋酐也已经工业化；用甲醇为原料还可以合成人造蛋白，是很好的禽畜饲料。

为缓解石油资源不足，研究和开发了利用煤和天然气资源发展合成甲醇工业。甲醇可作代用燃料或进一步合成汽油、二甲醚、聚甲醚；也可从甲醇出发合成乙烯和丙烯，代替石油生产乙烯和丙烯的原料路线。

由于甲醇用途广泛，属于大吨位产品，近年来发展势头迅猛，最大的单系列合成甲醇装置年产量可达百万吨，截至 2022 年底，我国甲醇总产能达到 9947 万吨，全年甲醇产量超 8100 万吨。我国具有富煤、缺油、少气的能源资源特点，因地制宜地利用煤或天然气为原料合成甲醇，进一步发展有机化学工业和燃料工业的路线是合理可行的，而由合成气合成甲醇是煤间接液化的成熟技术，是煤转化利用的重要途径。

6.2.2　甲醇合成化学反应

合成气合成甲醇，是一个可逆平衡反应，其基本反应式如下：

$$CO+2H_2 \rightleftharpoons CH_3OH \tag{6-15}$$

$$\Delta H=-90.84kJ/mol（25℃）$$

当反应物中有 CO_2 存在时，还能发生下述反应：

$$CO_2+3H_2 \rightleftharpoons CH_3OH+H_2O \tag{6-16}$$

$$\Delta H=-49.57kJ/mol（25℃）$$

6.2.2.1　反应热效应

一氧化碳加氢合成甲醇是放热反应，在 25℃的反应热为 $\Delta H=-90.84$kJ/mol。常压下不同温度的反应热可按下式计算：

$$\Delta H_T=-75.0-6.6\times10^{-2}T+4.8\times10^{-5}T^2-1.13\times10^{-8}T^3 \tag{6-17}$$

式中　ΔH_T——常压下温度 T 时的反应热，kJ/mol；

T—— 温度，K。

根据上式计算，在 200 ～ 350℃，合成甲醇反应热为 97 ～ 100kJ/mol。反应热与压力有关，高压下温度低时反应热大，而且反应温度低于 200℃时，反应热随压力变化幅度大于反应温度高时的幅度。当反应压力为 10MPa、温度为 200℃时反应热为 103.0 kJ/mol，而常压下 200℃反应热为 97.0kJ/mol。

6.2.2.2　平衡常数

反应式（6-15）和式（6-16）的平衡常数与温度的关系见图 6-12。

甲醇合成反应特别适合在高压和低温条件下进行。由化学计量关系计算得出的平衡转化率见图 6-13。计算用的合成气混合物组成为 H_2 64%；CO 29%；CO_2 2%；惰性物质 5%。计算按理想气体状态进行，与实际有偏差。但图示结果可足够准确地说明甲醇合成过程强烈的热力学限定条件。工业生产选用合适催化剂，在较低温度和较低压力下进行合成甲醇是可行的。

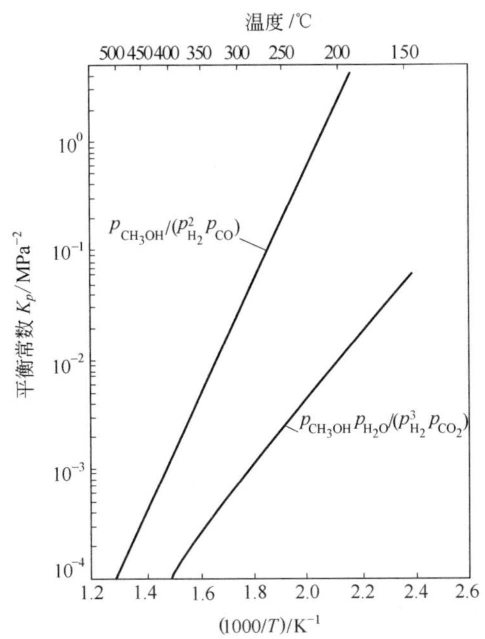

图 6-12 甲醇合成反应平衡常数与温度的关系

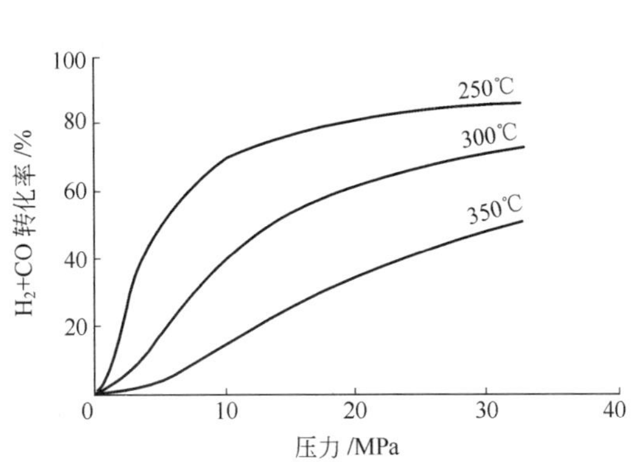

图 6-13 甲醇合成平衡转化率与温度和压力的关系

6.2.2.3 副反应

一氧化碳加氢反应除了生成甲醇之外，还发生下述副反应：

$$2CO+4H_2 \rightleftharpoons (CH_3)_2O+H_2O$$

$$CO+3H_2 \rightleftharpoons CH_4+H_2O$$

$$4CO+8H_2 \rightleftharpoons C_4H_9OH+3H_2O$$

$$CO_2+4H_2 \rightleftharpoons CH_4+2H_2O$$

$$2CO \rightleftharpoons CO_2+C$$

此外，还可能生成少量的高级醇和微量醛、酮和酯等副产物，也可能形成少量的 $Fe(CO)_5$。对一氧化碳加氢反应的自由焓 $\Delta G^{\ominus}$ 值加以比较，可以看出合成甲醇主反应的 $\Delta G^{\ominus}$ 值最大，见表 6-4，说明副反应在热力学上均比主反应有利，因此，必须采用能抑制副反应的具有甲醇选择性好的催化剂，才能用于合成甲醇的反应。此外，由表 6-4 可以看出，各反应都是分子数减少，其中，主反应的分子数减少最多，其他副反应虽然也都是分子数减少，但小于主反应，所以加大反应压力对合成甲醇有利。

从上述热力学分析可知，合成甲醇反应的温度低时，可在较低的压力下进行操作；但温度低时反应速度慢，因此催化剂成为反应的关键。20 世纪 60 年代中期以前，甲醇合成厂基本上沿用 1923 年德国开发的高压合成工艺，几乎都使用催化剂活性较低的锌铬催化剂，需要在 380℃左右的高温和 30MPa 左右压力下进行反应。1966 年，英国 ICI 公司研制成功了高活性铜基催化剂，开发了低压合成甲醇新工艺，简称 ICI 法。1971 年鲁奇（Lurgi）公司开发了另一种低压合成甲醇工艺。70 年代以后，世界各国新建和扩建的甲醇厂以低压法为主。

6

表6-4 一氧化碳加氢反应标准自由焓 $\Delta G^{\ominus}$ 单位：kJ/mol

反应式	反应温度/K				
	300	400	500	600	700
$CO+2H_2 \longrightarrow CH_3OH$	-26.35	-33.40	+20.90	+43.50	+69.0
$2CO \longrightarrow CO_2+C$	-119.5	-100.9	-83.60	-65.80	-47.8
$CO+3H_2 \longrightarrow CH_4+H_2O$	-142.5	-119.5	-96.62	-72.30	-47.8
$2CO+2H_2 \longrightarrow CH_4+CO_2$	-170.3	-143.5	-116.9	-88.70	-60.7
$nCO+2nH_2 \longrightarrow C_nH_{2n}+nH_2O$（$n$=2）	-114.8	-80.8	-46.4	-11.18	+24.7
$nCO+(2n+1)H_2 \longrightarrow C_nH_{2n+2}+nH_2O$（$n$=2）	-214.5	-169.5	-125.0	-73.7	-24.58

6.2.3 催化剂及反应条件

6.2.3.1 催化剂

合成甲醇工业的发展，很大程度上取决于新型催化剂的研制成功以及性能的提高。在合成甲醇的生产中，很多工艺指标和操作条件都由所用催化剂的性质决定。最早用的合成甲醇的催化剂为 $ZnO-Cr_2O_3$，因其活性温度较高，需要在 320 ～ 400℃的高温下操作。为了提高在高温下的平衡转化率，反应必须在高压下进行。20 世纪 60 年代后，开发了活性高的铜系催化剂，适宜的温度为 230 ～ 280℃，使反应可在较低压力下进行，形成了目前广泛使用的低压法合成甲醇工艺。

表 6-5 是两种低压法合成甲醇的催化剂组成。使用铜锌催化剂时，为了抑制副反应并保持其活性和热稳定性，加入其他组分。催化剂为柱状，直径为 5 ～ 10mm，堆密度为 0.9 ～ 1.6g/cm^3。在空速为 20000m^3/(m^3·h) 条件下，每升催化剂的甲醇产率为 2kg/h。当反应温度为 230 ～ 280℃，正常操作时，空速为 10000m^3/(m^3·h)，每升催化剂的甲醇产率为 0.5 ～ 1.0kg/h。

表6-5 合成甲醇的催化剂及其组成

成分	ICI催化剂	Lurgi催化剂	成　分	ICI催化剂	Lurgi催化剂
Cu	25%～90%	30%～80%	V	—	1%～25%
Zn	8%～60%	10%～50%	Mn	—	10%～50%
Cr	2%～3%	—			

6.2.3.2 反应条件

为了减少副反应，提高甲醇产率，除了选择适当的催化剂之外，选定合适的温度、压力、空速及原料组成也很重要。

采用 Cu-Zn-A1 催化剂时，适宜的反应温度为 230 ～ 280℃；适宜的反应压力为 5.0 ～ 10.0MPa。为使催化剂有较长的寿命，一般在操作初期采用较低温度，反应一定时间后再升至适宜温度，其后随着催化剂老化程度增加，相应地提高反应温度。由于合成甲醇是强放热反应，需及时移出反应热，否则易使催化剂温升过高，不仅影响反应速度，而且增大副反应，甚至导致催化剂因过热烧结而活性下降。

合成甲醇反应器中空速的大小将影响选择性和转化率，直接关系到生产能力和单位时间放热量。低压合成甲醇工业生产空速一般为 5000 ～ 10000h^{-1}。

合成甲醇原料气 H_2/CO 的化学反应当量比为 2∶1。CO 含量高不仅对温度控制不利，而且引起催化剂上积聚羰基铁，使催化剂失活，低 CO 含量有助于避免此问题；氢气过量，可改善甲醇质量，提高反应速度，有利于导出反应热，故一般采用过量氢气。低压法用铜系催化剂时，H_2/CO 比为 2.0 ～ 3.0。

合成甲醇反应器中空速大、接触时间短，单程转化率低，通常只有 10% ～ 15%，因此反应气体中仍含有大量未转化的 H_2 和 CO，必须循环利用。为了避免惰性成分积累，须将部分循环气由反应系统排出。生产中一般控制循环气量与新原料气量的比为 3.5 ～ 6。

6.2.4 反应器

合成甲醇反应是强放热过程。因反应热移出方式不同，有绝热式和等温式两类反应器；按冷却方法区分，有直接冷却的冷激式和间接冷却的管壳式反应器。

6.2.4.1 冷激式绝热反应器

冷激式绝热反应器的床层分为若干绝热段，两段之间直接加入冷的原料气使反应气冷却。这类反应器的主要优点为单元生产能力大。ICI 低压甲醇合成工艺采用此类反应器。

图 6-14 是冷激式合成反应器示意图。催化剂由惰性材料支撑，反应器的上下部，分别设有催化剂装入口和卸出口。冷激用原料气分数段由催化剂段间喷嘴喷入，喷嘴分布在反应器的整个横截面上。冷的原料气与热的反应气体相混合，混合后的气体温度刚好是反应温度低限，然后进入下一段催化剂床层，继续进行合成反应。两层喷嘴间的催化剂床层在绝热条件下操作，放出的反应热又使反应气体温度升高，但未超过反应温度高限，于下一个段间再用冷的原料气进行冷激，温度降低后继续进入再下一段催化剂床层，其温度分布见图 6-15。这种反应器每段加入冷激用原料气，流量在不断增大，各段反应条件存在差异，气体的组成和空速都不一样。这类反应器结构简单，催化剂装卸方便，但要避免过热现象的发生，其关键是反应气和冷激气的混合必须均匀。

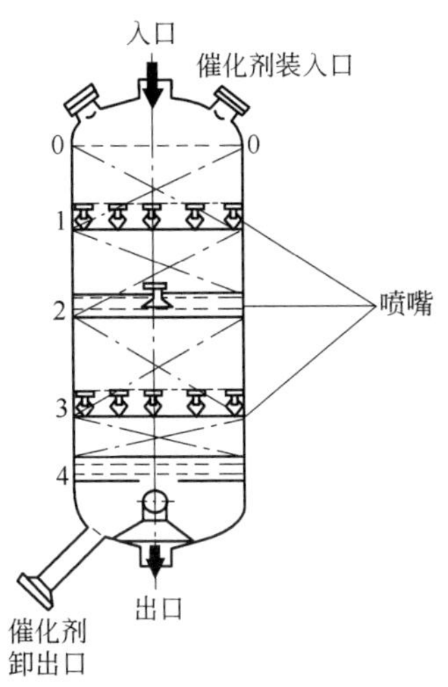

图 6-14 冷激式合成反应器

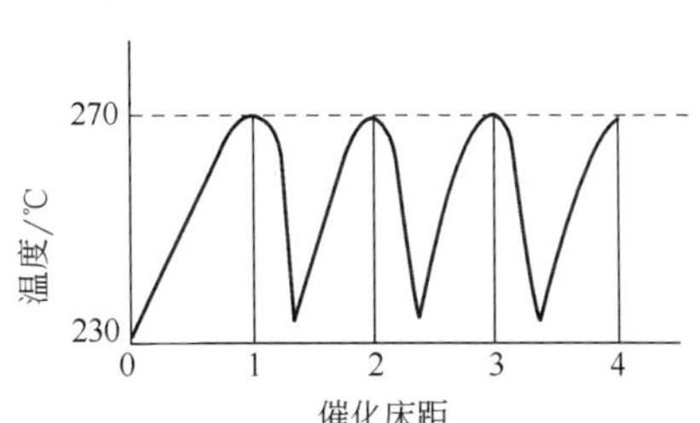

图 6-15 冷激式合成反应器温度分布（图中催化床距与图 6-14 相对应）

6.2.4.2 管壳式等温反应器

管壳式等温反应器与图 6-4 反应器类似，如同列管式换热器，见图 6-16。催化剂置于列管内，壳程走沸腾水。反应热由管外水沸腾汽化的蒸汽带走，产生的高压蒸汽供给本装置使用，如带动蒸汽透平。通过蒸汽压力的调节，可方便地控制反应温度。该反应器列管内轴向温差小，仅比管外水温高几度，可避免催化剂过热，可看作

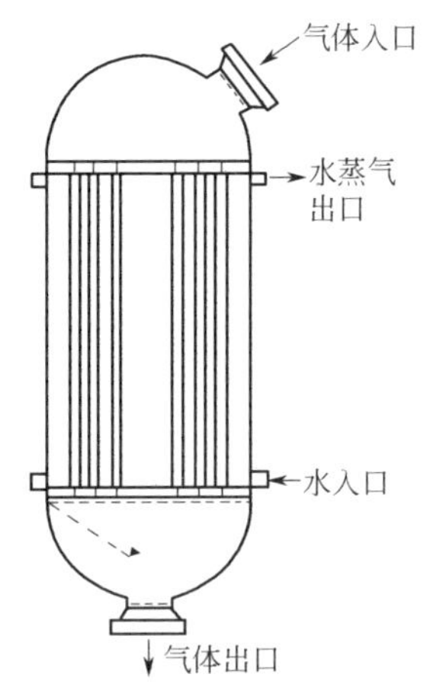

图6-16 管壳式等温反应器

为等温反应过程，故名等温反应器。Lurgi 低压甲醇合成工艺采用此类反应器。

管壳式反应器的循环气量较小，特别是煤制合成气，其中 CO_2 含量少，CO 含量为28%，采用水冷管壳式反应器可降低循环气量，循环比可为 5∶1，能量效率较高。但此类反应器复杂、制作困难，对材质与制造要求较高。对年产 10 万吨甲醇的管壳式反应器中装有直径 38mm、长 6m、壁厚 2mm 的管子 3000 多根。一般反应器的直径可达 6m，高度为 8 ～ 16m。

6.2.4.3 浆态床反应器

上述甲醇合成工艺均为气相合成，尚存在合成效率低、能耗高等多种缺陷。甲醇合成作为强的放热反应，从热力学的角度，降低温度有利于反应朝生成甲醇的方向进行。采用原料气冷激和列管式反应器很难实现等温条件的操作，反应器出口气中甲醇的含量偏低，使得反应气的循环量加大。受 F-T 浆态床的启发，Sherwin 和 Blum 于 1975 年首先提出甲醇的液相合成方法。液相合成是在反应器中加入碳氢化合物的惰性油介质，把催化剂分散在液相介质中。在反应开始时合成气要溶解并分散在惰性油介质中才能到达催化剂表面，反应后的产物也要经历类似的过程才能移走。

液相合成由于使用了热容高、热导率大的石蜡类长链烃类化合物，可以使甲醇的合成反应在等温条件下进行，同时，由于分散在液相介质中的催化剂的比表面积非常大，加速了反应过程，可以在较低反应温度和压力下进行。

根据气 - 液 - 固三相物料在过程中的流动状态不同，三相反应器主要有滴流床、搅拌釜、浆态床、流化床与携带床等。目前在液相甲醇合成方面，采用最多的主要是滴流床和浆态床。

浆态床反应器和三相流化床反应器，由于结构简单、换热效率高、催化剂活性稳定，正在大力开发中，其结构与 F-T 合成反应器相似，可参见 6.1.3。

6.2.4.4 反应器材质

合成气中一氧化碳在 150℃能与钢铁发生作用生成 $Fe(CO)_5$，而氢对钢铁有氢蚀作用，因此，反应器材质要求有抗氢蚀和抗一氧化碳侵蚀的能力。CO 和 H_2 分压越高，其侵蚀作用越强烈。有时在常温下也能生成 $Fe(CO)_5$，此作用能破坏反应器和催化剂，然而高于 350℃，此反应几乎不发生。

为了保护反应器钢材强度，采用含 1.5% ～ 2% 锰的铜衬设备，但衬铜的缺点是在加压膨胀时会产生裂缝。当 CO 分压超过 3.0MPa 时，必须采用特殊钢材以防止 H_2 和 CO 的侵蚀作用。依上述要求，可用含有少量碳，并加入钼、钨和钒的铬钢，也可用 1Cr18Ni9Ti 等特殊钢。

6.2.5 合成甲醇工艺流程

高压法合成甲醇副反应多，甲醇产率较低，投资费用和动力消耗大，目前已被低压合成法取代。低压法反应温度为 230 ～ 280℃，压力为 5MPa，但压力太低所需反应器容积大，生产规模大时制造较困难。为克服此缺点，又发展了 10MPa 低压合成法，可比 5MPa 低压法节省生产费用。

6.2.5.1 ICI 和 Lurgi 工艺流程

现在较普遍采用的低压合成甲醇工艺流程有两种，一种是 ICI 工艺，见图 6-17；另一种为 Lurgi 工艺，见图 6-18。

合成甲醇的原料是煤炭或天然气，经过造气过程制得合成气。合成气经压缩至 5.0MPa 或 10MPa 压力，与循环气以 1∶5 的比例混合后进入反应器，在 Cu-Zn-Al 氧化物催化剂床层中进行合成甲醇反应。由反应器出来的反应气体中含有 4% ～ 7% 的甲醇，经过换热器换热后进入水冷凝器，使产物甲醇冷凝，然后将液态甲醇在气液分离器中分离出来，得到液态粗甲醇。粗甲醇进入轻馏分塔闪蒸，压力降至 0.35MPa 左右，塔顶脱出轻馏分气体，塔底粗甲醇送去精制。在分离器分出的气体中还含有大量未反应的 CO 和 H_2，为保持系统惰性气体在一定范围内，部分气体排出系统可作燃料用，其余气体与新合成气混合，用循环压缩机增压后再进入合成反应器。

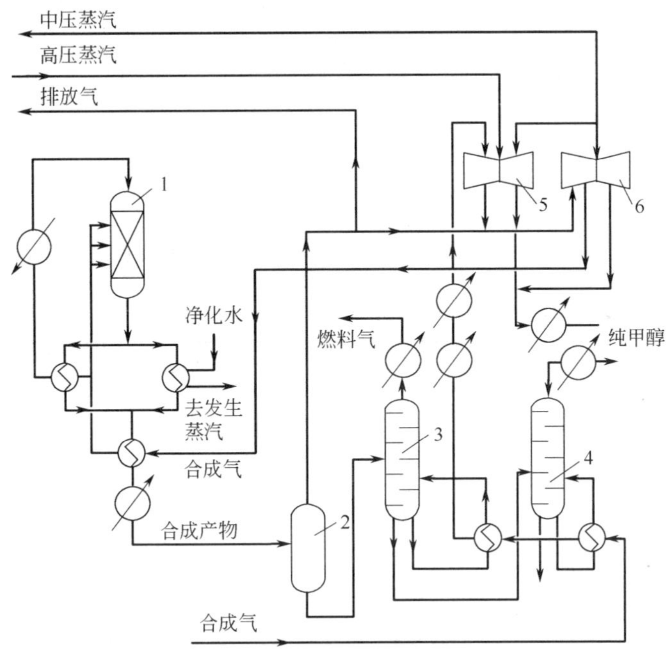

图 6-17 ICI 低压合成甲醇流程

1—反应器；2—气液分离器；3—轻馏分塔；4—甲醇塔；5，6—合成气压缩机

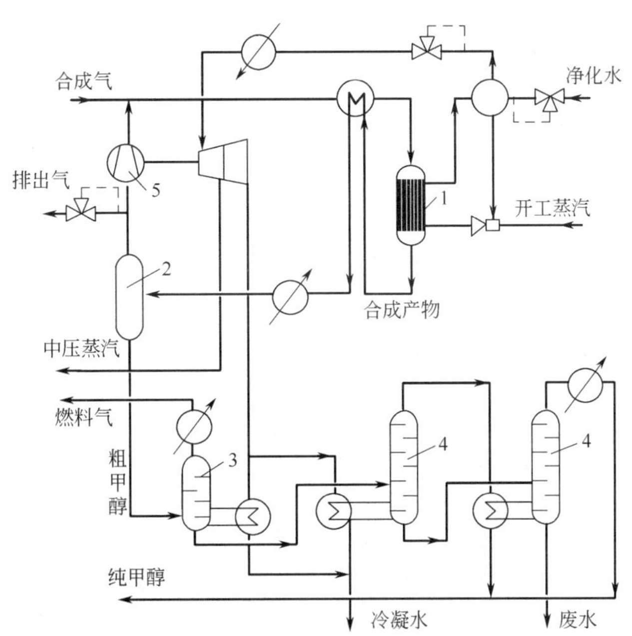

图 6-18 Lurgi 低压合成甲醇流程

1—反应器；2—气液分离器；3—轻馏分塔；4—甲醇塔；5—压缩机

粗甲醇中除甲醇外主要含有两类杂质：一类是溶于其中的气体和易挥发的轻组分，如 H_2、CO、CO_2 气体，二甲醚、乙醛、丙酮和甲酸甲酯等；另一类杂质是难挥发的重组分，如乙醇、高级醇和水分等。因此可用脱去轻馏分和脱去重馏分的两类塔达到甲醇精制目的。图 6-18 为 Lurgi 工艺流程，是典型的两塔流程。使用 Cu-Zn-Mn 或 Cu-Zn-Mn-V、Cu-Zn-Al-V 氧化物催化剂。合成塔出来的产物经气液分离器后，液体产物进入轻馏分塔，塔顶脱出燃料气，塔底产物到甲醇塔精馏，塔顶得产品纯甲醇，塔底为废水。一般轻馏分塔为 40 ～ 50 块塔板，甲醇塔为 60 ～ 70 块。

6.2.5.2　技术经济指标

低压合成甲醇装置的技术经济指标见表 6-6。

表6-6　低压合成甲醇装置的技术经济指标

项目	ICI工艺			Lurgi工艺		
生产能力/（t/a）	100000			100000		
反应器	冷激式			管壳式，管数3199，ϕ38mm×2mm，长6000mm		
反应压力/MPa	5～10			5～10		
反应温度/℃	200～300			240～270		
催化剂	铜系			铜系		
催化剂寿命/a	3～4					
$n(H_2-CO_2)/n(CO+CO_2)$				2.0		
原料类别	重油	石脑油	天然气	煤	渣油	天然气
每吨甲醇消耗						
原料和燃料/GJ	32.6	32.2	30.6	40.8	38.3	29.7
电力/kW・h	88	35	35			
原料水/m^3	0.75	1.15	1.15	3.8	2.5	3.1
冷却水/m^3	88	64	70			
催化剂和化学品费/美元	1.8	1.8	1.5	0.6	0.5	1.0
装置能力范围/（t/d）					150～2500	

6.2.6　低温液相合成甲醇

现有工业合成甲醇的方法已达到相当高的水平，但仍存在着三大缺点有待克服和突破：①由于受到反应温度下热力学平衡的限制，单程转化率低，在合成塔出口产物中甲醇浓度极少能超过 7%，因此需要多次循环，大大增加了合成气制造工序的投资和合成气成本；② ICI 等方法要求原料气中必须含有 5% 的 CO_2，从而产生了有害的杂质——水，为了使甲醇产品符合燃料及下游化工产品的要求，必须进行甲醇 - 水分离，增加了能耗；③ ICI 等传统方法的合成气净化成本很高。

为了克服上述缺点，国外自 20 世纪 70 年代以来进行了大量的研究，长期的研究结果表明必须从根本上改变催化剂体系，开发出具有低温（90 ～ 180℃）、高活性、高选择性、无过热问题的催化剂体系，使生产过程在大于 90% 的高单程转化率和高选择性状态下操作，这就是低温液相合成甲醇。

对于低温液相合成甲醇，国际上多家大公司和研究机构都进行了研究，如：Brookhaven National Laboratory，Shell International，Snamprogretti S.P.A.，Mitsui Petrochemicals，Pittsburgh University，Amoco Corporation 等。中国科学院成都有机化学研究所等单位的研究也取得了良好的进展。

6.2.6.1 催化剂体系

目前已取得较好研究水平的低温甲醇液相合成催化剂主要包括：美国 Amoco 公司和 Brookhaven 国家实验室联合开发的镍系催化剂，其合成气的单程转化率超过 90%，反应可以在较低的温度（150℃）和压力（1 ～ 3MPa）下进行，但 $Ni(CO)_4$ 易挥发和剧毒等问题有待解决。意大利的 SNAM 公司在铜基催化剂的研究方面做了大量的工作，研究的铜基催化剂活性和选择性与 Amoco 公司的镍系催化剂接近。中国科学院成都有机化学研究所研究的 CuCatE 在温和的反应条件下（90 ～ 150℃，3.0 ～ 5.5MPa）可获得合成气的单程转化率达到 90%，时空收率达到 80.4g/(L·h)。甲醇与甲酸甲酯的总选择性在 98% 以上，其中甲醇选择性达到 80%，联产的甲酸甲酯选择性约 20%。此外，Fe、Co、Ir、Ru、Pt、Re 等催化剂体系的研究工作也有不少报道。

6.2.6.2 催化反应工艺

影响低温甲醇液相合成的催化反应工艺参数包括：温度、压力、铜基催化剂的浓度、催化剂预处理方法以及溶剂、原料气中 H_2/CO 比值、起始液中 CH_3OH 的浓度、甲酸甲酯的加入量、开工过程、助剂的加入量、反应时间等。

不同的催化剂体系作用机理不同，温度和压力对结果的影响也明显不同，在 CuCl 催化剂体系，其低温条件下的催化活性远高于高温条件下的；而 Cu-Cr-O 催化体系，在实验温度范围内，活性随着反应温度的升高而增加。在 CuCl 催化剂和 Cu-Cr 催化剂体系，反应活性均随着压力的上升而增加，但两个体系的反应选择性的变化趋势明显不同。在小于 4.0 MPa 时，Cu-Cl 体系的甲醇选择性随压力的增加而明显上升，再进一步上升至 6.0MPa 时则缓慢增加至 78% 左右。而 Cu-Cr 催化剂的甲醇选择性随压力的提高而下降。

低温甲醇合成法克服了传统方法的缺点，具备一系列的优点。表 6-7 为低温甲醇合成法与目前通用的 ICI 工艺的比较。可以看出，低温甲醇合成法因单程转化率高（通常 >90%），不需要循环，故投资与电耗同时降低；粗产品构成好，不生成水、高级醇和羰基化合物，因而特别容易获得无水甲醇，并使分离能耗大幅度降低。低温浆态床系统的特性使它可使用 H_2 与 CO 比值低的合成气（1 ～ 1.7）；对天然气工艺，该低温方法可使用投资低的甲烷部分氧化造气，而 ICI 法因需使用高氢气体，所以必须使用蒸汽转化法制合成气，使其造气总投资大幅度上升。可使用氢碳比低（CO 含量高）的合成气对煤制甲醇也特别重要，因新型煤气化炉（如德士古煤气化炉）所生产的煤气均为富 CO 煤气，这一优点使该合成法为煤化工界所重视。

表6-7 低温甲醇合成法与ICI工艺的比较

指标	低温法	通用ICI工艺
操作温度/℃	90～150	230～270
操作压力/MPa	1～5（≥5时产品以甲酸甲酯为主）	5～10
合成气单程转化率/%	≥90	16（必须大量循环）
合成气	可用含较大量N_2、CH_4的廉价合成气	须用N_2、CH_4含量极低的高价合成气
相对电耗	1	4
粗产品构成	甲醇+甲酸甲酯	甲醇+水
粗产品用途	优质燃料	难以使用
适用的$n(H_2)/n(CO)$	1.0～1.7	2.5～3
需配造气工艺	CPO，氧化剂可用空气、富氧或纯氧	水蒸气转化
总结果	投资65%～75%，成本70%～80%	投资100%，成本100%

注：CPO—甲烷部分氧化。

6.3 甲醇转化成汽油

6.3.1 概述

煤气化制合成气，再由合成气合成甲醇，已实现大工业生产。甲醇本身可用作发动机燃料，或作为混掺汽油的燃料，但甲醇能量密度低，溶水能力强，单位容积甲醇能量只相当于汽油的50%，故其装载、储存和运输容量都要加倍；甲醇作为燃料应用时，能从空气中吸收水分，再储存时会导致醇水互溶的液相由燃料中分出，致使发动机停止工作。此外，甲醇对金属有腐蚀作用，对橡胶有溶侵作用以及对人体有毒害作用。据报道，为解决这些问题需消耗很大的费用。

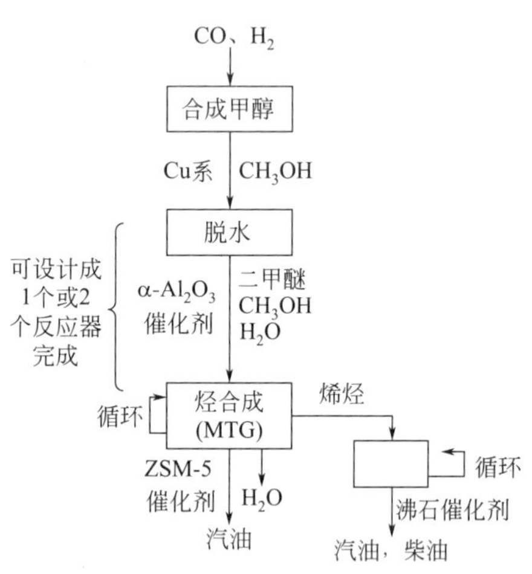

图 6-19 Mobil 甲醇转化成汽油流程

甲醇用作燃料的有效方法之一是将其转变成汽油。Mobil 公司开发了用沸石催化剂 ZSM-5 将甲醇催化转化成高辛烷值汽油的工艺技术。此项技术已于 1986 年初在新西兰实现工业化生产，年产合成汽油 57 万吨。近年来，在中国得到很大发展，已有多个年产 10 万吨及 20 万吨的工业化项目投入生产。

甲醇转化成汽油（methanol to gasoline，MTG）是以甲醇为原料。由于煤制甲醇或天然气制甲醇是成熟技术，Mobil 方法合成汽油只是进行甲醇转化成汽油反应的研究，需要解决的问题比较单一。

以煤为原料合成甲醇，由甲醇转化成汽油的工艺流程框图见图 6-19。

甲醇转化成汽油具有过程较简单、热效率较高以及能获得高产率的优质汽油等优点，可用现成的煤气化、合成甲醇和炼油技术。与煤直接液化技术相比，工业化放大技术风险小。

6.3.2 化学反应

甲醇转化成汽油的化学反应，可以简化看成是甲醇脱水，用下式表示：

$$nCH_3OH \longrightarrow (CH_2)_n+nH_2O \tag{6-18}$$

甲醇按化学计量生成 44% 烃类和 56% 水，为放热反应。目前较一致的看法为：反应首先生成二甲醚（CH_3OCH_3）和水，二甲醚和水再转化成轻烯烃，然后成为重烯烃，在催化剂选择作用以及足够量的循环气存在下，烯烃重整为脂肪烃、环烷烃和芳香烃，但烃的碳原子数不大于 10，其反应机理如下：

$$2CH_3OH \rightleftharpoons CH_3OCH_3+H_2O$$

$$\Updownarrow$$

$$\text{轻质烯烃类} + \text{水}$$

$$\Updownarrow$$

$$\text{脂肪烃} + \text{环烷烃} + \text{芳香烃}$$

上述反应机理可以由图 6-20 看出。随着反应时间的增长，甲醇首先转化成二甲醚，在低转化区间烃分布中，$C_2 \sim C_5$ 烯烃占 78%。然后，这些烯烃经过缩合与重整，最后形成芳烃产物。

甲醇转化成汽油的催化剂为合成沸石分子筛 ZSM-5，这是 Mobil 法的关键。ZSM-5 是立体晶型结构，具有规则的孔道结构，结晶中有直的和拐弯的两种通道，尺寸为0.5～0.6nm，此尺寸大小正好与C_{10}分子直径相当，C_{10} 以下的分子能通过 ZSM-5 催化剂。在反应中生成的 C_{10}^+ 分子，由于其分子直径大于 ZSM-5 催化剂的通道，从而限制了它的链增长，只有向减少尺寸方向反应才能离开催化剂，这样，催化反应产物主要为 C_5 ～ C_{10} 烃，其沸点范围恰为汽油馏分。

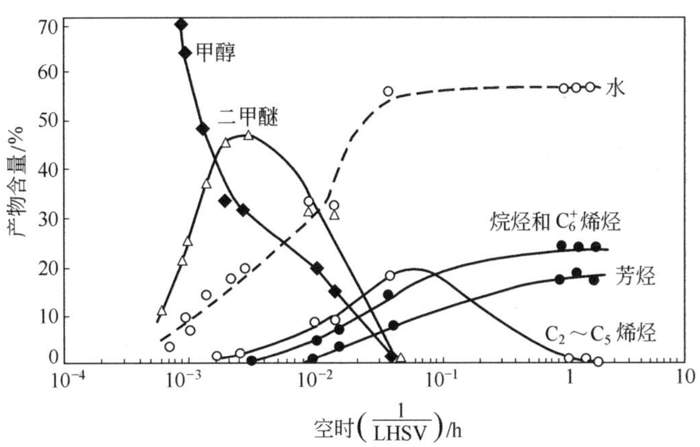

图 6-20 甲醇转化为烃类的途径

6.3.3 反应器

甲醇转化成烃和水是强放热反应，其值为 1721J/g，在绝热条件下反应温度升高可达 590℃，这样的温度升高程度超过了允许的反应温度范围，必须移出反应生成的热量。为了解决此问题，把固定床式反应器中的反应分成两段。第一段进行甲醇脱水生成二甲醚反应，放出 20% 的反应热，其余 80% 反应热在第二段甲醇、二甲醚和水平衡混合物转化成烃的反应中放出。这样的两段反应安排，减少了为控制温度升高的循环气量。

流化床反应器传热好，几乎可在等温条件下操作，但固定床反应器利用两段反应分配热量，具有设计简单、放大容易的特点。因此，在新西兰的第一个工业化装置采用了固定床式反应器。

6.3.4 固定床工艺流程

甲醇转化成汽油的固定床反应器工艺流程见图 6-21。来自甲醇厂的原料经气化并加热至 300 ℃后进入二甲醚反应器，在此，部分甲醇在 ZSM-5（或氧化铝）催化剂上转化成二甲醚和水；离开二甲醚反应器的物料与来自分离器的循环气混合，循环气量与原料量之比为（7 ～ 9）∶1。混合气进入反应器，压力为 2.0MPa、温度为 340 ～ 410℃，在 ZSM-5 催化剂上，转化成烯烃、芳烃和烷烃。在绝热条件下，温度升高 38℃。

在图 6-21 中有 4 个转化反应器，其数量取决于工厂的能力和催化剂再生周期长短。催化剂因积碳失活，需要定期再生。在正常操作条件下，至少有一个反应器在再生，再生周期约 20d。当催化剂需要再生时，反应器与再生系统联结，见图 6-21 中反应器 3，通入热空气烧去该反应器中催化剂上的积碳。二甲醚反应器不积碳，操作一年催化剂也无需再生。

离开转化反应器的产品流，先加热锅炉产生蒸汽降温，再去预热原料甲醇以及用循环空气和水冷却。冷却后的反应产物去产品分离器将水分离，得到粗汽油产品。分离出的气体循环回到反应器前与原料相混，再进入反应器。

合成汽油不含杂质，如含氧化合物。其沸点范围与优质汽油的相同。合成汽油中含有较多的均四甲苯（1,2,4,5- 四甲基苯），约占 3% ～ 6%，在一般汽油中只含 0.2% ～ 0.3%，它的辛烷值高，但其冰点为 80℃。试验表明，均四甲苯浓度小于 5% 时发动机可以使用。

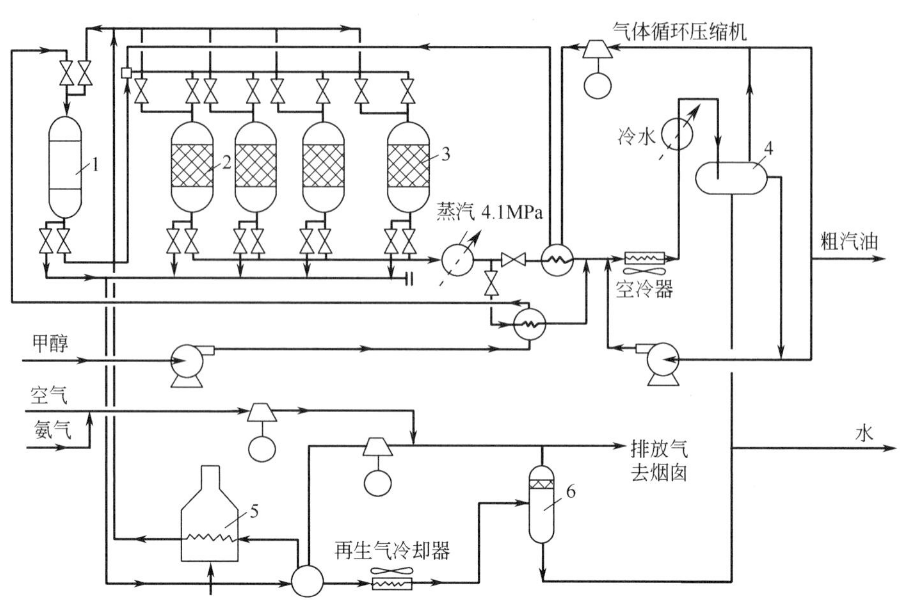

图 6-21 甲醇转化成汽油的固定床反应器流程

1—二甲醚反应器；2—转化反应器；3—再生反应器；4—产品分离器；5—开工、再生炉；6—气液分离器

根据 Mobil 公司研究结果，用固定床反应器时甲醇转化率可达 100%，烃产物中汽油产率占 85%，液化石油气占 13.6%。包含加工过程能耗在内的总效率可达 92% ～ 93%。甲醇转化成汽油的热效率为 88%。

6.3.5 新西兰工业化生产

Mobil 公司的 MTG 工艺最早在新西兰实现工业化生产。该厂以天然气为原料生产合成气，由合成气生产甲醇，再由甲醇转化为汽油，年产汽油 57 万吨，汽油辛烷值为 93.7，包括烯烃烷基化油在内的合成汽油选择性达到 85%。该厂在 1986 年初投入生产，原料天然气每小时用量为 12.5 万立方米，转化成甲醇的年产量为 160 万吨。

其工艺过程为：先将天然气加热到 350 ～ 400℃，用氧化锌脱去痕量硫，然后与水蒸气饱和入重整炉，于 800 ～ 900℃在镍催化剂作用下，生成合成气（$CO+H_2$）。采用 ICI 低压合成甲醇工艺，设有两套 2200 t/d 装置，所产甲醇在两段固定床反应器中使用 ZSM-5 催化剂转化为汽油，同时副产液化石油气。该厂有 5 台 MTG 反应器，每台装催化剂 51 t，催化剂再生周期 20d，寿命 1 年。

6.3.6 流化床工艺流程

Mobil 公司除了完成固定床反应器甲醇转化成汽油工艺外，也进行了流化床反应器的研究与开发工作，其工艺流程见图 6-22。

流化床反应器底部通入来自再生器的催化剂，新鲜甲醇以气态或液态也从底部进入，在反应器中呈流化状态。在反应器中，部分催化剂连续进入再生器，在再生器中用空气烧去积碳，达到再生的目的。再生后的催化剂又循环回到反应器底部，如此来保证催化剂具有稳定的活性。反应产物经过脱除催化剂粉尘、分离、吸收和气液分离等过程，得到产品汽油和液化气。

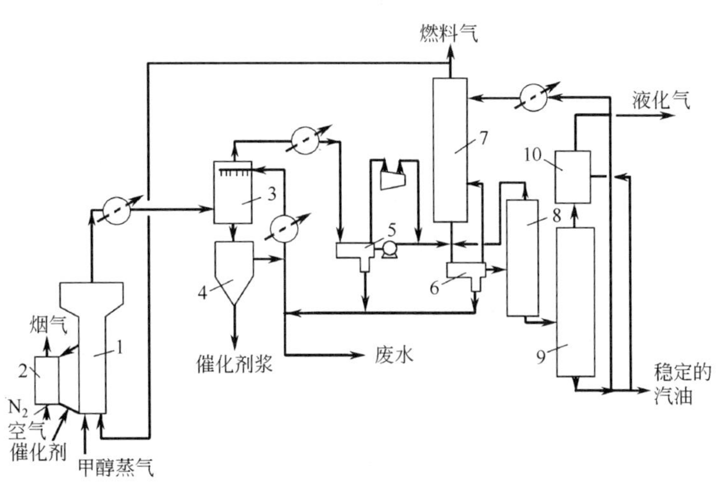

图6-22 甲醇转化成汽油的流化床反应器流程

1—流化床反应器；2—再生器；3—洗涤器；4—催化剂沉降槽；5—低压分离槽；6—高压分离槽；7—吸收塔；8—脱气塔；9—脱丁烷塔；10—烷基化装置

流化床反应器比固定床有明显的优点。表6-8列出甲醇转化成汽油的固定床和流化床反应器试验结果。流化床可以低压操作；催化剂可以连续使用和再生，催化剂活性可保持稳定，反应热多用于产生高压蒸汽；调整催化剂活性，可获得最佳芳烃选择性，操作费用较低。

表6-8 固定床和流化床MTG试验结果

<table>
<tr><th colspan="2">项　目</th><th>固定床</th><th>流化床</th><th colspan="2">项　目</th><th>固定床</th><th>流化床</th></tr>
<tr><td rowspan="6">操作条件</td><td>二甲醚反应器入口温度/℃</td><td>299</td><td>—</td><td rowspan="7">烃类产品组成（质量分数）/%</td><td>C_1+C_2</td><td>1.4</td><td>5.6</td></tr>
<tr><td>MTG反应器入口温度/℃</td><td>360</td><td>413</td><td>C_4^+</td><td>5.6</td><td>5.9</td></tr>
<tr><td>MTG反应器出口温度/℃</td><td>412</td><td>413</td><td>C_4^-</td><td>0.2</td><td>5.0</td></tr>
<tr><td>循环气比（分子）</td><td>9</td><td>0</td><td>n-C_4^*</td><td>3.3</td><td>1.7</td></tr>
<tr><td>催化剂空速（甲醇WHSV）/h^{-1}</td><td>1.6</td><td>1.0</td><td>i-C_4^*</td><td>8.6</td><td>14.5</td></tr>
<tr><td>反应压力/MPa</td><td>2.17</td><td>0.275</td><td>C_4^-</td><td>1.1</td><td>7.3</td></tr>
<tr><td rowspan="4">产品产率/%</td><td>烃类</td><td>43.66</td><td>43.5</td><td>C_4^++汽油</td><td>79.9</td><td>60.0</td></tr>
<tr><td>水</td><td>56.15</td><td>56.0</td><td rowspan="3">汽油（含烷基化油）</td><td rowspan="3">产率（占烃类）/%
辛烷值</td><td rowspan="3">85.0
95</td><td rowspan="3">88.0
96</td></tr>
<tr><td>CO，CO_2，H_2及其他</td><td>0.19</td><td>0.3</td></tr>
<tr><td>甲醇+二甲醚</td><td>0.0
100.00</td><td>0.2
100.00</td></tr>
</table>

在与Mobil公司的合作框架下，Lurgi公司开发了新的甲醇转化汽油工艺。在MTG工艺中反应分为两个阶段：甲醇首先部分转化为二甲醚，然后甲醇、二甲醚和水进一步转化为汽油。Lurgi工艺与其不同，只有一个阶段，使用的反应器也是人们所熟知的管式反应器，内装ZSM-5沸石催化剂，甲醇的转化率、汽油产率和产品质量都与Mobil的MTG基本一致，通过催化剂的特殊冷却方式，可以达到较多的循环次数和较长的寿命。图6-23为Lurgi工艺流程图。除了反应器不同外，与原来的Mobil设计几乎一样，反应热通过废热锅炉产生高压蒸汽。

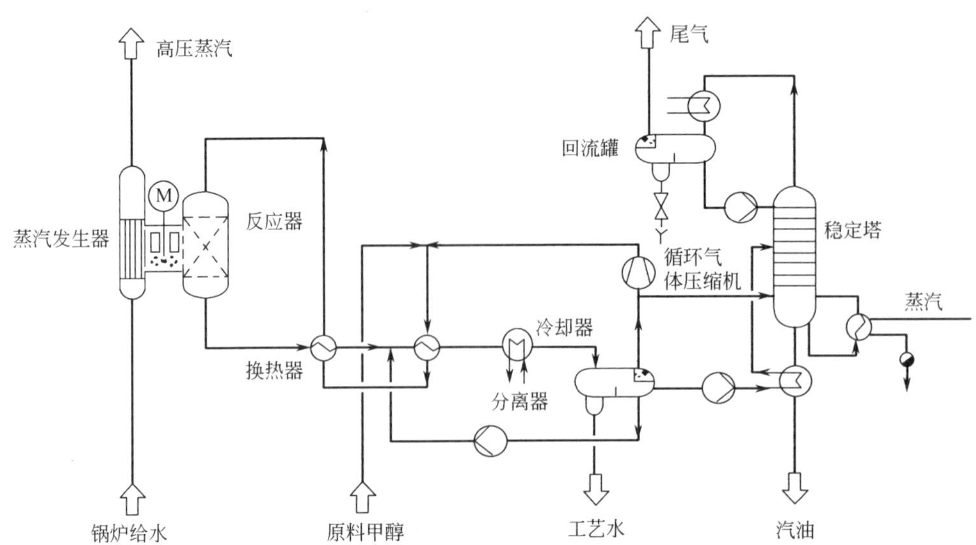

图 6-23 Lurgi 合成工艺流程图

6.4 甲醇利用进展

除了在 6.3 中介绍的甲醇可以转化成汽油加以利用外，甲醇还是重要的化工原料，从甲醇出发可合成许多化工产品，有多种用途。甲醇也可作燃料用，从 20 世纪 70 年代石油供应紧张以来，以甲醇作为代用燃料的开发和研究发展很快，甲醇化学也得到较快发展。由煤制合成气，进而合成甲醇，技术成熟，已经工业化。因此，甲醇燃料和甲醇化学在我国有重要意义。

6.4.1 甲醇燃料

甲醇是一种易燃的液体，具有良好的燃烧性能，辛烷值高达 110 ～ 120，抗爆性能好，因此，在开发代用燃料领域中，甲醇是重要开发对象。

6.4.1.1 甲醇汽油混合燃料

甲醇由 C、H、O 元素构成，C、H 是可燃的，O 是助燃的，是一种无烟燃料。汽油中掺烧甲醇国外早已进行，汽油中混入 15% 左右甲醇，可作为汽车燃料。前几年因石油价格上涨，国家在部分省推行了甲醇汽油的使用，甲醇用量增加迅速。

甲醇与汽油互溶性差，受温度影响较大，需要加入助溶剂。助溶剂可用乙醇、异丁醇、甲基叔丁基醚（MTBE）等。

6.4.1.2 混合醇燃料

意大利通过改进合成甲醇的 Zn-Cr 催化剂，在反应压力 10 ～ 15MPa、反应温度 410 ℃，获得混合醇产品，组成为 CH_3OH 70%、C_2H_5OH 2.4% ～ 5.0%、C_3H_7OH 5.6% ～ 10%、C_4H_9OH 13% ～ 15%。高碳醇以异丁醇为主，有很强的助溶性。此混合醇产品可直接掺入汽油。

法国合成制得以甲醇为主的混合醇燃料。所用催化剂为Cr-Fe-V-Mn，反应压力5.2～12 MPa，反应温度240～300 ℃。所用合成气组成为：CO 19%；H_2 66%；CO_2 13%；N_2 2%。所得混合醇可直接掺入汽油。

鲁奇公司在低压合成甲醇技术基础上，发展了混合醇工艺。产品中C_2以上的醇含量较高，可达17%。生产工艺中主要控制H_2/CO比，使其低于合成甲醇的比值，采用特殊催化剂可生产出45%的高级醇。合成反应压力5.0～10MPa，反应温度290℃，合成气中H_2/CO比为1.0时，所生产的混合醇组成为：

$w(CH_3OH)$	53.5%	$w(C_6H_{13}OH)$	14.8%
$w(C_2H_5OH)$	3.9%	其他含氧化物	10.1%
$w(C_3H_7OH)$	3.1%	$w(C_5^+)$	4.3%
$w(C_4H_9OH)$	6.2%	$w(H_2O)$	0.3%
$w(C_5H_{11}OH)$	3.8%		

混合醇中水含量低于1%，可直接作为燃料使用。

6.4.1.3 甲基叔丁基醚

甲基叔丁基醚（MTBE）的辛烷值大于100，可作为无铅高辛烷值汽油添加剂，当甲醇掺混汽油时，它是良好的助溶剂。甲基叔丁基醚合成工艺是从C_4馏分中脱除异丁烯的有效手段，脱除异丁烯的C_4馏分可生产丁二烯。由于甲基叔丁基醚的优异性能，生产工艺又是C_4馏分的分离手段，故发展迅速，产量大。

甲基叔丁基醚由甲醇和异丁烯合成，主反应为：

$$CH_3OH + CH_3-\underset{CH_3}{\underset{|}{C}}=CH_2 \xrightarrow{H^+} CH_3-O-\overset{CH_3}{\overset{|}{\underset{CH_3}{\underset{|}{C}}}}-CH_3$$

$$\Delta H=-36.48kJ/mol(25℃)$$

副反应为：

$$2CH_3-\underset{CH_3}{\underset{|}{C}}=CH_2 \longrightarrow CH_3-\overset{CH_3}{\overset{|}{\underset{CH_3}{\underset{|}{C}}}}-CH_2-\overset{CH_3}{\overset{|}{C}}=CH_2$$

$$CH_3-\underset{CH_3}{\underset{|}{C}}=CH_2 + H_2O \longrightarrow CH_3-\overset{CH_3}{\overset{|}{\underset{CH_3}{\underset{|}{C}}}}-OH$$

$$2CH_3OH \longrightarrow (CH_3)_2O+H_2O$$

上述反应所用催化剂为强酸性大孔离子交换树脂，反应温度为60～80℃，反应压力0.5～5.0MPa。生成甲基叔丁基醚的选择性大于98%，转化率大于90%，C_4馏分中异丁烯含量在5%～60%范围内。合成甲基叔丁基醚的原料甲醇和异丁烯可从合成气生产：采用多组分催化剂，从合成气得到60%异丁醇和40%甲醇，其中的异丁醇脱水得异丁烯。

MTBE作为汽油的辛烷值改进剂，除了增加汽油含氧量外，还可促进清洁燃烧，减少汽车有害物排放的污染。但是，MTBE极易溶解于水中，比汽油中其他成分会更快地进入水体。主要是由于汽油储罐的泄漏，美国在地下饮用水中越来越多地发现了MTBE。美国地质调查表明，使用新配方汽油地区中20%的地下水检测到MTBE，而未使用新配方汽油的地区只有约2%的地下水中检测到MTBE。MTBE即使在很低浓度也会造成水质恶臭，同时美国环保局已将MTBE列为人类可能的致癌物质。鉴于MTBE的危害，美国联邦政府2000年3月正式建议国会通过法律，禁止继续使用MTBE作为汽油添加剂。美国加利福尼亚州决定在2003年12月31日后禁止使用MTBE，纽约州也从2004年1月起禁止使用MTBE，其他州也纷纷减少MTBE掺入量，并加入禁用MTBE的行列。禁用MTBE后，许多厂家开始研究替代MTBE的产品，如乙醇、烷基化物和异辛烷等。但是迄今为止，欧洲和亚洲尚无禁用MTBE的意向，在一定时期内，MTBE仍将继续成为清洁汽油的主要组分。

6.4.2 甲醇制烯烃

烯烃作为基本有机化工原料在现代石油和化学工业中具有十分重要的作用，主要是通过石脑油裂解技术生产。由于受原油价格波动的影响以及可持续发展战略的要求，世界上许多石油公司都致力开发非石油资源合成低碳烯烃的技术路线，并取得重大的进展。其中由煤或天然气出发生产的合成气经过甲醇转化为烯烃的技术（MTO）已经在中国最先实现了工业化。甲醇制烯烃（MTO）工艺过程主要包括：①甲醇生产；②甲醇催化制烯烃；③裂解产物分离与精制。国际上一些著名的石油和化学公司，如埃克森美孚公司（Exxon Mobil）、鲁奇公司（Lurgi）、环球石油公司（UOP）和海德鲁公司（Norsk Hydro）都投入大量资金和人员进行了多年的研究。具有代表性的 MTO 工艺技术主要是：UOP、UOP/Hydro、Exxon Mobil、鲁齐 MTP 和中国大连化物所的 DMTO、中国石油化工集团公司的 SMTO/SMTP 以及清华大学的 FMTP 等工艺技术。由煤炭制得合成气，合成气合成甲醇，再由甲醇制取烯烃，开辟了以煤或其他碳资源制取烯烃的新途径，可实现有机化工原料多样化。

6.4.2.1 UOP/Hydro MTO 工艺

由 UOP 公司和 Norsk Hydro 公司合作开发的 MTO 工艺，是以粗甲醇或精制甲醇为原料，采用 UOP 公司开发的催化剂，选择性生产乙烯和丙烯的技术。以天然气为原料，粗甲醇加工能力为 0.75t/d 的 UOP/Hydro 甲醇制烯烃流化床工艺示范装置于 1995 年 6 月开始在挪威 Norsk Hydro 公司连续运转了 90 多天。

图 6-24 为 UOP/Hydro MTO 工艺的流程。该工艺采用一个带有连续流化再生器的流化床反应器，其反应温度由蒸汽发生系统来控制并回收热量，而用过的催化剂在再生器中用空气烧除积碳，并通过蒸汽发生器将热量移出。反应出口物料经热量回收后得到冷却，在分离器将冷凝水排除，未凝气体压缩后进入碱洗塔以脱除 CO_2，之后又在干燥器中脱水，接着在脱甲烷塔、脱乙烷塔、乙烯分离塔、丙烯分离塔等分出甲烷、乙烷、丙烷和副产 C_4 等物料后即可得到聚合级乙烯和聚合级丙烯。当 MTO 以最大量生产乙烯时，乙烯、丙烯和丁烯的收率分别为 46%、30%、9%，其余副产物为 15%。

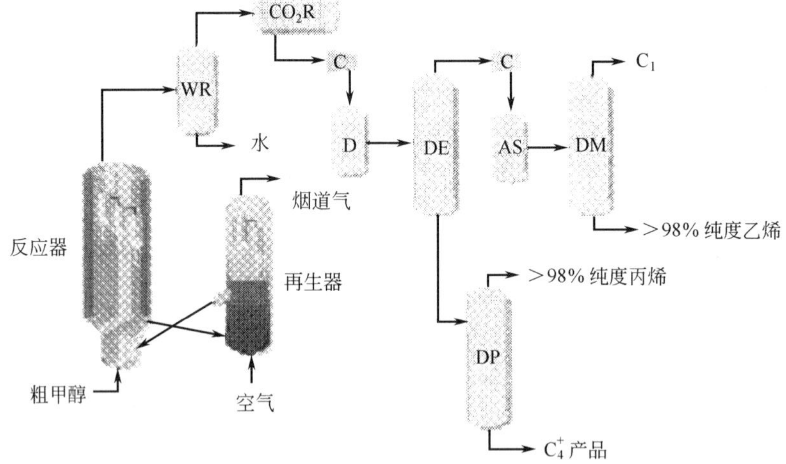

图 6-24　UOP/Hydro MTO 工艺的流程示意图

WR—脱水塔；DE—脱乙烷塔；CO_2R—脱 CO_2 塔；AS—乙炔饱和器；DM—脱甲烷塔；C—压缩机；DP—脱丙烷塔；D—干燥塔

UOP/Hydro 公司开发的 MTO 技术具有以下特点。

① 可采用粗甲醇作为原料，省去甲醇精馏设备，降低了投资和成本，甲醇转化率可长时间保持在 99.8% 以上。

② 可直接生产纯度 98% 以上的聚合级的乙烯和丙烯；通过控制反应温度和催化剂组成结构，丙烯和乙烯的产出比可在 0.77 ～ 1.33 间调整。

③ 采用 SAPO-34 催化剂，选择性好，碳基质量收率可达 80% 左右，物理强度高，抗烧焦。

④ 反应条件温和，温度为 400 ～ 500℃，压力为 0.1 ～ 0.3MPa。

⑤ MTO 反应系统由流化床反应器和催化剂再生器组成，类似于流化催化裂化装置（FCC）；产品分离系统类似于石脑油蒸汽裂解制乙烯。

⑥ 可连续稳定操作。

欧洲化学技术公司曾拟采用 UOP/Hydro 公司的 MTO 技术在尼日利亚建设 1 套 80 万吨 /a（乙烯和丙烯各 40 万吨 /a）MTO 装置，包括配套建设 1 套 7500 t/d 天然气制甲醇装置，当时预计 2007 年建成投产，但迟迟未见工业化生产报道。近年来，UOP 与惠生公司合作，2013 年在南京建成一套 30 万吨烯烃的 MTO 装置并投产。随后有多家中国企业选用该技术进行煤制烯烃生产，至 2020 年 4 月，产能达到 361 万吨。

6.4.2.2 鲁奇 MTP 工艺

鲁奇公司是世界上从事 MTP 技术开发的主要公司。2002 年 1 月，鲁奇公司在挪威建设了 1 套 MTP 模试装置，到 2003 年 9 月连续运行了 8000h，该模试装置采用了德国南方化学公司的 MTP 催化剂，该催化剂具有结焦性低、丙烷生成量极低的特点，并已实现工业化生产。鲁奇公司 MTP 反应器有两种形式：即固定床反应器（只生产丙烯）和流化床反应器（可联产乙烯 / 丙烯）。

鲁奇公司开发的固定床 MTP 工艺流程如图 6-25 所示。该工艺是将甲醇首先脱水为二甲醚，然后将甲醇、水、二甲醚的混合液进入第一个 MTP 反应器同时补充水蒸气。反应在 400 ～ 450℃、0.13 ～ 0.16MPa 下进行，水蒸气补充量为 0.5 ～ 1.0kg/kg 甲醇，此时甲醇和二甲醚的转化率为 99% 以上，丙烯为烃类中的主要产物。为获得最大的丙烯收率，还附加了第二和第三 MTP 反应器。反应出口物料经冷却并将气体、有机液体和水分离，其中气体先经压缩并通过常用方法将痕量水、CO_2 和二甲醚分离，然后清洁气体进一步加工得到纯度大于 97% 的化学级丙烯。不同烯烃含量的物料返至合成回路作为附加的丙烯来源。为避免惰性物料的累积，需将少量轻烃和 C_4/C_5 馏分适当放空。汽油也是该工艺的副产物，水可用于工艺发生蒸汽，而过量水则可在做专门处理后供其他领域使用。由于采用固定床工艺，催化剂需要再生，大约反应 400 ～ 700h 后使用氮气、空气混合物进行原位再生。

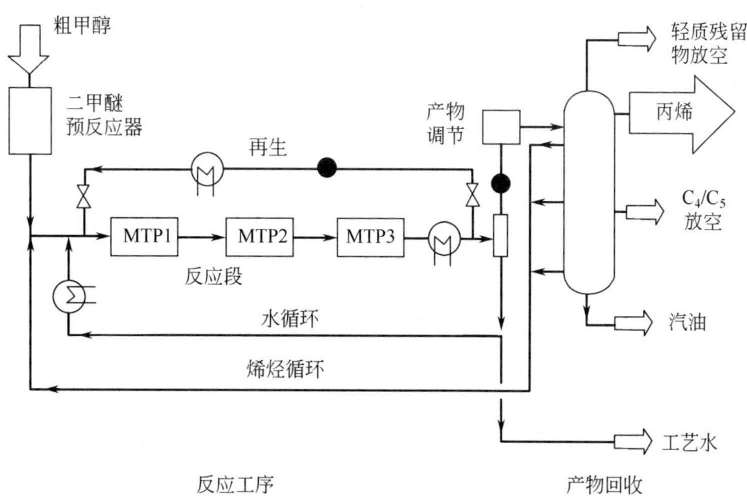

图 6-25 鲁奇 MTP 工艺流程示意图

鲁奇公司的 MTP 工艺，其典型的产物分布（质量分数）为：C_2^0 为 1.1%；$C_2^=$ 为 1.6%；C_3^0 为 1.6%；$C_3^=$ 为 71.0%；C_4/C_5 为 8.5%；C_6^+ 为 16.1%；焦炭小于 0.01%。

2004 年 4 月鲁奇公司与伊朗 Fanavaran 石化公司签署框架协议，计划建设规模为 10 万吨 /a 的丙烯生产装置。Lurgi 公司与伊朗石化技术研究院共同向伊朗 Fanavaran 石化公司提供基础设计、技术使用许可证和主要设备。

2010 年 11 月，大唐多伦采用 Lurgi 公司技术建成 46 万吨 /a 烯烃 MTP 工业装置，2012 年宣布开车投产。2011 年初，神华宁煤集团采用 Lurgi 公司技术建成年产量为 50 万吨丙烯的 MTP 工业装置，并投料运行。该装置生产能力为甲醇装置 167 万吨 /a，MTP 装置 50 万吨 /a 丙烯，聚丙烯装置 50 万吨 /a 聚丙烯，该项目副产汽油 18 万吨、液态燃料 3.9 万吨、硫黄 1.4 万吨。2014 年 8 月神华宁煤二期 50 万吨 /a 烯烃项目也试车成功。

6.4.2.3 大连化物所 SDTO 和 DMTO 工艺

中国科学院大连化学物理研究所在 20 世纪 80 年代初开始进行甲醇制烯烃研究工作。“七五”期间完成 300t/a 装置中试，采用固定床反应器和中孔 ZSM-5 沸石催化剂，并于 90 年代初开发了合成气经二甲醚制取低碳烯烃新工艺方法，即 SDTO 工艺。SDTO 工艺由两段反应构成，第一段反应是合成气（H_2+CO）在所开发的金属 - 沸石双功能催化剂上高选择性地转化为二甲醚，反应温度（240±5）℃，压力 3.4 ～ 3.7MPa，气体空速 $1000h^{-1}$，连续平稳操作 1000h。二甲醚选择性 95%，CO 单程转化率 75% ～ 78%；第二段反应是二甲醚在基于 SAPO-34 分子筛的 DO123 催化剂上，高选择性地转化为乙烯、丙烯等低碳烯烃，并以水为溶剂分离和提浓二甲醚，将两段反应串接成完整的工艺过程。SAPO-34 催化剂是采用廉价的三乙胺或二乙胺模板剂制备。用该模板剂合成的 DO123 催化剂，其价格仅为 UOP/Hydro 公司的 MTO-100 催化剂的 20%。

在小试流化床反应器装置上分别用甲醇、二甲醚、二甲醚 + 水为原料对该催化剂进行实验。结果表明二甲醚转化率为 100%，乙烯选择性为 50% ～ 60%，乙烯 + 丙烯选择性约为 80%。三种原料的结果差别很小，所以原料可以采用甲醇或者是二甲醚，而无须水的加入。催化剂可以在 600℃下，10min 内再生，而且连续反应再生 100 次以上，催化剂性能未见明显改变。

SDTO 工艺中二甲醚制低碳烯烃中试装置（15 ～ 25t/a）采用上流密相流化床反应器，催化剂为 DO123，反应温度 530 ～ 550℃，常压，二甲醚转化率大于 98%，乙烯和丙烯选择性大于 80%，催化剂连续经历 1500 次左右的反应再生操作，反应性能未见明显变化，催化剂损耗与工业用流化催化裂化（FCC）催化剂时相当，中试结果与流化床小试的结果差别不大。由于合成气制二甲醚比合成气制甲醇在热力学上更为有利，所以用二甲醚作原料制烯烃比用甲醇作原料更有优势，用二甲醚作为制取烯烃的原料也是 UOP/Hydro 甲醇制烯烃工艺近来的改进之一，这既可减少粗甲醇中大量水对催化剂的影响，又可节约设备尺寸。

大连化物所开发出了具有自主知识产权的 DMTO 技术。催化剂为 SAPO-34 酸性分子筛，流化床反应器，乙烯和丙烯选择性相近，都为 40% 左右。2004 年，由中科院大连化学物理研究所、陕西新兴煤化工科技发展有限公司和洛阳石化工程公司合作进行流化床工艺的甲醇制烯烃技术（DMTO）工业性试验，建设了世界第一套万吨级甲醇制烯烃工业性试验装置，2006 年完成运行试验。甲醇转化率近 100%，乙烯 + 丙烯选择性 78.7%，吨烯烃甲醇消耗指标 2.96t。以此为基础建设的神华包头 60 万吨 /a 煤经甲醇制烯烃项目于 2010 年 8 月 8 日一次投料成功，2011 年正式进入商业化运营，实现稳定运行。神华包头 DMTO 商业工厂是以煤为原料生产甲醇，规模为 180 万吨 /a 甲醇；通过 DMTO 装置将甲醇转化为烯烃，经聚合装置各生产 30 万吨 /a 聚乙烯和 30 万吨 /a 聚丙烯，同时副产硫黄、丁烯、丙烷和乙烷以及 C_5^+ 等。该项目是世界上首次甲醇制烯烃的大型工业化实践。其成功的商业化运营标志着采用中国自主知识产权的 DMTO 技术的煤制烯烃生产示范项目和新兴产业取得突破进展，奠定了中国在世界煤基烯烃工业化中的国际领先地位。与此同时，由陕西煤业化工集团煤化工技术工程中心有限公司牵头，在中国科学院大连化学物理研究所中试成果基础上，与中国石化集团洛阳石油化工工程公司合作，先后开发了具有自主知识产权的二代和三代甲醇制烯烃（DMTO- Ⅱ和 DMTO- Ⅲ）技术，并实现了工业化。截至 2019 年底，共有 26 个 DMTO 装置获得许可（乙烯和丙烯的产能为 1400 万吨 /a），启动了 14 个 DMTO 装置（乙烯和丙烯的产能为 767 万吨 /a）并投入运行。

6.5 煤制醋酐

1983 年美国田纳西州伊斯特曼（Eastman）公司，在金斯堡（Kingsport）建成由煤制醋酐的工业生产厂。现已证明，煤制合成气是一种经济的生产化工产品的原料。煤制醋酐技术是合成气制取煤化工产品的又一技术路线，是 20 世纪 80 年代煤化工科学技术领域中的成功范例。

Kingsport 煤制醋酐化工厂由下述车间组成：合成气生产的煤气化车间，粗煤气净化与分离车间，硫的回收车间；合成甲醇、醋酸甲酯和醋酐的化工车间，以煤为燃料的蒸汽生产车间。此厂每天把 900t 煤转化成几乎等量的醋酐。

Eastman 公司用醋酐乙酰化制造照相底片、纤维素塑料，香烟过滤嘴和人造丝用的醋酸酯以及涂料用的原料。

6.5.1 化学反应

煤制醋酐化学反应式如下：

$$C+H_2O \longrightarrow CO+H_2$$

$$CO+2H_2 \longrightarrow CH_3OH$$

$$CH_3OH+CH_3COOH \longrightarrow CH_3COCH_3+H_2O$$

$$CH_3COCH_3+CO \longrightarrow (CH_3CO)_2O$$

$$(CH_3CO)_2O+\text{纤维素} \longrightarrow \text{醋酸纤维}+CH_3COOH$$

上述化学反应式表明了由煤制醋酐的过程，其中煤气化和合成甲醇是成熟技术。醋酸甲酯和醋酐两部分为开发的新工艺和技术。

6.5.2 工艺流程

由煤制醋酐的工艺流程见图 6-26。合成气是由当地产的煤采用德士古煤气化法生产。由于是压力下气化，净化、分离及合成系统均可利用有压力的原料气，节省压缩费用。

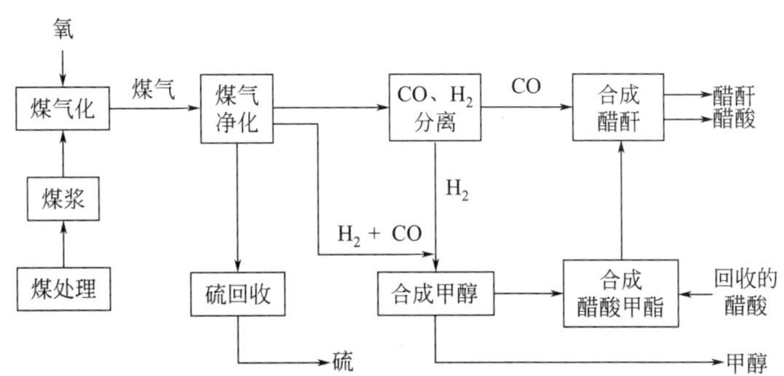

图 6-26 煤制醋酐工艺流程

为了提高合成气中 H_2 的含量，把部分煤气送到水煤气变换装置，增加氢气含量。煤气中的 H_2S 和 CO_2 采用低温甲醇洗方法脱除，并进行硫回收。剩余的合成气进行低温分离，得到一氧化碳和富氢气体；一氧化碳供醋酐合成用，富氢的合成气采用低压合成工艺合成甲醇。脱硫装置脱出的硫化物转化成元素硫而回收，按煤中含硫计的硫回收率可达 99.7%。

合成气合成甲醇采用 Lurgi 合成技术。甲醇与醋酸反应生成醋酸甲酯。醋酸甲酯合成过程的主要设备为反

应蒸馏塔，醋酸和甲醇在其中逆向流动，沸点低的醋酸甲酯和甲醇上升，沸点高的醋酸下流，并同时在塔内逐级进行反应和闪蒸过程。醋酸是反应物，又是萃取剂，醋酸把水和甲醇从它们与醋酸甲酯形成的共沸混合物中脱除。该装置除了反应蒸馏塔之外，有两个侧线馏分提馏塔和一个甲醇回收塔，提馏塔用来脱除中间沸点的杂质。

逆流反应蒸馏是一项创新技术，把反应和精制合为一步完成，无需进行产品精制，也无需进行未转化物的回收。由于采用了此项技术，无需用过剩反应物即可达到较高的平衡转化率。通过反应混合物闪蒸，从液相移走产物醋酸甲酯，从而降低液相中产物浓度，促使反应向生成产物方向进行，提高了转化率。另外，反应物在塔中逆向流动，甲醇由下向上，醋酸由上向下，塔的上下两端反应物浓度大，也使转化率提高。

工艺流程最后一步是一氧化碳与醋酸甲酯反应生成醋酐，使用Eastman催化剂。部分醋酐与甲醇反应联产醋酸。醋酸和醋酐在蒸馏工段提纯。反应器的排出液为高分子副产物和催化剂，催化剂回收并再生。

Eastman 工艺技术关键还包括醋酸甲酯羰基化反应合成醋酐催化剂，需满足反应产率和降低焦油生成量。另一个关键技术是反应器结构，通过中间试验采用了蒸发方案，舍去了从均相反应介质中分离产品的方法。

煤制醋酐经济效益好，其主要原因是工艺先进，能量利用效率高，利用当地廉价原料煤，可用电厂不能用的高硫煤，所得醋酐产品价值高。是煤化工取代石油化工的重要技术之一。

Kinsport 煤制醋酐厂在煤化工设计放大技术上也取得了成就，醋酸甲酯反应蒸馏装置由中试规模放大 500 倍，因过程优化，催化剂用量降至设计值的 50%。醋酸甲酯羰基化反应装置由中试规模到生产厂放大比例为 10000 倍。

6.6 合成气两段直接合成汽油

6.6.1 MFT 工艺

为了克服 F-T 合成产物复杂和选择性差的不足，中国科学院山西煤炭化学研究所提出了将传统的 F-T 合成与沸石分子筛择形作用相结合的两段固定床合成工艺，简称为 MFT 工艺。该工艺可免去复杂的 F-T 合成产物改质过程，直接制取汽油。

MFT 法合成的基本过程是采用两个串联的固定床反应器，使反应分两步进行，合成气（$CO+H_2$）经净化后，首先进入装有 F-T 合成催化剂的一段反应器，在这里进行传统的 F-T 合成烃类的反应，所生成的 C_1 ～ C_{40} 宽馏分烃类和水以及少量含氧化合物连同未反应的合成气，进入装有择形分子筛 ZSM-5 催化剂的第二段反应器，进行烃类改质的催化转化反应，如低碳烯烃的聚合、环化与芳构化，高碳烷、烯烃的加氢裂解和含氧化合物脱水反应等。经过上述复杂反应之后，产物分布由原来的 C_1 ～ C_{40} 缩小到 C_5 ～ C_{11}，使得到产品的选择性大为改善，汽油馏分比例大幅度提高，实现由合成气直接合成汽油的目标，简化了产品分离工艺，从而降低了合成汽油的生产投资和成本。中国科学院山西煤炭化学研究所从 20 世纪 80 年代初就开始了这方面的研究与开发，先后完成了实验室小试、工业单管模式中间试验（百吨级）和工业性试验（2000t/a）。MFT 合成工艺流程如图 6-27 所示。

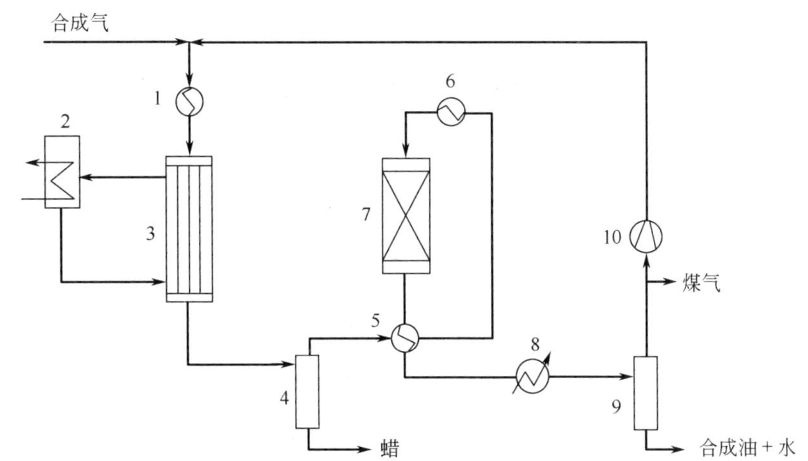

图6-27 MFT合成工艺流程简图

1—加热炉对流段；2—导热油冷却器；3—一段反应器；4—分蜡罐；5—一段换热器；6—加热炉辐射段；7—二段反应器；8—水冷器；9—气液分离器；10—循环压缩机

两段直接合成汽油实验结果见表6-9。为了对比，也列出丹麦托普索（Topsoe）公司的TIGAS法的结果。

除了MFT合成工艺之外，山西煤化所还开发了浆态床-固定床两段法工艺，简称SMFT合成。2002年建成1000t/a的工业性试验装置。

表6-9 合成气两段直接合成汽油实验结果

项目		中国科学院山西煤炭化学研究所MFT	丹麦托普索TIGAS
原料		煤制合成气	天然气制合成气
装置能力/(kg/d)		中试300	1000
催化剂		Fe系-分子筛	复合催化剂-分子筛
反应温度/℃		Ⅰ 250～270 Ⅱ 315～320	240 380
反应压力/MPa		Ⅰ 2.5～3.0 Ⅱ 2.5～3.0	4.6 6.0
$\varphi(H_2)/\varphi(CO)$		1.3～1.4	约2
循环气比		3～4	约3
空速/h^{-1}		350～500	—
CO转化率/%		85.4	98.0
烃类选择性/%		79.0	74.1
产品烃分布/%	CH_4	6.8	4.8
	C_2	3.3	3.8
	C_3～C_4	13.6	16.3
	C_5～C_{11}（汽油）	76.3	75.1
总烃收率C_1^+/[g/m^3(CO+H_2)]		139.8	151.2
汽油收率C_5～C_{11}/[g/m^3(CO+H_2)]		110.0	113.4
汽油辛烷值		>80	—

6.6.2 TIGAS工艺

对于Mobil公司的MTG合成技术，丹麦Topsoe公司认为尚有不足之处：一是合成甲醇和甲醇转化成汽油在两个独立的单元中进行，投资和能耗增加；二是CO和H_2合成甲醇由于受热力学限制，单程转化率不高；三是现代大型气化炉生产煤气H_2/CO比小于1，必须经过变换才能满足合成要求。基于上述想法，Topsoe公司开发了 TIGAS 工艺。

TIGAS 工艺实际上就是合成甲醇和甲醇合成汽油两段组合的合成汽油方法，其流程见图 6-28。TIGAS 工艺流程有两种变型，一种是 CO 变换在合成系统之外，另一种则是 CO 变换在合成系统内。在 TIGAS 工艺中，第一段合成甲醇之后不进行甲醇分离，而是把甲醇作为中间产物紧接着进行甲醇转化汽油的反应过程，如此处理的结果是工艺流程得以简化，节省了投资，并降低了能耗。TIGAS 法于 1984 年完成中间试验，装置能力为 lt/d。

Topsoe 公司的 TIGAS 合成工艺最吸引人之处在于能直接利用现代大型气化技术生产的低 H_2/CO 比的合成气，将 CO 变换与合成统一在一个系统内，其原料气不要求合成甲醇那样高的 H_2/CO 比值（一般为 2.0）。其技术关键是成功开发了双功能组合催化剂，使用这种催化剂能同时促进下述反应的进行：

$$2H_2+CO \longrightarrow CH_3OH$$

$$H_2O+CO \longrightarrow H_2+CO_2$$

$$CH_3OH \longrightarrow -CH_2- +H_2O$$

综合上述反应，其结果为：

$$H_2+2CO \longrightarrow -CH_2- +CO_2$$

由上式可见，H_2/CO 比仅需要 0.5，如果需要增大 H_2/CO 比，可以在反应器中加入水。在产物中有 CO_2 出现，水没有出现，仅是中间产物。合成气转化成 CH_3OH，并立即生成汽油，不受热力学平衡的限制，故转化率高。

TIGAS 中试结果见表 6-9。实验用合成气来自天然气重整气，故 H_2/CO 比高，实际可以利用 H_2/CO 比值较低的合成气。

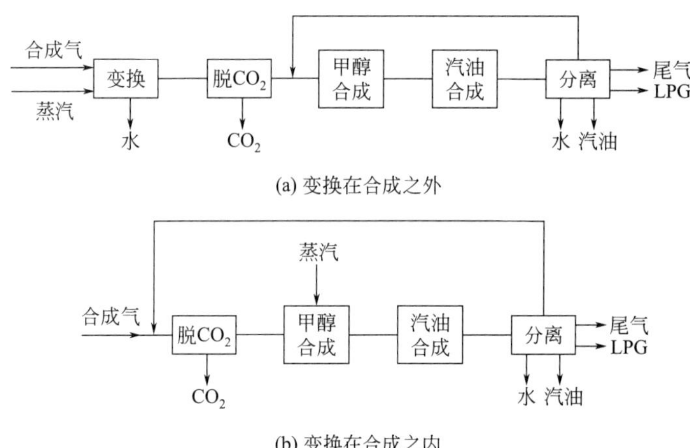

(a) 变换在合成之外

(b) 变换在合成之内

图 6-28　TIGAS 两段组合生产汽油流程

6.6.3　浆态床 F-T 与 Mobil 法组合工艺

两段直接合成汽油的另一种工艺是采用浆态床 F-T 合成反应器与 Mobil 转化法组合的工艺，由合成气直接生产高辛烷值汽油。

试验用煤制合成气，H_2/CO 比值一般为 0.5 ～ 1.5 之间，采用浆态床 F-T 合成与 Mobil 法组合得到高质量汽油。此工艺中，一段 F-T 合成反应器是鼓泡式浆态床，二段采用 Mobil 固定床反应器，内装择型分子筛催化剂 ZSM-5，简化的工艺流程见图 6-29。

F-T 合成生成的蜡和轻烷烃未加入 Mobil 反应器。试验的汽油产率可达 87%。

此工艺的特点是采用了浆态床反应器，结构简单，投资少。在合成系统内进行变换反应，热效率高。浆态床反应器可变动催化剂和反应参数，产品有较大的弹性。代表性的研究结果为：催化剂 Fe-Cu-K_2O，反应温度 258 ～ 268℃，反应压力 1.1 ～ 2.2MPa，反应空速 1.6 ～ 3.4NL/[g(Fe)·h]，H_2/CO 比 0.67 ～ 0.72，活性（CO+H_2 转化率）71% ～ 89%，选择性（C_5 ～ C_{12}）40% ～ 53%（质量分数），产量（烃）170 ～ 220g/Nm^3。催化剂逐渐失活问题有待进一步解决。

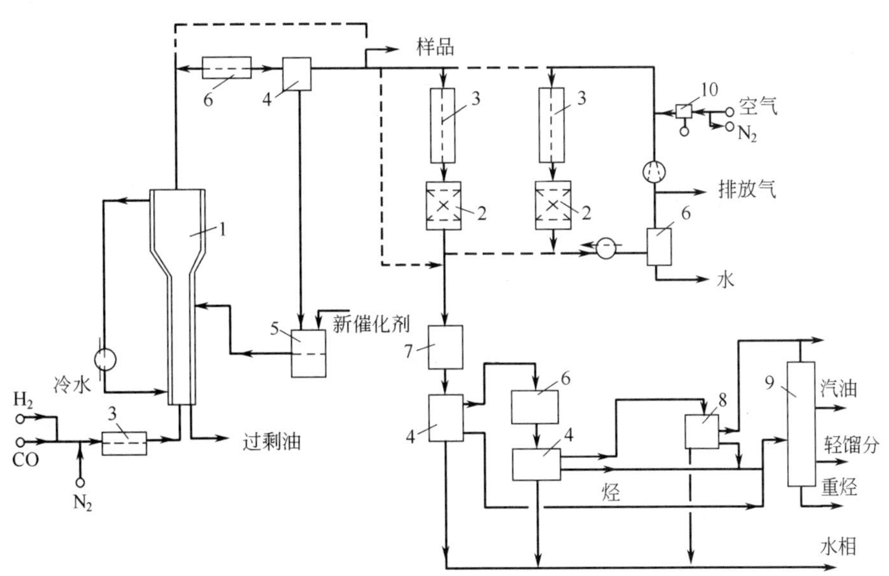

图 6-29 合成气两段转化成汽油中试流程

1—浆态床 F-T 反应器；2—Mobil 反应器；3—预热器；4—分离器；5—热容器；6—冷凝器；7—热的凝缩器；8—冷冻凝缩器；9—精馏塔；10—空气压缩机

6.7 本章小结

本章主要介绍了煤间接液化的原理、方法与工艺过程。重点介绍费 - 托合成、合成甲醇、甲醇制汽油、甲醇制烯烃、煤经合成气制醋酐以及合成气两段直接制汽油等工艺过程的反应原理、反应器及工艺流程等。上述工艺技术目前在中国大都实现工业化示范或商业化应用，技术和规模均处于国际领先地位。

中国一次能源以化石能源为主体的基本国情和发展中大国的发展阶段，决定着经济发展与能源需求仍未脱钩和碳排放仍在高位的现实。与此同时，化石能源特别是石油和天然气的对外依存度不断攀升。因此，面临当前形势，在落实“双碳”目标的过程中，能源安全是至关重要的，而煤基能源化工是掌握在自己手中可以实现自我救赎的必然选择。党的二十大提出，要“深入推进能源革命，加强煤炭清洁高效利用”，因此在中国发展煤化工对保障国家能源安全以及国家社会经济永续发展具有重要的战略和现实意义。

煤炭经气化生产合成气，从合成气或合成气生产的甲醇出发生产不同化学品（如烯烃、芳烃、乙二醇、乙醇）的间接液化技术正是实现煤化工产业高端化和多元化的重要手段，再结合二氧化碳捕集与利用以及多能互补和多能融合可实现煤化工产业低碳化发展的目标。

思考题

6-1 简述煤间接液化基本过程。

6-2 简述费 - 托合成反应原理与主要特点。

6-3 简述费 - 托合成反应器类型与特点。

6-4 简述费 - 托合成催化剂类型与特点。

6-5 简述甲醇合成原理及反应特点。

思考题解答

6-6 简述甲醇合成的主要工艺及反应器类型。
6-7 简述甲醇合成发展方向。
6-8 简述甲醇转化的主要工艺及意义。
6-9 简述煤液化的未来发展方向。

参考文献

[1] Schultz H，Cronje J H.Rohstoff Kohle.Weinheim：Verlag Chemie，1978：41-69.

[2] Schultz H，Cronje J H，Ullmanns Encyclopadje der Tech：Chemi 4 Aufl.Bd.14，Bd.16：Weinheim：Verlag Chemie，1977：621-633.

[3] Anderson R B.The Fischer—Tropsch Synthesis. New York:Academic Press，1984.

[4] Kuo J C A，Cooper B R，Ellingson W A.The Science and Technology of Coal and Coal Utilization. New York：Plenum Press，1984：199-280.

[5] Hans S. Short history and present trends of Fischer–Tropsch synthesis.Applied Catalysis A：General，1999，186：3-12.

[6] 法尔贝 J. 一氧化碳化学 . 北京：化学工业出版社，1985.

[7] 吴指南 . 基本有机化工工艺学（修订版）. 北京：化学工业出版社，1995.

[8] Berry R I.Chemical Engineering，1980，87：86-88.

[9] Romey I，Paul P F M，Imarisio G.Synthetic Fuels from Coal：status of the technology. London：Graham & Trotman，1987.

[10] Amundson N R, et al. Frontiers in Chemical Engineering.Washington D C：National Academy Press，1988.

[11] Meyers R A，Handbook of Synfuels Technology.New York:McGraw-Hill，1984.

[12] Tabak S A，Krambeck F I. Shaping process makes fuels, Hydrocarbon Processing, 1985, 64(9):72.

[13] Srivastava R D, Rao V U S, Cinquegrane G, Stiegel G J. Catalysts for Fisher-Tropsch. Hydrocarbon Processing，1990, 69(2): 59.

[14] Hooper R J，Jones K.W. Processing of Natural Gas to Synthetic Gasoline – The New Zealand Synfuel Experience Energy Exploration and Exploitation，1988, 6(3): 89-200.

[15] 赵振本 . 新西兰天然气制汽油的经验 . 煤炭综合利用（译丛），1989, 3:76-82.

[16] 房鼎业，姚佩芳，朱炳辰 . 甲醇生产技术及进展 . 上海：华东化工学院出版社，1990.

[17] 郭树才 . 煤化学工程 . 北京：冶金工业出版社，1991.

[18] 储 伟，吴玉塘，罗仕忠，等 . 低温甲醇液相合成催化剂及工艺的研究进展 . 化学进展，2001，13(2)：128-134.

[19] 白 亮，邓蜀平，董根全，等 . 煤间接液化技术开发现状及工业前景 . 化工进展，2003，22(4)：441-447.

[20] 舒歌平，史士东，李克健 . 煤炭液化技术 . 北京：煤炭工业出版社，2003.

[21] 齐国祯，谢在库，钟思青，等 . 煤或天然气经甲醇制低碳烯烃工艺研究新进展 . 现代化工，2005，25(2)：9-13.

[22] Leckel D. Diesel Production from Fischer-Tropsch：The Past，the Present，and New Concepts.Energy & Fuels，2009，23：2342–2358.

[23] Collings John. Mind over Matter；The Sasol Story：A half-century of technological innovation.Sasol：2002.

[24] 唐宏青 . 我国煤制油技术的现状和发展 . 化学工程，2010，38（10）：1-8.

[25] 刘中民 . 甲醇制烯烃 . 北京：科学出版社，2015.

[26] 朱凌皓 . 从煤制取醋酐的伊斯曼化学工艺 . 煤化工，1988，2：41-47,76.

[27] Xu J, Yang Y, Li Y W, Fischer–Tropsch synthesis process development: steps from fundamentals to industrial practices. Current Opinion in Chemical Engineering,2013, 2: 354-362.

[28] 刘中民 . 甲醇制烯烃 . 北京：科学出版社，2015.

[29] Ye M，Tian P, Liu Z M. DMTO: A Sustainable Methanol-to-Olefins Technology. Engineering, 2021, 7(1): 17-21.

[30] Maity S K，Gayen K，Bhowmick T . Hydrocarbon Biorefinery: Sustainable Processing of Biomass for Hydrocarbon Biofuels. Amsterdam：Elsevier，2021.

6

7 煤直接加氢液化

本章学习重点

- ○ 掌握煤直接加氢液化的化学原理以及基本概念。
- ○ 掌握影响煤直接加氢液化过程油收率的主要因素。
- ○ 了解煤直接加氢液化工艺过程、实现方式及主要工艺参数。
- ○ 了解煤直接加氢液化中循环溶剂的来源与作用以及选择原则。
- ○ 了解液化粗油深加工的难点和特点。

7.1 煤直接液化的意义和发展概况

煤直接液化是在较高温度、压力和溶剂存在条件下，煤与氢气反应使其降解、加氢，从而转化为液体油类的工艺，故又称加氢液化。

由于自然界煤炭资源远比石油丰富，世界范围内石油供应短缺业已显现。中国石油资源短缺状况更为严峻，自 1993 年成为石油净进口国以来，石油进口量逐年增加，2021 年中国的原油生产量约 1.95 亿吨，表观消费量达到 7.36 亿吨，对外依存度超过 73.5%。利用液化技术将煤转化为发动机燃料和化工原料的工艺在中国工业示范成功，为大规模替代石油提供了一条有效途径。煤制油的意义在于“能源安全问题、技术问题、环境问题和经济问题”，是煤炭清洁高效利用和国家能源安全的核心技术之一。

煤直接液化已经走过了 100 多年的漫长历程。1913 年德国科学家 F. Bergius 发明了在高温高压下煤可被加氢液化生产液体燃料，为煤的加氢液化技术奠定了基础。德国燃料工业利益集团（Interessen-Gemeinschaft Farbenindustrie AG）在 Pier 领导下成功开发了耐硫的钨钼催化剂，并把加氢过程分为糊相和气相两段，从而使这一技术走向工业化。1927 年在德国莱那（Leuna）建立了世界上第一座工业规模生产的煤直接液化厂，装置能力 10 万吨 /a。此后德国又有 11 套煤直接液化装置建成投产，到 1944 年，生产能力达到 423 万吨 /a，加上近 60 万吨间接合成油，为当时德国战争提供了所需的油品。在此期间英国利用德国技术建立了一座 15 万吨的煤焦油加氢厂，法国、意大利、中国抚顺和朝鲜等也建有类似的煤或煤焦油加氢工厂。

到 20 世纪 50 年代初期，苏联利用德国煤直接液化技术和设备于 1952 年在安加尔斯克石油化工厂建成投产了 11 套煤直接液化和煤焦油加氢装置，单台反应器直径为 1m、高 18m，操作压力分别为 70.0MPa 和 32.5MPa 两种，温度 450 ～ 500℃，使用铁系催化剂，单台生产能力为 4 万～ 5 万吨 /a，总生产能力为 110 万吨 /a 油品，运行 7 年后停止生产油品而改作他用。

进入 20 世纪 70 年代，中东两次战争导致国际市场石油价格两次飙升，提醒人们石油并非取之不尽、用之不竭，此时的主要发达国家又重新关注煤炭直接液化新技术的开发工作，其中最具代表性的工艺如下：

德国新工艺。经改进后又称为 IGOR 工艺，是在德国加氢液化老工艺的基础上开发的，主要特点是将液化残渣分离由过滤改为真空蒸馏，同时部分循环油加氢，并改善催化剂的活性，将操作压力由 70.0MPa 降至 30.0MPa。该工艺于 1981 年在德国北威州建成处理煤量为 200t/d 的中试装置，并进行了 5 年多运转试验，液化油收率由老工艺的 50% 提高到 60%。后来的 IGOR 工艺又将煤糊加氢和液化粗油加氢精制串联，既简化了工艺，又可获得杂原子含量很低的精制油，代表了煤直接液化技术的发展方向。

美国积极开展煤炭液化新技术开发，完成了数十吨到百吨级的中试规模的加氢液化工艺。其中代表性工艺有：溶剂精炼煤（SRC）、供氢溶剂法（EDS）和氢煤法（H-coal）。氢煤法（H-coal）工艺是美国碳氢化合物研究公司（HRI）在重油加氢技术的氢油法（H-oil）基础上开发的，与前两种工艺完全不同，采用颗粒 Co-Mo 催化剂和沸腾床反应器，反应温度 440 ～ 480℃、压力 14 ～ 20MPa。由于采用高活性催化剂，液化转化率和液体收率都有提高，并且提高了液化粗油的品质，液化油中的杂原子含量降低。该工艺完成了 200 ～ 600t/d（锅炉燃料油）的大型中试装置运行试验，后又完成 5 万桶油 /d 规模的示范厂的基础设计。主要担心的问题是 Co-Mo 催化剂寿命和回收，这就导致了美国另一新工艺——HTI 的诞生，它是在 H-coal 基础上，用可弃性的胶体铁催化剂替代价格较贵的 Co-Mo 催化剂，同时在固液分离和液化粗油加工方面也提出一些新设想，并在 3t/d 试验装置上进行了验证性试验，取得令人满意的结果。

进入 21 世纪，基于国际市场石油价格大幅上升和波动，油品的稳定供给涉及国家的经济和政治安全。由于石油资源的枯竭和原油的劣质化，原油开采和加工的成本也不断增加，2008 年 7 月纽约石油期货价格一度攀升至每桶 148 美元以上，煤制油的经济优势凸现，各国纷纷重又开展煤制油的技术开发。其中，中国神华煤直接液化百万吨级的工业化示范装置 2008 年底投产并通过鉴定，整体技术处于国际领先。表 7-1 列出了国内外煤直接液化技术开发状况。

表 7-1 各国煤直接液化技术开发情况

国别	工艺名称	规模/（t/d）	试验时间	地点	开发机构	现状
美国	SRC- Ⅰ/ Ⅱ	50	1974～1981	Tacoma	GULF	拆除
	EDS	250	1979～1983	Baytown	EXXOH	拆除
	H-coal	600	1979～1982	Catlettsburg	HRI	转存
德国	IGOR	200	1981～1987	Bottrop	RAG/VEBA	改成加工重油和废塑料
	PYROSOL	6	1977～1988	SAAR		拆除
日本	NEDOL	150	1996～1998	日本鹿岛	NEDO	拆除
	BCL	50	1986～1990	澳大利亚	NEDO	拆除
英国	LSE	2.5	1988～1992		British Coal	拆除
俄罗斯	CT-5	7.0	1983～1990	图拉市		拆除
中国	日本装置	0.1	1983～	北京	煤科总院	运行
	德国装置	0.12	1986～	北京	煤科总院	运行
	神华	6	2004～	上海	神华集团	运行
	神华	6000	2008.12～	内蒙古	神华集团	运行

7.2 煤直接加氢液化化学

7.2.1 煤与石油的比较

煤与石油、汽油在化学组成上最明显的差别是煤的氢含量低、氧含量高，H/C 原子比低、O/C 原子比高，见表 7-2。煤与石油分子结构不同，煤有机质是由 2 ～ 4 个或更多的芳香环构成、呈空间立体结构的高分子缩

聚物，而石油分子主要是由烷烃、芳烃和环烷烃等组成的混合物；且煤中存在大量无机矿物。因此，要将煤转化为液体产物，首先要将煤的大分子裂解为较小的分子，提高 H/C 原子比，降低 O/C 原子比，并脱除矿物。

表7-2　煤与液体油及甲烷的元素组成

元素	无烟煤	中等挥发分烟煤	高挥发分烟煤	褐煤	泥炭	原油	汽油	甲苯	甲烷
w(C)/%	93.7	88.4	80.3	72.7	50～70	83～87	86	91.3	75
w(H)/%	2.4	5.0	5.5	4.2	5.0～6.1	11～14	14	8.7	25
w(O)/%	2.4	4.1	11.1	21.3	25～45	0.3～0.9			
w(N)/%	0.9	1.7	1.9	1.2	0.5～1.9	0.2			
w(S)/%	0.6	0.8	1.2	0.6	0.1～0.5	1.0			
H/C原子比	0.31	0.67	0.82	0.87	约1.0	1.76	1.94	1.14	4

7.2.2　煤直接加氢液化的主要反应

现已证明，煤的加氢液化与热裂解有直接关系。煤在开始热分解温度以下一般不发生明显的加氢液化反应，而在热解固化温度以上加氢时结焦反应大大加剧。在煤加氢液化过程中，不是氢分子直接攻击煤有机大分子而使其裂解，而是煤分子首先发生热解反应，生成自由基“碎片”，后者在溶剂和供氢条件下与氢结合而稳定为中等分子液体油产物，否则就要缩聚为高分子不溶物。所以，在煤直接液化初级阶段，热解和供氢是两个十分重要的反应。

7.2.2.1　煤的热解

煤在隔绝空气的条件下加热到一定温度，煤的化学结构中键能较弱的部位开始断裂生成自由基碎片：

$$煤 \xrightarrow{热裂解} 自由基碎片 \sum R\cdot$$

表 7-3 列出部分模型化合物的典型化合键的解离能。

表7-3　几种模型化合物的典型化合键解离能

化合物	键解离能/(kJ/mol)	化合物	键解离能/(kJ/mol)
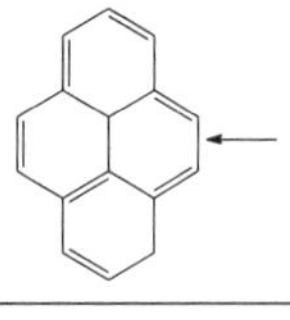	2.98×10^5	$C_6H_5CH_2—CH_3$	301
		$C_6H_5CH_2—CH_2CH_2C_6H_5$	289
		$C_6H_5CH_2—OCH_3$	276
$C_6H_5—C_6H_5$	431	$C_6H_5CH_2—OCH_2C_6H_5$	234
$RCH_2\ CH_2—CH_2CH_2\ R$	347	$C_6H_5CH_2—OC_6H_5$	213
$C_6H_5—CH_2C_6H_5$	339	$C_6H_5CH_2—SCH_3$	213
$RCH_2—OCH_2R$	335	$CH_3CH_2\ CH_2—CH_2CH_2\ CH_3$	159

奥尔洛夫研究指出，稠环芳烃在加氢裂解时，其裂解反应是分阶段进行的，即芳环先氢化后裂解，反应历程为：

加氢 裂解 加氢 裂解

加氢 裂解 CH_3 + C_2H_5 + C_3H_7 +

7.2.2.2 对自由基“碎片”的供氢

煤热解产生的自由基“碎片”是不稳定的，它只有与氢结合后才能变得稳定，成为分子量比原料煤要低得多的初级加氢产物——液化粗油。其反应为：

$$\sum R\cdot + H \longrightarrow \sum RH$$

供给自由基碎片的氢源主要来自以下几方面：

① 溶解于溶剂油中的氢气在催化剂作用下变为活性氢；

② 溶剂油可供给的或传递的氢；

③ 煤本身可供应的氢（煤分子内部重排、部分结构裂解或缩聚放出的氢）；

④ 化学反应生成的氢，如 $CO+H_2O \longrightarrow CO_2+H_2$，它们之间的相对比例随液化条件的不同而不同。

当液化反应温度提高、裂解反应加剧时，需要有相应的供氢速率相配合，否则就有结焦的危险。

提高供氢能力的主要措施有：①增加溶剂的供氢性能；②提高液化系统氢气压力；③使用高活性催化剂；④在气相中保持一定的 H_2S 浓度等。

7.2.2.3 脱氧、硫、氮杂原子反应

加氢液化过程中，煤结构中的一些氧、硫、氮也产生断裂，分别生成 H_2O（或 CO_2、CO）、H_2S 和 NH_3 气体而被脱除。煤中杂原子脱除的难易程度与其存在形式有关，一般侧链上的杂原子较芳环上的杂原子容易脱除。

（1）脱氧反应　煤有机结构中的氧存在形式主要有：①含氧官能团，如—COOH、—OH、—CO 和醌基等；②醚键和杂环（如呋喃类）。羧基最不稳定，加热到 200℃以上即发生明显的脱羧反应，析出 CO_2。酚羟基在比较缓和的加氢条件下相当稳定，故一般不会被破坏，只有在高活性催化剂作用下才能脱除。羰基和醌基在加氢裂解中，既可生成 CO 也可生成 H_2O。脂肪醚容易脱除，而芳香醚与杂环氧一样不易脱除。

从煤加氢液化的转化率与脱氧率之间的关系（见图 7-1）看出，脱氧率在 0 ～ 60% 范围内，煤的转化率与脱氧率成直线关系，当脱氧率为 60% 时，煤的转化率已达 90% 以上，可见煤中有 40% 左右氧不易脱除。

（2）脱硫反应　煤有机结构中的硫以硫醚、硫醇和噻吩等形式存在，脱硫反应与上述脱氧反应相似。由于硫的负电性弱，所以脱硫反应较容易进行。以二苯并噻吩为例，其加氢脱硫反应网络见图 7-2，反应条件为 300℃、10.4MPa、Co-Mo 催化剂。杂环硫化物在加氢脱硫反应中，C—S 键在碳环被饱和前先断开，硫生成 H_2S，加氢生成的初级产品为联苯；其他噻吩类化合物加氢脱硫机理与此基本类似。

（3）脱氮反应　煤中的氮大多存在于杂环中，少数为氨基，与脱硫和脱氧相比，脱氮要困难得多。在轻度加氢中，氮含量几乎没有减少，一般脱氮需要激烈的反应条件和有催化剂存在时才能进行，而且是先被氢化后再进行脱氮，耗氢量很大。例如喹啉在 210 ～ 220℃、氢压 10 ～ 11MPa 和有 MoS_2 催化剂存在的条件下，容易加氢为四氢化喹啉，然后在 420 ～ 450℃加氢分解成 NH_3 和中性烃，其加氢脱氮反应网络见图 7-3。

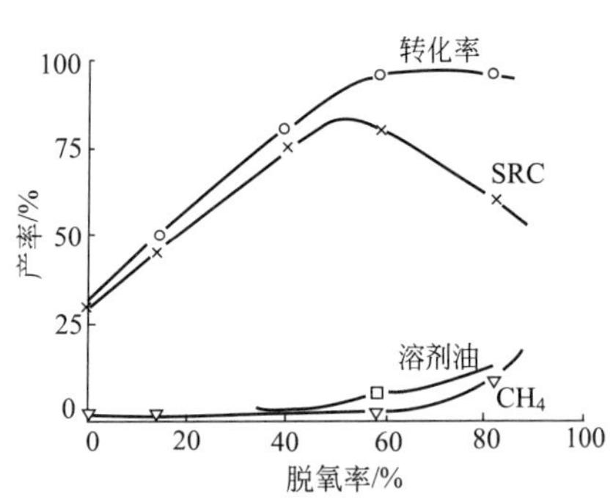

图 7-1 煤加氢液化转化率及产品产率和脱氧率的关系

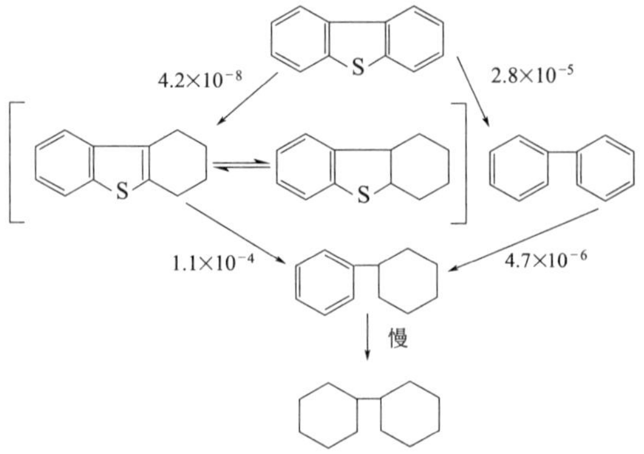

图 7-2 二苯并噻吩的加氢脱硫反应网络

[箭头上的数据为 300℃的拟一级反应速率常数，单位：L/（g·s）]

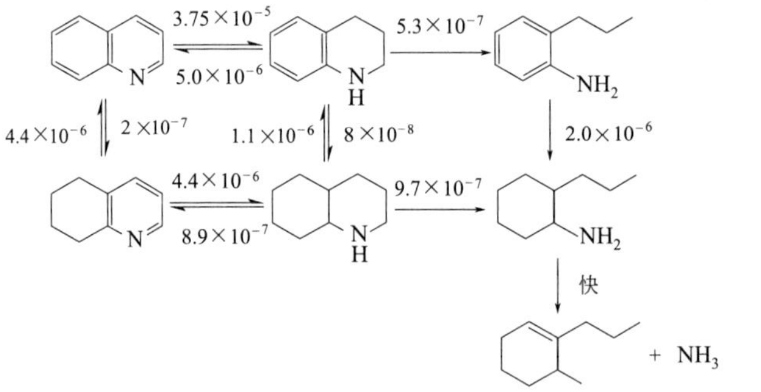

图 7-3 喹啉的加氢脱氮反应网络

反应条件：7.0MPa，375℃，原料中喹啉 5%，CS_2 0.59%，Ni-Mo/Al_2O_3 催化剂

[箭头上的数据为拟一级反应速率常数，单位：mol/（g·s）]

7.2.2.4 结焦反应

在加氢液化过程中，由于温度过高或供氢不足，煤热解的自由基“碎片”彼此会发生缩合反应，生成半焦和焦炭，它是煤加氢液化中不希望发生的反应。图 7-4 为由沥青烯缩聚生成不溶性焦的示意图。

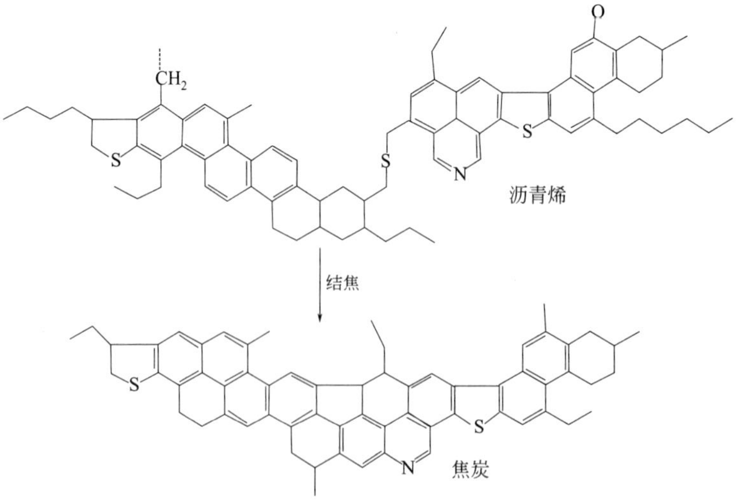

图 7-4 沥青烯聚合生成焦炭的示意图

为了提高煤液化过程的液化效率，常采用下列措施来防止结焦：① 提高系统的氢分压；② 提高供氢溶剂的浓度；③ 反应温度不要太高；④ 降低循环油中沥青烯含量；⑤ 缩短反应时间。

7.2.3 煤加氢液化的反应产物

煤加氢液化后得到的产物并不是单一的，而是组成十分复杂的包括气、液、固三相的混合物。液、固产物组成复杂，在实验研究中，要先用溶剂进行萃取分离。通常所用的溶剂有正己烷（或环己烷）、甲苯和四氢呋喃（THF）（或吡啶）。可溶于正己烷的物质称为油，是煤液化产物的轻质部分，其分子量小于 300；不溶于正己烷而溶于甲苯的物质称为沥青烯（asphaltene），是类似石油沥青质的重质煤液化产物部分，其平均分子量约为 500；不溶于甲苯而溶于四氢呋喃（或吡啶）的物质称为前沥青烯（preasphaltene），属煤液化产物的重质部分，其平均分子量约为 1000；不溶于四氢呋喃的物质称为残渣，它由未反应煤、矿物质和外加催化剂组成，也包括液化缩聚产物半焦。一般煤加氢液化产物分离流程如图 7-5 所示。

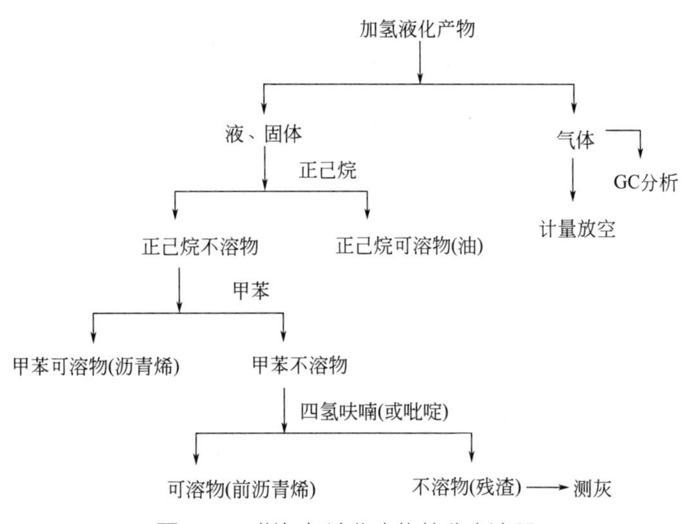

图 7-5 煤加氢液化产物的分离流程

液化产物的产率定义如下（常以百分数表示）：

$$\text{油产率}=\frac{\text{正己烷可溶物质量}}{\text{原料煤质量（daf）}}\times 100\%$$

$$\text{沥青烯产率}=\frac{\text{甲苯可溶而正己烷不溶物的质量}}{\text{原料煤质量（daf）}}\times 100\%$$

$$\text{前沥青烯产率}=\frac{\text{THF(或吡啶)可溶而甲苯不溶物的质量}}{\text{原料煤质量（daf）}}\times 100\%$$

$$\text{煤液化转化率}=\frac{\text{干煤质量}-\text{THF(或吡啶)不溶物的质量}}{\text{原料煤质量（daf）}}\times 100\%$$

7.2.4 煤加氢液化的反应历程

一般认为，煤加氢液化过程是煤在溶剂、催化剂和高压氢气存在下，随着温度的升高，煤开始在溶剂中膨胀形成胶体系统。此时，煤局部溶解并发生煤有机质的裂解，同时在煤有机质与溶剂间进行氢分配，于 350 ～ 400℃生成沥青质含量很多的高分子物质，继续加氢反应可生成液体油产物。在煤有机质裂解的同时，伴随着分解、加氢、解聚、聚合以及脱氧、脱氮、脱硫等一系列平行和顺序反应发生，从而生成 H_2O、CO、CO_2、NH_3 和 H_2S 等气体。

煤加氢液化反应历程如何用化学反应方程式表示，至今尚未完全统一。下面是人们公认的几种看法：

① 煤不是组成均一的反应物。煤组成是不均一的，即存在少量易液化组分，如嵌布在高分子主体结构中的低分子化合物，也有一些极难液化的惰性组分，如惰质组等。

② 反应以顺序进行为主。虽然在反应初期有少量气体和轻质油生成，不过数量不多，在比较温和条件下数量更少，所以总体上反应以顺序进行为主。

③ 前沥青烯和沥青烯是液化反应的中间产物。它们都不是组成确定的单一化合物，在不同反应阶段生成的前沥青烯和沥青烯结构不同，它们转化为油的反应速度较慢，需要活性较高的催化剂。

④ 逆反应（即结焦反应）也有可能发生。根据上述认识，可将煤液化的反应历程描述如下：

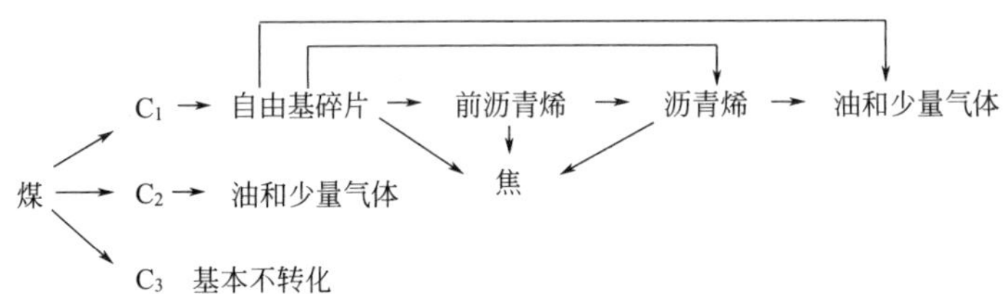

上述反应历程中 C_1 表示煤有机质的主体，C_2 表示存在于煤中的低分子化合物，C_3 表示惰性成分。此历程并不包括所有反应。

图 7-6 示意由煤加氢液化生成 SRC-Ⅰ、SRC-Ⅱ的反应历程。

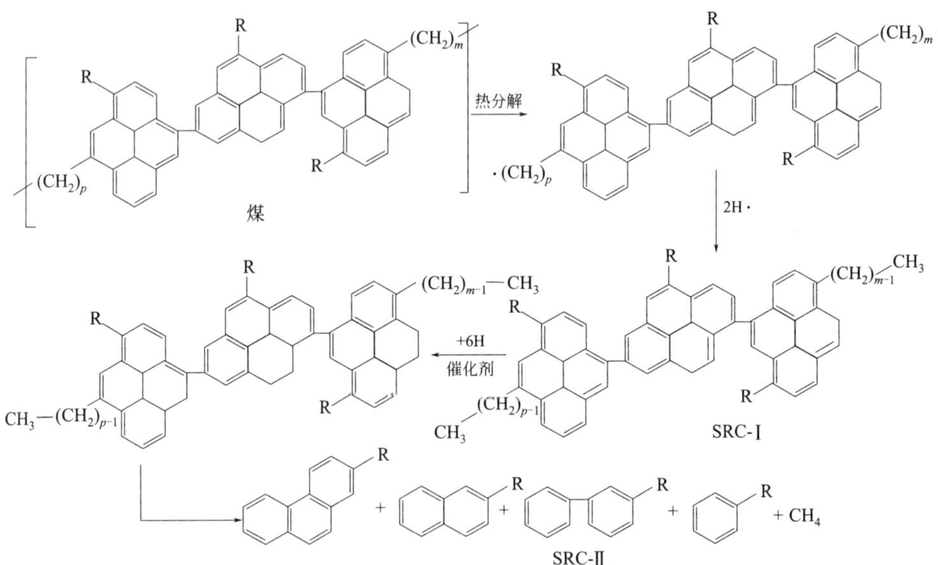

图 7-6 煤加氢液化生成 SRC-Ⅰ、SRC-Ⅱ的反应历程示意图

7.3 煤直接加氢液化工艺

煤加氢液化工厂的工艺流程一般将液化加氢过程分成几段来进行，即液相（糊

相）加氢段、气相加氢段和产品精制段。

在煤加氢液化过程的第一阶段，即液相加氢段中进行裂解加氢，使煤有机大分子热解生成中等分子的自由基碎片，随之与氢结合，获得沸点为 325 ～ 340℃的产品，现称为液化粗油；同时还有氧、氮、硫杂原子的初步脱除，生成水、氨及硫化氢。

煤直接液化过程的第二、第三阶段是在气相及有催化剂的固定床反应器中进行，液相加氢阶段获得的液态产品先通过预加氢装置，在此脱除氮、氧及硫的化合物，然后进入裂化重整装置，经精馏分离，最后获得商品汽油和柴油馏分。

7.3.1 德国煤直接液化工艺

德国是当今世界上第一家拥有煤直接加氢液化工业化生产经验的国家。德国的煤直接加氢液化老工艺是世界其他国家开发同类工艺的基础。

7.3.1.1 德国煤直接液化老工艺

（1）工艺流程 该工艺过程分为两段，第一段为糊相加氢，将固体煤初步转化为粗汽油和中油，如图 7-7 所示。

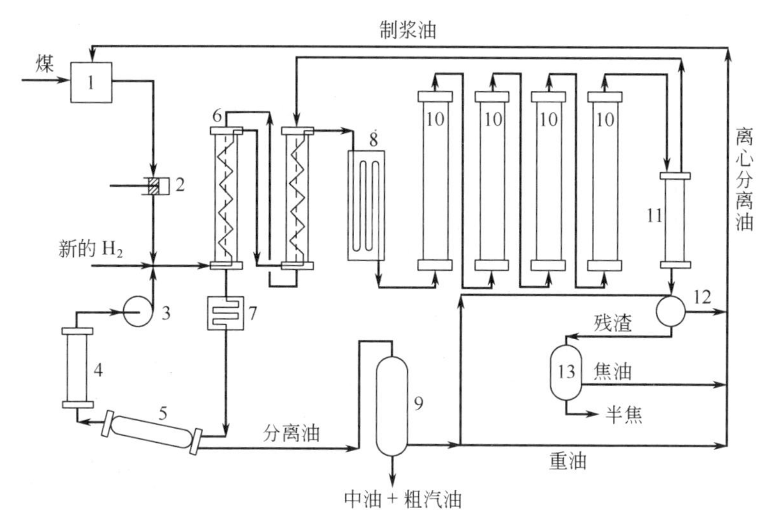

图 7-7 煤糊相加氢工艺流程

1—煤浆制备；2—煤糊泵；3—气体循环压缩机；4—循环气体洗涤塔；5—冷分离器；6—热交换器；7—冷却器；8—预热器；9—蒸馏塔；10—高压反应塔；11—高温分离器；12—离心机；13—低温干馏炉

由备煤、干燥工序来的煤、催化剂和循环油一起在球磨机内湿磨制成煤糊，煤糊用高压泵输送并与氢气混合经热交换器、预热器后进入 4 个串联的加氢反应器。

反应后的物料先进入高温分离器，分离出气体和油蒸气，剩下重质糊状物料（包括重质油和未反应的煤、催化剂等）。前者经过热交换器后再到冷分离器分出气体和油。气体的主要成分为氢气，经洗涤除去烃类化合物后作为循环气；从冷分离器底部获得的油经蒸馏得到粗汽油、中油和重油。

高温分离器底部排出的重质糊状物料经离心过滤分离为重油和残渣，该重油与蒸馏重油混合后作为循环溶剂油返回系统，用于调制煤糊；残渣采用干馏方法得到焦油和半焦。蒸馏得到的粗汽油和中油作为气相加氢原料进入气相加氢系统，如图 7-8 所示。

粗汽油和中油与氢气混合后，经热交换器和预热器，进入 3 个串联的固定床催化加氢反应塔，加氢产物经热交换器后进入冷却分离，分出气体和油，气体经洗涤塔后作为循环气，油经精馏得到汽油作为主要产品，塔底残油返回作为加氢原料油。

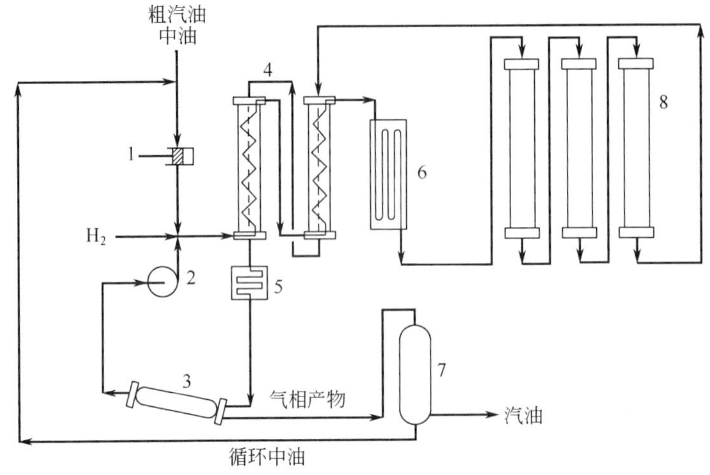

图 7-8 气相加氢工艺流程

1—高压泵；2—循环压缩机；3—分离器；4—热交换塔；5—冷却器；6—预热器；7—蒸馏塔；8—高压反应塔

（2）工艺特点

① 温度和压力　德国煤直接加氢液化老工艺的煤糊加氢段的反应塔温度 470 ～ 480℃，煤糊预热器的出口温度比预定反应温度低 20 ～ 60℃；系统压力大约 70MPa。液化粗油的气相加氢段反应温度为 360 ～ 450℃，催化加氢反应系统压力大约为 32MPa。

② 催化剂　德国煤直接加氢液化老工艺使用的催化剂种类汇总于表 7-4。煤糊加氢主要采用拜尔赤泥、硫化亚铁和硫化钠，后者的作用是中和原料煤中的氯，以防止在加氢过程中生成 HCl 引起设备腐蚀。

表 7-4 德国煤直接加氢液化老工艺采用的催化剂种类

阶段	原料	反应压力/MPa	催化剂
糊相	烟煤 烟煤 褐煤	70 30 30或70	1.5%赤泥+1.5%$FeSO_4 \cdot 7H_2O$+0.3%Na_2S 6%赤泥+0.06%草酸锡+1.15%NH_4Cl 6%赤泥或其他含铁化合物
液相	焦油	20或30	钼、铁载于活性炭上，0.3%～1.5%
气相	中油	70	0.6%Mo、2%Cr、5%Zn和5%S载于HF洗过的白土
气相（二段）预后	中油	30 30	27%WS_2、3%NiS、70%Al_2O_3 10%WS_2、90%HF洗过的白土

③ 固液分离　该工艺的固液分离采用过滤分离。从热分离器底部流出物在 140 ～ 160℃温度下直接进入离心过滤机分离。对 1000kg 干燥无灰基烟煤而言，当液化转化率为 70% 时，淤浆总重量为 1130kg，固体残渣重 340kg；而液化转化率为 96% 时，淤浆和固体残渣重量分别减少到 270kg 和 80kg。

过滤分离得到的滤液，即重油，含有较多的沥青烯和 2% ～ 12% 的固体，作为煤浆制备循环溶剂，其供氢能力较差，沥青烯积累会使煤浆黏度上升，这正是德国老工艺需要 70MPa 反应压力的主要原因之一；滤饼含固体 38% ～ 40%，为回收滤饼中的油，对滤饼进行干馏，可回收约 30% 油（相对进料）。

④ 产品产率　在糊相加氢阶段，当氢耗量为 7% 时，100t 高挥发分烟煤（daf）可得到 13.8t 汽油、47.7t 中油和 24.3t C_1 ～ C_4 气态烃产品。每生产 1t 汽油和液化气需要煤 3.6t，其中 38% 用于制氢、27% 用于动力和约 35% 用于液化本身，故液化效率约为 44%。

可见，德国煤直接加氢液化的老工艺能源转化效率低，再加上反应条件苛刻，缺乏竞争力，人们纷纷寻求降低反应压力和提高过程效率，开发降低液化成本的新工艺。

7.3.1.2 德国煤直接液化新工艺

德国不断探讨改进现有工艺技术途径，设法降低合成原油的沸点范围和杂原子含量，生产饱和的煤液化粗油等。其中 DMT 等公司研究开发将煤液化粗油的加氢精制、饱和等过程与煤糊相加氢液化过程结合成一体的新工艺技术，即煤液化粗油精制联合工艺（IGOR⁺），其工艺流程见图 7-9。

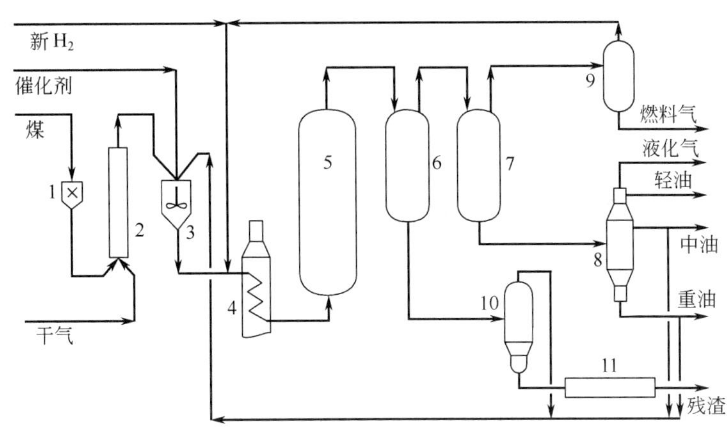

图 7-9 德国 IGOR⁺ 工艺流程图

1—磨煤机；干燥装置；3—煤浆制备；4—预热器；5—反应器；6—热分离器；7—冷分离器；8—高压蒸馏塔；9—气体油洗涤塔；10—真空蒸馏塔；11—造粒

煤与循环溶剂和催化剂混合与 H_2 一起依次进入煤浆预热器和煤浆反应器，反应后的物料进高温分离器，在此，重质物料与气体及轻质油蒸气分离，由高温分离器下部减压阀排出的重质物料经减压闪蒸分出残渣和闪蒸油，闪蒸油再通过高压泵打入系统与高温分离器分出的气体及轻油一起进入第一固定床反应器，在此进一步加氢后进入中温分离器，中温分离器分出的重质油作为循环溶剂，气体和轻质油蒸气进入第二固定床反应器再次加氢，然后通过低温分离器分出提质后的轻质油产品，气体经循环氢压机加压后循环使用。为了使循环气体中的 H_2 浓度保持在所需要的水平，要补充一定数量的新鲜 H_2。液化油在此工艺经两步催化加氢，已完成提质加工。油中的 N 和 S 含量降到 10^{-5} 数量级。此产品可直接蒸馏得到直馏汽油和柴油，汽油只要再经重整就可获得高辛烷值产品，柴油只需加入少量添加剂即可得到合格产品。

此工艺特点：①固液分离采用减压蒸馏，生产能力大，效率高；②循环油不含固体，基本上排除沥青烯，溶剂的供氢能力增强，反应压力降至 30MPa；③液化残渣直接送去气化制氢；④ 把煤的糊相加氢与循环溶剂加氢和液化油提质加工串联在一套高压系统中，避免了分开的流程、物料降温降压又升温升压带来的能量损失，并且在固定床催化剂上还能把 CO_2 和 CO 甲烷化，使碳的损失量降到最低限度；⑤ 煤浆固体浓度大于 50%，煤处理能力大，反应器供料空速可达 0.6kg/（L · h）（daf 煤）。经过这样的改进，油收率增加，产品质量提高，过程氢耗降低，总的液化厂投资可节省 20% 左右，能量效率也有较大提高，热效率超过 60%。

表 7-5 列出用德国烟煤为原料的 IGOR⁺ 工艺的物料平衡数据。

中国云南先锋褐煤在德国 IGOR⁺ 工艺装置上试验结果为：在煤浆浓度为 50%、液化反应温度为 455℃、反应压力为 30MPa 和反应器空速为 0.5t/（m^3 · h）的条件下可得到 53% 的油收率，油品中氮和硫的含量分别为 2mg/kg 和 17mg/kg，柴油馏分的十六烷值可达到 48.8，而汽油馏分经过重整可得到满足 90# 无铅汽油标准的要求。

表7-5　IGOR$^+$工艺的物料平衡

输入	含量/%	产出	含量/%
煤（daf）	100	产品油	54.8
灰（d）	4.6	C_5^+气体烃	5.5
水分	4.2	C_1～C_4气体烃	16.9
催化剂	1.2	CO_x	10.0
Na_2S	0.4	H_2S	0.9
H_2	10.6	NH_3	0.8
		生成水	6.5
		煤中水	4.6
		闪蒸残渣	21.0
总量	121.0	总量	121.0

7.3.2　美国煤直接液化工艺

7.3.2.1　溶剂精炼煤法

溶剂精炼煤（solvent refining of coal）法，简称SRC法，是现代各种煤液化方法中最简单的一种，其目的是从高硫煤生产一种环境友好的固体燃料。在SRC法中，煤在较高的压力和温度及有氢存在的条件下进行溶剂萃取加氢，生产低灰、低硫的清洁固体燃料和液体燃料。过程中除煤中所含的矿物质以外，不用其他催化剂。通常根据产品形态不同又分为SRC-Ⅰ和SRC-Ⅱ，前者加氢程度轻，是以生产低灰、低硫的清洁固体燃料为主要产物的工艺；后者则加氢程度深，以生产液体燃料为主。

1960年美国煤炭研究局组织开始SRC研究工作，20世纪60年代后期和70年代初期对该工艺进行进一步开发，同时设计一个50t/d的试验装置。这一装置由Rust Engineering建于华盛顿州路易斯堡（Fort Lewis），并由Gulf公司从1974年开始操作，其流程见图7-10。

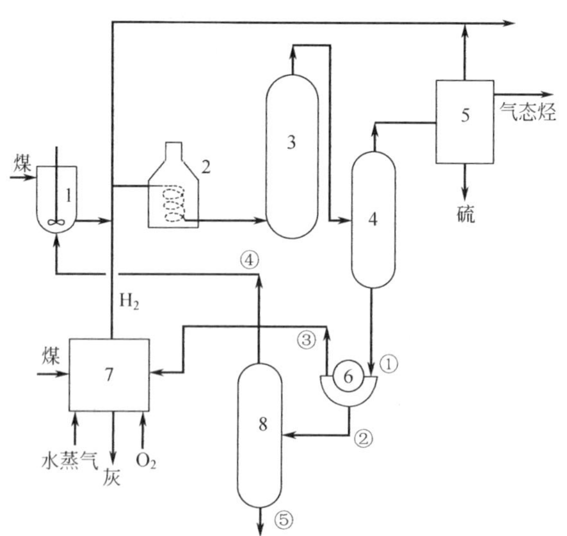

图7-10　SRC-Ⅰ工艺流程

1—煤浆制备；2—预热器；3—反应器；4—分离器；5—气体洗涤塔；
6—真空回转过滤机；7—气化制氢；8—蒸馏塔；①～⑤表示不同位置的物料

经磨碎、干燥的干煤粉与过程溶剂混合以料浆形态进入反应器系统。过程溶剂是从煤加氢产物中回收得到的蒸馏馏分。该溶剂除作为制浆介质之外，在煤溶解过程中起供氢作用，即作为供氢体。

溶剂配成的煤浆用泵加压到系统压力后与氢混合。三相混合物进料在预热器中加热到规定温度后进入“溶解器”，即反应器。溶解器的操作条件：出口温度约 450℃，压力 10 ～ 13MPa，停留时间 40min。

产物离开反应器后，进入分离器冷却到 260 ～ 316℃，进行气与液固分离，液固主要是含有过程溶剂、重质产物、未反应煤和灰的料流。分离出的气体再冷却分出凝缩物——水和轻质油，不凝气体经洗涤脱除气态烃、H_2S 和 CO_2 后返回系统作为氢源循环使用。

出分离器的底物料经闪蒸得到的塔底产物送到两个回转预涂层过滤机。滤液送到减压精馏塔回收洗涤溶剂、过程溶剂和减压残留物，后者即为溶剂精炼煤的产物。滤饼再送到水平转窑蒸出制浆用油。流程中各点物料的组成见表 7-6。

表7-6 SRC-Ⅰ工艺流程中各点物料的组成（对100kg干煤）

物料位置		①	②	③	④	⑤
组成/%	溶剂油	150.0	150.0	0	150.0	0
	SRC	59.0	57.1	1.9	0	57.1
	固体残渣	14.1	0	14.1	0	0
	合计	223.1	207.1	16.0	150.0	57.1

为了提高过程的油产率，在 SRC-Ⅰ法工艺基础上进行改进，开发了从煤制取全馏分低硫液体燃料油的 SRC-Ⅱ法，两者不同点如下：

① 气液分离器底部分出的热淤浆一部分循环返回制煤浆，另一部分进减压蒸馏塔。部分淤浆循环的优点有，一是延长中间产物在反应器内的停留时间，增加反应深度；二是矿物中含有硫铁矿，提高了反应器内硫铁矿浓度，相对而言添加了铁系催化剂，有利于加氢反应，提高了液体油产率。

② 用减压蒸馏替代残渣过滤分离，省去过滤、脱灰和产物固化等工序。

③ 产品以油为主，氢耗量比 SRC-Ⅰ高一倍。

表 7-7 为 SRC-Ⅱ工艺的试验结果。

表7-7 SRC-Ⅱ法的产品产率（肯塔基西部烟煤，含硫4%）

项目	产品产率（daf煤）/%	项目	产品产率（daf煤）/%
C_1～C_4气态烃	16.6	未溶解煤	3.7
总液体油	43.7	灰	9.9
其中 C_5～195℃	11.4	H_2S	2.3
195～250℃	9.5	$CO+CO_2+NH_3$	1.1
250～454℃	22.8	H_2O	7.2
SRC（>454℃）	20.2	合计	104.7
		氢耗量（质量分数）	4.7

7.3.2.2 氢煤法

氢煤法（H-coal）的研究开发始于 1963 年，是由碳氢化合物研究公司（HRI）研究开发的煤加氢液化工艺，其工艺基础是对重油进行催化加氢裂解的氢油法（H-oil），其工艺流程如图 7-11 所示。

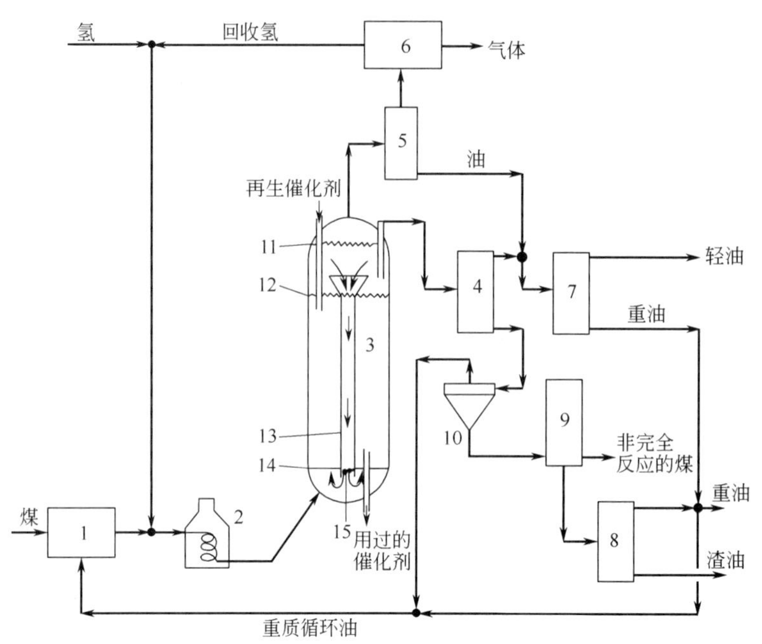

图 7-11 氢煤法的工艺流程

1—煤浆制备；2—预热器；3—反应器；4—闪蒸塔；5—冷分离器；6—气体洗涤器；7—常压蒸馏塔；8—减压蒸馏塔；9—固液分离器；10—旋流器；11—浆态反应物料的液位；12—催化剂上限；13—循环管；14—分布板；15—搅拌螺旋桨

煤粉磨细到小于 60 目，干燥后与液化循环油混合，制成煤浆，经过煤浆泵把煤糊增压至 20MPa，与压缩氢气混合送入预热器预热到 350 ～ 400℃后，进入沸腾床催化反应器。采用加氢活性良好的钴 - 钼（Co-Mo/Al_2O_3）柱状催化剂，利用溶剂和氢气的由下向上的流动，使反应器的催化剂保持沸腾状态。在反应器底部设有高压油循环泵，抽出部分物料打循环，造成反应器内的循环流动，促使物料在床内呈沸腾状态。为了保证催化剂的活性，在反应中连续抽出 2% 的催化剂进行再生，并同时补充等量的新催化剂。由液化反应器顶部流出的液化产物经过气液分离，蒸气冷凝冷却后，凝结出液体产物，气体经过脱硫净化和分离，分出的氢气再循环返回到反应器，进行循环利用。凝结的液体产物经常压蒸馏得到轻油和重油，轻油作为液化粗油产品，重油作为循环溶剂返回制浆系统。含有固渣的液体物料出反应器后直接进入闪蒸塔分离，闪蒸塔顶部物料与凝结液一起入常压蒸馏塔精馏；塔底产物通过水力分离器分成高固体液流和低固体液流。低固体液流返回煤浆混合槽，以尽量减少新鲜煤制浆所需馏分油的用量；水力分离器底流经过最终减压蒸馏得重油和残渣，重油返回制浆系统，残渣送气化制氢，作为系统氢源，这个方法可以在较低煤进料量的条件下操作获得尽可能多的馏分油。

氢煤法工艺特点：① 最大特点是使用沸腾床三相反应器（浆态床）和钴 - 钼加氢催化剂，使反应系统具有等温、物料分布均衡、高效传质和高活性催化剂，有利于加氢液化反应顺利进行，所得产品质量好；② 反应器内温度保持在 450 ～ 460℃、压力为 20MPa；③ 该法已完成煤处理量为 200 ～ 600t/d 的中试运行考验，并完成 50000 bbl/d（桶 / 天）规模生产装置的概念设计。后来开发了两个反应器串联工艺，又演变为 HTI 工艺。

HTI 工艺的主要技术特征：①用胶状 Fe 催化剂替代 Ni-Mo 催化剂，降低了催化剂成本，同时胶状 Fe 催化剂比常规铁系催化剂活性明显提高，催化剂用量少，相对可以减少固体残渣夹带的油量；②采用外循环全返混三相鼓泡床反应器，强化传热、传质，提高了反应器处理能力；③与德国 IGOR 工艺类似，对液化粗油进行在线加氢精制，进一步提高了馏分油品质；④反应条件相对温和，反应温度 440 ～ 450℃，反应压力为 17MPa，油产率高，氢耗低；⑤固液分离采用 Lumus 公司的溶剂萃取脱灰，使油收率提高约 5%。

表 7-8 列出氢煤法采用褐煤到烟煤为原料的试验结果。此外，美国还开发了其他煤直接液化工艺，见表 7-9。

表7-8　氢煤法的部分试验结果

项目	伊里诺斯烟煤		怀俄达克次烟煤	澳大利亚褐煤
煤质分析/%				
水分（Mar）	17.5		30.4	64.2
挥发分（V_d）	42.0		44.1	49.0
灰分（A_d）	9.9		7.9	8.3
碳（C_d）	70.7		68.4	62.3
氢（H_d）	5.4		5.4	4.5
氮（N_d）	1.0		0.8	0.5
硫（S_d）	5.0		0.7	1.2
氧（O_d）	8.0		16.8	23.2
工艺目标	合成原油	低硫燃料油	合成原油	合成原油
产品组成 /%				
C_1～C_3	10.7	5.4	10.2	6.6
C_4～204℃	17.2	12.1	26.1	
204～343℃	28.2	19.3	19.8	
343～524℃	18.6	17.3	6.5	48.8
＞524℃	10.0	29.5	11.1	16.6
液体产率/%	74.0	78.2	63.5	65.4
未转化的煤/%	5.2	6.8	9.8	6.5
H_2O、NH_3、H_2S、CO、CO_2/%	15.0	12.8	22.7	26.2
转化率/%	94.8	93.2	90.2	93.0
氢耗量（daf煤）/（m^3/t）	527.0	346.0	669.0	—

表7-9　美国煤直接液化主要工艺的中间试验

项目		SRC		H-coal	EDS	ITSL①	
		Ⅰ	Ⅱ				
规模/（t/d）		50	50	200～600	250	6	
地点		华盛顿州 Fort Lewis		肯塔基州 Cattlesburg	得克萨斯州 Bay town	阿拉巴马州 Wilsonville	
开发公司		匹兹堡和密得威煤矿公司		烃类研究公司	埃克松石油公司	催化剂公司等	
主要工艺条件	煤	褐煤和年轻烟煤		褐煤和年轻烟煤	褐煤和年轻烟煤	褐煤和年轻烟煤	
	催化剂	煤中黄铁矿		$Co\text{-}Mo\text{-}Al_2O_3$	$Co\text{-}Mo\text{-}Al_2O_3$ （循环溶剂）	$Ni\text{-}Mo\text{-}Al_2O_3$	
	反应器	圆筒式		流化床	圆筒式	第一段同SRC 第二段同H-coal	
	温度/℃	450		450	450	430	450
	压力/MPa	12	13	20	14	16	20
	时间/min	40	60	—	36	4～40	—
主要产品		固体锅炉燃料	轻质燃料油	合成原油或燃料油	轻质油、燃料油	合成原油	
氢耗（对煤质量分数）/%		约2.5	约5.0	6.0或4.0	约 4.0	6.4	
热效率（产品计）/%		70		69～74	64	—	
资金		基建0.3亿美元；运转0.15亿美元		3.10亿美元	3.5亿美元		
开始小试时间		1962	1976	1964	1966	1974	
中试起止时间		1974～1977	1977～1981	1980～1982	1980～1982	1980～	
中试用煤量 /t		生产SRC，5000	—	6.0×10^4	8.0×10^4	—	

① 两段集成液化法有不同的组合形式。

7.3.3 日本 NEDOL 工艺

20 世纪 80 年代，日本开发了 NEDOL 烟煤液化工艺，该工艺实际上是美国 EDS 工艺的改进型，在液化反应器内加入铁系催化剂，反应压力也提高到 17 ～ 19MPa，循环溶剂是液化重油加氢后的供氢溶剂，供氢性能优于 EDS 工艺，液化油产率较高。1996 年 7 月，150t/d 的中试厂在日本鹿岛建成投入运转，至 1998 年，该中试厂已完成了运转两个印尼煤和一个日本煤的试验，取得了工程放大设计参数，其工艺流程如图 7-12 所示。

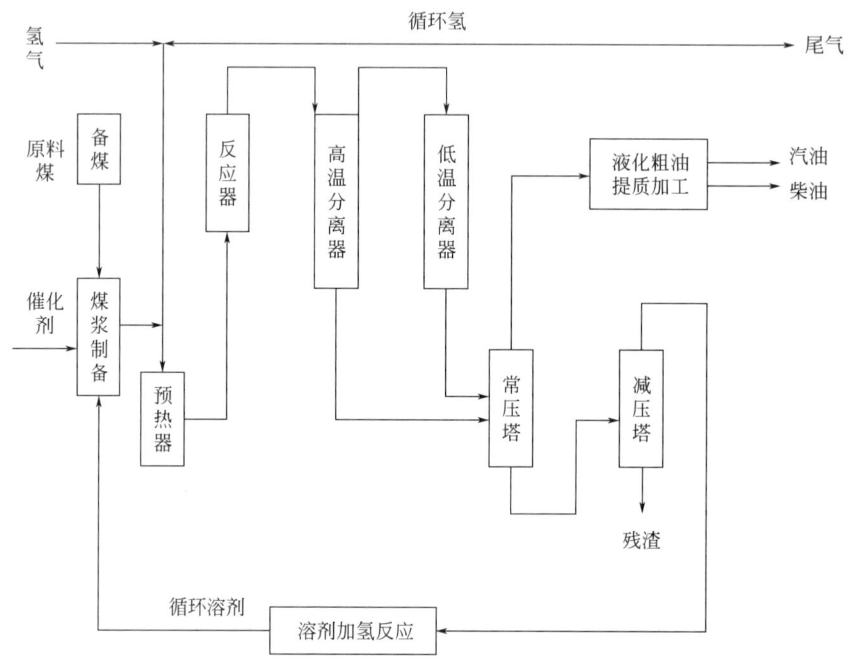

图 7-12 日本 NEDOL 工艺流程

日本 NEDOL 工艺总体与美国 EDS 工艺相似，由 5 个主要部分组成，①煤浆制备；②加氢液化反应；③液固蒸馏分离；④液化粗油二段加氢；⑤溶剂催化加氢反应。此工艺的特点：①总体流程与德国工艺相似；②反应温度 455 ～ 465℃，反应压力 17 ～ 19MPa，空速 0.36t/（m^3·h）；③催化剂使用合成硫化铁或天然黄铁矿；④固液分离采用减压蒸馏的方法；⑤配煤浆用的循环溶剂单独加氢，提高了溶剂的供氢能力，循环溶剂加氢技术是引用美国 EDS 工艺的成果；⑥液化油收率大致在 50% ～ 55%，含有较多的杂原子，未进行加氢精制，必须加氢提质后才能获得合格产品。

7.3.4 中国神华煤直接液化工艺

中国神华集团在吸收各国煤炭液化研究成果的基础上，根据煤液化单项技术的成熟程度，综合了国内外开发的液化工艺特点，并进行了优化，提出了如图 7-13 的煤直接液化工艺流程。

主要工艺特点：

① 采用两个强制循环的悬浮床反应器，反应温度 455℃、压力 19MPa。由于强制循环悬浮床反应器内为全返混流，轴向温度分布均匀，反应温度控制容易，不需

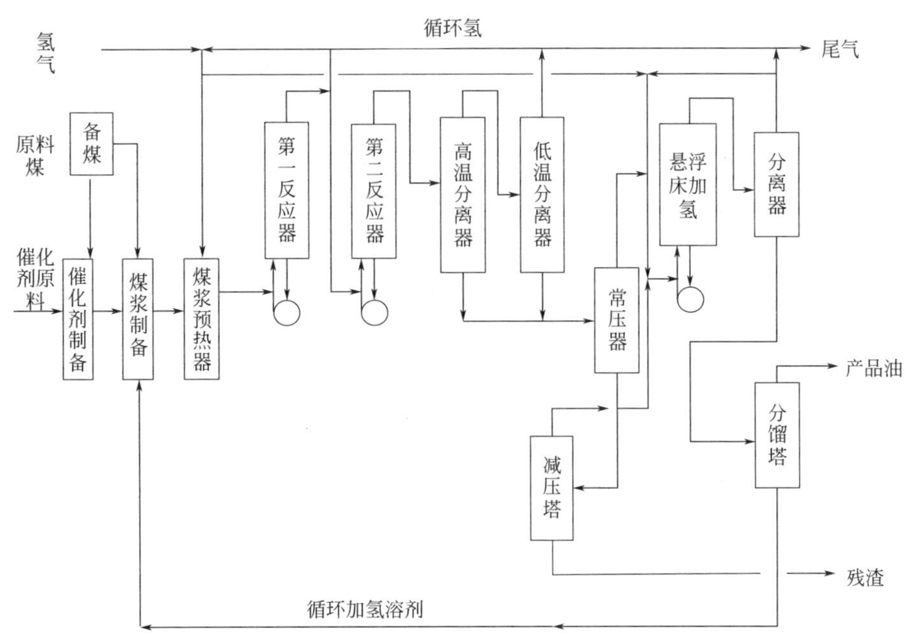

图 7-13 中国神华煤直接液化工艺流程

要侧线加入急冷氢控温，反应器内气体滞留系数低，液速高，反应器内没有矿物质沉积，产品性质稳定。

② 采用人工合成超细水合氧化铁（FeOOH）基催化剂，催化剂用量相对较少［1.0%(Fe/干煤，质量分数)］，同时避免了 H-coal 工艺使用贵金属催化剂和 HTI 工艺的胶体铁催化剂加入煤浆的难题。

③ 煤浆制备全部采用经过加氢的循环溶剂。由于循环溶剂采用预加氢，溶剂性质稳定，成浆性好，可以制备成含固体浓度 45% ～ 50%，煤浆黏度低、流动性好的高浓度煤浆；循环溶剂预加氢后，供氢性能好，能阻止煤热分解过程中自由基碎片的缩合，防止结焦，延长了加热炉的操作周期，提高了热利用率。

④ 采用减压蒸馏的方法进行沥青和固体物的脱除。减压蒸馏是一种成熟和有效的脱除沥青和固体的分离方法，减压蒸馏的馏出物中不含沥青，为循环溶剂的催化加氢提供合格的原料，减压蒸馏的残渣含固体约 50%；使用高活性的液化催化剂，添加量少，残渣中含油量少。

⑤ 油收率高，采用神华煤也可达 55% 以上，液化粗油精制采用离线加氢方案。

⑥ 循环溶剂和煤液化油品采用强制循环悬浮床加氢反应器进行加氢，催化剂可以定期更新，加氢后的供氢溶剂供氢性能好，产品性质稳定，操作周期长，还避免了固定床反应由于催化剂积碳压差增大的风险，产品中柴油馏分多。

神华煤直接液化工艺的原料煤和物料平衡数据分别见表 7-10 和表 7-11。

表 7-10 神华煤液化原料煤分析（质量分数）

工业分析/%			元素分析（daf）/%					H/C原子比
M_{ad}	A_d	V_{daf}	C	H	N	S	O（差减）	
3.31	4.90	38.14	79.95	4.84	0.94	0.24	14.08	0.726

表 7-11 神华煤直接液化工艺的物料平衡　　单位：%

原料	含量	产品	含量
干燥无灰基煤	100.00	C_1	4.17
煤中灰	5.15	C_2	2.82
合成催化剂	1.65	CO	0.99

续表

原料	含量	产品	含量
硫黄	1.20	CO_2	1.46
氢气	6.81	H_2S	2.13
DMDS（二甲基二硫醚）	1.93	NH_3	0.57
		H_2O	12.73
		C_3	3.35
		C_4	1.86
		＜220℃馏分油	25.33
		＞220℃馏分油	30.02
		残渣	31.31
小计	116.74	小计	116.74

7.3.5 煤和渣油的联合加工（油煤共加氢）

煤和石油重油联合加工工艺是将煤和石油渣油同时加氢裂解，转变成轻、中质馏分油，生产各种运输燃料油的工艺技术。该工艺的实质是用石油渣油作为煤直接液化的溶剂，在反应器内，不但煤液化成油，而且石油渣油也裂化成较低沸点馏分，煤和重油联合加工的油收率比煤和渣油单独加氢获得的油收率高。这说明煤和渣油一起加氢时，它们相互之间有协同作用。产生协同作用的原因有两个：一是煤有吸附渣油中重金属和积碳的作用，这样就减少了重金属和积碳在加氢催化剂上的沉积，从而保护催化剂的高活性；二是石油渣油的加氢裂化产物具有很好的供氢性能，提高了煤液化的转化率和油收率。

国外煤和渣油共加氢技术的研究开发始于 20 世纪 70 年代。加拿大 Alberta 研究院（ARC）开始从事有关煤和重油联合加工的基础研究工作。80 年代初，重点探索当地次烟煤在 CO 和水蒸气共存下的溶解特性研究，从而导致了 ARC 的 CO/H_2O 蒸汽 -H_2 两段处理工艺的诞生。ARC 的研究一直局限在实验室小试水平，加拿大矿产和能源技术中心（CANMET）于 1981 年开始研究共加氢技术，0.5t/d 小型试验装置和 25t/d 中试装置于 1986 年先后投入运行，对加拿大褐煤、次烟煤和高挥发分烟煤进行了详细的共加氢试验研究。

CANMET 的共加氢工艺是重油加氢裂解工艺发展而来的单段处理技术，在处理 Alberta 次烟煤和 Cold lake 减压渣油时取得了与 HRI 两段共炼工艺类似的结果。

加拿大能源开发公司（CED）开发的两段共炼工艺，其最好的试验结果为：转化率 90%，蒸馏油收率 75%（干燥无灰基），最大的中试装置规模为 6t/d。此外与德国的煤液化公司（GFK）合作，在煤炭两段液化基础上开发出由煤的热溶解、轻度加氢和加氢焦化组成的 Pyrosol 三段共炼工艺。研究结果表明，采用三段工艺的共炼厂的建设投资、操作费用和税后利润都优于两段共炼厂。

美国碳氢化合物研究公司（HRI）从 1974 年开始从事煤和重油联合加工的初期试验研究，1985 年开发出两段煤和重油联合加工工艺，3t/d 的工艺开发装置（PDU）于 1988 年投运，1989 年做出商业性示范厂的初步设计。HRI 的两段催化加氢裂化共炼工艺是在其开发的石油渣油催化加氢裂解工艺（H-oil 工艺，现已工业化）基础上结合煤的两段催化液化技术特点发展起来的，系几种共炼工艺中较为先进和成熟的。其主要特点是采用独特的流化床反应器和高活性的 Co-Mo/Al_2O_3，Ni-Mo/Al_2O_3 催化剂，且以连续加入和排出的方式保持反应器内催化剂的活性。HRI 油煤共炼厂的建设投资大致是两段液化工艺的 67%，馏分油的生产成本约为 23 美元 / 桶，当原油价格上升至 25 美元 / 桶时。HRI 煤和重油联合加工工艺在经济上就具备建厂条件。

中国煤和石油重油共加氢研究始于 20 世纪 80 年代初，华东理工大学、煤炭科学研究总院北京煤化所等在实验室间歇式高压釜中进行了不同煤种与不同性质石油重油的共加氢研究，取得了良好的试验结果。1991 年 2

月，煤炭科学研究总院与美国 HRI 公司签订了在中国共同建设一座年处理 0.3 Mt 煤和 0.43Mt 渣油共炼厂的可行性研究协议。具体工作及主要结果如下：

① 中方选送兖州北宿煤、山东龙口煤与胜利减压渣油和辽宁沈北煤、平庄煤与辽河重油等 4 对原料样品由 HRI 进行高压釜筛选试验。结果表明，以上 4 对样品都具有良好的共炼特性。其中兖州北宿煤和胜利减压渣油是最好的配对，煤转化率高达 97%。

② 中方在 4 对原料所在地的山东省和辽宁省进行建厂条件的现场调查。

③ 根据①和②的结果，中美双方认为山东胜利油田的建厂条件最为适宜。

④ 中方将兖州北宿煤样 1t、胜利减压渣油 10 桶运往美国，由 HRI 公司进行小型连续装置（BSU）试验。

⑤ 根据结果进行建厂技术经济分析并对环境影响进行评估。

⑥ 双方最终完成可行性研究报告。

中国煤和石油渣油高压釜与小型连续装置共加氢试验结果分别见表 7-12 和表 7-13。

表 7-12 煤和渣油高压釜共加氢试验结果 单位：%

样品	煤量	渣油量	溶剂量	催化剂	总转化率	油收率	氢耗量
辽河渣油	—	96.03	—	3.97	70.32	50.04	1.16
北宿	24.34	71.68	—	3.98	76.18	47.22	1.39
北宿	24.34	35.84	35.79	3.98	83.96	75.34	2.57
天祝	22.84	36.55	36.55	4.06	84.02	74.15	2.24
宝日希勒	23.85	72.14	—	4.01	68.67	58.78	1.32
宝日希勒	23.85	36.07	36.07	4.01	78.18	58.78	1.32

表 7-13 煤和渣油在小型连续装置共加氢的试验结果 单位：%

试验方式	煤浆组成 煤：溶剂：渣油	催化剂	煤转化	油收率	气产率	氢耗量	氢利用率
天祝煤液化	39.56：59.06：0	1.28	90.59	55.25	13.91	7.51	7.36
天祝煤共炼	33.14：41.43：24.37	1.06	82.95	61.12	3.02	3.89	15.71
先锋煤液化	40.47：58.51：0	1.02	94.79	57.34	13.43	6.82	9.07
先锋煤共炼	34.13：32.25：32.25	1.17	95.93	71.93	10.67	4.33	16.61

图 7-14 是美国 HRI 的煤和重油联合加工工艺流程。

美国 HRI 小型连续装置煤和重油联合加工的试验结果和经济评价见表 7-14。

表 7-14 小型连续装置上煤和重油联合加工的试验结果和经济评价

渣油转化率/%	煤转化率/%	脱硫率/%	脱氮率/%	脱金属率/%	总投资/亿美元	基本收益率/%
82～92	90～95	85～95	65～75	＞98	2.26（3.78）	23.8
产品产率/%						
H_2S	NH_3	H_2O	C_1～C_3	C_4～177℃	177～343℃	343～524℃
1.63	0.96	4.18	8.25	18.6	32.9	25.4

油煤联合加工对原料煤和渣油有较好的适应性，而且可以在较苛刻条件下深加工劣质渣油，得到收率高的优质馏分油，便于加工成汽油、柴油燃料。

同煤直接液化相比，油煤联合加工过程比较简单，生产能力大，技术风险性小，操作灵活性也好，成本较低。在开发的各种工艺中，HRI 催化两段和 Pyrosol 油煤联合加工技术比较先进，值得我国重视其发展，开展有关研究。煤直接液化、CANMET 油煤联合加工和渣油单独加氢裂解结果列于表 7-15。

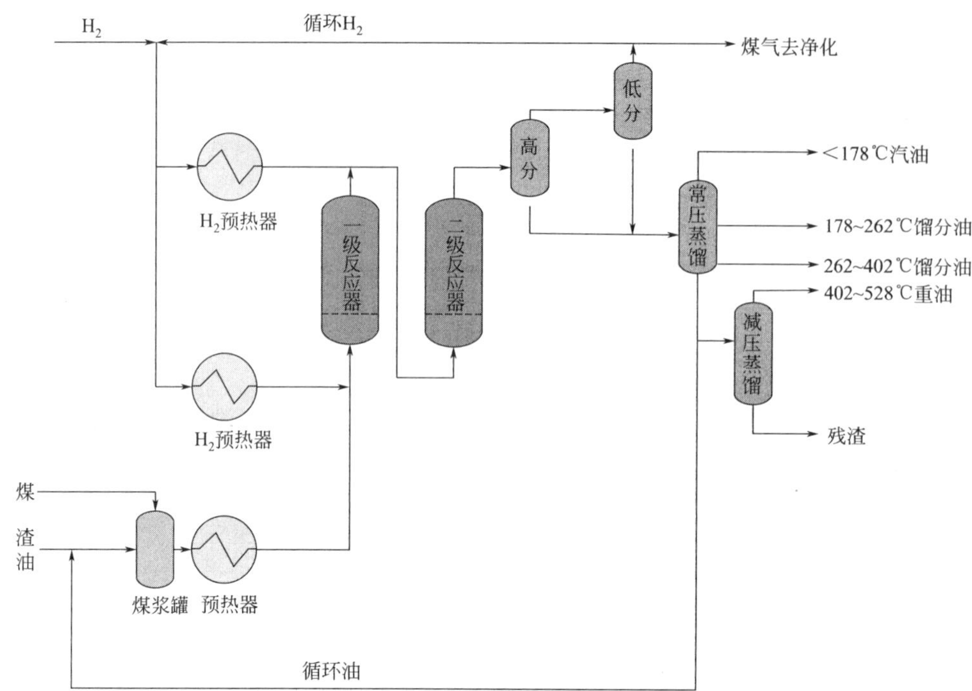

图 7-14 美国 HRI 的煤和重油联合加工工艺流程

表7-15 煤直接液化与油煤联合加工和渣油单独加氢裂解比较

指标	直接液化	共加氢	渣油单独加氢
油煤浆中煤浓度/%	33	30	5
溶剂	蒽油	冷湖渣油	冷湖渣油
C_1～C_4/%	1.3	5.4	3.8
馏分油产率/%	16.5	75.9	81.9
煤转化率 /%	85.6	83.9	
渣油轻质化率 /%		66.5	72.5
氢耗 /%	2.7	4.0	3.3
氢利用率 /%	6.0	15.5	22.2

综上所述，若干代表性煤直接液化的主要工艺指标汇总于表 7-16。

表7-16 煤直接液化4种主要工艺指标

指标	HTI	IGOR	NEDOL	中国神华
反应器类型	悬浮床	鼓泡床	鼓泡床	外循环
操作条件				
温度/℃	440～450	470	465	455
压力/MPa	17	30	18	19
空速/［t/（m^3·h）］	0.24	0.6	0.36	0.702
催化剂及用量	GelCat™，0.5%	炼铝赤泥，3%～5%	天然黄铁矿 3%～4%	人工合成，1.0%（Fe）
固液分离方法	临界溶剂萃取	减压蒸馏	减压蒸馏	减压蒸馏
在线加氢	有或无	有	无	无
循环溶剂加氢	部分	在线	离线	部分

续表

指标	HTI	IGOR	NEDOL	中国神华
试验煤	神华煤	先锋褐煤	神华煤	神华煤
转化率（daf煤）/%	93.5	97.5	89.7	91.7
生成水（daf煤）/%	13.8	28.6	7.3	11.7
C_4^+油（daf煤）/%	67.2	58.6	52.8	61.4
残渣（daf煤）/%	13.4	11.7	28.1	14.7
氢耗（daf煤）/%	8.7	11.2	6.1	5.6

7.4 煤加氢液化的影响因素

煤加氢液化反应是十分复杂的化学反应，影响加氢液化反应的因素很多，这里主要讨论原料煤、溶剂、气氛、催化剂与工艺参数等因素。

7.4.1 原料煤性质

选择加氢液化原料煤，主要考虑以下 3 个指标：①干燥无灰基原料煤的液体油收率；②煤转化为低分子产物的速度，即转化的难易度；③氢耗量。

煤中有机质元素组成是评价原料煤加氢液化性能的重要指标。F. Bergius 研究指出，含碳量低于 85% 的煤几乎都可以进行液化，煤化度越低，液化反应速度越快。就腐植煤而言，煤加氢液化难易顺序为低挥发分烟煤、中等挥发分烟煤、高挥发分烟煤、褐煤、年轻褐煤、泥炭。无烟煤很难直接液化，一般不作加氢液化原料。另外，腐泥煤比腐植煤容易加氢液化。

表 7-17 列出煤化程度与其加氢液化转化率间的关系。

表 7-17 煤化程度与其加氢液化转化率的关系

煤种	液体收率/%	气体收率/%	总转化率/%
中等挥发分烟煤	62	28	90
高挥发分烟煤A	71.5	20	91.5
高挥发分烟煤B	74	17	91
高挥发分烟煤C	73	21.5	94.5
次烟煤B	66.5	26	92.5
次烟煤C	58	29	87
褐煤	57	30	87
泥炭	44	40	84

除煤化程度外，煤的化学组成和岩相组成对煤液化也有很大影响。从研究多环芳烃的加氢速度可知，多环芳烃比单环芳烃加氢较快，其中多环链状烃（如蒽）比角状烃或中心状烃加氢更快；杂环化合物比碳环化合物容易加氢，因为环中存在的杂原子破坏了环的对称性，通常先在杂环中加氢。

煤的化学组成中自由氢含量与加氢液化过程中所消耗的氢气数量呈反比关系。所谓自由氢是指原料分解时分配到作为液态和加氢产物（如烃类、含硫化合物、含氧化合物和含氮化合物）中的那一部分氢。

从煤的岩相组分来看，镜煤和亮煤最易液化，其次为暗煤，最难液化的组分是丝炭（见表 7-18），因而丝炭含量高的煤不易用作加氢液化的原料。

表7-18 煤岩相组分的元素组成和加氢液化转化率的关系

岩相组分	元素组成（daf）/%			H/C原子比	加氢液化转化率/%
	C	H	O		
丝炭	93.0	2.9	0.6	0.37	11.7
暗煤	85.4	4.7	8.1	0.66	59.8
亮煤	83.0	5.8	8.8	0.84	93.0
镜煤	81.5	5.6	8.3	0.82	98

煤直接液化对煤质的基本要求如下：

① 原料煤粒度 200 目左右，水分＜ 2%。煤含水越低越经济，投资和能耗越低。

② 应选择易磨或中等难磨的煤作为原料，最好哈氏可磨性系数大于 50 以上。否则机械磨损严重，消耗大、能耗高。

③ 氢含量越高、外供氢量越少，氧含量越低、废水生成量越少。

④ 氮等杂原子含量要求低，以降低油品加工提质费用。

⑤ 煤的岩相组成是一项重要指标，镜质组越高，煤液化性能越好。一般镜质组达 90% 以上为好；丝质组含量高的煤，液化活性差。云南先锋煤镜质组为 97%，煤转化率高达 97%，神华煤丝质组达 30% 以上，镜质组约 65%，因此煤转化率只有 90% 左右。

⑥ 要求原料煤中灰＜ 5%。一般原煤中灰分难达此指标，这就要求煤的洗选性能好，因为灰分高严重影响液化油的收率和系统的正常操作。煤灰成分对液化过程也会产生影响：灰中 Fe、Co、Mo 等元素对液化有催化作用，但其中 Si、Al、Ca、Mg 等元素易结垢、沉积，影响传热和正常操作，且造成管道系统磨损堵塞和设备磨损。

7.4.2 溶剂

煤炭加氢液化一般要使用溶剂。溶剂的作用主要是热溶解煤、溶解氢气、供氢和传递氢作用、溶剂直接与煤质反应等。

（1）热溶解煤　使用溶剂是为了让固体煤呈分子团簇状态或自由基碎片分散于溶剂中，同时将氢气溶解，以提高煤和固体催化剂、氢气的接触性能，加速加氢反应和提高液化效率。

关于煤的溶解机理，Whitehurst 提出，煤在热溶剂中需经多次断链，并与氢结合才能溶解。煤的溶解速度不仅与受热时的裂解作用有关，而且与生成不溶性中间物和供氢物之间的反应有关。研究提出，煤的加氢性能与其溶解性能相关，容易溶解的煤易加氢，而不易溶解的煤难以加氢。煤在溶剂中的溶解是缓慢过程，溶解能加速加氢反应，加氢反应又促进煤的溶解。

（2）溶解氢气　为了提高煤、固体催化剂和氢气的接触，外部供给的氢气必须溶解在溶剂中，以利于加氢反应进行。

（3）供氢和传递氢作用　有些溶剂除热溶解煤和氢气外，还具有供氢和传递氢作用。如四氢萘作溶剂，具有供给煤质变化时所需要的氢原子，本身变成萘；萘被加氢又变成四氢萘：

$$\text{四氢萘} \underset{\text{催化剂}}{\rightleftharpoons} \text{萘} + 2H_2$$

溶剂的供氢作用可促进煤热解的自由基碎片稳定化，提高煤液化的转化率，同时减少煤液化过程中的氢耗量。

关于煤液化反应中的氢转移途径，目前认为有自由基氢转移（RHT）、逆向的自由基歧化（RRD）和自由基氢原子的增加等，以 9,10- 二氢蒽作溶剂为例，氢转移的可能途径有：

$$RHT：9\text{-}AnH^-+ArR \longrightarrow An + [ArR\,H]^-$$
$$\longrightarrow An + Ar\,H + R^-$$
$$RRD：AnH_2+Ar \longrightarrow 9\text{-}AnH^- + [ArR\,H]^-$$
$$\longrightarrow 9\text{-}AnH^- + Ar\,H + R^-$$

其中：Ar 表示芳香环；R 表示取代基；An 表示蒽。

在不同的反应条件下，各种氢转移机理所占的比例不同。Mulder 等以蒽和二氢蒽混合物为溶剂研究了萘取代物脱取代基的氢转移途径，表明不同的萘取代物氢转移的途径不同，对于脱取代基相当快的溴萘和氯萘，$9\text{-}AnH^-$ 的自由基取代（RRD）是主要的反应路线，生成蒽和萘基的缩合物，其他萘取代物中 RHT 和 RRD 是主要的脱取代基途径。

（4）溶剂直接与煤质反应　日本学者大内公耳指出，煤热解时桥键打开，生成自由基碎片，有些溶剂直接与自由基碎片结合形成稳定低分子，如用 ^{14}C- 菲对煤进行抽提，有 3.4% ～ 6.6% 的 ^{14}C- 菲转移到抽提物中。

（5）其他作用　在液化过程中溶剂能使煤质受热均匀，防止局部过热；溶剂和煤制成煤糊有利于泵的输送。现代煤直接加氢液化工艺十分重视溶剂的供氢性能，都采用循环溶剂预加氢方法，提高其供氢能力进而增加液化油收率。

7.4.3 气氛

7.4.3.1 氢气在液化中的作用

高压氢气有利于煤的溶解和加氢液化转化率的提高。Guin 等人分别在 N_2 和 H_2 气氛中将煤与烷烃油加热至 400℃溶解 2h，然后冷却，用显微镜观察产物，结果发现，在 H_2 气中煤粒已有很大的变化，看不到原来的煤粒；而在 N_2 气中煤粒基本上没有变化，这说明氢气能促进煤的溶解。

Yen 等人研究表明，高压氢气可以提高煤液化的转化率，并有利于脱硫。例如，同样是无催化剂情况，在 N_2 气压下，煤的转化率 74.7%，油和沥青烯中硫含量分别为 0.34% 和 1.10%；在 H_2 气压下，转化率提高到 86.2%，油和沥青烯中的硫含量分别降至 0.25% 和 0.47%。

关于氢气和煤之间能否直接发生热反应（非催化）的问题，至今尚无满意的答案。由于氢的键合度较高（氢键裂解能 427 kJ/mol），氢分子似乎不可能直接与煤裂解的自由基碎片发生反应，如果进行反应，需通过催化剂活化氢分子来实现。

CCDC（Conoco Coal Development Co.）用高压釜对爱尔兰煤进行了加氢气和不加氢气的对比实验，结果表明采用弱供氢溶剂二甲基十氢萘，在 17.33MPa 的 H_2 压下，煤的转化率达 92.5%；若无氢气，相同条件下的转化率仅为 42%。由此说明，只要施加足够的 H_2 压，即使不用供氢溶剂，也能达到较高的煤转化率。所以通常认为，至少在液化初期，氢从溶剂传递到煤分子中是主要反应。如果液化过程中没有供氢溶剂，氢分子可被煤中矿物质的催化组分或添加的催化剂活化，以实现煤的加氢液化。

7.4.3.2 $CO+H_2O$ 反应剂在液化中的作用

Fischer 等在 1921 年指出，使用 $CO+H_2O$ 很容易使褐煤液化。许多研究表明，低煤化程度的煤与 $CO+H_2O$ 反应要比与 H_2 反应更加容易，随着煤化程度增加，$CO+H_2O$ 的优势减弱，而高含氧量的煤和有机物质（如泥炭、纤维素和木质素等）对 $CO+H_2O$ 同样有较高的反应性。表 7-19 列出 $CO+H_2O$ 与 H_2 的液化结果。

用 $CO+H_2O$ 作反应剂，煤的转化率与溶剂的性质、煤中矿物质成分等有关。使用异喹啉之类的多环氮碱作为溶剂，可获得很高的转化率，如在 400℃和 10.14MPa 的 CO 初压（冷）下，北达科他褐煤的转化率（苯可溶物）在 15min 内达到 93%，用蒽油之类溶剂，在 380℃和 24.5MPa 热压下，反应 15min 和 120min，转化率分别为 79% 和 93%，表明在较短时间内蒽油类溶剂的效果较差。在蒽油中添加异喹啉，可以提高其转化率。

表7-19　$CO+H_2O$与H_2的液化结果比较

煤种	压力/MPa	时间/min	气氛	煤溶剂比	温度/℃	转化率/%
烟煤	13.79	120	$CO+H_2$	煤：菲：水=1：1：0.5	350	46
					400	68
					426	77
			H_2	煤：菲=1：1	350	—
					400	66
					426	73
褐煤	10.34	10	$CO+H_2O$	煤：菲：苯酚：水=1：0.5：0.5：0.5	354	42
					365	72
					380	89
					401	90
					415	73

含氮有机碱作为溶剂组分使用时，可以把它看作是煤与$CO+H_2O$反应的一种催化剂。煤中富含的Na、K、Ca等碱性矿物质同样具有催化作用，一般褐煤中富含Na等碱性矿物，所以采用$CO+H_2O$进行液化效果好。

低煤化度煤与$CO+H_2O$反应性高，可能与液化过程中$CO+H_2O$发生下列作用有关：

① $CO+H_2O$发生变换反应生成CO_2和H_2，这种新生态氢的活性很高，容易与煤发生反应。

② 很多物质可加速变换反应。如碱（包括煤中碱性组分Na、K等）或含氮有机碱与$CO+H_2O$反应生成甲酸盐，而甲酸盐很容易分解生成活化氢：

$$Na_2CO_3+2CO+H_2O \longrightarrow 2HCOONa+CO_2$$

$$2HCOONa \longrightarrow Na_2CO_3+CO+H_2$$

③ CO与煤结构中的羰基、酮基及醛基等含氧基团反应，使基团裂解，脱除煤中氧。

④ 可能由于$CO+H_2O$的存在，煤发生烷基化反应，引入烷基（特别是甲基），促使煤容易溶解。

Appell等人曾讨论过CO和合成气与低阶煤之间的反应机理。他们认为，这些煤所以反应性高，部分原因是存在羰基。用Na_2CO_3作为催化剂并以乙酰苯之类的典型化合物进行试验，结果表明使用CO比使用氢更容易使之还原成醇。Fischer注意到了碱性催化剂的使用，并且认为，碱性甲酸盐可以作为德国褐煤转化时的活化氢的来源。即在液化过程中存在关键性的中间产物——2HCOONa，或2HCOOK。

7.4.4　催化剂

7.4.4.1　概述

Bergius在开始发明煤高压加氢工艺时不用催化剂，循环油中沥青烯含量很高、黏度很大，操作发生困难，把反应压力提高到70.0MPa还是不行，后来用钼酸铵和氧化铁作催化剂才使这一工艺得以实施。因为煤中含有许多易使催化剂中毒的组分，又将加氢过程分为两个阶段，第一阶段液相或糊相加氢，第二阶段气相加氢，这样才使煤加氢生产发动机燃料的工艺实现了工业化。

对煤液化有催化作用的物质种类很多，第二次世界大战前德国燃料工业集团、英国皇家化学公司对煤加氢催化剂进行了广泛筛选，除稀土元素外，差不多对周期表中所有的元素都进行了试验。美国矿务局后来对镧系稀土元素做了补充试验，发现活性不明显。

通常催化剂的筛选和活性对比是在高压釜中进行，考察催化剂种类、浓度、制备方式等对煤液化速度、产品组成、收率等的影响；考察催化剂的寿命、失活、中毒和再生，一般要用连续反应装置。

7.4.4.2 煤加氢液化催化剂种类

煤加氢液化催化剂种类很多，有工业价值的催化剂主要有 3 类：① 金属催化剂，主要是钴、钼、镍、钨等，多用重油加氢催化剂；② 铁系催化剂，含氧化铁的矿物或铁盐，也包括煤中含有的含铁矿物；③ 金属卤化物催化剂，如 $SnCl_2$、$ZnCl_2$ 等是活性很好的加氢催化剂，由于回收和腐蚀方面的困难还没有正式用于工业生产。铁系催化剂，如含氧化铁的矿物、铁盐及煤中硫铁矿等，使用时要求系统中有硫，否则其活性不高，铁系催化剂主要用于煤的糊相加氢，使用后不回收。金属催化剂主要是钴、钼、镍、钨等，以 Al_2O_3 为载体，使用前先预硫化，也要求气相中保持有足够的 H_2S 存在。这类催化剂虽然催化加氢活性高于铁系，但由于价格昂贵，一般不用于煤糊加氢，如果用于糊相加氢，必须解决催化剂的回收。

（1）金属氧化物催化剂　很多金属氧化物对煤加氢液化有催化作用，由表 7-20 看出，各种金属氧化物催化活性大小顺序为 SnO_2、ZnO、GeO_2、MoO_3、PbO、Fe_2O_3、TiO_2、Bi_2O_3、V_2O_5。CaO 或 V_2O_5（少量）对煤加氢液化有害，产品大部分为半焦；Sn 无论是氧化物，还是盐类或其他形式，其活性都很高，煤的转化率均在 90% 以上。

表 7-20 各种催化剂对 Beamshaw 煤加氢液化活性比较　（反应条件：450℃，H_2 初压 9.7MPa，停留时间 2h）

催化剂种类及浓度				加氢液化效果		
主金属占煤（daf）比例/%		化合物占煤（daf）比例/%		$CHCl_3$不溶物/%	$CHCl_3$可溶物/%	转化率/%
无催化剂				49.8	31.1	51.4
Bi	2.4	Bi_2O_3	2.5	41.1	33.2	62.6
Ca	1.9	CaO	2.5	产品大部分为焦		
Fe	1.8	Fe_2O_3	2.5	27.3	52.4	76.4
Sn	1.8	SnO_2	2.5	7.7	71.2	96.0
	0.46	$Sn(C_{18}H_{33}O)_2$	2.5	6.5	68.5	95.3
	0.08	$Sn(OH)_2$	0.1	10.9	63.4	90.4
Zn	2.1	ZnO	2.5	10.2	70.4	93.5
	0.27	$Zn(C_{18}H_{33}O)_2$	2.5	27.0	48.6	74.5
	0.06	$Zn(C_2H_5)_2$	0.1	43.5	31.1	57.8
Mo	1.8	MoO_3	2.5	14.1	59.2	87.1
	1.3	$(NH_4)MoO_4$	2.5	9.3	75.4	91.9
	0.05	$(NH_4)MoO_4$	0.1	48.6	30.0	52.6
Ni	0.25	$Ni(C_{18}H_{33}O)_2$	2.5	10.2	67.6	91.3
W	0.08	WO_3	0.1	36.6	42.1	65.0
V	1.5	V_2O_5	2.5	49.8	24.7	53.9
	0.04	V_2O_5	0.1	产品大部分为焦		
Ge	0.07	GeO_2	0.1	10.5	62.3	90.8
Pb	2.4	PbO	2.5	16.4	60.3	87.3
	0.71	$Pb(C_{18}H_{33}O)_2$	2.5	10.1	63.7	91.8
	0.09	PbO	0.1	12.2	65.4	89.1
Ti	1.6	TiO_2	2.5	36.9	38.2	66.8

（2）铁系催化剂 第二次世界大战前，德国 Leuna 煤液化厂于 1934 年就开始使用铁系催化剂，其添加量约 5%，此物是制铝厂的残留物，主要含氧化铁和氧化铝，还有极少量氧化钛。那时英国 Billingham 的煤液化厂的气相加氢也是采用铁系催化剂。

印度中央燃料研究所用间歇高压釜在 20.0 ～ 30.0MPa 下研究了铁系催化剂。铁是以三氯化铁、硫酸亚铁等浸渍在煤上，或者加入无水氧化铁，加 S 或不加 S，并与煤上浸渍锡或钼酸铵作对比。他们发现，将氢氧化铁浸渍在煤上并同时添加游离 S，其催化活性最高，与浸渍钼酸铵的效果相同。

日本北海道大学和北海道工业开发研究所研究使用赤泥作催化剂进行煤炭液化研究。试验在 500mL 振荡高压釜中进行，加入 10g ≤ 100 目的煤样、1g 赤泥、0.1g S 和 15g 脱晶蒽油，在 400℃及 19.6 ～ 21.6MPa 下加热 7 ～ 120min。所用赤泥组成为 Fe_2O_3 42.4%，Al_2O_3 21.8%，SiO_2 12.7%，TiO_2 2.1%，灼烧损失 18.2%；液化转化率为 80%。

T. Okutani 等研究了赤泥 - 硫的催化作用及其反应机理，试验结果如表 7-21 所示。

表7-21 （赤泥+S）对煤液化的影响

催化剂	压力/MPa	（油+沥青烯）产率/%		转化率/%	
		粉状催化剂1	粉状催化剂2	粉状催化剂1	粉状催化剂2
无	8.0（H_2）	7.9	3.5	38.8	37.3
赤泥（10%重量）	8.0（H_2）	16.0	—	41.5	—
赤泥（10%重量）+S（1%重量）	8.0（H_2）	32.8	44.2	68.2	82.3
赤泥（10%重量）+S（5%重量）	8.0（H_2）	59.8	—	92.5	95.5
赤泥（10%重量）+S（10%重量）	8.0（H_2）	62.9	—	94.7	96.6
无	7.0（H_2）+1.0（H_2S）	30.4	40.1	55.8	77.3
赤泥（10%重量）	7.0（H_2）+1.0（H_2S）	—	52.4	—	92.1

由表 7-21 可知，单独加赤泥对加氢液化催化作用不大，当同时添加赤泥和 S 时，催化效果变好。而且在此实验范围内，添加的 S 增多时，（油 + 沥青烯）的产率增大，转化率也增大，或用赤泥作催化剂，在 H_2 中加少量 H_2S，其转化率也明显增加。

这表明，在煤液化条件下，在加入 S 和 H_2S 时，赤泥中的氧化铁转变为硫化铁，硫化铁可促使 H_2S 分解，正是 H_2S 分解后立即生成的新 H_2 要比原料气的分子 H_2 活泼得多，从而加速了煤的加氢液化反应，其反应过程可推测如下：

$$H_2+S \xrightarrow{Fe_2O_3} H_2S$$

$$Fe_2O_3+2H_2S+H_2 \longrightarrow 2FeS+3H_2O$$

$$FeS+H_2 \rightleftharpoons Fe+H_2S$$

$$H_2S \xrightarrow{FeS} H_2^*+S$$

$$\text{煤}+H_2 \longrightarrow \text{气、水、油、沥青烯}+\text{未反应的煤}$$

D. Gary 等研究了黄铁矿对煤液化的催化作用，在一个 45.4kg/d 的连续搅拌式高压釜进行试验，温度 454℃，压力 13.8MPa，搅拌速度为 2000r/min。原料中煤＜ 200 目占 30%（质量分数），黄铁矿＜ 325 目为煤浆重量的 10%，溶剂为 SRC- Ⅱ得到的 288 ～ 454℃馏分，其结果可以看出，对 Elkhorn No.3 煤时，添加黄铁矿后，煤的转化率增大，从 81.9% 增至 89.6%；油类增加很明显，从 27.3% 增至 41.0%。与此同时，沥青烯和前沥青烯分别由 14.8% 和 30.1% 下降为 11.3% 和 24.3%；不溶有机物也由 18.1% 下降至 10.4%。此时，氢耗增大，由 1.4% 增至 2.0%，而 SRC 中的 S 含量也有所增加，这表明添加黄铁矿对煤液化产物的分布有影响。试验表明，黄铁矿对溶剂加氢和煤的加氢液化都有催化活性。

7.4.4.3 催化剂在煤加氢液化中的作用

催化剂的活性主要取决于金属的种类、比表面积和载体等。一般认为Fe、Ni、Co、Mo、Ti和W等过渡金属对加氢反应具有活性。这是由于催化剂通过对某种反应物的化学吸附形成化学吸附键，致使被吸附分子的电子或几何结构发生变化从而提高了化学反应活性。太强或太弱的吸附对催化作用都不利，只有中等强度的化学吸附才能达到最大的催化活性，从这个意义上，过渡金属的化学反应性是很理想的。在煤液化反应常用的催化剂中，FeS_2等可与氢分子形成化学吸附键。受化学吸附键的作用，氢分子分解成带自由基的活性氢原子，活性氢原子又和溶剂分子结合使溶剂加氢，氢化溶剂直接参与煤液化中的各种反应，不论是对煤结构中芳核的氢化、开环、桥键的裂解、脱烷基和脱杂原子反应的促进作用，还是对裂解反应中产生的大量自由基碎片的稳定化作用都是由于氢化溶剂及时提供了活性氢原子的缘故，而并非是煤粒子与催化剂粒子直接接触的结果。如果没有供氢溶剂，芳环加氢和杂原子的脱除将受到抑制，甚至会出现脂肪环脱氢的逆反应，同时热裂解产生的自由基碎片也会因为缺乏活性氢原子而再度结合生成难以进一步加氢分解的重质焦化产物。

由此可见，在煤液化反应中，正是催化剂的作用产生了活性氢原子，又通过溶剂为媒介实现了氢的间接转移，使各种液化反应得以顺利地进行。这里将催化剂在煤加氢液化中的作用归纳为3点：

① 活化反应物，加速加氢反应速率，提高煤液化的转化率和油收率。

煤加氢液化过程是煤有机分子不断裂解、加氢稳定的循环过程。由于分子氢的键合能较高，难以直接与煤热解产生的自由基碎片结合，因此需要通过催化剂的催化作用，改变氢分子的裂解途径（氢分子在催化剂表面吸附离解），降低氢与自由基的反应活化能，增加了分子氢的活性，加速了加氢液化反应。同时，催化剂还对溶解于溶剂中的煤有机质中的C—C键断裂有促进作用，有利于煤有机质和初始热解产物的裂解反应，提高了煤液化转化率和油收率。

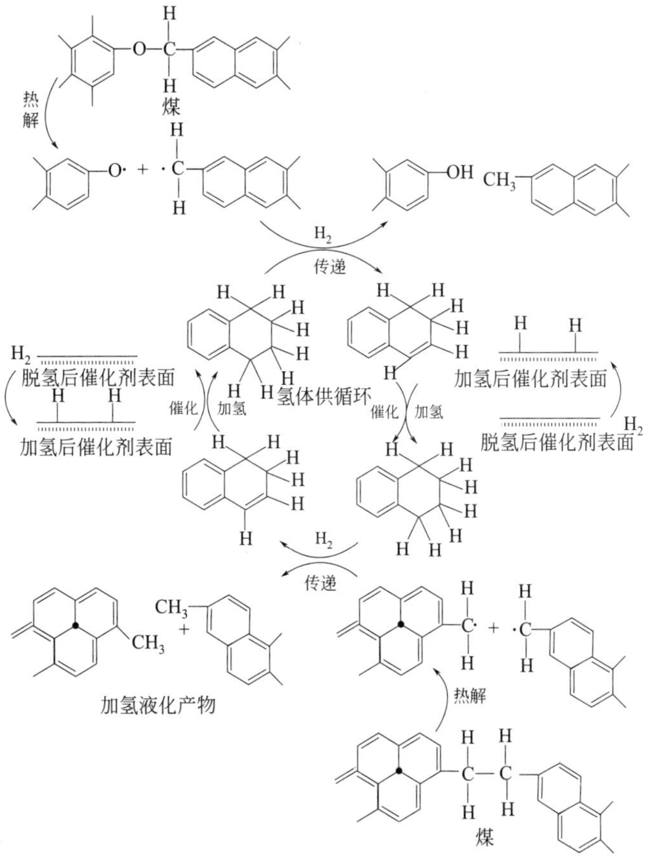

图7-15 煤、供氢溶剂、氢气和催化剂之间的反应途径示意

② 促进溶剂的再加氢和氢源与煤之间的氢传递。

芳烃类溶剂在液化过程中先将部分氢化芳环中的氢供出与自由基结合，然后在催化剂作用下本身又被气相氢加氢还原为氢化芳环，如此循环，维持和增加液化系统中氢化芳烃的含量和供氢体的活性。正是在催化剂作用下，加速溶剂再加氢，促进了氢源与煤之间的氢传递，从而提高了液化反应速率。如在溶剂添加四氢萘可以提高煤液化转化率和油收率的事实就是例证。煤、供氢溶剂、氢气和催化剂之间的反应见图 7-15。

③ 选择性。

如前所述，煤加氢液化反应十分复杂，主要液化反应包括有：a. 热裂解，煤有机大分子热分解成自由基碎片，b. 加氢，氢与自由基结合而使自由基稳定；c. 脱除氧、氮、硫等杂原子；d. 裂化，液化初始产物过渡裂解成气态烃；e. 异构化；f. 脱氢和缩合反应（供氢不足更容易发生）等。为了提高油收率和油品质量，减少残渣和气态烃产率，要求催化剂具有选择性催化作用，即希望催化剂加速反应 a ～ c 和 e，控制反应 d 适当，抑制反应 f 进行，对煤裂解反应要求进行到一定深度就停止，防止缩合反应发生。但目前工业上使用的催化剂还不能同时具备上述所列的催化性能，常根据工艺目的来选择相适应的催化剂。

7.4.5　反应温度和压力

7.4.5.1　反应温度

反应温度是煤加氢液化的一个非常重要的条件，不到一定的温度，无论多长时间，煤也不能液化。在氢压、催化剂、溶剂存在条件下，加热煤糊会发生一系列的变化。首先煤发生膨胀、局部溶解，此时不消耗氢，说明煤尚未开始加氢液化。随着温度升高，煤发生解聚、分解、加氢等反应，未溶解的煤继续热溶解，转化率和氢耗量同时增加；当温度升到最佳值（420 ～ 450℃）范围，氢传递及加氢反应速度也随之加快，因而转化率、油产率、气体产率和氢耗量也随之增加，沥青烯和前沥青烯的产率下降，煤的转化率和油收率最高。温度再升高，分解反应超过加氢反应，可使部分反应生成物发生缩合或裂解反应生成半焦和气体，因此转化率和油收率减少，气体产率增加，有可能会出现结焦，严重影响液化过程的正常进行。所以，根据煤种特点选择合适的液化反应温度是至关重要的。

图 7-16 是温度对新疆淖毛湖煤加氢液化反应产物的影响。

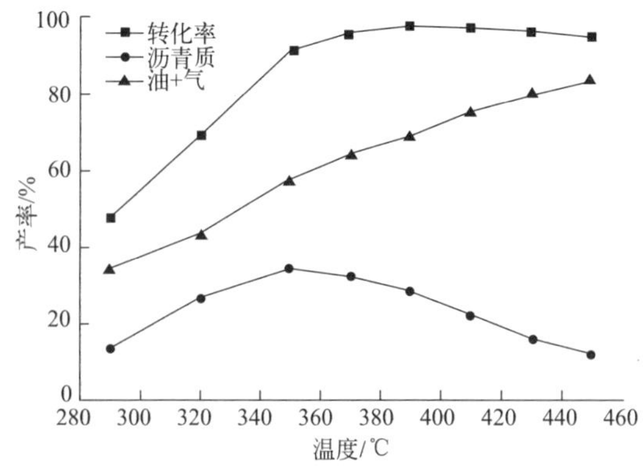

图 7-16　不同温度下淖毛湖煤的液化反应性能

试验条件：氢初压 6MPa，停留时间 30min，溶煤比 2 ∶ 1

7.4.5.2 反应压力

采用高压的目的主要在于加快加氢反应速度。煤在催化剂存在下的液相加氢速度与催化剂表面直接接触的液体层中的氢气浓度有关。由图 7-17 看出，在 35MPa 以前，反应速率常数和压力呈正比关系。氢气压力提高，有利于氢气在催化剂表面吸附，有利于氢向催化剂孔隙深处扩散，使催化剂活性表面得到充分利用，因此催化剂的活性和利用效率在高压下比低压时高。

压力提高，煤液化过程中的加氢速度就加快，阻止了煤热解生成的低分子组分裂解或缩合成半焦的反应，使低分子物质稳定，从而提高油收率；提高压力，还使液化过程有可能采用较高的反应温度。但是，氢压提高，对高压设备的投资、能量消耗和氢耗量都要增加，产品成本相应提高，所以应根据原料煤性质、催化剂活性和操作温度，选择合适的氢压。

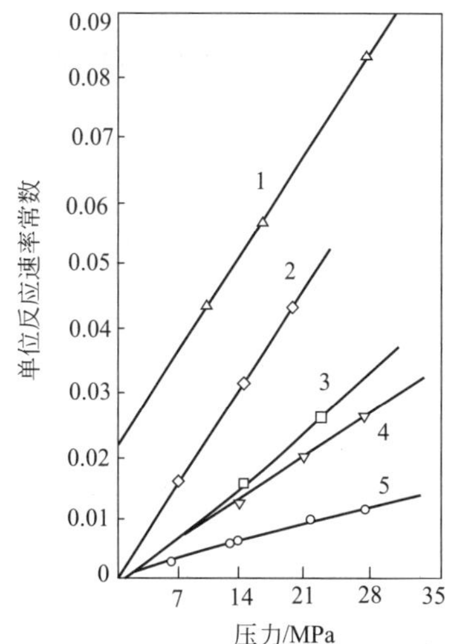

图 7-17 压力对催化剂加氢反应速度的影响
1—烟煤 +Mo；2—烟煤 +Sn；3—褐煤 +Mo；4—褐煤 +Sn；5—烟煤和褐煤不加催化剂

7.5 煤直接液化初级产品及其提质加工

7.5.1 煤直接液化初级产品（液化粗油）的性质

煤液化过程的目标产物是能替代石油的车用液体产品。由于煤直接液化初级产品保留了原料煤的一些特性，如芳烃和杂原子含量高，色相和储存稳定性差等，不能直接使用，与石油原油一样，必须经进一步提质加工，才能获得像石油制品那样的不同级别液体燃料。

由于不同煤种的反应性差别甚大，即使在同一操作条件下使用同一方法，由褐煤得到的液体产物的性质与来自高挥发分烟煤的产物肯定不同；当然，对同一种原料煤由于采用不同的加氢液化方法，例如采用氢煤法或溶剂精炼法，也会使液体产物性质发生大幅度的变化，再加上煤液体性质在贮存过程中也会发生变化，显示煤液化粗油成分复杂。表 7-22 列出了美国溶剂精炼煤、H-coal 和 Synthoil 工艺等的煤液体和一种埃尔帕利托 6 号燃料油性质的对比。

表 7-22 煤液化粗油和 6 号燃料油的性质比较

组分	SRC	H-coal	Synthoil	6号燃料油
元素分析（质量）/%				
C	87.9	89.0	87.6	86.4
H	5.7	7.9	8. 0	11.2
O	3.5	2.1	2.1	0.3
N	1.7	0.77	0.97	0.41
S	0.57	0.42	0.43	1.96
灰分	0.01	0.02	0.68	—
模拟蒸馏				
馏分	温度/℃			
初馏点	—	250	222	175
15%（体积）	510	312	264	—

续表

模拟蒸馏				
馏分	温度/℃			
20%（体积）	>510	327	279	379
50%（体积）	>510	404	379	478
70%（体积）	>510	>517	>479	>532
90%（体积）	>510	>517	>479	>532
终馏点	>510	>517	>479	>532
芳香度/%	77	63	61	24
C / H原子比	1.29	0.94	0.91	0.64

从表 7-22 中的分析数据可见，由煤制得的初级液体通常含有较高的碳，氢含量则大大低于石油原料，这是在预料之中的。同理，在煤液体中存在的杂原子如氧和氮含量比石油馏分高，而两种催化液化法（H-coal 法和 Synthoil 法）中的杂原子浓度要低于 SRC 法。煤液体中的硫含量比石油燃料油低。此外，在 SRC 灰中发现最多的组分是铁（100×10^{-6}）（以质量计）、钛（130×10^{-6}）和钠（100×10^{-6}）；在 H-coal 法液体中发现的是铁（20×10^{-6}）和钛（80×10^{-6}）；Synthoil 法液体中的总灰含量特别高，其主要组分是硅（1348×10^{-6}）、铁（375×10^{-6}）、铝（886×10^{-6}）、钛（150×10^{-6}）和钾（116×10^{-6}），硅和铝的存在表明催化剂物质进入了产物。埃尔帕利托油则含有钒（275×10^{-6}）、钛（78×10^{-6}）和镍（59×10^{-6}）。

煤液化初级产物中氮含量较高，且煤液体中的氮化合物几乎全部呈碱性（质量占 40% ～ 70%，而大多数典型石油液体仅占此量的一半），这就提出了液化粗油加工精制的实际问题，因为提高液体燃料的质量，脱氮要比脱硫更加重要。

表 7-23 为中国神华煤在 HTI 工艺上所得的液化油性质。

表7-23 神华煤液化油性质

项目	全馏分	初馏点～82℃	82～182℃	182～220℃	220～350℃	350℃
各馏分占全样的质量/%	100	5.16	22.10	10.33	54.08	8.33
API度	24.6	64.5	50.2	33.5	21.5	16.2
相对密度（15.6℃）	0.9065	0.7219	0.7788	0.8576	0.9248	0.9589
凝点 /℃	−62	—	—	<−77	−61.8	16
黏度（38℃）/ cP	—	—	—	1.39	5.02	—
w（C）/%	87.98	85.64	86.65	87.32	88.64	89.54
w（H）/%	12.02	14.36	13.35	12.68	11.36	10.46
w（N）/10^{-6}	10.1	1.5	5.3	10.2	6.6	126.2
w（S）/10^{-6}	9.4	3.2	1.3	2.9	6.8	8.1
C/H原子比	0.610	0.497	0.541	0.574	0.650	0.713
族组成分析（质量分数）/%						
正构烷烃		27.2	30.9	23.1	18.6	
异构烷烃		16.9				
环烷烃		52.7	55.5	46.2	24.7	
芳烃		2.7	12.4	28.4	48.1	
烯烃		0.5	1.2	1.6	8.1	

综上所述，根据现有资料概括出煤液化油的一些共性，为其进一步加工选择工艺时参考。

① 煤液化粗油中杂原子含量非常高，硫含量（质量分数）范围从 0.05% 到高达 2.5%，大多在 0.3% ～ 0.7%，

低于石油的平均硫含量，硫的存在形态大部分是苯并噻吩及其衍生物，且比较均匀地分布于整个液化油馏分中，但在高沸点馏分中含量有增高的倾向。氮含量（质量分数）范围为 0.2% ~ 2.0%，典型值在 0.9% ~ 1.1% 范围，远高于石油的平均氮含量；杂原子氮可能存在形式有：吡啶、咔唑、喹啉、苯并喹啉、吖啶和苯并吖啶等。液化粗油中的氧含量（质量分数）范围可从 1.5% ~ 7% 以上，其值取决于液化煤种和工艺方法，大多在 4% ~ 5%，氧对液化粗油提质加工不像硫，尤其不像氮元素那样造成许多问题，但会增加加氢处理操作中的氢消耗量，导致成本增加。在近期开发的在线加氢的联合液化工艺中，由于初始液化油经历了一次加氢精制，所以出液化工艺的液化油中的杂原子含量大大降低，如德国的 IGOR 工艺用云南先锋褐煤，液化油中氮和硫的含量分别为 2mg/kg 和 17mg/kg，氧含量也小于 0.1%。

② 煤液化粗油中的灰分含量主要取决于液化产物的分离方法。采用过滤、旋流和溶剂萃取沉降等分离方法获得的液化粗油都含灰分，有些含灰分量（质量分数）高达 3% 以上，高于石油重油，且液化粗油中的灰分组成远比石油重油复杂，石油重油中灰分主要是铁、镍和钒，而煤液化油中灰分所含元素的范围要宽得多，尤其是富含铁、钛、硅和铝，其中有些元素是由催化剂带入的，这些灰分易导致提质加工过程的催化剂中毒、失活。采用减压蒸馏进行固液分离获得的液化粗油一般不含灰分。

③ 煤液化粗油的族组分与石油馏分显著不同，沥青烯含量高。液化粗油的族组分在中、重馏分中以芳烃为主，一般约 50% ~ 70%，含有较多的氢化芳烃；饱和烷烃组分中以环烷烃为主，尤其是在轻质馏分中环烷烃占 50% 以上。

7.5.2 液化粗油的提质加工

目前液化粗油的提质加工主要借用石油加工的方法，催化剂也是多选用石油加氢催化剂，或在此基础上进行改性的催化剂。

7.5.2.1 液化粗油的提质加工小试

马治邦等人在两个容积为 25mL 反应管串联的滴流床连续反应器上进行液化粗油提质加工研究，实验装置流程示于图 7-18。实验所用精制催化剂为石油工业的商品催化剂 3665 和 3822；加氢裂解催化剂为石油裂解催化剂 3824，催化剂的主要化学组分和物理性质列于表 7-24。液化粗油经两段加氢的实验结果列于表 7-25。

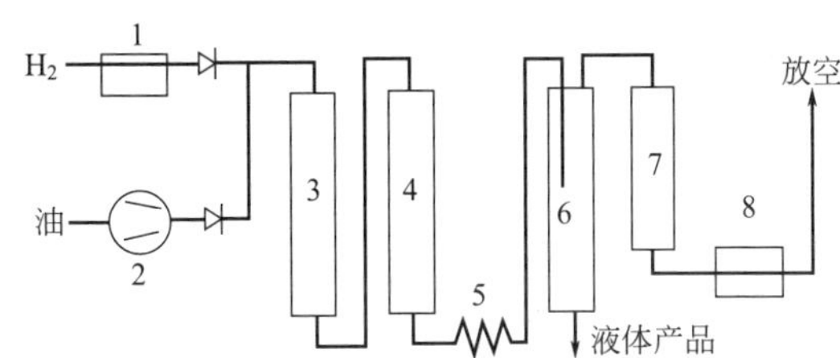

图 7-18 液化粗油提质加工的实验装置流程图

1，8—定压阀；2—高压泵；3，4—反应器；5—冷凝器；6—气液分离器；7—滤油管

表 7-24 催化剂性质

催化剂	物理性质			化学组成（质量分数）/%					
	比表面积/(m^2/g)	孔容/(mL/g)	堆密度/(g/mL)	MoO_3	NiO	P	SiO_2	Al_2O_3	Fe_2O_3
3665	283	0.33	0.75	14	2.5	—	—	余量	0.07
3822	199	0.35	0.75	19.10	3.93	3.88	—	余量	—
3824	297	0.34	0.80	20.87	6.0	1.66	11.61	51.89	0.01

表7-25 液化粗油原料油及精制产物的性质

项目		原料	精制试验号						
			1	2	3	4	5	6	7
反应条件	压力/MPa		8.2	10.2	13.3	15.3	15.3	15.3	15.3
	温度/℃		390	390	390	390	370	400	410
	LHSV/h^{-1}		1.0	1.0	1.0	1.0	1.0	1.0	1.0
	H_2/油（体积比）		1500	1500	1500	1500	1500	1500	1500
密度/（g/cm^3）		0.976	0.910	0.890	0.888	0.884	0.896	0.888	0.881
元素分析	w(C)/%	87.74	88.66	88.47	87.09	88.30	87.40	86.59	86.03
	w(H)/%	9.75	11.07	11.54	12.01	12.35	11.93	12.31	12.19
	w(N)/(mg/kg)	9300	205.5	67.31	49.47	36.00	190.00	2.63	2.20
	w(S)/%	0.238	—	—	—	—	—	—	—
H/C原子比		1.33	1.50	1.57	1.65	1.70	1.64	1.71	1.69
脱氮率 /%		—	97.79	99.28	99.47	99.61	99.96	99.97	99.98
组成分析（质量分数）/%	饱和物	17.60	38.07	44.83	64.64	68.92	56.84	68.35	67.97
	一环芳烃	51.24	51.85	48.22	33.66	30.09	42.83	30.00	30.27
	二环芳烃	27.07	10.58	6.95	1.69	1.00	0.33	1.65	1.02
	芴系物	4.10	—	—	—	—	—	—	—
芳香度（fa）/%		0.61	0.36	0.33	0.27	0.22	0.30	0.22	0.23

中油馏分精制产物采用一段加氢裂解工艺，在压力 15.3MPa、温度为 365℃时加氢裂解，所得裂解产物为汽油馏分，收率为 93.8%，其组成分析示于表 7-26。

表7-26 煤液化中油馏分精制产物裂化产物的组成

裂化产物	组成/%	裂化产物	组成/%
链烷烃	5.27	苯	1.69
C_1环戊烷	18.84	甲苯	3.15
C_2环戊烷	9.10	乙苯	1.01
C_3环戊烷	3.02	二甲苯	2.24
环己烷	3.13	乙基环戊烷	3.43
C_1环己烷	10.22	乙基环己烷	1.64
C_2环己烷	6.56	C_8	0.77
C_3环己烷	0.82	未检出物	余量
C_7	13.25		

从试验结果可以获得下列信息：

① 两段加氢精制工艺适合于煤液化中油馏分的加氢脱氮。采用 3665、3822 两种催化剂，能一次获得符合加氢裂解要求的产品，脱氮率达 99.9% 以上，精制适宜条件：反应压力为 13.3 ～ 15.3MPa，反应温度为 390℃左右。

② 随着反应压力的升高，脱氮率、H/C 原子比增加，芳香度下降。

③ 随着反应温度的升高，脱氮率增加，H/C 原子比亦增加，但高于 400℃，H/C 原子比有下降趋势；温度升高，芳香度下降，当高于 390℃时，芳香度相对稳定。

④ 反应条件影响产物族组成；双环芳烃较单环芳烃易加氢。

⑤ 在反应压力为 15.3MPa、温度为 365℃条件下所得裂解产物为汽油馏分，组成主要为单环的环烷烃和单环芳香烃。

在上述研究基础上，中国煤炭科学研究总院北京煤化工分院开发了适合煤液化粗油的提质加工工艺，该工艺的特点有：①针对液化粗油氮含量高，在进行加氢精制前，用低氮的加氢裂化产物进行混合，降低原料氮含量；②为防止反应器结焦和中毒，采用了预加氢反应器，并在精制催化剂中添加脱氮催化剂，同时控制反应器进口温度在 180℃，避开结焦温度区，对易结焦物进行预加氢和脱氮；③针对液化精制油柴油馏分十六烷值低的不足，对柴油以上馏分进行加氢裂化，既增加了汽油、柴油产量，又可提高十六烷值。

7.5.2.2 神华煤液化粗油加氢改质工艺

神华煤液化油加氢改质工艺的设计处理量为 340kg/h，工艺流程图如图 7-19 所示。加氢改质单元有 2 台绝热反应器，分别为加氢精制反应器和加氢改质反应器。2 台反应器均设置 3 个床层，床层间有用于控制温升的循环氢注入口。反应器出口物流通过热高分、热低分、冷高分和冷低分 4 台分离器的流程进行气、液、水三相分离和氢气循环，油相经分馏塔切割成石脑油和柴油馏分。

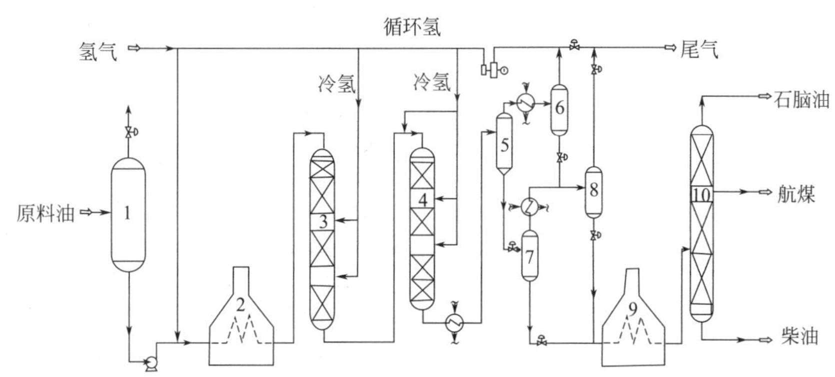

图 7-19 神华煤液化粗油加氢改质工艺流程

1—原料罐；2—进料加热炉；3—加氢精制反应器；4—加氢改质反应器；5—热高压分离器；6—冷高压分离器；7—热低压分离器；8—冷低压分离器；9—分馏加热炉；10—分馏塔

煤直接液化油经过加氢改质的产品分布和化学氢耗数据见表 7-27。表中数据表明，经过加氢精制和加氢改质后，煤直接液化油产品中约 25% 为石脑油，75% 为柴油，在加氢改质过程中生成 C_1 ～ C_4 烃类气体很少。

表 7-27 煤液化油加氢改质产品分布及氢耗

项目	指标
水产率/%	0.65
$w(C_1 \sim C_4)$/%	0.06
$w(H_2S)$/%	0.01
$w(NH_3)$/%	0.65
w（石脑油）/%	24.87
w（柴油）/%	75.34
氢耗/%	1.45

表 7-28 列出煤液化油加氢改质后柴油馏分的性质。由表 7-28 可知，柴油馏分的凝点满足 GB 19147—2016《车用柴油》的要求，其冷滤点可以满足 -20 号车用柴油标准要求。从其他性质来看，该柴油馏分的氧化安定性、铜片腐蚀、灰分、10% 蒸余物残炭、机械杂质及水分等均满足 GB 19147—2016 国家车用柴油标准，但柴油馏分的十六烷值为 43.3。所以，液化油加氢改质后的柴油馏分的芳烃含量低、S 含量小于 $5mg/m^3$、添加 $1000mg/m^3$ 的 CNI-1 十六烷值改进剂后，其十六烷值超过 50，是优良的超清洁柴油产品。

表7-28 煤液化油加氢改质后柴油馏分的性质

项目		数据
密度（20℃）/（kg/m^3）		866.8
折射率（20℃）		1.4697
黏度（20℃）/ mPa・s		3.215
元素分析	w（C）/%	86.66
	w（H）/%	13.34
	w（S）/（μg/g）	1.8
	w（N）/（μg/g）	0.4
溴值/［g（Br）/100g］		0.13
馏程（ASTM D86）/℃	初馏点（IBP）/5%	182.0/195.0
	10%/30%	197.5/209.0
	50%/70%	223.5/245.0
	90%/95%	279.5/300.0
	终馏点（FBP）	312.0
苯胺点/℃		54.0
实际胶质/（mg/100mL）		6
氧化安定性/（mg/100mL）		＜0.3
10%残碳/%		0.05
腐蚀试验（50℃，3h）/级		1a
机械杂质/%		0
水分/%		0
凝点/℃		-50
冷滤点/℃		-25
十六烷值		43.3

7.6 煤直接液化的关键设备和工程化

煤直接加氢液化是在临氢、高压和较高温度下操作，所以对工艺过程所用的设备必须具有耐压和耐氢腐蚀等性能。此外，液化过程中的物料流含有煤、催化剂等固体颗粒，这些固体颗粒会在设备和管路中形成沉积、磨损和冲刷等，造成密封更加困难，这都给煤液化设备赋予特殊的要求。限于篇幅和资料，这里简要概述一下煤液化的关键设备和若干工程问题。

7.6.1 煤浆预热器

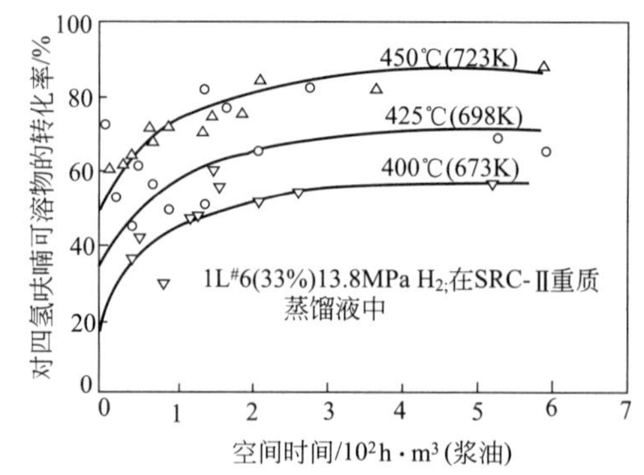

图7-20 预热器内THF可溶物的转化率

如前所述，煤浆预热器的主要作用是将煤浆和氢气的温度加热至反应器入口的温度。在此期间，大部分煤发生溶解。许多研究者用管式预热器进行了研究，但对预热器内物料物理性质的变化、流体流动情况、传热情况等都了解得很不够。用33%次烟煤和67% SRC-Ⅱ重馏分制成煤浆，向上流经内径3.1mm、总长18.6m的盘管预热器，加热至一定温度，得出一定温度下，空时与转化为THF可溶物的转化率之间的关系，如图7-20所示。此图表明，空时增大，转化率增大，至一定空时后，转化率不再增大；

温度升高，此最高值增大。由试验可知，转化为 THF 可溶物的转化过程约 3 ～ 4min 已基本上完成，而转化为苯可溶物的转化速度则要慢得多。

7.6.1.1 预热器设计

设计预热器时，必需要了解煤浆在预热器内的流体流动情况，尤其是在加热情况下的流体力学。为此，可将预热器沿轴向模拟划分为三个区域，如图 7-21 所示，这三个区域的界限如图 7-22 所示。

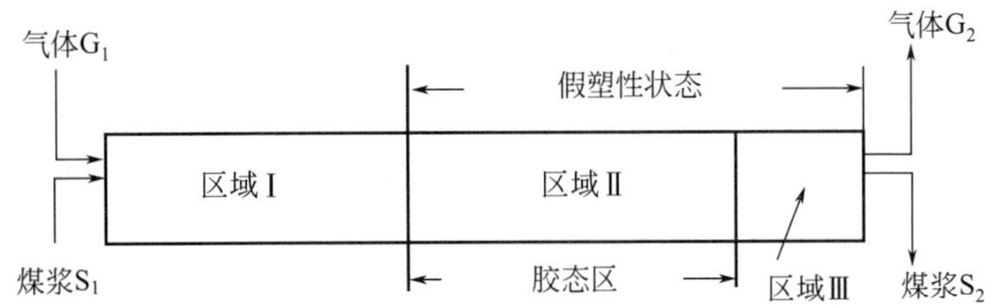

图 7-21 煤液化预热器流体力学模型

在此三个区域内煤浆被加热，煤粒膨胀，发生化学反应和溶解，并开始发生加氢作用。区域Ⅰ：在此区域是原料刚刚入预热器，固体尚未溶解，可以把煤浆 - 气体混合物看作是两组分两相牛顿型流体，温度升高时，黏度平稳地下降。当黏度达最低值时，此区域结束。此时，各组分的流速实际上无大变化，两相流体流动为涡流 - 层流或层流 - 层流。

区域Ⅱ：流体黏度达最低值以后，开始进入区域Ⅱ，此区域中主要发生煤粒聚结和膨胀，并发生溶解，因此煤浆黏度急剧增大，达最大值，且能保持一段时间不变，成为非牛顿型流体，其流体流动多为层流。此区域又可称为胶态区。

区域Ⅲ：在区域Ⅱ生成的胶体，进入区域Ⅲ后由于发生化学变化，煤质解聚和溶解，流体黏度急剧下降，在预热器出口前，温度升高黏度平缓下降。此混合物也是非牛顿型流体，可能呈现涡流流动。

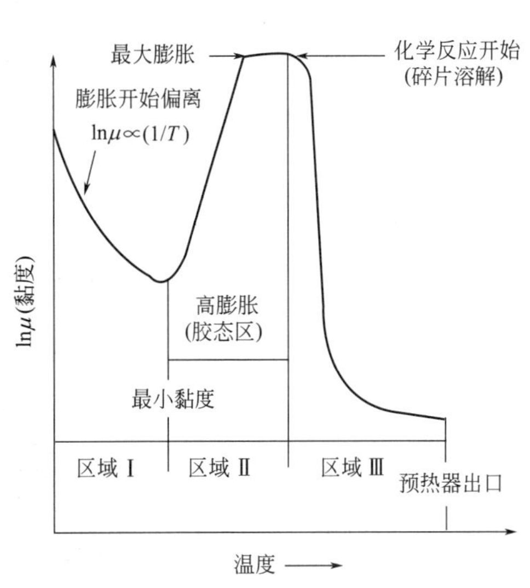

图 7-22 预热器内油煤浆黏度变化的示意图

油煤浆黏度是油煤浆在预热器中的很重要性质，因为计算压力降、传热、容量 / 含量等都要用到油煤浆黏度值，同时油煤浆黏度也影响到流体力学性质及输送等问题。如上所述，可将预热器分为三个区域，在这三个区域中黏度发生很大变化。设计预热器时，就必须要知道油煤浆在什么情况下呈现非牛顿型流动，即油煤浆呈现非牛顿型流动时的各参数范围以及各种情况下的黏度数值。

影响油煤浆黏度的重要参数有：煤和固体的浓度，煤的类型，溶剂黏度，剪切速率，反应时间，反应温度和转化率等。

7.6.1.2 油煤浆在预热过程中的黏度变化

图 7-23 是兖州煤和蒽油混合制备的油煤浆在加压升温过程中的黏度变化图。在图 7-23 中，兖州煤与蒽油煤浆的黏度随着温度升高从 30℃的 2700 mPa · s 开始下降至 160℃的 150 mPa · s。在起始阶段，溶剂的主要作用是提供煤粒子运动的空间并且润滑减小煤粒之间的摩擦力。当加热油煤浆时，蒽油自身的黏度随着温度升高，其分子热运动的加剧而导致黏度降低。一方面，溶剂的黏度降低使得油煤浆的黏度也降低了；另一方面，溶剂渗入煤孔的速率急剧上升，会造成油煤浆内液体自由相的减少而导致油煤浆黏度的升高。这两个因素互相

制约着，而黏度的变化会倾向于占优势的一方。显然，在兖州煤与蒽油油煤浆的最初加热阶段，溶剂黏度降低是主要的因素，因此其黏度也降低。

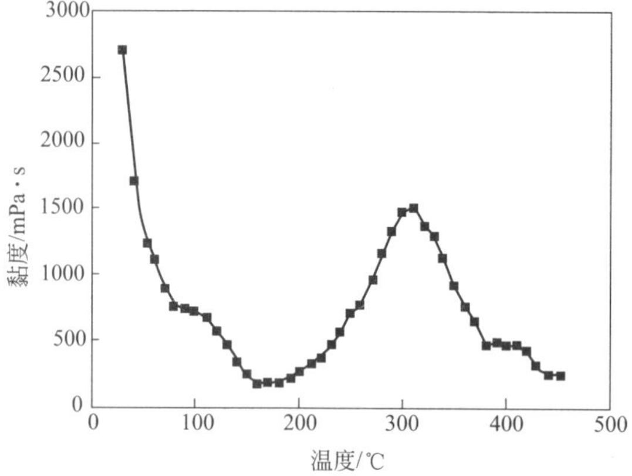

图 7-23 兖州煤－蒽油混合油煤浆在加压升温过程中的黏度变化图

然而，随温度继续升高，兖州煤与蒽油油煤浆的黏度在 160℃的 150mPa·s 开始升高，在 310℃时达到一个黏度的峰值（1550mPa·s），随着温度进一步上升，黏度又再次下降，如操作温度为 450℃时，其黏度降至 240mPa·s。这是因为由于溶剂的吸收和煤粒的膨胀，造成油煤浆的固体体积分数增加。不同预热温度处理后煤粒的 SEM 照片见图 7-24 所示。

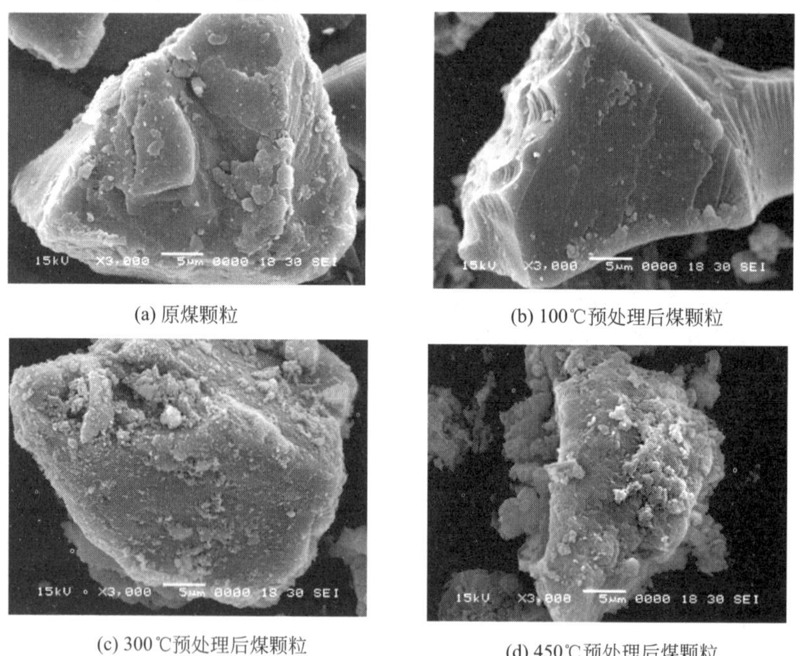

(a) 原煤颗粒　(b) 100℃预处理后煤颗粒

(c) 300℃预处理后煤颗粒　(d) 450℃预处理后煤颗粒

图 7-24 兖州煤－蒽油经不同预热温度处理后的煤粒 SEM 图

从图 7-24 可见，原煤和 100℃热处理温度下的煤粒表面几乎没有变化；但当温度升到 300℃时，兖州煤煤粒的表面开始变得粗糙，这说明有中间产物开始溶出，煤粒表面变得胶黏，煤溶胀和中间产物的溶出使煤粒间的摩擦力增加、煤粒的自由运动空间减少，导致油煤浆的黏度增加；温度继续升高，覆盖在煤粒表面的高黏物质会熔化或溶解，与此同时部分中间产物转化为油，增加液相的比例，使得煤粒的自由运动空间再次增加，因而其油煤浆的黏度也再次降低。

7.6.1.3 煤浆预热炉设计时应重视的问题

煤浆在进入反应器以前，必须经过预热炉将其加热到 340 ～ 430℃。如前所述，预热炉管内流体状态可分三段：

第一段：从进料口开始，双组分（煤浆 - 氢气）为牛顿型液体，黏度随管长，即 T（℃）增加而降低，达到最低点，液体类型为涡流 - 层流，层流 - 层流；

第二段：煤粒发生溶胀、溶解、聚结，黏度随温度增加迅速增高至最大，非牛顿型液体，层流，又称胶态区；

第三段：煤解聚、溶解，液体黏度先急剧下降后缓慢下降，非牛顿型流体，可能呈现涡流。

美国 Illinois 煤（煤浆浓度 45%）出现上述情况，在 279℃时，煤浆黏度最低，为 5cP；而到 327℃，煤浆黏度最高，为 30cP。

可 Wyodak 煤（煤浆浓度 30%）则无上述现象，黏度随温度上升一直下降，并无起伏变化。

美国 Exxon 公司为预热炉设计做了许多工作：①高压釜考察不同煤的结焦倾向性；②用内径 1.1in（1in=0.0254m）管道，长 2×20ft（1ft=0.3048m），U 形管连接，做连续试验；③中试装置上用单室炉和双室变流速炉比较。

如 Wyodak 煤用单室炉，采用淤浆循环方式连续操作 1842h，最终预热炉结焦严重。而 Illinois 煤，运行 2024h 预热炉无结焦现象。

改用双室炉，低温段热负荷高，管径大，流速慢；高温段热负荷比前段降低，管径小，流速快。再用 Wyodak 煤，运行 862h，未结焦，仅溶剂少时有轻微结焦。

通过对堵塞的管道进行分析，发现紧贴管壁的第一层沉积物是约 6mm 厚由液晶（中间相沥青）形成的焦，基本上无矿物质；第二层离管壁距离约 6 ～ 16mm 为部分转化的煤，较致密；第三层离管壁距离约 16 ～ 20mm 是转化程度较深的煤，比较松，矿物质含量高，其原因是在煤浆升温过程中有中间产物沥青烯和前沥青烯生成，与循环溶剂相溶性不好时析出形成第二液相，其黏度大易沉积在管壁受热结焦。沉积物的 SEM 和 X 射线光谱分析结果分别示于图 7-25 和图 7-26。

影响结焦倾向的主要因素有：

① 预热管壁温，ΔT 不能太高；

② 溶剂质量，溶解力强、供氢好，可抑制结焦；

③ 煤种，据美国试验结果，结焦倾向为 Wyodak 次烟煤＞ Martin Lake 褐煤＞ Illinois 烟煤；

④ 煤浆浓度，浓度高易结焦；

⑤ 流体状态，速度快，湍急，能防止黏料和不生成团聚物，不易结焦。

根据德国的经验，他们采用对流式，不用辐射室加热炉；管道垂直布置而不是水平布置。日本 150t/d 中试也采用这种加热炉。HTI 采用辐射室，管道为螺旋管。EDS 采用双室炉，低温区和高温区分别用不同加热强度、不同的管径。所以，在设计煤浆预热器时必须考虑油煤浆在加热过程中的结焦倾向性和矿物质的沉积引起的管路堵塞问题。

7.6.2 煤浆加氢反应器

煤浆加氢反应器的物料是粉状固体（煤和约 1% ～ 4% 的催化剂）和系统自产的重质循环油以大约 1∶1.5（质量比）的比例配制的油煤浆与高压氢混合而成的多相体系。随工艺的不同，反应温度多在 450 ～ 475℃，压力为 17 ～ 19MPa 或 30MPa，停留时间约 45min。几种典型工艺的液化反应条件见表 7-16。

7

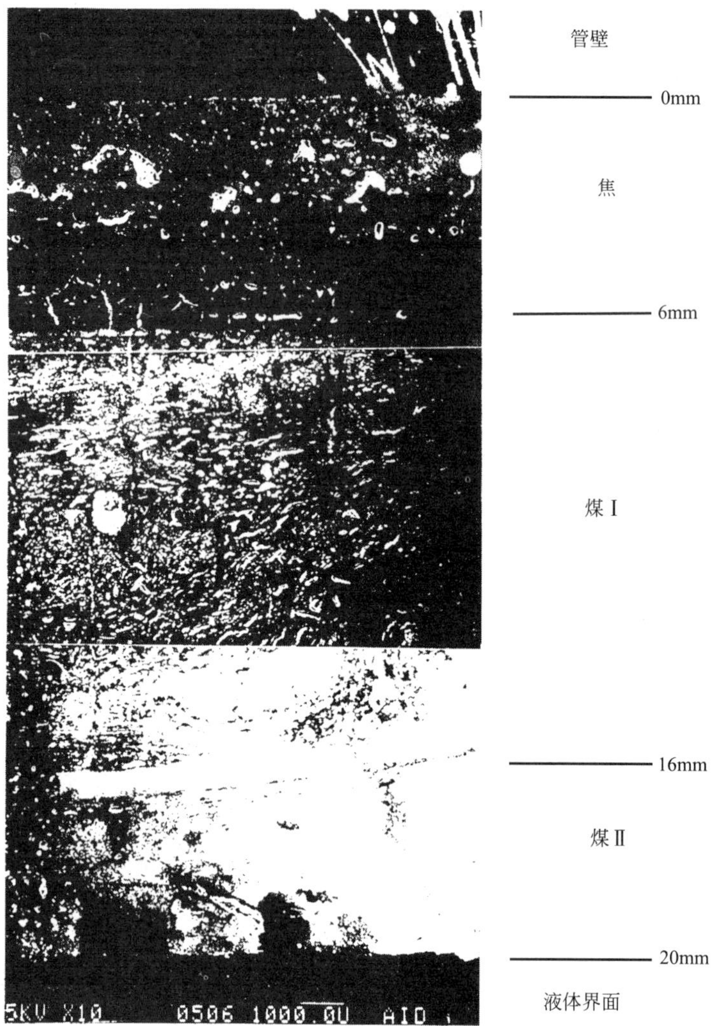

图 7-25 煤浆加热管沉积物截面的 SEM 图

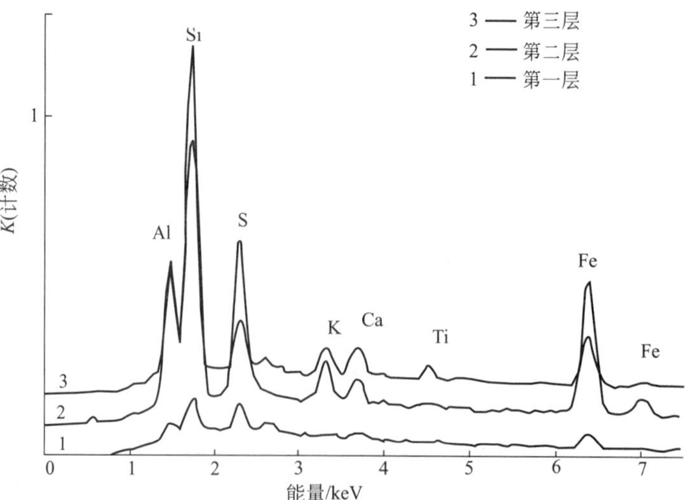

图 7-26 热煤浆沉积物的 X 射线光谱图

从煤到油的转化反应，总的来讲速度不快。为了保证足够的转化率和油产率，煤的空速多在 0.3 ～ 0.6 t/（m^3·h），所以反应器的容积相对较大。迄今为止，经过中试和小规模工业化的反应器只有 3 种（见图 7-27）：活塞流反应器；沸腾床反应器；外循环全返混反应器。

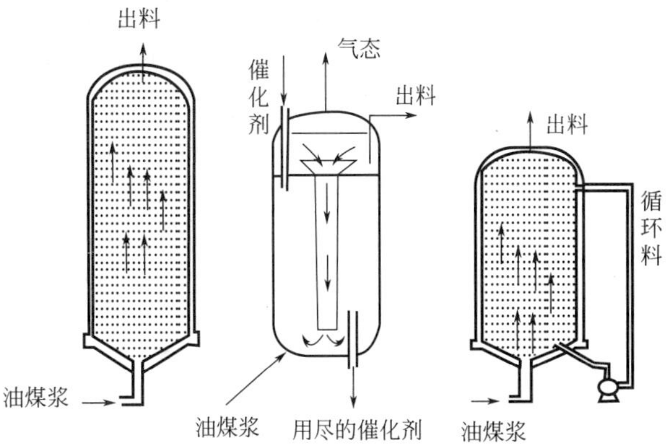

(a) 活塞流反应器　(b) 沸腾床反应器　(c) 外循环全返混反应器

图 7-27　煤加氢液化反应器结构示意图

（1）活塞流反应器　真正的活塞流反应器是一种理想反应器，完全排除了返混现象，而实际采用的这类反应器，其长径比 18 ～ 30，只能说返混程度轻微。其外形为细长的圆筒，里面除必要的管道进出口外，无其他多余的构件。为达到足够的停留时间，同时有利于物料的混合和反应器制作，通常用几个反应器（如 3 个或 4 个）串联。

（2）沸腾床反应器　美国 HRI 公司借用 H-oil 重油加氢反应器的经验将其用于 H-coal 工艺，使用活性高、价格贵的 Co-Mo 催化剂对煤浆加氢。催化剂只要不粉化，它就呈沸腾状态保持在床层内，不会随煤浆流出。这样就解决了煤浆加氢过去只能用一次性铁催化剂，不能用高活性催化剂的难题。为保证固体颗粒处于流化状态，底部可用机械搅拌或循环泵协助。 另外，为保证催化剂的数量和质量，一方面要排出部分催化剂再生，另一方面要补充一定量的新催化剂。经逐级放大，最终经中试验证的反应器能力达到 220t（煤）/d，其直径 1.5m、高约 10m。

（3）外循环全返混反应器　该反应器由美国 HTI 公司（前身为 HRI 公司）首先用于煤浆加氢，采用循环泵外循环方式增加循环比，以保证在一定的反应器容积下，达到一个满意的生产能力和液化效果。 催化剂为胶态铁，呈细分散状，故整体煤浆处于不停的循环流动状态。该装置在美国的最大规模为 3t/d，2 个反应器串联。我国神华集团的煤直接液化工业示范装置采用这种反应器，规模达到 6000t（煤）/d，2 个反应器的直径均为 4.34m，高度分别为 41m 和 43m。这种反应器生产能力大，气体滞留少，不容易形成大颗粒沉积物，被长周期运行操作所证实。

由上可见，3 种反应器虽有一些区别，但本质上有许多共同点，如化学反应过程相同，浆体都处于流动状态，温度、压力和停留时间等也十分接近，主要区别是返混程度不同和循环比不同，有的单靠高压泵和氢气的推动，有的还借用循环泵。

德国在 20 世纪 80 年代进行 200t/d 煤直接液化中试时，对反应器的研究取得了重大突破。表 7-29 为德国新工艺不同反应器组合的试验结果。

表 7-29　德国新工艺不同反应器组合的试验结果

反应器类型	入方/kg						出方/kg				
	煤（daf）	灰	催化剂①	硫化钠	氢	小计	$C_1 \sim C_4$	蒸馏油	真空残渣	其他	小计
3个反应器串联	煤1=100	5.1	6.5	0.5	6.0	118.1	20.5	41.9	46.0	9.7	118.1
	煤2=100	6.2	7.3	0.3	6.8	120.6	22.0	42.0	44.3	12.3	120.6
4个反应器串联	煤2=100	3.9	4.8	0.3	6.4	115.4	22.0	47.0	36.9	9.5	115.4
	煤3=100	7.8	4.6	0.1	7.0	119.5	22.3	50.7	34.6	11.9	119.5
1个大反应器	煤2=100	4.0	6.8	0.3	6.7	117.8	23.9	50.4	35.7	7.8	117.8
1个大反应器+气相加氢	煤1=100	4.5	2.3	0.1	8.1	115.0	19.0	58.0	29.2	8.8	115.0

① 拜尔赤泥和硫酸亚铁。

由试验结果可见，4 个 $5m^3$ 与 3 个 $5m^3$ 反应器串联比由于停留时间延长，蒸馏油收率（对煤 2）提高了 5%。令人始料不及的是，用 1 个体积 $15m^3$ 的大反应器代替 3 个串联反应器，效果更好，油收率提高了 8%，比总体

积 20m³ 的 4 个反应器油收率也高 3%。这一事实表明：① 在 1 个大反应器内，由于固体物料停留时间比油气产物长，所以有利于增加油收率；② 用细长的反应器主要是想保持较高流速，防止固体沉降，采用 1 个反应器后，物料的流动和分布情况仍能满足过程的要求。

7.6.3 催化剂

作为煤直接液化工业的催化剂开发理应包含加氢液化催化剂和液化粗油精制加工催化剂两类。迄今为止，在煤糊相加氢液化催化剂方面虽然已经做了大量的研究工作，但对如何提高一次性催化剂的加氢液化活性，减少催化剂用量仍是研发的重点；液化粗油精制加工催化剂的专门研究更少。为了我国的煤炭直接液化工业的发展，开展这方面研究开发工作十分必要。下面简要说明今后液化工业催化剂开发的几个方面。

7.6.3.1 提高铁系催化剂的加氢液化活性

长期研究的结果显示，铁系催化剂，由于其来源广、成本低、不回收，是煤炭糊相加氢液化过程的首选催化剂。铁系催化剂可以是天然含铁矿物（如中国神华集团的液化工程方案之一和黑龙江依兰采用的日本 NEDOL 以及云南采用的德国 IGOR 工艺都可采用天然黄铁矿作为催化剂），含铁工业废料，如德国 IGOR 工艺采用活化的赤泥，也可以是工业副产含铁化合物，如以 $FeSO_4$ 为原料合成的胶体铁催化剂（美国 HTI 工艺）、水合氧化铁催化剂（日本 NEDOL）和中国北京煤科院“863”纳米级合成铁催化剂（神华集团的液化工程）等。

提高铁系催化剂的活性是当前煤加氢液化技术的一个重要问题，它不仅可以提高煤液化转化率，减少液化油中的沥青烯含量，有利于液化粗油的后续加工，而且可以减少催化剂加入量，就减少了液化残渣排出量，进而减少了液化残渣带出的液化油量，这就有利于提高液化油的收率。采用穆斯堡尔谱、X 射线光谱和扫描电镜等现代分析仪器，研究铁系催化剂在煤液化反应过程中的变化和活性最好的形态和活性铁在煤质表面的分布等，选择最佳的铁硫比、粒度分布和铁系催化剂与液化煤的相容性，为提高铁系催化剂的加氢液化活性提供技术支撑。

在上述研究基础上，目前采用的超细铁催化剂和胶体铁催化剂的试验结果都显示出良好效果，如采用美国 HTI 专利产品胶体铁催化剂的添加量从常规铁系矿物的约 5% 降低至 0.5%；日本改进的褐煤液化工艺，在第一级液化反应器中采用较为温和的反应条件，如反应温度 430 ～ 450℃、反应压力 15MPa，催化剂为人工合成的 γ-FOOH，其用量也可降低到 3%。中国神华煤直接液化工艺采用“863”计划开发的人工合成超细铁基催化剂，其用量也可降低到 1.0%（Fe/ 干煤），C_4^+ 油产率达 61.4%；而采用天然黄铁矿，其加入量为 1.97%（Fe/ 干煤）时，C_4^+ 油产率也只有 59%。

7.6.3.2 研发液化粗油加氢精制催化剂

煤液化粗油的化学组成和化学物理性质与天然石油馏分存在较大的差异，主要表现为氮含量和氧含量特别高，化学组成中芳烃，尤其是多环芳烃含量高，H/C 原子比小于相应的石油馏分，且含有易结焦的沥青烯组分，因此，直接采用石油工业通用的加氢催化剂作为煤液化粗油加氢精制催化剂效果并不理想，且容易失活、寿命短，操作性能差。

一般加氢催化剂失活的主要原因是积碳和重金属沉积，造成催化剂孔结构堵塞和覆盖活性中心；同时伴随着活性中心吸附原料中的毒物，活性金属组分迁移和聚集，相组成的变化，活性中心数减少，载体烧结，沸石结构塌陷与崩溃等。

导致石油加氢催化剂在煤液化粗油过程中特别容易失活的原因主要有：

① 煤液化粗油中沥青烯和多环芳烃等在催化剂表面结焦。

② 煤中的灰分和油中的金属容易在催化剂表面和孔内沉积，最终导致催化剂孔口堵塞和活性中心中毒而失活。煤液化粗油中的灰分远高于石油重油，且灰分所含元素的范围要宽得多，尤其是富含铁、钛、硅和铝等，原料中的杂质和重金属都使加氢活性中心中毒，降低了加氢活性。液化粗油中的Fe常以有机和无机形式存在，Fe与H_2S形成的FeS积存在催化剂颗粒之间，由于FeS具有较强的脱氢活性，在FeS旁易形成焦炭，最终FeS与附在上面的焦炭结成很硬的壳，增加压降；Si沉积覆盖催化剂活性中心是造成催化剂中毒的原因所在。

③ 含氮等杂环化合物（如吡啶化学吸附在酸性中心上）在催化剂表面被牢固吸附，从而降低了加氢活性。

④ H_2S不足，金属硫化物被H_2还原而失去加氢活性等。

如何提高催化剂加氢活性和延长其使用寿命是一个十分重要的课题，通过对有效成分和含量的调整，改变载体和载体的孔径分布等使这些催化剂更适合于煤液化粗油的加氢过程。

7.6.4 残渣液固分离与利用

液化残渣通常指煤加氢液化产物经减压蒸馏后的残渣，主要由煤中矿物质、催化剂、未反应的煤、沥青烯与少量中油和重油组成。液化残渣的分离与利用直接影响液化工艺的完整性和液化成本。如规模为320万吨/a的神华煤液化一期工程的液化残渣（又称油灰渣）量就有6400t/d，一年约200万吨（湿基）。所以液化残渣的分离与利用技术也是煤炭高效直接液化工艺必须改进的关键技术之一。

7.6.4.1 残渣液固分离

煤液化产物也是气液固三相混合物，经气液分离后，获得液固混合物，液固分离技术直接影响液化操作。液化残渣的特点：①固体颗粒粒度很细，煤液化残渣中的固体颗粒粒度分布从不到1μm到数微米，部分悬浮于残液中，部分呈胶体状态；②黏度通常很高，在液化残渣中有前沥青烯和沥青烯等高黏度物质存在，以及未转化的煤在其中溶胀和胶溶等作用都会使黏度增高；③ 固体颗粒与液相之间的密度差很小。这些特点导致液化残渣固液分离困难。固液分离技术主要有：

（1）过滤　过滤是最常用的固液分离技术，早期的煤直接液化工艺均采用此法。由于料浆具有上述特性，简单过滤方法不能奏效，所以要采取一些辅助措施，如加油稀释、加热加压和预涂层后真空过滤等。德国第二次世界大战时期的老工艺正是采用离心过滤法，致使循环油中含有较多的沥青烯，结果煤浆黏度高，反应系统操作困难，所以要采用70MPa的高压措施来降低沥青烯含量。

（2）真空闪蒸　过滤分离技术的不足使20世纪70年代开发的液化工艺纷纷研发新的固液分离方法，其中之一就是真空闪蒸，德国新工艺、美国SRC-Ⅱ、H-coal和EDS等采用该技术，它标志着煤直接液化技术开发中的一个重大发展。液化反应产物经高温分离器分出气体和轻质烃类，液态料浆则进入真空闪蒸塔，约在400℃和突然降压情况下将料浆中可蒸馏的组分汽化，留下难以挥发的成分（如沥青烯、残煤、矿物质和催化剂等）实现固液分离。为使留下的残渣保持一定的流动性，以便泵送，不能让油全部汽化，使残渣中的固体含量控制在50%左右，软化点约160℃。

真空闪蒸法的优点：循环油为蒸馏油，基本不含沥青烯，用此配制煤浆的黏度低，加氢反应性能得到改善；由于一台闪蒸塔可替代上百台离心过滤机，所以处理量大增，且不需要繁琐的过滤操作，结果使设备和操作大为简化。缺点是残渣中含有部分重油，降低了液体产物的总收率。

（3）反溶剂法　所谓反溶剂（anti-solvent）法是指对前沥青烯和沥青烯等重质组分溶解度很小的有机溶剂（反溶剂），当它们加到待分离的料浆中时，能促使固体颗粒凝聚、团聚、变大而析出的分离技术。要求反溶剂具有瞬时偶极矩小、形成氢键的能力弱，H/C 原子比在 1 ～ 2.5 之间，且对煤液化产物油有适当的溶解度。常采用的反溶剂是含苯类的溶剂油。

（4）超临界溶剂脱灰　利用超临界抽提原理将液化残渣里的可溶物溶于溶剂中，留下不溶的残煤和矿物质。其流程是将来自真空蒸馏塔底的淤浆在混合器中与处于临界状态的溶剂混合，然后一起进入沉降器，固体富集在下层重流动相，液化油富集于上层轻流动相。重流动相再进入分离器分出溶剂，留下固体残渣；轻相流入第二沉降器降压，析出液化产物，对于不同的溶剂和操作条件，可以分离出不同的产品，如 SRC 工艺，采用此法可获得含灰分约 0.1% 的 SRC 产品。

由于不同液化工艺获得的液化残渣的基本物性数据（如组成、熔化温度、黏 - 温曲线、密度、比热以及气液平衡等）不同，液化残渣中的沥青烯和中油含量多少对其流变性和结焦倾向性以及煤中矿物质的固体沉积等对管道或设备堵塞的情况都不十分清楚，这些问题也是煤直接液化工程化必需要解决的问题。

7.6.4.2　液化残渣利用

真空闪蒸的液化残渣量占液化原料煤质量的 30% 左右，其利用程度直接影响过程的热效率和经济性，且残渣中含有一部分可回收的轻质油，回收这部分油可以提高整个系统的油收率，所以各国都十分重视。目前残渣利用的途径简介如下：

① 作为气化制氢的原料。真空闪蒸的液化残渣有一定的流动性，可采用德士古气化技术气化生产合成气，经净化、变换等工序可制得氢气。

② 干馏。残渣干馏的目的是回收其中的油品，增加液体产物的总收率。如美国 EDS 工艺采用灵活焦化法干馏液化残渣，干馏油产率为 5% ～ 10%（对原料煤）；德国用回转炉干馏，可从残渣中回收 30% 的油（对残渣）。

③ 燃烧。干馏得到的半焦，或液化残渣直接送去锅炉或窑炉燃烧。

④ 非燃料利用。采用适当技术将液化残渣中有机与无机成分分离，从残渣中分离出的沥青烯，既是炼焦配煤的良好黏结剂，也是生产碳素材料的优质原料。

7.7　本章小结

本章主要介绍了煤直接加氢液化原理、煤直接加氢液化影响因素、煤直接加氢液化主要工艺、直接液化初级产品及提质加工、煤直接加氢液化的关键设备和工程化等内容。

煤是由 2 ～ 4 个或更多的芳香环构成的高分子缩聚物的有机质和无机矿物构成，要将煤转化为液体产物，首先要将煤的大分子裂解为较小的分子，提高 H/C 原子比、降低 O/C 原子比，并脱除矿物。煤热解自由基碎片活性高，需通过过程调控、循环溶剂、加氢来实现自由基碎片稳定成中等分子产物而获得液体产物。提高液体产物收率的方法是提高直接液化过程中的加氢活性，其措施主要有：高效催化剂，高活性氢来源与具有良好溶解和供氢能力的循环溶剂。

煤直接加氢液化工艺开发实验室研究很多，但是具备工业生产规模的加氢液化工艺并不多，主要有德国工艺和中国神华工艺，其工艺过程主要含有油煤浆制备与预热、煤糊（油煤浆）加氢、液固分离和液化粗油加氢精制等，其工艺参数选择与煤种、循环溶剂、催化剂以及反应器类型密切相关。中国神华新工艺已经实现百万吨级工业化示范，该技术水平处于世界领先地位。

煤直接液化工艺的大规模工业化需继续关注其关键设备与工程化，研究设计能够承受高温高压和高含固物料的设备和关键部件，如新型反应器、高温减压阀，等等；开发高效催化剂和供氢溶剂，提高液化油收率，拓展液化粗油的后续加工与特殊用途，提高煤直接加氢液化工艺的经济性。

思考题

7-1 为什么说温度是煤加氢液化的主要工艺参数，选择温度应考虑哪些因素？

7-2 简述供氢溶剂在煤加氢液化过程中的作用，现代煤加氢液化工艺都倾向于选择循环溶剂预加氢，为什么？

7-3 为什么在糊相加氢阶段都采用铁系催化剂而不采用贵金属催化剂？

7-4 煤液化粗油与石油原油组成和性质上有何不同？加氢精制煤液化油产品的特点及用途有哪些？

思考题解答

7-5 简述中国神华煤直接液化工艺特点。

7-6 阐述煤直接液化在中国的应用前景。

参考文献

[1] 高晋生，张德祥 . 煤液化技术 . 北京：化学工业出版社，2005.

[2] 史士东 . 煤加氢液化工程学基础 . 北京：化学工业出版社，2012.

[3] 马治邦，郑建国 . 德国煤液化精制联合工艺——IGOR 工艺 . 煤化工，1996（3）：25-30.

[4] 李大尚 . 煤制油工艺技术分析与评价 . 煤化工，2003（1）：17-23.

[5] Elliot M A. Chemistry of Coal Utilization. 2nd Supplementary Vol. New York：John Wiely & Sons，1981.

[6] 曾蒲君，王承宪 . 煤基合成燃料工艺学 . 徐州：中国矿业大学出版社，1993.

[7] 郝跃洲，陈显伦 . 煤液化项目与原油加工项目经济效益比较 . 化工技术经济，20（6）2002：26-28.

[8] Whitehurst D D. Coal Liquefaction Fundamentals. Washting：ACS，1980.

[9] Mangold E C，Muradaz M A，Ouellette R P，et al.Coal liquefaction and gasification technologies. Ann Arbor Science，1982.

[10] Cooper B R，Ellingson W A.The Science and technology of coal and coal utilization. Plenum Press，1984.

[11] Speight J G .The Chemistry and Technology of Coal.Fuel & Energy Abstracts，1983，36（3）：170.

[12] 张继明，舒歌平 . 神华煤直接液化示范工程最新进展 . 中国煤炭，2010，36（8）：11-14.

[13] 张德祥 . 煤制油技术基础与应用研究 . 上海：上海科学技术出版社，2013.

[14] 高山松，张德祥，李克健，等 . 神华煤直接液化循环溶剂的催化加氢 . 石油学报（石油加工），2014（4）：644-649.

[15] 刘钊，宋怀河，马兆昆，等 . 煤液化残渣共溶剂法制备中间相沥青 . 炭素技术，2016（2）：18-22.

[16] 张德祥，高晋生，朱之培 . 年轻煤在石油重油中加氢液化研究 . 华东化工学院学报，1986，12（3）：315-324.

[17] 崔建方，石斌，邱宝金 . 铁系催化剂对煤油共处理产物组成和性质影响 . 煤炭转化，2008，31（4）：78-82.

[18] Niu B，Jin L，Li Y，et al.Mechanism of hydrogen transfer and role of solvent during heating-up stage of direct coal liquefaction.Fuel Processing Technology，2017，160（Complete）：130-135.

[19] Niu B，Jin L，Li Y，et al.Isotope analysis for understanding the hydrogen transfer mechanism in direct liquefaction of Bulianta coal.Fuel，2017，203（sep.1）：82-89.

[20] Niu B，Jin L，Li Y，et al.Interaction between Hydrogen Donor and Non-donor Solvents in Direct Liquefaction of Bulianta Coal.Energy & Fuels，2016，30（12）：10260-10267.

7

[21] 范欢欢，白佳凯，李旺，等．神华煤直接液化工艺溶剂分子结构解析．煤炭学报，2022（10）：3805-3811.

[22] 陈跃华，刘付升，刘新颖，等．煤直接液化用煤煤岩组分分布特性及油收率研究．煤化工，2023（1）：39-41.

[23] 代浩杉，田磊，熊严坤，等．煤直接液化催化剂预硫化过程中氢的作用研究．燃料化学学报，2022，50（9）：：1191-1201.

[24] 李慧萍，白雪梅，单贤根．煤直接液化油多环烷烃择形开环及催化剂研究进展．煤化工，2022（6）：144-150.

[25] 林建飞，陈竹．煤直接液化喷气燃料性质及适航认证流程研究．煤化工，2022（4）：10-14.

8 煤制碳素制品

○○ —— ○○ ○ ○○ ——

本章学习重点

- ○ 了解碳素制品的性质、种类、用途和发展。
- ○ 了解电极炭的原材料与质量要求、生产工艺及工艺参数对产品质量的影响。
- ○ 了解活性炭制备基本过程及其控制产品质量的措施，如何根据活性炭的不同用途选择制备原料和工艺。
- ○ 了解碳分子筛分离原理与特点、煤制碳分子筛过程、变压吸附及工艺。
- ○ 了解碳纤维、碳材料超级电容器和石墨烯等新型碳材料的技术研发进展，制备技术和应用前景。

碳素制品具有许多独特的性质，它们是工业生产和科技发展中不可缺少的一类非金属材料。目前，碳素工业在国内外都已成为具有相当规模和水平的重要工业部门。

8.1 碳素制品的性质、种类、用途和发展

8.1.1 碳素制品的性质

碳素制品又称碳素材料，它们具有许多不同于金属和其他非金属材料的特性。

8.1.1.1 热性能

（1）耐热性　在非氧化性气氛中，碳是耐热性最强的材料。在大气压力下，碳的升华温度高达（3350±25）℃，它的机械强度不但不随温度增加而降低，相反随之不断提高，如室温时平均抗拉强度约为196kPa，2500℃时则增加到392kPa，正好提高一倍；碳要在2800℃以上时才失去强度。

（2）良好的热传导性　石墨在平行于层面方向的热导率可和铝相比，而在垂直方向的热导率可和黄铜相比。

（3）热膨胀率小　膨胀系数 α=（3～8）$\times10^{-6}$℃$^{-1}$，有的甚至只有（1～3）$\times10^{-6}$℃$^{-1}$，故能耐急热急冷。

8.1.1.2 电性能

人造石墨的电阻介于金属和半导体之间，电阻的各向异性很明显，平行于层面方向的电阻为 $5\times10^{-5}\Omega\cdot$cm，垂直方向则比其要大100～1000倍。

8.1.1.3　化学稳定性

石墨具有出色的化学稳定性，除了不能长期浸泡在硝酸、硫酸、氢氟酸和其他强氧化性介质中外，不受一般酸、碱和盐的影响，所以是优良的耐腐蚀材料。

8.1.1.4　自润滑性和耐磨性

石墨对各种表面都有很高的附着性，沿解理面易于滑动，故有很好的自润滑性。同时由于石墨滑移面上的碳原子六方网状结构形成了保护层，所以它又具有较高的耐磨性。

8.1.1.5　减速性和反射性

石墨对中子有减速性和反射性。利用减速性可使快中子变成热中子，后者易使 ^{235}U 和 ^{233}U 裂变。反射性是指能将中子反射回反应堆活性区，可防止其泄漏，每个碳原子对中子的俘获截面为 $0.0037\times10^{-24}cm^2$，而散射截面为 $4.7\times10^{-24}cm^2$，后者是前者的 1270 倍，所以中子的利用率提高。

8.1.2　碳素制品的种类和用途

碳素制品的种类很多，应用甚广，其中产量最大的是电极炭。

8.1.2.1　电热、电化学和电机用碳素产品

（1）电加热用电极　用于电炉炼钢、熔炼有色金属、生产电石和碳化硅等。根据不同性能，可分为石墨电极和非石墨碳素电极两大类。电炉炼钢趋向于采用大规格高功率和超高功率石墨电极。

（2）电化学用石墨阳极　氯碱工业中电解食盐所用的电极。

（3）电工和电子工业用碳素制品　如电动机和发电机用的电刷；电气机车、无轨电车取用电流的滑板和滑块；电子工业中的碳质电阻、碳棒、电容器和电真空器件等。

8.1.2.2　冶金、化工和机械设备用材料

（1）冶金工业　高炉和炼钢炉用作炉衬的炭砖和炭块以及石墨坩埚等。

（2）化学工业　用作耐腐蚀材料，加工制造热交换器、反应器、吸收塔、泵和管道等。

（3）机械工业　碳质密封材料、轴承材料和结构材料，后者包括用碳素纤维生产的高级复合材料。

8.1.2.3　其他

（1）原子反应堆用的高纯石墨材料　用作中子减速和反射的构件。

（2）碳质吸附剂　煤制活性炭、碳分子筛和活性半焦等。

（3）生物碳制品　如人造心脏瓣膜、人工骨、关节、鼻梁骨和牙齿等，已进入临床应用阶段。

（4）电极材料　近年来发展的超级电容器电极材料、锂离子电池电极材料等。

由上可见，碳素制品种类繁多、应用广泛，从传统工业到新兴工业，从日常生活到尖端科技都少不了它们。

8.1.3　碳素制品的发展

8.1.3.1　发展简史

关于碳素工业的发展简史可见表 8-1。

表8-1 碳素工业发展简史

年代	国家	科学家	碳素制品
1846	英	斯台特等	用焦炭和砂糖制造电炉电极和弧光碳棒
1876	法	卡尔等	制造碳质炼钢电极
1883	法	法比	制造电机用电刷获得成功
1895	美	爱切生	以焦炭等为原料制成人造石墨电极
1907	美	贝克兰	制成不透性石墨材料用于化学工业
1942	意	弗米	高纯石墨用于核反应堆
20世纪50～60年代	—	—	气相热解制热解炭和热解石墨
20世纪60～70年代	—	—	碳纤维研究成功
20世纪80年代	—	—	生物碳制品、石墨层间化合物、碳分子筛、富勒烯等
20世纪90年代至今	—	—	碳纳米管、纳米碳材料、碳微球、石墨烯等

8.1.3.2 中国碳素工业的发展

旧中国几乎没有什么碳素工业，新中国成立后于1955年建成第一个大型碳素企业——吉林碳素厂。除吉林外，现在还有兰州、上海、南通三家大型碳素厂。全国石墨电极年产量已超过60×10^4t，成为世界碳素制品生产大国之一。上述石墨制品基本上都能生产或试生产。煤制活性炭发展迅速，产量已超过木质活性炭，并已远销国外。

与工业发达国家相比，中国碳素工业在品种、质量、技术、设备和管理等方面还有一定的差距，如中国虽然能够生产大规格超高功率电极，但石墨电极总量中仍以普通功率电极为主，电阻率高，只能承受15A/cm^{2}的电流密度，1t钢消耗为7～10kg。国外生产的大规格高功率和超高功率电极，可承受的电流密度高达20～35A/cm^2，1t钢消耗只有3～4kg。另外，像碳素纤维，国内产品的抗拉强度和模量与国外相比水平较低。随着中国科技的发展，碳素工业和技术一定会跃上一个个新台阶，从而进入世界碳素工业的先进行列。

8.2 电极炭

电极炭是碳素工业的最主要产品，用于冶金和化工行业。将作为重点予以介绍。

8.2.1 原材料及其质量要求

电极炭原材料包括用作骨料的固体原料，如沥青焦、石油焦、冶金焦、无烟煤和天然石墨等，和用作黏结剂的液体原料，如煤沥青和煤焦油等。另外，还有一些辅助材料，如焦粉、焦粒和石英砂等。

8.2.1.1 骨料

（1）沥青焦　是生产各种石墨化电极和石墨化块等石墨制品以及预熔阳极和阳极糊等碳制品的主要原料，它是用高温焦油中的沥青焦化而成。焦化方法有焦炉法和延迟焦化法两种。它的特点是含灰分和硫少、气孔率低、机械强度高、容易石墨化。

（2）石油焦　与沥青焦一样，也是石墨电极的主要原料，它是石油渣油经延迟焦化得到的固体产物。石油焦的质量与渣油组成和焦化条件有关。渣油中芳烃含量高，苯不溶物少，硫含量低，炼出的焦质量好，反之则差。含硫高的石油焦在石墨化时会发生异常膨胀，使制品开裂。为防止这种现象发生，可在粉料混合时加入约2%的Fe_2O_3作抑制剂。

（3）针状焦 不管用煤焦油沥青还是石油渣油，如果在延迟焦化前进行合适的预处理，提高中间相前驱体的含量，同时控制适宜的焦化条件，则可得到具有特殊结构的针状焦。它有明显的针状乃至层状结构，在电子显微镜下观察有很好的光学各向异性，强度高，电阻率低（见表8-2），主要用于生产高功率和超高功率电炉炼钢用的石墨电极。

表8-2 针状焦和普通焦的比较

名 称	电阻系数 $/10^{-5}\Omega \cdot cm$	弹性模量 /MPa	室温下膨胀系数①$/10^{-6}℃^{-1}$			$\alpha_{垂直}/\alpha_{平行}$
			$\alpha_{平行}$	$\alpha_{垂直}$	β	
针状焦1	650	850	0.85	2.00	4.85	2.35
针状焦2	730	760	1.12	2.16	5.44	1.93
普通焦	900	650	2.90	3.61	10.12	1.24

① $\alpha_{平行}$— 挤压成型方向线膨胀系数；$\alpha_{垂直}$— 与前一方向垂直线膨胀系数；β— 体胀系数。

（4）无烟煤 经1100～1350℃热处理的无烟煤是生产高炉炭块和碳素电极等制品的主要原料之一。要求灰分低，不大于10%；含硫少；耐磨性好。使用时用块煤而不用煤粉，要与冶金焦或沥青焦掺和使用。

（5）天然石墨 天然非金属矿物，有显晶质石墨（鳞片状和块状）和隐晶质石墨（土状）之分，前者常用于制造电刷、石墨坩埚和柔性石墨制品等，后者则用于生产电池碳棒和轴承材料等。还有一种石墨化碎屑，它是碳素制品工厂生产各种石墨化制品时在石墨化后或加工后的废品和碎屑，可以以一定比例，如10%～20%返回到配料中。

（6）冶金焦 焦块和焦粉，要求灰分＜15%。主要用于生产炭块、碳素电极和电极糊等多灰碳素制品。

8.2.1.2 黏合剂

黏合剂的作用是将上述固体骨料黏合成整体，以便加工成有较高强度和各种形状的制品。常用的黏合剂有煤沥青、煤焦油和合成树脂。

（1）对黏合剂的要求

① 炭化后焦的产率高，对煤沥青通常为40%～60%。

② 对固体骨料有较好的润湿性和黏着性。

③ 在混合和成型温度下有适度的软化性能。

④ 灰和硫的含量尽量少。

⑤ 来源充沛、价格适宜。

（2）主要黏合剂种类

① 煤沥青是最主要的黏合剂，用量很大，每生产1t用于炼铝的石墨电极约需0.4t中温沥青。关于煤沥青的来源在第4章中已做介绍。煤沥青的质量标准见表8-3。

用石油醚和苯（或甲苯）可将沥青分为三个成分，即石油醚可溶的γ成分（又称γ树脂）、苯可溶的β成分（又称β树脂）和苯不溶的α成分（又称α树脂或游离碳）。用喹啉可将后者进一步分为苯不溶-喹啉可溶成分和喹啉不溶成分。它们在沥青作为黏合剂时具有不同的作用，一般认为γ成分有稀释以及降低黏度和软化点的作用，使配料润滑和增塑，但结焦率低。β成分有良好的黏结性，易生成中间相，容易石墨化。α 成分结焦率高，聚结力强，能增加机械强度和硬度。喹啉不溶成分有不良影响，故应控制在规定范围内。

表8-3 煤沥青的质量标准

指标	中温沥青		改质沥青	
	电极用	一般用	一级	二级
软化点（环球法）/℃	＞75.0～90.0	＞75.0～90.0	75.0～90.0	100～120
甲苯不溶物含量/%	15～25	＜25	28～34	＞26
喹啉不溶物含量/%	10	—	8～14	6～15
β-树脂含量/%	—	—	≥18	≥16
结焦值/%	—	—	≥54	≥50
灰分/%	≤0.3	≤0.5	≤0.3	≤0.3
水分/%	≤5	≤5	≤5	≤5

为了生产优质碳素制品，还可对普通的煤沥青进行改质处理。所用方法有氧化热聚法：340 ～ 350℃温度下通入适量压缩空气；加热聚合法：400℃左右温度下加热 5h；加压热聚处理：压力 1 ～ 1.2MPa，温度 385 ～ 425℃下，连续处理 3 ～ 6h。由表 8-3 可见，改质沥青比普通沥青具有更好的性能。

② 煤焦油有高温焦油、中温焦油和低温焦油等。用作碳素制品黏合剂的一般是预先蒸馏至 270℃的高温焦油。

③ 合成树脂主要用于生产不透性石墨制品，用作黏合剂及浸渍剂。常用的合成树脂有酚醛树脂、环氧树脂和呋喃树脂三种。

8.2.2 石墨化过程

广义讲，石墨化是指固体炭进行 2000℃以上高温处理，使碳的乱层结构部分或全部转化变为石墨结构的一种结晶化过程。但不同于一般结晶化时所看到的晶核生成和成长的过程，而是通过结构缺陷的弥合来实现的。

8.2.2.1 石墨化的目的

① 提高制品的导热性和导电性。

② 提高制品的热稳定性和化学稳定性。

③ 提高制品的润滑性和耐磨性。

④ 去除杂质，提高纯度。

⑤ 降低硬度，便于机械加工。

8.2.2.2 石墨化的三个阶段

（1）第一阶段（1000 ～ 1500℃） 通过高温热解反应，进一步析出挥发分。残留的脂肪链、C—H、C＝O 等结构均断裂，乱层结构层间的碳原子及其他杂原子也在这一阶段排出，但碳网的基本单元没有明显增大。

（2）第二阶段（1500 ～ 2100℃） 碳网层间距缩小，逐渐向石墨结构过渡，晶体平面上的位错线和晶界逐渐消失。

（3）第三阶段（2100℃以上） 碳网层面尺寸激增，三维有序结构趋于完善。

8.2.2.3 石墨化过程的影响因素

（1）原始物料的结构 有易石墨化炭和难石墨化炭之分（见图 8-1 富兰克林的结构模型）。前者亦称软炭，有沥青焦、石油焦和黏结性煤炼出的焦炭等；后者又称硬炭，有木炭、炭黑等。

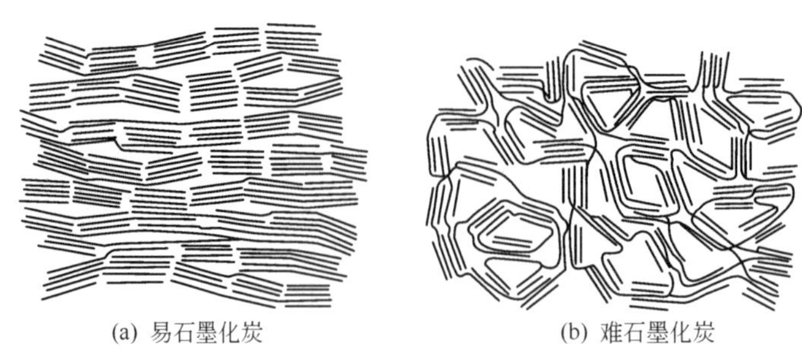

图 8-1 富兰克林的结构模型

（2）温度 2000℃以下，无定形碳的石墨化速度很慢，只有在 2200℃以上时才明显加快。这说明在石墨化过程中活化能不是恒定值而是逐渐增加的。从微晶成长理论看，开始时一两个碳网平面转动一定角度就可产生一个小的六方石墨晶体。当层面增加和质量增大后，它们与相邻的晶体重叠或接合自然就需要更高的活化能。

（3）压力 加压对石墨化有利，在 1500℃左右就能明显发生石墨化。相反，在真空下进行石墨化时，效果较差。

（4）催化剂 加入合适的催化剂可降低石墨化过程的活化能，节约能耗。催化剂有两类：一类属于熔解 - 再析出机理；另一类属于碳化物形成 - 分解机理。前者如 Fe、Co、Ni 等，它们能熔解无定形的碳，形成熔合物，然后又从过饱和溶液中析出形成石墨；后者如 B、Ti、Cr、V 和 Mn 等，它们先与碳反应生成碳化物，然后在更高温度下分解为石墨和金属蒸气。其中，B 及其化合物的催化作用最为突出，它们可以在 2000℃下使无定形碳，包括难石墨化炭实现石墨化。

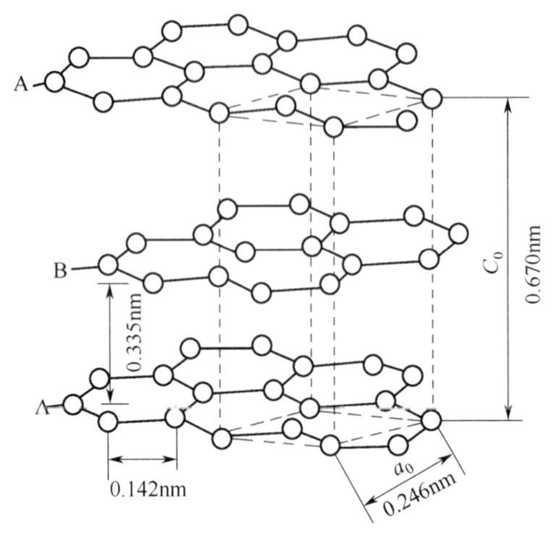

图 8-2 石墨的晶体结构

8.2.2.4 石墨化程度的测定

（1）测定碳质材料石墨化后的真相对密度 越接近理想石墨的真相对密度值（2.266），石墨化程度越高，如超高功率石墨电极的真相对密度为 2.222。

（2）测定材料的比阻值 单晶石墨在室温时沿层面方向的比阻值约为 $5\times10^{-5}\Omega\cdot cm$。多数人造石墨的比阻值约为上述数值的 20 倍。

（3）利用 X 射线测定晶格参数 C_0 和 a_0 C_0 为层面距离；a_0 为层面上菱形的边长。理想石墨 $\frac{1}{2}C_0$=335nm，a_0=0.246nm（见图 8-2）。人造石墨的 C_0 和 a_0 与其越接近，表示石墨化程度越高。

8.2.3 电极炭生产的工艺过程

包括电极炭在内的碳素制品生产的一般工艺流程示于图 8-3。

8.2.3.1 原料的煅烧

（1）煅烧的作用 煅烧是将骨料加热到 1100℃的热处理过程。除天然石墨、炭黑和单独使用沥青焦时不必煅烧外，其他骨料如石油焦和无烟煤都要煅烧。其作用如下。

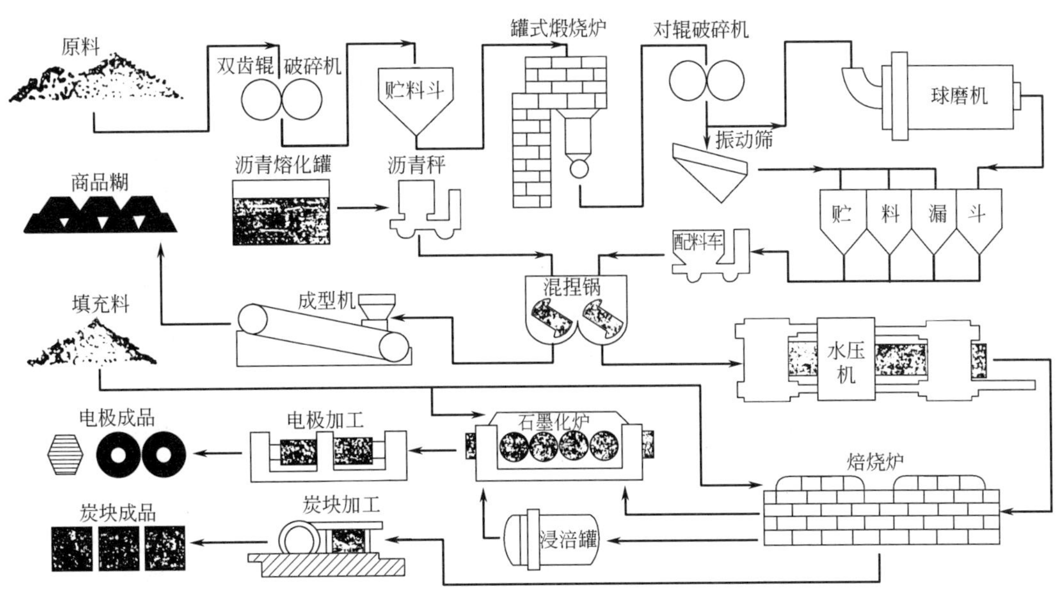

图 8-3 碳素制品的生产流程

① 析出挥发分，物料体积收缩，密度增大，减少成品的开裂和变形。

② 提高物料的机械强度。

③ 煅烧后便于破碎、磨粉和筛分。

④ 提高焦的导电性和导热性。

⑤ 提高抗氧化性。

（2）煅烧温度　不低于 1100℃，特别不应在 700 ～ 800℃时停止升温或延长时间。为了脱除大部分的硫，煅烧温度需控制在 1400℃以上。

（3）煅烧炉　有罐式炉、回转炉和电热炉三种。

① 罐式煅烧炉。用硅砖和黏土砖砌成，外部用火焰间接加热，适用于生产量大和产品纯度高的场合。煅烧时间 24h 左右。挥发分高的石油焦易在炉内结块，故应掺入 20% ～ 25% 沥青焦，使混合焦的挥发分保持在 5% ～ 6%。

② 回转炉。是一种连续生产的旋转式高温炉，也称回转窑。炉身为衬有耐火材料的钢制圆筒，斜卧在钢制的托轮上，绕轴缓慢旋转。煤粉、气体燃料或液体燃料自低的一端与空气一同喷入燃烧，废气自另一端排出。原料则循相反方向缓缓移动，煅烧停留时间不少于 30min。物料占炉内空间总容积的 6% ～ 15%，料层最厚处为 20 ～ 30cm。

炉身可分三个区，即预热干燥区，温度 800 ～ 900℃；煅烧区，长 5 ～ 8m，最高温度约为 1300℃；冷却区，位于炉头附近，长 2 ～ 5m。

回转炉的优点是连续操作、自动化程度高、基建费用少，缺点是物料损失大（10% 左右）、焦炭强度较低、灰分较高。

③ 电热炉。是一种电阻炉，以受煅烧物料本身为电阻。耗电量大，只适用于小批量生产。

8.2.3.2 粉碎、筛分和配料

（1）粉碎、筛分　煅烧后的物料接着进行粉碎和筛分，以便得到合适的干料粒度组成。

① 组成某一给定尺寸制品的最大颗粒度，可用下面的经验式确定

$$d=15\times10^{-3}D \tag{8-1}$$

式中 d—— 最大颗粒直径，mm；

D—— 制品直径，mm。

② 不同粒度的合理搭配，以获得最大容量和保证制品具有尽可能高的密度。

（2）配料

① 原材料种类、质量指标和配比。

② 干料的粒度组成。

③ 黏合剂种类、质量指标和配比。

这里原料的选择非常重要。为制造高纯度、较高热稳定性和较高机械强度的产品，如核石墨、冶炼用电极、发热和耐热原件等，要选用灰分含量低、机械强度高和易石墨化的原料，如沥青焦、石油焦和炭黑等；对纯度和石墨化程度要求不高的制品，如作为炉衬用的炭砖、铝电解槽的底块和侧块等，可采用无烟煤和冶金焦；不同种类的电机上用的电刷原料也各不相同，有炭黑、石油焦和鳞片石墨等。

8.2.3.3 混合和成型

（1）混合或混捏　碳素制品是由多组分的粉末原料、块状原料和液体黏合剂组成的均匀结构体，为形成宏观上均一的结构，在成型前必须进行充分混捏。添加少量表面活性物质有助于黏合剂的分散和对骨料的润湿和黏合。常用的表面活性剂有磺基环烷酸和油酸等。

所用混合机如下：

① Z 形双搅刀混合机，它适用于带黏合剂的热混合。

② 螺旋连续混合机，多用于制备阳极糊。

③ 鼓形混合机，用于不带黏合剂的冷混合。

热混合时温度要控制，用沥青作黏合剂时，混合温度应比沥青软化点高一倍左右。时间一般为 50 ～ 60min。

（2）成型　为了制得不同形状、尺寸、密度和物理机械性能的制品，必须将混合料成型。

① 模压成型。适用于三个方向尺寸相差不大、密度较均匀、结构致密的制品，如电刷、密封材料等。又分冷模压、热模压和温模压三种类型。

② 挤压成型。用于压制棒材、板材和管材，如炼钢用的电极和电解槽用的碳板。

③ 其他。振动成型，用于大型制品的生产；等静压成型，用于核石墨和宇航用石墨制品的生产；爆炸成型，用于高密度的特殊石墨制品的生产。

8.2.3.4 焙烧和石墨化

（1）焙烧　是将成型的毛坯加热到 1300℃时的热处理过程。通过焙烧使黏合剂炭化为黏合焦，后者与骨料间通过物理和化学作用相结合。焙烧使毛坯的体积缩小，强度提高，热导率和电导率都大大增加。

焙烧炉有三种炉型，连续多室环式焙烧炉、隧道炉、倒焰炉。

焙烧时要掌握最终温度，控制升温速度。不需要石墨化的炭块制品的焙烧温度一般不低于 1100℃，需石墨化的制品该温度不低于 1000℃。升温速度与炉子大小和制品尺寸等许多因素有关，炉子容积大和制品尺寸大应采用较低的升温速度，以降低炉内和毛坯内外的温度差。对同一炉型和同一毛坯，在不同的温度区，升温速度也不同。煤沥青的分解和缩聚反应在370～420℃达到最高峰，所以在350～600℃之间升温速度要慢，在较低温度范围更要注意。对于多室环式焙烧炉，从开始加热到升温至1300℃，一般需要300～360h。

（2）石墨化 对生产石墨化制品，石墨化显然是十分关键的一道工序。

目前，工业石墨化炉都是电热炉，有直接加热法和间接加热法两种。直接式是以焙烧后的半成品为电阻，通电加热；间接式是以焦粒作电阻，用高温焦粒加热上述半成品。

石墨化温度与原料性质和产品的质量要求有关，普通石墨电极的最高温度为2100～2300℃，而特殊高纯石墨制品则需2500～3000℃。

8.2.3.5 浸渍

经过石墨化的制品属于多孔固体，易渗透气体和液体，在高温和酸性介质中耐氧化性差、质地较脆，所以在石墨化后还有一道浸渍工序。

（1）浸渍目的

① 降低孔隙率，提高视密度和机械强度。

② 提高导热和导电性。

③ 制取不透性材料。

④ 赋予制品特殊性能。

（2）浸渍剂 合成树脂：生产不透性石墨，用作化工设备结构材料和机械密封材料等；金属：铅锡合金（Pb含量95%、Sn含量5%）和巴氏合金（Sn含量85%、Sb含量10%，Cu含量5%）等，用于活塞环、轴密封和滑动电接触点等；煤沥青：用于各种电极的浸渍；溶有石蜡的煤油和硬脂酸铅的机油溶液：提高制品的抗磨性能。

（3）浸渍时注意的问题 制品应预热至规定温度以除去吸附在微孔中的气体和水分；抽真空以进一步减少微孔中的气体；在外压力下将浸渍剂压入制品的气孔中并保持一段时间，然后将浸渍品迅速冷却。

8.2.4 碳电极和不透性石墨材料

8.2.4.1 碳电极

碳电极广泛用于生产合金钢、铝、铁合金、电石、黄磷以及氯碱工业。

（1）主要技术指标 中国石墨电极和高功率石墨电极的主要技术指标列于表8-4和表8-5，并附有国外标准以供比较。最重要的指标有比电阻、弹性模量、抗折强度、抗压强度和视密度。

表8-4 石墨电极的主要技术指标

项目			中国 YB/T 4088—2015	日本 JISR 7021—1979	苏联 TOCT 4426—80
			ϕ350～450mm 优级 一级	ϕ300～500mm	ϕ450～550mm
电阻率/μΩ·m	≤	电极	9.0 10.5	13.0	9.1～12.5
		接头	8.0	11.0	8.0
抗折强度/MPa	≥	电极	7.0	（4.9）	6.4
		接头	15.0	10.8	11.8
弹性模量/GPa	≤	电极	9.3	1.30	—
		接头	14.0	1.20	—
灰分/%	≤		0.5	（0.1）	—
体积密度/（g/cm^3）	≥	电极	1.53	—	—
		接头	1.70	—	—
热膨胀系数（室温～600℃）/$10^{-6}℃^{-1}$	≥	电极	2.9	—	—
		接头	2.8	—	—

表8-5　高功率石墨电极的主要技术指标

项　目			中国 YB/T 4089—2015 ϕ450～500mm	日本 JISR 7021—1979 ϕ300～500mm	苏联 TOCT 4426—80 ϕ250～400mm
灰分/%	≤		0.5	（0.1）	—
体积密度/（g/cm³）	≥	电极 接头	1.60 1.72	— —	— —
抗折强度/MPa	≥	电极 接头	10.5 17.0	（4.9） 10.8	6.9 9.8
电阻率/μΩ·m	≤	电极 接头	7.0 6.5	13.0 11.0	8.1～9.0 9
弹性模量/ GPa	≤	电极 接头	14.0 16.0	— —	— —

（2）超高功率石墨电极　电炉炼钢技术发展的一个重要方向是提高电炉的生产能力，包括扩大电炉容积和缩短冶炼时间两个方面，而这些都离不开电功率的提高。因此，超高功率电极应运而生。它的特点如下。

① 电阻率低。普通电极的电阻率一般为 8 ～ 11 μΩ·m，而超高功率电极的电阻率只有 5 ～ 6 μΩ·m。

② 机械强度高。普通电极的抗折强度为 8MPa 左右，超高功率电极的抗折强度则达到 13 ～ 14MPa。

③ 允许的电流密度高。对 ϕ300 ～ 400mm 电极，前一种为 19A/cm²，后一种为 28 ～ 30A/cm²。

超高功率电极的主要骨料是针状焦，用硬沥青作黏合剂，石墨化温度控制在 2500℃以上。

8.2.4.2　不透性石墨

不透性石墨主要用于制造耐腐蚀化工设备。按其生产工艺可分为三类：浸渍型、模压型、浇注型。

（1）常用的合成树脂　有酚醛树脂、糠酮树脂和糖醇树脂。浸渍酚醛树脂后的石墨具有很好的耐腐蚀性，见表 8-6。用糠酮树脂浸渍后的石墨制品性能更好，可耐强酸和更高的温度。

表8-6　酚醛树脂浸渍石墨的耐腐蚀性

液体介质	温度/℃	耐腐蚀情况	液体介质	温度/℃	耐腐蚀情况
70%硫酸、萘	90	稳定	氢氧化钠<40%	常温	稳定①
苯、氯化铝烃化液、盐酸	80～110	稳定	次氯酸、氯乙醇	50～55	稳定
97%乙酸、3%苯	40	稳定	乳酸、盐酸	60	稳定
三甲苯	140	稳定			

① 浸渍石墨经 300℃热处理。

（2）应用　用不透性石墨生产的化工设备有：换热器；降膜吸收塔；盐酸合成塔；文丘里管；生产三氯乙醛的氯化反应塔；蒸发器等。

（3）发展　中国不透性石墨设备近几年一直保持增长势头。同时不断提高质量和增加品种，如用聚四氟乙烯、聚苯乙烯和聚丙烯等作浸渍剂的不透性石墨制品已经投入生产。

8.3　活性炭

活性炭是由无定形碳和数量不等的灰分构成的多孔性碳制品。它是一种优质的吸附剂。新中国成立后，中国的活性炭工业经历了从无到有和不断发展壮大的历程，2018 年中国活性炭产量 67×10^4t，位居世界第一，其中煤质活性炭占 2/3。

8.3.1 活性炭的孔结构和表面性质

活性炭不同于一般的木炭和焦炭，它具有非常好的吸附能力，原因就在于它的比表面积大，孔隙结构发达。另外，它的表面还有多种官能团。

8.3.1.1 孔结构

（1）孔的大小和形状　活性炭的孔隙包括从零点几纳米到肉眼可见的大孔，基本上呈连续分布。根据国际纯粹与应用化学协会（IUPAC）的定义，将直径小于 2nm 的孔称为微孔，2 ～ 50nm 称过渡孔（或介孔），大于 50nm 称大孔。为了测定方便，一般规定孔径的上限到 7.5μm 为止。

孔隙形状多种多样，有近于圆形的、裂口状、沟槽状、狭缝状和瓶颈状等。大小不同孔隙之间的相互关系一般设想为：大孔上分叉地连接着许多过渡孔，过渡孔上又分叉连接着许多微孔。大孔的内表面可发生多层吸附，但是它在比表面积中所占比例很小。过渡孔一方面和大孔一样是吸附质分子的通道；另一方面在一定相对压力下会产生毛细管凝结。有些不能进入微孔的大分子，则在过渡孔中被吸附。吸附作用最大的是微孔，它对活性炭的吸附量起决定性作用。

（2）比表面积　比表面积用 m^2/g 表示，测定方法很多，有气体吸附法、液相吸附法、润湿热法和 X 射线小角度散射法等。对活性炭来说，用得较多的是气体吸附法中的 BET（Brunauer-Emmett-Teller）法。

根据朗格缪尔单分子层吸附理论，知道了单分子层吸附容量 α_m，就可求出吸附剂的比表面积：

$$S=\alpha_m N_A \omega_m \tag{8-2}$$

式中　S—— 比表面积，m^2/g；

α_m—— 单分子层吸附容量，mol/g；

N_A—— 阿伏伽德罗常数，$6.02\times10^{23}mol^{-1}$；

ω_m—— 一个吸附质分子以密实层在吸附剂表面上所占据的面积，m^2。

把单分子吸附理论引申到多分子层吸附中，并且假定从第一层直至无限多层为止的各吸附层全部和气相建立吸附平衡。于是，就能推导出吸附气体在临界温度的吸附过程中能够适用的 BET 方程：

$$\alpha=\frac{\alpha_m cp}{p_0-p\left[1+(c-1)\dfrac{p}{p_0}\right]} \tag{8-3}$$

式中　α——总吸附容量；

c——与吸附能力有关的常数；

p——吸附质吸附平衡时压力；

p_0——吸附质的饱和蒸汽压力。

以 $x=\dfrac{p}{p_0}$ 代入式（8-3），则得：

$$\frac{x}{\alpha(1-x)}=\frac{1}{\alpha_m c}+\frac{c-1}{\alpha_m c}x \tag{8-4}$$

以 $\dfrac{x}{\alpha(1-x)}$ 为纵坐标，x 为横坐标作图，为一直线。其斜率为 $\dfrac{c-1}{\alpha_m c}$，截距为 $\dfrac{1}{\alpha_m c}$，由此即可求出单分子层吸附容量 α_m。

BET 法所用的吸附气体有 N_2、Ar、CO_2 和 CH_4 等。对同一样品用不同气体测定时，所得比表面积数据常常不同。

另外，用碘吸附法和润湿热法可大致估计比表面积的大小，因为从大量对比试验中发现它们的测定结果和 BET 比表面积基本呈直线关系，I_2 含量为 1mg/g 大致相当于 $1m^2/g$；而 0.418J/g 约相当于 $1m^2/g$。

（3）孔径分布　两种相同比表面积和孔容的活性炭，常常有明显不同的吸附特性，其原因主要是它们的孔径分布不同。

测定孔径分布的方法很多，常用有压汞法和毛细管凝结法，还有X射线小角散射法。

8.3.1.2　表面性质

活性炭的吸附性质不但与孔结构有关，而且还受表面性质的影响。

活性炭多用水蒸气活化法生产，所以在其表面上有多种含氧官能团，如羧基、酚羟基、羰基和内酯基等。

有人提出了活性炭表面氧化物的三种模型：

```
 |
=C
   \
    O                          =C=O
   /          =C
=C               \                        —C=O
 |                O            =C=O          \
=C               /                            O
   \          =C                             /
    O            \                        —C=O
   /              O      或    =C=O
=C               /                        —C=O
 |            =C                             \
=C               \                            O
   \              O            =C=O          /
    O            /                        —C=O
   /          =C
=C               \
 |                O
              =C /             =C=O
 A                    B                    C
```

A和B是碱性的，而C则是酸性的。A是在700℃以上生成的，B的生成温度在300℃以上，而C则是由B在较高温度下分解而成的。活性炭的表面除含氧官能团外，还有N、S、Si、Fe和Al等的存在。它们对活性炭的酸碱性、润湿性、吸附选择性和催化性能都有影响。

8.3.2　活性炭的制造方法

8.3.2.1　原料选择

常用的原料有煤、木材和果壳、石油焦和合成树脂等。

（1）煤　各类煤都可作为活性炭的原料。煤化程度较高的煤（从气煤到无烟煤）制得的活性炭微孔发达，适用于气相吸附、净化水和作为催化剂载体。煤化程度较低的煤（褐煤和长焰煤）制成的活性炭，过渡孔较发达，适用于液相吸附（脱色）、气体脱硫以及需要较大孔径的催化剂载体。因为在炭化和活化中，煤的质量大幅度降低，灰分成倍浓缩，所以要求原料煤的灰分越低越好，最好低于10%。另外，煤的黏结性对生产工艺影响显著，应该区别对待。

（2）木材和果壳　各种木材、锯屑和果壳（椰子壳和核桃壳等）、果核都是生产活性炭的优质原料。

（3）其他　石油焦、合成树脂（酚醛树脂和聚氯乙烯树脂等）、废橡胶和废塑料等，可制得低灰分的产品。

8.3.2.2　炭化

活性炭生产过程中炭化是最主要的工序。为了制得成型活性炭，在炭化前要先成型。

（1）成型　与前面生产电极炭一样，成型也要用黏合剂，如煤焦油、纸浆黑液、羧甲基纤维素和聚乙烯醇等。成型方法有挤条和造球两种。前一方法采用的设备有螺旋挤压机和柱塞挤压机两种，后一方法则采用圆盘造球机。

（2）炭化条件　炭化是煤中有机质发生热分解和析出挥发分的过程。温度有决定性影响。实际经验和理论分析都表明，600℃左右最为适宜（参见图 8-4）。

温度过低，挥发分析出过少，半焦的孔隙度不够；温度过高，缩聚加剧，结构变得致密，使半焦的反应活性降低。

（3）炭化炉类型

① 回转式炭化炉。常用的规格为炉长 11m，直径 1.6m，倾斜角 3°，转速 2 ～ 3r/min。炉内装有物料刮板，以使物料与烟道气更好地接触。正常加料速度为 1.5 ～ 2.0t/h。燃烧混合室温度为 600 ～ 800℃，中部温度 380 ～ 550℃。物料在炉内的停留时间约 30min，出料速度为 1 ～ 1.5t/h。对炭化料的要求是挥发分小于 11%，机械强度 85% ～ 90%，无结块现象。煤制活性炭常用这种炭化炉。

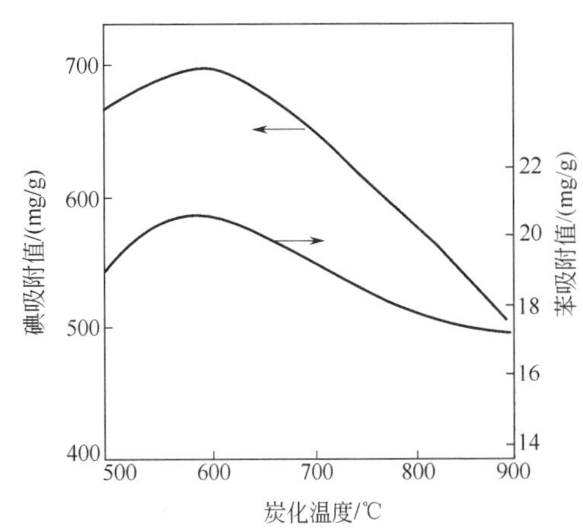

图 8-4　炭化温度的影响

② 立式炭化炉。多用于果壳和果核的炭化。用耐热混凝土预制块砌成，原料从炉顶加入，经过预热段、炭化段和冷却段，最后从卸料器排出。停留时间 4 ～ 5h，炭化温度 450 ～ 550℃，木炭得率 25% ～ 30%，木炭挥发分 8% ～ 15%。

③ 多层耙式炭化炉。这是一种内热式连续炭化炉（见图 8-5），用于炭化木屑和树皮，也可用于煤的炭化。在美国和日本比较普遍。外径多为 6.5 ～ 7.5m，4 ～ 6 层，高 4 ～ 8m。炉体用耐火砖和耐火水泥砌成，中心轴用特殊钢（25Cr-12Ni）加工而成，上面连有搅拌耙。原料从顶部进入，边搅拌，边移动，边炭化。炭化温度 500 ～ 600℃，以木屑为原料时，木炭得率为干基原料的 25% ～ 30%，木炭挥发分为 15% ～ 20%。一台炉子可年产木炭或半焦（1 ～ 3）×10^4t。

④ 其他。还有移动式炭化炉、流态化炭化炉和车辆式干馏釜等。

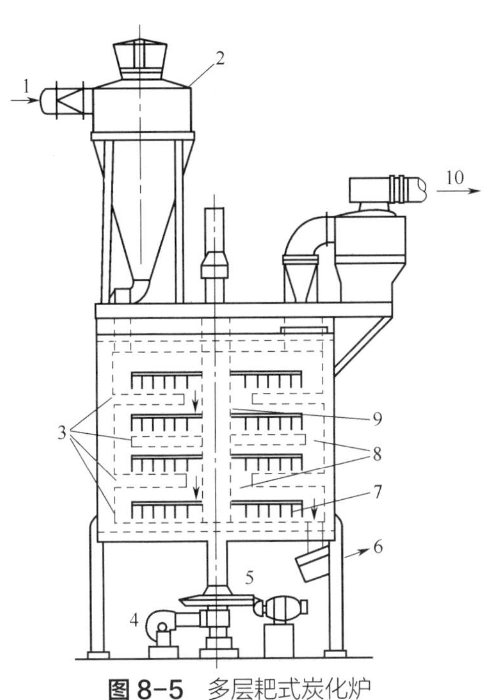

图 8-5　多层耙式炭化炉

1—废材原料进口；2—旋风分离器；3—炉床；4—风机；5—扇形齿轮；6—螺旋卸炭器；7—搅拌耙；8—料孔；9—中心转轴；10—干馏气体出口

8.3.2.3　活化

炭化得到的半焦或木炭是半成品，必须经活化才能成为活性炭。活化方法主要有两类：一类是气体活化法；另一类是化学药剂活化法。这里主要介绍前一种。

（1）气体活化的作用

① 开孔作用。炭化时形成的孔隙一部分被焦油或其他热解产物生成的无定形碳所堵塞，从而造成闭孔。活化时，这些闭孔可以打开，从而使表面积增加。

② 扩孔作用。孔隙内表面的碳原子与气体活化剂反应，生成 CO 或 CO_2，从而使原来的孔隙扩大。若扩孔太过分，则导致孔壁烧穿，形成大孔，反而使表面积下降。

③ 造孔作用。某些结构部位经选择性活化反应可能形成新孔隙。

（2）气体活化的分类

① 水蒸气活化法。主要利用碳和水蒸气之间的反应，即水煤气反应，

$$C + H_2O \longrightarrow CO + H_2 \qquad \Delta H = 130\ \text{kJ/mol}$$

它是一个吸热反应，需要较高的温度，约 750 ～ 950℃。这是煤制活性炭最常用的活化方法。

② 二氧化碳活化法。此时碳和二氧化碳发生还原反应：

$$C + CO_2 \longrightarrow 2CO \qquad \Delta H = 170\text{kJ/mol}$$

它也是吸热反应，活化温度一般在 850 ～ 1100℃。

③ 混合气体活化法。采用水蒸气和空气、烟道气和水蒸气以及其他混合气体。在水蒸气中加入少量空气可提高活化反应速率，如果控制得当，不但能增加产量，而且能提高质量。

（3）影响气体活化的因素

① 活化剂。若 C 和 CO_2 的反应速率为 1，则 C 和 H_2O 的反应速率为 3，而 C 和 O_2 的反应速率为 1000。后者反应速率过快，使过程难以控制，所以一般使用水蒸气居多。

② 活化剂流速。活化反应速率开始随活化剂流速增加而增加，但达到一定流速后就不再提高。

③ 活化温度。上述活化反应的速率都随温度升高而升高，但当温度过高、速率太快时，烧失率增加，微孔减少，吸附性能反而下降。一般，水蒸气活化温度多用 900℃，烟道气活化为 900 ～ 950℃，空气活化则为 600℃。

④ 活化时间和烧失率。活化时间延长，烧失率增加，比表面积和孔结构相应发生变化。杜比宁认为，烧失率＜ 50% 时，生成以微孔为主的活性炭；烧失率＞ 75% 时，得到以大孔为主的活性炭；而当烧失率在 50% ～ 75% 之间时，具有上述二者的混合结构。由于原料、炭化和活化条件的不同，上述结论并非到处适用。

⑤ 其他。炭化温度、炭化料粒度、炭化原料及所含矿物质等也有一定影响。

（4）活化炉

① 斯列普活化炉。从苏联引入，中国对其作了不少改进，而且应用较广泛。它是由活化炉本体、两个蓄热室和烟囱构成。一座炉子分左右两个半炉，共有八个互不相通的活化槽。每个活化槽从上到下分四段：预热段、补充炭化段、活化段和冷却段。以煤为原料时，活化温度为 850 ～ 900℃，炭化料在炉内的停留时间一般为 48h。一座年产 500t 活性炭的斯列普炉需异型耐火砖共 29 种，总重 100t，普通耐火砖 280t，钢材 120t，蒸汽耗量 1t/h。

② 回转活化炉。与回转炭化炉相似，结构比较简单，但物料损失较大。其大致结构见图 8-6。

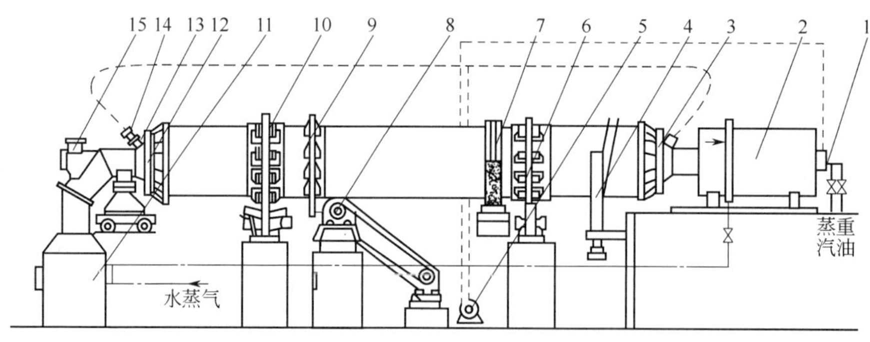

图 8-6 回转活化炉

1—燃烧室燃油雾化喷嘴；2—燃烧室；3—固定炉头；4—卸炭装置；5—送风机；6—前支撑轮；7—回转测温装置；8—回转传动装置；9—回转齿轮；10—后支撑轮；11—烟道过热器；12—固定炉尾；13—加接管；14—吸风管；15—观测镜

③ 多管活化炉。是一种简易的立式移动床活化炉，由 8 ～ 10 个活化管、火道、气体系统、过热蒸汽系统及燃烧室五部分组成。过去多用于木炭水蒸气活化，现在也用于煤质炭的活化。活化段温度 700 ～ 900℃，炉内停留时间 18 ～ 20h。每隔 1 ～ 2h 装料和卸料一次。

④ 其他。还有多层耙式活化炉和流态化活化炉等。

（5）化学药剂活化法　最常用的化学药剂有氯化锌、磷酸和硫酸钾等。生产活性炭的原料主要是木屑。国内主要用此法生产粉末活性炭。生产条件大致如下：木屑 6 ～ 40 目，$ZnCl_2$ 溶液含量 42% ～ 55%，木屑与该溶液的质量比为 1∶3 ～ 1∶4。炭化和活化一起进行，一般用回转炉，温度 500 ～ 600℃，时间约 40min。生产 1t 活性炭需消耗 3.5t 木屑、0.3 ～ 0.5t 氯化锌、1t 盐酸、5t 煤、1.3t 蒸汽、60 ～ 100t 水。可见消耗量很高，并有严重污染，基本被淘汰。

8.3.2.4 煤制活性炭的主要品种和规格

近几年中国煤制活性炭发展很快，主要品种的技术标准和测定方法已经定为国家标准。表 8-7 为煤质颗粒活性炭的主要技术指标。表 8-8 为日本和美国水处理用活性炭的主要指标，供比较。

表8-7 中国煤质颗粒活性炭的主要技术指标①

项目	净化水	防护用	脱硫	回收溶剂	催化剂载体	净化空气
强度/%	≥85	≥85	≥90	≥90	≥90	≥90
比表面积/(m^2/g)	≥900	≥930	≥800	≥850	≥850	≥750
饱和硫容量/(mg/g)			≥800			
四氯化碳吸附率/%				≥70	60～64	≥50
碘吸附值/(mg/g)	≥800					
苯蒸气防护时间/min		45～49				
氯乙烷蒸气防护时间/min		27～29				
着火点/℃				≥350		
水容量/%			≥62		70～74	
粒度/mm	>2.50，≤2% 1.25～2.50，≥83% 1.00～1.5，≤14% <1.00，<1%	>2.50，≤2% 1.25～2.50，≥87% 1.00～1.5，≤10% <1.00，<1%	>5.60，≤5% 2.50～5.60，≥79% 1.00～2.50，≤15% <1.00，<1%		>6.30，≤5% 3.15～6.30，≥80% 2.50～3.15，<20% <2.50，≤5%	>6.30，≤5% 3.15～6.30，≥90% <3.15，≤5%

① 摘自 GB/T 7701.1 ～ 7701.3—2008。

表8-8 日本和美国水处理用活性炭的主要指标

项目	日本 X-7000	美国CalgonF		项目	日本 X-7000	美国CalgonF	
		F100	F400			F100	F400
比表面积/(m^2/g)	1110	850～900	1050～1200	亚甲基蓝吸附/(mL/g)	200	180～200	—
堆积密度/(g/cm^3)	0.458	0.5～0.6	0.4	灰分/%	—	8	8
碘吸附值/(mg/g)	1010	850～900	≥1000	强度/%	98	80～85	—

煤质颗粒活性炭的消耗定额（对 1t 产品）大致如下：原料煤 3t，焦油 1t，动力煤 3t，煤气 1000m^3，电 1200kW·h，水 125t。

8.3.3 活性炭的应用和再生

8.3.3.1 活性炭的应用

（1）活性炭的吸附特点　活性炭与硅胶、硅铝分子筛和活性白土等无机吸附剂相比有以下特点。

① 疏水性的非极性吸附剂，能选择性地吸附非极性物质，在水溶液中仍有较好的吸附性能。

② 比表面积大，孔隙结构发达。活性炭和其他吸附剂的比较见表 8-9。

表8-9 活性炭和几种吸附剂的比较

项　目	颗粒活性炭	硅胶	粒状活性白土	矾土
真密度/(g/cm^3)	2.0～2.2	2.2～2.3	2.4～2.6	3.0～3.3
堆积密度/(g/cm^3)	0.35～0.6	0.5～0.85	0.45～0.55	0.5～1.0
孔隙率/%	0.33～0.45	0.40～0.45	0.40～0.45	0.40～0.45
孔隙容积/(cm^3/g)	0.5～1.1	0.3～0.8	0.6～0.8	0.3～0.8
比表面积/(m^2/g)	700～1500	200～600	100～250	150～350
平均孔径/nm	1.2～2.0	2.0～12.0	8.0～18.0	4.0～15.0

③ 用不同活化方法得到的活性炭的表面性质不同，水蒸气活化产品表面含有较多的碱性氧化物，而氯化锌活化产品则相反，多含酸性氧化物。

④ 催化作用。对异构化、聚合、氧化和卤化等有机化学反应直接有催化作用，作为催化剂载体应用就更广泛。

⑤ 性质稳定，容易再生。可用于酸性和碱性介质、水溶液和有机溶剂以及高温条件。再生比较方便，如果再生条件适当，并不显著降低其吸附性能。

（2）活性炭的应用　近几年国内煤质活性炭的应用结构大致是：净化水 35%，催化剂载体 25%，气相脱硫 15%，空气净化 8%，气相吸附 7%，溶剂回收 6%，其他 4%。

① 净化水。自来水、饮用水、工业废水处理和城市生活污水处理（用于三级处理）等。国外应用相当普遍，国内正逐年增加。

② 催化剂载体。维尼纶和聚氯乙烯单体生产用的催化剂载体以及卤化、氧化和聚合反应用的催化剂载体。

③ 气相脱硫、脱硝。各种煤气、石油气和天然气脱除硫化氢，气相中回收二氧化碳、烟气脱二氧化硫和脱硝等。

④ 空气净化。制成活性炭空气过滤器与空调设备、换气设备并用，脱除各种异味。

⑤ 其他。如回收黄金和稀有元素、冰箱脱臭以及用于食品工业和医药工业等。

8.3.3.2 活性炭的再生

活性炭的再生是指吸附饱和后失去活性的活性炭用物理、化学或生物化学方法等将所吸附的物质脱除而使其活性恢复的过程。

（1）再生方法　可见表 8-10。目前多用加热脱附和高温活化法。

表8-10　活性炭再生方法

方法	处理温度/℃	再生介质或药物	方法	处理温度/℃	再生介质或药物
加热脱附	100～200	水蒸气、惰性气体	有机溶剂萃取	常温～80	有机溶剂
高温活化	750～950 最低至 400～500	烟道气、水蒸气、二氧化碳	微生物分解	常温	微生物
			电解氧化	常温	电介质水溶液
无机溶剂洗涤	常温～80	盐酸、硫酸、氢氧化钠	湿式氧化	180～220	水、压缩空气

（2）高温再生设备和再生条件　高温再生设备与前面的活化设备相同，如斯列普炉、回转炉和多层耙式炉等都可用于再生。再生条件基本上也参照活化条件，仅停留时间短些，如斯列普炉的活化停留时间一般为 48h，而再生停留时间多为 30 ～ 35h。

8.3.4 活性炭的发展前景

活性炭的应用与科技进步和人民生活需求息息相关，时至今日大部分工业领域均有活性炭的应用，如环保、化工、电力、航空航天和国防等，传统的活性炭应用主要是基于它的强吸附能力，现在将进一步开拓活性炭的其他性能的应用，如用于催化、电化学和生物相容性等。大气雾霾等空气污染，有机工业污水和生活污水的大量排放造成日趋严重的水体污染，解决这些问题已成为利在当代功在千秋的大事。作为气体净化、工业污水三级处理吸附剂和饮用水深度净化吸附剂的活性炭发展前景广阔。

目前全世界活性炭产量约 200×10⁴t/a，中国约占 35%，其他主要生产国有美国、日本、俄罗斯和德国等。中国有丰富的煤炭资源，为发展煤质活性炭提供了先决条件，同时还有大量的石油焦、工业有机废物和林产品可以利用。活性炭的国内市场潜力很大，随着社会主义建设事业的发展和人民生活水平的提高，随着环境保护法的贯彻实施和新功能开发，活性炭的应用领域将会不断扩大。

除了传统的粉末和颗粒状活性炭外，新品种开发的进展也很快，如球状活性炭、纤维状活性炭、活性炭毡、活性炭布和具有特殊表面性质的活性炭等。另外，在煤加工过程中得到的固体产物或残渣，如热解半焦、超临界抽提残煤和煤液化残渣等也可加工成活性炭或其代用品，它们的生产成本低，适于煤加工过程的“三废”治理。

8.4 碳分子筛

碳分子筛是具有特别发达的微孔结构的特种活性炭，可用于分离某些气体混合物，如 N_2 和 O_2、H_2 和 CH_4 等，它的出现为分子筛产品增加了一个新系列，发展较快。

8.4.1 碳分子筛的分离原理和特点

8.4.1.1 碳分子筛分离原理

（1）扩散速度不同　碳分子筛用于空气分离，不是因为氧和氮的分子直径或平衡吸附量不同，而是由于它们的扩散速度不同。部分气体的分子直径见表 8-11。

表8-11 部分气体的分子直径

气体	分子直径/Å	气体	分子直径/Å	气体	分子直径/Å
氢	2.4	二氧化碳	2.8	乙烷	4.0
氧	2.8①	水	2.8	丙烷	4.89
氮	3.0①	氩	3.84	正丁烷	4.89
一氧化碳	2.8	甲烷	4.0	苯	6.8

①分子的动力学直径：O_2 3.43 Å，N_2 3.68Å。

注：1 Å=0.1nm。

碳分子筛对氧和氮的平衡吸附曲线见图 8-7 和图 8-8。

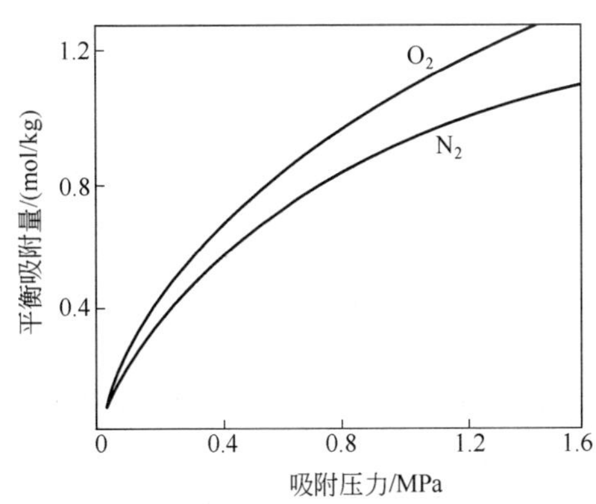

图8-7 O_2 和 N_2 在碳分子筛上的吸附等温线

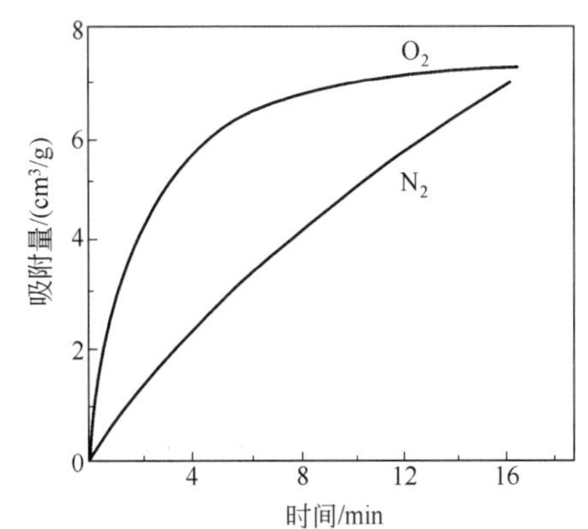

图8-8 碳分子筛对 O_2 和 N_2 的吸附量与吸附时间的关系

氧和氮在碳分子筛中扩散系数之比 D_{O_2}/D_{N_2} 随温度升高而降低，如0℃时，比值为54；35℃时，降为31。这种扩散属活性扩散，其活化能分别为（19.6±1.3）kJ/mol和（28±1.7）kJ/mol。碳分子筛正是利用了氧的扩散速度远高于氮的扩散速度的条件，在远离平衡的条件下使氮得到富集。根据表8-11所列的 N_2 和 O_2 的动力学分子直径，认为用于空分的碳分子筛孔径在0.4～0.5nm之间效果最好。

（2）分子大小和极性的不同　碳分子筛从焦炉煤气中分离氢与上述分离氧和氮的原理不同。焦炉煤气中的成分都在可被吸附之列，由于氢的分子最小，其吸附量最低，故直接穿过吸附塔，而其他成分，如 CH_4、CO、CO_2 和 N_2 等则被吸附。随着碳分子筛应用范围的扩大，不同成分的分离机理还需进一步研究。

8.4.1.2　碳分子筛的特点

（1）与活性炭的区别　碳分子筛与活性炭在化学组成上并没有本质差别，主要是孔径分布和孔隙率不同。理想的碳分子筛应全部为微孔，空分用产品孔径应集中在0.4～0.5nm。关于二者孔径分布的区别见图8-9。

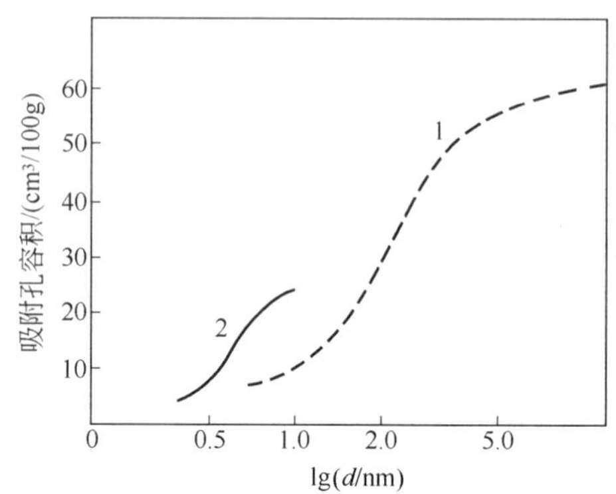

图8-9　碳分子筛和活性炭的吸附——孔容积和孔径的关系

1—活性炭；2—碳分子筛

（2）与沸石类分子筛的区别　碳分子筛是非极性的吸附剂，对原料气干燥的要求不高；碳分子筛的孔隙形状多样，不太规则；碳分子筛空分时优先吸附氧，而沸石类分子筛则优先吸附氮。

8.4.2　碳分子筛的制备

在煤制碳分子筛的技术开发方面，以德国、日本、美国和俄罗斯较为突出。中国也不落后，有许多个研究单位和大学开展了卓有成效的工作，并有批量生产。

碳分子筛的主要制备工序如下。

制备碳分子筛和制备活性炭的工序大致相近，包括原料煤粉碎、加黏合剂捏合、成型和炭化等。根据原料煤的不同，有的只要炭化，而不需活化，有的在炭化后则要轻微活化（扩孔），还有些煤在炭化、活化后还要适当堵孔。德国煤矿研究公司用黏结性烟煤生产碳分子筛的流程见图8-10。

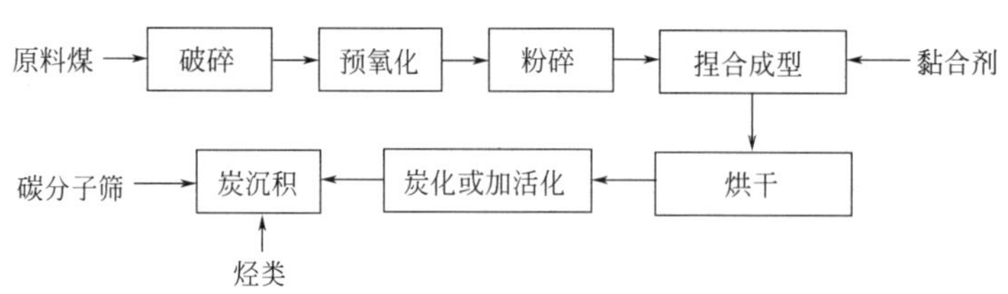

图8-10　以黏结性烟煤为原料生产碳分子筛的流程

（1）预氧化　黏结性煤需要经过预氧化，一方面可破坏煤的黏结性，另一方面对形成均一微孔有好处。一般采用流化床空气氧化法，温度200℃左右，时间数小时。试验还表明，煤化程度很高的煤虽无黏结性要破坏，但发现经预氧化后最终产物的空分性能有改善。但对高挥发分不黏煤，在一般情况下，预氧化反而有害。

（2）捏合成型　黏合剂有煤焦油和纸浆废液等，添加量与生产活性炭基本相同。经验证明，捏合好坏对产品质量影响很大，不可忽视。

（3）炭化　这是关键工序，最终温度、升温速度和是否通入惰性气体对其制备都有影响。炭化温度一般比生产活性炭时高，多在700～900℃。温度高有利于形成微孔，一方面原有的孔隙经过收缩变为微孔，另一方面由于高温缩聚反应而形成新微孔。升温速度一般要求慢一些，一般控制在3～5℃/min，这样有利于挥发分的析出。另外，温度分段上升比一次直线上升效果要好，如大连理工大学研究发现，先加热至370℃恒温

10min，然后升温至 900℃恒温 30min，所得产品与直接升温至 900℃恒温 30min 相比，空气分离时 N_2 含量可从 97% 提高到 98%。在炭化时若通入少量惰性气体也有利于挥发分析出，故可提高产品质量。

（4）活化（扩孔） 某些黏结性煤和更高煤化程度的煤在炭化后微孔少或太小，此时，适当活化是有利的。活化方法同前，关键是控制好活化程度。

（5）炭沉积（堵孔） 煤经炭化和活化后，形成了较发达的孔隙结构，但孔径不可能整齐划一，有一部分孔隙过大，故不利于分离。炭沉积的原理是让某些烃类，如苯、苯乙烯、长链烷烃等在大孔表面气相裂解析出游离碳，从而使孔径缩小。

除了用煤为原料制备外，其他原料还有石油焦、碳纤维、高分子类材料（有机树脂类）和植物类前驱体。

8.4.3 碳分子筛的应用

碳分子筛应用范围广泛，目前主要用作变压吸附的吸附剂。变压吸附（pressure swing adsorption，PSA）是一种吸附分离新工艺，它利用固体吸附剂通过压力变化对不同气体成分进行吸附分离。常用的吸附剂是沸石分子筛和碳分子筛，其他还有活性炭、硅胶和氧化铝等。目前主要用于焦炉气和石油气分离制氢和空气分离等。

8.4.3.1 变压吸附原理

假设有一气体混合物含有成分 A 和 B，它们的吸附等温线如图 8-11 所示。

由图 8-11 可见，在同一温度下这两种成分的吸附量均随压力升高而增加，压力越大在同一压力下 A 的吸附量就越大于 B。若将这一混合气体在 p_2 压力下送入吸附塔，显然成分 A 被吸附，而成分 B 则穿过床层，由此得到富 B 气体。当吸附达到 A_2 点时，停止送入混合气，而将压力降低到 p_1，气体 A 发生解吸，当到达 A_1 点后吸附能力又得到恢复。对于多组分混合气体，上述过程要复杂得多。但一般总是分出一种纯组分，其他仍为混合物。含有 H_2、N_2、CO、CH_4 和 CO_2 的混合气体在吸附塔内的分布见图 8-12。

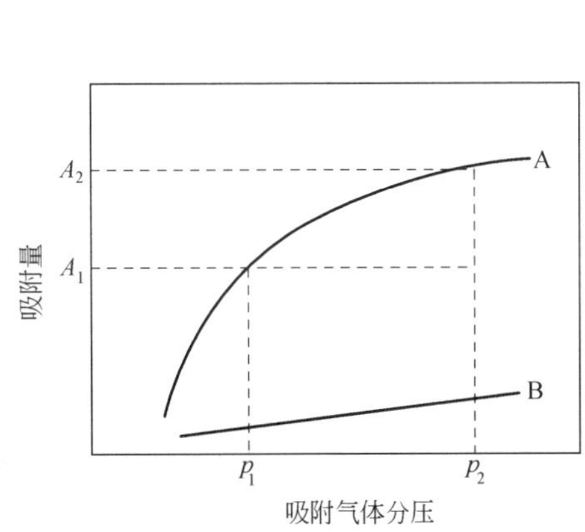

图 8-11 气体 A 和 B 的吸附等温线

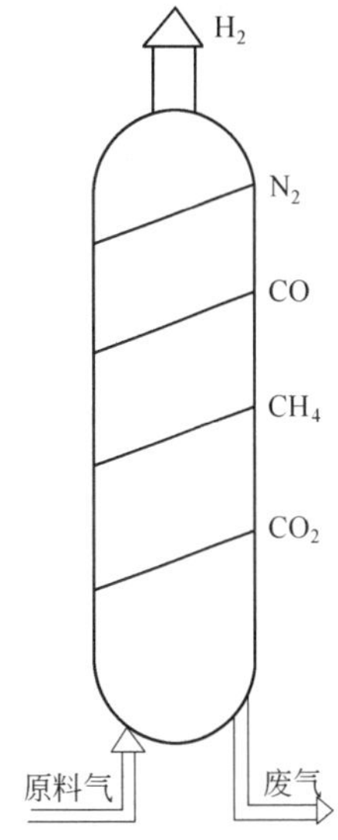

图 8-12 混合气体各成分在沸石分子筛吸附塔内的分布

8.4.3.2 变压吸附的工艺流程

变压吸附气体分离的工艺流程包括吸附、解吸（降压）、净化冲洗和升压 4 个工序，分别在 4 个塔中进行。对于一个塔，过程是间歇的，对全系统又是连续的。

（1）吸附压力 采用较高的操作压力可以提高吸附量，减少清洗用气量和提高纯气体回收率。

清洗用气量 G_2 与原料气量 G 之比和操作压力有以下关系

$$\frac{G_2}{G}=\frac{p_{G_2}}{p_G}-F_{iG}$$

式中 p_{G_2}——清洗压力，MPa；

p_G——原料气压力，MPa；

F_{iG}——原料气中某吸附组分的含量，%。

由上式可见，提高原料气压力可降低再生用气的比例，从而提高了纯气体的回收率。但当压力过高时，吸附塔中气体填充量增加又会导致回收率的下降。一般认为，最佳压力为 1 ～ 2MPa，但实际的操作压力都在 1MPa 以下。

（2）吸附时间　吸附时间短可以减少吸附剂用量，缩小吸附塔体积，降低设备造价，但气体的回收率低；吸附时间长，则与此相反，若超过一定范围将大大增加塔体积。吸附时间一般为 5min。

（3）操作条件举例　联合碳化物公司的变压吸附操作条件见表 8-12。

表8-12　联合碳化物公司的变压吸附操作条件

操作	切换时间/min	压力（表）/MPa	操作	切换时间/min	压力（表）/MPa
吸附	5	0.91	逆向减压	1	0
均压	1	至0.46	冲洗	4	0
顺向减压	4	0.30	充压	5	至0.91

先进行加压吸附 5min，降压时利用塔内气体对另一塔进行一次充压，然后压力由 0.46MPa 继续减压至 0.30MPa，排出的气体用于其他塔的冲洗，而压力从 0.30MPa 降到 0 时排出的气体则作为废气。至此解吸结束，但还不能马上移为吸附，需要进行冲洗、一次充压和二次充压。一次充压如上所述采用的是降压第一阶段排出的气体，二次充压采用的是产品气。

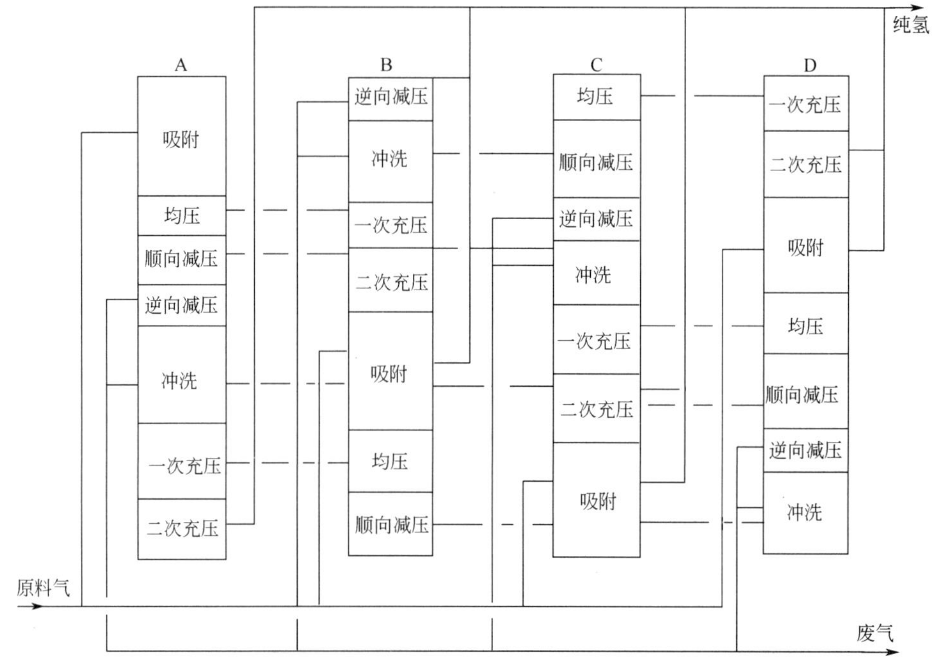

图 8-13　四塔变压 - 吸附装置的操作顺序

（4）四塔变压 - 吸附装置的操作顺序　详细情况见图 8-13。它们是由计算机操控阀门来完成的，这种阀门的使用寿命要求承受 200×10^4 次切换动作。

由于变压吸附法的过程简单，操作可靠性高，弹性大，能耗远低于深冷分离法，所以得到广泛重视。从焦炉气分离回收氢气的变压吸附装置首先在德国于 1978 年建成，氢气产量为 $1000m^3/h$，以后世界各国相继建立了许多装置。中国金山石化总厂和宝山钢铁总厂等已掌握了这一技术。在空气分离方面，德国生产的碳分子筛制氮装置已经系列化，制氮能力为 5 ～ $25000m^3/h$，已向世界各国售出数千套。

8.5 碳纤维与新型碳材料

碳纤维（又称碳素纤维）是一种含碳量大于 90% 的具有很高强度和模量的纤维，主要用于生产高级复合材料。全世界目前各种碳素纤维的生产能力已超过 20×10^4t，虽然产量不大，但由于它具有许多独特的性能，故受到广泛的重视，并有良好的发展前景。

8.5.1 碳纤维的种类和性能

8.5.1.1 碳纤维的种类

按生产原料的不同，主要有以下几类。

（1）聚丙烯腈碳纤维　是目前最主要的商业化品种，2002 年世界主要生产厂家的生产能力为 67000t/a，多集中在日本和美国。原料是聚丙烯腈纤维。

（2）沥青基碳纤维　包括高性能中间相沥青基碳纤维和通用级沥青基碳纤维。日本吴羽化工公司最早于 1970 年建厂投产，1986 年生产能力为 800t/a。美国联合碳化物公司已建成 240t/a 的生产装置，原料是石油沥青和煤焦油沥青。目前全世界的生产能力估计在 4000t/a 以上。

（3）其他　纤维素、人造纤维、聚乙烯醇纤维和聚酰亚胺纤维等为原料加工而成的碳纤维以及气相裂解碳纤维等。

按石墨化程度不同可分为石墨化碳纤维和非石墨化碳纤维。按使用性能又可分为：高性能类（高强度、高弹性模量和高强度兼有高弹性模量）；通用类（力学性能较低）；活性炭纤维（具有活性炭的性能）；特殊功能类（如导电碳纤维）。

8.5.1.2 碳纤维的性能

碳纤维的结构类似于人造石墨，是乱层石墨结构，除具有一般碳材料的共性外，还具有以下特性。

（1）力学性能　碳纤维在所有材料中比模量最高，比强度也很高，其抗拉强度和玻璃纤维相近，而弹性模量却比后者高 4 ～ 5 倍，高温强度尤其突出。用碳纤维制成的增强复合材料密度比铝合金和玻璃钢小，它是钢密度的 1/5、钛合金密度的 1/3，而其比强度则是玻璃钢的 2 倍、高强度钢的 4 倍，比模量则是后面二者的 3 倍。

（2）形成层间化合物　碳纤维在高温下能和许多金属氧化物、卤素等反应生成层间化合物。引入金属可使碳纤维的导电性增加 20 ～ 28 倍，而纤维的形态和力学性能基本上保持不变。

（3）化学稳定性　不经任何处理的碳纤维在空气中的安全使用温度为 300 ～ 350℃，浸渍某种化合物或经气相沉积热解石墨或其他化合物后，则其耐氧化性大增，安全使用温度可提高到 600℃；在惰性气氛中加热到 2000℃以上也不发生变化，所以它的热稳定性超过其他任何材料；在大多数腐蚀性介质中非常稳定，沥青基各向同性碳纤维除对 60% 的硝酸（60℃）和铬酸（常温）外，对其他酸和碱都很稳定。

（4）热性质　比热容不大，但随温度升高而增加。270℃时比热容为 0.67J/(g·℃)，2000℃增加到 2.09J/

（g·℃），故可作为高温烧蚀材料。

8.5.2 沥青基碳纤维的制造

8.5.2.1 工艺流程

沥青基碳纤维有高性能和通用级之分，前者由中间相沥青纤维加工而成，后者则由各向同性沥青纤维制得。工艺流程见图 8-14。主要工序有：沥青预处理、纺丝、不熔化处理、碳化和石墨化等。

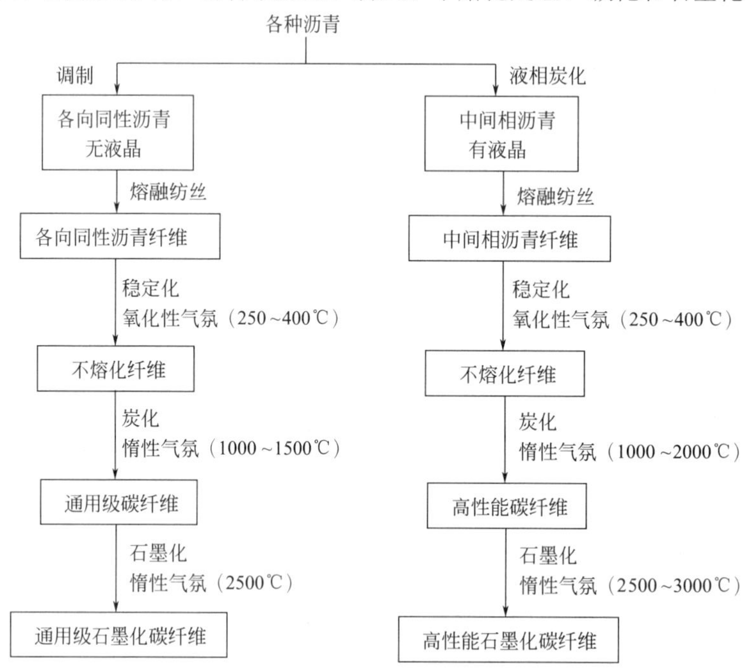

图 8-14 生产沥青基碳纤维的工艺流程

8.5.2.2 主要生产工序

（1）沥青预处理 生产碳素纤维的沥青主要是煤焦油沥青、石油沥青和合成沥青（如以聚氯乙烯热聚合制得的沥青）等。根据沥青的品种和产品的要求，可采取以下的预处理方法。

① 热处理。煤沥青在 N_2 中于 380℃下加热 1h，然后在 270℃减压蒸馏出低沸点馏分。向减压残渣加入 6.7% 的过氧化二异丙苯，最后在 280℃下和 N_2 气氛中加热 4h，所得沥青即可纺丝生产通用级碳素纤维。

② 除去杂质后的热缩聚。用溶剂（喹啉和吡啶等）抽提法除去对形成中间相有害的喹啉不溶物，也可以用一种特殊的热过滤法除去这一杂质。然后在 350 ～ 430℃下和 N_2 气氛中加热搅拌 5 ～ 30h，通过适当的热缩聚反应生成中间相前驱体。适用于制造高性能碳素纤维的中间相沥青应满足以下要求：固体杂质＜ 0.5%；中间相前驱体含量 50% ～ 70%，并以均匀的连续相形式存在；黏度不太高；杂原子含量低。

③ 加氢处理。石油加工中的副产物热解焦油在蒸馏除去轻质馏分后，加入催化剂进行加氢处理，温度约 450℃，压力 30MPa。此法得到的沥青可纺性好，炭化收率高。

（2）熔融纺丝 采用合成纤维工业中常用的纺丝法，如挤压式、喷射式和离心式等进行纺丝。丝纺后立即进入下一道工序，即不熔化处理。

（3）不熔化处理 目的在于消除沥青原纤维的可溶性和黏性。方法有气相氧化、液相氧化和混合氧化三种。气相氧化剂有空气、氧气、臭氧和三氧化硫等，一般多用空气。液相氧化剂为硝酸、硫酸和高锰酸钾溶液等。气相氧化温度一般为 250 ～ 400℃，它应低于沥青纤维的热变形温度和软化点。氧化时在热反应性差的芳香结构中引入反应活性高的含氧官能团，从而形成氧桥键使缩合环相互交联结合，在纤维表面形成不熔化的皮膜。一般，随着纤维中氧含量增加，纤维的力学性能逐步提高。

（4）炭化　炭化温度很高，通常在 1000 ～ 2000℃，为防止高温氧化，需要在高纯 N_2 的保护下进行。炭化时，芳烃大分子间发生脱氢、脱水、缩合和交联反应。由于非碳原子不断被脱除，故炭化后纤维的 C 可达 95% 以上。炭化停留时间为 0.5 ～ 25min。不同原料纤维的炭化收率见表 8-13。

表8-13 不同原料纤维的炭化收率

原　料	w（C）/%	炭化收率/%	（碳纤维中C/原料中C）/%	原　料	w（C）/%	炭化收率/%	（碳纤维中C/原料中C）/%
聚丙烯腈纤维	68	40～60	60～85	纤维素纤维	45	21～40	45～55
沥青基纤维	95	80～90	85～95	木质素纤维	71	40～50	55～70

炭化炉有卧式、立式和二者结合的 L 式。一般多用 L 式，它兼有前面两种炉子的优点。L 式炉子中水平的一段用于 800℃前，垂直的一段用于 800℃后。升温速度：500℃前较慢，500℃后较快。纤维运动速度一般为 6 ～ 8m/min。

（5）石墨化　在高纯 N_2 保护下，将上面所得到的碳纤维加热至 2500℃或更高温度，停留时间约几十秒，这样，炭化纤维就转化为具有类似石墨结构的纤维。对同种原料讲，纤维的力学性能与处理温度高低关系很大，温度低时，强度高而弹性模量低；温度高时，则相反。

在对纤维进行不溶化、炭化和石墨化处理时，对 PAN 基纤维还要施加一定的牵引力，以防止纤维收缩，这有利于石墨微晶的轴向取向，增加碳纤维的强度和弹性模量。

（6）后处理　高性能的碳纤维和石墨纤维主要用于生产复合材料，为提高纤维和基体之间的黏结力，还必须进行表面处理。其作用如下。

① 消除表面杂质。

② 在纤维表面形成微孔或刻蚀沟槽，以增加表面能。

③ 引入具有极性的活性官能团以及形成和树脂作用的中间层等。

处理方法有表面清洁法、空气氧化法、液相氧化法和表面涂层法等。

在上述加工过程中纤维化学结构的演变情况见图 8-15。

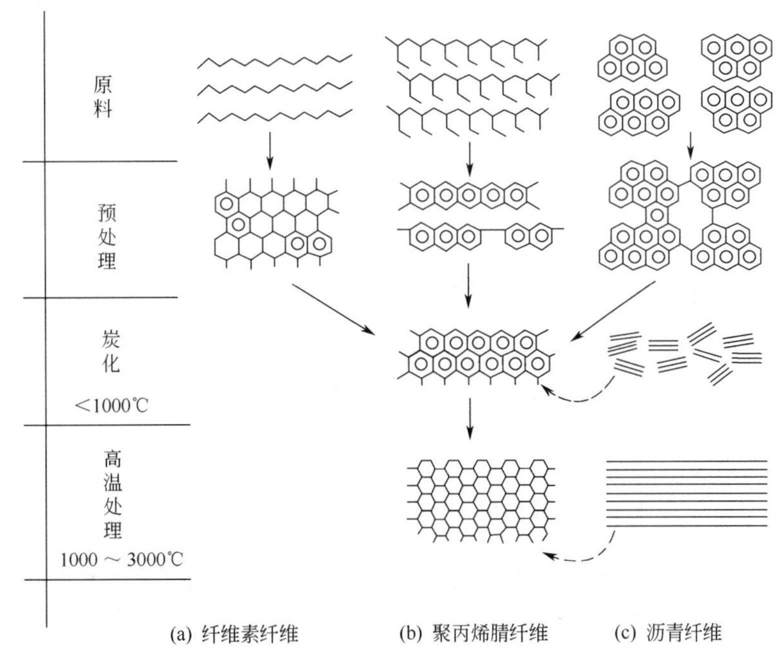

图8-15 在加工过程中纤维化学结构的演变

8.5.2.3　碳纤维产品的性能

从不同原料得到的碳纤维的部分性能数据列于表 8-14。

表8-14　几种碳纤维的性能比较

原　丝	碳纤维商品名称	密度/(g/cm^3)	杨氏模量/GPa	电阻率/$10^{-4}\Omega\cdot cm$
黏胶 聚丙烯腈	Thornel-50 Thornel-50	1.66 1.74	293 270	10 18
沥青（各向同性）	KF-100低温 KF-200高温	1.6 1.6	40 40	100 50
中间相沥青	Thornel-P低温 Thornel-P高温	2.1 2.2	340 690	9 1.8
单晶沥青	—	2.25	1000	0.4

由表 8-14 可见，中间相沥青基碳纤维的密度最大，接近于石墨单晶，杨氏模量达到 690 GPa。另外，抗拉强度也相当高，可达 2.0 ～ 3.0GPa。所以用中间相沥青可制得高密度、高模量和高强度的碳纤维，见表 8-15。

表8-15　高性能沥青基碳纤维性能指标

厂家	产品种类	牌号	拉伸强度/GPa	拉伸模量/GPa	密度/(g/cm^3)	特点
日本石墨纤维公司	高性能	YSH	3.60～3.90	520～720	2.10～2.14	高模量、高压缩强度，7μm直径
		YS	3.53～3.63	780～900	2.17～2.19	超高模量、高导热，7μm直径
		CN	3.10～3.43	620～880	2.12～2.21	高模量，10μm直径
		XN	1.10～2.40	54～115	1.50～2.00	低模量、高伸长（1.6%～2.0%）
三菱树脂株式会社	高性能DIALEAD	K系列	2.60～3.80	620～935	2.12～2.20	高模量、高导热
美国Cytec	高性能	P系列	1.37～3.58	170～820	2.15～2.16	高模量、高导热
		K系列	2.10～3.20	860～930	2.15～2.20	高模量、高导热（800～1100℃）
东丽	PAN碳纤维	T800H	5.49～5.88	294	1.81	连续长丝
		T1100G	7.00	324	1.79	高强高模量

8.5.3　碳纤维的应用

碳纤维的生产规模虽然很小，但是以碳纤维为原料生产的各种增强复合材料（CFRP）品种却很多，应用范围也很广，具有广阔的发展前景和相当大的市场潜力。

8.5.3.1　碳纤维增强复合材料的种类

碳纤维虽具有优良的力学性能和耐热性等，但其断裂伸长率低，属脆性材料，单独使用时受到限制。所以多制成增强复合材料，其中最主要的是增强塑料（见表 8-16）。

表8-16 碳纤维增强复合材料

名称	基体材料	名称	基体材料
碳纤维增强的塑料		碳素纤维增强碳（C/C）	碳
CFRP	热固性树脂：环氧、酚醛、聚酯、聚酰亚胺等	碳素纤维增强金属（CFRM）	铝、铜及各种合金
		碳素纤维增强橡胶（CFRP）	橡胶
CFRTP	热塑性树脂：聚酰胺、聚烯烃、聚碳酸酯等	碳素纤维增强陶瓷（CFRC）	陶瓷
		其他	玻璃、混凝土、水泥、纸张等

影响上述复合材料性能的主要因素如下：

① 碳纤维含量的高低，一般 60% 左右，过高或过低都不利。

② 碳纤维本身的力学性能要好。

③ 碳纤维的排列要整齐。

④ 碳纤维与基体的相容性好。

8.5.3.2 碳纤维增强复合材料的用途

（1）航空和航天　1kg 碳纤维增强塑料可以代替 3kg 铝合金。若用它代替军用飞机的金属结构材料，据估计飞机质量可减轻 15%，用同样的燃料可增加 10% 的航程，多载 30% 的武器，飞行高度可增加约 10%，在跑道上滑行的距离可缩短 15%。预计这种材料将占整个飞机质量的 45%。目前，波音 -757，波音 -767 和空中客车 A-320 上都用了相当多的碳纤维增强塑料。另外，在宇航飞船、航天飞机、人造卫星和导弹上也有应用。

（2）汽车　汽车工业是消耗材料的大户，全世界汽车产量一直保持增长势头。减轻质量、降低油耗是汽车工业技术革新的主要方向之一。美国福特公司早在 1979 年就试制出碳纤维复合材料试验车，车体仅重 32kg，而用玻璃纤维增强复合材料制成的车体重 64kg，用钢材制得的车体则重达 227kg。

（3）其他　造船（游艇、桅杆、桨和舵等）、体育用品（高尔夫球棒、网球拍、撑杆跳高杆和羽毛球拍等）、建筑（增强混凝土）、医疗（人造适应性插入物和医疗设备）和电子音响（振动板、纸盒、磁带和乐器等）等。

总之，煤制碳材料是煤作为能源和化工原料之后的第三个应用领域，与煤的传统加工相比，技术上有不少突破。它发挥了煤含碳量高的优势，可带来较高的经济效益，所以日益受到各方面的重视。

8.5.4 碳材料超级电容器

碳材料是最早用于制作超级电容器的材料，从 1957 年 Becker 申请了活性炭作为电极材料的双电层电容器专利到现在，其发展已经经历了 60 多年。目前，研究较多的超级电容器碳电极材料主要有活性炭、碳纤维、碳气凝胶和碳纳米管等。在所有的这些碳基电极材料当中，活性炭的成本最低，也是超级电容器最早使用的碳电极材料。

8.5.4.1 超级电容器的种类、制备方法

超级电容器的分类可以有许多标准，在这里按照其储存电荷机理分为两类：一类是双电层电容器，另一类是赝电容器。

双电层电容器是一种基于德国物理学家亥姆霍兹建立的界面双电层理论的电容器，是将两个电极同时插入电解质溶液中，并施加一个小于电解质溶液分解电压的电压在两个电极之间，此时溶液中的正、负离子会在电场的作用下向两极迅速运动，并在两个电极的表面分别形成紧密的电荷层，即双电层，由此产生的双电层与传统电容器中因电介质在电场作用下形成的极化电荷类似，从而形成电容效应。

赝电容器，也称法拉第准电容器，是在电极体相或表面的二维或准二维空间上，电活性物质发生高度可逆的化学脱附、吸附或进行欠电位沉积、氧化还原反应，产生与电极充电电位有关的电容。

超级电容器的装配流程见图 8-16。

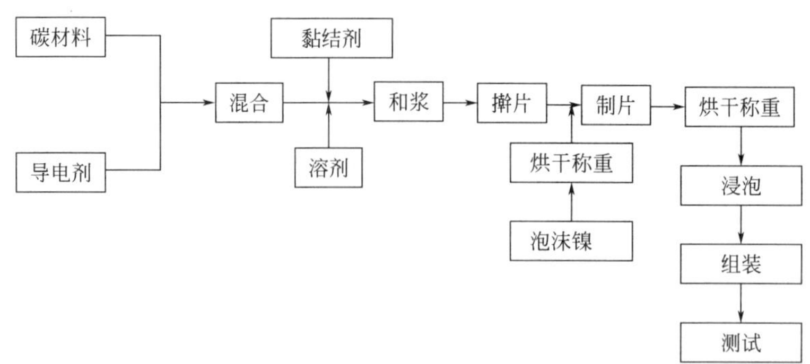

图 8-16 超级电容器装配流程图

有机体系超级电容器的组装主要包括：

（1）电极的制备　将碳电极材料、炭黑和聚合材料按一定质量比磨匀，加入适量有机溶液混合均匀后涂覆于铝箔上，并干燥。用裁片机将其裁成 一定直径的极片。

（2）有机体系模具组装　将电极、模具、密封膜等所需器材放置于氩气气氛的手套箱内。按照电极 - 隔膜 - 电极的顺序装配，并滴入适量的电解液确保活性物质被充分浸润，组装好其他部分之后，密封。

8.5.4.2　超级电容器的碳材料制备方法

传统的碳材料制备方法主要有物理活化法和化学活化法，这两种方法的特点是工艺路线简单、重复性好，但不容易实现对活性炭孔尺寸的有效控制。为解决这一问题，又发展了催化活化法、混合聚合物碳化法、模板碳化法等。前两种方法前面已经描述，这里介绍后三种方法。

（1）催化活化法　催化活化法是指在碳材料中添加金属化合物组分，以增加碳材料微孔内部表面活性点的一种方法。活化时，包含有金属的纳米颗粒在碳基体中发生迁移，从而使微孔扩大为介孔，或者金属材料周围的碳原子优先发生氧化作用在碳材料中形成介孔。催化活化一般选择水蒸气和二氧化碳作为活化剂，虽然开始阶段都促进了微孔的发展，但二者的作用不同，二氧化碳活化制得的活性炭具有较大的微孔容积和较窄的孔径分布；水蒸气则拓宽初级阶段所产生的微孔。

几乎所有的金属对碳都有催化活化作用，活化剂不同对应的催化活性也不同。各种类型的金属催化剂，诸如铁、镍、钴、稀土、硼、硝酸盐、硼酸盐等都被用于制备中孔碳，其中过渡金属对碳材料的催化活化特别有利于中孔的形成。

（2）混合聚合物碳化法　混合聚合物碳化法制备多孔碳是由两种热稳定程度不同的聚合物以物理或化学方法混合成型。在碳化阶段，热稳定性差的聚合物完全分解成气相产物逸出，并可在热稳定性高的聚合物形成的碳前驱体或最终产物中留下大量的孔隙结构。常用的碳前驱体聚合物有酚醛树脂、糠醇树脂、聚丙烯腈等；造孔剂主要有聚乙二醇、聚乙烯醇、聚乙烯醇缩丁醛、聚甲基丙烯酸甲酯等。两类聚合物应有较好的相容性，或能通过一定的物理化学增容手段改善其相容性。孔隙的容量用两种聚合物的混合比例控制，而孔隙的大小和形状则由聚合物混合状态控制。

混合聚合物碳化法不仅可以避免金属离子所带来的问题，而且由于混合聚合物的相分离结构从纳米到微米范围内的微观尺寸是可以控制的，因而有利于获得孔径分布单一的多孔碳材料。特别是在不稳定聚合物的加入量较大时，不需要活化过程即可制得孔隙发达的多孔碳材料，可简化生产工艺，降低生产成本。因此，混合聚合物碳化法在制备高中孔率活性炭材料方面具有很好的应用前景。

（3）模板碳化法　模板法是选用一种特殊孔隙结构的材料作为模板，导入目标材料或前驱体并使其在该模板材料的孔隙中发生反应，利用模板材料的限域作用，实现控制制备过程中的物理和化学反应，最终得到微观和宏观结构可控的材料。模板的结构和引入碳的方法都能影响碳材料的最终结构。

8.5.4.3 碳材料超级电容器工艺现状

国外研究超级电容器起步较早，技术相对比较成熟。他们均把超级电容器项目作为国家级的重点研究和开发项目，提出了近期和中长期发展计划。1996 年欧共体制定了电动汽车超级电容器的发展计划（Development of Supercapacitor for Electric Vehicles）。鉴于电化学电容器的广阔前景，美国能源部设置了电动汽车用全密封电容器研究目标为到 2003 年比功率达到 500kW/kg，比能量达 15W・h/kg；到 2003 年后比功率达到 1500kW/kg，比能量达到 15W・h/kg。美国三大汽车巨头成立 USABC（US Advanced Battery Consortium）机构，专门主持 EDLC（双电层电容器）的研究与开发。日本政府部门推行的新太阳能规划（New Sun Shine Project）吸引了很多高新技术企业参加，电化学超级电容器的研究与开发是重要的项目之一。

目前，在超级电容器产业化方面，美国、日本、俄罗斯处于领先地位，几乎占据了整个超级电容器市场，这些国家的超级电容器产品在功率、容量、价格等方面各有自己的特点与优势。从目前的情况来看，实现产业化的超级电容器基本上都是双电层电容器。美国 Powerstor、Maxell 公司等均在超级电容器的研制开发方面做了大量工作，尤其是 Maxell 公司，开发的超级电容器已在各种类型电动车上得到良好应用，其 PC 系列产品体积小、内阻低，产品一致性好，串并联容易，但价格较高。日本 NEC、Panasonic 公司等在超级电容器方面的研究也很活跃，并已开始积极推向市场，其产品规格较为齐全，适用范围广，在超级电容器领域占有较大市场份额。俄罗斯 ECOND 公司对超级电容器已有近 30 年的研究历史，该公司代表着俄罗斯的先进水平，其产品以大功率超级电容器产品为主，适用于作动力电源，且有价格优势。此外，法国 Saft 公司、澳大利亚 Cap-xx 公司、韩国 NESE 等也都在加紧电动车用超级电容器的开发应用。

近年来，由于超级电容器广阔的应用前景，中国一些公司也开始积极涉足这一产业，并已经具备了一定的技术实力和产业化能力。目前，国内厂商大多生产液体双电层电容器，重要企业有锦州富辰公司、北京集星公司、上海奥威公司等 10 多家。锦州富辰公司是国内最大的超级电容器专业生产厂，主要生产纽扣型和卷绕型超级电容器。北京集星公司可生产卷绕型和大型电容器。此外，北京有色金属研究总院、北京科技大学、北京化工大学、北京理工大学、解放军防化院等科研单位在电动车用超级电容器的开发方面也开展了系列工作，国家高科技发展计划（863）电动汽车重大专项攻关中，已将电动车用超级电容器的开发列入发展计划。但从整体来看，我国在超级电容器领域仍落后于世界先进水平。

8.5.5 石墨烯

8.5.5.1 石墨烯制备原理

石墨烯的制备方法很多，目前用于制备石墨烯的方法有固相法、液相法和气相法。

（1）固相法　是指碳源在固态下供给以生长石墨烯的一类方法。主要方法有：

① 机械剥离法　机械剥离法是一种利用外加物理作用力剥离石墨片而获得石墨烯的方法。在石墨中，石墨烯片层之间的范德华作用能为 $2eV/nm^2$，在原子力显微镜（AFM）或扫描隧道显微镜（STM）操作中针尖与石墨表面的作用都可提供足够强的力来剥离石墨片。机械剥离法的主要思路是用胶带粘住石墨片的两侧面反复剥离而获得石墨烯。原料石墨可以采用天然鳞片石墨。如果用高定向热解石墨为原料，可进行以下操作：①首先采用离子束在 1mm 厚的高定向热解石墨表面进行氧化等离子处理，在表面刻蚀出宽 20μm ～ 2mm、深 5μm 的微槽；②将其用光刻胶粘到玻璃衬底上，然后再用透明胶带进行反复撕揭，将多余的高定向热解石墨去除；③将粘有石墨薄片的玻璃衬底放入丙酮溶液中超声；④将单晶硅片放入丙酮溶剂中，在范德华力或毛细管力作用下，单层石墨烯会吸附在单晶硅片上被取出。另外一种机械剥离法简单有效，将石墨表面在另一个固体表面摩擦，使石墨烯层片附着在固体表面上，但尺寸不易控制。此方法操作简单，但产量极低。

其他石墨剥离法还包括静电沉积法、淬火法等。其中，静电沉积法是将高定向热解石墨通以直流电，并在云母基底上放电以获得石墨烯，通过调节电压的大小，可控制石墨烯片层的厚度。

8

（2）外延生长法　在真空或常压下加热（> 1000℃）碳化硅（SiC），当表面硅原子气化后，余下的碳原子在冷却时会重新堆积，从而内层碳化硅表面形成一层石墨烯。这种新的石墨烯制备方法称为外延生长法，该法可以大面积制备质量仅次于机械剥离法得到的石墨烯，另外，该方法的制备过程与目前十分成熟的硅半导体工业相兼容，因而可直接制备石墨烯微电子器件。

（3）液相法　是为了实现石墨烯的批量生产，借鉴大量成熟的氧化石墨、膨胀石墨制备技术和传统的石墨处理方法来制备石墨烯，主要方法有：

① 氧化还原法　氧化还原法是目前应用最为广泛的制备石墨烯的方法之一，其基本原理是以石墨为原料，先在溶液中用强酸处理形成石墨插层化合物，然后加入强氧化剂对其进行氧化，破坏石墨的完整晶体结构，从而在石墨表面引入含氧官能团，形成能够在溶液中分散的氧化石墨或氧化石墨烯，最后通过各种还原方法将氧化石墨还原，得到不同大小和厚度的石墨烯。该方法所需原料石墨价廉易得，制备过程简单，是目前最有可能实现石墨烯大规模制备的方法之一。并且单层石墨烯溶液能够很方便地以分散的方式存在，可用溶液旋涂的方式涂覆在任意基底上，进而应用于大规模有机器件、光伏以及电化学器件中。

② 有机合成法　有机合成法是一种自下而上的直接合成方法，利用石墨烯和有机大分子结构相似性来合成高纯石墨烯晶体结构。在采用化学法合成石墨烯之前，与石墨烯结构类似的苯基有机超分子曾被广泛研究。这种多环有机分子界于分子和超分子之间，目前可用来合成石墨烯。多环有机分子的结构多样，可以被一系列脂肪链取代而获得不同的溶解性，将有机大分子离子化，经质谱仪纯化后再沉积到衬底上，在一定条件下转换成规则的石墨烯超分子结构。该方法可进一步推广用于制备多种体系的超纯晶体薄膜，包括有机、无机和生物分子，并可用于电学、（生物）催化以及纳米药物等领域。目前，该方法可以精确控制石墨烯的片层结构，但是路线复杂、产率极低，目前尚不能实现石墨烯的宏量制备。

（4）气相法　是采用化学气相沉积法制备石墨烯。

加热各种碳源气体（如乙烯、甲烷等）、液体甚至固体材料至一定温度后，碳原子会在一些金属（如单晶 Ru、多晶 Ni 等）表面上生成石墨烯。该方法和外延法制备石墨烯的机理有相似之处，在高温阶段碳原子熔入金属体相中，冷却后再以石墨烯的形式析出。因此，这一方法和碳金属中的溶解度有极大的关系。目前，用化学气相沉积法生长石墨烯，最常用的金属是铜，研究人员发现，在铜薄膜上可以相对容易地制备出单层石墨烯，这是因为碳在铜箔上沉积出一层石墨烯后会自动停止生长第二层，而且铜箔对碳源、温度、压力等要求低，虽然对石墨烯在铜膜上的生长机理仍有争论，但是目前在铜膜上的化学气相沉积法制备石墨烯仍然是最好的选择。该法对石墨烯在微电子方面的应用具有重大意义，是目前公认的最有前景的石墨烯制备方法。

上述三类比较典型的石墨烯制备方法特点汇总于表 8-17。

表8-17　三种典型石墨烯制备方法的比较

制备方法	特点
机械剥离法	方法简单，可以获得高质量石墨烯薄膜；面积小，产量极低，应用受限
氧化还原法	成本低，可实现石墨烯的批量生产；制备周期长，产物缺陷多，对性能影响大
化学气相沉积法	可获得大面积石墨烯薄膜，适于大面积应用；薄膜为多晶

8.5.5.2 石墨烯应用的研究进展

在 Moore 定律所预言的基于 Si 技术的集成度极限即将到来之际，寻求一种能够取代 Si 的材料是很有必要的。鉴于如此优良的力学、热学和电学性质等，石墨烯被人们认为是最具潜力的候选材料。石墨烯在 2004 年被独立制备出来后，人们积极探索石墨烯的性质，主要涉及材料制备和表征技术，探索在化学、固态电子学、超导和量子计算等领域的应用前景。

人们尝试制备基于石墨烯的电子器件，实现量子计算等。利用电场效应控制石墨烯中载流子的类型和密度，进而制作 p-n 结；双层石墨烯能够提供大小和电场可调节带隙，可以用来制作新奇的场效应晶体管和光电晶体管；单层石墨烯可以用来制作栅极控制的 p-n 结以便于深入研究量子霍尔效应；石墨烯中电子的自旋相干长度可以导致自旋干涉，用来制备自旋电子器件，使用磁极来实现自旋极化电子注入；微弱的自旋 - 轨道耦合和载流子较短的输运时间可以导致高的 $\Delta V/V$（V 为偏压，ΔV 为磁配置改变时偏压的变化量）。伴随长程库仑势能的电子 - 声子耦合不能够捕获 Dirac 准粒子，使得外延石墨烯具有微米量级的相干长度。在 n- 石墨烯 / 超导体 /p- 石墨烯三端双极晶体管中观测到石墨烯具有的相对论能带结构，为研究安德森局域化理论提供了实验依据。

由于碳元素具有相对较低的原子量，导致自旋 - 轨道耦合较弱，已经观测到单层石墨烯自旋输运达到微米量级。所以，石墨烯成为人们使用量子点形成自旋量子比特，从而实现量子计算的理想的候选者。用石墨烯制造量子点，来实现基于自旋量子比特的量子计算，在这方面，Basel 大学的 B.Trauzettel 等取得了很好的成果。

在 2006 ～ 2008 年间，石墨烯已被制成弹道输运晶体管和平面场效应晶体管，而且观测到了量子干涉效应。

由于电子在石墨烯中运动时几乎没有电阻，对于给定电压，石墨烯能够传输更高的电流，使得处理信息消耗更少的功率，实现更快的转换速度。这种特性对于制造需要快速转换信号的信息传输和信息处理方面的晶体管非常重要。

石墨烯是一种零带隙半导体材料，具有远比硅高的载流子迁移率，并且从理论上说，它的电子迁移率和空穴迁移率两者相等，因此，其 n 型场效应晶体管和 p 型场效应晶体管是对称的。即使在室温下，载流子在石墨烯中的平均自由程和相干长度也可为微米级，所以，它是一种性能优异的半导体材料。目前，硅器件的工作速度已达到吉赫兹（GHz）范围，而石墨烯器件制成的计算机的运行速度将可能达到太赫兹（THz）。

除了让计算机运行得更快之外，石墨烯器件还能用于需要高速工作的通信技术和成像技术，很可能首先应用于高频领域，如太赫兹波成像，其中一个用途是用来探测隐藏的武器。然而，速度还不是石墨烯的唯一优点。硅不能分割成小于 10nm 的小片，否则其将失去诱人的电子性能，而石墨烯分割成纳米小片时，它的基本物理性能并不改变，而且其电子性能还有可能异常发挥。

马里兰大学纳米技术和先进材料中心的实验表明，石墨烯的电子迁移率不随温度而改变，电子迁移率在 50 ～ 500K 之间大约都是 150000cm^2/（V・s），而硅的电子迁移率仅为 1400cm^2/（V・s），电子在石墨烯中的传输速度比硅中快 100 倍。

Cornell 大学研究结果表明，石墨烯基器件可以在室温下用作质量、力和电荷传感器，以常用的方法（光学和电学）输出。

2008 年 3 月，曼彻斯特大学的研究人员与德国 Max Planck Institute 的研究人员一起开发出只有一个原子厚、不到 50 个原子宽的石墨烯基晶体管。这是一种一次只允许一个电子通过的高速晶体管，极为关键的是，这种晶体管能够在室温下非常稳定地工作。不仅如此，这种晶体管用于开启和关闭的电压非常低，因而非常敏感，被视为目前的芯片晶体管的快速低耗能接班人。

2008 年 4 月，曼彻斯特大学的科学家开发出世界上最小的可实际运行的石墨烯晶体管，其大小仅 10nm。除此之外，他们还研制出长宽均为 1 个分子的更小的石墨烯晶体管，该石墨烯晶体管实际上是由单原子组成的晶体管。

2008 年 5 月，美国乔治亚理工学院教授德希尔与麻省理工学院林肯实验室合作，在单一芯片上生成了数百个石墨烯晶体管阵列。

2010 年，IBM 的 Thomas J.Watson 研究中心制备出栅长为 240nm，截止频率为 100GHz 的石墨烯场效应晶体管，随后 IBM 又制造出首个石墨烯光子探测器。2011 年，IBM 进一步制备出首款晶圆级石墨烯集成电路。

2013 年，中国科学院重庆绿色智能技术研究院成功研发出了 7in 石墨烯触摸屏。韩国三星公司也制造出由多层石墨烯等材料组成的透明可弯曲的显示屏。

2014 年，Yi 等采用简单机械混合的方法将不同含量的石墨烯纳米片添加到环氧树脂中，制备出高导热石墨烯复合材料，添加 8%（质量分数）石墨烯纳米片时，材料的热导率高达 1.1881W/（m·K），与纯环氧树脂相比，增加了 627%。

2015 年，Nam 等制备出一种具有分层结构且可伸缩的石墨烯 - 碳纳米管层状结构，将其应用在全固态可伸缩超级电容器上，高形变状态下比电容高达 329 F/g。

8.5.5.3 石墨烯的产业化现状

石墨烯性能优异，其在能源、信息、材料、生命科学等领域的应用研究进展预示了其广阔的市场空间和发展前景，引起了世界各国的高度关注，科学家甚至预言，石墨烯将“彻底改变 21 世纪”，极有可能掀起一场席卷全球的颠覆性新技术新产业革命。

石墨烯自成功问世，其不可估量的应用前景使关于它的相关研究和产业化发展在世界各国不断升温。美国、欧盟、韩国、日本等国家和地区都陆续开展了系列相关研究计划和项目。美国在石墨烯科研方面的发展与产业化方面发展并驾齐驱。其对石墨烯研究的投入十分高昂，仅在 2006 ～ 2012 年期间，美国的自然科学基金会（NSF）就投资了 200 多个相关项目。此外，美国国防部高级研究计划署从 2008 年开始就计划向碳电子射屏应用项目投入 2200 万美元，进行研发高速、低能的石墨烯基射频。

美国良好的创业环境对石墨烯产业化的进程有着积极的影响，诸如波音公司、英特尔公司和国际商业机器公司（IBM）等大型企业对石墨烯的相关研发投入巨大。

欧盟有着和美国相同的发展思路，也在努力谋求学术和产业化的齐头并进。欧盟还设有石墨烯的专项研发计划，对石墨烯的相关投入经费居世界前列，截至 2011 年就支出了约 1.5 亿欧元的高额经费。欧盟现今约有 55 家石墨烯产业化及研发企业，政府和许多工业巨头企业在相关方面投入巨大。与此同时，石墨烯还于 2013 年 1 月被列入“未来新兴技术旗舰项目”，旨在逐步将石墨烯从面向小众的实验室带向面向大众的社会。

日本政府对石墨烯的重视丝毫不逊于其他国家，在各方面的相关投入也十分可观。早在 2007 年，日本东京大学就受到了科学技术振兴机构的资助，致力于开发石墨烯硅材料 / 器件。同时，为了进一步发展日本石墨烯和碳纳米管的批量合成技术，日本经济产业省于 2011 年就开始开展高轻度创新融合材料项目。此外，索尼、东芝、日立等日本老牌优秀企业也在石墨烯的应用研发方面投入了大量资金，并取得了丰硕的成果。2012 年，日本索尼公司研发出了石墨烯化学气相生长技术，该技术可以生成长达 120m 的石墨烯透明薄膜。

韩国的石墨烯相关研究和产业化发展势头迅猛。仅在 2007 ～ 2009 年期间，韩国政府就支出了金额高达 1870 万美元的经费资助了超过 90 多项的石墨烯相关研究，并计划在 2012 ～ 2018 年期间，继续投入 2.5 亿美元。同时韩国对专利保护十分重视，石墨烯的专利量仅次于中国和美国。目前，仅在企业界石墨烯专利数量上，韩国的三星公司稳居世界首位。同时该公司分别于 2011 年和 2014 年研发出了 40in 的石墨烯触摸屏面板和能更大尺度保持导电性的石墨烯晶体。

中国石墨烯的相关研发和应用较大多数发达国家而言，起步虽晚，但发展快而强劲，经过政府和各界的不断努力，产业势头发展良好。中国在石墨烯研究制造领域已经取得了很大的进展，涌现出了一批拥有技术专利与应用成果的优秀企业，产业发展的方向集中在石墨烯的制备、储能等领域。2013 年 7 月，石墨烯产业技术创新战略联盟在首都北京正式成立，建立了上下游协同、产学研信息等资源共享机制，使中国石墨烯产业链的整体竞争力得以提升。

2013 年底，宁波墨西科技有限公司和重庆墨希科技有限公司先后建成年产 3×10^5kg 石墨烯生产线和年产 100 万平方米生产能力的石墨烯薄膜生产线，并将石墨烯的制造成本从每克 5000 元降至 3 元。

2015 年 3 月，由中国科学院重庆绿色智能技术研究院和中国科学院宁波材料技术与工程研究所开发的全球首批石墨烯手机在重庆实现量产并上市销售，该款手机采用了最新研制的石墨烯触摸屏、电池和导热膜。

2016 年，东旭光电在北京正式宣布推出首款石墨烯基锂离子电池产品——“烯王”。该产品所使用的石墨烯基锂离子电池性能十分优良，与普通电池相比不仅可在满足 5℃ 条件下，实现 15min 内快速充放电，而且该石墨烯基锂离子电池可在 -30 ～ 80℃环境下工作，循环寿命更高达 3500 次左右。

中国石墨烯产业技术创新联盟（以下简称石墨烯联盟）2016 年会在京召开，2016 年企业数量已达四百多家。在推进石墨烯商业化应用方面，中国石墨烯产业技术创新战略联盟通过与各地方政府共同打造石墨烯产业园，使石墨烯产业在常州、青岛、无锡等地蓬勃发展。我国是石墨烯产业化发展最活跃的国家之一，专利数量和产业化全球领先，截至 2021 年 8 月中国石墨烯专利申请量占全球石墨烯专利总申请量的 68%，已初步构建起以石墨烯原材料研发、制备、应用为主体的产业链，石墨烯产业初步形成了以新能源、涂料、大健康、节能环保、化工新材料、电子信息为主的六大产业化应用领域，其中新能源领域的市场规模占比超过 60%，应用较为成熟。

8.6 本章小结

煤制碳材料是煤作为原料的重要利用方向。碳素制品具有许多独特的性质（如热、电、化学稳定性、耐磨性、减速性和反射性等），且碳素制品的种类繁多，在冶金、化工、电子、能源等行业广泛应用。中国碳素工业从无到有，虽然与工业发达国家相比，在品种、质量、技术、设备和管理等方面还有一定的差距，但在各方面也取得了重要的发展。特别是随着新能源技术发展，对超级电容器电极以及锂离子电池电极材料方面的需求增长迅速。

电极炭的种类繁多，用途广泛。本章从原料预处理和工艺角度，总结了生产目标电极炭的技术要求和工艺优化。

活性炭是重要的吸附和催化材料。本章介绍了制备活性炭的主要原料、工艺和设备，阐述了活性炭制备过程及条件对其产品孔结构和比表面积等产品性能的影响规律，介绍了不同用途活性炭的特性。

碳分子筛是特种活性炭，其制备与活性炭生产基本类似，不同点在于控制微孔结构，所以增加堵孔工序，并详细介绍了其应用于气体分离。

本章还重点阐述了沥青基碳纤维制备，其主要工序有：沥青预处理、纺丝、不熔化处理、碳化和石墨化等工艺和关键设备。同时介绍了碳材料超级电容器和石墨烯的制备原理和研究进展。

思考题

8-1 通用碳材料的生产工艺，碳化的作用是什么？

8-2 简述超高功率石墨电极的生产过程及浸渍工序的作用。

8-3 活性炭等级分类的依据是什么，你认为中国生产活性炭的优势是什么？

8-4 碳纤维种类有哪些？超高性能碳纤维的用途是什么？

8-5 超级电容器的碳材料制备方法特点，以及超级电容器应用前景是什么？

8-6 简述石墨烯生产原理及其应用范围。

思考题解答

8

参考文献

[1] 李圣化 . 炭和石墨制品 . 北京：冶金工业出版社，1983.

[2] 日本碳素材料学会 . 活性炭基础与应用 . 高尚愚，陈维，译 . 北京：中国林业出版社，1984.

[3] 王茂章，贺福．碳纤维的制造、性质及其应用．北京：科学出版社，1984.

[4] 日本东丽公司研究中心．90 年代高级复合材料的新进展．新型碳材料，1988，3：53-64.

[5] 王茂章．碳纤维及其复合材料．新型碳材料，1989，4：1-7.

[6] 邢宝林．超级电容器活性炭电极材料制备及应用．北京：化学工业出版社，2017.

[7] 黄律先．木材热解工艺学 .2 版．北京：中国林业出版社，1996.

[8] 波利瓦洛夫，斯捷巴涅科．煤焦油沥青 制取、加工和利用．曲法泉，译．北京：冶金工业出版社，1988.

[9] 杨国华．碳素材料：下册．北京：中国物资出版社，1999.

[10] 梁大明，孙仲超．煤基炭材料．北京：化学工业出版社，2010.

[11] 沈曾民．新型碳材料．北京：化学工业出版社，2003.

[12] 刘玉荣．碳材料在超级电容器中的应用．北京：国防工业出版社，2013.

[13] 吴明铂，邱介山，何孝军．新型碳材料的制备及应用．北京：中国石化出版社，2017.

[14] 贺福．碳纤维及石墨纤维．北京：化学工业出版社，2010.

[15] 朱宏伟，徐志平，谢丹．石墨烯 结构、制备方法与性能表征．北京：清华大学出版社，2011.

[16] 杨颖，孙立，张新艳．石墨烯基复合材料的制备及性能研究．北京：国防工业出版社，2015.

[17] 彭公秋，李国丽，曹正华，等．高性能聚丙烯腈基碳纤维发展现状与分析．材料导报，2017，31：398-402.

[18] 北京石墨烯技术研究院组．石墨烯．北京：中国科学技术出版社 2021.

[19] 中国科学院．纳米碳材料．北京：科学出版社 2021.

[20] 马库斯・安东尼提，克劳斯・米伦．石墨烯及碳材料的化学合成与应用．郝思嘉，杨程，译．北京：机械工业出版社，2020.

[21] 苏占华．石墨电极材料．哈尔滨：哈尔滨工业大学出版社，2020.

9 煤化工生产的污染和防治

○○ —— ○○ ○ ○○ ——

本章学习重点

○ 了解煤化工生产过程中产生的主要污染物，不同煤化工加工工艺中主要污染物来源，如何从源头、过程或末端治理污染物等。

○ 了解煤化工污水来源及其特性，煤化工污水的危害性，污水治理的主要措施。

○ 了解煤化工烟尘来源及其特点，煤化工烟尘的危害性，治理烟尘原理及主要措施。

○ 了解二氧化碳捕集、分离、处置和再利用技术。

保护人类赖以生存的自然环境是每一位地球公民应尽的责任，作为一名科技工作者更是义不容辞。煤既是中国的主要能源和工业原材料的来源，又是一个重要的污染源，要发展煤的加工利用，必须同时解决由此而产生的污染问题。

9.1 环境保护概述

9.1.1 环境污染及其严重性

这里所说的环境是指人类生存的自然环境。它包括有生命的部分——动物、植物和微生物；无生命的部分——物理环境，包括空气、水、土壤等。生物群落和物理环境的综合体称为生态系统。

9.1.1.1 环境污染

环境污染是指有害物质进入生态系统的数量超过生态系统的自净能力，即能够降解它们的能力，因而打破生态平衡，使自然环境发生恶化。环境污染的原因是多方面的，有自然因素，也有人为因素，从当前讲，后者是主要的。环境污染种类很多，有大气污染、水体污染、土壤污染、噪声污染、生物污染和核污染等。下面简单介绍前面三种污染。

（1）大气污染　是指空气中某些物质的含量超过正常含量，对人体、动物、植物和物体产生不良影响的大气状况。造成大气污染的有害物质包括气体状和气溶胶状污染物。

① 气体状污染物　主要有含硫化合物（SO_x 和 H_2S）、含氮化合物（NO_x 和 NH_3）、碳氢化合物（C_1 ～ C_5 烃类）、碳的氧化物（CO 和 CO_2）及卤素化合物（HCl 和 HF）等。它们大多为酸性和刺激性气体，参与形成

酸雨和烟雾，对人类、动植物和建筑物有直接或间接的危害。煤炭燃烧是主要污染源之一。

② 气体胶状污染物　主要是烟尘和烟雾。一般粒径在 0.1 ～ 10μm 的烟尘在大气中能长期飘浮，称为飘尘；而粒径大于 10μm 的烟尘由于重力作用能够沉降到地面，称为降尘。烟雾是由液珠和固体微粒形成的气体非均一系统，有因燃煤引起的伦敦型烟雾和汽车尾气引起的洛杉矶型烟雾等。它们不但具有上述气体状污染物的破坏作用，而且还会降低大气能见度，造成城市交通瘫痪。

（2）水体污染　是指进入水体（江、河、湖、海）的有害物质超过了水体的自净能力，使水体的生态平衡遭到破坏。水体污染物分有机化合物和无机化合物两大类。与煤化工工厂有关的污染物主要有酚类、氰化物、氨、废酸碱、油和多环芳烃等。水体污染如果波及人类的生活用水，将会直接危害人体健康，如日本曾发生由于含汞废水污染引起的水俣病事件。水体污染如果波及农业灌溉用水，将造成农作物的污染，从而间接危害人体健康。另外，水体污染会严重破坏水产资源，甚至造成鱼虾绝迹。

（3）土壤污染　是指人们在生产和生活中产生的废弃物进入土壤，当其数量超过土壤的自净能力时，土壤即受到了污染，从而影响植物的正常生长和发育，以致造成有毒物质在植物体内的积累，使作物的产量和质量下降，最终影响人体健康。

利用工业废水和城市污水进行灌溉，堆放废渣和固体废物，施用大量化肥和农药等，都有可能污染土壤。

9.1.1.2　环境污染的严重性

环境污染已成为世界范围的公害，早已超出一国一地的范围。从总体讲，中国对保护环境、防治污染工作一向是重视的，但随着工农业生产的发展也出现了不少薄弱环节，形势不容乐观。中国 2015 年的 SO_2 排放量为 1859×10^4t，CO_2 排放量 97×10^8t 以上，NO_x 排放量 1852×10^4t，烟尘排放量 1538×10^4t。大气污染排放物中，85%SO_2、85%CO_2 和 70% 烟尘来自煤。各种污染造成的损失合计占全年国民生产总值的 5% 以上，应该减少污染环境的行为。

9.1.2　中国的环保政策

中国政府历来十分重视环境保护工作。自 1949 年新中国成立以来，中国的环境保护方针、政策、法律、法规和条例等日趋系统和完善，党的十八大以来，提出生态文明、绿水青山就是金山银山的指导思想。

9.1.2.1　环境保护的基本方针

中国的宪法规定：“国家保护和改善生活环境和生态环境，防治污染和其他公害”，“国家保障自然资源的合理利用，保护珍贵的动物和植物。禁止任何组织或者个人用任何手段侵占或者破坏自然资源”。

（1）中国环境保护工作的方针　全面规划，合理布局，综合利用，化害为利，依靠群众，大家动手，保护环境，造福人类。

（2）环境保护工作的基本原则　随着环境保护工作和环境政策的发展，至今已形成以下基本原则：经济建设、城乡建设和环境建设同步发展，经济效益、社会效益和环境效益统一实现。兼顾国家、集体和个人三者利益，依靠群众保护环境，谁污染谁治理，谁开发谁保护。预防为主、防治结合，全面规划、合理布局，综合利用，奖励和惩罚相结合等。

9.1.2.2　有关的环保法规

与煤炭加工利用有关的主要环保法规有，《中华人民共和国环境保护法》（2014 年 4 月）、《中华人民共和国水法》（2016 年 7 月修订）、《中华人民共和国大气污染防治法》（2015 年 8 月）、《大气污染物综合排放标准》（GB 16297—1996）和《锅炉大气污染物排放标准》（GB 13271—2014）等。

9.2 煤化工生产中的主要污染物

由煤化学知识已知，煤是由有机质和无机质两大部分构成的，因此煤在加工利用后必然留下矿物质——灰渣。有机质除碳和氢外还含有氧、硫、氮等杂原子，故在煤的加工产物中自然包括氧、硫、氮原子的有机和无机化合物。它们成为污染物的概率比一般的碳氢化物要高得多。根据目前煤的主要加工利用工艺，下面着重介绍焦化、气化、液化和燃烧等工艺的污染问题。

9.2.1 焦化工业的主要污染物

9.2.1.1 大气污染物

炼焦工业排入大气的污染物主要发生在装煤、推焦和熄焦等工序。在回收和焦油精制车间有少量含芳香烃、吡啶和硫化氢的废气。

（1）装煤　煤料装入高温炭化室内，立即产生大量煤气和烟气，由上升管和加煤孔挟带煤粉喷出，炉顶顿时烟雾弥漫。如不采取措施，污染就十分严重。

（2）推焦　未完全炭化的细煤粉及其析出的挥发分、焦侧炉门和炉门框上的焦油蒸气和部分焦炭燃烧产生的烟气，由于温度高产生向上冲的气流而形成滚滚浓烟造成的污染，焦越生污染越严重。

（3）熄焦　湿法熄焦时，由于产生大量水蒸气，它挟带着污染物排入大气。一座年产 45×10^4t 焦炭的炼焦厂，每天约有 700m^3 水在熄焦中蒸发。

据介绍，苏联的一个日产干焦 9500t（6 座焦炉）的炼焦厂排入大气的污染物见表 9-1。

表 9-1　炼焦厂排入大气的污染物

污染物	排入量	污染物	排入量
煤尘和焦炭粉尘/（kg/h）	190	氨/（kg/h）	60
一氧化碳/（kg/h）	2700	硫化氢/（kg/h）	50
二氧化硫/（kg/h）	250	酚类/（kg/h）	60
芳香烃/（kg/h）	80	吡啶类/（kg/h）	8
氰化物/（kg/h）	190	合计/（kg/h）	3588

在焦炉废气中还有一个值得注意的污染物——苯并芘，它是一种强致癌物质。

9.2.1.2 焦化废水

焦化生产工艺中要用大量的洗涤水和冷却水，因此也产生了大量的废水。

关于焦化厂废水的数量和水质情况可见表 9-2。总的讲，焦化废水的 COD 相当高，主要污染物是酚、氨、氰、硫化氢和油等。如不加处理或不认真处理，所造成的后果将十分严重。

9.2.1.3 焦化液渣

焦化生产中的废渣数量不多，但种类不少，主要有焦油渣、酸焦渣（酸渣）和洗油再生残渣等。另外，生化脱酚工段有过剩的活性污泥，附带洗煤车间时有矸石产生，这些废渣都需要处理。

9

表9-2 焦化厂废水的数量和水质

废水名称	水量/(m^3/d)	水质/(mg/L)						
		总NH_3	酚	总CN^-	SCN^-	S^{2-}	油	COD①
氨水	830	4000	2000	150	700	75	320	6300
粗苯废水	100	4500	400	150	600	—	140	5700
苯加氢废水	20	5500	3600	300	145	1600	110	15000
焦油废水	50	2500	30	20	20	3800	1000	3000
酚精制废水	65	—	2600	—	—	—	85	12700
古马隆废水	5	—	6000	—	—	—	140	1100
吡啶精制废水	—	—	—	300	—	—	5	600
沥青焦废水	195	1340	1200	120	120	960	210	5540
混合氨水	1265	3370	1750	130	530	370	300	6450
溶剂脱酚后废水	1265	3370	70	130	530	370	90	2250
蒸氨后废水	1385	270	64	36	480	7	58	1750

① COD——化学耗氧量，mg/L。

9.2.2 气化的主要污染物

由于煤气化工艺的不同，随之产生的污染物数量和种类也不同。例如，鲁奇气化工艺对环境的污染负荷远远大于德士古气化工艺，以褐煤和烟煤为原料产生的污染物的污染程度远远高于以无烟煤和焦炭为原料产生的污染物。采用煤制气向用户提供洁净的煤气以代替直接烧煤是提高能源质量、减少环境污染的有效途径，因为分散在千家万户的污染源集中在煤气厂处理起来要方便得多，也经济得多。

9.2.2.1 煤气发生站废水

煤气发生站废水主要来自发生炉煤气的洗涤和冷却过程。这一次废水的数量和组成随原料煤、操作条件和废水系统的不同而变化（见表9-3）。

表9-3 冷煤气发生站废水水质

污染物溶度	无烟煤		烟煤		褐煤
	水不循环	水循环	水不循环	水循环	
悬浮物/(mg/L)	—	1200	<100	200～3000	400～1500
总固体/(mg/L)	150～500	5000～10000	700～1000	1700～15000	1500～11000
酚类/(mg/L)	10～100	250～1800	90～3500	1300～6300	500～6000
焦油/(mg/L)	—	痕迹	70～300	200～3200	多
氨/(mg/L)	5～250	50～1000	10～480	500～2600	700～10000
硫化物/(mg/L)	20～40	<200	—	—	少量
氰化物和硫/(mg/L)	5～10	50～500	<10	<25	<10
COD/(mg/L)	20～150	500～3500	400～700	2800～20000	1200～23000

可见，在用烟煤和褐煤作原料时，废水的水质相当恶劣，含有大量的酚、焦油和氨等。

9.2.2.2 三种煤气化工艺的废水

固定床、流化床和气流床三种气化工艺的废水情况见表9-4。

表9-4 三种气化工艺的废水水质

废水中杂质	固定床[1]（鲁奇炉）	流化床（温克勒炉）	气流床（德士古炉）	废水中杂质	固定床[1]（鲁奇炉）	流化床（温克勒炉）	气流床（德士古炉）
焦油/(mg/L)	<500	10～20	无	氨/(mg/L)	3500～9000	9000	1300～2700
苯酚/(mg/L)	1500～5500	20	<10	氰化物/(mg/L)	1～40	5	10～30
甲酸化合物/(mg/L)	无	无	100～1200	COD/(mg/L)	3500～23000	200～300	200～760

① 不黏结性至弱黏结性烟煤。

由表 9-4 可见，气化工艺不同，废水中杂质的浓度大不相同。与固定床相比，流化床和气流床工艺的废水水质比较好。

煤气化除产生废水外，还有大量的灰渣。固定床气化炉生产水煤气或半水煤气时，在吹风阶段有相当多的废水和烟尘排入大气。

9.2.3 煤液化的主要污染物

9.2.3.1 间接液化的污染物

间接液化主要包括煤气化和气体合成两大部分，气化部分的污染物与前一节相同；合成部分的主要污染物是产品分离系统产生的废水，其中含有醇、酸、酮、醛、酯等有机氧化物。

9.2.3.2 直接液化的污染物

直接液化产生大量包括煤中矿物质及催化剂在内的液化残渣，它一般用于气化，故转为灰渣；废水和废气的数量不多，而且都进行了处理。主要环境问题是气体和液体的偶尔泄漏以及放空气体仍含一定量污染物等（见表 9-5）。

表9-5 溶剂精炼煤法的空气污染物[1]

污染物	数量/t	污染物	数量/t	污染物	数量/t
微粒	1.2	CO	1.2	铬	2200
SO_2	16	砷	1.4	铅	480
NO_x	23	镉	130		
烃类	2.3	汞	23		

① 以每加工 7×10^4 t 煤计。

9.2.4 燃煤的主要污染物

煤炭直接燃烧造成的污染最为严重，如何防治煤烟型污染是中国环境保护工作的重点之一。

9.2.4.1 烟尘

燃煤锅炉，特别是粉煤锅炉要产生大量的烟尘。烟尘和 SO_2 若超过一定浓度，再遇上不良的大气条件就有可能发生伦敦型烟雾事件。2015 年中国烟尘排放总量 1538×10^4t，其中 70% 来自煤。

9.2.4.2 二氧化硫和氮氧化物

中国煤炭平均含硫达 1.78%，80% 以上的煤以各种方式直接燃烧，故每年排入大气的二氧化硫数量相当大。2015 年全国排入大气中的二氧化硫为 1859×10^4t，来自煤炭的占 85%，即 1580×10^4t。二氧化硫是造成酸雨的主要原因。所谓酸雨，一般是指降水中 pH 低于 5.6 的雨水。酸雨使湖泊酸化，水生生物减少；使土壤酸化，阻碍农作物和森林牧草的生长；同时使各种建筑物、雕塑等受到腐蚀破坏。1983 年，中国 26 个省、市、自治区近一千个监测点的分析结果是酸雨样品者占总样品数的 37%，以四川、贵州和江苏为最严重，如重庆酸雨 pH 达 3.35，贵阳酸雨 pH 达 3.44。2015 年在中国 480 个城市（区、县）开展了降水监测，酸雨城市比例为 22.5%，酸雨频率平均为 14.0%，酸雨类型总体仍为硫酸型，酸雨污染主要分布在长江以南—云贵高原以东地区。

另外，燃烧中还有氮氧化物（NO_x）产生，它的危害也是很大的。前述洛杉矶型烟雾就是由于以 NO_x 为主的大气污染物形成的光化学烟雾。一个年燃煤 300×10^4t 的电厂向大气排放的 NO_x 约有 2.7×10^4t。燃煤产生的 NO_x，部分来自空气中氮和氧的化合，部分来自煤中的氮，其数量和燃烧温度有很大关系。

9.2.4.3 二氧化碳

大气中二氧化碳浓度急剧增加，引起全球性气候变暖的“温室效应”已得到全球普遍的重视。不管烧煤还是烧油或天然气，都不可避免地产生二氧化碳，而在释出同样能量的条件下，烧煤放出的二氧化碳比烧油或天然气要多得多。对这个问题的长期后果应有足够的估计。

9.2.4.4 灰渣

燃煤和煤气化都要产生大量灰渣。中国目前每 1kW 的发电容量，年排灰量约 1t。全年煤灰渣量达几千万吨，其中仅有 20% 左右得到利用，大部分储入堆灰场，不但占用农田，还会污染水源和大气环境。

前面扼要介绍了四种煤炭加工利用方式对环境的影响，可见煤是主要的污染源，治理煤加工利用中的“三废”对中国的环境保护意义重大，应予以高度重视。

9.3 煤化工污水的处理

由 9.2 节可知，煤化工污水的共同特点是含有大量的酚类，其次还有氰化物、氨、硫化物和焦油等。

9.3.1 工业污水处理概论

9.3.1.1 充分利用废热余热，提高能源利用率

水质污染的常规分析项目有化学需氧量、生化需氧量、色度、pH、酚类、氰化物、油分和悬浮物质等。这里主要介绍前两项。

（1）化学需氧量（COD） 即对水中的污染物进行化学氧化所需要消耗的氧量，以 mg/L 表示。通常以 $KMnO_4$ 或 $K_2Cr_2O_7$ 为氧化剂。COD 中不仅包含有机化合物，还包括还原性无机物，如硫化物、亚硫酸盐和亚硝酸盐等。

（2）生化需氧量（BOD） 许多有机物在水体中可成为微生物的营养源而被消化分解，在分解过程中要消耗水中的溶解氧。BOD 就是表示能发生生物降解的有机污染物浓度的指标。因为不同有机化合物的稳定性不同，所以完全降解需要的时间也不等。通常实验室测定 BOD 时，是在 20℃下培养 5d，即测定的是 5d 的生化需氧量（BOD_5），也以 mg/L 表示。

另外，还有总需氧量（TOD），是水中污染物在催化燃烧时所消耗的氧量。

9.3.1.2 工业污水处理的基本方法

工业污水处理的基本方法可分为三类：物理法，化学法，生物法。三种方法的比较见表 9-6。在实际的污水处理过程中，常常是几种方法混合使用，形成了多级处理的流程。不同种类的污水应尽可能分别处理。

表9-6 三种污水处理方法的比较

处理方法	欲除去的污染物			
	悬浮物	无机物	有机物	灭菌
物理法	筛滤法	电渗析	曝气	超滤
	自然沉降	反渗析	萃取	
	自然浮上	曝气	活性炭吸附	
	粒状介质过滤		吹脱	
	超滤			
	微滤			
化学法	混凝沉降	酸碱中和	湿式氧化	通臭氧
	混凝上浮	萃取	化学萃取	通氯
		离子交换	焚烧	
		螯合吸附		
		氧化还原		
生物法	甲烷发酵法	生物硝化	活性污泥法	
	活性污泥法	生物反硝化	甲烷发酵法	
	生物过滤法		生物过滤法	

9.3.1.3 工业污水的多级处理

根据处理深度的不同，一般分为三级。

（1）一级处理　即初级处理，实际上是二级处理（生物处理）的预处理。主要是除去废水中的固体悬浮物和油类等污染物，并调节其酸碱度。

（2）二级处理　是目前化工污水处理中的主体部分，一般都用生物处理法。含高浓度的酚类、氰化物和氨等的污水不宜直接用生物处理法，需要进行预处理。

（3）三级处理　属污水的深度处理，主要是用来处理那些微生物难以降解的污染物，从而使水质达到回用或排放的要求。一般多用活性炭吸附法，污水量不大时可用臭氧氧化等。

以宝山钢铁总厂焦化厂建有的焦化废水三级处理系统为例，介绍如下。

9.3.2 焦化含酚污水的一级处理

含酚污水的一级处理包括溶剂萃取脱酚、蒸氨和除油等。

9.3.2.1 溶剂萃取脱酚

溶剂萃取脱酚是目前焦化和气化污水一级处理的常用工艺。大中型焦化厂都建有这样的装置。

（1）萃取剂　要求分配系数高，与水易分层，毒性低，损失少，容易反萃取，安全可靠等，国内普遍采用重苯溶剂油。几种萃取剂的性能比较见表 9-7，其中 N-503 的化学式是$CH_3-\overset{\overset{O}{\|}}{C}-N-(\overset{\overset{CH_3}{|}}{C}HC_6H_{13})_2$，为黄色油状液体，在水中的溶解度只有 25mg/kg。

表9-7 几种脱酚溶剂的性能比较

溶剂名称	分配系数	密度/（g/cm³）	馏程/℃	性能说明
重苯溶剂油	2.47	0.885	140～190	不易乳化，不易挥发，萃取效率>90%，但对水有二次污染
二甲苯溶剂油	2～3	0.845	130～153	油水易分离，但毒性大、二次污染严重
粗苯	2～3	0.875～0.880	180℃馏出量>93%	萃取效率85%～90%，易挥发、有二次污染
焦油洗油	14～16	1.03～1.07	230～300	萃取效率高，操作安全，但乳化严重，不易分层
5%N-503+95%煤油	8～10	0.804～0.809	煤油180～290	萃取效率高，二次污染少，但N-503较贵
异丙醚	20	0.728	67.8	萃取效率>99%，不需用碱反萃取

（2）萃取设备 有脉冲筛板塔、箱式萃取器、转盘萃取塔和离心萃取机等。国内多用脉冲筛板塔。

（3）脉冲萃取脱酚

① 往复叶片式脉冲筛板塔。以筛板代替填料可缩小塔的尺寸，附加脉冲可提高萃取效果，其结构见图 9-1。

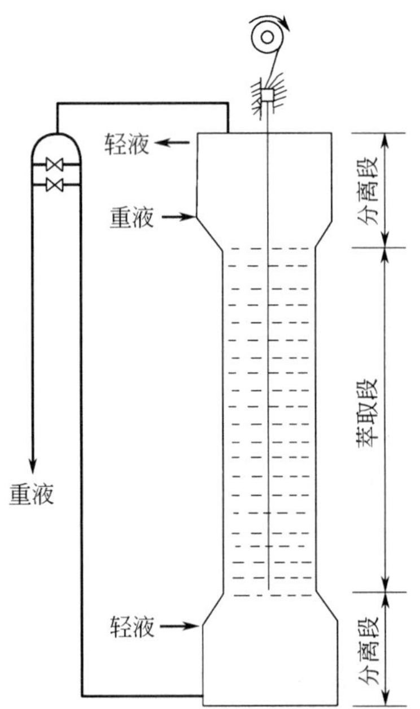

图9-1 往复叶片式脉冲筛板塔

此塔分三部分，中间为工作区，上下两个扩大部分为分离区。在工作区内有一根纵向轴，轴上装有若干块筛板，筛板与塔体内壁之间要保持一定的间隙，筛板上筛孔孔径 6 ～ 8mm。中心轴依靠塔顶电动机的偏心轮装置带动作上下脉冲。

② 装置流程。含酚污水和重苯溶剂油在塔内逆向流动。脱酚污水从塔底排出，送往蒸氨系统。萃取酚后的重苯溶剂油从塔顶流出，送往再生塔进行反萃取。装置流程见图 9-2。

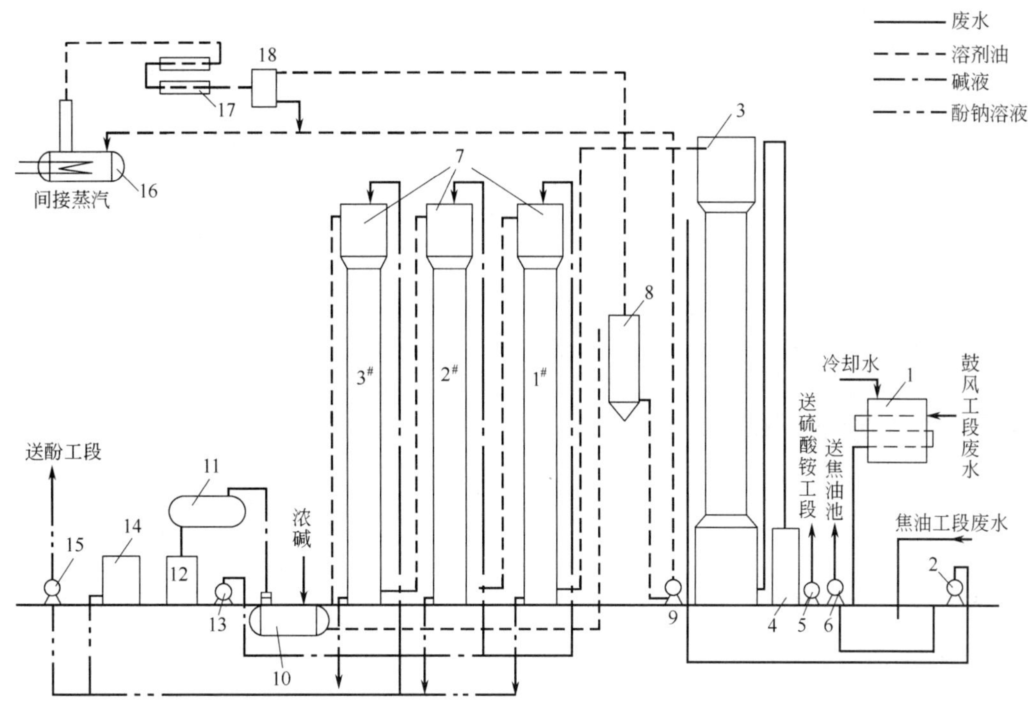

图 9-2 脉冲萃取脱酚工艺流程

1—套管冷却器，2，5—水泵；3—脉冲萃取塔；4，18—油水分离器；6，9—油泵；7—再生器；8—循环油槽；10—地下槽；11—浓碱槽；12—稀碱槽；13—碱泵；14 一酚钠槽；15 一酚钠泵；16—蒸馏釜，17—冷凝器

③ 溶剂脱酚操作制度。脉冲萃取脱酚的操作制度见表 9-8。

表9-8 脉冲萃取脱酚的操作制度

项目	指标	项目	指标
进萃取塔污水含酚/(mg/L)	1500～2500	碱洗塔碱液浓度/%	20～25
脱酚后污水含酚/(mg/L)	＜200	碱洗塔温度/℃	50～60
脱酚效率/%	＞90	酚钠盐中游离碱含量/%	＜3
溶剂与污水相比	1500～2500	溶剂再生蒸馏釜温度/℃	140～150
进塔污水温度/℃	1500～2500	溶剂再生蒸馏柱顶温度/℃	130～140

9.3.2.2 蒸氨塔底污水中的固定铵

关于焦化氨水中氨的回收加工已在第 4 章做了介绍。这里仅讨论固定铵问题。

(1) 固定铵及其危害　氨水中的氨态氮有两类：一类是挥发性的，如 NH_4OH、NH_4HS、NH_4HCO_3、$(NH_4)_2S$ 和 NH_4SCN 等，它们在升高温度时即分解，析出游离氨，故在一般蒸氨塔中可以脱除；另一类是非挥发性的，故称固定铵，如 $(NH_4)_2SO_4$ 和 NH_4Cl 等。固定铵在蒸馏时不能除去，而目前一般焦化厂尚未采取治理措施，故造成排放污水中氨态氮量仍然大大超过允许浓度，也超过生化脱酚进水允许的浓度。如上海某厂蒸氨塔底污水中氨态氮（其中绝大部分为固定铵）浓度约为 300 ～ 500mg/L。

(2) 降低固定铵浓度的方法　由于 $(NH_4)_2SO_4$ 和 NH_4Cl 相当稳定，所以只有加碱才能使氨析出。一般使用 NaOH 和 $Ca(OH)_2$。加碱位置应在蒸氨塔中部，也可另外设一副塔。目前还没有更好的办法，需要改进研究。

9.3.2.3　生化脱酚前污水的预处理方法

（1）隔油　如果污水中含有较多的油，则应通过隔油池除去浮油以减轻生化处理的负荷。隔油池有平流式、平行板式、波纹板式和倾斜板式等。可除去的油粒直径分别为150μm和60μm。

（2）混凝　混凝在上水和工业污水处理中有十分重要的地位，应用很广。除了可除去固体悬浮物外，还可除去多种有机和无机杂质。

主要混凝剂有硫酸铝 $Al_2(SO_4)_3 \cdot 18H_2O$、聚合氯化铝 $[Al_2(OH)_{6-n}Cl_n]_m$、硫酸亚铁 $FeSO_4 \cdot 7H_2O$ 和聚丙烯酰胺等。

（3）预曝气和加压浮选　预曝气可吹脱水中的易挥发物，如轻油、氨和氰化氢等，吹脱气送入燃烧炉燃烧以避免二次污染。加压浮选可使污水中的油和悬浮物黏附在气泡上浮出水面，上浮物另行处理。

9.3.3　焦化含酚污水的生化处理

生化处理的基础是靠微生物的作用，根据微生物种类的不同，可分为好氧生物处理和厌氧生物处理两大类。焦化污水处理属前一类。

9.3.3.1　好氧生物处理的原理

好氧生物处理是在有氧的条件下，利用好氧微生物的作用使污水中的有机物分解，其过程见图9-3。

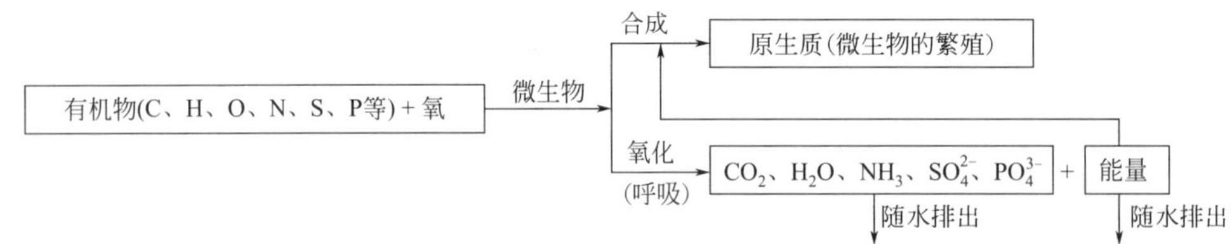

图9-3　有机物的好氧分解过程

苯酚的分解途径大致如下：

$$C_6H_5OH \longrightarrow C_6H_4(OH)_2 \longrightarrow \text{中间产物} \longrightarrow \begin{matrix} CH_2COOH \\ | \\ CH_2COOH \end{matrix} \longrightarrow CH_3COOH \longrightarrow CO_2 + H_2O$$

9.3.3.2　微生物生长繁殖需要的条件

生化法与一般化学方法不同，对操作管理格外严格。因为微生物是有生命的，一旦受到破坏需要很长时间才能恢复，为保证微生物的生长繁殖应创造以下条件。

① 污水中有机物浓度不能太高，BOD不宜超过500～1000mg/L。否则会造成水中缺氧。

② 有毒物质浓度控制在允许范围内，如苯酚＜300mg/L，氰化氢＜20mg/L，二甲苯＜7mg/L，铬＜2mg/L，砷＜0.2mg/L等。

③ 保证足够的营养物质，有机物和氮是不缺的，但磷往往不够。有人主张BOD∶N∶P=100∶5∶1。磷不足时，需要向污水池投放。

④ 温度最好保持在20～35℃，冬天不要低于10℃。

⑤ pH应在6～9之间，最好在7～8。

⑥ 保证氧气的供应，通过曝气设备解决。

⑦ 保证水质均匀，避免变化幅度过大。

9.3.3.3 活性污泥法

含酚污水的生化处理有活性污泥法、生物过滤法和氧化塘法等。国内外多用活性污泥法。

（1）基本原理　向污水连续通入空气一段时间后，因为好氧性微生物繁殖而形成的污泥絮状凝物上栖息着以菌胶团为主的微生物群，这就是活性污泥。它有很强的吸附和氧化分解有机物的能力。

（2）基本流程　活性污泥法的工艺流程见图 9-4。

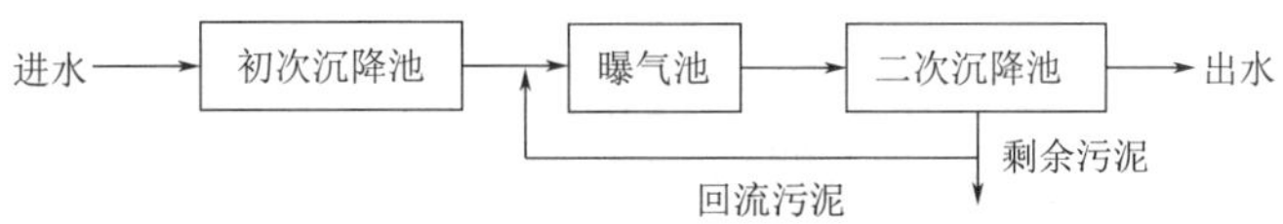

图 9-4　活性污泥法的基本工艺流程

（3）曝气　这是好氧生物处理中的关键问题，就是以各种方式向污水供应充足但又不是过多的氧气，以保证好氧微生物的正常繁殖和对有机物的氧化降解。充氧方式有机械曝气和鼓风曝气两类。前者靠表面曝气叶轮旋转，产生供水和输水作用，液面不断更新；叶轮边缘产生水跃，裹进大量空气；叶片后形成负压，吸入空气。后者靠空气压缩机产生压缩空气，通过布气管道和扩散设备鼓入污水池内。

（4）曝气池运行情况举例

处理水量 /（m^3/h）	85	活性污泥量 /（g/L）	约 3.5
水温 /℃	夏季 35 ～ 40，秋冬 20 ～ 25	投加磷量 /（mg/L）	按出水计不少于 1
pH	原水 5.5 ～ 6.5，调节后 7.0 ～ 7.5	脱酚效率 /%	≥ 98
溶解氧 /（mg/L）	曝气区 2 ～ 4	脱氰化物效率 /%	≤ 50
	澄清区 0.1 ～ 0.5	电动机功率 /kW	25

（5）污泥处理　污泥在上述处理过程中不断产生，除部分回流外，其余的就是剩余污泥，需要浓缩、脱水和处理。由于污泥的特殊性质，其浓缩和脱水比较困难，目前还没有理想的方法。为了帮助污泥沉降，一般要加 $FeSO_4$ 和 $FeCl_3$ 混凝剂。过滤采用真空过滤法，滤饼中含水仍高达 87%。宝钢焦化厂将滤饼送往配煤工段掺入炼焦煤，回炉炼焦。

9.3.4 含酚污水的深度处理

经过生化处理后，污水在很大程度上得到净化。出水的 COD ＜ 120mg/L、酚＜ 0.5mg/L，油＜ 5mg/L，总氰＜ 0.5mg/L，还有一定色度。为了进一步提高净化程度，让这一部分污水循环使用，最好还要在生化处理后再进行一次处理。深度处理有许多方法，其中活性炭吸附应用最广，对煤化工污水尤为适宜。因为用煤可以生产活性炭或活性焦，另外水的处理量又比较大，此法的处理成本相对较低。

活性炭固定床吸附净化流程见图 9-5。宝钢焦化厂的活性炭吸附塔共 4 个，其中一个再生，直径 4200mm，活性炭装填高度 4300mm，活性炭塔的装填量为 28.6t，污水在 3 个塔间的停留时间为 48min，活性炭对 COD 的吸附量为 11%。再生炉为流化床，处理能力 4.5t/d，再生温度 850℃，再生时间 120min，炭损失约 10%。

图 9-6 为某 70×10^4t/a 煤制烯烃项目煤化工废水深度处理及回用的工艺流程示意图。

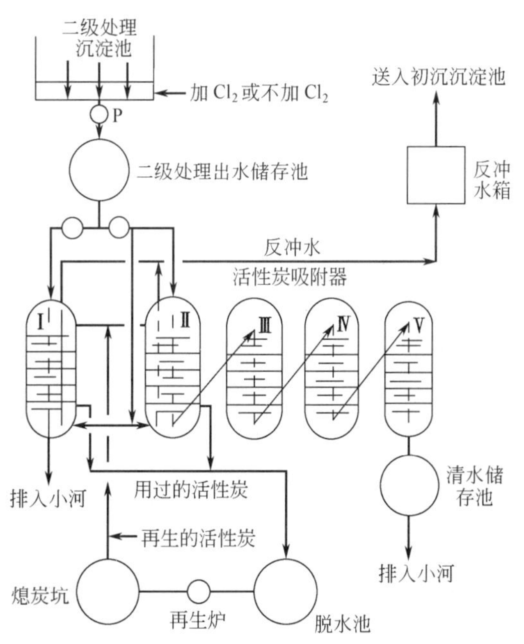

图 9-5　活性炭固定床吸附净化流程

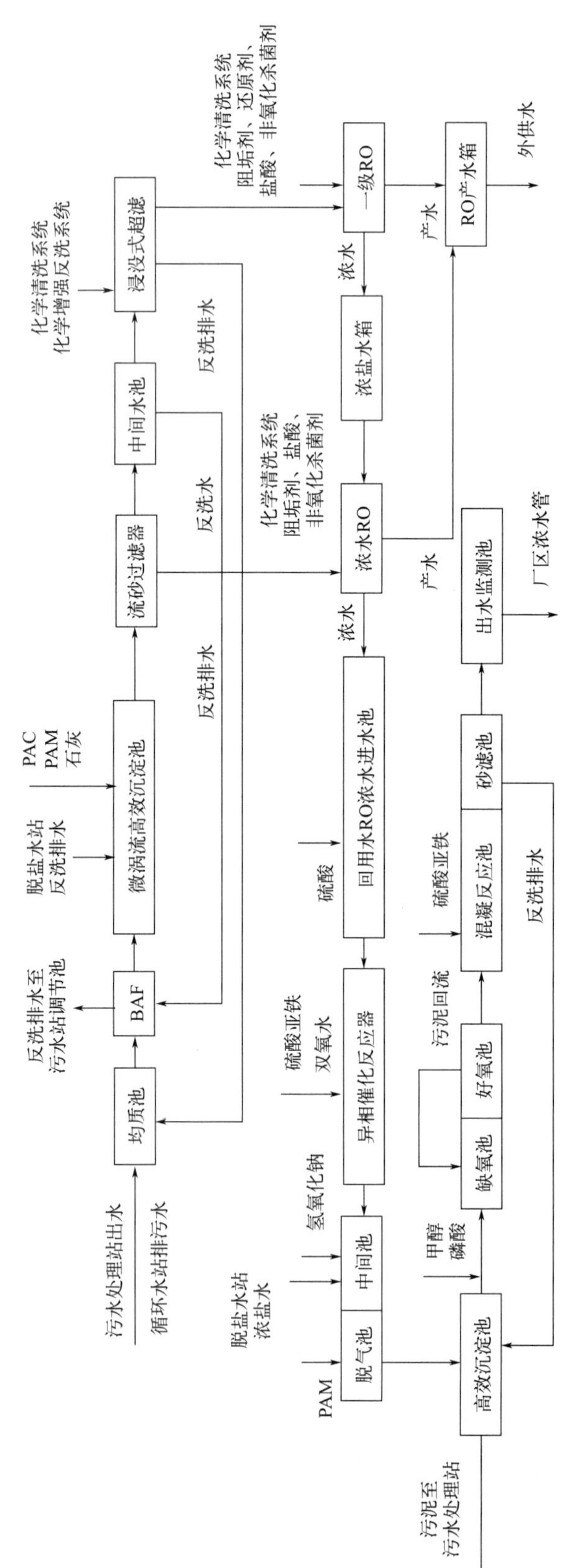

图9-6　煤化工废水深度处理及回用的工艺流程示意图

PAC—聚合氯化铝；PAM—聚丙烯酰胺

采用曝气生物滤池（BAF）+ 微涡流高效沉淀 + 流砂过滤器 + 超滤 +2 级反渗透（RO）处理，浓盐水主要考虑 COD 的去除，采用异相催化氧化 + 高效生化工艺。处理后的产品水质指标：pH 6.5 ～ 7.2，浊度≤ 0.3NTU，总硬度未检出，总碱度（以 $CaCO_3$ 计）≤ 15mg/L，COD ≤ 2mg/L，NH_3-N 的质量浓度为≤ 0.1mg/L，均满足《炼油化工企业污水回用管理导则》的优质再生水的相关标准。浓盐水排水指标：pH 为 7 ～ 8，BOD_5 ≤ 10mg/L，SS 的质量浓度≤ 30mg/L，满足 DB 61/224—2011 的一级标准。

9.4 煤化工厂的烟尘治理

前面已经提到，在煤的加工利用中产生的大气污染物数量相当多，加强治理不仅可以改善工厂的小环境，而且对大环境的保护也有重大贡献。

9.4.1 焦炉装煤和出焦的消烟除尘

9.4.1.1 装煤烟尘的净化

当焦炉装煤时，从机侧炉门、上升管和装煤孔等处逸出大量的荒煤气和烟尘，其中含有较多的多环芳烃，严重污染环境，影响操作工人的健康。处理方法如下：

（1）无烟装煤法　在上升管喷蒸汽形成负压，将荒煤气抽入集气管，这样做有一定效果，但易使煤粉也带入集气管。

（2）装煤车上附设消烟除尘装置　包括燃烧室、旋流板洗涤塔、排风机和给排水设施等。某厂的处理效果见表 9-9。另外，采用消烟除尘装置后，在焦炉炉顶和机焦侧的苯并芘浓度可降至 1% 以下。

表9-9　装煤烟气净化装置的处理效果

气体	组成						
	$\varphi(CO_2)$/%	$\varphi(C_nH_m)$/%	$\varphi(CO)$/%	$\varphi(CH_4)$/%	$\varphi(H_2)$/%	$\varphi(N_2)$/%	$\varphi(O_2)$/%
处理前	6.5	4.7	11.05	19.6	30.9	26.9	0.35
处理后	12.55	0.04	2.13	0.57	3.2	80.02	1.49

9.4.1.2 出焦烟尘的净化

出焦是焦炉操作中的一个主要污染源，有废气也有烟尘，特别是炉温不正常时形成滚滚黄烟。

宝钢焦化厂在拦焦车上装有除尘设施，烟气流向如下：

吸尘罩 ⟶ 连接管 ⟶ 固定管 ⟶ 预除尘器 $\xrightarrow{220\sim230℃}$ 空气冷却器 ⟶ 布袋除尘器 ⟶ 抽风机 ⟶ 消声器 ⟶ 烟囱

进口含尘量最大为 12g/m³，出口为 50mg/m³。

9.4.1.3 防止熄焦过程污染的措施

熄焦是继装煤、出焦之后的又一主要污染源。防止措施如下：

① 严格禁止采用含酚污水熄焦。

② 熄焦塔顶安装铁丝网、挡板或捕尘器，减少焦粉排放到大气中。

③ 将普通熄焦车改为走行熄焦车。

④ 干法熄焦。这是目前最好的熄焦方法，1t 焦可产生 420 ～ 450kg 蒸汽，其压力为 4.6MPa，可用于发电。循环惰性气体的主要成分为 N_2，约占 85%；其次为 CO_2 含量，为 5% ～ 10%，CO 含量＜ 5% 等。它在密闭系统内循环流动，多余部分经除尘系统后排放。

9.4.2 烟尘处理技术

烟尘主要来自几种燃烧过程。一般来说，每燃烧 1t 煤，产生的烟尘约为 6 ～ 11kg，包括未完全燃烧的炭粒和飞灰。烟尘处理属气固相分离，基本理论和设备在化工原理课程中已经学过，这里主要讨论其实用情况。

9.4.2.1 评价除尘装置性能的主要指标

选择除尘装置时一方面要了解烟尘的特性，如颗粒大小与分布、密度和浓度等；另一方面还要掌握不同除尘装置的性能，做到扬长避短，对除尘装置的性能一般可用处理量 q_v、效率 η 和阻力降 Δp 这三个主要指标表示。

（1）处理量 q_v　单位时间内所能处理的烟尘量，用 m^3/s 表示。它是由除尘装置的结构形式决定的。

（2）除尘效率 η

$$\eta = \frac{q_{m1} - q_{m2}}{q_{m1}} \times 100\%$$

式中　q_{m1}——装置进口处烟尘流入量，g/s；

q_{m2}——装置出口处烟尘流出量，g/s。

一般，进出口气体流量相等，故上式也可表示为：

$$\eta = \frac{C_1 - C_2}{C_1} \times 100\%$$

式中　C_1——进口烟气的含尘浓度，g/m^3；

C_2——出口烟气的含尘浓度，g/m^3。

另外，还有分级效率，即对一定范围粒径烟尘的脱除效率。

（3）除尘装置的阻力降　阻力降 Δp 用下式表示：

$$\Delta p = \varepsilon \frac{\rho v^2}{2}$$

式中　ε——阻力系数，由实验和经验公式确定；

ρ——烟气的密度，kg/m^3；

v——烟气进口速度，m/s；

Δp——阻力降，Pa。

9.4.2.2 主要除尘装置及其比较

主要除尘装置有重力除尘装置、离心力除尘装置、洗涤除尘装置、过滤除尘装置和电除尘装置等。

其性能比较见表 9-10。重力除尘一般适用于烟气流量大、烟尘浓度高和颗粒大的场合，多作为一级除尘装置；旋风分离器是广泛使用的除尘装置，效率高于前一种，但阻力也高；文丘里除尘和其他湿式除尘器可以把除尘、降温和吸收结合在一起，除尘效率高，缺点是阻力较大和需要处理污水；过滤除尘可除去很小颗粒的烟尘，效率很高，但阻力较大，适用于对除尘要求很高的场合或回收有用的固体粉末；电除尘器除尘效率高，可除去小颗粒，阻力小，适用于大流量烟气的深度除尘，应用较广。

表9-10 主要除尘装置的性能比较

装置类别	形式	处理粉尘		大致除尘效率/%	Δp/Pa	原理
		浓度	粒度/μm			
重力除尘	沉降室	高	＞50	40～70	100～150	重力沉降
离心力除尘	旋风分离器	高	3～100	85～96	500～1500	离心力
洗涤除尘	文丘里除尘器	高	0.1～100	80～99	＞3000	尘粒黏附于液滴上
过滤除尘	袋滤器	高	0.1～20	90～99	1000～2000	过滤
电除尘	电除尘器	低	0.05～20	80～99.9	100～200	静电作用

9.4.3 烟气中 SO_2 和 NO_x 的净化

9.4.3.1 烟气脱硫

降低或除去烟气中的 SO_2，共有三种方法：炉前脱硫，即煤脱硫；炉内脱硫，即燃烧时同时向炉内喷入石灰石或白云石；炉后脱硫，即烟气脱硫。这里只讨论最后一种方法。

（1）氨法 用氨水作为脱硫剂，SO_2 吸收率可达 93% ～ 97%，最后产物是高浓度 SO_2 和 $(NH_4)_2SO_4$。

吸收塔中的反应：

$$SO_2+2NH_3+H_2O \longrightarrow (NH_4)_2SO_3$$

$$(NH_4)_2SO_3+SO_2+H_2O \longrightarrow 2NH_4HSO_3$$

$$NH_4HSO_3+NH_3 \longrightarrow (NH_4)_2SO_3$$

吸收过程中要控制加氨量，以保持 NH_4HSO_3 和 $(NH_4)_2SO_3$ 之间一定的比例。用 93% 浓硫酸分解上述铵盐，在分解塔中发生以下反应：

$$2NH_4HSO_3+H_2SO_4 \longrightarrow 2SO_2+2H_2O+(NH_4)_2SO_4$$

$$(NH_4)_2SO_3+H_2SO_4 \longrightarrow SO_2+H_2O+(NH_4)_2SO_4$$

分解后 SO_2 含量可达 95% 以上，用于生产硫酸或液体 SO_2。此法对有 NH_3 和 H_2SO_4 供应，$(NH_4)_2SO_4$ 又有销路的工厂特别适宜。

（2）石灰乳法 以石灰乳作吸收剂，反应如下：

吸收 $$Ca(OH)_2+SO_2+H_2O \longrightarrow CaSO_3+2H_2O$$

$$CaSO_3+SO_2+H_2O \longrightarrow Ca(HSO_3)_2$$

氧化 $$Ca(HSO_3)_2+\frac{1}{2}O_2+H_2O \longrightarrow CaSO_4 \cdot 2H_2O+SO_2$$

$$CaSO_3+\frac{1}{2}O_2+3H_2O \longrightarrow CaSO_4 \cdot 3H_2O$$

石灰乳含量 5% ～ 10%，脱硫效率 95% ～ 98%，得到的石膏用于生产水泥。此法已有不少工业化装置，但还有许多不尽如人意之处有待改进。

（3）氧化镁法 与前法相似，反应如下：

准备工序 $$MgO+H_2O \longrightarrow Mg(OH)_2$$

吸收 $$Mg(OH)_2+SO_2+2H_2O \longrightarrow MgSO_3 \cdot 3H_2O$$

回收 $$MgSO_3 \cdot 3H_2O \longrightarrow MgO+SO_2+3H_2O$$

此法可得到高浓度 SO_2，MgO 原则上不消耗，只需补充损失，故这种方法值得重视。

（4）活性炭法 用活性炭可吸附烟气中的 SO_2，并将其氧化为硫酸，已有工业装置，不过成本较高。

（5）其他 亚硫酸钠法、次氯酸钠法和氧化锰法。

9.4.3.2 烟气脱 NO_x

烟气中的 NO_x 是一种混合物，其中约 95% 为 NO，5% 为 NO_2。由于含量低和化学反应性差，故脱除 NO_x 比上述脱二氧化硫要难得多。

（1）选择性催化还原法 以 NH_3 为还原剂，发生的反应如下：

$$6NO+4NH_3 \longrightarrow 5N_2+6H_2O$$

$$6NO_2+8NH_3 \longrightarrow 7N_2+12H_2O$$

当 NH_3 和 NO_x 的摩尔比为 1 时，NO_x 的脱除率可达 99%，催化剂中含有贵金属。

（2）非选择性催化还原法 以 CH_4、CO 或 H_2 为还原剂。以 CH_4 为例，它与 NO_x 发生以下反应：

$$CH_4+4NO_2 \longrightarrow 4NO+CO_2+2H_2O \tag{1}$$

$$CH_4+2O_2 \longrightarrow CO_2+2H_2O \tag{2}$$

$$CH_4+4NO \longrightarrow 2N_2+CO_2+2H_2O \tag{3}$$

反应式（1）速率最快，反应式（3）的速率最慢。反应温度大大高于前一方法，脱除效率则低于前一方法，故在烟气净化中未获应用。

（3）亚硫酸法 反应如下：

$$4Na_2SO_3+2NO_2 \longrightarrow N_2+4Na_2SO_4$$

$$2Na_2SO_3+2NO \longrightarrow N_2+2Na_2SO_4$$

9.4.4 废气的燃烧处理

燃烧法可将废气中的可燃气体、有机蒸气和可燃的尘粒等转变为无害或容易除去的物质，在工业上应用甚广。

9.4.4.1 直接燃烧法

直接燃烧法又称直接火焰后烧法，其中包括火炬燃烧法。焦炉装煤的消烟除尘装置就使用此法。此法要求废气的发热量在 3350 ～ 3725 kJ/m^3 以上，如废气温度在 350℃左右，上述发热量还可低些。

火炬燃烧器是将可燃性废气引至离地面一定高度处，在大气中进行明火燃烧的装置，在石油化工厂和炼油厂一般都有这种装置。

9.4.4.2 焚烧法

此法是利用另外的燃料燃烧产生高温，使废气中的污染物分解和氧化，转化为无害物。为此必须保证燃烧完全，否则将形成燃烧中间物，其危害性有时可能比原来的污染物还要大。保证完全燃烧的条件有：过量的氧存在；足够高的温度；足够长的停留时间；高度的湍流。

9.4.4.3 催化燃烧法

近几年，此法在消除空气污染方面的应用日益广泛，适宜于除去低浓度有机蒸气和恶臭物质，如含油漆溶剂的废气和汽车尾气等。催化剂有贵金属（如钯），也有非贵金属（如稀土元素）。

此法不适用于处理有机含氯化合物或含硫化合物的废气，也不适用于处理含高沸点或高分子化合物的废气。

以上为煤加工利用对环境造成的污染和治理对策的简略介绍。总之，中国不能离开煤，但也不能让煤炭加工利用形成的污染物破坏我们的生存环境，因此需要更加重视煤化工的“三废”治理。

9.5 二氧化碳减排和利用

2021 全球与能源相关的 CO_2 排放量 338.84×10^8t。CO_2 大量排放危及人类生存环境，以 CO_2 为主的温室气体引发的厄尔尼诺、拉尼娜等全球气候异常，以及由此引发的世界粮食减产、沙漠化等现象已引起全世界的关注。对于 CO_2 排放的问题，除了采取减排 CO_2 的措施外，回收及利用也是解决 CO_2 排放问题的有效途径之一。近年来，国内外二氧化碳减排的研究工作可归纳为以下几个方面：①源头控制，降低能耗，提高能源利用率和转化率；②二氧化碳的封存；③吸收利用烟气中的二氧化碳；④国内外正在研发应用的新技术。

CO_2 在工业、农业、食品、医药和消防等领域都有广泛的用途，其下游产品的开发也日益受到重视，建立以 CO_2 为原料的独立工业体系的前景非常诱人。

9.5.1 提高能源利用率实现 CO_2 减排

中国能源结构以煤为主，燃煤二氧化碳的减排是关键。首先，通过选煤达到节煤的同时，可提高煤炭的燃烧效率进而减少二氧化碳排放；其次，发展洁净燃煤和煤炭转化技术，如循环流化床锅炉、煤炭气化和液化技术，以及整体煤气化联合循环技术（IGCC）等，都是提高能源利用率实现二氧化碳减排的方法。

此外，用天然气替代固体燃料和液体燃料有利于减少二氧化碳的排放。因为天然气的二氧化碳排放量仅为固体燃料的 55%。天然气替代石油作为运输燃料可使二氧化碳排放量减少 15% ～ 25%。

9.5.2 二氧化碳捕集与分离技术

目前，二氧化碳捕集主要有 3 种技术路径：①燃后捕获，从燃烧生成的烟气中分离二氧化碳；②燃前捕获，又称氧气 / 二氧化碳燃烧技术或空气分离 / 烟气再循环技术；③富氧燃烧。其中燃前捕获技术只能用于新建发电厂，另两种技术则可同时应用于新建和既有发电厂。法国阿尔斯通公司正专注于后两种技术的研发，并已在德国、瑞典、美国等国家的多个试验工厂中示范；而应用富氧燃烧捕集技术的法国道达尔示范电厂已经成功捕集了 15×10^4t 二氧化碳。

9

9.5.2.1 燃后二氧化碳捕集与分离技术

按照吸收原理的不同，烟气中二氧化碳的吸收分离法可以分为化学吸收法和物理吸收法。

化学吸收法是指二氧化碳与吸收剂进行化学反应而形成一种弱联结的化合物。典型的吸收剂有单乙醇氨

（MEA）、*N*-甲基二乙醇胺（MDEA）等，适合于中等或较低二氧化碳分压的烟气。采用氨水作为吸收剂脱除燃煤烟气中二氧化碳也是普遍采用的二氧化碳固定方法。

物理吸收分离法可归纳为吸收分离、膜分离和低温分离。

吸收分离即采用吸收的方法达到提纯二氧化碳的目的，主要包括液体吸收剂和固体吸附剂。液体吸收剂有甲醇等，较适合于高 CO_2 分压的烟气。固体吸附剂一般为沸石、活性炭和分子筛等。

膜分离法在二氧化碳分离方面还处于试验阶段，其分离膜材质主要有：醋酸纤维、乙基纤维素和聚苯醚及聚砜等。

低温分离法是利用二氧化碳在 31℃和 7.39MPa，或在 1 ～ 23℃和 1.59 ～ 2.38MPa 下液化的特性，对烟气进行多级压缩和冷却，使 CO_2 液化，从而实现分离。

9.5.2.2 富氧燃烧技术

富氧燃烧即用氧气代替空气作为助燃剂进行燃烧并产生以水和二氧化碳为主的烟道气。其技术路线为：采用纯 O_2 与 CO_2 混合气体作为燃料助燃剂，燃烧产生的烟气经过多次循环并干燥脱水后 CO_2 体积分数可达到95%，因此不必分离而将其直接液化回收处理。富氧燃烧技术由于具有回收 CO_2 成本低、NO_x 排放低、脱硫效率高等诸多优点，被广泛关注。

9.5.3 二氧化碳埋存及提高原油采收率（EOR）技术

减少二氧化碳排放除了提高能源利用率、加强二氧化碳捕集技术外，另一个重要途径是二氧化碳的埋存。从理论上讲，海洋和地层可以贮藏人类在几千年间产生的二氧化碳。

9.5.3.1 二氧化碳地质埋存的微观机理

二氧化碳以微观残余形式存在于油或水中，或者存在于构造中，溶解在油和水中，与储层矿物发生化学反应生成新矿物。

9.5.3.2 二氧化碳地质埋存方式

二氧化碳地质埋存包括 3 个环节：①分离提纯，在二氧化碳排放源头利用一定技术分离出纯净的二氧化碳；②运输，将分离出的二氧化碳输送到使用或埋存二氧化碳的地质埋存场所；③埋存，将输送的二氧化碳埋存到地质储集层 / 构造或海洋中。二氧化碳地下埋存主要的选择是枯竭的油气藏、深部的盐水储层、不能开采的煤层和深海埋存等方式。

许多地下的含水层中含有盐水，不能作为饮用水但二氧化碳可以溶解在水中，部分与矿物慢慢发生反应，形成碳酸盐，实现二氧化碳的永久埋存。

油气藏是封闭良好的地下储气库，可以实现二氧化碳的长期埋存。其埋存机理主要是二氧化碳溶解于剩余油或水中，或者独立滞留在孔隙中。枯竭油气藏在埋存二氧化碳的同时提高其采收率，可实现经济开发与环境保护的双赢。因此，将二氧化碳埋存于油气藏中是减少二氧化碳排放极具潜力的有效办法。

目前已采用减压法开采煤层气，但采收率只有 50%，注入二氧化碳后，二氧化碳可置换出煤层气，煤层可吸附 2 倍于甲烷的二氧化碳。

深海埋存二氧化碳通过如下两种方式：一是使用陆上的管线或移动的船把二氧化碳注入 1500m 深度，这是二氧化碳具有浮力的临界深度，在这个深度二氧化碳能有效地被溶解和被驱散；二是使用垂直的管线将二氧化碳注入到 3000m 深度，由于二氧化碳的密度比海水大，二氧化碳不能溶解，只能沉入海底，形成二氧化碳液体湖。

9.5.3.3 二氧化碳提高原油采收率技术

使用常规方法采油，将二氧化碳作为驱油剂可提高采收率 10% ～ 15%。二氧化碳驱油分为混相驱油和非混相驱油。二氧化碳 -EOR 混相驱油实施的储层地质条件：①储层深度范围在 1000 ～ 3000m 内；②致密和高渗透率储层；③原油黏度为低或中等级别；④储层为砂岩或碳酸盐岩。适合二氧化碳 -EOR 非混相驱油的条件为：①储层纵向上渗透率高；②储层中大量的原油形成油柱；③储层具有可以形成气顶的圈闭构造，储层连通性好；④储层中没有导致驱油效率降低的断层和断裂。

9.5.4 二氧化碳利用技术

除了气驱采油（二氧化碳 -EOR）外，CO_2 在工业、农业、食品、医药和消防等领域都有着极其广泛的用途，其下游产品的开发也日益受到重视，建立以 CO_2 为原料的独立工业体系的前景非常诱人。

9.5.4.1 化学利用

以二氧化碳为原料生产一些能耗低、附加值高、使用量大和能储存二氧化碳转化的化工产品。

利用 CO_2 制造全降解塑料。我国是世界上最大的塑料制品生产国，同时也是世界第一大塑料原料进口国，2007 年通用塑料进口约 1092×10^4t，接近 1203×10^4t 的国内产量。利用 CO_2 制取塑料的成功推广应用，将极大地促进我国塑料原料来源的多元化，降低对塑料进口的依赖，节省大量的外汇。由于其生产成本大大低于传统塑料产品，故 CO_2 制取塑料技术将可能形成大规模的产业化。

生产合成氨和尿素。根据煤化工生产过程中的物料平衡结果，可以以煤气化空分装置放空的氮气与变换产生的部分氢气为原料生产合成氨，合成氨再与原料气脱碳放出的 CO_2 生产尿素，形成一个完整的煤化工综合利用产业链。

正在研究的其他化学利用有：①催化加氢（合成甲醇、甲烷和甲酸等）；②高分子合成（合成聚碳酸酯、橡胶等）；③有机合成（合成尿素衍生物等）。

9.5.4.2 生物固化

一些水藻类浮游生物能够大量吸收二氧化碳，并将其转化为体内组织，它还具有无需对二氧化碳进行预分离的特点。

二氧化碳减排及利用技术将会成功地应用到工农业生产中去，变废为宝，化害为益，造福人类。

9.6 本章小结

煤转化过程中污染物的控制和治理是煤炭清洁高效转化利用的重要课题。本章分别介绍了煤焦化、气化、液化和燃烧等煤化工加工工艺装置产生的主要污染物种类和特性，为治理煤加工利用中的“三废”污染提供理论和实际依据。

介绍了工业污水处理的基本方法（物理法，化学法，生物法），并以某企业焦化厂的焦化废水三级处理系统为例，一级处理包括溶剂萃取脱酚、蒸氨和除油等，二级处理采用活性污泥法生化处理，三级处理采用活性炭固定床吸附净化，使焦化废水的水质达到回用或排放标准。

煤加工利用中产生的大气污染物数量多，特别是焦化工业烟尘排放种类和数量更多（装煤、出焦、熄焦和焦炉加热排放的烟气）。本章详细介绍了焦炉装煤和出焦的消烟除尘方法以及干熄焦、烟气除尘、脱硫、脱硝等典型工艺。

中国化石能源资源禀赋是以煤为主，在中国全面落实实现“双碳”目标的政策下，二氧化碳的减排和利用是发展煤化工产业的技术关键。本章介绍了二氧化碳捕集方法、分离和处置技术，以及二氧化碳驱油和化学利用等再利用技术概况。

思考题

9-1　简述煤化工废水构成及其特点。

9-2　简述煤化工废气特点，如何在煤化工工艺设计时减少废气排放？

9-3　如何选择煤化工废水处理技术实现废水零排放？

9-4　二氧化碳减排的技术途径，你认为哪种技术具有应用前景？

思考题解答

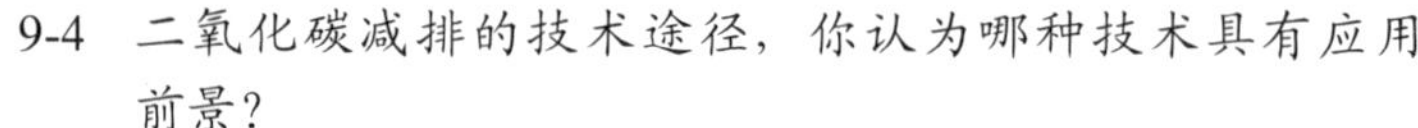

参考文献

[1] 蔡宋秋．中国环境政策概论．武汉：武汉大学出版社，1988.

[2] 鞍山焦耐院．焦化设计参考资料．北京：冶金工业出版社，1980.

[3] 王兆熊 郭崇涛，等．化工环境保护和三废治理技术．北京：化学工业出版社，1984.

[4] 拉佐林，巴波科夫，等．焦化厂三废治理．李哲浩，译．北京：冶金工业出版社，1984.

[5] 白添中．煤炭加工的污染与防治．太原：山西科学教育出版社，1989.

[6] 贺永德．现代煤化工技术手册．北京：化学工业出版社，2020.

[7] 高晋生，鲁军，王杰．煤化工过程中的污染与控制．北京：化学工业出版社，2010.

[8] 第一次全国污染源普查资料编纂委员会．污染源普查产排污系数手册．北京：中国环境科学出版社，2011.

[9] 惠世恩，等．煤的清洁利用与污染防治．北京：中国电力出版社，2008.

[10] 李凯．化工行业大气污染控制．北京：冶金工业出版社，2016.

[11] 王建兵．煤化工高浓度有机废水处理技术及工程实例．北京：冶金工业出版社，2015.

[12] 朱跃钊，廖华，王重庆．二氧化碳的减排与资源化利用．北京：化学工业出版社，2011.

[13] 骆仲泱，方梦祥，李明远．二氧化碳捕集、封存和利用技术．北京：中国电力出版社，2012.

[14] 王献红．二氧化碳捕集和利用．北京：化学工业出版社，2016.

[15] 张娟利，杨天华．二氧化碳的资源化化工利用．煤化工，2016（3）：1-5.

[16] 俞彬，刘凯男，刘秦安，等．煤化工废水深度处理及回用工程实例．水处理技术，2018，44（3）：136-139.

[17] 王文豪，高健磊，高镜清．预处理 +A/O+ 臭氧氧化 +BAF 深度处理煤化工废水．工业水处理，2019，39（6）：103-106.

[18] 刘炯天，等．煤炭工业三废资源综合利用．北京：化学工业出版社，2016.

[19] 杨林 . 煤化工废水处理技术 . 北京：化学工业出版社，2022.
[20] 张延斌，赵龙生，郝孟忠，等 . 现代煤化工技术及废水处理工程实践 . 北京：化学工业出版社，2020.
[21] 刘永军，刘喆，等 . 煤化工废水无害化处理技术研究与应用 . 北京：化学工业出版社，2020.
[22] 宋永臣，张毅，刘瑜 . 二氧化碳封存利用 . 北京：科学出版社，2023.
[23] 桥本功二 . 全球二氧化碳回收利用 . 李向阳，张波萍，译 . 北京：科学出版社，2021.